Universo Incomprensibile

Non si può comprendere l'Universo, la Fisica con le sue leggi, senza conoscere la Matematica. Dato che sono pochissimi a conoscerla e a capirla, per tutti gli altri l'Universo resta incomprensibile, misterioso, e inutile.

di Carlo della Rocca

Al mio piccolo nipote Federico che, se tra vent'anni invece di fare il pompiere o il corridore automobilistico, volesse occuparsi di fisica potrebbe essere il mio unico lettore

La filosofia è scritta in questo grandissimo libro che continuamente ci è apparso davanti agli occhi (io dico l'universo) ma non si può intender se prima non s'impara a intender la lingua e conoscere i caratteri né quali è scritto. Egli è scritto in lingua matematica e i caratteri sono triangoli, cerchi e altre figure geometriche senza i quali mezzi è impossibile a intenderne umanamente parola; senza questi è un aggirarsi vanamente per un oscuro labirinto.

Galileo Galilei, Il Saggiatore, 1623*

---

* Estratto da *La Sezione Aurea* di Mario Livio (Rizzoli, 2003)

L'Autore

Carlo della Rocca, Napoletano, si è laureato in Ingegneria Chimica all'Università di Napoli. Ha lavorato per un decennio nell'Industria Nucleare, e poi per trent'anni per una Società d'Ingegneria Americana ingaggiata nella vendita e applicazione di prodotti chimici per l'Industria. Ora è in pensione e vive tra Positano e Bruxelles.

Note dell'Autore

L'Autore vuole scusarsi per l'uso forse eccessivo del corsivo. Il libro, data la sua natura, abbonda di citazioni. Le citazioni vengono riportate in corsivo per aderire a una prescrizione di Kindle, e per consentire che siano distinte in modo chiaro dal testo.

Il secondo punto che va evidenziato riguarda il campo di Higgs, la "particella di Dio." Ci sono numerosi riferimenti al campo di Higgs nel testo, come qualcosa di inafferrabile e ancora da scoprire. Ciò dipende dal fatto che il libro è stato scritto prima delle recenti scoperte del bosone di Higgs.

Ringraziamenti

Ci tengo a ringraziare Paola Del Vecchio che con un attento e puntiglioso lavoro di editing ha trasformato un confuso manoscritto in un leggibile tomo.
La mia gratitudine va anche a Roberto Antonelli per la certosina pazienza con cui ha corretto i numerosi errori di ortografia nelle bozze.

Sommario

Prologo inevitabile

Ho molto esitato prima di decidere di scrivere questo prologo.

Mi sono anche posto il dilemma dell'opportunità di includere un breve commento autobiografico, preoccupato del rischio che può derivare da ogni forma di personalizzazione che includa, in un libro di questo tipo, le confidenziali incertezze dell'autore.

Ho deciso di farlo nella convinzione che è essenziale chiarire l'origine del bisogno di scrivere questa storia, il modo in cui viene scritta, e il significato del suo contenuto.

Mi pare opportuno rendere esplicito subito di che cosa io voglio scrivere, cominciando con una breve osservazione su quello che questo libro non è.

Non è una storia della scienza, né un'approfondita analisi filosofica delle manifestazioni dell'universo, della cosmologia, della fisica delle particelle elementari e della biologia. Non ho gli strumenti culturali, né la disciplina occorrenti per tentare una simile avventura.

Non è nemmeno un tentativo di compilare un'opera originale di *divulgazione* accessibile a *tutti*.

Al contrario, l'idea nasce dall'intima convinzione, dalla consapevolezza che se si tentasse di definire il significato della parola *tutti*, ci si scontrerebbe con enormi difficoltà, e dall'intuizione che - mentre da una parte si trovano gli specialisti, gli scienziati, i fisici, i filosofi - dall'altra il pianeta è popolato da diversi strati di cultura, con un altrettanto gran numero di possibilità e di livelli di comprensione, e da un numero ancora più vasto di strati d'*incomprensione* potenziale. Insomma, siamo destinati a non capire?

Ma chi è destinato a non capire? Voi, io, le persone con una generica cultura tecnica, quelli che hanno fatto studi umanistici, un perito chimico o elettrotecnico, un fisico nucleare, e un esperto di fisica delle particelle, un filosofo professionista, uno specialista di cardiologia, un oncologo? Oppure un idraulico, un bravissimo falegname, un giornalaio?

In tutte le facoltà a indirizzo scientifico si studiano la fisica, la chimica e la matematica. Con la successiva specializzazione, già si finisce per dimenticare i principi appresi a volte in modo superficiale e faticoso; dopo, rimane privilegio dei pochi che continuano a praticare il curriculum scolastico, sapersi muovere agevolmente negli intrichi della cultura scientifica. Quanti di noi sanno se la luna sorge a est o a ovest nei suoi giri intorno alla terra? Durante l'ultima eclissi di sole, erano in molti a domandarsi perché la luna copriva il sole da destra verso sinistra, o se volete, da occidente a oriente, da ovest verso est, e non al contrario. Il fatto è che la luna gira intorno alla terra in senso contrario al verso di rotazione di quest'ultima.

Ho letto da qualche parte che negli USA è risultato da un'indagine che pochi giovani sanno che la luna gira intorno alla terra, la terra intorno al sole e così via e che sono in molti a essere convinti che al polo sud si sta a testa in giù e a non spiegarsi perché, visto che la terra gira vorticosamente, si riesca a restarle attaccati.

Il fatto è che la scienza è *tagliata fuori della razza umana* e non solo quando diventa astratta e incomprensibile per chi, pur disponendo dei mezzi culturali per comprendere, non fa parte della ristretta comunità dei ricercatori e degli specialisti.

La scienza, come numerosissime altre discipline, non è disponibile, rimane misteriosa e distante anche per coloro che hanno la fortuna di appartenere alla comunità *acculturata* non specialista.

La scienza non può essere capita o approfondita quando non si dispone degli opportuni strumenti culturali.

Io non sono uno scienziato.

Ho avuto la fortuna, però, di toccare la scienza molto da vicino, quando per anni ho lavorato nell'industria nucleare, nella ricerca applicata prima, e poi in un reattore nucleare per la produzione di energia elettrica.

Ho vissuto in contatto con gli atomi, con la fissione, con le trasformazioni nucleari e con la radioattività. Ero quasi uno specialista. Però mi mancava qualche cosa per capire veramente ed essere un vero esperto: una buona conoscenza della matematica e una giusta proporzione d'intelligenza creativa che mi permettesse di concludere i discorsi scientifici che l'intuizione, l'immaginazione, la fantasia mi permettevano di concepire.

Questa faccenda del baratro che spesso esiste tra intuizione, immaginazione, da una parte e capacità di espressione dall'altra, mi ha sempre affascinato moltissimo e, primo presupposto di questo libro, continua ad attrarmi.

Dopo l'esperienza nucleare, ho cambiato strada e ho quasi completamente abbandonato le ragioni per coltivare la cultura scientifica, dimenticando in gran parte la poca scienza che avevo accumulato.

Sino a circa dieci anni fa.

Un mio vecchio collega dagli Stati Uniti m'inviò, in regalo, un libro dal titolo *God and the new Physics* di Paul Davies.

Da quel giorno non ho mai smesso di leggere: relatività, fisica delle particelle, cosmologia, un poco di biologia, e libri sulla teoria del caos. Occorre chiarire subito: non testi scientifici specializzati, bensì libri scritti da specialisti, ricercatori, premi Nobel, che alla vocazione scientifica associano grandi capacità letterarie e la voglia di condividere e raccontare in modo *accessibile* i miracoli dell'universo con cui hanno lavorato e convissuto tentando di svelarne i misteri.

Non voglio ricominciare qui, e tratterò più avanti nel libro la questione: *accessibile* e *a chi*.

Ho provato una progressiva *incomunicabile* gioia che derivava e deriva ancora dalla percezione di scoperta e comprensione, dalla necessità di riflettere e ragionare su ogni riga, dal bisogno di piegare e segnare le pagine, prendere appunti, dalla sensazione inaspettata di stare avvicinandomi a un ragionevole livello di penetrazione della disciplina.

Ma, allo stesso tempo ho provato e provo il sentimento di una multipla frustrazione.

Anzitutto, nonostante il mio background tecnico *riesco a capire solo in parte* quello che leggo.

Poi, non so con chi condividere i miei dubbi, e quelle che a volte mi appaiono come folgoranti rivelazioni. Infine, quando in qualche rara circostanza, cerco di comunicare la meraviglia e la bellezza che in me suscita quello che sto scoprendo a chi mi sta intorno, moglie, figli, amici, non solo trovo il giustificato disinteresse che dovrei aspettarmi, ma mi rendo ben conto di quanto poco io sia capace di trasmettere in modo coerente e di raccontare una storia degna di essere ascoltata.

Per tutte queste ragioni ho deciso di mettere insieme i miei appunti, di rileggere e studiare con attenzione i testi e di scrivere questo libro.

Capitolo I Caos, Fisica Classica e Quanti ...e allora

Il Caos o teoria della complessità

In un giorno di Luglio dell'anno 2000 un aereo Concorde precipita mentre si prepara a staccarsi dal suolo.
Al pilota è stato segnalato che ci sono dei problemi, ma è troppo tardi perché possa arrestare la corsa del decollo. Una serie di accidenti successivi ha come conseguenza la catastrofe. La commissione incaricata di studiare e spiegare l'incidente sta raccogliendo i pezzi, mettendo insieme i reperti, collegando le informazioni. Occorreranno anni, prima che una risposta ragionevole possa essere trovata.

Mentre tutto questo accade, una donna si prepara a traversare la strada, una qualsiasi, in un paese qualunque. Un'amica, la chiama dal lato opposto. Mentre la donna si volta per rispondere al saluto, già a metà del percorso, un tram proveniente dalla vicina curva la investe. La donna muore.

Un uomo, un vecchio signore, sta guardando le onde del mare che si frangono sulla banchina. Il mare è furioso, le onde entrano nella baia, s'incanalano nell'ansa del porto, corrono verso il molo e si rompono urlando sul cemento. L'acqua risale in miliardi di gocce verso l'alto. Poi ricade e si mescola con il mare che si ritrae a incontrare le nuove onde in arrivo. Il vecchio si concentra su una goccia, un'unica goccia, e cerca di seguirne il percorso. Si domanda con curiosità che fine farà, dove andrà quella particolare goccia di mare. Presto la perde di vista.

Un pezzo di legno precipita da una cascata. Aveva percorso il fiume, movendosi con la corrente. Un movimento continuo, dolce senza sussulti. Il legno non ha la coscienza di se stesso e, quindi, non conosce la posizione in cui si trova

16

successivamente prima dell'arrivo alla rapida. Se nessuno fosse lì a osservarlo neppure una domanda sul suo ulteriore destino potrebbe essere posta. Invece succede che un fisico, un esperto d'idrodinamica che ben conosce il fiume, e gli intrichi delle correnti, sta a guardare. Lui sa che è possibile calcolare il percorso del legno fino alla cascata. Fa quattro conti e prevede l'istante in cui l'ignaro pezzo di legno incontra il picco dell'acqua e comincia a precipitare. Da questo punto in poi il nostro fisico è perduto. Non sa, non può più prevedere il percorso del frammento di legno, né la sua sorte finale, nel tumulto del diluvio che precipita vorticosamente verso il basso.

È sera. L'ambulanza corre verso l'ospedale. Dopo l'arrivo al pronto soccorso, i parenti cercano di spiegare, illustrare i sintomi; poi aspettano che il meccanismo si metta in moto. I dottori annunciano che il paziente deve fare una risonanza magnetica. I parenti aspettano il responso che non tarda ad arrivare: il paziente ha un grosso tumore al cervello che preme sul lobo frontale sinistro. Tutti i sintomi sono adesso chiari e giustificati. Ma non è evidente perché adesso e perché è toccato a lui.

Una storia di questo tipo, molto carina è raccontata da Jaques Monod, nel suo libro *Il Caso e la Necessità* [1]

Supponiamo per esempio che il Dottor Dupont sia chiamato di urgenza a visitare un nuovo malato, mentre l'idraulico Dubois lavora alla riparazione urgente di un tetto di una casa vicina. Mentre il Dottor Dupont passa sotto la casa, l'idraulico lascia cadere per distrazione il suo martello, la cui traiettoria deterministica, si trova a intercettare quella del Dottore, che ne muore con il cranio fracassato. Noi affermeremmo che il Dottore è morto per caso. Quale altro termine usare per un simile avvenimento, imprevedibile per la sua stessa natura? Il caso qui deve essere considerato come essenziale, inerente all'indipendenza totale delle due serie di avvenimenti la cui coincidenza provoca l'incidente.

Potremmo continuare a descrivere fenomeni ed eventi della stessa natura.

Una bomba che scoppia in una piazza, muoiono o sono fatte a pezzi, devastate per sempre venti, trenta persone: perché loro? (Sammy Davis Junior disse una volta all'apice della carriera *why me?*, perché è capitato a me. Chissà se ha detto lo stesso quando un cancro alla gola ha prima interrotto il suo canto e poi lo ha ammazzato).

L'andamento imprevedibile dei mercati finanziari.

I cicli economici, crescita e recessione, inflazione e crollo dei prezzi.

Le relazioni e le azioni umane, l'odio e l'amore, la violenza irrazionale, gli eventi della storia analizzabili e razionalizzabili solo a posteriori.

Tutti i fenomeni biologici, le mutazioni casuali, l'evoluzione, l'ecologia, l'andamento e le previsioni del tempo.

Non tutti gli eventi del tipo elencato appartengono alla stessa categoria: alcuni *appaiono* del tutto *disordinati e casuali*. Altri, come e soprattutto quelli biologici, e in parte quelli di natura economico–finanziaria, attraverso sequenze più o meno accidentali portano dal disordine all'ordine, mostrando che l'organizzazione e l'ordine possono nascere *spontaneamente* attraverso un processo naturale. Per alcuni sembra possibile razionalizzarne l'andamento e fare delle previsioni sulla loro evoluzione. Per altri le previsioni sembrano e sono tuttora impossibili.

Questa tipologia di processi rientra nella categoria della Teoria della Complessità, o più volgarmente, teoria del Caos.

La teoria è nata negli anni settanta, ha preso corpo nel decennio successivo, e oggi è oggetto di grande interesse, ma anche di dubbi e controversie. Ne parlerò spesso nel corso del libro, e le dedicherò un intero Capitolo.

Il determinismo: fisica classica

Lo scenario cambia. Arthur Koestler, nel libro *Les Sonnambules*[2] scrive:

Già seimila anni fa, mentre lo spirito umano sonnecchiava ancora a metà, i preti Caldei tenevano dei turni di guardia e spiavano i movimenti delle stelle, registrandone la posizione e gli orari. Delle tavole di argilla appartenenti all'epoca del regno di Sargon di Akkad, verso il 3800 a.C, testimoniano di una tradizione astronomica già antica.
Le osservazioni dei babilonesi furono veramente precise: seppero calcolare la durata dell'anno con uno scarto piccolissimo, e conoscere le cifre relative al moto del sole e della luna, con un margine di errore appena tre volte superiore a quello delle osservazioni degli astronomi di oggi, armati di potentissimi telescopi. La loro scienza era una scienza esatta. Le osservazioni erano precise e permettevano di predire i movimenti futuri degli astri.

Lo studio del movimento dei corpi celesti continua ad affascinare gli studiosi dei secoli successivi, i filosofi, i matematici alla ricerca delle prime risposte. I greci sviluppano vari sistemi cosmologici, indecisi se mantenere la terra al centro dell'universo, oppure, come fece Aristarco, nato intorno al 300 a.C., scegliendo di porre il sole al centro di tutto. Tolomeo (II secolo dopo Cristo) ignora Aristarco. Il sistema geocentrico di Tolomeo domina la struttura intellettuale e filosofica per più di mille anni.
Occorre che passi un lungo periodo, prima che, a cavallo tra il 1500 e il 1600, Copernico, Keplero, Ticho Brahe e poi Galileo comincino a costruire le premesse della cosmologia moderna,

e a coordinare i numeri, i fatti e i dati che permetteranno a Newton di *inventare* (oppure *scoprire*?) la *fisica classica*.

Al seguito della fisica Newtoniana si può collocare la nuova coscienza dell'infallibilità umana di predire gli eventi, la consapevolezza di poter collegare cause ed effetti. Per molti decenni dopo la scomparsa di Newton il mondo scientifico è convinto che tutto può essere noto e tutto è prevedibile.
È sull'onda di queste certezze che si aprono gli orizzonti dello sviluppo immediatamente successivo della scienza e della tecnologia.
Le sorprese verranno più tardi, dall'inizio del '900.
Tralasciamo per il momento le sorprese.
Le grandi scoperte e le importanti invenzioni si accavallano. La macchina a vapore, l'elettromagnetismo, l'elettricità, le comunicazioni radio.
E, un pochino più tardi la capacità di progettare, costruire e far volare il Concorde.
Un Concorde è costituito da milioni di pezzi diversi. Entrano in relazione, nella sua realizzazione, tutte le branche della fisica: la meccanica, la termodinamica, l'elettrotecnica, l'idraulica, l'elettronica.
L'uomo progetta, calcola, mette insieme ed è certo del risultato. Il mostro vola.
È possibile prevedere tutto?

La fisica delle particelle: quanti e indeterminazione

La fisica classica, sviluppata dagli scienziati dopo Newton ha permesso, solo qualche secolo dopo, di progettare, costruire e far volare il Concorde.
Tutto, dunque - sembrava chiaro alla fine del diciannovesimo secolo - ogni fenomeno era prevedibile.
Steven Weinberg, nel suo libro *Dreams of a final Theory*[3] scrive:

[...] entro il 1890 uno strano senso di completezza si diffonde tra gli scienziati. Nel folclore della scienza c'è una storia apocrifa riguardante alcuni fisici che, vicino al passaggio tra i due secoli, proclamavano che la fisica era in sostanza completa, con niente altro da fare che migliorare la precisione delle misure di qualche cifra decimale. Quando il giovane Max Plank arrivò all'Università di Monaco nel 1875, il professore di fisica, Jolly, gli sconsigliò di dedicarsi allo studio della fisica. Jolly era convinto che non vi fosse più nulla da scoprire [...].

Le cose però...

Le cose però cominciarono presto a cambiare. Per un fisico il XX secolo comincia nel 1895, con l'inattesa scoperta dei raggi X da parte di Wilhelm Roentgen [...] e successive scoperte vennero dopo in rapida successione. A Parigi Henry Bequerel scoprì la radioattività. A Cambridge nel 1897 J.J.Thomson scoprì l'elettrone, presente in tutta la materia e non solamente nei raggi catodici.
A Berna nel 1905 Albert Einstein (mentre era ancora escluso da ogni forma di impiego accademico) presentò una nuova visione dello spazio e del tempo nella sua teoria della relatività speciale [...] e interpretò il precedente lavoro di Plank sull'irradiazione del calore, nei termini di una nuova particella elementare, la particella di luce successivamente chiamata fotone.

É *scoperto* l'atomo. Oppure dovremmo dire *riscoperto* tenendo a mente i nostri libri di scuola, con il racconto delle idee di Democrito e Leucippo?
É strano. I Greci erano arrivati vicinissimi alla conoscenza del molto grande e alla intuizione del molto piccolo. Però non riuscirono a sviluppare una cosmologia accettabile, non si avvicinarono nemmeno a trasformare le idee di Democrito in una visione razionale della vera struttura dell'atomo. Avevano

a disposizione i formidabili strumenti matematici sviluppati da Pitagora, Euclide, Archimede, ma non riuscirono a inventare il calcolo differenziale partorito molto dopo dalla fantasia di Newton e Leibniz, né gli strumenti della geometria dello spazio sviluppati da Cartesio.

Quindi, non riuscirono a inventare la macchina a vapore, la bomba atomica, e non ce la fecero a far volare un Concorde.

Steven Weinberg (Op. Cit.), ancora, sostiene:

che le limitazioni della cultura scientifica dei Greci fossero dovute, a una persistente forma di snobismo intellettuale con la loro preferenza per la statica verso la dinamica e per la contemplazione verso la tecnologia, con l'eccezione delle tecniche militari. I primi tre Re dell'ellenistica Alessandria finanziarono la ricerca sul movimento dei proiettili a causa delle sue applicazioni militari, ma per i Greci sarebbe sembrato non appropriato applicare ragionamenti precisi a qualcosa tanto banale quale il processo di una palla che scivola lungo un piano inclinato, problema che ha illuminato le leggi del moto di Galileo.

Dunque, Rutherford riesce a immaginare un ragionevole modello dell'atomo.

Ci vorrà qualche anno a capire che il modello non è perfetto. É già possibile però una visualizzazione dell'infinitamente piccolo, del mattone su cui tutta la materia è costruita.

Al centro il nucleo (si scoprirà più tardi che è formato da particelle in parte neutre, i neutroni, e in parte dotate di carica positiva, i protoni). Intorno al nucleo ruotano gli elettroni. Che bello! Un modello che riproduce quello dei sistemi planetari e che assicura di soddisfare, almeno in apparenza, una delle esigenze più intrinseche dello spirito umano: il bisogno di rappresentarsi la natura in modo riconducibile alle esperienze quotidiane, di visualizzare in forma semplice e accessibile i fenomeni dell'universo.

Cominciano subito le complicazioni. Le prime esperienze indicano che la distanza degli elettroni dal nucleo è enorme in scala atomica. L'esempio più spesso usato per chiarire questo problema è quello del campo di calcio. Se il nucleo dell'atomo fosse rappresentato, in scala, da un oggetto che ha le dimensioni di un pisello, l'elettrone più vicino si troverebbe a circolare intorno al nucleo a una distanza pari ai bordi di un campo di calcio. Ma allora? L'atomo è vuoto? Perché non possiamo vedere attraverso le strutture composte di atomi se ogni atomo è fondamentalmente vuoto? Perché se vuoti sono gli atomi di cui è composto il nostro corpo, e se sono vuoti quelli della sedia su cui sediamo, non accade che corpo e sedia si mescolino in un unico insieme?

La risposta a questo tipo di problema non sembra difficile, quando si comincia a ragionare sul tipo di forze che tengono insieme gli elettroni ai nuclei. Contrariamente a quanto accade per il sole e i pianeti, per la terra e la luna, non è la forza di gravità che tiene uniti nucleo ed elettroni. Il nucleo ha carica positiva, data la presenza dei protoni. Gli elettroni, con carica negativa, sono intimamente associati al nucleo dalla forza *elettromagnetica*. Gli atomi del mio corpo non si mescolano con quelli della sedia perché i vuoti non sono tali: gli atomi si attaccano uno all'altro a costituire le molecole del legno e quelle del mio corpo, legati da forze elettriche che rendono ogni atomo impenetrabile all'altro. Vedremo più avanti che vi sono altre buone ragioni per l'impenetrabilità dei corpi, scoperte da un altro scienziato, Wolfang Pauli, nell'ambito della fisica quantistica.
Sarebbe bello se fosse così semplice.
Le vere difficoltà cominciano quando i fisici si rendono conto che molte cose non funzionano nel modello.
Plank e poi Bohr, seguiti da Werner Heisenberg, Schrödinger e Paul Dirac sono *costretti* a inventare la teoria dei *quanti*.
Perché *costretti*?

Il mondo delle particelle elementari si rivela assai più complesso di quanto si era pensato dopo le prime scoperte. Per far quadrare tutti i conti occorre invocare una teoria in cui la visualizzazione dei fenomeni è sostituita da astrazioni matematiche, e in cui le certezze sull'evoluzione di un evento atomico, sono sostituite dalla probabilità che esso accada.

I fisici sono soddisfatti dalla capacità offerta dalla teoria di prevedere e calcolare il comportamento di atomi ed elettroni. Ma, non fanno difetto le remore, le preoccupazioni e i dubbi.

È nota la frase di Einstein, fisico *classico* per eccellenza: *Dio non può giocare a dadi con l'Universo.*

Un'altra opinione, Trinh Xuan Thuan, nel libro *Le chaos et l'harmonie*[4] scrive:

Erwing Schrödinger, il padre della funzione d'onda (pura astrazione matematica) che descrive tutte le potenzialità di una particella elementare, ovvero tutti i suoi movimenti e tutte le sue possibili posizioni, non poteva ammettere che la realtà fosse indipendente dall'osservazione[I]. Era talmente angosciato dalle bizzarrie della meccanica quantistica che un giorno lanciò un grido che scaturiva dal profondo a Bohr: «Sono veramente desolato di essermi immischiato in passato nella teoria dei quanti.»

Lo stesso Bohr fece notare una volta a uno dei suoi colleghi: «Se un uomo non si sente confuso quando sente parlare per la prima volta della teoria dei quanti [...] vuol dire che non ha capito una parola.»

Nel libro di Paul Davies, *Superforce*[5] è scritto:

[I] Come risulta dal principio di indeterminazione di Heisenberg. Se ne parlerà ancora. Basti dire ora che il principio stabilisce che la posizione e l'energia di una particella non possono essere misurate allo stesso tempo. La funzione dell'osservatore diventa determinante. Ne segue la domanda se la realtà possa o meno esistere indipendentemente dall'osservatore.

Nel suo libro Phisycs and Philosophy Heisenberg ricorda i dubbi iniziali sul significato della meccanica quantistica: Ricordo una discussione con Bohr che durò per molte ore della notte e che finì quasi in disperazione; quando alla fine della discussione me n'andai a passeggiare nel vicino parco mi ripetevo di continuo la stessa domanda: «È possibile che la natura sia tanto assurda quanto ci appare nei nostri esperimenti sugli atomi?»

Einstein che pure aveva inizialmente contribuito alla teoria ne fu un acerrimo oppositore sino alla fine dei suoi giorni; pensava che fosse o sbagliata o tutto al più una mezza verità.

Paul Davies (Op. Cit.) scrive:

Il manicomio che regna nel campo della fisica atomica, Einstein dichiarò, non è fondamentale. É solo una facciata. A un livello più profondo di analisi, il senno deve prevalere.

I Padri della teoria e uno dei Padri della fisica moderna non erano, dunque, contenti, o manifestavano, addirittura, dubbi e contrarietà.
La teoria dei quanti, tuttavia, ha dominato il campo della fisica delle particelle e lo domina ancora, estesa nei tempi più recenti dallo studio del molto piccolo a quello del molto grande: la cosmologia, la nascita e lo sviluppo dell'universo.
Non solo. Occorre che sia ben chiaro che la teoria dei quanti è un settore fondamentale della fisica *pratica,* e come tale di gran successo concreto: ci ha dato il laser, il microscopio elettronico, il transistor, i superconduttori, i computer moderni e...il Concorde, almeno in parte.

La comprensione della struttura del molto piccolo, e il *Modello Standard* che descrive i fenomeni interni all'atomo e consente di predirne l'evoluzione, sono centrati sull'uso dell'astrazione implicita nella teoria: la matematica diventa dominante, i fenomeni non si spiegano, ma i risultati concreti si ottengono. I fisici, con i loro calcoli sono in grado di prevedere l'esistenza e il comportamento di particelle subatomiche che non esistono nella realtà della natura ma che, puntualmente, appaiono nei grandi acceleratori di particelle.

Lo sforzo dei fisici delle particelle è ancora centrato sul *sogno di una teoria finale*, una teoria che permetta l'unificazione di tutte le forze, ed è basato sull'uso della meccanica quantistica.

Le forze di gravità, la forza elettromagnetica, la forza nucleare debole che permette il decadimento radioattivo, e la forza nucleare forte, che mantiene insieme protoni e neutroni all'interno del nucleo sono, sostengono i fisici, espressione di un'unica forza che si è diversificata quando, nei primordi dell'universo, si sono formati gli atomi.

La ricerca si evolve in questo senso, anche se non è chiarissimo quello che ci si attende da un eventuale successo.

E... allora...

Nel 1988 Steven W. Hawking pubblica il suo Libro *A brief History of Time.* Il consenso di pubblico è immediato. Negli anni seguenti ne sono vendute milioni di copie.

La storia dell'autore, il suo curriculum scientifico, la sua infermità fisica, la lotta di anni contro il moto neurone, una delle più terribili malattie che possano colpire un essere umano, contribuiscono in parte, anche perché fortemente pubblicizzate, a rendere il libro appetibile.

Ma, più ancora il tema trattato: la teoria della relatività, l'origine dell'universo, il Big Bang, le stelle, i buchi neri, i misteri della fisica atomica spiegati al popolo, attraggono il potenziale lettore, esercitano un irresistibile fascino. Finalmente è possibile trovare una risposta semplice alle domande che ci si pone quando si guardano le stelle in una notte senza luna, e quando si discute dell'immensità dell'universo.

Il libro è acquistato e letto da tutti, non solo da scienziati e da persone con un solido background scientifico.

Lo scopo dichiarato dell'opera è di diffondere al livello del lettore colto (almeno questo), ma non specialista, la cultura e le idee della fisica e della cosmologia moderna.

Se ne discute a tavola e nei salotti. Il tono delle discussioni è però deludente. I lettori più dotti e più acuti riescono appena a esprimere giudizi superficiali e ad affermare, citando qualche passo, che sono rimasti affascinati.

Il motivo di tutto ciò è assai semplice: il libro è essenzialmente incomprensibile per chiunque non abbia frequentato a lungo, con profonda consapevolezza scientifica, i temi trattati.

È un buon sunto per specialisti rimasti indietro, o distratti da altri problemi di ricerca applicata.

La divulgazione scientifica per *non* specialisti, non nasce, e non si ferma con Hawking.

Esistono due categorie di testi di divulgazione scientifica, tra quelli di buona od ottima levatura: quelli scritti da scienziati che hanno partecipato, e partecipano, se viventi (moltissimi lo sono data la contemporaneità e l'attualità dei temi dello sviluppo della ricerca scientifica), ai più recenti progressi della cosmologia, della fisica delle particelle, della biologia; scienziati che in molti casi sono tra gli attori principali delle scoperte più significative.

Tra questi si possono elencare Weinberg, responsabile della teoria che unifica la forza elettromagnetica con la forza nucleare debole, Gell–Mann, l'inventore dei quark, Feynman l'inventore dell'elettrodinamica quantistica, Lederman che ha confermato sperimentalmente la teoria sviluppata da Weinberg: tutti premi Nobel. Poi, Penrose, Trinh Xuan Thuan, Prigogine, Monod, Wilson e altri.

La seconda categoria di testi è pubblicata da scienziati che pur con importanti curriculum, hanno preferito dedicare le loro energie alla divulgazione: citiamo Davies, Gribbin e Dawkins. Una menzione particolare merita Arthur Koestler, saggista, filosofo, romanziere e sicuramente non scienziato di professione, che nel suo libro *I Sonnambuli*, percorre la storia della cosmologia dai Greci a Copernico, Keplero, Galileo e Newton.

Numerosi riferimenti a testi di questi autori si troveranno nel corso di questo libro.

Ma torniamo al ragionamento iniziato prima sul libro di Steven Hawking.

É difficile che un non addetto ai lavori possa veramente comprendere molto più del venti percento, o giù di lì, di quello che Hawking cerca di raccontare; e non sono di facile accesso i testi degli altri autori citati. Forse quello che può dare fastidio in Hawking è la *nonchalance* con cui espone cose tremendamente complesse, come se pretendesse e desse per scontata, dato il suo modo brillante di raccontare, un'inesorabile agilità alla capacità di capire da parte del lettore.

Paul Davies nel libro *About Time*[6], si occupa di Hawking e del suo *Brief History of Time.* Critica le reazioni negative e scomposte suscitate dal libro di Hawking negli ambienti artistico-letterari inglesi, in quella che Davies definisce *la società dei chiacchieroni*, politici, giornalisti. Descrive le *diatribe quasi isteriche* pubblicate sulla stampa inglese da scrittori noti e accademici qualificati. Scrive Davies:

Il loro senso di malessere era alimentato dal fatto che pochi tra loro potevano comprendere il contenuto del libro, perché nessuno di loro era in possesso di una qualsivoglia forma di cultura scientifica e i più erano, in generale, ostili alla scienza per motivi ideologici. Era usato il debole ragionamento che ogni verità fondamentale dovrebbe essere trasparente per

28

ogni pensatore. Il discorso era del tipo: «Io ho una buon'educazione – sono competente di arte e letteratura – e non riesco a capire le pretese di fisici e cosmologi. Ergo, le loro pretese spiegazioni sono stupidaggini e gli scienziati sono dei truffatori.»

Perché è così difficile? Per due ragioni, una è ovvia, l'altra meno. La prima ha a che vedere con la *cultura* in generale e con la *cultura scientifica* in particolare.
La seconda è il risultato intrinseco del modo in cui la scienza moderna interpreta la natura, centrata sulle astrazioni matematiche della teoria della relatività e della meccanica quantistica. Roba veramente complicata.

La *cultura*. Le cose si capiscono quando si conoscono. Vale per la musica, per la pittura, per l'arte in generale, per certi tipi di letteratura, il teatro, ma anche per i vini, i cibi raffinati, le città e i monumenti. Il mondo potrebbe dividersi in due categorie: gli specialisti e i dilettanti. Ai primi è data la pura gioia di *saper vedere, ascoltare e capire*. I secondi possono godere del piacere innato e fisiologico generato dall'armonia del mondo: «Che bel tramonto, che magnifico panorama, che quadro stupendo.» A loro però manca il piacere sottile del discernimento, la capacità di sentire il suono dei contrabbassi distinto da quello dell'orchestra tutta, di percepire il senso musicale di una nona minore inserita al punto giusto della partitura. La sensazione dominante nelle visite a un museo è quella della frustrazione. Si guardano i quadri ma non si riesce a *vederli,* ed è solo con l'assistenza di una guida intelligente o di un amico colto che a volte una parte del mistero si svela e dalla reazione istintiva, bello, brutto, si può passare all'analisi e all'appagamento che deriva dalla comprensione intelligente.

Le cose stanno, ancora una volta, diversamente per la *cultura scientifica*.
Possiamo fare qualche esempio per illustrare il problema.

In tutti fenomeni fisici si ha spesso a che fare con *onde*. Onde sonore, elettromagnetiche, luminose (che è poi la stessa cosa) e onde meccaniche vere, quelle del mare. Come vedremo, sembra che il mondo sia fatto di onde.

Riprendiamo l'immagine del vecchio signore che guarda il mare in tempesta. Prima di interessarsi in modo sorprendente e maniaco al destino di una sola goccia, è affascinato dal movimento continuo delle onde che entrano, ordinate prima di frangersi, una dopo l'altra, nella baia. Se non sta attento, o se non è uno studente di fisica può concludere che è l'acqua, il mare, ad avanzare: l'onda lontana procede in avanti, si muove e diventa l'onda che sta per scompigliarsi urlando, sulla banchina. Poi si accorge che un gabbiano bianco, posato sull'onda più lontana se ne sta fermo e tranquillo a saltellare. Riflette e capisce: non è l'acqua, non è il mare che si sposta, ma il vento lontano che imprime al liquido mare l'energia che provoca il moto ondoso. Ma perché l'onda è onda, perché e tonda e non quadrata, rettangolare, trapezoidale?

Potrebbe trovare la spiegazione in un libro di fisica. Comincerebbe a leggere una definizione del moto ondulatorio partendo dall'esempio più classico: un sasso che cade in uno stagno. È l'energia impressa all'acqua che sposta le molecole locali e costringe tutte quelle che sono vicine a spingere l'una sull'altra, nell'unica direzione possibile. Verso la riva dello stagno.

Fin qui andrebbe bene. Però, le cose si complicano immediatamente. Cominciano i grafici ed entra in giuoco la *matematica*. Si definisce l'onda, la *frequenza* dell'onda, la sua *lunghezza… d'onda*. Si spiega perché l'onda è tonda e non di altra forma.

Le cose diventano ancora più complesse quando qualcuno, nel libro di fisica, mentre l'effetto del primo sasso comincia ad attenuarsi, ha l'idea di gettare un altro sasso nello stesso stagno, nel medesimo punto esatto.

Si comincia a parlare di fase dell'onda e calcolare gli effetti combinati dei due sassolini nello stagno. Se poi, il lanciatore di sassi ha l'idea balzana di gettarne due, contemporaneamente in punti diversi la faccenda diventa ancora più complessa. Le onde interferiscono, si mescolano, interagiscono, sono in *fase* o *fuori fase*. Niente paura! Con un poco di matematica e qualche nozione di trigonometria (ricordate i seni e i coseni?) si può descrivere e calcolare tutto. E *voilà*, ecco di nuovo la matematica, la necessità di astrarre, fare i conti e rappresentarsi la realtà con i grafici le cifre e le formule matematiche. Lasciamo stare, per il momento, quello che accade se a scrivere il libro di fisica c'è uno scienziato del caos: lui lancia moltissimi sassolini nello stagno allo stesso tempo; sta a guardare un fenomeno *complesso* in cui anche la matematica classica non può aiutarlo a ragionare e prevedere.

Il vecchio signore non ha un libro di fisica e quello che aveva imparato a scuola è un vago, confuso ricordo. Mescola nella sua testa sassolini e stagni, gli sembra di esserci quasi.
La *cultura scientifica* è patrimonio di pochi, e anche quei pochi privilegiati che sanno o ricordano qualcosa di quello che hanno studiato a scuola o all'università non possono *vedere* i fenomeni e comprenderne l'essenza, senza far uso degli strumenti che sono alla base della scienza.

E arriviamo infine alla *scienza moderna*.
I fisici teorici studiano il molto piccolo, la struttura intima della materia, l'atomo. Gli astronomi e i cosmologi si occupano del molto grande: lo spazio, il tempo, l'origine e il destino dell'universo e delle stelle. I biologi entrano sempre più all'interno del mondo della cellula cercando di svelarne i complicatissimi processi.
Un gruppo sempre più folto di ricercatori, scienziati, e matematici si occupa della teoria del caos o della complessità.

Sempre di più s'inquisiscono i rapporti e i legami tra le varie discipline, nella convinzione che trovati i collegamenti si possono trovare le risposte.

Particolare, vi abbiamo già fatto cenno, è l'impegno dei fisici teorici a cercare di unificare tutte le leggi della fisica delle particelle in un'unica formula magica che risolva i dubbi e gli interrogativi sulla struttura delle forze della natura, definitivamente.

La fisica teorica, allo stesso tempo, si pone curiose domande e cerca di risolvere strani dubbi. Facciamo qualche esempio tra quelli meno difficili da afferrare, che siano stimolanti per l'immaginazione, ma non immuni dall'essere percepiti come paradossi e messi da parte con una scettica scrollata di spalle. Torniamo per un momento al racconto del pezzo di legno che naviga lungo il fiume.

Il pezzo di legno, abbiamo detto, non ha *coscienza di sè stesso*. Ci vuole un esperto d'idraulica che lo osserva per prevedere il suo percorso fino alla cascata. Sembra tutto ovvio. E invece no! La fisica dei quanti si pone il seguente problema: se non c'è qualcuno a osservarlo non è certo che il legno sia lì; la natura non esiste, se non c'è qualcuno a osservarne i fenomeni.

Richard Feinman, a cui piaceva non solo la ricerca scientifica, ma anche divertirsi e suonare il bongo, nel suo corso di fisica *Le cour de physique, Mécanique quantique*[7], nel capitolo dedicato ai quanti, racconta:

È stata posta la questione: se un albero cade in mezzo a una foresta e non c'è nessuno che lo sente cadere, fa rumore? Un albero reale che cade in una foresta reale fa certamente rumore, anche se nessuno è presente. Anche se nessuno è lì a sentirlo cadere, vi sono altri indizi che restano. Il suono avrà fatto ondeggiare qualche foglia, e se fossimo sufficientemente attenti potremmo credere che una spina ha sfiorato la foglia lasciando una piccola lacerazione che non potrebbe essere spiegata, salvo che con la supposizione che la foglia vibrava. Dovremmo dunque ammettere, in un certo senso, che vi è stato suono che si è manifestato. Potremmo anche chiederci: c'è stata anche una sensazione di suono? No, perché le sensazioni sono associate alla coscienza, probabilmente. E noi non sappiamo se le formiche posseggono una coscienza, e neppure se l'albero stesso n'è dotato.

Altri strani ragionamenti fanno i ricercatori della teoria del Caos.

Al Signor Dupont, nel raccontino di Monod, cade un inaspettato martello sulla testa. In questo caso c'è l'operaio che dal tetto osserva gli effetti nefasti della sua distrazione, e certamente li osservano i passanti che cercano inutilmente di soccorrere Dupont. L'osservatore-operaio è anche causa prima dell'incidente. Se l'operaio si fosse svegliato in ritardo, mancando l'appuntamento, il martello non sarebbe caduto. Oppure, esso non sarebbe caduto se il signor Dupont non fosse stato pronto a prenderlo in testa? Ancora una possibilità: se l'impulso dato al martello dalla mano dell'operaio, fosse stato diverso, e quindi diversa la traiettoria, quale sarebbe stato l'esito dell'accidente: un buco nel terreno, una leggera ferita alla spalla di Dupont, o la morte di un altro dei passanti?

Sarebbe riduttivo e del tutto fuorviante dare l'impressione che i ricercatori del caos si occupino solo del signor Dupont. Abbiamo già accennato al fatto che non tutti i fenomeni caotici generano imprevedibilità e disordine. I recenti sviluppi della biologia cellulare e degli studi sull'evoluzione fanno ampio ricorso alla teoria del caos per l'analisi di quegli aspetti di fenomeni in cui il caso e il disordine portano a strutture sempre più complesse e ordinate.

La storia del pezzo di legno e quella dell'albero che cade nella foresta danno un'indicazione del livello di argomentazioni astratte che discendono e sono legate alla fisica delle particelle e alla sua piattaforma quantistica, applicata a fenomeni della natura.

L'effetto *Dupont* è l'esempio tipico dell'*apparente*, caotica improvvisazione con cui possono susseguirsi le altalene della vita quotidiana, ma può essere visto come un caso estremo della differenza che esiste tra i fenomeni (a prima vista) semplici da studiare e descrivere, con cui la natura si manifesta, come il moto della luna intorno alla terra, e quello molto più complesso degli eventi comuni a ogni momento del tempo, la donna che finisce sotto a un tram, la probabilità che il cancro se la prenda con l'uno o con l'altro, il mare che si frange sulla scogliera, l'attacco terrorista che colpisce senza logica e senza coerenza.
Ma anche come l'indicazione che non è ancora chiaro se esista un collegamento e quale esso sia tra i risultati che ci si aspetta da una sempre maggior comprensione del mistero del creato - sia che riguardi il molto piccolo della vera struttura dell'atomo, sia che voglia penetrare il molto grande dell'origine dell'universo - e la possibilità di prevedere e influenzare l'esito delle vicende umane.

Intanto gli ingeneri, facendo uso delle leggi della meccanica classica e di un poco di elettronica costruiscono e fanno volare il Concorde
E allora?

Occorre riprendere il filo del ragionamento.
Abbiamo a che fare con tre branche della *scienza moderna*: la fisica classica, la fisica delle particelle e la teoria della complessità. Nel corso del racconto si discuterà anche di genetica e di biologia, ma solo nell'ambito della teoria del caos e nel capitolo su *Dio*.
La fisica classica è divenuta essenzialmente strumentale, ed è in parte criticata e mortificata per il suo contenuto deterministico, e per le piccole imperfezioni con cui riesce a

descrivere i fenomeni dell'universo più accessibili alla visualizzazione e alla comprensione immediata.

La fisica delle particelle e la teoria delle complessità trovano sempre più punti di incontro.

I cosmologi, gli astronomi, gli astrofisici, armati di strumenti sempre più potenti, allungano il loro sguardo verso i punti e le galassie più lontane dell'Universo.

Alcuni scienziati si occupano dell'una o dell'altra disciplina concentrandosi sulle loro ricerche, e proponendosi una sintesi finale nel campo che li riguarda.

Molti di loro sperano che dalla sintesi possa anche nascere la possibilità di trovare il collegamento che manca con le scienze sociali, la politica e l'evoluzione della storia.

In tanti, spinti dal desiderio di condividere con un largo pubblico la fascinosa meraviglia dei loro pensieri, delle loro scoperte e della loro conoscenza, scrivono libri in cui la premessa è spesso uguale: «Non useremo complesse formule matematiche, né astrusi grafici! Vogliamo che il nostro racconto sia chiaro e accessibile anche a chi non ha gli strumenti per capirlo.»

Anche riuscendo male nel loro intento, per tutte le ragioni che sono state discusse, provocano, in chi riesce ad andare sino in fondo, reazioni di tipo diverso.

La più tipica e frequente, quella di chi di scienza sa poco o nulla, è il rifiuto e l'abbandono.

I privilegiati - e non possono essere che scienziati anch'essi - leggono tutto, assorbono e si mettono a riflettere.

Infine ci sono quelli che faticosamente, attratti dal fascino del racconto, e disponendo di un minimo di cultura scientifica, ci provano.

Questo libro è il racconto dell'esperienza di uno che appartiene a quest'ultima categoria. Voglio essere più preciso.

Come risponderei alla domanda di un amico: «Che cos'è che stai cercando di fare?» Devo confessare che una risposta abbastanza precisa è saltata fuori quasi alla fine del lavoro, mentre io scrivevo il Capitolo XIII, sul Principio Antropico. La includo adesso, in questa parte scritta quasi due anni fa. É stata pressoché come una rivelazione dell'ovvio. Ho consultato decine di testi di divulgazione, i migliori sul mercato, scritti dai migliori, e ho fatto ampio uso di quello che i *divulgatori* cercavano, faticosamente, si raccontare e spiegare. Io sto cercando di rendere accessibile quello che nonostante l'intento divulgativo dei miei autori, facile non è. Divulgo i divulgatori. Scelto il tema di ogni Capitolo, *traduco* – a volte anche in senso tecnico, dall'inglese – in un linguaggio accessibile le idee e i racconti dei miei testi, cercando soprattutto di capire quello che scrivo in una doppia speranza: quella minima è riuscire a raccogliere fatti e idee per un unico lettore - me stesso. La massima è che qualcun altro leggendo riesca a penetrare se non meglio, almeno con meno fatica, la coltre del mistero che la scienza moderna cerca, con risultati controversi, di sollevare.

Capitolo II Dio all'inizio anziché alla fine

Molti fisici mantengono una nominale affiliazione con la fede dei loro genitori, come una forma d'identificazione etnica da usare in occasione di matrimoni e funerali, ma pochissimi di loro prendono un serio interesse nella teologia della loro religione nominale. Conosco due studiosi della relatività generale i quali sono di devota fede Cattolica Romana, molti fisici teorici Ebrei convinti, un fisico sperimentale che è un Cristiano rinato, un fisico teorico persuaso Mussulmano; un fisico-matematico è stato ordinato sacerdote nella Chiesa d'Inghilterra [...] ma per quanto risulta dalle mie osservazioni personali, la maggior parte dei fisici moderni non è neppure abbastanza interessata alla religione, da poter essere qualificata come atea praticante.

Questo scrive Steven Weinberg (Op. Cit.).
In tutti i libri di simile natura – si occupino essi di fisica, cosmologia, biologia, biologia molecolare, o genetica, e siano essi scritti da credenti, oppure da atei convinti - compare prima o dopo, spesso verso la fine, un'approfondita riflessione sulla teologia, sui misteri ancora non risolti della creazione, sulla contraddizione tra una scienza che sempre di più è capace di interpretare e spiegare i fenomeni del creato, e il bisogno, tutt'altro che soddisfatto, di trovare una risposta finale agli interrogativi sostanziali di cui è pervaso il pensiero filosofico, morale e scientifico della cultura degli ultimi trenta secoli.

Non pensando in alcun modo di entrare in maniera critica nella sostanza del problema, ho in ogni caso deciso che piuttosto che trattare in qualche modo l'argomento alla fine del libro, è più prudente, meno rischioso e più conveniente farlo subito. Più prudente, nel senso di permettermi di azzerare qualsiasi pretenziosa possibilità e ogni inopportuna tentazione di dire la mia nel corso del racconto, traendo spunto dai fatti su cui progressivamente ragiono e rifletto. Meno rischioso perché mi evita, allo stesso tempo, il pericolo potenziale di voler trarre personali conclusioni alla fine della favola.

I problemi di base sono essenzialmente due: l'origine della materia, degli atomi, delle stelle, del cosmo, e l'inizio della vita che popola il nostro pianeta.

Prima del Big Bang

Ricordo una storiella che si raccontava a scuola. Un professore chiede a un alunno di definire la massa, e di qualificare la differenza tra massa e peso. Si tratta, come vedremo di un problema non semplice, che ha richiesto molti secoli, l'intuizione di Newton, e il genio di Einstein, per essere finalmente risolto.

L'alunno, naturalmente napoletano, dopo aver allargato a dismisura le braccia risponde: *La massa... è na cosa tanta*. Il concetto di massa rimane spesso impenetrabile e non solo per gli studenti delle scuole superiori napoletane.

Chiacchiere di salotto

Quando si parla di Big Bang fuori del circolo degli esperti, a cena e in salotto, (non dal barbiere, lì si parla solo di calcio) si potrebbe avere l'impressione, invece, che si tratti di un argomento che, oltre a essere entrato nel lessico comune, non provoca insolite sorprese o drammatici dubbi.

«Allora, insomma, com'è nato l'universo?»

«Col Big Bang, l'universo è nato col Big Bang.»

«E come funziona questa storia del Big Bang?»

«Non conosco bene i dettagli, ma più o meno è andata così: tutta la materia, concentrata in un punto ha cominciato a espandersi. Si sono presto formate le particelle elementari, protoni, neutroni, elettroni; subito dopo i gas più leggeri e più semplici, l'idrogeno e l'elio. Pian pianino, i gas hanno cominciato a aggregarsi, sotto la spinta attrattiva della gravità, si sono formate le stelle, e le galassie. Le stelle, grandi e piccole hanno cominciato a cucinare nella loro fucina nucleare gli elementi più pesanti. Questo processo ha richiesto una decina di miliardi di anni. Solo cinque o sei miliardi di anni fa, nella nostra galassia, e sicuramente in moltissime altre, è esplosa una supernova, una stella bella grande, si sono formati i Soli e poi i pianeti come la terra.»

«Scusa ma come faceva *tutta la materia* a essere concentrata in un punto? Anche se prendo solo te che sei grosso, il ristorante, la montagna su cui noi siamo seduti, e la terra intera, ho difficoltà a vederli concentrati in un punto. Pensa un po' a tutta la sostanza dei miliardi di galassie, ai cento miliardi di stelle in ogni galassia, ai Soli e a tutti i pianeti che gli roteano intorno. Ma, come faceva tutta questa roba a essere concentrata in un punto solo?»

«Passami quel bicchiere. Ecco, ci metto dentro il tappo del vino. Il tappo galleggia, è più leggero del vino, è meno denso. Ora dammi la tua fede nuziale. É piccola, ma vedi va a fondo. É più densa del vino. Hai mai preso in mano un lingotto d'oro grande come la metà di una stecca di sigarette? É pesantissimo, l'oro è molto pesante, insomma è bello denso. Un lingotto di uranio, che è ancora più denso, non riusciresti nemmeno a sollevarlo, pesa trenta chili. Se continui ad andare avanti forse ce la fai: un punto a densità infinita.»

«Senti, ma tu lo capisci bene, tu riesci a vedere quello che stai descrivendo?»

«Francamente non proprio. Ti ho dato solo una guida verso la concezione di densità sempre più grandi. Un altro esempio che può tornare utile è quello dei buchi neri, entità della cui presenza nell'universo si è ormai sicuri. Immagina una palla con un chilometro di diametro, o anche più piccola che contiene una massa equivalente a cento, mille pianeti come la terra.

I fisici sostengono che non è possibile sapere quello che c'era all'interno del famigerato punto, prima del Big Bang; il concetto d'infinito e di densità infinita non piace neanche a loro. Sostengono che le equazioni della fisica non permettono una descrizione matematica della situazione, crollano, affondano quando si va indietro, di là del momento iniziale in cui l'universo ha cominciato a espandersi. C'è una spiegazione che forse ci potrebbe soddisfare, non tanto nel senso che è più comprensibile ma solo perché, non costringendoci a visualizzare cose inimmaginabili, lo è di meno e quindi: fine della festa. La soluzione è che quando il grande bang è cominciato, gli atomi non erano atomi, la materia non era materia: tutto (grazie Einstein!) era energia e basta.»[1]

«Scusa, ma materia o energia che fosse, prima del bang, chi è che l' ha messa in quell'unico, piccolo, ineffabile punto?»

Scienza, Scienziati, Big Bang e Dio

Paul Davies, nel libro *About Time* (Op. Cit.), scrive che assai spesso, per mettere i fisici in imbarazzo e per dimostrare che sono degli impostori:

[...] i commentatori hanno preso l'abitudine di assillare gli scienziati con la domanda:

---

[1] Il discorso sul Big Bang, la formazione delle galassie, dei soli e dei pianeti, la storia dei buchi neri verrà ripresa più avanti.

«Che cosa è successo prima del Big Bang?» Quello che in realtà la domanda nasconde è: «Voi scienziati pensate di essere furbi e capaci di spiegare ogni cosa. Bene, anche se riuscite a spiegare il Big Bang, non avete ancora spiegato che cosa c'era prima, sì o no?»

Non è per niente scontato che gli autori di questa legittima domanda siano necessariamente convinti credenti nella necessità di un atto di creazione e nell'esistenza di un Dio, responsabile primo di ogni inizio. Il problema è posto con scetticismo dialettico piuttosto che con spirito religioso.
Per molti scienziati moderni il problema della creazione è soppiantato dalla bellezza intrinseca della scoperta delle leggi della natura e dall'intima gioia che nasce dal progresso della comprensione.

Nel piccolo bestseller postumo, *The Meaning of it All*[8], Richard Feynman scrive:

L'altro aspetto della scienza è il suo contenuto, le cose che sono state scoperte. Questa è la rendita, questo è l'oro. Questa è l'eccitazione, la ricompensa che si può ricavare per l'uso disciplinato del pensiero e per il duro lavoro. La fatica non è finalizzata all'applicazione pratica, bensì alla eccitazione per quello che si scopre [...]. Non si può comprendere la scienza e le sue relazioni con altre cose, senza afferrare e apprezzare che questa è la grande avventura del nostro tempo.

[...] fatemi chiarire con un'idea. Per esempio, gli antichi pensavano che la terra non fosse altro che il dorso di un elefante, posato su una tartaruga che navigava sulla superficie di un mare senza fondo. Naturalmente che cosa sostenesse il mare era un altro problema.
Questa credenza degli antichi era il risultato di pura immaginazione. Era un'idea bella e poetica. Guardate come

stanno le cose oggi. Il mondo è una palla che ruota, e gli uomini le sono attaccati su tutti i lati, alcuni a testa in giù. E volteggiamo come una trottola intorno a un gran fuoco. Ruotiamo intorno al sole. Tutto ciò è più romantico e più eccitante. Ma, che cos'è che ci tiene attaccati? La forza di gravità, che non è solo una prerogativa terrestre, ma è la cosa che prima di tutto rende la terra sferica, impedisce al sole di disintegrarsi, e ci fa correre intorno al sole nel tentativo perpetuo di allontanarcene. La gravità agisce non solo in ogni stella, ma tra le stelle; tiene insieme le grandi galassie per miglia e miglia in tutte le direzioni.

Quest'universo è stato descritto da molti, ma continua a esistere, con i suoi limiti ugualmente sconosciuti, come il fondo del mare senza fondo dell'altra idea (quella degli antichi), ugualmente misterioso, ugualmente capace di ispirare stupore, e non spiegato, almeno quanto quello della poetica visione del passato. Il fatto è che l'immaginazione della natura è molto, molto più grande della fantasia dell'uomo.

[...] e avete mai letto, un'opera di un poeta che si occupi del tempo e che paragoni il tempo reale (quel cui siamo abituati ogni giorno) con il tempo dell'evoluzione (della vita)? [...]. Prima c'era la terra priva di qualsiasi creatura vivente. Per miliardi di anni questa palla ha continuato a girare con i suoi tramonti, le sue onde, il mare e i rumori, e non c'era niente di vivo per registrare tutto questo. Vi riesce di concepire e di far coincidere con la vostra esperienza, quale possa essere il significato di un mondo senza nemmeno una creatura? Siamo talmente abituati a vedere il mondo dal nostro punto di vista di esseri viventi, che non riusciamo a concepire il significato dell'assenza di vita; eppure, per la più gran parte della sua esistenza non c'era niente di vivo sulla terra. E niente c'è di vivo nella più gran parte dell'universo oggi.

Alla fine del III secolo prima di Cristo, quando Platone e Aristotele si presentano sulla scena delle idee, la scienza dei

42

greci smette di essere scienza e diventa metafisica. Platone si pone, in qualche modo, però, gli stessi problemi di Feynman con un atteggiamento che ugualmente rivela l'amore per una visione poetica del creato. Arthur Koestler riporta, nell'opera *Les sonnambules* (Op. Cit.), un passo del Timao (33b-34B):

E lui (Dio) diede all'universo la forma appropriata e naturale [...]. Dunque Dio lo fece tondo e sferico, con le estremità alla stessa distanza dal centro in tutte le direzioni, nella foggia più perfetta, la più rassomigliante a se stesso, perché ritenne che ciò che gli rassomigliava fosse più bello del contrario [...]. Il mondo non aveva bisogno di occhi, poiché nulla di visibile era lasciato al di fuori; né di orecchie perché nulla vi era di udibile all'esterno [...]. Lui gli permise il movimento che più conveniva a questa forma corporea, quello che tra i sette movimenti possibili più si confà alle capacità di intendere dell'intelletto. Dunque lo fece ruotare in un sol luogo su se stesso, e lo fece muovere in rotazione circolare; [...] e giacché per questo tipo di movimento non c'era bisogno di piedi, Lui lo creò senza gambe e senza piedi [...]. Liscio, piano e dappertutto equidistante, corpo integro e perfetto, composto di corpi perfetti [...].

Il Dio perfetto di Platone ha dunque inventato un mondo sferico, in cui tutto si muove uniformemente seguendo la forma perfetta del cerchio.
Continua Koestler (Op. Cit.)

Esponendo questa visione poetica, Platone aveva gettato sull'Astronomia una maledizione i cui effetti perdurarono sino all'inizio del XVII secolo, fino al giorno in cui Keplero dimostrò che i pianeti si muovevano su un'orbita ovale e non circolare [...] il ruolo di Aristotele fu di promuovere il movimento circolare al rango di dogma astronomico.

La visione aristotelica dell'universo, con le conseguenze che ebbe sulla filosofia e sulla religione comincia a mostrare le prime crepe con il canonico Copernico che pur piazzando il Sole al centro del creato non riesce a liberarsi dal bisogno della perfezione insita nel moto circolare. La rottura si produce con i suoi successori, Keplero, Galileo e Newton.

Riferendosi a questi ultimi Koestler scrive, sempre *Les Somnambules*:

Keplero, Descartes, Barrow, Leibniz, Gilbert, Boyle e lo stesso Newton, i pionieri contemporanei e successori di Galileo, furono tutti, profondamente, autenticamente, dei pensatori religiosi. Ma la loro immagine della divinità aveva subito poco a poco dei sottili cambiamenti. Essa si era liberata dalla rigida armatura della filosofia scolastica, era rimontata dal dualismo platonico[I], al Dio geometra dell'ispirazione pitagorica e mistica. I pionieri della nuova cosmologia, dopo Keplero fino a Newton e ancora più tardi, fondarono la loro esplorazione della natura sulla convinzione mistica che dovevano esistere delle leggi dietro la confusione dei fenomeni, che il mondo era una creazione interamente razionale, ordinata, armoniosa.

E qualche pagina più avanti:

Quanto a Newton, che era migliore uomo di scienza, e allo stesso tempo metafisico più confuso di Galileo o di Descartes, egli assegnò a Dio una[II] doppia funzione di Creatore della

---

[I] Della filosofia di Platone, Paul Davies, sempre nel citato più in basso ,*The mind of God*, ricorda che Platone inventò due Divinità dominanti su due mondi. Alle sommità del mondo delle Idee c'era Dio, un essere eterno e immutabile, di là dello spazio e del tempo. Imprigionato nel mondo semi-reale, in perpetuo cambiamento, delle forze e degli oggetti materiali, vi era il cosiddetto Demiurgo, il cui compito era quello di modellare la materia esistente in uno stato di ordine, usando le Idee come un progetto, uno schema. Ma, essendo imperfetto, il mondo così modellato si trova in uno stato di continua disintegrazione e nel continuo bisogno delle attenzioni creative del demiurgo.

macchina universale, e d'Ingegnere incaricato della manutenzione e delle riparazioni. Newton riteneva che la posizione cosi ben ordinata di tutte le orbite sullo stesso piano, e la presenza nel sistema di un unico Sole, sufficiente a fornire a tutto il resto la luce e il calore, invece di più Soli o nessun Sole, provavano che la creazione era l'opera di «un agente intelligente né cieco né sottoposto al caso, ma assai abile in meccanica e geometria.»

Una simile concezione della creazione è attribuita a Newton da Paul Davies nel libro *The mind of God*[9]:

Newton credeva fermamente in un Progettista che lavorava usando ben precise leggi matematiche. Per Newton e i suoi contemporanei, l'universo era una vasta e magnifica macchina costruita da Dio. Le opinioni, tuttavia differivano sulla natura dell'Ingegnere e Matematico Cosmico. Si era limitato a costruire la macchina, darle la carica, per poi lasciare che funzionasse da sola? Oppure sovrintendeva, giorno dopo giorno al suo funzionamento? Newton pensava che l'universo potesse salvarsi dalla disintegrazione gravitazionale, solo in forza di un miracolo perpetuo...Leibniz non era daccordo: «Il Signor Newton e i suoi seguaci hanno una curiosa opinione del lavoro di Dio. Secondo loro Dio deve dare la carica al suo orologio di tanto in tanto. Altrimenti cesserebbe di funzionare. Dio non ha avuto abbastanza immaginazione da attribuirgli un moto perpetuo [...]. Secondo il mio punto di vista, la stessa forza e lo stesso vigore continuano a esistere nel mondo sempre e per l'eternità.»

E ancora Koestler (Op. Cit.), cita Leibniz, che sempre riferendosi a Newton e ai suoi partigiani, scrive:

---

[11] Prima lettera di Newton a Bentley, Opere,IV

*In verità le macchina della creazione divina, è così imperfetta,
secondo quei signori, che Dio è obbligato ad apportarle, di
tanto in tanto, un supporto straordinario per pulirla, e
addirittura per ripararla, come un orologiaio farebbe con i suoi
meccanismi...e io ritengo che quando Dio fa dei miracoli, non
lo fa per sopperire ai bisogni della Natura, ma a quelli della
Grazia.*

In altre parole, commenta Koestler, gli atei (come Leibniz)
erano l'eccezione tra i pionieri della rivoluzione scientifica
(come Newton e soci).

Religione e Scienza

Ma, torniamo a Feynman.
Il libro, *The Meaning of it All*, è in realtà la raccolta di tre
conferenze serali presentate da Feynman, nell'Aprile del 1963
all'Università di Washington.
Il tono del testo, evidentemente tratto da una registrazione, è
un tono *parlato* piuttosto che ragionato e scritto, ed è in forte
contrasto con lo stile che lo stesso autore usa altrove. Le
lezioni di fisica di Feynman sono un modello di chiarezza e di
rigore in cui le rare divagazioni poetiche e letterarie,
conferiscono un confortante calore alla complessità didattica
degli argomenti trattati.

L'esposizione di Feynman di uno dei più strani fenomeni della
fisica quantistica, la storia della dualità tra particelle e onde, mi
è rimasta impressa sia per la limpidezza del linguaggio usato,
sia per la rara sensazione di avvicinamento alla comprensione
della verità che ho potuto ricavarne.
Nella seconda conferenza, intitolata: *The Uncertainty of
Values,* L'incertezza dei Valori, l'autore affronta il problema di
Dio e Scienza.

Lo fa raccontando la storia di un ragazzo appartenente a una famiglia religiosa che va all'università per studiare materie scientifiche. Il dubbio è insito nello studio della scienza, e dopo un po' di pratica del dilemma scientifico, il giovane comincia a dubitare anche del Dio di suo padre.

Questo fenomeno accade spesso. Non è un caso isolato o immaginario. In realtà, io penso, anche se non dispongo di diretti dati statistici, che almeno la metà degli scienziati non credono nel Dio del proprio padre, o a un Dio nel senso convenzionale del termine. Perché? Che cosa accade? Rispondendo a questo quesito penso di poter far chiarezza sul problema della relazione tra scienza e religione.

Una prima possibilità è che poiché la maggior parte degli scienziati è atea, i loro insegnamenti finiscono per influenzare lo studente. La seconda è che la presunzione di chi sa poco, come accade allo studente all'inizio dei suoi studi, porti lo studente a pensare di sapere tutto, e che quando finalmente sarà più colto e maturo potrà cambiare opinione. Ma Feynman esclude questa possibilità.
La terza possibilità è che il ragazzo non capisca correttamente la scienza: la scienza non può produrre prove contrarie all'esistenza di Dio.

La domanda che avrebbe potuto essere: «Dio esiste o non esiste?» cambia con la domanda «Quanto posso essere sicuro che Dio esiste?» Adesso lui ha un problema diverso e più sottile da risolvere [...]. É certo che l'uomo, nella norma, non comincia a dubitare subito dell'esistenza di Dio. Quasi sempre comincia con dei dubbi su altri dettagli della fede, come la certezza di una vita dopo la morte, o i particolari della vita di Cristo, o altri simili dettagli [...]. Voglio semplificare e arrivare direttamente al nocciolo della faccenda. Il risultato di questi ragionamenti, o chiamateli come volete, spesso è una conclusione molto prossima alla certezza che c'è un Dio. Con analoga frequenza, d'altra parte, si conclude con l'affermazione che è quasi certamente sbagliato credere all'esistenza di Dio [...]. Benché sia possibile argomentare a un alto livello teologico e filosofico che non esiste conflitto (tra religione e scienza), è sicuramente vero che il giovane di famiglia religiosa finisce per polemizzare con se stesso e con i suoi colleghi quando comincia a occuparsi di scienza, quindi qualche tipo di conflitto deve ben esserci.

Il conflitto dipende dai fatti, quelli parziali appresi dalla scienza.

Per esempio viene a conoscere le dimensioni dell'universo. Le dimensioni dell'universo sono impressionanti, con noi situati su un granello di polvere che ruota intorno al sole. Uno dei cento miliardi di soli in questa galassia, che è una tra miliardi di galassie. Poi, apprende l'intima relazione biologica tra uomo e animali, e tra le diverse forme di vita, e che l'uomo è l'ultimo arrivato in un lungo e immenso dramma in evoluzione continua. É possibile che tutto il resto (dell'Universo) non è altro che l'impalcatura per la creazione dell'uomo? E tuttavia, ci sono gli atomi, di cui ogni cosa sembra essere costruita seguendo leggi immutabili cui nulla può sottrarsi. Le stelle sono fatte dello stesso materiale, gli animali anche – ma a un tale livello di complessità da apparire misteriosamente viventi. É una grande avventura quella della contemplazione dell'universo, al di là dell'uomo [...] riflettere su come sarebbe senza la presenza umana, come è accaduto per la più gran parte della sua lunga storia e nella maggior parte dei luoghi [...]. Bene, questa visione scientifica termina in un aura di sorpresa e di mistero, perduta al limite dell'incertezza, ma appare così profonda e sconcertante da far sembrare del tutto inadeguata la teoria secondo la quale tutto è stato organizzato come un palcoscenico per permettere a Dio di osservare la lotta dell'uomo tra il bene e il male [...]. In conclusione il Dio della chiesa non appare sufficiente.

Feynman non va molto oltre in questa serie di riflessioni; non cerca di mettere in relazione le meraviglie dell'universo con un Dio creatore. Elude con eleganza il quesito centrale dell'atto della creazione, ed espande il suo ragionamento sulla contraddizione tra scienza e religione e sugli aspetti etici e metafisici di quest'ultima.

Ha posto, tuttavia, due affascinanti questioni: É possibile che tutto l'universo esista come *impalcatura per la creazione dell'uomo?* E insieme con questo appare il pensiero ricorrente che lo affascina e lo turba: l'idea del mondo, la terra, priva per miliardi di anni di ogni presenza animale o umana, e dell'universo intero privo da sempre e per sempre di ogni forma di vita.

Il primo quesito può essere letto come l'introduzione a un concetto che si ritroverà ancora, cui io dedicherò un intero capitolo: quello del *Principio Antropico.*

Feynman dubita che tutta l'impressionante architettura, l'immensa costruzione dell'universo, possa essere servita solo come supporto alla presenza umana sulla terra. Quando si analizzano le concomitanze che l' hanno consentita - la struttura dell'atomo, le masse relative e le cariche elettriche delle particelle elementari (neutroni, protoni elettroni); l'entità della forza di gravità, il modo del tutto improbabile con cui si sono formati nelle stelle gli elementi necessari alla vita, carbonio, idrogeno, ossigeno - si deduce che le possibilità sono due.

O si tratta di un complesso d'incredibili, straordinarie coincidenze che hanno portato all'uomo com'è fatto, capace di essere qui a domandarsi perché è qui, e di spiegare tutto con quelle osservazioni sperimentali e con quelle leggi della fisica e della cosmologia che, uniche, avrebbero potuto permettergli di esistere e di porsi le domande. Questo è il Principio Antropico Debole.

Oppure, si teorizza che nulla è attribuibile al caso. Tutto è com'è perché non poteva essere diversamente; *queste* leggi della fisica sono le sole possibili, esistono da *prima,* e hanno generato l'unico possibile universo, di cui l'uomo è parte integrante. Quest'interpretazione, il Principio Antropico Forte, non esclude, anzi rafforza la visione dell'uomo come centro dell'universo e come fine, come ragione di uno sforzo creativo di un'entità esterna (le leggi della fisica come le uniche, platonicamente possibili) e addirittura di un'entità divina.

La seconda immagine - riferita a tutto l'universo e poi alla terra, quella di un mondo inizialmente di roccia e fuoco, poi freddo, inondato e in lenta, progressiva evoluzione, pieno dei più assordanti rumori, e di straordinari spettacoli di violenza o pace colorata, senza che nessuno sia lì a vederli e a ascoltarli - è sicuramente strana e affascinante.

Facciamo qualche conto e un po' di ragionamenti somiglianti a quelli di Feynman su questo punto.

L'universo ha circa quindici miliardi di anni. La terra gira intorno al sole da cinque. Trascuriamo tutti gli esseri viventi pur dotati della capacità di vedere e di udire, di *sentire* gli spettacoli della natura in evoluzione, di proteggersi dagli inquietanti pericoli del fuoco, dell'acqua, delle tempeste, e di soddisfare i loro bisogni biologici.

L'uomo inteso come un essere dotato della capacità di registrare le informazioni provenienti dal mondo che lo circonda, e di organizzarle per sopravvivere, comincia a girovagare per i continenti, diciamo un centinaio di migliaia di anni or sono.

Non credo di essere in errore, se considero che solo negli ultimi diecimila anni la specie umana ha cominciato ad approfondire in *senso moderno* la propria visione del mondo e a porsi domande prima confuse, poi sempre più concrete e curiose sui misteri in cui era immersa. Un primo periodo di rapidissimo sviluppo durato cinquemila anni porta alla poesia, all'indagine teologica, all'affermazione di principi etici e religiosi, e alla prima forma di scienza: la matematica seguita dall'osservazione e la registrazione del moto degli astri.

Altri cinquemila anni, e arriviamo fino a noi, alla fisica classica, alle teorie di Darwin, alla fisica delle particelle e dei quanti, alla relatività, alla cosmologia moderna, allo straordinario svilupparsi della scienza e della tecnologia.

Ed ecco il ragionamento. Faccio prima un primo piccolo calcolo per rapportare il periodo di diecimila anni ai cinque miliardi di anni da quando la terra ruota intorno al sole.

Gli ultimi diecimila anni, da quando l'uomo si è messo a ragionare, rappresentano la cinquecento millesima parte del lungo percorso della terra dalla sua nascita sino a oggi. Per essere ancora più chiaro e dare un'idea apprezzabile del rapporto, è come se si paragonasse un giorno a 1360 anni, oppure un secondo a, pressappoco, sei giorni.

Pensiamoci bene: se l'evoluzione *in senso moderno* si fosse verificata diecimila anni prima, dal 20000 avanti Cristo al 10000 avanti Cristo, oppure diecimila anni dopo di quando è accaduta, nel periodo tra oggi e l'anno 12000 dopo Cristo, questo spostamento in avanti o all'indietro avrebbe rappresentato un giorno in meno o in più su 1360 anni. La domanda è: perché non due, tre, trenta giorni, prima o dopo? Perché è toccato proprio a noi? É possibile che anche questo rientri in un disegno carico d'imperscrutabili finalità?

Ma scusa, è semplice: se fosse successo prima o molto dopo ci sarebbe qualcuno come te a domandarsi perché è toccato a lui. Chiunque produca questa ragionevole obiezione forse non sa che sta enunciando un aspetto del Principio Antropico Debole.

Teoria finale al posto di Dio?

Torniamo al Big Bang e a quello che c'era prima, o a chi gliel' ha messo.

Steven Weinberg, dedica, dunque, un intero capitolo all'argomento di Dio, nel libro già citato, *Dreams of a Final Theory* ma, come vedremo, come Feynman, dribbla elegantemente il problema della creazione.

Il senso del titolo e dell'opera è essenzialmente il seguente. I fisici delle particelle insieme ai cosmologi, e agli astronomi [I] lavorano da qualche decennio alla realizzazione di un sogno.

É il sogno di una *teoria finale*, che permetta di esprimere in un'unica formula le più importanti leggi, e le fondamentali proprietà della materia. Non è sorprendente che le diverse discipline siano mescolate nello sforzo unificatore della fisica moderna: il molto piccolo, l'atomo e le particelle elementari sono i mattoni che costruiscono il molto grande, l'universo intero. Comprendere e conoscere i buchi neri è importante perché la cognizione esatta del processo della loro nascita può contribuire a risolvere il problema inverso, quello del Big Bang; le condizioni sempre più estreme che si raggiungono negli acceleratori di particelle tendono a simulare, anche se ancora e per sempre in maniera assai parziale e limitata, lo stato della materia e delle energie presenti nei primordi della nascita del cosmo; la radiazione cosmica che martella incessantemente ogni punto della terra, residuo del Big Bang, o prodotta in stelle lontane, è costituita dallo stesso tipo di entità fisiche (raggi gamma, neutrini, e altre misteriose *particelle*) prodotte nei reattori nucleari e negli acceleratori [II].

[I] Non includo i biologi e gli studiosi della teoria della complessità, per non allargare troppo il discorso, per evitare confusione, ma anche perché, almeno per il momento, le strade che percorrono sono diverse. Anche se non è affatto escluso che finiranno per convergere.

[II] Mi accorgo che quasi in ogni pagina finisco per anticipare pezzi del racconto che, oggetto dei seguenti capitoli, si preciseranno più avanti. Penso che non sia male. Renderà la lettura delle pagine successive più appetibile, e facilitata da un progressivo accostamento con la terminologia e con la problematica.

Weinberg è un fisico atomico. Il sogno che lo interessa è quello dell'unificazione delle quattro forze che regolano i principali fenomeni della fisica: forza elettromagnetica, forza nucleare debole, forza nucleare forte, e forza di gravità. Ha lui stesso contribuito, con Feynman e altri, allo sviluppo di una teoria che dimostra che le prime due sono in realtà espressione della stessa forza. Incertezze più gravi presenta il problema dell'unificazione della forza nucleare forte, e lontana dalla soluzione rimane l'unificazione di tutte le forze con quella di gravità. Il libro, non facile, fa una storia delle scoperte del passato e un'analisi delle possibili evoluzioni future verso la realizzazione del sogno.

Weinberg (Op. Cit.) non è sicuro che il sogno possa essere realizzato.

É difficile immaginare che si possa arrivare a possedere principi finali della fisica che non abbiano una spiegazione basata su principi più profondi [...]. A volte i fisici tendono a sottovalutare la distanza da percorrere prima che una teoria finale si renda disponibile [...]. Tempo fa, Stephen Hawking [...] ha suggerito che le teorie della super-gravità estesa allora di moda, potessero fornire la base per qualcosa di vicino a una teoria finale. Dubito che Hawking lo suggerirebbe ancora oggi. D'altra parte [...] Hawking non ha mai preteso che una teoria finale fosse già disponibile [...].

E ancora:

Benché non è impossibile concepire una teoria finale che non abbia una spiegazione basata su principi più profondi, è assai difficile rappresentarsi una teoria finale che non richieda ulteriori spiegazioni. Qualunque possa essere la teoria finale, essa non potrà essere logicamente inevitabile. Anche se la teoria finale [qui l'autore entra nel merito della faccenda N.d.A.] finisce per essere una teoria delle stringhe che può essere espressa da poche semplici equazioni. Se riusciamo a dimostrare che questa è l'unica possibile teoria basata sulla meccanica quantistica, che sappia descrivere la gravitazione insieme alle altre forze, senza contraddizioni matematiche, dovremo ancora porci la domanda del perché debba esserci una cosa come la gravitazione, e perché la natura debba obbedire alle regole stabilite dalla meccanica quantistica. Perché l'universo non è semplicemente costituito da particelle che girano senza fine secondo le leggi della meccanica di Newton? Perché ci deve essere qualcosa di diverso dal nulla?

Sembra ovvio che anche se non ha ancora avviato il discorso su Dio, cosa che farà nel capitolo successivo, Weinberg non ha la pretesa che la fisica, anche con una teoria finale possa fornire l'ultima risposta.

Mi pare anche che in chiusura cada in una piccola contraddizione su cui m'interessa porre l'accento adesso perché mi sarà utile più avanti:

Di una cosa si può essere certi: la scoperta di una teoria finale non porrebbe fine alle iniziative della scienza [...]. Già adesso e sempre nel solo ambito della fisica vi sono fenomeni come la turbolenza e la superconduttività ad alte temperature che si ritiene possano avere profonde e bellissime spiegazioni. Nessuno sa come si sono formate le galassie, come ha avuto inizio il meccanismo genetico e come i ricordi sono incasellati nel cervello. Nessuno di questi problemi sarà influenzato dalla scoperta di una teoria finale.

Ma, alla pagina successiva conclude in un modo che rivela la vena poetica che appare essere dono naturale di ogni grande scienziato, ma che indica che, come spesso accade, neanche gli uomini di genio sono esenti da contraddizioni:

Tuttavia, con la scoperta di una teoria finale potremmo rimpiangere il fatto che la natura è diventata più banale, meno colma di meraviglie e di misteri. Qualcosa di simile è già accaduto. Attraverso la più gran parte della storia dell'umanità, le nostre mappe della terra hanno mostrato grandi spazi sconosciuti, che l'immaginazione poteva riempire di draghi, città dorate e antropofagi [...]. Ma oggi ogni acro della superficie della terra è stato catalogato e i draghi sono tutti spariti. Con la scoperta delle leggi finali, i nostri sogni a occhi aperti finiranno per contrarsi di nuovo. Vi saranno infiniti problemi e l'intero universo da esplorare ma io sospetto che gli scienziati del futuro possano invidiare i fisici di oggi, perché noi siamo ancora in viaggio, verso la scoperta delle leggi finali.

Sembra che l'autore oscilli tra la consapevolezza che non tutti i misteri dell'universo sarebbero risolti da una teoria finale, e la convinzione che la scoperta delle leggi finali sia terribilmente importante.

Nel capitolo successivo, *What about God,* Weinberg comincia, dunque, a porsi domande più dirette su Dio e sul suo ruolo nella scienza e nella costruzione dell'universo.

Come già accennato, tuttavia, non sembra che abbia voglia di impegolarsi nella questione del Dio creatore. Preferisce approfondire la relazione tra leggi finali e essenza divina.

Anche l'eventuale scoperta delle leggi finali, per belle che possano essere, non darà conto dell'esistenza della vita e dell'intelligenza.

Quindi nelle leggi non troveremo alcuna traccia di un Dio che s'interessi, tra l'altro, di etica e di morale.

Ovvero, mentre non è impossibile immaginare un Dio creatore che per recondite, inaccessibili ragioni abbia voluto esprimersi nelle complesse meraviglie di un universo senza vita intelligente e come tale non intelligibile - un Dio che s'*interessi di etica e di morale* ha senso solo se esistono esseri capaci di percepire il creato, porsi le domande, studiare le leggi della fisica, e cercare di distinguere tra bene e male. Scrive:

Devo ammettere che a volte la natura sembra più bella e meravigliosa dello stretto necessario [...]. Benché io capisca abbastanza bene perché si siano evolute le piume multicolori, *[si riferisce agli uccelli che può osservare fuori del suo studio N.d.A.]*, come conseguenza della competizione per il maschio, è quasi irresistibile immaginare che tutta questa bellezza sia stata predisposta per il nostro piacere. Ma il Dio degli uccelli dovrebbe essere anche il Dio dei difetti alla nascita, e del cancro.

Quindi, come accade a Feynman, anche se sarebbe *irresistibile* poter credere a un universo finalizzato agli esseri umani, Weinberg non è di quest'opinione, ma per ragioni morali oltre che strettamente scientifiche. Rincara la dose:

Le persone religiose hanno lottato per millenni [...] con il problema posto dall'esistenza della sofferenza in un mondo che si ritiene sia regolato da un Dio buono. Queste persone hanno trovato soluzioni ingegnose in termini di vari, ipotetici disegni divini. Io non voglio contestare queste idee, né cercare di aggiungerne di mie. Il ricordo dell'Olocausto mi lascia indifferente a ogni tentativo di giustificare i piani di Dio nei riguardi degli esseri umani. Se esiste un Dio dotato di specifici programmi per gli uomini, allora bisogna concludere che Lui fa degli incredibili sforzi per nascondere la sua preoccupazione per noi. A me sembrerebbe indelicato se non addirittura empio disturbare un simile Dio con le nostre preghiere.

Nessuno scienziato sostiene in modo esplicito che esista una prova scientifica dell'esistenza divina.
Tuttavia, sono molti a sostenere uno status speciale per la vita intelligente, che Weinberg fa fatica a condividere.

[...] se, d'altro canto, potessimo trovare un ruolo specifico per la vita intelligente nelle leggi finali, al punto di convergenza di tutti i segnali della comprensione, potremmo allora concludere che il creatore che ha fissato le leggi fosse in qualche maniera interessato particolarmente a noi.

Con un riferimento indiretto al Principio Antropico di cui Weinberg si occupa altrove nel libro, aggiunge:

Molti scienziati danno grande importanza al fatto che alcune delle costanti fondamentali della natura [vedi sopra: le masse relative e le cariche elettriche delle particelle elementari, neutroni, protoni, elettroni; l'entità della forza di gravità; il modo del tutto improbabile con cui si sono formati nelle stelle gli elementi necessari alla vita, carbonio, idrogeno, ossigeno N.d.A.] hanno dei valori che sembrano particolarmente adatti a giustificare l'apparizione della vita intelligente nell'universo. Non è ancora chiaro se queste considerazioni siano corrette, ma anche se lo fossero, questo non implica necessariamente l'operatività di un disegno divino. In alcune teorie cosmologiche, le cosiddette costanti variano da punto a punto e da momento a momento (nei vari possibili multi-universi) [...]. Se questo fosse vero (in altre parole se queste teorie fossero corrette) ne deriverebbe che ogni scienziato che studi le leggi della natura dovrebbe stare vivendo in un punto dell'universo in cui le costanti assumono dei valori favorevoli allo sviluppo della vita intelligente.

Per Weinberg la decifrazione delle leggi finali non potrà dar conto dell'apparizione della vita intelligente. Quest'ultima, d'altra parte, è il vero, unico presupposto di ogni giustificato ragionamento sull'esistenza della divinità. Un universo senza vita intelligente sarebbe, per ragioni implicite, esente dal problema[1].

---

[1] Anche se in contraddizione con l'iniziale proposto, una riflessione asettica mi sembra interessante.
Dunque, senza uomo non ci sarebbe bisogno di Dio, e soprattutto di un Dio che *si interessi di etica e morale*. Questo, anzitutto nella certezza che mai elefanti, formiche, orsi polari, balene, cani, gatti e giaguari e ancor meno di loro la materia *bruta,* la terra, l'acqua e il fuoco, si siano posti il problema; poi, nell'ipotesi che nelle intenzioni del Dio Creatore ci fosse il bisogno di riscontro, e che non gli bastasse la gioia dell'invenzione della bellezza

Teoria del tutto e conoscenza della mente di Dio

Di opinione diversa è Steven Hawking che nel libro *Dal Big Bang ai buchi neri,* azzarda la possibilità che una teoria finale o teoria del tutto permetterebbe di *conoscere la mente di Dio,* affermazione che non ha avuto molto seguito.

Hawking, in realtà è andato parecchio oltre, e bisogna dargli atto che è uno dei pochi scienziati, che confrontandosi con il problema della creazione, e con quello della replica alla domanda: «ma chi ce l' ha messa quella roba nel punto a densità infinita prima del *Big Bang*», ha dato una risposta

dell'universo.

L'argomento sembra nascere, ancora una volta, dalla incapacità umana, geneticamente acquisita, di escludersi da una presuntuosa posizione di centralità universale. Si potrebbe, infatti, ipotizzare un progetto divino che ha portato all'apparizione di atomi, galassie, stelle, soli, e pianeti, senza un programma che prevedesse lo sviluppo evolutivo di un essere dotato della capacità di simulazione e di quella del linguaggio? O addirittura un progetto privo degli ingredienti che rendendo possibile il primo organismo capace di replicarsi, hanno portato allo sviluppo della vita animale e vegetale? Un universo sprovvisto di animali, piante, scimmie e primati o perfino un universo completamente inorganico, ricco di soli e pianeti con montagne, vulcani, e perché no acqua, mari, aria, nuvole, temporali e vento?

Non c'è bisogno per raffigurarsi queste tre differenti situazioni di spostarsi in punti diversi del cosmo, in ipotetici mondi che si trovino in differenti stadi della loro progressiva evoluzione.

Basta pensare alla terra.

L'ipotetico Dio Creatore si sarebbe accontentato all'inizio, nei primi 10 o 12 miliardi di anni, di assistere in solitudine al magnifico spettacolo messo in scena.

Maggiori soddisfazioni avrebbe avuto quando la rappresentazione si fosse arricchita di attori capaci di reazioni istintive: la varietà dello spettacolo in un continuo crescendo se non di *sentimenti,* sicuramente di *sensazioni* trasmissibili, anche se più o meno primordiali e più o meno intense: fame, sete, istinto di sopravvivenza e di riproduzione, gioia e giuoco, dolore, sofferenza, e morte.

E, infine, con l'uomo il Dio Creatore avrebbe promosso, da una parte, il bisogno crescente di domande articolate e l'esigenza di risposte concrete. Dall'altra avrebbe ottenuto il massimo delle risposte con l'evoluzione delle *sensazioni* in *sentimenti,* e con la trasformazione degli urli in parole.

parecchio scientifica più che metafisica e filosofica, suffragata da solida matematica. Il fatto, però, è che la teoria sviluppata da lui e da un altro scienziato, Hartle, basata sui principi della cosmologia quantistica, è tra quelle più astruse e meno intelligibili.

Occorre premettere, che, come sarà chiarito più avanti, l'idea corrente del Big Bang non presuppone l'esistenza di un punto situato nello spazio e nel tempo, che improvvisamente abbia cominciato a espandersi. Al contrario, spazio e tempo avrebbero avuto inizio *con* il Big Bang.

Hartle e Hawking pensano che l'universo non abbia confini nel tempo. Non è infinitamente vecchio, ma non ha avuto bisogno di iniziare in un momento preciso. La teoria è semplificata e illustrata nel libro *The Mind of God* (Op. Cit.) di Davies. Davies, da quel consumato divulgatore che è, fa del suo meglio per rendere accessibile un discorso che, tuttavia rimane tanto intricato da sconsigliarmi di provare a riferirlo.

É convinto che la teoria potrebbe non essere esatta o vera.

Tuttavia io non credo che questo sia importante. Quello che conta è stabilire se un qualche tipo di evento soprannaturale sia o no necessario per dare inizio all'universo. Se una teoria scientifica plausibile può essere costruita che possa dare ragione dell'origine dell'intero universo fisico, almeno sappiamo che una spiegazione scientifica è possibile, giusta o sbagliata che sia.

Dopo aver tentato di spiegare le idee di Hartle e Hawking, Davies si ferma sugli aspetti più metafisici che scientifici del ragionamento:

Le implicazioni dell'Universo di Hartle-Hawking per la teologia sono assai profonde, come fa notare lo stesso Hawking: «Se l'universo avesse avuto un inizio potremmo supporre l'intervento di un creatore. Ma se l'universo fosse un sistema completamente self-contained privo di frontiere e contorni, esso non avrebbe né principio né fine: si limiterebbe a esistere. Che posto ci sarebbe, dunque, per un creatore?» Il ragionamento allora è che poiché l'universo non ha un'origine puntuale nel tempo, non c'è alcun bisogno di fare ricorso a un atto soprannaturale di creazione iniziale. Il fisico Britannico Chris Isham, anche lui esperto di cosmologia quantistica, ha prodotto uno studio delle implicazioni teologiche della teoria di Hartle- Hawking. *«Non c'è dubbio che, psicologicamente parlando, l'esistenza di un punto singolare iniziale può facilmente generare l'idea di un creatore che da inizio allo spettacolo»* scrive Isham. Isham ritiene, al contrario, che queste nuove idee cosmologiche rimuovono il bisogno di un Dio causa del Big Bang.

E più avanti:

La maniera in cui mi piacerebbe esprimere (il concetto) è che l'universo dello spazio-tempo e della materia è internamente consistente e self-contained. La sua esistenza non richiede nulla al di fuori di se stesso. Vuol dire che l'esistenza dell'universo può essere spiegata scientificamente senza bisogno di ricorrere a Dio? Possiamo immaginare l'universo come un sistema chiuso che contiene in se stesso la ragione della sua esistenza? La risposta dipende dal significato che si vuol dare alla parola spiegazione. Date per scontate le leggi della fisica, l'universo può, per cosi dire, prendersi cura di se stesso, inclusa la sua stessa creazione. Ma, da dove vengono le leggi della fisica? Dobbiamo trovare, a nostra volta, una spiegazione per le leggi?

Come si vede, le domande prevalgono, anche in questo caso, sulle risposte.

Dialogo

«Vuoi provare a farci un riassunto di tutta questa faccenda? O ci provo io?

Non mi pare che i tuoi fisici e scienziati abbiano le idee più chiare di te. Mi pare che a un Dio creatore ci credano poco. Però, a parte questa confusa teoria di Hartle e Hawking, eludono, dribblano, come dici tu, il discorso centrale: che c'era prima del Big Bang? Sono entusiasti della bellezza del mondo e della perfezione che vi si può leggere interpretandolo con le regole scientifiche. Sono innamorati della scienza, di se stessi, delle loro parole e delle loro misteriose formule matematiche. Sperano di riuscire ad arrivare a una teoria finale che spieghi l'universo del molto piccolo e del immensamente grande concentrando, in un'unica formula, tutte le leggi della fisica.

Tuttavia si rendono conto, che anche se ci riuscissero, gli interrogativi e le domande rimarrebbero tutti. La *teoria del tutto* potrà ben arrivare, con stringhe e corde, a unificare le quattro forze, ma certamente non permetterebbe la fine della psicologia, della biologia, della geologia, della chimica, della stessa fisica. I miracoli, le incongruenze, le incertezze dell'esistenza umana perdurerebbero oscuri. Ogni risposta sembra che non faccia altro che generare nuove domande. L'unica cosa che mi sembra ragionevole è quella storia del Principio Antropico. Siamo qui a discutere delle ragioni per cui l'universo è com'è perché se fosse diverso, se le tue famose costanti fisiche avessero un'altra forma o altri valori, le stelle non si sarebbero formate, le supernove non sarebbero esplose in soli e pianeti, non ci sarebbe stato il carbonio, e sarebbe venuto a mancare l'elemento fondamentale della vita. Opera del caso o di un Dio creatore? Caso o necessità?»

«Aspetta, aspetta solo un momento. Lascia che ti racconti che cosa ne pensa Trinh Xuan Thuan in *Le cahos et l'Armonie* (Op. Cit.). L'esistenza di un universo come il nostro - in cui *per*

61

puro caso le leggi della fisica, le condizioni iniziali, e i valori delle costanti abbiano permesso la vita e l'apparizione della coscienza - implica, secondo i principi della cosmologia quantistica, l'esistenza di tanti altri universi paralleli un cui le cose siano andate diversamente. La maggior parte di questi universi non ospiterebbe né vita né coscienza.

Salvo il nostro che sarebbe dotato, per caso, della combinazione vincente di cui noi saremmo la brillante conseguenza! [...]. Io respingo personalmente l'idea degli universi multipli e dell'accidente che ne deriva. Io non amo quest'ipotesi degli universi multipli perché è contraria al principio di economia: perché creare un'infinità di universi sterili solo per averne uno che sia cosciente di se stesso? [...]. Io rifiuto l'ipotesi della casualità perché, di là del non senso e della disperazione che la caratterizzano, io non posso concepire che la bellezza che percepiamo nel mondo, dai contorni delicati di un fiore, all'architettura maestosa delle galassie, e anche [...] nelle leggi della natura, siano semplicemente il risultato della casualità. Se noi accettiamo l'ipotesi di un solo universo, il nostro, dobbiamo anche postulare l'esistenza di una Causa Prima che ha regolato l'insieme delle leggi fisiche e delle condizioni iniziali per permettere che l'universo potesse prendere coscienza di se stesso.»

«Allora il tuo Thrin crede in un Dio creatore? Almeno lui ci da un'opinione chiara e consistente!»

«Aspetta, aspetta, non ti fare troppe illusioni. Lui continua così:

Tuttavia la scienza non potrà mai arrivare a distinguere tra le due possibilità. Mai essa potrà arrivare alla fine del percorso. Il risultato magico di Godel[l] ci ha mostrato i limiti della ragione.

Bisogna dunque fare appello ad altri metodi di conoscenza, come l'intuizione mistica e religiosa, informata e illuminata dalle scoperte della scienza moderna. A ogni modo una cosa è certa: l'universo non è più distante ed estraneo per noi, bensì più intimo e familiare.

E così finisce il libro di Thrin.»

Prima del primo batterio

La Bibbia del mio capo

Isaac Newton pensava che l'universo non avesse che seimila anni. Credeva in Dio, nella Bibbia, ed era sicuro che le cose fossero andate più o meno com'è stato raccontato nella Genesi.

Sono tornato, dopo anni, a rivisitare la mia Bibbia. È un esemplare, in Inglese, pubblicato nel 1986 dalla *Zondervan Bible Publishers, Grand Rapids Michigan*. Non è snobismo anglofilo. C'è una buona ragione. Mi era stata donata all'inizio degli anni novanta da un mio capo americano, Larry Rankin, fervente Cristiano, deciso a convertirmi alla fede in Cristo.

Non avevo mai letto la Genesi. I miei ricordi della storia della Creazione risalivano al catechismo, durante la preparazione alla prima comunione.

Sono andato a rileggerla oggi, e devo confessare di aver provato una certa emozione.

È un racconto che affascina per il suo ardore poetico, e che, allo stesso tempo, non è privo di ritmo, lucidità, rigore e logica. Mi ha molto colpito il primo versetto: *Al principio, Dio creò i cieli e la terra. A questo punto la terra era senza forma, vuota,*

---

[1] Kurt Godel è un matematico famoso che ha provato l'esistenza di assiomi matematici dei quali è impossibile dimostrare se siano veri o falsi. (N.d.A)

l'oscurità dominava la superficie degli abissi, e lo Spirito di Dio aleggiava sulle acque.

Il testo inglese usa il termine *heavens*, che io ho tradotto *cieli* e non *cielo*.

La creazione dell'universo è dunque avvenuta prima del Primo Giorno. Dio crea i cieli e la terra e il testo nulla dice sul tempo che il Padreterno potrebbe aver dedicato - prima di occuparsi in dettaglio della nostro globo terracqueo - a mettere ordine in altre galassie, altri soli e altri pianeti.

L'evoluzione del pianeta, dall'oscurità alla luce e alla vita occupa i successivi sette giorni.

Il Primo Giorno, dunque, Dio separa l'oscurità dalla luce e le chiama *giorno e notte*; il Secondo è dedicato a disgiungere l'acqua dal cielo. Il Terzo Giorno l'acqua è divisa dal suolo, appaiono le zone asciutte, che sono popolate da vegetazione, piante e alberi da frutto, insieme ai loro semi.

Il Quarto Giorno piazza nel cielo il sole e la luna, per regolare il giorno e la notte e per separare di nuovo la luce dall'oscurità. Mi posso spiegare questa ripetuta azione di separare la luce dal buio (lo aveva già fatto il Primo Giorno) solo se l'opera compiuta nel Primo Giorno fosse stata relativa a tutto l'universo, e non alla terra.

È nel Quinto Giorno che il Signore popola la terra con gli uccelli e i pesci.

Gli altri animali, feroci e mansueti, e infine l'uomo, entrano in scena solo il Sesto Giorno, in sequenza.

Il Settimo Giorno, il Signore guarda quello che ha fatto, ne gode e decide di santificare la fine della creazione. La domenica è sacra e destinata al riposo.

La dottrina e la teologia della chiesa cattolica hanno accettato la teoria del Big Bang.

Dio, secondo la Genesi, potrebbe aver messo in un punto l'energia e la materia, e avrebbe dato il via alla grande esplosione, alla formazione dei gas primordiali e a tutto quel che segue. Notiamo ancora che il tempo necessario alla costruzione dell'universo non è definito nel racconto biblico.

La sequenza dell'apparizione della vita sul pianeta, a parte la poetica concezione del tempo, non è in discordanza con le teorie scientifiche moderne.

Il Dio Creatore, con la stessa possente facilità con cui ha messo tutto l'universo in un punto, ha forgiato la scintilla della vita, e poi ha lasciato a Wallace, Darwin, agli evoluzionisti, ai paleontologi, ai biologi, il compito di darsi da fare per muovere le cose nella giusta direzione.

Conviene dire immediatamente che la scienza moderna, così come non è ancora riuscita a rispondere alla domanda sull'origine del Big Bang, non è ancora pervenuta a risolvere il problema della favilla primordiale e che, allora, i prossimi paragrafi non potranno essere altro che il riepilogo delle idee di alcuni scienziati sul mistero profondo dell'origine della vita, senza alcuna soluzione definitiva.

Il Caso e la necessità

Jaques Monod nel libro *Il Caso e la Necessità* (Op. Cit.), analizza *Il problema delle origini.*

Nel processo che deve aver condotto alla comparsa dei primi organismi, è possibile definire a priori tre fasi:

- la formazione sulla Terra dei costituenti chimici essenziali di tutti gli esseri viventi, precisamente i nucleotidi (DNA) e gli amminoacidi (Proteine, vedi nota)[1].

---

[1] Ricordiamo che i nucleotidi sono i costituenti essenziali del DNA che controlla e gestisce i codici delle informazioni genetiche. Le proteine sono macromolecole che si formano per polimerizzazione degli amminoacidi e rappresentano i componenti fondamentali di ogni cellula.

- la formazione, a partire da queste sostanze, delle prime macromolecole capaci di replica.
- l'evoluzione di un apparato teleonomico tale da condurre alla cellula primitiva.

Monod non ha certezze, ma nemmeno sostanziali dubbi sulla possibilità che possa essersi verificata la prima tappa. Il metano, composto da idrogeno e carbonio, l'ammoniaca e l'acqua erano presenti nell'atmosfera del globo quattro miliardi di anni fa. Nelle distese liquide della terra erano contenute alte concentrazioni di queste sostanze, capaci (*come sembra dimostrato*), di dare origine, con l'assistenza di catalizzatori non organici, a sostanze più complesse come gli amminoacidi e i precursori dei nucleotidi (basi azotate e zuccheri) e, successivamente, alle macromolecole fondamentali: le proteine e i nucleotidi. Quindi, nel *brodo primordiale,* si trovavano, in grandi quantità, le macromolecole necessarie a dare origine alla vita.

La seconda tappa, la formazione delle prime macromolecole equipaggiate con la particolare capacità di *auto-replicarsi* non è stata ancora dimostrata, ma Monod ritiene che non si tratti di una difficoltà insormontabile.
La terza tappa, l'origine del codice genetico e lo sviluppo di un sistema capace di condurre alla cellula primitiva, sono un enigma del tutto irrisolto. Tra le ragioni di questa difficoltà, il fatto che la più semplice cellula vivente, la cellula batterica, piccolo congegno estremamente complesso ed efficace...e identico a quello di tutti gli esseri viventi...aveva raggiunto il suo attuale stato di perfezione un miliardo di anni fa.

È impossibile studiare quello che è successo nel frattempo e risalire alla struttura del primo organismo capace di replicarsi.
Notiamo che Monod allude all'evoluzione di un apparato *teleonomico (finalistico)* implicando l'esistenza di un progetto e di una finalità.

Trhin Xuan Thuan (Op. Cit.) affronta come Monod il problema della *scintilla della vita*. La vita (e quindi la prima cellula batterica di Monod) può avere inizio solo attraverso la stretta collaborazione tra acidi nucleici e proteine.

Il dramma della vita non può avvenire senza la presenza degli uni e degli altri. Gli acidi nucleici [...] guidano il codice genetico, ma sono talmente inadeguati chimicamente, da non poter concludere alcunché da soli. Sono le proteine che fanno tutto il lavoro grazie al loro potere catalitico. Ma, le proteine sono assemblate, esse stesse, grazie alle istruzioni ricevute dagli acidi nucleici.

Si ritorna, conclude Trhin, al solito problema dell'uovo e la gallina. Senza DNA non ci sono proteine e senza proteine non c'è DNA.

Ritorniamo alla prima Fase di Monod che Trinh riprende più avanti: la questione della *zuppa terrestre primitiva* o *brodo primordiale.*

Cita, a questo punto, i famosi esperimenti condotti nel 1952 da Stanley Miller e Harold Hurey. Mescolando idrogeno, metano e ammoniaca in acqua bollente, e facendo attraversare la miscela da scariche elettriche, a simulare i violenti temporali che dovevano imperversare sulla terra all'*inizio*, hanno ottenuto, dopo una settimana, un liquido brunastro contenente le sostanze organiche necessarie alla vita, in particolare, numerosi acidi amminici.

Gli esperimenti sono stati ripetuti, di recente, con una miscela di anidride carbonica, azoto e vapore d'acqua, che riproduce le emissioni gassose dei numerosi vulcani all'epoca in eruzione, con il raggiungimento di risultati analoghi a quelli di Miller e Hurey. In questi ultimi esprimenti non si fa uso di metano. È importante, vedremo perché.

Però, conclude Thrin, il cammino da percorrere per raggiungere lo scopo, per decifrare il mistero della vita, è ancora molto lungo.

Le sostanze organiche prodotte negli esperimenti nulla hanno a che fare con le sostanze organiche e con i nucleotidi intrecciati nelle eliche del DNA.

La probabilità che un virus si formi spontaneamente, per caso, in un miliardo di anni (il periodo trascorso tra la nascita della terra e l'apparizione della prima cellula vivente) a partire dal semplice giuoco delle molecole che si dissociano e si ricombinano nella zuppa terrestre primitiva, è pari a un numero talmente piccolo da superare ogni immaginazione [...] la probabilità che ciò possa verificarsi è inferiore a quella che una moneta gettata per aria sei milioni di volte di seguito, ricada mostrando sempre lo stesso lato (testa o croce) .

Anche Monod affronta il problema della probabilità che, per caso, la vita sia comparsa sulla terra nel libro *Il Caso e la necessità* (Op. Cit.):

La vita è comparsa sulla terra: ma qual'era, prima di quest'avvenimento, la probabilità che esso si verificasse? La struttura attuale della biologia non esclude l'ipotesi che l'avvenimento decisivo si sia verificato una sola volta [...]. Ciò significa che la sua probabilità era quasi nulla [...]. La probabilità a priori che, fra tutti gli avvenimenti possibili, se ne verifichi uno particolare è quasi nulla. Eppure l'universo esiste; bisogna dunque che si producano in esso certi eventi strani la cui probabilità, prima dell'evento era minima [...]. Questa idea non piace ai biologi in quanto uomini di scienza, ma urta anche contro la nostra tendenza umana a credere che ogni cosa reale nell'universo attuale sia stata necessaria e da sempre. Dobbiamo sempre tenerci in guardia da questo così forte senso del destino. La scienza moderna ignora ogni immanenza [...]. Il nostro (destino) non era stato scritto prima della comparsa della specie umana, l'unica presente nell'universo capace di utilizzare un sistema logico di comunicazione simbolica. Quest'ultimo è un avvenimento unico, che dovrebbe, proprio per questo, trattenerci da ogni forma di convinzione antropocentrica. Se esso è stato veramente unico, come forse lo è stata anche la comparsa della vita stessa, ciò dipende dal fatto che prima di manifestarsi, le sue possibilità erano quasi nulle. L'universo non stava per partorire la vita, né la biosfera, né l'uomo. Il nostro numero è uscito alla roulette: perché dunque non dovremmo avvertire l'eccezionalità della nostra condizione, proprio allo stesso modo di chi ha appena vinto un miliardo?

Sia Monod che Trhin Xuan Thuan, riflettono sull'esistenza di un *progetto* dotato di finalismo, o teleonomico, impostato (Da chi?) per approdare non solo alla vita, ma anche all'altro avvenimento apparentemente unico: l'apparizione dell'uomo, con le sue capacità di usare un *sistema logico di comunicazione simbolica*.
Il metodo scientifico, sostiene Monod, rifiuta sistematicamente la possibilità che qualsivoglia fenomeno possa essere interpretato in conformità a cause finali, di un *progetto*. Il postulato di base che regola la ricerca e le scoperte scientifiche è quello della oggettività della natura.

Ma l'oggettività ci obbliga a riconoscere il carattere teleonomico degli esseri viventi, ad ammettere che, nelle loro strutture, e prestazioni, essi realizzino un progetto. Vi è dunque, almeno in apparenza una profonda contraddizione epistemologica[I]. Il problema centrale della biologia consiste proprio in questa contraddizione, che occorre risolvere se essa è solo apparente, o dimostrare insolubile se è reale.

Quindi, mi pare di capire, se la scienza può provare che il *progetto* non è necessario né utile, il problema è risolto. Se invece l'esigenza scientifica di un *progetto* dovesse essere confermata, il problema diventerebbe insolubile senza il

---

[I] L'epistemologia è la filosofia della scienza.

ricorso a un fenomeno non dimostrabile scientificamente come la creazione divina.

Trhin Xuan Thuan (Op. Cit.) affronta il problema riferendosi spesso, tra l'altro, a Monod e citando numerosi passi del suo libro *Il Caso e la necessità*.

Questa impressione di progetto e di finalità si trova ancora rinforzata quando constatiamo la straordinaria capacità di certi sistemi viventi a formarsi anche quando l'embrione è stato mutilato durante il periodo di sviluppo. Un processo chiamato regolazione rimpiazza le cellule mancanti con cellule nuove, o rimette nella loro posizione corretta quelle che sono state spostate [...] altri organismi viventi possono ricostituirsi dopo essere stati mutilati.

Cita gli esempi dei vermi della terra, delle salamandre, capaci di rigenerare un intero arto mutilato, e delle idre. Conclude il ragionamento, riprendendo Monod:

La contraddizione epistemologica profonda di Jaques Monod è ancora tutta con noi [notiamo che Thrin scrive nel 98 e Monod nel 70 N.d.A.]. Una conclusione è tuttavia apparente: non sembra che gli esseri viventi possano essere spiegati in termini riduzionistici di insiemi di particelle che interagiscono tra loro. Un principio di organizzazione complessiva che agisca alla scala globale di tutto l'organismo, sembra sia un requisito essenziale.

L'orologiaio cieco

Una opinione chiara sull'argomento della comparsa e dello sviluppo della vita, senza remore o peli sulla lingua, anche se non del tutto scevra di dubbi e incertezze, viene espressa da Richard Dawkins nel best seller *The Blind Watchmaker*[10], l'orologiaio cieco. Dawkins è un convinto assertore della teoria evoluzionistica di Darwin, e la sostiene con l'ardore del predicatore, con la cultura dell'uomo di scienza e l'immaginazione di uno scrittore di racconti di fantascienza. Il titolo è rivelatore.

Un teologo, il reverendo William Paley, in un famoso trattato scritto nel 1802, *Natural Theology*, era stato l'autore di una *delle più solide argomentazioni* per giustificare l'esistenza di un Dio creatore.

Scrive Dawkins:

(Paley) aveva un profondo rispetto per la complessità del mondo vivente, e si rendeva conto che essa richiedeva un tipo di spiegazione molto particolare. La sola cosa sbagliata era la spiegazione che dava. Egli diede la tradizionale risposta religiosa all'enigma, ma in modo più chiaro e convincente di quanto fosse mai stato fatto fino ad allora. La vera spiegazione è totalmente diversa, e ha dovuto attendere uno dei pensatori più rivoluzionari di ogni tempo, Charles Darwin.

Paley inizia Natural Theology con un famoso passaggio:

«Supponiamo che camminando in una strada di campagna il mio piede urti contro una pietra, e mi si domandi com'è che la pietra era proprio lì; io potrei possibilmente rispondere che, in mancanza di una nozione contraria, la pietra era stata in quel punto da sempre: né sarebbe facilissimo dimostrare l'assurdità della risposta. Ma supponiamo che io avessi trovato per terra un orologio, e mi si ponesse la domanda di com'esso potesse trovarsi in quel posto, mi riesce impossibile pensare allo

stesso tipo di risposta data prima, che l'orologio avrebbe potuto essere lì da sempre.

[...] l'orologio deve aver avuto qualcuno che lo ha costruito: un artigiano o più artigiani devono essere esistiti, in qualche momento, in un posto o nell'altro, che lo hanno costruito con il proposito a cui risponde; che sapevano costruirlo e progettavano il suo uso.»

Dawkins spara a zero sul Watchmaker e si lancia senza esitazione nella difesa della teoria di Darwin:

La selezione naturale, il cieco, inconscio automatico processo scoperto da Darwin, e che oggi sappiamo essere la spiegazione per l'esistenza e per l'apparente finalità di ogni forma di vita, in realtà non ha in mente alcuno scopo prefissato. Non possiede né mente né occhi della mente. Non ha visione, non ha capacità di prevedere, non possiede alcun tipo di visuale. Se si vuole affermare che (l'evoluzione) giuochi il ruolo di un orologiaio in natura, allora si tratta di un orologiaio cieco.

L'Orologiaio, se mai c'è stato, doveva essere cieco!
Dawkins, qualche paragrafo più avanti, rincara la dose, senza lasciare alcun dubbio sulla natura delle proprie convinzioni. Sostiene che mentre la selezione cumulativa (per gradi successivi, accumulazione progressiva di piccoli cambiamenti) può ben giustificare la fabbricazione di sistemi complessi, lo stesso potere non può essere attribuito a un processo di selezione che implichi un *single-step*, un unico evento che, per puro caso, produca sistemi ordinati e capaci di interagire e di integrarsi con altri sistemi[1] Sembrerebbe però che esista un ostacolo. La selezione cumulativa richiede la presenza di un meccanismo che la metta in moto, un meccanismo dotato del

---

[1] Dawkins dedica un intero capitolo introduttivo a chiarire la differenza tra selezione cumulativa e selezione a stadio singolo.

potere di replica, e l'unico meccanismo di cui siamo a conoscenza (Il DNA) è abbastanza complicato da non poter essersi formato senza il sussidio della selezione cumulativa!

(Siamo di nuovo all'uovo e alla gallina di Monod e di Thrin Xuan Thuan).

Questo tipo di ragionamento, attacca Dawkins, è usato da quelli che, in opposizione al Darwinismo, lo considerano come prova della debolezza della teoria *dell'Orologiaio Cieco*. Sarebbe l'ultima prova della necessità dell'opera di un orologiaio dotato di vista, capacità di prevedere e progettare.

Il Creatore, affermano, potrebbe non essersi occupato dei dettagli del processo evolutivo, potrebbe non aver prodotto le tigri, gli alberi, o gli agnelli, ma potrebbe aver messo in moto la macchina principale dotata del potere di replica, la combinazione di DNA e proteine che hanno reso possibile la selezione cumulativa e quindi l'evoluzione delle specie.

Nossignore, non è giusto, continua. Vale la pena di riportare l'intero passo:

Si tratta di un'argomentazione debole, in contraddizione con se stessa. La nostra difficoltà consiste nello spiegare la complessità organizzata. Una volta che ci sia concesso, semplicemente, di postularla, di postulare almeno l'organizzazione complessa della macchina replicatrice del DNA, non è difficile farle appello, (usarla) come il generatore di sistemi sempre più complessi. Questo è il vero scopo di questo libro.

Dunque lo scopo del libro non è quello di spiegare la misteriosa comparsa del DNA. Ma Dawkins non si ferma qui. Continua:

Ma naturalmente qualunque Dio capace di progettare un sistema così complesso come la macchina replicatrice DNA/Proteine, deve essere stato almeno altrettanto

73

complesso e organizzato. E ancora di più tale, se gli attribuiamo l'ulteriore capacità di saper esercitare funzioni così straordinarie quali l'ascolto delle preghiere e il perdono dei peccati. Spiegare l'origine della macchina DNA/Proteine chiamando in causa un Progettista soprannaturale significa non spiegare un bel niente, perché lascia senza alcuna spiegazione l'origine del Progettista. Bisognerebbe dire qualcosa come «Dio c'è sempre stato», ma se ci si permette una via di fuga talmente fiacca e indolente, si potrebbe ugualmente dire «Il DNA c'è sempre stato», oppure «La vita esiste da sempre», e chiudere in questo modo l'argomento.

Lascio al lettore l'impegno di valutare la coerenza delle argomentazioni di Dawkins, ma non posso rinunciare a riconoscergli l'audacia e la chiarezza con cui chiude il capitolo su Dio, come creatore della vita.

Progredendo nell'analisi delle possibili origini della vita in alternativa all'intervento divino, escluso con tanta determinazione nella citazione riportata, l'autore fa intervenire, come Monod e Thrin, l'idea della *zuppa primordiale* e della possibilità che da essa siano nate le prime macromolecole essenziali, ma riconosce che nessuno è ancora riuscito a combinarle insieme per formare una catena capace di replica come il DNA. *Forse* conclude, a proposito di quest'ipotesi, *qualcuno un giorno finirà per farcela.*

È più affezionato, e spende moltissime pagine per illustrarla, alla teoria avanzata dal chimico scozzese Graham Carney-Smith secondo la quale il processo di fabbricazione di organismi capaci di replica potrebbe essere iniziato da cristalli di sostanze inorganiche, a base di silicio, presenti nella creta e nel fango dei fiumi.

Mentre non mi sembra utile o necessario dilungarmi, in questa parte della storia, sulla teoria di Carney Smith illustrata dal nostro, voglio rimanere ancora un pochino con Dawkins e riaffrontare brevemente il problema dell'influenza del *caso* nel mistero della comparsa della vita, della scintilla vitale della Genesi, di Monod e degli altri ricercatori dedicati alla soluzione di questo puzzle cosmico.

Dawkins, nonostante gli eccessi di entusiasmo, e della forza missionaria con cui sostiene la teoria dell'evoluzione di Darwin, non è piccola entità, sa bene di cosa parla.

Sa bene che ognuna delle teorie esistenti, incluse quelle da lui sostenute, sull'origine della vita *sanno di fantascienza, sono difficili da accettare e possono sembrare campate in aria.*

È dotato di sufficiente onestà intellettuale per concludere che *ancora non conosciamo esattamente come la selezione naturale abbia avuto inizio sulla terra.*

Offre, però, una serie di riflessioni su caso e probabilità sulle quali vale la pena di soffermarsi, sia per il riflesso immediato sull'argomento che stiamo trattando, sia perché caso e probabilità rappresentano un'equazione che non appartiene soltanto alla sfera della biologia, ma anche, come abbiamo già sottolineato, e come discuteremo a lungo ancora, alle altre branche della scienza e ad altri rami dei fenomeni della vita e della natura.

Anche a lui può sembrare a volte che l'origine della vita, il processo che ha portato miliardi di atomi vaganti senza meta, a unirsi insieme in una molecola capace di auto replicarsi, sia il risultato di un *miracolo.*

I miracoli sono eventi non impossibili ma assai improbabili, se devono verificarsi all'interno della scala del tempo e dello spazio alle quali ci ha abituato il nostro senso comune.

Cominciamo ad analizzare, con Dawkins, il fattore tempo.

La probabilità che gettando consecutivamente un paio di dadi si ottenga un doppio sei è di uno e di uno a trentasei. All'altro estremo dello spettro, per rimanere nel campo dei giuochi, c'è quella che distribuendo le carte a bridge, vengano fuori quattro mani che contengano ciascuno dei quattro colori al completo:

è di uno a 2.235.197.406.895.366.368.559.999, circa due milioni di miliardi di miliardi.
Ancora meno probabili sono le coincidenze di eventi improbabili.

Il termine coincidenza significa moltiplicazione delle probabilità. La probabilità che io possa essere colpito da un fulmine è di uno a dieci milioni, una stima prudenziale. Anche la probabilità che un fulmine mi colpisca in un determinato istante, è assai bassa...diciamo approssimativamente che è di uno a 25 milioni [...]. Per calcolare la probabilità combinata della coincidenza (il fulmine deve colpirlo in un determinato istante) occorre moltiplicare le due probabilità separate. I miei calcoli approssimati danno come risultato una chance di uno su 250 miliardi.
Se una coincidenza del genere dovesse prodursi, io dovrei chiamarla un miracolo [...]. Ma sebbene siano altissime le probabilità contrarie al verificarsi di una simile coincidenza, esse sono calcolabili. Non sono inevitabilmente uguali a zero.

I nostri cervelli si sono sviluppati in modo da poter determinare probabilità e rischio. Siamo capaci di fare inconsci calcoli mentali sui rischi che possono presentarsi nella nostra vita quotidiana, e di costruire una scala di rischi accettabili.

I rischi accettabili sono commisurati al tempo della nostra vita terrena, pochi decenni. Se fossimo biologicamente attrezzati per vivere un milione di anni, il nostro metodo di valutazione dei rischi dovrebbe essere totalmente diverso. Dovremmo prendere l'abitudine di non attraversare la strada, perché se uno di noi dovesse farlo ogni giorno per un milione di anni sarebbe indubbiamente investito da un'automobile.

Ma, si domanda Dawkins, che cosa tutto questo ha a che fare con l'origine della vita?

Il nostro giudizio è soggettivo, e circoscritto da una concezione del tempo che è istintivamente incapace di valutare gli eventi in scale temporali enormi che sembrano e sono per noi inconcepibili.

Il giudizio di un extraterrestre con una durata della vita di un milione di secoli sarebbe certamente diverso. Lui giudicherebbe assolutamente plausibile un evento, come l'origine della prima molecola capace di replicarsi, che noi, legati all'esperienza di un tempo decennale, siamo portati a considerare come uno straordinario, singolare miracolo. Siamo noi ad avere ragione oppure il nostro extraterrestre?

Le teorie correnti, quella della zuppa primordiale, e quella di Carney Smith che possono implicare che l'origine della vita si sia prodotta una sola volta in un miliardo di anni, sarebbero certamente più plausibili per l'extraterrestre di quanto possano esserlo per noi.

E se invece di un ristretto gruppo di scienziati, di chimici e fisici che mescolano diverse miscele di gas in diverse possibili condizioni fisiche, ne avessimo a disposizione qualche miliardo, che lavorasse per un miliardo di anni, è assai probabile che dal brodo primordiale la vita finirebbe per manifestarsi.

Non c'è dunque solo la questione del tempo ma anche quella dello *spazio*.

Ancora una volta, noi siamo abituati a misurare la possibilità che qualcosa avvenga a qualcuno, riferendoci alle strette cerchie dei nostri parenti, amici, le persone che conosciamo.

Saremmo certamente assai impressionati se alla richiesta di un oratore, che guardando il cielo, chiedesse di essere colpito da un fulmine se mente, il fulmine lo incenerisse in quel preciso istante. Meno lo saremmo, se la televisione, che raccoglie notizie che coinvolgono tutti gli abitanti della terra, ci dicesse che un simile evento si è prodotto per un individuo qualunque tra gli svariati miliardi d'individui che *potrebbero* essere fulminati durante un discorso.

Il calcolo della *popolazione* ha un'importante rilevanza ai fini del discorso sull'origine della vita.

Non tanto se riferito alla popolazione terrestre ma quando si applichi alla popolazione di pianeti nell'universo.

Dawkins sostiene che è probabile che esistano almeno un miliardo di miliardi di pianeti in cui è concepibile pensare che siano presenti le condizioni per l'origine della vita. (Crede però che è *interamente possibile che il nostro pianeta sia l'unico in cui la vita ha avuto origine*).

Se la possibilità che mescolando in laboratorio i gas primordiali e scoccando scintille all'interno della miscela si verifichi finalmente il *miracolo* è solo di una su un miliardo, il fatto di avere a disposizione un miliardo di miliardi di pianeti in cui un simile evento possa verificarsi ne aumenta incredibilmente la plausibilità.

Considerando il Sistema Solare, la nostra galassia e l'universo si possono considerare tre gradi di probabilità:

- la probabilità che la vita nasca su un pianeta, se la vita può prodursi solo una volta in ogni sistema solare
- la probabilità che la vita nasca su un pianeta se essa può nascere al ritmo di una volta per ogni galassia
- infine la probabilità della comparsa della vita su un pianeta se quest'ultima può nascere una sola volta nell'universo.

Quali di queste probabilità è più realistica dipende da quale delle seguenti affermazioni è più vicina alla verità:

La vita ha avuto origine una sola volta nell'Universo. Il pianeta privilegiato sarebbe inevitabilmente il nostro.

La condizione intermedia è quella per cui la vita sarebbe nata una volta sola in ogni galassia. Questa è quella che Dawkins favorisce.

Infine, l'origine della vita potrebbe essere abbastanza probabile da verificarsi almeno una volta in ogni sistema solare. Anche questa volta, nel nostro sistema solare, il nostro è il pianeta fortunato.

Quest'ultimo caso sembra da escludere per il semplice fatto che se la vita fosse presente in ogni sistema solare e quindi più volte in una galassia - in uno dei tanti altri sistemi solari della nostra - avremmo ben dovuto incontrarla, se non in carne e ossa, almeno via radio.
Ragioniamo con calma su questo punto, anche per fare l'abitudine a intendere le difficoltà che si presentano quando si considerino tempi e spazi cosmici.
La luce e con essa ogni possibile segnale viaggia a una velocità di trecentomila chilometri al secondo. Otto minuti è il tempo che la luce impiega ad arrivare dal sole fino a noi.

Un *anno-luce* è la distanza che la luce percorre in un anno. Un avvenimento, un segnale che si producesse su un corpo celeste piazzato a una distanza di un anno luce (circa mille miliardi di chilometri, la distanza che la luce percorre in un anno) ci metterebbe un anno a raggiungerci. La nostra capacità di raccogliere e registrare segnali radio provenienti dal cosmo si è sviluppata solo negli ultimi decenni. Se uno dei nostri radiotelescopi dovesse registrare un segnale proveniente da un pianeta distante trenta o quaranta anni luce, ciò significherebbe che solo trenta o quaranta anni fa, in un pianeta di una stella vicina, avrebbe dovuto diventare disponibile una tecnologia uguale alla nostra.

Attenzione: se il segnale fosse partito prima, ci sarebbe arrivato subito, dal momento in cui abbiamo imparato a leggerlo. Inoltre, più aumentano le distanze stellari da cui un segnale radio potrebbe essere emesso, più si allontana il tempo a partire dal quale, se una tecnologia capace di trasmissioni radio fosse stata disponibile, i segnali radio sarebbero potuti partire per essere rilevati da noi adesso. Ci sono cinquanta stelle sistemate a una distanza che risponde al criterio di una tecnologia radio sviluppata in parallelo alla nostra. Il numero aumenta fino a un milione, per stelle (pianeti) che avessero potuto inviare segnali radio mille anni fa.

Un numero enorme di stelle e pianeti sarebbero potuti entrare in giuoco per tecnologie radio sviluppate centomila anni fa.

Il fatto è che segnali di vita intelligente (secondo il nostro metro e le nostre capacità di misura) non ne sono ancora arrivati.

L'universo sembra assolutamente vuoto di forme di vita paragonabili alla nostra.

A questo punto Dawkins conclude riconoscendo l'esistenza di un paradosso:

Se una teoria dell'origine della vita è sufficientemente plausibile da soddisfare il nostro giudizio soggettivo di ciò che è plausibile, allora è troppo plausibile quando la si confronti con la povertà (di vita che si manifesta) nelle nostre osservazioni dell'universo. Secondo questo ragionamento la teoria che cerchiamo dovrebbe essere di un tipo che la faccia sembrare non plausibile ai nostri limitati intelletti di abitanti della terra. Le teorie di Carney Smith e quella della zuppa primordiale sembrano rischiare di essere errate perché troppo plausibili! Detto ciò, debbo confessare che data l'incertezza dei calcoli, se un chimico riuscisse a creare una forma di vita spontanea, io non sarei del tutto sorpreso.

Insomma, Dawkins non rinuncia alla sua fede di scienziato ma qualche piccolo dubbio gli rimane.

La vita viene dalle stelle?

Una visione del problema assai particolare è espressa da Fred Hoyle nel libro *Our Place in the Cosmos*[11].

Fred Hoyle è uno dei più famosi fisici e astronomi viventi. Forte sostenitore della teoria dell'universo statico[I] ebbe e ha ancora forti problemi ad accettare quella dell'universo in espansione, il Big Bang, anche se fu lui a coniare il termine, irridendo le idee dei suoi avversari scienziati. Un non conformista, crede che la soluzione dei problemi vada trovata in direzioni a volte diverse da quelle convenzionali.

Non ha mai ricevuto un premio Nobel, anche se autore d'importantissime scoperte come quella del processo che permette al carbonio, elemento di fondamentale importanza per la vita, di formarsi nelle fucine stellari. Forse per il suo pessimo carattere e per alcune delle idee, sostenute in contraddizione con quelle correnti. È, come vedremo (capita a proposito dopo Dawkins), un fermo oppositore di Darwin e della teoria dell'evoluzione secondo Darwin.

Ma, prima di dedicarci alla visione assai originale di Hoyle sull'origine della vita sulla terra, vediamo (mi sia concesso un piccolo passo indietro che illustra la personalità di Hoyle) cosa egli pensa della teoria del Big Bang:

Almeno ogni settimana, in questo periodo, si legge che l'Universo non potrebbe aver avuto origine in quel modo, ma che è nato con il Big Bang. Viene sviluppato un preciso scenario di come tutta la materia dell'Universo era compressa in un unico punto che è esploso in un certo momento del passato.

La teoria del Big Bang cerca di correlare l'Universo come lo vediamo oggi, con il modo in cui dovrebbe aver avuto inizio.

In questa pretesa la teoria ha solo un successo parziale, la maggior parte delle proprietà osservate sono rimaste senza una vera spiegazione dopo cinquanta anni di sforzi [...]. La teoria del Big Bang rappresenta una rinuncia al rispetto della

---

[I] Vedremo più avanti. È in contrapposizione alla teoria del Big Bang.

finalità dell'autentica scienza, spiegare i fenomeni come la conseguenza inevitabile delle regole e delle leggi che governano il mondo. Invece diventa solo una questione di scelte iniziali arbitrarie, tra l'altro, semplicistiche nella loro struttura sino al punto di apparire ingenue [...]. L'Universo non è più semplice del flusso dell'acqua in ogni fiume o ruscello [ricordate la storia del pezzo di legno che raggiunge la cascata N.d.A], quindi è evidente che ogni tentativo di comprendere l'Universo in modo frettoloso è fatto a nostro rischio e pericolo.

Più avanti critica le trappole insite nello sviluppo del pensiero scientifico. La scienza procede a piccoli, faticosissimi passi. Solo a volte ci si trova di fronte a subitanei straordinari progressi, come la *dinamica* scoperta da Newton che ha portato allo sviluppo della meccanica celeste; come la teoria della luce e della radiazione nel diciannovesimo secolo; infine, come la meccanica quantistica.
Il riconoscimento che ne deriva a chiunque prenda parte a questi eccezionali ampliamenti del pensiero è grandissimo, si acquistano fama e notorietà illimitate. È naturale che ogni scienziato ambisca a far parte di questa piccola schiera di pionieri.

Alcuni ci riescono per abilità, altri per fortuna, e altri ancora, sfortunatamente, attraverso consapevoli, programmati raggiri. Il trucco è di pretendere che è stato fatto un consistente progresso, quando in verità il progresso è nullo. Per arrivare a ciò è necessaria abitualmente una conventicola di scienziati, non un solo individuo. Parlando con una sola voce, una conventicola è spesso capace di azzittire individui solitari che lavorano in direzioni diverse e, alla fine, attraverso il controllo delle pubblicazioni sulle riviste scientifiche, la stessa conventicola può sgombrare il campo di ogni opposizione.

La conventicola attraverso il controllo delle riviste scientifiche riesce a sopprimere ogni prova contraria alle proprie idee, e a influenzare gli studenti, scienziati di domani, a pensare e ragionare nella direzione che più le conviene.

In questo libro, Hoyle se la prende soprattutto con la conventicola dei darwinisti e evoluzionisti.

Gli esperimenti di Hurey-Miller sono privi di rigore scientifico. Il metano, introdotto nella miscela, non può essere che di origine organica[I]. Il problema, in ogni caso, non è quello dei *buiding blocks,* dei mattoni su cui si basa la struttura, gli amminoacidi e le basi azotate, ma è quello della struttura medesima.

La vera questione è la precisione con cui i diversi amminoacidi si mettono insieme in lunghe catene. Per prendere in considerazione solo un esempio, la proteina histone–4 presenta la medesima catena di 102 amminoacidi tipica di ogni forma di vita. Se uno cercasse di assemblare a caso questa particolare catena a partire da una sorgente di singoli amminoacidi, tentando tante volte quanti sono gli atomi presenti in ogni stella presente in tutte le galassie visibili con il più potenti telescopi, la chance di arrivare al histone-4 sarebbero paragonabili a scommettere su un cavallo dato vincente con una probabilità pari a 1 contro un numero uguale a 5 seguito da 132 zeri, e l'histone è solo una delle tante proteine.

I creazionisti, continua più avanti, insistono, fino al punto di urlare le proprie convinzioni, che è presente una componente finalista, un progetto teleologico. I *soit-disant* scienziati rispettabili lo negano sostenendo le loro convinzioni non con gli urli ma con i sotterfugi.

[I] Il metano, CH_4, è un gas idrocarburico. Gli idrocarburi sono di origine organica. L'uso del metano è un errore perché si parte da una sostanza che presuppone la vita vegetale, il legno da cui gli idrocarburi si sono formati negli strati profondi della terra.

Entrambi i crezionisti e i soit disant scienziati rispettabili,
cercando di decidere la questione senza riferimento ai fatti
sono, in un certo senso, colpevoli di bestemmia. Né gli uni né
gli altri a nostro modo di vedere hanno molte possibilità di
contribuire al progresso.

Hoyle trasferisce il problema dell'apparizione ed evoluzione
della vita dalla terra all'intero universo.

La scintilla della vita coinvolge numeri super-astronomici; non
ha senso pertanto cercare nel piccolo stagno o zuppa
primordiale della Terra, oppure in quello del sistema solare e
della nostra galassia. La questione va trattata a livello
cosmologico, insieme ai problemi dell'origine dell' Universo.

All'epoca di Copernico erano pochi i filosofi e matematici
convinti che la terra non fosse il centro del mondo. Il vaso di
Pandora si è aperto con l'evoluzione scientifica che ha seguito
l'astronomia copernicana, e dopo quattro secoli, non
sappiamo ancora che cosa possa venirne fuori.

I problemi finali, ultimativi, sono ugualmente irrisolti quanto lo
erano nel 1600.

Oggi, però, nessuno crede ancora che la terra sia al centro
dell'universo.

Perché, allora non si dovrebbe accettare che l'origine della
vita vada cercata altrove e che altrove si debbano localizzare
le influenze che hanno agito sui fenomeni evolutivi?

Hoyle dedica tutto il libro a dimostrare, con dati alla mano, che
è possibile che virus e batteri formatisi altrove avrebbero avuto
la possibilità di arrivare e continuano a farlo, sul nostro
pianeta. I virus sono notoriamente capaci di entrare nel nostro
organismo e provocare cambiamenti importanti nei processi
interni della cellula. Spesso l'effetto è la malattia e la morte di
piante e animali. A volte i virus possono provocare
cambiamenti sottili, apprezzabili, ma non terminali. Possono
aggiungere interi gruppi di geni che l'organismo non

possedeva, e possono provocare una riorganizzazione macroscopica del materiale genetico.

Che cosa c'è da guadagnare con una simile teoria che Hoyle sostiene fin dal settantotto, si domandano alcuni biologi?

Anzitutto corrisponde meglio ai fatti. In secondo luogo l'Universo intero è assai meglio equipaggiato per pagare il costo genetico dell'evoluzione di quanto lo sia la terra da sola [...] i più significativi cambiamenti che riguardano l'universo probabilmente avvengono a iati, disastri, improvvise deviazioni da condizioni calme e prive di eventi. Lo stesso sembra vero della società umana con i governi eternamente impegnati a mantenere condizioni di flusso scorrevoli, mentre gli eventi che determinano la storia avvengono per salti incontrollabili, mentre la società si tuffa nella propria evoluzione come attraverso una serie di rapide successive che mettono in moto tutta una serie di eventi inattesi.

A nostro avviso, così è successo per l'evoluzione della vita sulla Terra. Di tanto in tanto, la Terra è stata inondata da immensi temporali genetici che hanno cambiato drasticamente molte specie e a volte le hanno completamente estinte.

Dal 78 sosteniamo che sono i virus i portatori del veicolo che determina i cambiamenti biologici, e non le inefficienti serie di errori di copia, di generazione in generazione, sostenute dalle teorie evoluzionistiche [...] l'immediata sorgente di virus è la nuvola di materiale che evapora dalle comete, nuvola nella quale la terra è immersa perpetuamente, e da cui si sa che l'atmosfera terrestre raccoglie 1000 tonnellate ogni anno, sufficienti a fornire milioni di miliardi di miliardi di miliardi di batteri e di virus.

Hoyle non entra per nulla nella diatriba sul come e sul dove si sia prodotta la scintilla della vita. Si limita ad allargare immensamente la finestra delle possibilità, prendendosi la briga di tentare di spiegare in modo scientifico come, se la vita è nata negli immensi abissi di tutto l'Universo, può essere arrivata sino a noi, e come una volta scoccata la scintilla, le mutazioni successive non siano scaturite dai progressivi errori del sistema genetico, ma dalle influenze di virus provenienti dall'esterno.

Concludiamo

Il *Vaso di Pandora* della conoscenza umana moderna si è aperto con Copernico, Galileo e Newton. E con esso il dualismo scienza–religione di cui si è occupato anche Feynman, che trova riscontro sia nel problema dell'origine della materia e dell'universo, che in quello della comparsa della vita.

La fisica moderna, la crescente capacità di esplorare i limiti dell'universo, le teorie cosmologiche hanno gettato il seme del dubbio sulla semplice immagine di un Dio creatore di un mondo compiuto.

Le concezioni evoluzionistiche, iniziate con Darwin, anche se ancora soggette a speculazioni negative e a critiche, come quelle espresse da Hoyle, hanno fatto tabula rasa dell'idea dell'intervento divino nella comparsa di un essere come l'uomo capace di espressione simbolica, indagine intellettuale e principi etici.

La vita, sostiene Steven Weinberg (Op.Cit.) è stata demistificata dalla biologia, con una tremenda accelerazione dovuta al continuo successo della biochimica e della biologia molecolare nello spiegare il funzionamento delle cose viventi.

La demistificazione della vita ha avuto un effetto assai più grande sulle sensibilità religiose di quanto ne abbia potuto avere qualsiasi scoperta nel campo della fisica. Non è sorprendente che siano il riduzionismo in biologia e la teoria dell'evoluzione, piuttosto che le scoperte della fisica e della astronomia, a provocare le reazioni più intransigenti [...]. Anche da parte di alcuni scienziati si sentono occasionali accenni al vitalismo, la credenza in processi biologici inspiegabili con il solo ausilio della fisica e della chimica.

Monod e Trinh Xuan Thuan, anche nel loro rigore scientifico, e quindi senza ricorso al vitalismo, non riescono a rinunciare completamente all'idea di un progetto teleologico.
Hoyle se la prende con Darwin, ma spostando il problema dalla terra all'Universo non pretende di sapere com'è che tutto ha avuto inizio.
Dawkins non ha dubbi: Darwin ha ragione, l'Orologiaio è cieco, tutto è difficile ma tutto è possibile. I miracoli cessano di essere tali se si allunga incommensurabilmente il tempo e si amplia lo spazio in cui essi sarebbero potuti avvenire.
I progressi della fisica e della biologia sono arrivati a un punto da permettere (Weinberg) *di andare lontano nella spiegazione del mondo senza dover ricorrere all'intervento Divino.*
L'unico modo in cui la scienza può procedere è quello di assumere che non esiste alcun intervento Divino, e di verificare dove si può arrivare partendo da quest'assunzione.
Anche Edward Willson, insegnante di biologia a Harvard, nel libro *L'armonia meravigliosa*[12] si preoccupa del dilemma scienza- religione. Scrive:

Il nocciolo del dilemma spirituale dell'umanità consiste nel fatto che ci siamo evoluti biologicamente per accettare una verità e poi ne abbiamo scoperta un'altra. Esiste un modo per risolvere questo dilemma, eliminando le contraddizioni tra la visione trascendentalista e quella empirista? [...]. La scienza incontra nell'etica e nella religione gli elementi di sfida più interessanti, e potenzialmente più umilianti, mentre la religione deve in qualche modo riuscire a incorporare le scoperte della scienza per riacquistare credibilità [...]. La fede cieca, per quanto siano appassionanti le sue manifestazioni, non basterà. La scienza da parte sua dovrà sottoporre a verifiche continue ogni presupposto riguardante la condizione umana, e col tempo scoprire la base dei sentimenti religiosi e morali.

...e allora: dialogo

«Avevi detto che i problemi sono due: l'origine del Big Bang e l'origine della vita. Mi pare che restino completamente irrisolti: né certezze scientifiche né conclusioni fideistiche. Mi pare anche che, in effetti, i problemi siano tre!»

«Perché tre?»

«Mi pare che oltre all'origine della materia e alla comparsa della vita, ci sia un altro bel problema da risolvere.»

«E quale?»

«L'apparizione dell'uomo e lo sviluppo della macchina più complessa che esiste nell'universo conosciuto: il cervello umano. Mi pare che sia Dawkins a mettere in chiaro che se un evento improbabile come la comparsa della vita, si deve mettere insieme a un altro evento improbabile come lo sviluppo dell'intelligenza, la chance che la coincidenza dei due eventi si verifichi è il prodotto dell'improbabilità di ciascuno. Del resto, sino a prova contraria, l'universo sembra vuoto, non sembra che vi siano mondi da cui potrebbero essere inviati segnali prodotti da un tipo di capacità intellettiva simile alla nostra, che abbia scoperto le stesse leggi fisiche e che sulla base di queste leggi abbia sviluppato una paragonabile tecnologia.»

«Mah, la risposta corrente a questo tipo di ragionamento è che altre civiltà, molto più evolute della nostra, s'interessino a noi quanto noi c'interessiamo alle formiche. Oppure che noi, formiche rispetto all'alieno super sviluppato intellettualmente, non siamo in grado di leggere i segnali che ci mandano, o addirittura che per qualche scherzo della relatività generale, spazio curvo, tempo avvolto su se stesso, i segnali se ne vadano da qualche altra parte.»

«Anzitutto noi ci occupiamo delle formiche e sappiamo che anche se loro non sanno rispondere ricevono i nostri segnali, e comunicano tra loro con metodi basati sulle stesse leggi chimiche e fisiche che governano la nostra vita e i nostri sistemi di comunicazione. Sulla questione della relatività generale, mentre è vero che ogni inconcepibile stranezza è possibile, è anche certo che riceviamo e sappiamo leggere i segnali provenienti dagli abissi dell'universo, da stelle che nascono e muoiono. Non mi piace questo tipo di approccio al problema.»

«E allora che pensi?»

«Io di fisica so poco o niente. Però mi piace la poesia. Mi ha affascinato l'idea di Feynman, la faccenda di come sia difficile per noi concepire una terra popolata da esseri viventi, piante animali, colori, suoni, fame, sete, temporali, vulcani in eruzione, inondazioni, albe e tramonti, mare in tempesta, senza qualcuno che, come noi, sia in grado di registrare, catalogare, godere e soffrire di tutto questo. È strano e avvincente.»

«Quindi pensi a tanti mondi in cui la vita si è manifestata come da noi senza arrivare al secondo miracolo, quello dell'uomo?»

«Non lo so, ma mi pare un'ottima idea.»

«Mi piace, è assurdo pensare all'unicità della vita sulla terra, nonostante le difficoltà che i nostri scienziati ci hanno insegnato a intendere. Mi fai venire in mente un'altra idea.»

«E quale?»

«Ricordi il calcolo che ho fatto? I diecimila anni in cui l'intelligenza umana si è sviluppata sino a darci l'attuale comprensione della fisica della biologia e la moderna tecnologia, paragonati ai cinque miliardi di anni da quando la terra ha cominciato a raffreddarsi? Diecimila anni: un giorno su 1360. E ti ricordi, io mi domandavo perché proprio adesso e proprio noi?»

«Bello! ho capito. Vuoi dire che i segnali non arrivano perché ancora non c'è nessuno che li emette, ma che anche da qualche altra parte dell'universo, si sta producendo di nuovo il miracolo dell'intelligenza, e che ci vuole un po' di pazienza, due o tre o trenta giorni cosmici, perché essa si evolva fino a essere capace di seguire lo stesso percorso che l'umanità terrena ha seguito negli ultimi diecimila anni?»

«Bravo non mi sembra del tutto inconcepibile. Non risolve il problema dell'origine della vita. Non so nemmeno se esista una teoria del genere o piuttosto una che la controbatta. Non ho letto nulla su questo, da nessuna parte.»

Capitolo III La matematica e le Leggi

Nei libri di *divulgazione* scientifica la matematica fa sempre capolino, prima o dopo, un poco come il Padreterno del capitolo precedente.

L'autore si affanna, sin dalle prime righe, a rassicurare chi legge che non farà alcun uso di matematica e di formule, nella trattazione dell'argomento che lo appassiona.

Spesso, soprattutto se il soggetto tratta del molto piccolo, la fisica delle particelle, o il molto grande, l'universo di stelle e galassie, o una combinazione dei due, l'autore è costretto, come minimo, a spiegare che i numeri molto grandi si scrivono come potenze positive di 10 e i numeri molto piccoli come potenze negative dello stesso numero.

Per esempio, il numero diecimila (10.000) milioni (1.000.000) di milioni (1.000.000) di miliardi (1.000.000.000) è un numero uguale a 10 seguito da 24 zeri, e si scrive 10^{24}, mentre il numero inverso, ovvero un numero costituito da 24 zeri prima dell'unità (0,00000…) si scrive 10^{-24}. Questo è necessario per favorire l'economia della scrittura e della lettura, e non è troppo difficile da assimilare anche per i meno versati nelle scienze matematiche.

La consapevole, premeditata rinuncia all'uso della matematica è una cosa buona e cattiva, allo stesso tempo.

È buona perché il vuoto di formule rende più appetibile il libro per il lettore *colto* ma digiuno di matematica quando lo sfoglia in libreria. Se invece le formule abbondano, diminuisce il numero di quelli che acquistano il libro e di coloro che, quindi, potrebbero tentare di godersi in pace la storia, il racconto, senza dover assorbire le faticose, astruse rappresentazioni matematiche che esporrebbero alla necessità di dover entrare nei più minuziosi dettagli tecnici. Insomma, troppa matematica può tradursi in una perdita complessiva per il processo di divulgazione e per la conoscenza diffusa dei misteri e delle leggi che regolano l'Universo e la Vita.

Ma è anche una cosa non buona, anzi una cosa sicuramente dannosa. La matematica è l'essenza della fisica e di tutte le scienze. Rinunciare all'uso della matematica nell'illustrazione dei comportamenti fisici del mondo significa dover avventurarsi in una descrizione sintattica dei fenomeni, espressa da catene di lettere dell'alfabeto, frasi, enunciazioni, piuttosto che dalla più naturale sequenza di numeri e formule che meglio li descrivono e li illustrano. Il rischio di tutto ciò è a volte la confusione, a volte, ancor peggio, l'illusione della comprensione. Si può anche aggiungere che l'improbabile ma pur sempre possibile impulso del lettore a decidere di adoperarsi a capire il significato profondo e l'importanza della matematica, decresce nella convinzione che, dopo tutto, non è essenziale, se ne può fare a meno, senza restare tagliati fuori dalla sfera dell'informazione colta e della comprensione della realtà.

Escluso, dunque l'uso di formule ed equazioni, gli autori, però, dedicano sempre un doveroso spazio al ruolo della matematica nella fisica e nella scienza in generale.

Io ho varie argomentazioni per inserire un capitolo intero dedicato alla matematica, e credo che le mie ragioni siano contenute in una doppia motivazione.

La prima riflette quello che mi sto forzando di dire in molti modi diversi. La matematica è alla base di ogni ragionamento logico che permetta di descrivere e razionalizzare una parte importante dei fatti umani. Per molti secoli è servita a contare le pecore, a misurare gli appezzamenti di terreno, a usare le monete e cambiare le valute, a scrivere i numeri dei moti stellari, e a ritrovare le comete nel punto giusto e le eclissi di sole e di luna quando era giusto aspettarsele.

Poi, dopo Cartesio e Newton, l'invenzione del calcolo infinitesimale, lo sviluppo della geometria analitica e della meccanica moderne, hanno consentito e promosso l'uso della matematica, da una parte, come strumento che semplifica e riassume a posteriori - dopo l'osservazione e l'organizzazione dei dati sperimentali - la rappresentazione di più complesse realtà fisiche; dall'altra parte, come il punto di partenza per immaginare a priori l'andamento dei fenomeni, descriverli con una formula e verificare più volte con la sperimentazione, l'esattezza dell'intuizione.

Più tardi ancora, con le fisiche di Einstein e dei Quanti, se è vero che ampio spazio è rimasto per l'esercizio dell'immaginazione e della intuizione e per la magica, sorprendente applicazione di queste prodigiose facoltà umane, le cose sono cambiate. La matematica è diventata un mezzo e un fine allo stesso tempo. Quando i fenomeni hanno smesso di essere leggibili con l'uso del senso comune, la matematica ha assunto il doppio ruolo di alfabeto per la composizione dell'idea, e di linguaggio per la descrizione dei frutti del ragionamento. A volte il livello di astrazione e l'astrusità dei processi matematici impiegati ne rendono difficile la comprensione a tutti tranne che agli autori.
Ci sono, e ho incontrato scienziati che ammettono di essere spesso costretti a confrontarsi con l'assoluta impenetrabilità dei procedimenti matematici inventati da loro colleghi.

La matematica è la chiave astratta che dà accesso all'interpretazione concreta di un mondo che rimane intangibile senza l'uso...della matematica. M'interessa, dunque, la contrapposizione tra la poderosa efficacia della matematica a penetrare i misteri della natura, e la crescente unicità del potere di recepire i risultati che essa consente di ottenere - come verità di fede rivelate - solo a chi possiede la chiave di lettura. Ma perché, per quale strana ragione c'è chi capisce e pratica la matematica e chi la teme e la sfugge?

Il secondo motivo che m'induce a non tralasciare l'argomento è l'entusiasmo appassionato che ho provato leggendo di storie di matematica e di matematici, per il mistero che circonda *l'invenzione* e la *scoperta* dei principi che attraverso i numeri, le formule, i simboli e le proposizione astratte, regolano il funzionamento della natura.

La matematica *esiste* oppure deve essere *inventata*? Cominciamo da questo secondo punto.

Primo Mistero: La Matematica esiste o bisogna inventarla?

«La Matematica esiste o bisogna inventarla?» si domanda Barrow nel libro *Dall'io al Cosmo*[13].

Il libro di Barrow è buono, anche se alcuni passaggi sono parecchio oscuri, forse è la traduzione, oppure lo stile, oppure, e di nuovo, il fatto che Barrow non ha ben chiaro in mente a che tipo di lettore si sta rivolgendo con un testo che lui stesso definisce divulgativo. Si riferisce, tra le pieghe del ragionamento, a fatti e termini che non ha né introdotto né spiegato, dando per scontato che il lettore li conosca e sia in grado di seguirlo.

Inutile precisare che Barrow, insegnante di matematica e fisica teorica a Cambridge, conosce e capisce tantissimo di entrambe le materie. Ma questo è il punto: forse è troppo bravo!

Questa domanda sulla posizione della matematica nell'essenza della vita, dell'universo, e della cultura scientifica può sembrare curiosa e deve essere in qualche modo giustificata.

Dobbiamo pensare alla matematica in molti modi diversi e chiarire che nel termine sono compresi i numeri ovvero l'aritmetica; l'algebra e la geometria con equazioni e formule; il calcolo infinitesimale con i limiti, le derivate, gli integrali, e le equazioni differenziali; infine, gli strumenti matematici che da tutto questo derivano e che sono impiegati in tutte le scienze per descrivere e interpretare i fenomeni della natura.

É certo, a esempio, che prima di Newton e Leibnitz il calcolo infinitesimale non esisteva. Lo hanno inventato loro. La questione è: *inventato* o *scoperto*? Con l'uso del calcolo Newton è arrivato a scrivere l'equazione fondamentale che è alla base della meccanica dei corpi celesti, e più in generale di tutte le leggi della meccanica classica. Anche su questa frase occorre fermarsi a riflettere: Newton ha *inventato* o *scoperto* la legge di gravitazione universale? Va messo dunque in chiaro, e da subito, che il problema dell'esistenza a priori della matematica e delle sue relazioni con i fenomeni della natura va collegato senza esitazione con un problema di ancor maggiore portata: le leggi della natura, quelle che, con l'uso appropriato della matematica, esprimono e descrivono in pochissimo spazio i fenomeni e permettono di prevederne lo svolgimento e l'esito, le Leggi, esistono e vengono scoperte oppure sono il risultato di invenzioni? E ancora, se la matematica non esistesse, esisterebbero le Leggi? Ma andiamo per ordine.

Invenzioni e scoperte

Molti scienziati hanno una visione platonica della matematica. Essa esiste *nel mondo delle idee*, esistono le strane correlazioni tra i numeri e esistono i teoremi di aritmetica e geometria, nascosti da qualche parte ma pronti a essere scoperti.

Paul Davies, *The Mind of God* (Op. Cit.), scrive:

Consideriamo la proposizione «ventitré è il più piccolo numero primo maggiore di venti.» L'affermazione è o vera oppure falsa. Infatti è vera. La questione che si pone è se la proposizione è vera da sempre, per sempre, in modo assoluto. Essa era vera prima dell'invenzione/scoperta dei numeri primi? I Platonisti risponderebbero di sì, perché i numeri primi esistono, in maniera astratta, indipendentemente dalla conoscenza da parte degli umani. I formalisti scarterebbero la domanda considerandola senza senso.

Non tutti sono d'accordo con i platonisti. Ricavo sorpresa e addirittura una pedante reazione di fastidio ostile quando pongo ai miei amici il problema seguente.

«Prendete» dico «i numeri 1, 2 e 3. La somma è uguale a 6. Il numero 6 elevato al quadrato o moltiplicato per se stesso dà 36. Ora, elevate al cubo i tre numeri. 1 al cubo dà 1, 2 al cubo fa 8, e 3 al cubo fa 27. Miracolo: la somma dei tre numeri al cubo è uguale a 36, lo stesso numero che si ottiene elevando al quadrato la somma di 1, 2 e 3! *(Paul Davies Op. Cit.)*
Poi chiedo: «Secondo voi questa strana relazione tra i numeri interi esiste a priori o è stata inventata da qualcuno?»

«Certo che è stata inventata! Che cosa significa che esiste a priori? Tu devi essere pazzo!»

Sulla questione delle reazioni degli amici, ancora Paul Davies, in *The Mind of God* (Op. Cit.) racconta che:

Il matematico R.W. Hamming rifiuta di dare per scontata la eseguibilità delle operazioni di aritmetica, che per lui è strana e inspiegabile. «Ho cercato, con pochissimo successo» scrive, «di spiegare ai miei amici la mia meraviglia che sia non solo possibile ma anche utile usare i numeri interi, in modo astratto per contare (le cose). Non è singolare che 6 pecore più 7 pecore faccia 13 pecore e che 6 pietre più 7 pietre dia 13 pietre? Non è un miracolo che l'universo sia costruito in modo che sia possibile un'astrazione semplice come il numero?»

Esistono centinaia di *miracoli*, di logiche particolarità nello studio e nella teoria dei numeri.

Ci sono matematici che dedicano la loro esistenza a *scoprire* le curiose proprietà dei numeri. Un libro ricchissimo di episodi è *L'uomo che amava solo i numeri*[14] di Paul Hoffman che racconta la storia della vita di un famoso matematico, Paul Herdòs, dei suoi amici matematici, dei loro strani giuochi e incredibili scoperte.

Ricordate che cosa sono i numeri primi? Sono quelli divisibili solo per se stessi e per 1. Per esempio 2, 3, 5, 7, 11, 13 e cosi via. Scrive:

I numeri primi hanno esercitato su generazioni di matematici un'attrattiva quasi mistica. «So addirittura di un matematico che andava a letto con sua moglie solo in giorni che fossero numeri primi» racconta Graham «Andava bene all'inizio del mese, con il due, il tre, il cinque, il sette ma diventava dura verso la fine, quando i primi si fanno più radi, con il diciannove, il ventitré, e poi un grande intervallo fino al ventinove. Si trattava però di un vero matto. Ora sta scontando vent'anni al penitenziario dell'Oregon per sequestro di persona e tentato omicidio.»

Tra le stranezze dei numeri primi, Hoffman cita la congettura di Golbach, che *congetturò che ogni numero pari maggiore di 2 è la somma di due numeri primi.*

4= 2+2
6= 3+3
8= 5+3
10=5+5
12=7+5
14= 7+7
e così via.

Con l'aiuto di potenti computer, continua Hoffman, i matematici hanno dimostrato che l'idea è valida per tutti i numeri pari fino a cento milioni, ma nessuno è ancora riuscito a dimostrare che la congettura di Goldbach è universalmente vera.

Ci sono ancora tantissime storie del genere, un paio divertenti e curiose, nel libro di Hoffman che mi pare proficuo raccontare.

La prima è una storia di matematica e baseball. Nel 1974, con 715 corse Hank Aaron *eclissò il record di 714 stabilito da Babe Ruth nel 1935.*

Un giovane professore di nome Pomerance notò che il prodotto dei due numeri era anche il prodotto dei primi sette numeri primi:

714x715 = 2x3x5x7x11x13x17= 510.510

Pomerance e un suo allievo, scoprirono altre strane proprietà della coppia di numeri primi 714 e 715.

L'altra storia è quella dei numeri di Smith. Un matematico, Albert Wilansky notò (*e solo lui sa come*) che il numero telefonico di suo cognato, H. Smith, aveva una strana proprietà. La somma delle sue cifre era uguale alla somma delle cifre dei suoi fattori primi. Il numero di telefono era 4937775, ovvero 4.937.775. Questo numero può essere espresso come il prodotto dei fattori primi 3x5x5x65837=4.937.775. La somma delle cifre dei fattori primi (3+5+5+6+5+8+3+7) è 42, come la somma delle cifre che compongono il numero(4+9+3+7+7+7+5).

Ragioniamo un poco su queste storie.

Immaginiamo, ancora una volta un mondo popolato solamente da animali e piante, gatti e ippopotami. Non sarebbe esistito Platone, e nemmeno Pitagora o Fermat, Eulero, Bertrand Russel, e per fermarci ai nostri esempi, nemmeno Goldbach, Pomerance e Wilansky.

Ha senso comune porsi la domanda se sarebbero esistiti i numeri, la matematica e le equazioni differenziali? La risposta che a me sembra ovvia è che certamente non sarebbero stati *scoperti*, per assenza di *scopritori*, ma che è più che lecito concludere che *esistevano*. Una tigre con tre cuccioli avrebbe, comunque, avuto tre cuccioli, un albero con sessantamila trecento sessantacinque foglie, avrebbe avuto esattamente sessantamila trecento sessantacinque foglie, un alveare popolato da seicento api sarebbe stato popolato da seicento api. E se un'ape avesse compiuto un cerchio perfetto nell'avvicinarsi a un fiore, il cerchio sarebbe stato uguale alla distanza dell'ape dal fiore moltiplicato per due volte pi greco.

Nel ripetersi di albe e tramonti il tempo, tra un'alba e l'altra, sarebbe stato di ventiquattro ore, e trecentosessanta cinque volte ventiquattro ore ci sarebbero volute da una primavera fino all'inizio della prossima.

In una grammomoatomo di elemento ci sarebbe stato un numero di atomi pari a circa 6×10^{23} atomi, il numero di Avogadro, anche senza che Avogadro fosse apparso per mettersi a contare gli atomi contenuti nel grammo atomo di quell elemento.

Potrei continuare a lungo con esempi centrati sui numeri ma spero di aver reso l'idea.

Il punto fondamentale finisce per essere sempre lo stesso: la presenza dell'uomo e il suo ruolo di osservatore intelligente. Se il cervello umano non si fosse evoluto nella strana direzione in cui lo ha fatto, in qualche modo l'uomo primitivo avrebbe avuto (com'è, in realtà, accaduto) coscienza del numero di dita della propria mano. Se avesse ucciso tre bisonti invece di due, in qualche modo avrebbe ben dovuto rendersi conto che tre è più grande di due. Probabilmente, tornando nella grotta dei suoi figli, in qualche modo, usando le dita se era furbo, o delle pietre se lo era di meno, avrebbe segnalato al gruppo che c'era bisogno di andare a spellare e trasportare tre piuttosto che due animali. Appena mettiamo in mezzo l'uomo le cose cominciano a cambiare. Ma, dell'evoluzione del cervello umano verso l'acquisizione delle capacità matematiche parleremo nel prossimo paragrafo.

Abbiamo aggiunto agli ippopotami, ai gatti e alle api, l'uomo preistorico. Non ce l'avrebbe fatta a capire che 3, 5 e 7 sono numeri primi, aveva altre cose di cui occuparsi. Però, non c'è voluto molto, dopo che ha imparato a parlare perché si mettesse a far di conto, e perché in poche migliaia di anni si applicasse a misurare il moto degli astri e a inventare/scoprire il teorema di Pitagora e il rapporto tra la lunghezza delle corde per far musica armoniosa, e certi numeri interi.

Un mondo senza vita sarebbe un mondo senza matematica? Un mondo senza uomini, popolato da uccelli e pesci, rinoceronti e piante sarebbe un mondo senza numeri e senza relazioni numeriche tra fenomeni e avvenimenti? Una terra con un uomo occupato solamente a evolversi per sopravvivere, sarebbe una terra vuota di equazioni, formule concetti astratti che descrivono la concretezza della realtà?

Non posso fin da questo momento non esprimere una solida opinione. È solo una questione di gradi: l'assenza di qualcuno che registra la forza del vento e reagisce ai rumori della tempesta non esclude che il vento soffi e la burrasca imperversi. Il vento c'è. Ci sono le nuvole minacciose, il rumore del tuono lontano, i fulmini che illuminano l'orizzonte. Il leone lo sente e corre verso la tana. L'albero ondeggia al turbine e perde le foglie.

Dunque, anche i numeri e la matematica esistono, e aspettano di essere *scoperti.*

Alla questione dedica molto spazio Roger Penrose nel Libro *The Emperor's New Mind*[15]:

La matematica è invenzione oppure scoperta? Quando i matematici arrivano ai loro risultati, stanno essi producendo elaborate costruzioni mentali che non hanno realtà propria ma che possiedono una tale potenza ed eleganza da ingannare i loro stessi inventori facendogli credere che queste pure costruzioni mentali sono reali? Oppure, al contrario i

100

matematici stanno veramente scoprendo verità che, in fatti, sono già lì, verità la cui esistenza è indipendente dall'attività dei matematici? Io penso che, a questo punto, il lettore abbia capito che sono un assertore della seconda ipotesi piuttosto che della prima, almeno per quanto riguarda strutture come i numeri complessi e il set di Mandelbrot.

Torneremo più avanti a occuparci dei frattali e del *set di Mandelbrot*. Continuiamo con Penrose. La faccenda, sostiene, non è sempre così chiara e immediata. Vi sono casi in cui il termine *invenzione* è più appropriato del termine *scoperta*.

Accadono casi in cui si deduce dalla struttura (matematica) più di quanto ci si è messo dentro. Si potrebbe concludere che in queste occasioni il matematico si è imbattuto nell'opera di Dio. Tuttavia, vi sono altre situazioni in cui la struttura matematica non possiede una tale prorompente unicità, come quando a esempio, il matematico deve introdurre, al centro della prova di un certo ragionamento, delle costruzioni congetturate per arrivare a uno specifico risultato.

Queste sono situazioni in cui quello che metti dentro tiri fuori, niente di più, e qui la parola *invenzione* è forse più appropriata che la parola *scoperta*.
Questo tipo di caratterizzazione si potrebbe usare anche nell'arte o nell'ingegneria. Le grandi opere d'arte sono in verità *più vicine a Dio* delle opere minori. Le grandi opere d'arte, pensano di sovente gli artisti, hanno un contenuto di verità eterna che l'artista rivela.
Lo stesso potrebbe dirsi per certe opere d'ingegneria in cui moltissimo si ottiene applicando qualche semplice, inaspettata intuizione.

Detto tutto ciò, tuttavia, non posso fare a meno di pensare che l'opportunità di credere che la matematica abbia una propria eterea esistenza, almeno per i più profondi concetti che

101

contiene, sia più forte di quanto si applichi agli altri casi [...].
L'idea che i concetti matematici possano esistere in un simile
eterno, etereo senso, è stata avanzata in tempi antichissimi
(c.360 a.C.) dal grande filosofo greco Platone. È perciò che
questa visione (della matematica) prende il nome di
platonismo.

Penrose, dunque crede in modo convinto che la matematica
esiste prima di essere scoperta.

Mandelbrot e i frattali

Non dimentichiamo Mandelbrot e i frattali.Vedi anche il
capitolo XIV, Caos.
Il modo più efficiente che posso suggerire per capire chi era e
che cosa ha *scoperto* Mandelbrot, è di andare sul vostro
computer e cercare su Internet.
Io ci sono arrivato una sera digitando il termine *fractals* nello
spazio adibito alla ricerca in uno dei tanti portali, non ricordo
se Yahoo, Altavista o Google. Sono cascato su un
programmino che si chiama *Fractint*, che si ottiene facilmente
e gratuitamente dalla rete. Mi si è aperto un mondo di strane
colorate meraviglie e di curiose esperienze intellettuali.
Sono andato a cercare i frattali, proprio partendo da un
riferimento al pensiero di Penrose riportato ancora una volta in
The Mind of God (Op. Cit.) di Paul Davies:

Un altro esempio che ha spinto Penrose verso il Platonismo è
qualcosa chiamato il set di Mandelbrot dal nome dello
scienziato informatico della IBM Benoit Mandelbrot. Il set è
essenzialmente una forma geometrica chiamata frattale,
strettamente legata alla teoria del caos, che fornisce uno
straordinario esempio di come una semplice operazione
reiterata possa produrre un oggetto di favolosa diversità e
complessità.

Si ottiene mediante la successiva applicazione della regola (o formula) $z \to z^2 + c$, dove z è un numero complesso[1] e c è un numero complesso prefissato. La regola significa semplicemente: prendi un numero complesso z e calcola il valore di z² +c. Sostituisci il valore ottenuto in z² +c. Ottieni un numero che puoi ancora sostituire in z e calcolare ancora z² +c, e così via di seguito ancora e ancora. I numeri complessi che si ottengono possono essere riportati su un foglio di carta (oppure sullo schermo di un computer), e a ogni numero corrisponde un punto. Quello che viene fuori è che per certi valori di c il punto se ne va fuori dello schermo. Per altre scelte di c il punto vaga per sempre all'interno dello schermo. A ogni valore di c corrisponde, dunque, un punto. L'insieme di tutti i punti che si ottengono forma il set di Mandelbrot.

Il disegno presenta una struttura tanto complessa che è impossibile dare a parole il senso della sua bellezza.

[...]. Una caratteristica particolare del set di Mandelbrot è che ogni sua porzione può essere ingrandita più e più volte, senza limiti, e ogni nuovo livello di dettaglio è sorgente d'inusitata ricchezza e di delizia.

Davies, poi, cita ancora Penrose:

---

[1] I numeri complessi, permettono di estrarre le radici quadrate dei numeri negativi. Si sono rivelati fondamentali per lo sviluppo della matematica, della geometria e della trigonometria, per non parlare della meccanica quantistica. Per vedere piuttosto che capire quello che ha scoperto Mandelbrot è meglio andare su Internet e fare come ho fatto io. Però vale la pena di spendere due parole sui numeri complessi, non tanto per fare i saputi, ma perché la citazione abbia senso e perché, più in generale, ancora una volta sono un esempio dei *misteri* della matematica. Bene. Che cosa è un numero complesso? È un numero formato da un numero sommato a un altro che moltiplica la $\sqrt{-1}$. Si scrive a + i b, in cui i, numero immaginario sta per $\sqrt{-1}$.

Si aggiungono ai numeri **naturali** (1,2,3,4,5...), ai numeri interi (-1,-2,-3,-4 e 1,2,3,4...), ai numeri **razionali o frazionari** (es.1/2,2/3,345/789 ecc.) e ai numeri **irrazionali** (come Л e $\sqrt{2}$). I numeri complessi e i numeri irrazionali fanno parte della categoria dei numeri **reali**.

[...] sembrerebbe che questa costruzione non è solo parte della nostra mente, ma ha una propria realtà [...]. Il computer è usato essenzialmente nello stesso modo in cui un fisico usa un apparato sperimentale per esplorare la struttura del mondo fisico. Il set di Mandelbrot non è un'invenzione della mente umana. É stata una scoperta: come il monte Everest, il set di Mandelbrot è semplicemente lì!

Dopo Mandelbrot si sono divertiti in tanti con i frattali. Una volta divenuto chiaro il meccanismo, non occorre essere dei grandi esperti di matematica per *inventare* delle formule simili a quella di Mandelbrot, e a far venir fuori immagini astruse e colorate di singolare bellezza. Il procedimento è diventato talmente facile e accessibile da essere considerato fuori moda, ma in passato parecchi artisti hanno lavorato e prodotto opere interessanti con i frattali.

Mi pare opportuno anche se pedante spendere qualche parola sul termine *frattale.*

Il concetto apparirà ancora nei discorsi riportati più avanti sulla teoria del caos. Conviene fare subito un cenno breve perché rientra in quel tipo di sorprendenti ragionamenti che stupiscono e affascinano

Non ricordo più dove ho letto una strana spiegazione sulle ragioni per cui spesso si rimane sbalorditi dalla bellezza di certi paesaggi, una montagna, un paese arroccato su una collina, la costa di un panorama marino. Il fatto è che mentre si ha l'impressione di osservare un tutt'uno, in realtà le immagini che si sommano nel nostro sistema di percezione contengono infiniti dettagli. Quello che è più vicino e più grande si fotografa in modo cosciente ma, l'occhio raccoglie e registra sempre più particolari: quelli lontani, a mano a mano che si spinge verso i limiti distanti dello spettacolo ma anche quelli più vicini e molto piccoli.

Il cervello compie un'inconscia operazione, paragonabile a quello di quando si zumma sui dettagli di una foto: le case vicine, in primo piano, ma anche i ciottoli, i ciuffi d'erba, i fiori, e poi, in lontananza, la spiaggia, le onde che si frangono sulla roccia, le piccole vibrazioni del vento sull'acqua, i colori azzurri e verdi delle correnti, il pescatore sulla banchina, le insenature sempre più piccole alla distanza. Un pixel per volta, le immagini arrivano e compongono il senso di perfezione e di bellezza che proviamo.

Rimaniamo per un momento, adesso a osservare la costa, una costa, per esempio quella che va da Positano alla Punta della Campanella. Anzi, invece di osservarla solamente, proviamo a misurarla. La prima misura la facciamo da una barca andando più o meno dritti, usando uno strumento di bordo. Viene fuori un certo numero, diciamo dieci chilometri. Ora, facciamo lo stesso lavoro, andando piano, in barca a remi, e seguendo ogni insenatura e baia. La lunghezza aumenta in modo sensibile. Aumenta ancora se usiamo come strumento di misura un regolo lungo un metro, e lo passiamo, con pazienza, andando a nuoto, da scoglio a scoglio e da piega a piega. Se accorciamo progressivamente la lunghezza del regolo, potremo incorporare sempre più dettagli nella misura, e la costa si allunga vieppiù. Che cosa succede se il regolo è lungo quanto un atomo, o quanto il nucleo atomico, o quanto un quark? La distanza da Positano alla Punta diventa infinita!

Si può, con questo stesso tipo di approccio, partendo, per esempio, da un triangolo equilatero con un perimetro finito, aggiungendo progressivamente su ogni lato triangoli più piccoli a triangoli ancora più piccoli, arrivare a una strana figura con perimetro infinito. Questo tipo di oggetti, pur essendo rappresentabili su un piano, e quindi a due dimensioni, possiede in fatti una dimensione non intera, ma *frazionaria*: di qui il termine *frattale*.

Sono frattali molti fenomeni naturali: i fiocchi di neve, le foglie di certi alberi, i paesaggi montani, le coste. Una delle caratteristiche particolari dei frattali è che quando una sua parte è amplificata, essa è simile all'oggetto intero.

Problemi e paradossi

Ora lasciamo Mandelbrot e i frattali. Ritornerò su questo punto nel Capitolo sul Caos.
Anche Paul Hoffman nel libro su Herdòs si occupa della trascendenza della matematica.
Riferendosi al libro di G.H. Hardy *A Mathematical Apology*, Hoffman scrive:

Hardy riteneva che i numeri fossero l'autentico tessuto dell'Universo. In un discorso tenuto nel 1922 a un gruppo di fisici, asserì infatti provocatoriamente che è il matematico ad avere «con la realtà un contatto molto più diretto. Questo può sembrare paradossale perché è il fisico che tratta l'oggetto di solito descritto come reale. Tuttavia «una sedia o una stella non sono affatto quello che sembrano essere; più ci pensiamo, più i loro contorni diventano indistinti nel groviglio di sensazioni che le circonda; ma 2 o 317 non hanno niente a che vedere con le sensazioni e le loro proprietà si rivelano tanto più chiaramente quanto più attentamente li esaminiamo» [...] «317 è un numero primo, non perché lo pensiamo noi, o perché la nostra mente è conformata in un modo piuttosto che in un altro, ma perché è così, perché la realtà matematica è fatta così.»

Non tutto in matematica è andato sempre liscio.
Un fatto strano accadde quando un allievo di Pitagora si accorse che il rapporto tra la diagonale e il lato di un quadrato è uguale a uno strano numero, $\sqrt{2}$, Ricordate cosa ci dicevano a scuola: *la diagonale di un quadrato è*

incommensurabile con il lato, e $\sqrt{2}$ è stato definito numero irrazionale, ma non perché è contro ragione, ma perché non può risultare da un *ratio,* un rapporto tra due numeri interi. Sembra, riferisce Koestler, che per conservare il tremendo segreto di questo fallimento della razionalità della matematica i pitagorici misero a morte il discepolo che aveva scoperto la magagna.

L'altro numero strano è л pi greco, lo ricordate? Il cerchio, figura perfetta tra tutte non è commensurabile con il suo diametro, o se preferire con in suo raggio.

Anche л è un numero irrazionale, o se volete un numero decimale infinito.

A scuola ci insegnano che è uguale a 3.14. In realtà si può scrivere 3.14159265358979...e così di seguito fino all'infinito. Ma, anche nella sua stranezza anche questo numero, possiede delle incredibili proprietà che hanno occupato per secoli l'immaginazione e il lavoro di grandi matematici. Racconta Penrose che nel 1655 il matematico John Wallis ha scoperto una delle tante formule per esprimere, calcolare л:

л = 2{(2/1)(2/3)(4/3)(4/5)(6/5)(6/7)(8/7)(8/9)...}

e che un'altra formula è dovuta a un matematico Scozzese, James Gregory, 1671

л = 4(1-1/3 +1/5- 1/7 +1/9 −1/11...)

Anche io o voi saremmo capaci di continuare a scrivere fino all'esaurimento del nostro tempo e della pazienza di cui disponiamo ogni formula che esprime л. Per strano che sia л risponde a una implicita logica che ne permette la descrizione fino all'infinito.

Ancora Paul Hoffaman, scrive sull'argomento:

Il famoso, л il numero decimale illimitato e non periodico che inizia con 3.141... venne fuori nello studio dei cerchi. I greci capirono che in qualsivoglia cerchio il rapporto tra circonferenza e diametro ha un valore costante, л. Ma л salta fuori anche in situazioni di ogni genere che non hanno nulla a che fare con i cerchi. Eulero, per esempio, scoprì che la serie infinita ottenuta sommando i reciproci dei quadrati è connessa a л:

$$л^2/6 = 1/1^2 + 1/2^2 + 1/3^2 + 1/4^2 \ 1/5^2 + \ldots$$

E non solo. Л *salta fuori* dappertutto, in ogni matematica, classica o quantistica, anche dove non sarebbe implicito aspettarselo.

Digressione

Devo fare una digressione. Sono incoraggiato dalla lettura della nota per il lettore con cui Roger Penrose introduce il suo *The Emperor's New Mind* (Op. Cit.):

In certi punti del libro ho deciso di far uso di formule matematiche incurante e indisponibile ad accettare gli avvertimenti che sono dati assai spesso: ogni formula ridurrà a metà il numero di lettori non specialisti. Se tu sei un lettore che ritiene di essere intimidito (come molti) dalle formule, allora raccomando un approccio simile a quello che uso io stesso quando una linea (la formula N.d.A) del genere si presenta. L'approccio è, più o meno, di ignorare completamente quella linea, e saltare direttamente alla prossima linea di testo! In realtà, non proprio così; bisognerebbe accordare alla formula il suo significato, piuttosto che percorrerla con un rapido sguardo di presuntuosa comprensione, e andare avanti. Dopo un poco, se armati di rinnovata fiducia, si può tornare alla formula e cercare di afferrarne qualche aspetto saliente. Lo stesso testo può essere di aiuto a comprendere quello che è importante e quello che si può trascurare senza rischi. Altrimenti, non bisogna aver timore di lasciare andare completamente la lettura delle formule.

Questo passo m'induce a una doppia riflessione. Ancora una volta: chi sono i lettori, i fruitori dei libri di divulgazione scientifica? Devo pensare che forse le mie elucubrazioni iniziali (che certamente ricorderete) non sono del tutto esatte? I laureati in fisica e matematica, chimica, ingegneria, facoltà scientifiche insomma devono essere tantissimi. Occupano diverse posizioni di lavoro, anche lontane dalla ricerca, ma è rimasto loro l'amore per la scienza, per quello che hanno studiato a scuola, e per quello che è successo dopo che l' hanno lasciata. E, probabilmente, molti di loro hanno una mente più adatta e una cultura più solida della mia. Quindi leggono e capiscono. Per questi ultimi scrivono Weinberg, Penrose, e gli altri. Però, e quest'opinione si consolida, il resto del mondo, i letterati, gli scrittori, i giornalisti, i filosofi, gli avvocati, i professori di latino, quelli di storia e geografia, e quasi tutte le persone che io conosco, possono fare a meno di comprarli: non ce la farebbero, formule o non formule. E...grande perdita per loro!

Ma, veniamo alla faccenda delle formule. All'inizio di questo capitolo ho riflettuto sull'uso delle formule matematiche nei libri di divulgazione, ho indicato, prima di avere letto il passo di Penrose[1], che l'uso delle formule scoraggia i potenziali lettori, e ho sollevato la questione di come è possibile che la rinuncia alle formule possa essere imprudente e dannosa. Penrose dice *salta e vai vanti, poi torna, oppure salta e basta*. Il suo libro è pieno di matematica. Leggerlo senza leggere le righe, le linee contenenti simboli e equazioni, grafici e istogrammi, riduce il volume fisico della lettura alla metà, forse accresce le improbabili opportunità di godimento, ma certamente non aumenta la possibilità di comprensione oltre il solito venticinque percento di cui io ho già parlato.

---

[1] Almeno così credo, in buona fede. Oppure, l'avevo letto, incasellato e dimenticato.

C'è un nesso tra tutto questo e il discorso che stavamo facendo, prima di questa digressione. Analizzavamo le sorprese negative che la matematica ha dato, nell'ambito della concezione platonica della filosofia della matematica. È sempre a questo punto che gli scrittori di scienza tirano fuori la storia di Kurt Godel e del dramma generato dai suoi teoremi. Sono andato a rileggermi la faccenda su quattro testi: Davies, Barrow e Hoffman e Penrose. Credo che anche per un lettore acuto, senza le formule di Penrose, il racconto resti sostanzialmente misterioso. Devo anche dire che la lettura, se si considerano le linee con le formule, presenti solo nel *The Emperor's New Mind,* diventa vera fatica, un ritorno ai libri di scuola e di università: ma, tutto sommato vale la pena!

Sono costretto, per condividere l'esperienza dell'*incomprensione* con il lettore, a raccontarvi com'è illustrata dai vari autori la faccenda di Kurt Godel. Promessa: senza far uso di formule! Potrei invitarvi a saltare le elucubrazioni che seguono. Richiederanno un piccolo sforzo, e potrebbero sembrarvi inutili e noiose. Non lo faccio perché, vi assicuro, esse fanno parte, in molti modi, del tema che mi è caro: la necessità di assimilare l'intuizione della centralità della matematica nell'espressione e nell'analisi dei problemi del mondo; le difficoltà di leggere un libro di divulgazione scientifica e soprattutto delle *linee* di matematica; una testimonianza del modo in cui si può cercare di capire leggendo; infine un tentativo di condividere il piacere sottile del processo che dal buio totale può portare a un minimo di comprensione.

Continua: Matematica e paradossi

A cavallo della fine del penultimo secolo, matematici e filosofi eminenti, come Bertrand Russel, cominciarono a interrogarsi sulle relazioni tra fisica e matematica, e sulla miracolosa potenza della matematica nell'elaborazione delle Leggi del mondo fisico e nell'interpretazione dei fenomeni naturali.
A proposito del ruolo e del potere della matematica Arthur Koestler, nel libro più volte richiamato *Les Sonnambules*, cita Bertrand Russel:

La fisica è matematica non perché noi ne sappiamo moltissimo sul mondo fisico ma perché ne sappiamo assai poco: sono solamente le sue proprietà matematiche che riusciamo a scoprire.

Barrow, dal suo canto, scrive:

La matematica è quindi un linguaggio con una logica incorporata. Ma la cosa che colpisce maggiormente di questo linguaggio è che sembra descrivere come funziona il mondo, e ci riesce non solo di tanto in tanto, non solo in modo approssimativo, ma invariabilmente e con un'accuratezza infallibile [...]. Non è stato mai scoperto alcun fenomeno (nelle aree della fisica della chimica e dell'astronomia) per il quale non ci sia una descrizione matematica non soltanto possibile ma anche elegantemente appropriata [...]. Di fatto, la fiducia nella matematica è cresciuta al punto tale che ci si aspetta che strutture matematiche interessanti si dispieghino nella natura, e si scopre che è proprio così [...]. La matematica non viene più trattata come una categoria di spiegazione: è diventata la definizione di spiegazione nelle scienze fisiche.

Spesso, e lo fa anche Barrow, viene citato il titolo di un articolo scritto da E.Wigner, altro fisico nucleare di gran fama, intitolato

L'irragionevole Efficienza della Matematica nelle scienze naturali.

Mi sembra importante a questo punto, inserire un piccolo dubbio su tutta la faccenda, sollevato da Paul Davies sempre in *The Mind of God*:

Non c'è alcun dubbio che gli scienziati preferiscono usare la matematica quando studiano la natura, e tendono a selezionare quei problemi suscettibili di trattazione matematica. Quegli aspetti della natura che non possono essere immediatamente collocati in ambito matematico (per esempio sistemi biologici e sociali) tendono a essere messi in secondo piano. Si manifesta una tendenza a descrivere come fondamentali quegli aspetti del mondo che ricadono nella categoria matematica. La domanda «Perché le leggi fondamentali della natura sono matematiche» suscita pertanto la risposta grossolana «Perché noi definiamo fondamentali quelle leggi che sono matematiche.»

Ritorneremo più avanti su questo punto.

Barrow pone i termini del problema domandandosi: «Perché la realtà segue la matematica?»

Dipende, scrive, da quello che noi pensiamo essere davvero la matematica.

Introduce lo sconcerto dei matematici di fronte ai problemi che ne minarono la fiducia:

I paradossi logici come quello del barbiere (Un barbiere rade tutti coloro che non radono se stessi. Chi rade il barbiere?) che illustravano dilemmi come quello dell'insieme di tutti gli insiemi che non sono elementi di se stessi, minacciavano di scardinare l'intero edificio. E chi avrebbe potuto prevedere dove sarebbe affiorato il prossimo paradosso?

Affronteremo tra un momento, in dettaglio, la questione dei paradossi.

Prima, qualche parola che chiarisca meglio brevemente la sequenza con cui il problema dei dubbi sulla natura della matematica si è sviluppato.

É fondamentale per seguire il discorso e, per dedicargli la necessaria pazienza, energia e attenzione, accettare che si tratta di un vero, sostanziale problema. Se la fisica descrive la natura e se la fisica è matematica, se si avvale e trova nella matematica le risposte che cerca, ogni dubbio sulla matematica e sulla sua validità, introdurrebbe un'equivalente sostanza di dubbio sul significato e sulla realtà delle scoperte della fisica.

Barrow si limita a citare il paradosso del Barbiere, non si dilunga a chiarire in che modo questi paradossi logici siano in contraddizione con le presunte e necessarie certezze della matematica, e si lancia in una descrizione più poeticamente accattivante che scientificamente chiarificatrice di come David Hilbert, uno dei più brillanti matematici dell'epoca, pensò di risolvere il problema posto dai paradossi, senza aver affatto chiarito la relazione tra paradossi logici e problemi di matematica:

Hilbert propose di non occuparsi più del significato della matematica: invece, si sarebbe dovuto definire la matematica come niente di più e niente di meno che l'arazzo delle formule che possono essere ricavate da qualsiasi insieme di assiomi iniziali manipolando i simboli che vi comparivano secondo regole indicate con precisione sin dall'inizio. Questo modo di procedere, si credeva, non avrebbe prodotto alcun paradosso.
Il vasto ricamo delle connessioni logiche intrecciate tra loro - che sarebbe risultato dalla possibile manipolazione di tutti gli assiomi di partenza, obbedendo a tutte le possibili collezioni non contraddittorie di regole - definisce allora che cosa è la matematica. Questo è il formalismo.
Chiaramente, per Hilbert e per i suoi discepoli, la miracolosa applicabilità della matematica alla Natura è qualcosa di cui

113

loro non si preoccupano minimamente o cercano una spiegazione [...]. Hilbert pensava [...] che dato un qualunque enunciato matematico, sarebbe stato possibile, in linea di principio, determinare se esso è una conclusione vera o falsa a partire da un qualunque insieme particolare di assunzioni iniziali lavorando sulla rete delle connessioni logiche.

Hilbert e i suoi si misero, dunque, al lavoro, per cercare di collocare la matematica all'interno dei confini descritti e per liberarsi da ogni dubbio sulla sua efficienza.
Niente da fare, arriva Kurt Godel nel 1931 e dimostra che:

Qualunque assieme degli assiomi iniziali coerenti si scelga, qualunque insieme di regole coerenti si adotti per manipolare i simboli matematici coinvolti, deve sempre esistere un qualche enunciato espresso nel linguaggio di quei simboli la cui verità o falsità non può essere decisa utilizzando quegli assiomi e quelle regole. La verità matematica è qualcosa di più che assiomi e regole. Provate a risolvere il problema aggiungendo una nuova regola o un nuovo assioma, e creerete solo nuovi enunciati indecidibili.

Passiamo al resoconto di Hoffman.
Secondo Hoffman, tutto sarebbe cominciato quando qualcuno ha messo in dubbio l'edificio della geometria Euclidea, creando una crisi che i matematici ritennero che si potesse estendere anche all'aritmetica. Nicolaj Ivanovič Lobačevskij nel 1829 aveva sostenuto l'idea che data una linea e un punto, per quel punto potessero passare almeno due rette parallele[i].
Nel 1854 era stata la volta di Bernhard Riemann di inventarsi una nuova geometria non euclidea, secondo la quale non esistono rette parallele: tutte le rette s'incontrano all'infinito.

---

[i] Penrose illustra la geometria Lobachevsckiana secondo la quale la somma degli angoli di un triangolPo è inferiore a 180 gradi

Nella sua geometria la somma degli angoli di un triangolo è maggiore di 180 gradi[I].

I fondamenti della geometria venivano dunque messi in discussione, e alcuni logici matematici cominciarono a darsi da fare per evitare che anche la matematica (e quindi la fisica) potesse correre dei rischi equivalenti. Ci provarono Frege e ci provò Bertrand Russell, entrambi con poco successo e in competizione tra di loro. Bertrand Russell cominciò a tirar fuori i suoi paradossi che mettevano in dubbio dalle fondamenta una delle più importanti ed efficaci teorie matematiche, quella degli insiemi. Un altro gran matematico, David Hilbert, propose una specie di sfida che coinvolse gli stessi Frege e Russell e inventò una delle opzioni possibili per consolidare l'edificio matematico: il *formalismo*. A questo punto Godel compare e fa crollare il tutto. Hoffman:

Russel e Alfred North Whitehead risposero all'appello (di Hilbert). Come Frege prima di loro, tentarono di costruire tutta la matematica dai principi primi, in tre impenetrabili volumi di Principia Mathematica. Il primo volume fu pubblicato nel 1910, e il progetto andò avanti senza ostacoli per due decenni, finché il giovane Godel non lo fece crollare.
Godel dimostrò che nessun sistema matematico complesso è completo. In altre parole, quali che siano gli assiomi scelti, si possono fare affermazioni matematiche la cui verità o falsità non è mai dimostrabile all'interno del sistema [...] era possibile, allora, che alcuni dei problemi cari a Erdòs e le congetture aperte di altri matematici non fossero suscettibili di dimostrazione. La seconda *scoperta di Godel fu ancora più*

[I] Con la geometria di Rienman, Einstein è riuscito a scrivere le formule della relatività generale, circa sessanta anni dopo. Ricordiamo che gli assiomi che abbiamo imparato a scuola per un punto passa una ed una sola retta parallela ad una retta data , due rette parallele non si incontrano mai , la somma degli angoli interni di un triangolo è pari a 180 gradi , sono i fondamenti su cui si basa la geometria euclidea.

devastante. Dimostrò che era impossibile provare che un qualunque dato sistema matematico complesso fosse coerente. In altre parole, non si può mai essere sicuri che la serie di assiomi non porterà a una contraddizione. L'idea che la matematica fosse incompleta e forse incoerente era un colpo al cuore per quanti vedevano in essa il più logico dei sistemi logici, e pochi tra gli addetti ai lavori non la vedevano così. Anche dopo Godel, la maggior parte dei matematici a pieno titolo continuò a credere che la matematica fosse scevra da contraddizioni, ma ormai sapeva che non avrebbe mai potuto dimostrarlo.

Prima di andare avanti fermiamoci un istante a riassumere, non tanto il contenuto nebuloso del racconto, ma la sequenza degli avvenimenti e la concatenazione delle idee.

Dunque, nuove verità iconoclastioche sulla geometria preoccupano i matematici: anche la matematica potrebbe non assicurare l'aspirazione alle risposte desiderate, che non nasce solo da un bisogno astratto e platonico di certezze, ma anche dalla necessità di disporre di uno strumento sicuro per l'interpretazione della natura.

Russell tira fuori i suoi paradossi che (stiamo facendo, mi pare, un piccolo passo avanti) simboleggiano un'originale maniera per mettere in dubbio i principi matematici fondamentali della teoria degli *insiemi*, strumento d'indispensabile importanza applicativa.

Lo stesso Russell e altri, stimolati da Hilbert, provano a uscire dall'impasse con il *formalismo*.

Godel fa crollare l'edificio di Hilbert. Molti, o quasi tutti i matematici continuano tuttavia a lavorare tranquillamente credendo *che la matematica sia scevra da contraddizioni*, pur sapendo che non potevano dimostrarlo *per colpa* di Godel.

Sulla questione degli effetti del teorema di Godel sulla matematica in generale, Simon Singh nel libro *L'ultimo teorema di Fermat*[16] scrive:

Mentre i logici affrontavano un dibattito alquanto esoterico sulla indecidibilità, il resto della comunità matematica proseguiva incurante la propria attività. Benché Godel avesse dimostrato che esistevano alcuni enunciati che non potevano essere dimostrati, ce n'erano moltissimi altri che potevano esserlo e la sua scoperta non invalidava nulla di quanto era stato dimostrato in passato. Inoltre, molti matematici credevano che gli enunciati indecidibili di Godel si sarebbero trovati solo nelle regioni più oscure e marginali della matematica e che perciò poteva accadere che non li si incontrasse mai.

(Molto rumore per nulla?)
Una cosa mi sembra di capire: dopo tutto Russell aveva ragione, aveva lavorato con Hilbert, contro le sue stesse intuizioni, e Godel le conferma come corrette.

Ora passiamo a Davies, in *The mind of God.* Anche Davies fa cenno alla preoccupante situazione in cui viene a trovarsi la matematica alla fine del secolo passato e ai problemi che ne minacciavano la consistenza. Li descrive come problemi che *riguardavano il concetto d'infinito, e vari paradossi logici di auto riferimento.* Hilbert attacca il problema e invita i matematici a trovare una procedura per decidere, in un certo numero di passaggi successivi finiti, se una certa enunciazione (o congettura come quella di Goldbach, N.d.A) matematica è vera o falsa. Se tale procedura si fosse trovata la matematica sarebbe divenuta una disciplina puramente *formale*, un giuoco, senza nessuna relazione con il mondo fisico. Davies ci aiuta a capire questo concetto con un esempio elementare.
Quando si esegue una semplice operazione aritmetica come a esempio $(5 \times 8) - 6 = 34$ si usano semplici regole per ottenere il risultato, non è necessario comprenderle o conoscerne l'origine. Non è neppure necessario comprendere il significato

117

dei simboli, basta riconoscerli e usarli in modo appropriato com'è possibile fare, senza difficoltà con una calcolatrice tascabile.

La matematica dunque sembrerebbe non essere altro che *manipolazione di simboli.*

Ecco che anche qui arriva Godel e dimostra che esistono delle proposizioni matematiche per le quali nessuna procedura matematica può dimostrare se sono vere o false. Davies sostiene che il teorema di Godel *salta fuori da una costellazione di paradossi che circondano il problema dell'autoriferimento.*

Cita alcuni di questi paradossi (vedi sotto) e aggiunge:

Il grande matematico e filosofo Bertrand Russell dimostrò che l'esistenza di paradossi di questo tipo colpisce la logica alle fondamenta, e inibisce ogni diretto tentativo di costruire la matematica rigorosamente su una base logica. Godel si ingegnò ad adattare queste difficoltà di autoriferimento alla matematica in un modo brillante e originale. Godel considerò la relazione tra la descrizione della matematica e la matematica medesima [...] per avere il senso del ragionamento si può immaginare di elencare una serie di proposizioni matematiche etichettandole con i numeri 1, 2, 3, [...].

Combinare una sequenza di preposizioni in un teorema sarebbe allora equivalente a combinare i numeri naturali che le etichettano. Questa è l'essenza del carattere auto referente della prova di Godel. Identificando il soggetto con l'oggetto usando la matematica per descrivere la matematica, portò alla luce un paradosso circolare alla Russell che lo condusse direttamente all'inevitabilità dell'esistenza di proposizioni indecidibili.

Siamo ben preparati e spero incuriositi, adesso per affrontare il discorso dei paradossi e per capire insieme che cosa intende Davies per auto referenti.

Richiamiamo di nuovo il paradosso del Barbiere di Bertrand Russell. Dunque:

- un barbiere rade tutti coloro che non radono se stessi. Chi rade il barbiere?
- un passo di Hoffman, nel *L'uomo che amava solo i numeri*, nello stesso contesto, ci fornisce materia per altri due paradossi dello stesso tipo:

Il paradosso trovato da Russell aveva una affinità con l'antica contraddizione greca di Epimenide il cretese, il quale affermava che tutti i cretesi sono bugiardi [...]. «Una contraddizione essenzialmente simile» scrive Russell nella sua autobiografia,«può ottenersi dando a una persona un pezzo di carta su cui sta scritto L'affermazione sull'altra facciata di questo foglio è falsa. La persona gira il foglio e legge L'affermazione sull'altra facciata di questo foglio è vera. Sembrava assurdo per un uomo adulto perdere tempo con queste sciocchezze, ma che altro potevo fare.»

Dunque:

- epimenide il *cretese*, affermava che tutti i *cretesi* sono bugiardi
- l'affermazione sull'altra facciata di questo foglio è falsa. La persona gira il foglio e legge L'affermazione sull'altra facciata di questo foglio è vera.

Davies, in *The Mind of God* (Op. Cit.), ne introduce ancora un paio:

- questa affermazione è falsa

e ancora:

- Socrate: Quello che Platone sta per dire è falso
- Platone: Socrate ha appena detto il vero.

Ragioniamo su tutti i paradossi, con pazienza, anche se abbiamo in odio i rebus, i *conundrums* e i giochetti matematici.

- Il Barbiere: Un barbiere rade tutti coloro che non radono se stessi. Chi rade il barbiere? Ci sono 10 persone nel negozio del barbiere, compreso lui. Tutti a parlare di calcio, o a tentare di parlare di politica. Il barbiere rade la barba, uno dopo l'altro a tutti e nove. Nessuno di loro rade se stesso. Fin qui tutto a posto. A questo punto, tutti sono andati via. Lui si guarda nello specchio, si carezza il mento e si accorge di avere la barba lunga. Allora si appresta a rasarsi…Non può! Lui rade tutti quelli che non radono se stessi!
  Insomma, c'è un *insieme*, un *set* di elementi che non radono se stessi. Tra questi c'è un barbiere. Il barbiere rade tutti, ma non può rasare se stesso. Chi lo rade?

Quando ho provato a porre il quesito a un gruppo di amici, perseverando nella stessa sciocca abitudine di voler condividere le mie letture e le mie debolezze, sostenuta anche dal desiderio di cimentarmi con la mia comprensione di quello che racconto, la risposta è stata:
«Ma, scusa, perché non può chiedere a uno degli avventori di raderlo?»

Non me la sono cavata. Però, riflettendo, ho capito e ora vi chiedo di riflettere con me: bisogna usare un minimo di rigore logico. L'insieme in discussione è quello di elementi che *non radono se stessi*. La loro proprietà è quella e solo quella. L'insieme dei numeri primi ha solo la caratteristica di essere formato da elementi che sono numeri primi, e non altro. Quindi nessuno degli avventori possiede la proprietà che gli consentirebbe di radere il barbiere o chicchessia.

- Epimenide: Epimenide il *cretese*, affermava che tutti i *cretesi* sono bugiardi [...]. Nell' *insieme* di tutti i cretesi, ce n'è uno, Epimenide che afferma che tutti i cretesi sono bugiardi e attenzione, non dice *tranne me*,ma se è cretese sta dicendo una bugia. Quindi non è vero che tutti i cretesi sono bugiardi!

- Il foglio di carta di Russell: *L'affermazione sull'altra facciata di questo foglio è falsa*. La persona gira il foglio e legge: L'affermazione *sull'altra facciata di questo foglio è vera*. Non posso non dare ragione a Russell, almeno a prima vista, quando ammette che un uomo adulto non dovrebbe trastullarsi con queste sciocchezze.
  Dunque, nella *seconda* facciata si stabilisce che quanto è scritto nella *prima* è vero, ovvero che quello che la *seconda* riporta è falso. Francamente mi si spacca la testa a seguire il ragionamento, ma mi pare che se paradosso deve esserci, paradosso c'è.

- Davies: *Quest'affermazione è falsa*. Cito lo stesso Davies: *Se l'affermazione è vera, allora è falsa; se invece è falsa allora è vera. Questi paradossi auto referenti sono facilmente costruibili e profondamente incuriosenti; hanno reso perplesso il mondo per secoli interi.*

La procedura, a questo punto, mi sembra chiara quindi vi lascio ad analizzare da soli il dialoghetto di Davies tra Socrate e Platone.
Accenniamo di nuovo al ragionamento di Barrow con riferimento ai paradossi.
Il paradosso del barbiere e gli equivalenti paradossi logici che illustravano *dilemmi come quello dell'insieme di tutti gli insiemi*

che non sono elementi di se stessi, minacciavano di scardinare l'intero edificio.

E ora, di nuovo lo stesso Russell, che pensando al paradosso del cretese (sempre da Hoffman) giunse all'idea: *che una classe a volte è, e a volte non è un membro di se stessa.*

Mi pare che dica la stessa cosa di Barrow. Ma che vuol dire? Riusciremo a capirlo senza ritornare alla matematica e senza usare i suoi simboli e le sue formule?

Riprendiamo il pensiero di Russell: Dunque, pensa: *che una classe a volte è, e a volte non è un membro di se stessa.*

e va avanti:

La classe dei cucchiaini da tè, per esempio, non è un altro cucchiaino da tè è una delle cose che non sono cucchiaini da tè. Sembrano esserci casi che non sono negativi: per esempio, la classe di tutte le classi è una classe [...]. (Questo) mi indusse a prendere in considerazioni le classi che non sono membri di stesse; esse, sembrava, dovevano formare una classe. Mi chiesi se questa classe è un membro di se stessa o no. Se è un membro di se stessa deve possedere la proprietà definente di classe, che è di non essere membro di se stessa. Se non è un membro di se stessa deve non possedere la proprietà non definente la classe, e quindi deve essere un membro di se stessa. Ogni alternativa insomma, porta al suo opposto, e c'è una contraddizione.

Io non ce la faccio ancora.

Dobbiamo concludere provando con Penrose.

Nella traduzione di Hoffman si usa la parola *classe* invece d'*insieme*, credo per evitare la confusione che deriverebbe da frasi come un *insieme non è insieme di se stesso*[1] .

[1] Non è proprio così. Penrose spiega in una nota che in realtà una distinzione è fatta tra insiemi (sets) e classi, ma anche che non esistono regole per stabilire quando si tratti dell'una o dell'altro.

Penrose usa il termine *set* che significa *insieme* senza porsi il problema della possibile confusione.

Una delle prime cose utili che Penrose fa è quella di definire che cosa s'intende per *set* o *insieme*. Lo fa in una nota che riporto per intero:

Un set significa semplicemente una collezione di oggetti – oggetti fisici o concetti matematici – che possono essere considerati come un tutto. In matematica, gli elementi (i membri) di un set sono spesso essi stessi dei set, dato che i set possono essere messi insieme a formare altri set. Quindi è possibile avere a che fare con set di set, o set di set di set.

Anche Penrose descrive i passi avanti fatti dalla matematica nel secolo scorso, basati su metodi assai poderosi *molti dei quali includevano i set con un numero infinito di elementi*.

Esistono dei set caratterizzati da una particolare *proprietà*, spiega Penrose. Per esempio un set di oggetti rossi è caratterizzato dalla proprietà della *redness*, il colore rosso, la rossezza (viva l'inglese): un oggetto fa parte di quel set solo se presenta la caratteristica di essere rosso.

Mi pare che l'esempio più calzante e più semplice, per trasferirci in matematica, possa essere tanto per intenderci, il set, l'insieme (infinito) di tutti i numeri pari, o quello di tutti i numeri dispari, o primi, o irrazionali. Un set di set, può dunque essere visto come il set di tutti i set che comprendono varie classi - intendo tipi - di numeri uniti da proprietà congruenti, come a esempio quella di avere un numero infinito di elementi.

Usando i miei esempi si può comprendere l'ulteriore considerazione di Penrose, che forse ci aiuterà a comprendere meglio Russell e i suoi paradossi, secondo la quale non è inconcepibile supporre che un set possa essere membro di se stesso.

Consideriamo, per esempio, spiega, il set, l'insieme, denominato I di tutti gli insiemi che hanno come proprietà d'essere *infiniti (*insiemi con un numero infinito d'elementi). Poiché, dice Penrose, e dobbiamo fidarci, esistono *infiniti* insiemi composti di un numero infinito di elementi, anche I ha la proprietà di essere *infinito. Quindi,* conclude, I appartiene a sé stesso!, e il punto esclamativo è di Penrose.

Insomma I è un set di set ed è membro di sé stesso.

Tuttavia, la sicurezza (dei matematici N.d.A.) venne meno in modo drammatico quando nel 1902, il logico e filosofo inglese venne fuori con il suo ormai famoso paradosso.

Ed ecco come Penrose presenta il paradosso di Russell. Non fa riferimento né a barbieri né a cretesi. Dice che il paradosso nasce dalla semplice considerazione (da parte di Russell) di un set così definito:

-R è l'insieme di tutti gli insiemi che *non sono* membri di sè stessi

Perché, dunque, il ragionamento di Russell da origine a un paradosso? si domanda Penrose.

Il paradosso nasce dalla domanda *se il set di Russell, R, è o non è membro di sè stesso,* cioè se appartiene o no a R. Ricordiamo che abbiamo chiarito il senso dell'idea di un set membro di sé stesso e dimostrato che la cosa è possibile.

*Se R **NON** è membro di sè stesso allora deve appartenere a R, dato che R consiste proprio di quegli insiemi che non sono membri di se stessi. Quindi, R, appartiene a R, dopo tutto – una contraddizione.*

*D'altra parte, se R **È** membro di sè stesso, dato che sè stesso è proprio R, allora appartiene a un set i cui membri sono caratterizzati dal **NON** essere membri di sè stessi, non è membro di sè stesso dopo tutto – una nuova contraddizione.*

Abbiamo visto che è possibile definire un insieme di insiemi:

-I è l'insieme (infinito) di tutti gli insiemi (infiniti) con un numero infinito di elementi

e abbiamo concluso che I è membro di sé stesso.
Ora Russel considera:

> Un insieme
> Di tutti gli insiemi
> che **non** sono
> membri di sé stessi

Un insieme di tutti gli oggetti *rossi* può contenere dei sotto insiemi: tutte le calze, tutte le scarpe, e tutte le automobili rosse, per esempio. Questo insieme non è, evidentemente, membro di sè stesso.
Possiamo immaginare un numero illimitato di insiemi che non sono membri di sè stessi, sono i più frequenti. Tutti gli insiemi di oggetti rossi, quelli neri, tutte le automobili, gli alberi, i leoni…i cucchiaini da tè…
Dunque R è l'insieme di insiemi di oggetti rossi-neri-automobili-leoni-cucchiaini da tè, che non sono membri di sè stessi.
La domanda è: R è o non è membro di sè stesso?

La risposta che sembra ovvia è no! Ma, come dice Penrose, se NON è membro di sè stesso allora DEVE FARE PARTE di sè stesso in quanto R è l'insieme d'insiemi che NON sono membri di sè stessi. Contraddizione!!!
Oppure, concludiamo che É membro di se stesso. Ma, siccome *sè stesso* è R, formato da insiemi che NON sono membri di sè stessi, R non può essere membro di sè stesso. Di nuovo, contraddizione!!!
Faccio notare, brevemente che, forse adesso è più facile rileggere la faccenda dei cucchiaini e il problema posto da Russell come li riporta più su Hoffman, citando la biografia di

Bertrand Russel, e di capire il breve riferimento di Barrow allo stesso problema.

Tutto questo mi sembra che rimanga assai astruso. E ancora non mi sono del tutto chiare le questioni della correlazione del paradosso di Russell applicato agli insiemi e il suo esempio del barbiere; né mi è chiarissimo che cosa intende Davies per paradossi auto referenti.

Partiamo dal Barbiere e dai paradossi.

Mi pare di intendere che l'esempio del barbiere serva solo a spiegare e illustrare l'esistenza di contraddizioni logiche, senza che abbia un preciso riferimento matematico, e se sì, solo nel senso della rassomiglianza del tipo di contraddizione.

Quanto all'auto-referenza, mi sembra più ovvia nel caso del cretese: è un cretese che si riferisce a cretesi e quindi a sè stesso. Nel paradosso del barbiere, l'auto referenza è possibilmente legata alllo *"stesso", cioè* al fatto che tutti radono *sè stessi* e che, dato che lui rade tutti coloro che non radono *sè stessi*, non si capisce chi rada lui.

Trinh Xuan Thuan, nel libro *Le caos et l'Harmonie* (Op. Cit.), sull'argomento scrive, in modo che mi sembra chiarificatore:

Dedicandosi alla relazione tra la descrizione della matematica e la matematica medesima (Godel) scoprì che le contraddizioni logiche che mettevano in difficoltà le preposizioni auto referenti, erano anche presenti nelle preposizioni matematiche. Così come non si può decidere se i cretesi sono oppure non sono bugiardi, e se il barbiere si rasa oppure no, non si riesce a decidere se certe preposizioni matematiche sono vere o false.

Siamo soddisfatti?

Allora arriviamo al Godel di Penrose (Op. Cit.). Non ho intenzione né sarebbe agevole riportare il ragionamento matematico di Penrose, ma solo la sua introduzione al dilemma e le sue conclusioni:

126

La considerazione (di Russell) non era da trascurare. Russell stava usando, in modo certamente estremo, lo stesso tipo di ragionamento matematico basato sulla teoria degli insiemi che i matematici cominciavano a utilizzare nelle loro dimostrazioni. Chiaramente le cose stavano diventando incontrollabili [...].

Poi, come gli altri, descrive l'approccio di Hilbert, Russell e Whitehead per far uscire la matematica dall'impasse, e dedica le pagine successive, un intero sotto capitolo all'illustrazione del *formalismo*. (Devo confessare che la lettura del pezzo dedicato al formalismo, *Sistemi Matematici Formali*, oltre che avvincente ed esplicativa è anche non troppo complessa. Ma non va letta, va studiata).
Prima di ciò, continua:

Tuttavia, le speranze di Hilbert e dei suoi seguaci, vennero smantellate quando, nel 1931, il brillante matematico–logico austriaco venticinquenne Kurt Godel concepì uno sconcertante teorema che a tutti gli effetti anniento il programma di Hilbert. Quello che Godel dimostrò è che ogni sistema matematico preciso (formale) costituito da assiomi e qualsivoglia regola procedurale, assumendo che sia abbastanza esteso da contenere la descrizione di enunciati aritmetici semplici [come l'ultimo teorema di Fermat, N.d.A] e supponendo che sia libero da contraddizioni, deve contenere affermazioni che non sono né dimostrabili né indimostrabili con i mezzi permessi all'interno del sistema stesso. La verità o meno di queste affermazioni è pertanto indecidibile. In realtà Godel riuscì a dimostrare che la stessa affermazione di coerenza del sistema di assiomi medesimo, quando codificato nella forma di appropriate preposizioni matematiche, finisce per essere un'affermazione indecidibile [...].

Introduce e illustra il concetto di formalismo matematico in modo che, dicevo mi sembra leggibile anche se con fatica, e riqualifica le speranze di Hilbert chiarendo la sua opinione sulla faccenda, quando scrive, sorprendendomi non poco:

Il punto di vista che si possa fare a meno del significato delle affermazioni matematiche, considerandole come nient'altro che una sequenza di simboli organizzati in qualche sistema matematico formale è lo scenario matematico del formalismo. Ad alcuni piace quest' idea, per cui la matematica diventa una specie di giuoco senza senso. Tuttavia non è un'idea che m'attrae. Si tratta proprio del contenuto - non la cieca computazione di algoritmi[I] - che fornisce alla matematica la sua essenza. Fortunatamente, Godel riuscì a dare al formalismo un colpo devastante. Vediamo come.

(Seguono vari sotto capitoli sui teoremi di Godel)

Quindi, Penrose è contento, non dispiaciuto, della vittoria per uno a zero di Godel su Hilbert. *Fortunatamente,* dice, Godel riuscì a battere il formalismo. Penrose è un Platonista convinto, crede, come abbiamo già illustrato, nell'essenza quasi corporea e a priori della matematica e non dà peso eccessivo ai paradossi di Russell e ai problemi matematici che ne derivano i quali - spiega più avanti - riguardano solo gli insiemi enormi, mentre nella matematica corrente si ha a che fare con insiemi relativamente modesti al paragone.

La faccenda è assai più complessa di quanto non appare da questo resoconto. Che conclusioni se ne possono trarre?

[I] Questa nota è mia. Si parlerà ancora d'*algoritmi* nel corso del libro. Un algoritmo non è altro che una procedura sistematica presentata sotto forma di diagrammi di flusso; una serie di istruzioni consecutive per eseguire operazioni matematiche e per analizzare sequenze logiche. Un programma di *software* è esso stesso un algoritmo.

Secondo Mistero: La conoscenza e la comprensione della Matematica.

Ho letto anni fa un piccolo libro, *La vie de Monsieur Pascal*[17] scritto dalla sorella, Gilberte Perrier. A quell'epoca Pascal m'interessava non tanto per i suoi *exploits* di scienziato e matematico, quanto per la sua storia di malato perenne, in parte forse ipocondriaco, in parte sofferente di malattie di cui nel periodo in cui visse si sapeva ben poco.

Ho ritrovato per caso i miei appunti di allora, abbandonati per anni, mentre mi accingevo a scrivere questa parte del capitolo sulla matematica. Li riporto integralmente.

Pascal

Blaise Pascal nasce a Clermont nel 1623. Il padre, Etienne, é President della Cour des Aides.

La madre muore tre anni dopo la sua nascita. É il padre che si occupa dell'educazione di Blaise e ne diviene l'unico maestro. Pascal non va mai a scuola o in collegio. Le attenzioni didattiche del padre sono descritte da Gilberte come *intelligenti e affezionate.*

Gli spiegava tutto, e conversava su tutti gli argomenti verso i quali Blaise esprimeva la sua precoce curiosità: natura, fenomeni atmosferici, l'uso della polvere da sparo.

Ad ogni domanda Blaise voleva e cercava una risposta.

Una sera a cena, Pascal sente il suono di un coltello che urta contro un piatto di porcellana. Ha undici anni. Se ne va a letto e ci pensa. Poi scrive un trattato sulla propagazione del suono.

Il padre vuole che impari la grammatica, e poi il greco e il latino.

Pascal lo pregava sovente di introdurlo alla matematica e alla geometria. Il padre gli rispondeva che esse fornivano il mezzo di fare delle figure e di trovarne le relazioni e le espressioni. Però gli impediva di parlarne, e non voleva che ci pensasse.

Blaise non riesce a resistere, e durante le ore di ricreazione disegna sul pavimento, con il carbone, cerchi e triangoli, e ne cerca le relazioni. Il padre non gli permette di leggere i testi di geometria e matematica e allora Blaise se la cava da solo.

Produce assiomi, e scopre delle dimostrazioni perfette fino ad arrivare alla trentaduesima proposizione di Euclide.

Un giorno, il padre finisce per scoprire tutto questo ed é talmente scioccato e impressionato dalla grandezza del genio di Blaise che, senza dire una parola, prende il lavoro di Blaise[1] salta in carrozza e si reca da M. Le Pallieur, suo intimo amico e uomo di scienza.

Gli dice: «Piango non di dolore ma di gioia. Ho cercato di nascondergli la conoscenza della geometria per evitare di distrarlo dagli altri studi. Ora, guardi quello che Blaise ha fatto.»

Gli mostra il lavoro del ragazzo: in pratica, e da solo, aveva inventato di nuovo la geometria.

M. Le Pallieur rimase sorpreso e affascinato e disse che occorreva mostrargli i libri e i testi.

Il Padre a questo punto gli permette di leggere gli *Elementi* di Euclide durante le ore di ricreazione.

Blaise partecipava, d'altra parte, con il permesso del padre a conferenze e discussioni tra matematici.

Anche occupandosene poco, per non interrompere gli altri studi, a 16 anni scrisse un *Trattato sulle Coniche*, di cui si disse che nessuna opera, dopo Archimede, avesse raggiunto lo stesso livello di forza e di chiarezza. Il trattato non fu mai stampato, perché a Blaise non interessava il successo e la

---

[1] Evidentemente, Pascal, oltre che sul pavimento, doveva aver scritti degli appunti su carta.

reputazione. Continuava intanto a studiare il greco, il latino, la filosofia e la fisica.

Il Padre era felice di tutto questo, ma si rese ben presto conto che la salute di Blaise si andava deteriorando. Cominciò a star male a 18 anni.

Inventò, nonostante i primi malanni, una *macchina per fare i calcoli* senza penna e senza sassolini. Due anni di intensa fatica per produrre qualcosa che ebbe fin d'allora una grande risonanza.

La salute peggiorava, e da allora, mai un giorno della sua vita fu senza dolore.

Si occupò di vuoto, riprodusse le esperienze di Torricelli, e inventò la roulette.

Prima che compisse i 24 anni, ebbe un'illuminazione divina, di tale intensità da fargli decidere di abbandonare tutte le ricerche e di dedicarsi esclusivamente alla conoscenza e all'amore di Cristo.

Non praticò mai alcuna forma di vizio o di libertinaggio. In questo fu fortemente influenzato dai discorsi e dalle massime che il padre ripeteva continuamente.

A ventiquattro anni la fede e l'impeto religioso di Blaise riempirono la casa, e tutti, persino il padre, seguivano i suoi insegnamenti. Una sorella, Jaqueline, decise di dedicarsi totalmente a Cristo e si fece monaca.

Tra i vari problemi che lo affliggevano, Blaise non poteva nutrirsi che di cibo liquido e caldo, goccia a goccia. Aveva anche dei fortissimi mal di testa e per questo i medici gli ordinarono di purgarsi ogni due giorni, per un periodo di tre mesi.

Secondo Gilberte, mai Blaise si lamentò delle sofferenze che tutto questo doveva causargli. Perché si rimettesse in salute i medici gli raccomandarono di distrarsi, di divertirsi. Decise di provarci.

Questa volta fu la sorella religiosa che lo persuase che, invece, era meglio abbandonare il mondo, tagliare via tutte le inutilità della vita mondana anche a rischio della salute, perché più importante di tutto era la santità e fare il volere di Cristo.

Aveva trent'anni e nei quasi dieci che gli restavano da vivere, menò un'esistenza in cui piaceri e lussi furono totalmente eliminati.

Una stanza senza tappezzerie e senza orpelli, faceva il suo letto da sé, non tollerava l'intervento di alcun servitore, prendeva da solo i suoi pasti dalla cucina, e riportava in cucina i piatti vuoti.

Pregava e leggeva le Sacre Scritture. Morì nell'Agosto del 1662 a soli 39 anni dopo due mesi di orribili sofferenze.

Ho tirato via alla fine degli appunti, non occupandomi delle opere più importanti e delle azioni più incisive della vita di Blaise Pascal, né ho accennato a un altro episodio singolare riferito dalla sorella. Blaise incontra una giovane donna *fort belle,* che chiede l'elemosina all'uscita della messa di San Sulpicio. Blaise si preoccupa per il pericolo *così evidente* a cui la giovane donna sarebbe esposta (Gilberte non si affanna a spiegare di che sorta di pericolo si tratta), si occupa di lei affidandola alle cure di un buon prete del seminario, le fa avere soldi e vestititi, assicurandosi che non venga reso noto il nome del benefattore. Questo avveniva tre mesi prima della morte di Pascal. Mi sono spesso domandato se la vita di Blaise avrebbe potuto prendere un'altra piega, incluso un rinvio della malattia e della morte, se si fosse portato a casa la quindicenne *fort belle* o se la avesse incontrata prima, quando gli avevano raccomandato di distrarsi. Chi sa? Quello che ci interessa adesso, però, è Blaise come portento della matematica.

Non ho consultato altri testi: il racconto di Etienne può essere annebbiato dall'amor fraterno. Per cui, non me la sento di escludere che, dopo tutto, e di nascosto, Blaise abbia dato una sbirciatina ai libri proibiti del padre, i testi di geometria e matematica, materie esilaranti e leggere che lo avrebbero distratto dagli studi più seri che il padre gli imponeva.

Mi piace pensare, tuttavia, che la storia sia andata proprio come la racconta Etienne, e che Pascal, da solo abbia *scoperto* di nuovo la stessa matematica e la stessa geometria che Euclide aveva intuito quasi venti secoli prima di lui[I].

Ramanujan

Un altro esempio che illustra l'esistenza di prodigi, con capacità matematiche eccezionali, *parecchi ordini di grandezza superiori* a quelle del resto dell'umanità, lo racconta Paul Davies, in *The mind of God*. È la storia del matematico indiano S.Ramanujan.

Nacque in India alla fine del secolo diciannovesimo, da una famiglia povera e ricevette un'educazione limitata. Più o meno fu maestro di se stesso ed essendo isolato da ogni forma d'influenza accademica affrontò l'argomento in modo del tutto non convenzionale. Ramanujan produsse numerosi teoremi, senza prova, alcuni di assai peculiare natura che non sarebbero venuti in mente a matematici più convenzionali. Del suo lavoro venne a un certo punto a conoscenza il (famoso) matematico Hardy, che rimase strabiliato. «Non ho mai visto

---

[I] Proprio qualche giorno fà, mettevo in ordine i miei libri. Centinaia, con provenienze diverse, da moltissime case della mia vita. Avevo l'intenzione di ridurre il numero dei vecchi per far spazio a nuovi, con la sofferenza e il senso di irrevocabile perdita che si prova ogni volta che un vecchio libro, per sciocco che sia, viene scartato. L'idea era ed è quella di fare dono dei libri che né io né altri leggeranno mai più, alla biblioteca locale. Ho ritrovato un libro che devo aver acquistato quando pensavo alla novella su Pascal, *Introduzione a Pascal,* di Adriano Basula, editori Laterza. Sfogliandolo, nella cronologia della vita e delle opere, ho letto quanto segue:
« Biagio, secondo il racconto della sorella Gilberte, arriva da solo alla 32ª proposizione del I libro di Euclide (secondo Tallemant de Rèaux, Biagio di nascosto, aveva letto il libro; Mesnard più persuasivamente, dice: Biagio era arrivato alla 32ª proposizione, il che non significa che avesse determinatamente *dimostrato tutte* quelle precedenti). Certo, in ogni caso, Biagio rivela attitudini matematiche fuori dal comune: il padre lo inizia allora agli studi matematici e scientifici»
Quindi, dopo tutto, avevo ragione sull'ipotesi della sbirciatina. Sono deluso, ma non affranto per la scoperta.

niente di simile prima d'ora», fu il suo commento. «Basta uno sguardo per concludere che i teoremi potrebbero essere solamente l'opera di un matematico della più alta classe.»

Hardy riuscì a dimostrare alcuni dei teoremi di Ramanujan utilizzando le tecniche sofisticate che aveva a disposizione; altri non riuscì a dimostrarli ma, fu subito convinto che dovessero essere corretti perché *nessuno avrebbe sufficiente immaginazione per inventarli.*
Riuscì a portare Ramanujan a Cambridge per lavorare con lui. Ma il povero Indiano fu colpito da uno shock culturale e da problemi di salute: morì prematuramente all'età di trentatré anni.
Una piccola nota: la strada della matematica è lastricata di giovani menti sublimi che scompaiono prematuramente per malattia, finiscono al manicomio, oppure si tolgono la vita. Potrebbe essere materia per uno studio approfondito alla ricerca di un nesso che certamente deve esserci.
Un'altra storia, diversa ma sempre rappresentativa, raccontata da Paul Davies è quella degli *autisti,* handicappati mentalmente, ma capaci di calcoli estremamente complessi, insieme a quella dei *cosiddetti calcolatori-lampo* individui capaci di straordinari calcoli aritmetici in modo pressoché istantaneo, senza sapere esattamente come arrivano al risultato. La signora *Shakuntala Devi vive a Bangalore in India ma viaggia regolarmente per il mondo meravigliando il pubblico con straordinarie esibizioni di aritmetica mentale. In una memorabile occasione in Texas riuscì a calcolare la radice ventitreesima di un numero di duecento cifre in cinquanta secondi.*

Sophie Germain

Poi c'è Sophie Germain. Quello che segue è estratto dal racconto di Simon Singh, nel libro *L'Ultimo teorema di Fermat* (Op. Cit.).

Sophie è una delle prime donne moderne che in un'epoca di maschilismo dominante si occupa di matematica, essendo costretta *ad assumere una falsa identità, a studiare in condizioni terribili e a lavorare nell'isolamento intellettuale.*

Pare che molto prima di lei Pitagora, il *filosofo femminista,* annoverasse nella sua squadra ventotto *sorelle* tra cui più famosa è rimasta Teano, e che nei secoli successivi Socrate e Platone permettevano alle donne di entrare nelle loro scuole.

Singh riferisce anche del caso e della triste fine di Ipazia, che nel quarto secolo dopo Cristo, ad Alessandria fondò una sua scuola di matematica. Suo acerrimo nemico fu Cirillo, patriarca della città, che non poteva tollerare l'idea di una donna dedita a questioni filosofiche e matematiche, anche se occorre chiarire che tutti quelli che si occupavano di simili materie gli erano assai antipatici. Per lui erano tutti eretici, a qualunque sesso appartenessero, ma Ipazia lo era di più perché era anche femmina. Cirillo sobillò le masse contro di lei.

Singh (Op. Cit.) cita Edward Gibbon, lo storico che racconta la morte tragica di Ipazia:

Un giorno fatale, nel tempo sacro della quaresima, Ipazia venne strappata dal suo carro, denudata, trascinata in chiesa e bestialmente massacrata per mano di Pietro il Lettore e di una torma di fanatici selvaggi e spietati; le vennero strappate le carni dalle ossa con conchiglie acuminate e le sue membra tremanti vennero date alle fiamme.

Una conferma del paradigma: matematica = morte violenta.

Un'altra donna, la Agnesi, nata a Milano nel 1718, fu una matematica comparsa secoli dopo, a Rinascimento concluso e assai prima di Sophie Germain anche se le sue doti erano riconosciute, non ottenne mai un posto di ricercatrice.

Ulteriore esempio dell'ostracismo maschile contro le donne matematiche fu Emmy Noether.

A lei, descritta da Einstein come uno dei più grandi geni creativi della matematica *da quando l'istruzione superiore è stata aperta alle donne,* fu negata la libera docenza all'Università di Gottinga. David Hilbert, sostenendo il suo caso disse: «Signori miei, non ritengo che il sesso della candidata possa essere un argomento contro la sua ammissione come Privatdozent. Dopo tutto il Senato Accademico non è un bagno pubblico.»

Quando qualcuno chiese a Edmund Landau, un collega di Emmy se lei fosse davvero una grande matematica Landau rispose: «Posso attestare che è un grande matematico, ma che sia una donna non posso giurarlo.»

Torniamo a Sophie citando per intero il passo con cui Singh ne introduce la vicenda:

Fra tutte le nazioni Europee la Francia dimostrò l'atteggiamento più maschilista verso le donne istruite nella matematica, dichiarando che la matematica era inadatta alle donne e oltrepassava le loro capacità mentali. Anche se i salotti parigini giuocarono un ruolo centrale nel mondo della matematica per la maggior parte del diciottesimo e del diciannovesimo secolo, una sola donna riuscì a sfuggire alle costrizioni della società francese e ad affermarsi come una grande teorica dei numeri. Sophie Germain rivoluzionò lo studio dell'Ultimo Teorema di Fermat, e il suo contributo fu superiore a quello di tutti gli uomini che l'avevano preceduta.

Non è il caso di raccontare tutta la storia della Germain; per questo consiglio caldamente il libro di Singh. Ma credo sia interessante un breve resoconto dei punti salienti.

Nacque nel 1876 e visse la Rivoluzione. Il suo interesse per la matematica ebbe inizio con la lettura di una storia della matematica trovata, ancora una volta, nella biblioteca del padre. Si entusiasmò soprattutto per il racconto della vita e delle scoperte di Archimede.

Si dette allo studio di Newton, di Eulero, della teoria dei numeri. Ai genitori non piacque il suo interesse per una materia così poco femminile, e pare che il padre le *sequestrasse le candele e le togliesse ogni riscaldamento per scoraggiarla da quel genere di studi.* Ci risiamo!

Sophie resistette e alla fine i genitori le consentirono di dedicarsi ai suoi studi; il padre finì per finanziare tutta *la sua carriera di matematica.* Sophie non si sposò mai.

Quando nel 1794 fu fondata a Parigi l'Ecole Polytechnique, Sophie invece di iscriversi continuò a studiare per suo conto, assumendo il nome di un ex studente, Mr. Le Blanc. Con quel nome Sophie corrispondeva con la scuola, ricevendo documenti e dispense e inviando le sue risposte ai problemi che erano destinati a Le Blanc. Lagrange, uno dei matematici più importanti della storia, fu impressionato dal lavoro di Le Blanc, volle vederlo, e finì per smascherare il sotterfugio di Sophie, divenendone l'insegnante e il protettore.

Sophie venne accettata dalla comunità matematica di Parigi. Si appassionò a Fermat e prima dei trent'anni riuscì a dimostrare con un metodo di sua invenzione il teorema di Fermat per un certo numero di valori di terne di numeri interi. Mantenne un lungo rapporto con Gauss, altro grande matematico tedesco interessato al problema e rimase in corrispondenza con lui fino al 1808.

Il suo contributo alla soluzione del puzzle di Fermat fu notevole anche se non definitivo. Si dedicò alla fisica ed è sua una ricerca fondamentale sulla teoria dell'elasticità. Per questo lavoro, e per il contributo dato alla soluzione di Fermat, *ricevette una medaglia dall'Institut de France, e divenne la prima donna matematica ammessa a seguire le lezioni dell'Accademia delle Scienze che non fosse moglie di uno degli accademici.* Morì di cancro al seno prima che l'Università di Gottinga le assegnasse una laurea ad honorem su sollecitazione del suo vecchio amico Gauss.

Digressione

Pascal, Ramanujan, Germain; nell'antichità Teano e Ipazia, calcolatori umani e autisti: esempi diversi tra i moltissimi che si possono rintracciare nella storia e nelle storie della matematica. Si tratta, forse, di casi estremi: geni da una parte e fenomeni da baraccone dall'altra. In tutti i casi, uomini e donne con straordinarie doti per i numeri e le formule.

Si contrappongono alle moltitudini che non capiscono, non intuiscono, non amano, e non sanno usare la matematica. Come noi.

Perché loro sì e noi no? Perché c'è chi la capisce la adopera e chi la ignora, la teme e addirittura la odia? Perché, se la matematica è il linguaggio della realtà, il viatico per la comprensione del mondo, non è dato a tutti di conoscerla, amarla e usarla?

Quando parliamo di matematica, la fisica e la scienza in generale sono sottintese o se volete, sono posizionate un gradino più in basso. Non vi è possibile accesso alle une senza la capacità di maneggiare l'altra. L'arte, la musica, la pittura possiamo metterle di lato. La facoltà di eccellere nell'una o nell'altra è di pochi, ma assai più esteso è il novero di quelli che possono goderne.

La musica, tra l'altro, non è sicuramente la dimostrazione più evidente dell'uso inconsapevole che il musicista fa della matematica? Solo che, in questo caso, molto spesso, lo fa con l'orecchio e con il senso del ritmo. Muovere le dita su un pianoforte o su una chitarra corrisponde a un modo istintivo di far matematica. Ogni nota e ogni accordo si collegano tra loro

138

in assonanze quando la matematica che le regola è corretta, e se la sequenza non è armoniosa, è solo perché la matematica è sbagliata. Quindi, anche l'uomo medio, non Mozart o Stravinsky, fa matematica quando suona e quando canta, utilizzando un'attitudine istintiva che gli permette di distinguere tra armonia e stonature. È come se la natura avesse permesso lo sviluppo di una qualità musicale, che può esprimersi prescindendo dalle discipline complesse che la regolano.

Comincia a farsi strada il problema cui io vorrei arrivare con i miei ragionamenti.

Perché tra le facoltà umane si è sviluppata attraverso la selezione naturale quella di *intuire* le relazioni tra suoni e note e non quella di percorrere agevolmente i simboli di un'equazione di terzo grado? Perché la matematica, quella vera, non è alla portata di tutti? È forse vero che la musica serve alla sopravvivenza e non la matematica?

Comincerei con una riflessione che nasce dalla recente lettura di un bel libro sulla matematica, *La Storia della Matematica*[18] di Carl B. Boyer.

Matematica ed evoluzione

Cominciai a leggerlo tempo fa e subito lo misi da parte. Troppo difficile e faticoso. Ora ho ricominciato e il libro inizia ad appassionarmi. Spero di riuscire ad arrivare in fondo, usando la tecnica del *salto di Penrose*.

Ci sono un paio di aneddoti, di storie, nel libro di Boyer, che avrei potuto citare prima, nella sezione precedente, quando ho raccontato della magia e delle meraviglie dei numeri.

Ecco la prima, in cui Boyer accennando al mito dei numeri, riferisce di come i Pitagorici portarono il mito *all'estremo*.

Il numero uno – sostenevano – è il generatore dei numeri ed è il numero della ragione; il numero due è il primo numero pari o femminile, il numero dell'opinione; tre è il primo vero numero maschile, il numero dell'armonia, essendo composto di unità e diversità; quattro è il numero della giustizia o del castigo, e indica il far quadrare i conti; cinque è il numero del matrimonio, l'unione del primo numero maschile con il primo numero femminile: e sei è il numero della creazione [...]. Il più sacro di tutti era il numero dieci, o tetractys, perché esso rappresentava il numero dell'universo; infatti conteneva la somma di tutte le dimensioni geometriche possibili. Un punto è il generatore delle dimensioni, due punti determinano una linea a una dimensione, tre punti (non allineati) determinano un triangolo con un'area a due dimensioni, e quattro punti (non giacenti in uno stesso piano) determinano un tetraedro con un volume a tre dimensioni; la somma dei numeri rappresentanti tutte le dimensioni è pertanto il venerato numero dieci.

Ricordate poi, la storia di com'è difficile convincere gli amici che la matematica esiste e che è al tempo stesso la quintessenza del miracolo? E poi, quella del matematico Hamming e della sua meraviglia per il fatto che sia non solo possibile ma anche utile usare i numeri interi, in modo astratto per contare le cose: *Non è singolare che 6 pecore più 7 pecore faccia 13 pecore e che 6 pietre più 7 pietre dia 13 pietre? Non è un miracolo che l'universo sia costruito in modo che sia possibile una astrazione semplice quale è il numero?*
Ecco un'altra, sempre da Boyer. Qui l'autore cita addirittura Socrate, che come scaturisce dalla lettura del *Fedone* di Platone, era affetto da profondi dubbi metafisici che gli impedirono di interessarsi alla matematica.

Dice Boyer che Socrate ebbe un influsso nullo o addirittura negativo sullo sviluppo della matematica. Tuttavia la citazione aumenta invece di diminuire la mia convinzione sulla natura prodigiosa della matematica e dei numeri. Dice Socrate nel dialogo:

Non posso sentirmi soddisfatto quando so che, se si aggiunge uno a uno, l'uno con cui viene fatta l'addizione diventa due, o che le due unità sommate insieme fanno due in virtù dell'addizione. Non riesco a capire come avvenga che, quando erano separate l'una dall'altra, ciascuna di esse era uno e non due, e ora, quando sono unite insieme, la loro giustapposizione o il loro semplice incontro debba essere la causa del loro diventare due.

Due punti di vista diversi, mi pare. Tuttavia convergenti. Hamming insieme alla sorpresa e alla meraviglia accetta il prodigio naturale della matematica. Socrate è scettico, non riesce a capire perché due volte uno, due entità uguali tra loro, se congiunte ne possano generare una diversa. In tutti e due i casi però si può leggere la contraddizione che spesso esiste tra le verità date come scontate e che come tali sono solamente usufruite senza né gioia, né meraviglia e senza spirito critico, e l'immenso serbatoio di pensieri e di idee che può associarsi a ogni analisi approfondita di fatti ovvi in apparenza.
Non sono certo di capire la meraviglia dell'uno e lo scetticismo dell'altro, anche se mi metto a ragionare sul serio. Però *sento*, afferro sia il senso del miracolo, sia di quello della poca fede e della critica legate alle più semplici e immediate proposizioni della realtà della matematica.

Il motivo del mio riferimento a Boyer si può ritrovare in una delle prime pagine del suo libro, nel capitolo introduttivo dedicato alle origini della matematica.
Il passo che cito sotto ha dato spunto ai ragionamenti che sto facendo sulla matematica, e sulle ragioni che la rendono fondamentale per tutti, conosciuta, compresa e praticata da pochi.

Un tempo si pensava che la matematica avesse direttamente a che fare con il mondo della nostra esperienza sensibile; fu solo nel XIX secolo che la matematica pura si liberò dalle limitazioni imposte dall'osservazione della natura. È chiaro che originariamente la matematica nacque come un aspetto della vita quotidiana dell'uomo; e se è valido il principio biologico della sopravvivenza del più adatto, la durata del genere umano non è del tutto priva di rapporto con lo sviluppo di concetti matematici nell'uomo [...].

Fermiamoci un momento. L'idea che possa esistere una relazione tra lo sviluppo delle facoltà matematiche e la sopravvivenza della specie umana, non mi dispiace. Fa parte dell'argomento che vorrei cercare di sviluppare. (Non capisco però, perché Boyer asserisca che solo in tempi recentissimi la matematica si è liberata dalle limitazioni associate al bisogno di *osservare* la natura. I matematici babilonesi, egizi, e certamente i greci, dal VI secolo avanti Cristo, mentre cercavano i mezzi per misurare e calcolare hanno scoperto e sostenuto il significato mistico e il valore intrinseco dei numeri e delle figure geometriche, facendo dell'astrazione la regola a sostegno delle loro scoperte).
Continua Boyer:

In un primo tempo le nozioni primitive di numero, grandezza e forma facevano, forse, riferimento più a contrasti che non a somiglianze: la differenza tra un solo lupo e molti lupi, la disuguaglianza di dimensioni tra un pesciolino e una balena, la dissomiglianza tra la rotondità della Luna e la rettilinearità di un pino [...]. Le differenze stesse sembrano rinviare a somiglianze; infatti, il contrasto tra un solo lupo e molti lupi, tra una pecora e un gregge, tra un albero e una foresta, suggerisce che un lupo, una pecora e un albero abbiano qualcosa in comune: la loro unicità. Nella stessa maniera si sarebbe osservato che altri gruppi, come le coppie possono essere messi in corrispondenza biunivoca. Le mani possono

142

essere appaiate con i piedi, con gli occhi, con le orecchie e con le narici. Questo riconoscimento di una proprietà astratta che certi gruppi hanno in comune, e che chiamiamo numero, rappresentano un grande passo verso la matematica moderna [...]. Si trattò probabilmente di una consapevolezza graduale che si è forse sviluppata a uno stadio altrettanto primitivo dello sviluppo culturale dell'uomo quanto lo fu l'uso del fuoco, forse trecentomila anni fa.

Per arrivare alla prima vera matematica, quella dei babilonesi, con numeri espressi da complicate relazioni alfabetiche e simboliche, ma pur sempre numeri, roba di solo seimila anni fa, ci sarebbero voluti trecentomila anni, in cui l'uomo primitivo, o meglio quegli uomini primitivi capaci di contare certamente fino a due, più probabilmente, almeno fino a dieci, potrebbero aver avuto un vantaggio su altri gruppi, e sarebbero stati selezionati nella lotta per la sopravvivenza. In questo senso è logico spiegarsi il riferimento di Boyer allo sviluppo del più adatto in relazione all'acquisizione di facoltà matematiche.

La matematica per così dire recente (quella egiziana, quella della Mesopotamia, quella dei Pitagorici, di Talete, Anassagora, Zenone, Democrito, e più tardi Platone, Aristotele, Euclide e Archimede, per citare i più famosi) sicuramente trae la sua origine da bisogni concreti, la misura delle aree e il far di conto, bisogni amministrativi e commerciali, e presto diventa allo stesso tempo pura astrazione e prima forma di mezzo per soddisfare curiosità scientifiche meno sostanziali e meno tangibili, quali la misura della circonferenza della Terra, la distanza dal Sole e dalla Luna, e il tempo delle eclissi, e quella più generale della ricerca delle relazioni tra numeri e figure.

Il cervello umano, dunque diventa capace di esprimere facoltà che - già possedute allo stato primordiale da ben trecentomila anni, e che come tali hanno permesso se non la selezione, la sopravvivenza di una specie già selezionata e predominante per tante altre ragioni - diventano essenziali non per rimanere in vita, ma sicuramente per far progredire la conoscenza e lo sviluppo della civiltà come noi la intendiamo.

Ci si trova di fronte, quindi, a una facoltà che se pure già inscritta da millenni nel programma cerebrale dell'intuizione e del ragionamento, non è stata essenziale al processo di evoluzione Darwiniana della razza umana.

Lasciamo Boyer, per tornare ancora una volta a Davies, *The Mind Of God* che pure si occupa della questione.

Scrive Davies (Op. Cit.):

Mi sembra che l'evoluzione secondo Darwin ci abbia attrezzato a conoscere il mondo attraverso la percezione diretta. Vi sono chiari vantaggi evoluzionistici in questo, ma non esiste alcuna connessione ovvia tra questo tipo di conoscenza sensoriale e la conoscenza intellettuale.

Distinguere tra unità e gruppi, un lupo e un gruppo di lupi è altra cosa che sviluppare il concetto del teorema di Pitagora e dimostrarlo rigorosamente, oppure usare le astrazioni matematiche che sono alla base della fisica moderna.

Continua più avanti Davies:

Il mistero è: perché disponiamo di questa doppia capacità di intendere il mondo? Non c'è alcun motivo di credere che il secondo metodo risulti da un processo di raffinamento del primo [...]. Il primo obbedisce a un ovvio bisogno biologico, il secondo non ha alcun significato biologico.

Mi pare che Davies escluda in modo assoluto che lo sviluppo delle facoltà matematiche avanzate, quelle autentiche, sia in qualsiasi maniera legato alla selezione naturale.

Nel tentativo di dare un esito costruttivo a questo discorso cercando, come mi sono proposto, di non perdere il filo, sono tornato al libro di Fred Hoyle, *Our Place in the Cosmos*, (Op. Cit.). Hoyle, ricordiamolo, inventore del termine *Big Bang*, sostenitore della teoria dell'Universo statico, è anche fortemente critico di certi aspetti della teoria dell'evoluzione attraverso la selezione naturale, e appoggia in modo convinto e concreto l'idea che la vita possa essere arrivata sul nostro pianeta provenendo dagli immensi spazi siderali.

Hoyle cita Alfred Russel Wallace[19] il quale nel libro *Contributions to the theory of natural selection. A series of essays*, pur essendo un sostenitore della teoria di Darwin, ha concluso che se è vero che l'evoluzione attraverso la selezione naturale agisce su molte proprietà di piante e animali, non ha alcuna influenza per certe altre prerogative.

La legge della Selezione Naturale, sostiene Wallace, è una legge rigida che agisce secondo la vita e la morte degli individui sottoposti alla sua azione. Elimina le caratteristiche negative di una specie e conserva quelle utili a un livello di efficienza generale. Ne consegue che le caratteristiche giuste saranno presenti in tutti gli individui di una specie, chi più chi meno dotato, con piccole variazioni da uno all'altro rispetto a uno standard comune a tutti.

Nella velocità della corsa, nella forza fisica, nell'abilità con le armi, nell'acutezza della vista, o nella capacità di seguire una traccia, tutti i popoli primitivi dispongono di un ragionevole livello di efficienza, e le differenze non eccedono i limiti di usuale diversità negli animali.

Il caso è completamente diverso, quando si considerano speciali facoltà particolarmente sviluppate nell'uomo civilizzato. Queste esistono solo in una piccola proporzione di individui, e le differenze di capacità tra la massa dell'umanità e gli individui favoriti è semplicemente enorme.

Meno di uno su cento possiede *facoltà matematiche, e la gran massa della popolazione non possiede né abilità naturale per lo studio, o sente il minimo interesse per la matematica.*

Wallace prosegue analizzando arte e musica per arrivare a conclusioni paragonabili a quelle del caso della matematica. La facoltà musicale è quella più sviluppata, e *per ogni persona capace di disegnare ce ne sono almeno dieci capaci di cantare o suonare senza aver ricevuto un'educazione particolare in materia.*

L'uomo civilizzato possiede delle facoltà, conclude Wallace, che sia per quanto riguarda le loro origini e funzionamenti, sia per le funzioni che svolgono - e le variazioni quantitative tra individuo e individuo, sono completamente distinte dalle altre facoltà che gli sono essenziali. Solo queste ultime sono pervenute all'attuale livello di efficienza attraverso le necessità della sopravvivenza. E a questo punto aggiunge:

E oltre le tre cui ci siamo riferiti, ve ne sono altre che ovviamente appartengono alla stessa classe. Per esempio la facoltà metafisica, che ci permette di creare concetti astratti di un tipo assai remoto da ogni pratica applicazione, ci aiuta a discutere le cause ultime di ogni cosa, la natura e la qualità della materia, il movimento, le forze, lo spazio e il tempo, le cause e gli effetti, la volontà e la coscienza. Ogni indagine su questioni astratte e complesse come queste è impossibile per l'uomo primitivo che non sembra possedere i poteri della mente che gli consentano di afferrare le idee e i concetti fondamentali; tuttavia in qualsiasi momento una razza raggiunge un adeguato livello di civilizzazione, e comprende una categorie di persone, preti o filosofi, che sono liberati dalle necessità e dagli obblighi del lavoro e di compiti pratici quale l'attività di governo, ecco che la facoltà metafisica salta fuori improvvisamente, sempre però, come abbiamo detto con riferimento alle altre facoltà, limitata a un piccolissimo numero di individui.

146

(Alla musica, alla matematica, all'arte e alla metafisica possiamo sicuramente aggiungere altre facoltà che la vita e la storia dimostrano essere fornite in dotazione a pochi eletti: la semplice capacità di ragionare logicamente, quella del giudizio soggettivo, quella della capacità di analisi dei fatti passati e della previsione di quelli futuri, quella di fare politica).

Hoyle (Op. Cit.) commenta il pensiero di Wallace scrivendo tra l'altro:

Quello che Wallace rileva con questi esempi è un'inversione dell'aspettativa della relazione tra causa ed effetto ovvero lo sviluppo di proprietà già possedute dal cervello umano prima che esse avessero alcuna possibilità di esplicitarsi, e quindi prima di ogni possibilità di venire preferite dalla selezione naturale [...]. Wallace ha messo in evidenza il fatto importante che dette proprietà invertite da un punto di vista causale appaiono solamente in una piccola porzione della popolazione, come se, solamente in una piccola minoranza, le nuove procedure mentali riuscissero a emergere nelle appropriate condizioni di lavoro. Possiamo considerare queste piccole minoranze che appaiono solo sporadicamente come costituite da mutanti, senza influenza decisiva fino al momento in cui i loro inusitati talenti restano irrilevanti per la sopravvivenza. Ogni generazione avrà pertanto il suo piccolo numero di mutanti che vanno e vengono senza determinare alcun consistente cambiamento nella struttura genetica di una specie. Ma immaginiamo che le circostanze cambino e che tali qualità mutanti divengano critiche per la sopravvivenza; in tal caso la selezione agirà nel senso di aumentare il numero di quelli che le possiedono, portando alla fine a una proprietà che iniziata come una rarità diventi la norma.

Quali potrebbero essere le circostanze che partendo da pochi individui con particolari facoltà, rendono queste ultime necessarie alla sopravvivenza producendo una progressiva selezione in modo che la *rarità* possa diventare *norma?*

Bisogna fare attenzione. I riferimenti di Wallace alla metafisica e la mia nota relativa a altre attitudini, come la capacità di usare la logica, il giudizio soggettivo, la razionalizzazione e la comprensione della politica, rischiano di estendere il discorso verso la definizione di un'unica categoria di poteri intellettuali che comprende tutte le altre: l'intelligenza. Come se si volesse ipotizzare che una certa concatenazione di eventi possa provocare il progresso della sopravvivenza degli individui più intelligenti, e la morte delle comunità meno dotate, la fine biologica degli scemi. Un mondo popolato da soli geni! Un mondo in cui la penetrazione profonda dell'arte, della musica e della matematica diventa prerogativa di tutti, piuttosto che di pochi *mutanti.* Ipotesi da evitare, per non correre il rischio di impegolarsi in pericolose ed estreme illazioni su un genere umano, in cui le differenze nelle capacità intellettuali degli individui sono appiattite verso l'alto, ma sempre appiattite. Tutti Mozart, tutti Picasso e tutti Einstein! Sarebbe un mondo terribile, in cui sarebbero annullate le differenze che stimolano l'immaginazione e la creatività.

Ma restiamo in tema e parliamo di matematica.

La selezione naturale non sembra aver prodotto un numero elevato d'individui che comprendono la matematica. La spiegazione è che la matematica non è una qualità necessaria alla sopravvivenza. Questo può essere vero. Però non è anche vero che l'incapacità matematica è assimilabile all'incapacità di capire e interessarsi all'universo e alle sue leggi e che questa è una tremenda limitazione che influisce negativamente sul comportamento degli esseri umani?

Suggeriamo la domanda: sono immaginabili circostanze che selezionino matematici, vale a dire situazioni in cui la matematica diventi una facoltà essenziale alla sopravvivenza della razza umana?

Bisognerebbe immaginare l'apparizione di un gruppo di uomini matematici e donne matematiche che, dopo avere creato una società centrata sull'uso della matematica, facendo figli, nipoti e pronipoti matematici, ed escludendo attraverso l'opera di un qualche tipo di selezione quelli incapaci di fare matematica, riesca a dotarsi di poteri immensi connessi alla specifica conoscenza della matematica (non necessariamente armi letali, quelle, la matematica le ha già prodotte attraverso l'opera dei *mutanti,* ma piuttosto poteri della mente, una nuova, prorompente cultura) e poi parta alla conquista del resto della terra.

Maometto e l'Egida, Gesù e i Cristiani.

I nuovi conquistatori avrebbero di fronte a sè due strade. La prima è di eliminare tutti i non credenti, tutti quelli incapaci di impadronirsi delle nuove disposizioni o riluttanti a farlo per motivi religiosi o ideologici.

Oppure, potrebbero dedicarsi a un'opera di conversione globale, non violenta, insegnando e diffondendo pacificamente il nuovo verbo.

Ora devo stare attento. La diffusione del Cristianesimo e quella dell'Islam nulla hanno a che fare con un processo selettivo. Sono avvenute in uno spazio di tempo cortissimo, e il possedere l'una o l'altra fede non ha selezionato una razza rispetto all'altra: basta guardare al numero di entrambe presenti oggi nel mondo. Inoltre, per restare con Wallace e Hoyle, le credenze religiose non sembra che siano portatrici di facoltà essenziali alla sopravvivenza. Tutt'altro. Insomma i geni non c'entrano.

Allora l'evoluzione di un popolo di matematici dovrebbe, forse, essere vista come una progressione di mutamenti culturali, piuttosto che come un processo di sviluppo evolutivo in senso Darwiniano.

Acqua calda e informatica

Un cambiamento progressivo, paragonabile a quello che potrebbe verificarsi nella Società dei prossimi decenni, in cui le differenziazioni dovute alla facoltà *informatica,* non naturale e istintiva, ma culturalmente indotta, potrebbe anche condurre al predominio e alla sopravvivenza di quegli individui, e di quelle porzioni di Società privilegiate da un più rapido progresso di utilizzazione delle tecniche e della cultura del computer.

Mi rendo conto, riflettendo, che sto scoprendo l'acqua calda.

La facoltà *informatica* assai probabilmente assicurerà la continuazione dello sviluppo e il predominio economico delle società che sapranno meglio utilizzarla. Significa anche che avranno maggiori possibilità di sopravvivenza? E significa che i fruitori di dette facoltà saranno migliori, più intelligenti, più buoni, meglio idonei a giudicare e decidere, più provetti cittadini? Capiranno meglio la politica e sapranno esercitare con più cautela i loro diritti e compiere con maggior diligenza i propri doveri? E, infine avranno più passione per la matematica e più capacità di studiarla, comprenderla e usarla, per comprendere la fisica classica, la teoria dei quanti, e la teoria della complessità? La risposta è sicuramente: no! L'uso del computer permetterà più informazione e più mezzi di comunicazione. Ma non renderà gli uomini consapevoli dei programmi che usano per essere informati e per comunicare.

Solo i mutanti che inventano la matematica dei computer, i processi logici di calcolo, e quelli che scoprono metodi e materiali per aumentarne la velocità e l'efficienza, conosceranno sempre di più, mentre gli utilizzatori continueranno a navigare in un mare d'inconsapevole, efficiente ignoranza di tutto quello che c'è dentro e dietro.

...e allora?

Ci sono facoltà che solo pochi hanno il privilegio di possedere ed esprimere. Come la capacità di far musica, l'arte, e le facoltà matematiche. Prendiamo queste ultime: come si sono sviluppate? C'è voluta la selezione naturale, quella di Darwin, o sono il risultato di un fenomeno di sviluppo culturale?

Mettiamola così. Trecentomila anni fa l'uomo era già ben distinto dalla scimmia, camminava su due zampe, sapeva usare le mani e le dita per farsi i primi attrezzi, e sicuramente sapeva contare fino a due. Le cose, poi, continuano a migliorare e trentamila anni fa ci ritroviamo con un uomo che doveva già essere dotato delle stesse facoltà intellettuali di cui dispone oggi. Insomma, il cervello umano era già quello è oggi. Nel periodo intermedio la selezione naturale aveva permesso la sopravvivenza dei *gruppi* più dotati, meglio capaci di cavarsela negli ambienti in cui si trovavano a vivere. Immaginiamo anche che gli uomini di trentamila anni fa avessero appreso a contare fino a dieci, invece che fino a due, come i loro antichi predecessori. Le prime tracce dell'uso concreto di una matematica avanzata risalgono a diecimila anni fa.

Il punto è questo: quando i babilonesi hanno cominciato a inventare e a scoprire la matematica, hanno messo in uso delle attitudini intellettuali già disponibili da migliaia di anni, che non essendo mai state praticate prima non avevano potuto contribuire alla sopravvivenza e quindi non avevano potuto esplicarsi, agire nel processo di selezione naturale.

Allora la questione è: la selezione naturale lavora piano, è lentissima e favorisce la permanenza in vita e lo sviluppo di varietà dotate di qualità particolari, le specie più adatte a sopravvivere. Il cervello umano ha raggiunto da qualche decina di migliaia di anni il suo attuale sviluppo. Le facoltà matematiche si sono sviluppate più tardi, solo pochissimi secoli fa. Quindi, quello che ha agito in questo caso è un processo culturale in cui alcuni privilegiati hanno cominciato a utilizzare doti rare e particolarissime che, se pur già in atto, non erano state essenziali alla sopravvivenza.

La selezione naturale e l'evoluzione hanno agito fino a un certo punto. Poi hanno cominciato a entrare in giuoco altri fattori. L'uomo ha cominciato a parlare e poi a scrivere e comunicare in modo più efficiente, e a un certo punto sono arrivati i matematici. Le trasformazioni genetiche sono lente, lentissime, e non possono aver influenzato l'evoluzione intellettuale e quindi la facoltà matematica. Forse è vero e forse non è così.

 Pensiamo al processo evolutivo che ha portato l'uomo a parlare. Parlare e scrivere sono robe difficili, richiedono un cervello specialissimo; l'uomo lo possiede e gli animali non l' hanno. L'uomo avrebbe potuto continuare a sopravvivere anche senza saper parlare. Invece, è riuscito a parlare. Ma c'è riuscito tardi, molto più tardi dell'epoca in cui i meccanismi, i programmi necessari erano stati scritti nel computer che abbiamo nella testa. Parlano tutti, anche troppo.

Anche i programmi per fare matematica sono stati scritti nel nostro cervello, molto prima che qualcuno pensasse di usarli. Ma mentre parlare, tutti parlano, la matematica la fanno in pochissimi

Sicuramente, la specie umana non avrebbe potuto crescere e svilupparsi senza la possibilità di comunicare. Invece non è necessario che la matematica diventi facoltà comune, di tutti, per permettere alla specie umana di restare in vita e prosperare. Basta che la capiscano in pochi, i matematici, gli scienziati, i fisici e via dicendo. Possiamo immaginare, al contrario, delle circostanze che permettano che le facoltà matematiche diventino fondamentali per la sopravvivenza della razza umana? Sto chiedendo se è possibile pensare a un processo in lentissima evoluzione. Chi capisce la matematica campa e chi non la capisce crepa. Pian pianino, nei secoli dei secoli aumenta il numero di quelli che capiscono la matematica, e diminuisce il numero di chi non l'ama e non la capisce.

Ma perché secoli, millenni, eoni? Si potrebbe fare molto più presto con i mezzi scientifici, con le biotecnologie. Prima di tutto bisogna capire quali parti del cervello fanno funzionare il computer dei calcoli e delle equazioni. Poi si deve inventare un metodo per svilupparle. Invece di aspettare i tempi delle lente modificazioni dei geni, e invece di arrivare solamente a costruire un'umanità priva di cancro e altri terribili malanni, con centocinquanta anni di vita media assicurata, invece di fare tutti biondi o tutti neri, o tutti rossi, si fanno uomini e donne tutti matematici. Questo è, sarà sicuramente possibile.
Il punto è, tuttavia, che bisogna domandarsi a che serve. La nostra razza umana vivrebbe meglio, se tutti sapessero la matematica? Se fosse certo, allora si possono immaginare due processi diversi. La matematica per qualche strano motivo diventa fondamentale per la sopravvivenza della razza umana.

Allora si può pensare che il processo sia darwiniano, lento e inesorabile e che richieda centinaia di secoli, milioni di anni per completarsi. Il secondo processo, invece, dovrebbe far seguito a una decisione culturale e quindi politica. Si decide che serve una diffusione globale delle facoltà matematiche e si lavora d'ingegneria genetica. La questione, ripeto è: a che serve, serve a qualcosa un mondo in cui tutti non si limitano a chiacchierare ma sanno anche fare i conti, e risolvere equazioni differenziali del terzo ordine? O meglio, serve all'uomo? Questa è la domanda chiave: serve all'uomo? Servirebbe al progresso della razza umana? La migliorerebbe?

Occorre domandarsi anche: se in un modo qualsiasi e per ragioni tutte ancora da capire e conoscere si stabilisse davvero che la matematica è essenziale, non sarebbe più semplice, pratico e immediato insegnarla meglio, farne

153

conoscere i misteri e l'utilità in modo da avvincere e non disgustare? Mi pare che sarebbe più semplice. Un processo culturale, forse lento e difficile, ma indotto con i mezzi propri della cultura, senza manipolazioni genetiche e senza aspettare che si mettano in moto spontaneamente i mimi oppure i geni e Darwin.

Bisogna riflettere. Bisogna sapere se serve e perché. Una volta stabilito questo, la si può insegnare meglio, renderla amichevole invece che ostica. Io penso a qualcosa di diverso, a un processo inverso. In qualche modo la matematica diventa facoltà disponibile, non inculcata a scuola, ma spontanea, naturale, istintiva, come la parola. Non più patrimonio di pochi eletti, ma attitudine diffusa.

Ci si potrebbe arrivare attraverso una lenta evoluzione del bisogno di sapere e di capire come funziona il mondo. L'uomo potrebbe stancarsi della propria ignoranza di tutto; dell'incommensurabile distanza che lo separa dalla comprensione della vita, della natura e dell'universo. La sofferenza associata alle domande senza risposta, e ancora di più alla mancante capacità di porle – addirittura - le domande giuste, potrebbe diventare tale da giustificare un progressivo distacco dal bisogno di vivere, lo sviluppo di una malattia mentale, di una forma di depressione planetaria, e all'estinzione lenta e suicida di porzioni sempre più grandi dell'umanità. Nel tempo in cui questo avviene non si capisce ancora bene a che serve la matematica.

Quelli che la sanno e la capiscono cominciano a nutrire delle speranze. Si sentono meglio, provano meno disagio a vivere, perché cominciano a capire sempre meglio pezzetti sempre più grandi del mondo. Sopravvivono. Ancora non sanno bene *a che serve* come non lo sapevano gli uomini prima di saper parlare e scrivere.

Il processo continua fino a quando tutti i sopravvissuti cominciano a saper usare il linguaggio della matematica. É solo allora che capiscono *a che serve*. Loro lo sapranno davvero. Noi possiamo solo intuirlo.

.

Capitolo IV Spazio e Tempo II niente e l'infinito

Nei prossimi capitoli si discuterà molto di atomi e galassie, di entità e distanze enormi oppure inverosimilmente piccole, del niente o quasi niente, e dell'infinito. Questo è uno degli aspetti del mistero dell'Universo che spesso è dato per scontato e, a volte, viene semplicemente attraversato, scalfito, con distratta superficialità. Rimane privilegio dei poeti, dei filosofi, dei bambini, degli innamorati meravigliarsi, sorprendersi e interrogarsi, di fronte all'enigma del cielo stellato e degli immensi spazi che lo contengono: il mistero dell'immensità notturna. Solo quando si ha paura, ci si chiede il perché del vuoto, del silenzio, del buio e della morte: l'arcano del nulla che è al di là dell'infinitamente piccolo.

Gli uomini di scienza, gli astronomi, i cosmologi, i fisici delle particelle, i matematici praticano quotidianamente il percorso del molto grande e del molto piccolo: quando raccolgono i segnali delle galassie lontane miliardi di anni luce; quando seguono la corsa di un impercettibile neutrone che in un secondo percorre, in un acceleratore di particelle, una distanza pari a quasi dieci volte la circonferenza terrestre; quando misurano o calcolano le distanze tra i pezzi più piccoli degli atomi e le forze che li tengono insieme.
Se la frequentazione professionale di nani e giganti, l'incontro con impensabili ampiezze e altrettanto inimmaginabili esiguità diventano, per consuetudine e pratica assidua, parte ordinaria dei pensieri di uno scienziato, non è detto che sapienza, pratica e conoscenza sopprimano i suoi sentimenti di sorpresa e meraviglia. Molti uomini di scienza, al contrario - e lo abbiamo già visto - smettono spesso di usare il rigore della sola logica per sprofondarsi nella poesia.
Un poco come per la faccenda di Dio - meglio piazzarla all'inizio piuttosto che alla fine - mi è sembrato appropriato, per noi che scienziati non siamo, e che potremmo non essere

poeti, filosofi e innamorati, fare insieme un po' di pratica di molto piccolo e molto grande, di niente e infinito, per essere preparati, abituati a leggere con compiaciuta disinvoltura, piuttosto che con preoccupato sbigottimento, quelle parti del seguito del racconto che contengono numeri, cifre e immagini che familiari, per noi, sicuramente non sono.

Ma, prima di addentrarci nella marea di numeri piccoli ed enormi vorrei raccontare (e tra un momento vedremo perché) la storia del carbonio. Una storia che, tra l'altro, è emblematica dei collegamenti misteriosi tra le immensità e le minuzie dell'Universo.

Il carbonio è un elemento fondamentale alla vita sulla Terra. Niente carbonio, niente piante, animali e esseri umani.

Martin Rees, nel libro *Prima dell'Inizio*[20] prova a seguire un atomo di carbonio nella lunghissima storia cosmica che ha alle spalle:

Forgiato in un'antica supernova con atomi di elio, potrebbe aver vagato per centinaia di milioni di anni fra le stelle. Potrebbe poi essere capitato in una nube interstellare, che collassava sotto l'azione della sua stessa gravità formando nuove stelle. L'atomo potrebbe poi essere finito nel nucleo di qualche stella molto brillante, per essere ulteriormente lavorato in modo da formare altri elementi della tavola periodica (silicio, o ferro) per essere poi scagliato fuori di nuovo in un'altra supernova. O potrebbe essere finito nei pressi di una stella meno massiccia, circondata da un disco gassoso in rotazione che si andava condensando in un gruppo di pianeti. Una stella di questo tipo avrebbe potuto proprio essere il nostro Sole. Quest'atomo di carbonio potrebbe così essersi trovato sulla Terra che si era appena formata, svolgendo il suo ruolo nei processi geologici che ne modellarono e temperarono la superficie; e poi nella chimica da cui emersero le specie viventi, e poi nell'evoluzione: finendo in una cellula cerebrale di Primo Levi[l].

E più avanti:

Gli atomi di carbonio - ogni singolo atomo di carbonio del vostro sangue, del vostro cervello e dell'inchiostro di questa pagina - hanno un pedigree che risale a molto prima che nascesse il nostro sistema solare, quattro miliardi e mezzo di anni fa [...]. Gli atomi che sono oggi legati insieme in un filamento di DNA si trovavano [...] in varie stelle della Galassia, o dispersi nel mezzo interstellare.

Ed ecco la ragione che mi ha indotto a premettere questa storia: devo attrarre la vostra attenzione.
Esistono, e pratichiamo ogni giorno situazioni ed eventi che oltre a essere difficili da descrivere per chi li vive o li documenta rimangono inafferrabili per chi ne è solamente ascoltatore o testimone. Gli esempi potrebbero essere moltissimi.
I fatti di cronaca, quasi mai fatti di letizia, entrano ed escono con incomunicabile, superficiale rapidità dalle pagine dei giornali, e dallo schermo della televisione. Nel racconto televisivo o giornalistico si appiattiscono immagini che, se per un istante brevissimo provocano raccapriccio, non riescono a lasciare tracce di sia pur minima profondità. A volte ci si prova, si prova a piangere per ritrovarsi con la inconsapevole certezza che il dolore e i sentimenti degli altri non hanno effetti concreti, tangibili, sui nostri.

Le malattie, quelle degli altri, non sono riferibili né possono essere veramente condivise[I]
Mi si fa spesso osservare che se così non fosse, se questa connaturata capacità di essere distratti e distaccati non

---

[I] L'autore nel testo cita il libro di Primo Levi, *Il sistema periodico*, e riporta una descrizione assai bella e poetica dell'autore sulle peripezie subite da un atomo di carbonio, prima di andarsi ad installare nel suo cerve
[I] Questo è vero, al contrario, anche delle proprie.

esistesse, impazziremmo e moriremmo tutti, affogati in un mare d'insostenibili emozioni.

Distratti e distaccati.

Questo è il punto. Se è vero che distrazione e distacco ci permettono di sopravvivere è anche vero che c'impediscono di *sentire* e di capire.

Mi sembra, dunque, necessario un esplicito, sottolineato appello rivolto all'eventuale lettore:

Questo capitolo introduce i numeri del niente e dell'infinito di cui è costituito l'Universo, in una narrazione che, senza la pretesa di illustrare e penetrare certe difficoltà della scienza meglio di quanto sia stato già fatto molte volte, ha l'ambizione di continuare a trasmettere - come del resto tutto il racconto - il trasporto per i suoi misteri e suoi segreti. Ho fatto riferimento al peregrinare del carbonio, dunque, per indurre alla riflessione cosciente, per spingere a immaginare schemi simili a quello descritto da Rees, inventarne di uguali, non essere *distratti e distaccati. Sentire* profondamente che un infinitesimo pezzetto di noi potrebbe essere arrivato da incommensurabili distanze di spazio e tempo e che, forse, tra qualche miliardo di anni, nel tumultuoso apparire e scomparire di mondi, soli e galassie, un atomo della nostra vita finirà per stabilirsi in un buco nero da cui non riuscirà a separarsi mai più.

Ogni numero di cui parleremo, grande o piccolo che sia, ha la necessità di essere ascoltato, inteso, assorbito perché sono proprio i numeri che compongono la sinfonia del cosmo.

Entriamo in argomento: numeri, numeri grandi e piccoli.

(Una) vita del Buddha lo descrive giovane uomo che compete per la mano di Gopa, nell'atto di sconfiggere tutti i rivali nella lotta, il tiro all'arco, la corsa, il nuoto e la scrittura. A questo punto arriva l'esame di matematica: deve fornire i nomi di tutti i livelli numerici al di sopra del koti (dieci milioni, 10^7), e ogni livello deve essere 100 volte più grande del precedente.

Gautama risponde: ayuta, niyuta, kankara, vivara, achobya, vivaha, utsanga, bahula, nagabala, titilambha, vyavaithanaprajnapti (! che è 10^{31}), e così di seguito sino all' incantevole samaptalambha (10^{37}) e l'impronunciabile visandjganati (10^{47}) per finire con tallakchana (10^{53}) [...]. Il premio per Gautama non è solo la mano di Gopa ma la soddisfazione del sogno di ogni scolaro: l'esaminatore si getta ai suoi piedi e esclama «Tu, non io, sei tu il maestro di matematica.»

Questo straordinario brano è tratto dal libro *The Nothing that is: a natural history of zero*[21] di Robert Kaplan.

I matematici Indiani, all'epoca di Buddha, non avevano ancora scoperto lo zero ma sapevano già ragionare con numeri grandissimi, da usare in astronomia, cosmologia e nella loro visione dell'Universo. Invece di simboli usavano nomi, ma il concetto dei grandi numeri era loro ben noto oltre che necessario.

Questo passo ci dà l'occasione di riprendere il metodo di rappresentazione dei numeri piccoli e grandi, esprimendoli come potenze di 10.

Cominciamo con i numeri grandi.

Dieci milioni, ovvero dieci seguito da sei zeri (10.000.000) si scrive 10^7 cosi come 100 si scrive 10^2, 1000 si scrive 10^3, 10.000 10^4 e cosi via.

Proviamo a esplicitare e riflettere su un numero intermedio tra il koti, 10.000.000 = 10^7 e l'enorme tallakchana (10^{53}) di Gautama.

Prendiamo 10^{20}

Scriviamolo prima secondo la semplice regola data sopra: un dieci seguito da 19 zeri (oppure, se preferite, ma ha meno senso matematico, perché si parla di potenze di 10) un 1 seguito da 20 zeri.

Eccolo: 100000000000000000000.

Possiamo riscriverlo, in modo da renderlo leggibile e esprimibile a parole, separando le migliaia a partire da destra:

160

100. 000. 000.000. 000.000.000.

A parole il numero è:

100 - mila – milioni – di miliardi.

È importante notare subito che 10^{40} NON è per nulla doppio di 10^{20}. Nossignore! È un numero 100 mila milioni di miliardi (10^{20}) di volte più grande!

Vediamo con un esempio che nulla ha ancora a che fare con atomi e galassie, come sia facilissimo arrivare a numeri grandissimi.

Calcoliamo quanti granelli di sabbia ci sono in una spiaggia lunga 100 metri e larga 10 metri, in cui la sabbia sia presente, mediamente, per un'altezza pari a un metro:

- 100x10x1 = 1000 sono i metri cubi di sabbia

- ogni metro cubo contiene 1000 litri di sabbia, quindi abbiamo un totale di 1.000.000 di litri di sabbia, pari a 10^6

- un litro corrisponde a un decimetro cubo e in un decimetro cubo ci sono 10x10x10 centimetri cubi, ovvero 1000 centimetri cubi. Siamo già arrivati a 1.000.000 x 1.000, pari a 1.000.000.000, 1 miliardo di centimetri cubi, e oramai sappiamo che questo numero si può scrivere come 10^9

- per finire, assumiamo che ogni granello di sabbia sia un cubetto con un millimetro di lato e quindi abbia un volume di un millimetro cubo. In un centimetro cubo ci sono 10x10x10 = 1000 millimetri cubi. Dunque arriviamo a 1.000.000.000.000, mille miliardi di millimetri cubi e quindi di granelli di sabbia, ovvero 10^{12}

- ricordiamo che il numero con cui abbiamo deciso di cimentarci era 10^{20}. Per arrivarci occorrerebbe mettere insieme e sommare i granelli di 100 milioni (10^8) di spiagge come la nostra.

161

Non so come la prenderete. Una conclusione possibile è che vi paia che dopo tutto non sembra che i granelli di sabbia siano poi tanti in una sola spiaggia. L'altra, opposta, ma ugualmente logica è che 10^{20} è un numero assai grosso. E allora che dire di tallackchana?

Ora dobbiamo passare ai numeri piccoli.

Anche qui dobbiamo confrontarci con le potenze del dieci, questa volta potenze negative.

L'idea è questa.

Un decimo di millimetro, per esempio, si scrive 0,1 oppure, come frazione decimale: 1/10.

Un centesimo di millimetro corrisponde a 0,01 o 1/100. Un millesimo sarà dunque 0,001 o 1/1000, e cosi via di seguito.

La frazione 1/10 si scrive 10^{-1}, 1/100 equivale a $10^{-2,}$ 1/1000 è 10^{-3}, 1/1.000.000 si scrive 10^{-6}: lo schema è di tal genere.

Per dare subito un'idea, un protozoo ha un diametro di un centomillesimo di centimetro, 1/100.000, ovvero 10^{-5} centimetri, un atomo è mille volte più piccolo, 10^{-8} centimetri.

Una piccola complicazione (di cui però vedremo subito l'interesse e l'utilità) si presenta quando, dovendo confrontare sistemi o eventi che spaziano dal piccolissimo al molto grande, è essenziale mettersi d'accordo, scegliere le opportune unità di misura. Facciamo un esempio classico. L'Universo dal Big Bang sino oggi ha un'età approssimativa compresa, secondo le moderne teorie cosmologiche, tra 10 e 15 miliardi di anni. Per semplicità diciamo 10 miliardi.

Abbiamo implicitamente scelto gli *anni* come la più comoda unità di misura. 10 miliardi è un numero con cui sappiamo confrontarci senza preoccupazione. Si scrive 10.000.000.000, riusciamo a leggerlo e pronunciarlo facilmente, non avremmo nemmeno bisogno di scriverlo come 10×10^9, o se preferite come 10^{10}. Quest'ultima operazione diventa, però, necessaria, quando si voglia seguire la storia dell'Universo, a ritroso sino all'inizio, alle prime frazioni di secondo in cui ha cominciato a formarsi. Sono accadute cose assai interessanti all'Universo in formazione, tra quando aveva solo un decimo dell'età che ha oggi, diciamo un miliardo di anni e oggi - tra 10^{10} e 10^9 anni - e tra 10^9 anni e quando, ancora prima, aveva 100.000.000 di anni, 10^8 anni, e cosi via indietro nel tempo. Ugualmente importanti, dicono i cosmologi, sono stati i primi istanti, i primi minuti, i primi secondi e le prime frazioni di secondo della sua esistenza. Addirittura i fisici ritengono che si debba andare indietro non solo sino a 0,1 secondi (10^{-1}) o a 0,01 secondi (10^{-2}) ma addirittura sino a 10^{-43} secondi verso il tempo 0, verso il momento in cui il niente ha cominciato a mettersi in moto!

Per mettere in relazione, dunque, quello che è successo dopo l'inizio, da t = 0 in poi, noi dobbiamo ragionare in secondi e non in anni. Dal semplice calcolo in nota[1] viene fuori che il tempo dell'Universo, i dieci miliardi di anni che gli si attribuiscono, corrispondono a $3,2x10^{17}$ secondi. L'ordine di grandezza, dunque, è di 10^{17} dal tempo zero a oggi e 10^{-40} dal tempo zero al primo secondo. Qual è l'interesse e l'utilità di tutto questo?
Devo confessare che è una faccenda complessa con la quale mi dibatto da anni senza veramente venirne a capo.
A prima vista sembrerebbe che mentre è facile e logico immaginare una sequenza che dai primi minuti – entità di tempo che noi percepiamo agevolmente – si evolve nei milioni e nei miliardi di anni in cui l'Universo si è formato ed evoluto, è molto più difficile raffigurarsi una serie di avvenimenti successivi in spazi di tempo inconcepibilmente piccoli. Un secondo, un battito di cuore normale è sicuramente percepibile, e così pure un decimo, un centesimo o un millesimo di secondo: ci hanno abituato a questo i movimenti

---

[1] 1 anno=365 giorni. Un giorno =24 ore. Un'ora = 3.600 secondi. Quindi un anno espresso in secondi è uguale a:365x24x3600=31.536.000 secondi, ovvero circa $3,2x10^7$ secondi. 10 miliardi di anni corrispondono dunque a $3,2x10^7x10^{10}$ pari a $3,2x10^{17}$ secondi.

veloci dei numeri sullo schermo durante gare di sci, di atletica e di automobili. Allora, le frazioni di tempo, i tempi che sono ancora più smisuratamente piccoli?

A un primo esame rapido, dunque, sembrerebbe più facile concepire la tremenda lentezza dell' evoluzione di fenomeni che hanno richiesto milioni di secoli, che arrivare ad accettare che qualche cosa, qualunque cosa, possa essere avvenuta in modo comprensibile e suscettibile di descrizione, in uno spazio di tempo compreso tra, diciamo 10^{-10} secondi (0,000.000.000.1, un decimo di miliardesimo di secondo) e 10^{-8} (0,000.000.001), un decimo di milionesimo di secondo. Fermiamoci a ragionare un momento. Scrive John Gribbin in *In search of the Big Bang*[22]:

Un secondo è 10^0. L'intervallo tra il presente e il primo secondo copre un arco di diciassette potenze di dieci. Se percorriamo all'indietro nel tempo la stessa distanza dall'altro lato di un secondo, l'intervallo a cui perveniamo è di 10^{-17} secondi. In un certo senso, in un senso del tutto realistico, l'intervallo tra 10^{-17} secondi e 1 secondo, è equivalente all'intervallo tra 1 secondo e il presente; i fisici ora si occupano di eventi che si sono svolti a partire da 10^{-40} secondi dall'istante 0, (tempo) che <u>usando la stessa terminologia</u> si trova circa 2 volte e mezzo più indietro verso il momento della creazione di quanto noi siamo dal tempo t = 1 secondo. In questi termini, gli eventi da 10^{-4} secondi fino a circa 4 minuti sembrano quasi mondani – ma quegli eventi hanno dato forma al nostro Universo.

In questo passo di Gribbin ho sottolineato la frase *usando la stessa terminologia* perché è bene che sia chiaro quello che Gribbin vuol dire: 40 è quasi uguale a due volte e mezzo 17. Questo non significa che 10^{-40} esprime un tempo 2 volte e mezzo più piccolo di 10^{-17}, così come 10^{-4} (0,0001, un decimillesimo di secondo) non è 2 volte più piccolo di 10^{-2}

164

(0,01 un centesimo di secondo) bensì 100 volte più piccolo. 10^{-40} è 10^{23} volte più piccolo di 10^{-17}. Gribbin vuol solo dare un'idea delle dimensioni del concetto, *usando*, forse impropriamente, *la stessa* terminologia.

Domandiamoci: siamo proprio sicuri che sia maggiormente ostico per il nostro senso comune accettare il lento cambiare del mondo in dieci miliardi di anni da t = 0 a oggi, che venire a capo dell'idea che importantissimi cambiamenti possano essere stati scanditi in logiche ma violentissime successioni nelle microscopiche frazioni di secondo tra t = 0 e, diciamo, il primo secondo?
Sicuramente riusciamo a concepire un'ora, un giorno con il tempo cadenzato dalle nostre abitudini e dalle alternanze del giorno e della notte. Un mese e un anno, sono sottolineati da termini, impegni, ricorrenze. Dieci anni possiamo concepirli attraverso la misura di giovinezza e vecchiaia, cento anni sono un limite superiore per la vita di un uomo, 1000 e forse ancora diecimila anni sono scanditi dagli eventi della storia e centomila anni sono concepibili in termini di preistoria. E un milione di anni? Cento milioni di anni? E 1000 milioni di anni, un decimo dell'età dell'Universo? Attenzione, stiamo parlando di tempi sempre più lontani che si evolvono secondo potenze progressive di dieci. Se un milione di anni è lungo, lunghissimo, che dire di cento milioni di anni, un tempo 100 volte ancora più lungo? Quando leggiamo della deriva dei continenti, del tempo necessario per la crescita di montagne e l'accumulo dell'acqua nei mari, dei lentissimi progressi della natura nel processo di formazione della vita, millimetro dopo millimetro, granello dopo granello, goccia dopo goccia, trasformazione dopo trasformazione, possiamo, se ci fermiamo veramente a riflettere non essere sconcertati dall' inconcepibile lentezza dei tempi dell'Universo?

A me pare di sì. E allora mi pare ugualmente accettabile che l'Universo possa aver subito trasformazioni importantissime tra quando aveva 0,000000000000000001 secondi di vita e quando ne aveva 0,0000000001. E quanti zeri ho scritto è veramente senza importanza.

Ora, con questa minuscola dotazione di matematica elementare applicata al cosmo e di concetti non abituali, possiamo affrontare l'Universo con le sue galassie e i suoi quark.

Quanto è grande e quanto è vecchio l'Universo?

L'Universo, l'abbiamo già visto, esiste da circa 10 miliardi di anni, oppure 10^{17} secondi. Le due domande, quanto è grande e quanto è vecchio sono intimamente correlate. Se fosse più piccolo sarebbe più giovane e viceversa. Questo è vero, se accettiamo la teoria del Big Bang, e quella dell'Universo in espansione. Nasce in un punto, spazio e tempo cominciano a dilatarsi e continuano a farlo fino a oggi. La materia, intanto, si condensa in galassie, stelle, sistemi solari e pianeti.

Le galassie, una volta formate continuano a subire l'impulso iniziale e si allontanano l'una dall'altra a velocità relative crescenti e dipendenti dalla distanza tra la galassia di riferimento e quella osservata.

Se immaginiamo l'Universo come costituito da una serie di puntini - le galassie, appoggiate sulla superficie di un palloncino di gomma - e continuiamo a gonfiarlo lentamente, possiamo farci una ragionevole idea visiva del cosmo in espansione. L'immagine non è mia. Come vedremo al Capitolo XIII è una delle più usate in cosmologia.

Nella storia della determinazione delle dimensioni e dell'età dell'Universo, un ruolo importantissimo ha giocato Hubble con i suoi telescopi e con le sue osservazioni. Sempre Gribbin:

L'Universo di Hubble, il nostro Universo, si estende per centinaia e migliaia di milioni di anni luce. Alcune delle galassie le cui immagini vengono osservate oggi dai telescopi giganti come il 100 e 200 pollici, sono così lontane da noi che la luce che ci permette di osservarle deve aver cominciato il suo viaggio verso di noi addirittura prima che la Terra stessa si fosse formata. Non c'è in verità alcuna maniera in cui la mente umana può afferrare le dimensioni dell'Universo. Tutto quello che riusciamo a fare è dare una occhiata ai numeri, che ci dicono che anche i nostri vicini più prossimi, M33 e M31 sono così lontani che la luce richiede 2 milioni di anni per coprire la distanza che li separa dalla nostra galassia, e ammettere che possiamo solo restare attoniti di fronte a tutto questo. Persino i grandi cosmologi, un Einstein o uno Stephen Hawking, devono simpatizzare, nei loro intimi recessi, con l'affermazione di Carlyle: «Io non ho alcuna pretesa di comprendere l'Universo – è assai più grande di me.»

L'M31 citata da Gribbin, altro non è che la costellazione di Andromeda, o Nebula di Andromeda, la galassia a spirale più prossima alla nostra Galassia, la Via Lattea. Dista da noi 2 milioni di anni luce. Che tipo di numero è questo? Mettiamola in chilometri, dopo aver ricordato che un anno luce[I] è la distanza percorsa dalla luce in un anno e che la luce corre a trecentomila chilometri al secondo.

Abbiamo anche calcolato, qualche pagina prima, che un anno contiene $3,2 \times 10^7$ secondi.

In un anno la luce percorre, allora, 300.000 (ovvero 3×10^5) Km/secondo x $3,2 \times 10^7$ secondi = $9,6 \times 10^{12}$ Kilometri[II]. Per arrivare sino a noi la luce di Andromeda impiega due milioni di

---

[I] Ne abbiamo già discusso nel terzo capitolo.

[II] $9,6 \times 10^{12}$ Kilometri, approssimativamente 10^{13} chilometri, un anno luce, è un numero da ricordare. Diecimila miliardi di chilometri! Una unità di misura spesso usata in cosmologia è il *Parsec* che corrisponde a un pochino di più di tre volte un anno luce. L'uso degli anni luce come un'unità di misura delle enormi distanze inter spaziali è comodo perché consente di servirsi di numeri piccoli. Ha il solo, possibile, difetto di far perdere di vista quanto in realtà siano immense le distanze in giuoco.

anni $(2x10^6)$. Quindi la distanza totale è uguale a $9,6x10^{12}$ Km/anno x $2x10^6$ anni = $19,2 x 10^{18}$ chilometri.

Scriviamolo questo benedetto numero:

19.200.000.000.000.000.000.000 e leggiamolo insieme. Sono diciannove virgola due miliardi di miliardi di chilometri, circa 10 milioni di miliardi di volte mezza circonferenza terrestre!

La stella più prossima a noi nella nostra galassia, Alpha Centauri dista dalla Terra 4,29 anni luce.

Il calcolo è sempre lo stesso: $4,29 x 3,2x10^7 x 3x10^5 = 41x10^{12}$ chilometri ovvero 41.000.000.000.000 o anche 41.000 miliardi di chilometri.

Alpha è la stella più vicina. Ma, quali sono le dimensioni della Via Lattea, la galassia che contiene noi con il nostro Sole e Alpha Centauri? I calcoli più recenti mostrano che la Via Lattea è un disco piatto con un diametro di circa 100.000 anni luce ($10^5 x 3x10^5 x 3,2x10^7 = 9,46 x 10^{17}$ chilometri).

Il nostro Sole ha un diametro di circa $1,4 x 10^6$ (1.400.000) chilometri.

L'Universo, l'abbiamo accennato si estende per miliardi di anni luce.

Mettiamo questi numeri uno sull'altro, in una tabella:

Diametro/Distanza	Anni Luce	Km
Stella/Sole (Dia)	---	$1,4 x 10^6$
Alpha Centauri (Dist)	4,29	$41x10^{12}$
Via Lattea(Diam)	100.000	$9,6 x 10^{17}$
Andromeda(Dist)	2.000.000	$19,2 x 10^{18}$
Universo (Dia)	10.000.000.000	circa10^{23}

La tabella ci aiuta a seguire il ragionamento che fa, sempre Gribbin, e sempre nello stesso libro, cercando di mettere in prospettiva le relazioni tra le distanze. Se il nostro Sole avesse le dimensioni di un'aspirina (diciamo 2cm), allora la stella che nella nostra galassia è più vicina a noi, Alpha Centauri, sarebbe lontana 150 chilometri.

Se con l'aspirina rappresentiamo invece la nostra galassia, la galassia più vicina, Andromeda disterebbe da noi solo una decina di centimetri. Ma, vediamo cosa ne dice lui, Gribbin:

L'unica ragione per cui gli astronomi sono capaci di determinare le proprietà dell'Universo nel suo insieme dipende dal fatto che, in termini relativi, le galassie sono molto più vicine, le une alle altre, di quanto lo siano le stelle. Uno dei modi migliori per raffigurarsi tutto questo consiste nel costruirsi un modello dell'Universo basato su un'aspirina. Se il nostro Sole avesse le dimensioni di un'aspirina, allora la stella più vicina sarebbe rappresentata da un'altra aspirina a 140 chilometri di distanza. Questo è abbastanza tipico degli spazi tra le stelle – la distanza tra una stella tipica e il suo vicino più prossimo corrisponde a parecchi milioni di volte il diametro della stella [...]. Le galassie, come la nostra Via Lattea contengono miliardi di stelle, distribuite su consistenti volumi spaziali, ma tenute insieme dalla gravità e orbitanti intorno al centro della galassia. Possiamo farci un'idea degli spazi intrergalattici, cambiando la scala (del nostro modello) in modo tale che ora la Via Lattea, non il Sole sia rappresentata da un'aspirina. In questa nuova scala, la galassia più prossima, M31(Andromeda) è rappresentata da un altra aspirina a 13 centimetri di distanza.

Riepiloghiamo, senza farci confondere. Se paragoniamo gli anni luce riportati in tabella risulta chiarissimo che la distanza tra due stelle in una qualsiasi galassia è molto più piccola di quella tra due galassie. 4,29 anni luce nel nostro esempio è la distanza tipica tra stelle e 2.000.000 anni luce quella tra galassie. È solo vero che le stelle sono relativamente piccole e lontane tra loro in proporzione alle loro dimensioni, e le galassie enormemente grandi e, relativamente alle loro dimensioni, abbastanza ravvicinate. Il Cielo, insomma formicola di galassie grandissime e ravvicinate, e ogni galassia brulica di stelle piccole e distanti.

Più notizie sulla nostra galassia le troviamo, tra gli altri, nel Libro *I primi tre minuti* di Steven Weinberg (Op. Cit.):

Oggi si pensa che la Via Lattea consista di un disco di stelle, con un diametro di 80.000 anni luce e uno spessore di 6.000 anni luce. Il sistema galattico possiede anche un alone sferico di stelle, il cui diametro sfiora i 100.000 anni luce [...]. Il sistema solare dista circa 30.000 anni luce del centro del disco ed è spostato leggermente a nord del piano centrale del disco stesso. Il disco ruota a velocità che arrivano a toccare i 250 chilometri al secondo (900.000 chilometri l'ora). Una visione davvero imponente se potessimo osservarla dall'esterno.
Un segnale proveniente dal centro delle Via Lattea impiegherebbe 30.000 anni per arrivare sino a noi.

Queste poche righe dovrebbero darci un senso preciso di appartenenza. Sappiamo dove siamo!
Più difficile da capire è dove ci troviamo, noi, nel sistema solare e nella Via Lattea, rispetto alle altre galassie e all'Universo intero.
Con i grandi telescopi, oggi disponibili, gli astronomi calcolano che si potrebbero fotografare circa 100 miliardi di galassie (10^{11}). Incidentalmente, si calcola che un uguale numero di stelle, 100 miliardi, ancora 10^{11}, occupa la Via Lattea: un totale nell'Universo di $10^{22,}$ ovvero 10.000.000.000.000.000.000.000, diecimila miliardi di miliardi di stelle!
Dove siamo noi rispetto alle altre galassie e rispetto all'Universo intero?
Sembra – è la cosa mi è sempre riuscita un po' ostica a mandare giù – che la domanda abbia poco senso.

Prevale il Principio Cosmologico per cui non v'è ragione per cui una galassia debba aver una posizione privilegiata rispetto a un'altra. Questo nel senso che qualunque sia la galassia dalla quale si osserva il mondo, esso, il mondo, l'Universo intero deve necessariamente apparire uguale, identico. Se

170

riprendiamo l'immagine del palloncino che si gonfia, forse il concetto diventa accettabile. Se il palloncino è bello tondo, essere a nord, a sud o a est, più sopra o più sotto, avrebbe significato solo se ci fosse qualcuno a tenerlo in mano, e a dargli un particolare orientamento. Ma se nessuno è lì a ruotarlo, e tenuto conto che anche se ci fosse dovrebbe ruotarlo rispetto a qualcosa che non c'è (un altro Universo?) mi pare che sia triste ma realistico accettare che il limite alla questione *dove siamo?* possa essere costituito dalla nostra *posizione* nella Via Lattea. Accontentiamoci di questo, almeno per il momento. Nel Capitolo XIII, sulla Cosmologia riprenderò l'argomento in modo più approfondito.

Piccoli atomi e ancora grandi numeri

Uno dei pochi scienziati che pare abbiano veramente capito la relatività generale di Einstein è Arthur Eddginton. Professore di Astronomia e di Filosofia Sperimentale a Cambridge, grande oratore, uno dei primi autori di libri di divulgazione scientifica era anche dotato di un acutissimo senso di humour. L'inizio di uno dei capitoli di un suo libro, *Philosohy of Phisical Science,* comincia così:

Io credo che ci siano 15 747 724 136 275 002 577 605 653 961 181 555 468 044 717 914 527 116 709 366 231 425 076 185 631 031 296 protoni nell'Universo, e lo stesso numero di elettroni.

Se ho ben trascritto il numero e contiamo insieme le cifre verifichiamo che sono circa 80. Insomma si tratta di 10^{80} protoni, protone più protone meno, e a parte il dettaglio delle cifre esatte, di cui io non sono certo di capire il significato, il numero corrisponde alla realtà.
Significa che l'Universo intero, Terra, Via Lattea, Galassie, Soli e pianeti, gas interstellari, contiene uno spropositato

171

numero di atomi, naturalmente molto più piccolo che 10^{80}, giacché ogni atomo contiene un numero di protoni che cresce all'aumentare del peso atomico. L'idrogeno ne ha uno, l'uranio ne ha 92.

Sono molti o sono pochi?

Ricordiamo, ancora una volta, un numero che noi abbiamo studiato a scuola, il numero di Avogadro: esprime il numero di atomi in un *grammo atomo di* qualsiasi sostanza, e in particolare in un grammo atomo di gas. In un *grammo atomo* d'idrogeno che pesa 2 grammi ci sono 10^{23} atomi.

Sono molti o sono pochi? Ricorderete sicuramente che ci volevano cento milioni di spiagge per arrivare a contenere 10^{20} granelli di sabbia. Bene, c'è un 10^3 tra 10^{20} e 10^{23}, vale a dire un fattore 1000. Quindi, in 2 grammi d'idrogeno ci sono tanti atomi quanti granelli di sabbia si trovano in cento miliardi delle nostre spiagge!

Due o tre cose vengono fuori in modo abbastanza ovvio: un dieci in più o in meno conta assai. Se nell'Universo ci fossero 10^{79} invece che 10^{80} protoni, l'Universo sarebbe più piccolo, o più vuoto, o più leggero.

Secondo, 10^{23} è già un numero parecchio grosso se lo valutiamo in termini di granelli di sabbia e spiagge.

Terzo, l'atomo deve essere ben trascurabile se in due grammi di un gas come l'idrogeno ci sono così tanti atomi.

L'atomo più grande ha un diametro di 0,000.000.5 millimetri, o per noi esperti, 5×10^{-7} millimetri. Questo è il diametro dell'atomo misurato includendo la nube d'elettroni che ha intorno. Il nucleo, l'anima dell'atomo, il complesso di protoni e neutroni che ne costituiscono l'ossatura, ha un diametro di 10^{-14} millimetri. Lo abbiamo già ricordato ma ecco una nuova immagine:

[...] *le dimensioni del nucleo paragonate a quelle della nube di elettroni che costituiscono il grosso dell'atomo è nelle stesse*

172

proporzioni di un granello di sabbia rapportato al volume dell'Albert Hall.

Numeri grandi e numeri piccoli!

Il numero di secondi dall'inizio del mondo, dal Big Bang, 10^{17}, oppure dieci miliardi di anni. La distanza percorsa dalla luce in un anno, un anno–luce (facile da pronunciare), equivalente a $9,6 \times 10^{12}$ chilometri, quasi 10^{13}, oppure, più difficile da dire, diecimila miliardi di chilometri, con Alfa Centauri, la stella più vicina che dista da noi quattro anni luce. Diecimila miliardi di miliardi di stelle. E la distanza di Andromeda dalla Via Lattea, due milioni di anni luce, 2×10^{19} chilometri. E poi, 10^{80}, il numero di protoni nell'Universo, e 10^{23} atomi in due grammi di gas idrogeno.

E ancora, le dimensioni degli atomi, numeri come 10^{-8} per l'atomo, e 10^{-14} per il nucleo, i pezzi di atomo ancora più piccoli, neutroni, protoni e quark, le infinitamente piccole distanze tra loro, e le ugualmente minute forze che li tengono insieme.

E i tempi in cui l'Universo ha cominciato a danzare il suo apocalittico balletto, con i fisici che studiano quello che accadeva tra il tempo zero e 10^{-40} secondi!

Il niente e l'infinito, con l'incredibile progresso della scienza che ne consente l'esplorazione.

La domanda da porsi a questo punto è: che cosa c'è in mezzo?

Che cosa c'è in mezzo?

Continuando a usare l'onestà intellettuale che spero di saper conservare fino alla fine, anche perché mi seccherebbe essere accusato di plagio, devo confessare che l'idea di porre la domanda in questi termini non è mia ma di Barrow, in *Dall'Io al Cosmo* (Op. Cit.).

Ecco cosa scrive Barrow:

Gli osservatori della scienza sono molto impressionati dal molto grande e dal molto piccolo. Gli autori che non esitano a riempire una nicchia evolutiva vuota hanno popolato le scansie delle librerie con la loro produzione: volumi poderosi con titoli accattivanti sulle ultime scoperte e congetture, dallo spazio interno delle particelle elementari allo spazio esterno delle stelle lontane e delle galassie. Ma le cose veramente selvagge si trovano nel mondo di mezzo, quello del non troppo grande, e del non troppo piccolo. Qui non ci sono né le cose filamentose proprie dei quanti né gli esotici oggetti cosmologici che dominano il cielo; troviamo invece una complessità dalle molte facce – pura e semplice.

Barrow parte da questa considerazione per illustrare, in modo abbastanza accessibile, la teoria della complessità.

Qualche cenno è utile adesso per cominciare a discorrere su quello che *si trova in mezzo*.

Complessità: andiamo avanti

Ho accennato alla teoria della Complessità e alla teoria del Caos nel Capitolo I: Caos, Quanti e Fisica Classica. Un Capitolo a parte sarà dedicato all'argomento.

Ricorderete gli esempi estremi inseriti per illustrare fenomeni *caotici*, la storia del Concorde; la donna investita da un tram; l'arrivo imprevedibile del cancro; l'uomo che osserva e segue il movimento di una goccia di mare infuriato; il pezzo di legno che dopo aver a lungo navigato in acque pacifiche precipita da una cascata; il martello di Monod che cade sulla testa del Dottor Dupont.

Si tratta di una serie di esempi di fenomeni, eventi, o sistemi, che appartengono alla categoria della complessità *disorganizzata* piuttosto che a quella della complessità *organizzata*.

Di quest'ultima sono tipici i sistemi biologici, l'economia, alcuni fenomeni di turbolenza nei liquidi, i sistemi meteorologici, gli equilibri ecologici e *perfino il funzionamento della mente umana* (Barrow).

I fisici, i matematici riescono a sviscerare l'atomo e a scandagliare l'Universo perché essi sono in grado di scrivere le equazioni che ne regolano il funzionamento. I fenomeni *caotici*, cioè tutti quelli che sono *in mezzo* sfuggono a essere rappresentati dalla scrittura di semplici espressioni matematiche per due ragioni: non sono lineari (di questo parleremo più avanti) e sono suscettibili d'immense variazioni di comportamento al variare delle condizioni iniziali.

Barrow cita due esempi di quest'aspetto della questione:

I sistemi meteorologici sono caoticamente impredicibili poiché non siamo in grado di determinare lo stato attuale dell'atmosfera in ogni punto della Terra. Abbiamo stazioni meteorologiche distribuite a poche miglia di distanza nelle zone popolate, ma esse sono molto più rare sugli oceani. Le possibili variazioni del tempo che si possono verificare fra le diverse stazioni meteorologiche sono sufficienti a creare condizioni di tempo future diversissime in qualsiasi luogo, indipendentemente dall'accuratezza delle nostre misurazioni nelle varie stazioni [...]. Un ulteriore esempio significativo è quello del processo evolutivo. Un piccolissimo cambiamento in una variazione genetica nel passato porterà a un'enorme variazione rispetto a ciò che sarebbe successo se quel cambiamento non fosse avvenuto.

I sistemi che ricadono nella sfera della complessità organizzata hanno in comune una caratteristica tipica: dal disordine iniziale, in una serie di sequenze progressive possono dare origine all'ordine. Fenomeni apparentemente casuali s'intrecciano per provocare risultati organizzati.

La difficoltà comune a ogni evento caotico, che ne rende difficile lo studio - oltre alla mutevolezza dell'andamento del fenomeno con il variare, sia pure esiguo, delle condizioni iniziali - è associata spesso all'elevato numero di parametri che ne regolano lo svolgimento.

Nel libro *Order out of Caos* (Op. Cit.) Prigogine scrive:

Una gran parte dell'Universo può operare, opera come una macchina. Questo avviene nei sistemi chiusi, che però formano solo una piccola parte della realtà.
Molti dei fenomeni che c'interessano si svolgono in modo aperto; certamente tutti i sistemi sociali e biologici, ma anche certi fenomeni meccanici non ordinati e regolari.
In questi sistemi aperti, una singola piccola fluttuazione può diventare così importante per effetto di feed-back positivo, da distruggere ogni precedente organizzazione. A questo punto in un momento singolare o punto di biforcazione non è possibile sapere in anticipo se dopo la biforcazione stessa il sistema cadrà in uno stato di disordine totale (caos) oppure se tenderà ad acquistare un nuovo stato spontaneamente attraverso un processo naturale, più elevato di ordine e di organizzazione.
I sistemi soggetti a questo tipo di potenziali vicissitudini fisiche sono sistemi lontani dall'equilibrio. In questi sistemi è possibile che piccole perturbazioni possano provocare una sostanziale amplificazione, un cambiamento rivoluzionario delle condizioni attuali del sistema.

Scrive ancora Barrow, che fino a poco tempo fa gli scienziati hanno perlopiù ignorato lo studio dei sistemi caotici e complessi, poiché essi, sono enormemente difficili da studiare.

Si sono concentrati su problemi *risolvibili.*
E ancora:

Di fronte a sistemi complessi quali il sistema meteorologico terrestre o l'economia, possiamo avere a disposizione dei

176

modelli matematici in grado di descriverli nel tutto o in parte. Poiché il sistema mostrerà un'estrema sensibilità alle condizioni iniziali, non saremo in grado, con quel modello di prevedere il futuro [...] tuttavia è possibile spiegare qualunque fenomeno atmosferico osservato ricorrendo agli elementi che compongono il modello [...]. Per definizione, i sistemi fisici caoticamente impredicibili non costituiscono semplici soluzioni esatte delle equazioni della fisica. Il loro studio richiede l'arte della modellistica al computer. Chi affronta il problema cerca sia una comprensione profonda, sia una soluzione matematica. Per raggiungere quest'ultima simula al computer l'evoluzione di sistemi complessi composti di molte parti che interagiscono fra loro, e studia gli esiti con un metodo basato sull'osservazione, ricorrendo a una grafica progettata molto attentamente. Anzi, non è affatto una coincidenza che l'intero studio della complessità e del caos si sia sviluppato di pari passo con l'avvento del personal computer a basso costo. É un tipo di matematica sperimentale [...].

Si torna, dunque, alla matematica. All'uso di simboli e formule per enunciare i raccordi con la realtà.

Una distinzione inequivocabile fra i fenomeni caotici e complessi, e quelli trattabili con metodi matematici classici, è che mentre per i secondi è possibile *comprimere* in una formula semplice i dati dello svolgimento del fenomeno, ciò non avviene per i primi.

Se l'informazione contenuta in una sequenza di simboli può essere compressa in un programma o in una formula più breve della sequenza stessa, diciamo allora che la sequenza non è casuale: ovvero che è comprimibile. Se però non esiste alcun'abbreviazione, allora la sequenza è casuale o incomprimibile.

Insomma, i movimenti dei pianeti intorno al Sole possono essere ricondotti a una sola, cortissima, semplice formula, che *comprime* in quattro simboli arrangiati in modo appropriato[1], forza di attrazione, masse e distanze. Ogni possibile relazione tra corpi in movimento si traduce, in un'espressione che, oltre a occupare uno spazio piccolissimo, è applicabile sempre, in modo ripetitivo, per prevedere dove sarà e quando, un pianeta, un proiettile, un razzo sparato dalla Terra.

Anche i moti e le interazioni tra particelle elementari, tutta la fisica del molto piccolo, anche le stravaganze esotiche del grandissimo, dal Big Bang alle galassie e ai Buchi Neri, appartengono a sistemi le cui sequenze sono matematicamente *comprimibili*, in formule forse più complesse di quella dell'attrazione tra i corpi, ma pur sempre assai più corte della storia che descrivono.

Le previsioni in questo caso sono precise, ripetibili e certe. O, almeno, così pare, quando si lascino da parte, per il momento, le incertezze quantistiche.

Non in questo modo per i fenomeni caotici. Anche quelli che possono essere classificati come facenti parte della complessità organizzata - ho già citato i più tipici, l'andamento della borsa, i sondaggi elettorali, le previsioni di mercato, i fenomeni biologici, l' evoluzione delle popolazioni - non possono essere generalizzati e espressi da formule semplici che descrivono e assicurano la prevedibilità dell'andamento della sequenza. La formula matematica è sostituita da grafici, diagrammi, modelli matematici e curve di probabilità.

Peggio ancora per quelli che riflettono l'incertezza, la casualità delle alterne vicende delle storie umane e della natura, i fenomeni veramente caotici, complessi, disorganizzati, casuali e matematicamente incomprimibili.

I fisici, i matematici, dunque, sono attratti, o lo sono stati a lungo, dallo studio di fenomeni che sono suscettibili di <u>descrizioni matematiche se</u>mplici.

[1] $F = C \times M \times M'/d^2$ ovvero la forza di attrazione tra due masse è proporzionale al loro prodotto diviso per il quadrato della distanza che le separa: la formula di Newton.

Nel capitolo sulla matematica questo è già venuto fuori in qualche modo. Barrow sostiene (vedi sopra) che hanno evitato lo studio dei fenomeni complessi perché sono *più difficili da studiare.*

Voglio riportare qui, a questo proposito, e di nuovo, l'intera citazione di Davies in *The Mind of God* (Op. Cit.) già riportata nel III capitolo.

Non c'è alcun dubbio che gli scienziati preferiscono usare la matematica quando studiano la natura, e tendono a selezionare quei problemi suscettibili di trattazione matematica. Quegli aspetti della natura che non possono venire immediatamente collocati in ambito matematico (per esempio sistemi biologici e sociali) tendono a essere messi in secondo piano. Si manifesta una tendenza a descrivere come fondamental quegli aspetti del mondo che ricadono nella categoria matematica. La domanda «Perché le leggi fondamentali della natura sono matematiche» suscita pertanto la risposta grossolana «Perché noi definiamo fondamentali quelle leggi che sono matematiche.»

Credo che l'idea di Barrow sia poco affascinante e restrittiva. L'attrazione dei fisici verso i problemi *suscettibili di trattazione matematica* non risiede nel fatto che sono più facili da studiare. Dipende presumibilmente da tre considerazioni, una neutra, una negativa, e una positiva.

La prima risponde al fatto che il modo in cui si è sviluppata la tradizione scientifica occidentale, la sequenza storica dello sviluppo della scienza è andata in questa direzione e non in un'altra. Incluso lo sviluppo dei minicomputer. (Un matematico direbbe che questa è una proposizione circolare. Ma tant'è.)

La seconda, legata ovviamente alla prima, dipende dal bisogno di risultati tangibili, pubblicabili, con un effetto immediato sulla carriera e il successo dello scienziato, e sulla possibilità per università e istituti di ricerca di ottenere i finanziamenti necessari a sopravvivere.

La terza, infine, deve essere rapportata alla miracolosa attrazione che l'uomo e lo scienziato provano per la sintesi, e collegata alla gigantesca necessità di esprimersi, insita nel DNA e nel genio umano. La matematica, con la sua straordinaria potenza applicata alla descrizione della natura, smette di essere miracolosa e seducente, quando non consente risposte che siano coerenti con le domande e che, allo stesso tempo, possano soddisfare la passione per un risultato sintetico, ed elegante da un punto di vista estetico.

Newton deve essere impazzito di gioia quando ha saputo sostituire una rigorosa formula matematica, agli ineffabili epicicli di Tolomeo e Copernico.

Gli scienziati dunque, hanno deciso che *sono fondamentali quelle leggi che sono matematiche.*

Questo non significa che altre discipline, distinte dalla fisica delle particelle o dalla cosmologia, non abbiano attratto uomini di scienza e non abbiano dato importantissimi risultati. Basta pensare alla genetica, alla biologia, alla biochimica e alla bioingegneria.

Rimane che moltissimi fenomeni, molti quelli che *sono in mezzo*, hanno ricevuto, sino a qualche anno fa pochissima attenzione.

Ma, allora che cosa c'è *in mezzo*?

Se volessimo rimanere coerenti con l'introduzione che abbiamo dato a questo quesito, e con le idee di Barrow, dovremmo concludere che tra la fisica del molto piccolo (dominata come abbiamo visto e vedremo meglio più avanti, dalle stranezze della teoria dei quanti) e quella del molto grande (in cui relatività ristretta e generale più quanti sembrano fare da padrone) - entrambe in positiva, apparente

180

assonanza con l'uso di metodi matematici standard - si collocano, *in mezzo,* i fenomeni complessi e quelli caotici.

Li abbiamo distinti in *organizzati* e *disorganizzati.*

Gli scienziati della complessità allargano sempre di più il campo delle loro ricerche, includendo fenomeni e sistemi complessi nuovi che siano, in qualche modo, trattabili, con metodi ancora matematici, in cui però l'approccio matematico classico è sostituito dalla creazione di modelli e simulazioni da sviluppare e calcolare con l'uso di ordinatori veloci. La velocità di calcolo consentita dalle macchine moderne aumenta il numero di tentativi possibili, quello teoricamente illimitato delle variabili da metter in giuoco, e la rapidità delle risposte. Il campo dunque si allarga; il confine tra complessità organizzata e complessità disorganizzata diventa sempre più labile.

Gli esempi di fenomeni studiati con la teoria della complessità citati dai vari autori continuano, in ogni caso, a essere sempre uguali. Li abbiamo richiamati più volte.

In mezzo, dunque ci sono, secondo questi autori, i temporali e i cicloni, l'apparizione e la sparizione d'interi sistemi ecologici, la crescita e la diminuzione delle popolazioni umane, le previsioni elettorali e i sondaggi d'opinione, i liquidi in moto turbolento, l'andamento dei mercati finanziari e le previsioni di borsa.

...e cos'altro?

Ma non è vero, anzitutto, che forse a cavallo tra i misteriosi quanti della fisica delle particelle e il bizzarro immaginario dell'Universo in espansione, dobbiamo collocare la Fisica Classica, quella di Newton, quella che è arrivata prima dei quanti e della relatività?

E non è anche vero e appropriato sostenere, come fa Barrow, che in *mezzo* c'è tutto quello che d'inspiegabile, curioso,

181

difficile, complesso nel senso ordinario della parola, accade ed è sempre accaduto dall'origine del tempo, in ogni punto dello spazio, ogni giorno e ogni momento?
Vediamo, cominciando da quest'ultimo punto.

Ancora Caos

Un altro autore già incontrato e di cui dovremo occuparci ancora quando approfondiremo il ragionamento sui fenomeni caotici è Trinh Xuan Thuan.
Nel libro *Le Chaos et l'harmonie* (Op. Cit.) introduce i suoi discorsi sul Caos in una maniera che mi torna utile citare adesso. Scrive:

Prima della comparsa della teoria del Caos, ordine era la parola dominante. Il termine disordine era al contrario tabù, ignorato, bandito dal linguaggio della scienza. La natura doveva comportarsi in modo regolare. Tutto ciò che era suscettibile di mostrare una tendenza verso l'irregolare e verso il disordine era considerato come una mostruosità. La scienza del caos ha cambiato tutto ciò. Essa ha introdotto l'irregolarità nella regolarità, e il disordine nell'ordine [...].
La relatività aveva per campo di azione il mondo dell'infinitamente grande, quello dei buchi neri, delle galassie, e dell'Universo intero. La meccanica quantistica operava all'altro estremo, nel mondo dell'infinitamente piccolo, quello degli elettroni, degli atomi e delle molecole. Il caos, invece, presenta un'aria di familiarità che ci rassicura. Chi di noi non si è lamentato del caos una volta nella vita? Esso descrive l'esperienza quotidiana: le volute irregolari del fumo di una sigaretta, una tenda che oscilla nel vento, le file interminabili su un'autostrada, o le gocce d'acqua che cadono da un rubinetto mal chiuso. Con la scienza del caos, gli oggetti della vita d'ogni giorno diventano oggetti per uno studio legittimo [...] è una scienza olistica che considera il tutto e fa battere in

182

ritirata il riduzionismo. Il mondo non può più essere spiegato solamente attraverso i suoi elementi costitutivi (quark, cromosomi, o neuroni) ma deve essere preso in esame nella sua globalità. Tuttavia, malgrado tutti questi aspetti seducenti, la scienza del caos non ha iniziato veramente il suo slancio che verso gli anni 1970, grazie al sostegno di un alleato inatteso, il computer.

In *mezzo,* dunque, potrebbe esserci tutto, ci sono *tutte le cose selvagge.* Qui bisogna stare attenti a non cadere, subito, come mi sembra faccia anche Trinh, in una visione antropomorfica del tutto. Il fumo di una sigaretta, gli ingorghi stradali, i rubinetti semi aperti, la tenda che oscilla nel vento, sono eventi che non prescindono da chi li causa e da chi li osserva. Ma, ritornando all'immagine che mi è cara, quella di un mondo senza uomini, gli esempi di eventi caotici permangono e prevalgono. Bisogna sfuggire alla tentazione che io stesso avevo - fino a qualche istante fa, prima di rileggere Trinh - di scrivere che in *mezzo* c'è la *vita e l'uomo.* Gli stessi esempi miei, con cui il libro è introdotto, soffrono del vizio di voler includere l'uomo a tutti i costi. Concorde, morte accidentale, cancro, il Signor Dupont, l'uomo che osserva il mare in tempesta non si salvano. L'unico che prescinde da attori e osservatori umani, almeno in parte, è quello del pezzo di legno che precipita nella cascata. Sarebbe valido, e anche in modo assai efficace, il racconto del mare in tempesta e della goccia, se la tentazione di aver messo qualcuno a cercare di seguire la goccia fosse stata sapientemente evitata.

Il mare che urta contro gli scogli e produce moti turbolenti e imprevedibili dell'acqua, i pezzi di legno che precipitano a valle, le esplosioni vulcaniche accompagnate da ceneri, gas e lava, le onde che spaccano i sassi e li trasformano in pietre levigate in tempi incalcolabili, le orme lasciate da un cavallo che corre lungo la riva del mare, i mulinelli di foglie secche agitate dal vento, il rumore di un albero tranciato alle radici da una tempesta, i fulmini che illuminano l'orizzonte lontano, il percorso di un oggetto che da un lavabo precipita nel tubo di scarico, verso la fogna cittadina e verso il mare...potrei continuare all'infinito, sono tutti eventi (tranne l'ultimo) che avvenivano prima di noi, e che avvengono anche in mancanza di osservatori umani.

(Attenzione: evito volutamente di citare, a questo punto, gli straordinari, e super caotici eventi che si svolgono nel cosmo, galassie in formazione, soli che bruciano idrogeno in elio, materia stellare inesorabilmente attratta verso un buco nero in formazione, supernove che esplodono dando origine a nuovi sistemi solari, terre e pianeti! Se lo facessi rischierei di ricondurre tutto, anche la cosmologia che è, almeno in parte, trattabile con la *matematica*, alla sfera dei fenomeni caotici. La prossima tentazione potrebbe essere quella di fare lo stesso con gli atomi e con la meccanica quantistica che ne regola il comportamento).

L'idea, però, non va intesa in senso riduttivo. É vero che la maggior parte di quello che *accade,* accade in ogni caso, uomo presente oppure no a vederlo accadere. É anche vero però che tra gli eventi e i sistemi caotici che sono in *mezzo* e che fanno parte del tutto, ci sono anche quelli che ci riguardano da vicino, e che pur riguardandoci non siamo in grado di razionalizzare e soprattutto prevedere. Si potrebbero raggruppare nelle categorie di fenomeni che fanno parte delle scienze sociali (includendo psicologia, psicoanalisi e studio del comportamento), politiche e storiche. Gli esempi sono infiniti. Basta pensare ai notiziari TV, alle notizie dei quotidiani, da quelle politiche, a quelle di cronaca cittadina e di storie di guerre; basta riflettere sugli eventi, tristi e allegri, che ci concernono e che interessano i nostri amici, vicini e congiunti. E per avere un'idea di come tutto questo appartenga alla sfera del caotico, dell'impredicibile, e dell'irrazionale, è sufficiente riferirsi alle conversazioni slabbrate, generiche, imprecise,

184

vaghe che ogni giorno ci capita di fare sugli argomenti in questione, e che spesso si concludono, con un mah, chi lo sa! In *mezzo*, ancora una volta, c'è tutto.

Permettetemi di dire che è strano e sorprendente che solamente perché la matematica è bella, flessibile e utile nell'affrontare i problemi del molto piccolo e del grandissimo, del niente e dell'infinito, solo perché si adatta al bisogno di sintesi e d'espressione del genio umano, solo perché consente in moltissimi casi di correlare immaginazione e creatività con risultati misurabili, solo per questi motivi, gli scienziati hanno finito, per tutto il secolo passato, e in numero prevalente, per decidere che *sono fondamentali quelle leggi che sono matematiche*.

Questo è in contraddizione con quanto ho sostenuto nel capitolo III, *La Matematica e le Leggi*? Asserivo che un mondo in cui la matematica potesse diventare parte del bagaglio genetico dell'uomo e quindi necessaria alla sopravvivenza, un mondo in cui, con l'uso esperto e consapevole della matematica, la comprensione intelligente della scienza si estendesse fuori della ristretta cerchia degli specialisti, avrebbe offerto maggiori possibilità di comprensione, di saggezza e quindi del senso di soddisfazione appagata che ne segue.

Non mi pare, tuttavia, che se in un capitolo ho affermato la bellezza e la potenza della matematica tanto da auspicare che possa divenire una qualità essenziale alla sopravvivenza, mi sia vietato adesso introdurre un elemento di critica sull'uso limitato che d'essa si è fatto sino a pochi decenni fa. Insomma, sto dicendo che mi sembra giusto che, finalmente, una nuova, appropriata matematica sia applicata non solo agli atomi e alle stelle, ma anche a tutto quello che di strano, casuale, caotico si trova in mezzo.

Non ho dimenticato di aver sollevato un altro problema: non avevo indicato che in *mezzo* c'è anche Newton e la Fisica

Classica? Dedicherò, tra qualche paragrafo, un intero brano a questa faccenda.

Divagazioni: musica e letteratura

Prima, però, devo ragionare ancora su un paio di punti che sono spuntati nuovamente nella rilettura del *caos* di Barrow.

Sempre nel capitolo III, *La Matematica e le Leggi,* discutendo di matematica, arte e musica, mi ero anche posto la domanda se quest'ultima non fosse, dopotutto, necessaria alla sopravvivenza. Vediamo cosa ne pensa Barrow.

Barrow in *Dall'io al Cosmo* (Op. Cit.), prima include la musica tra le manifestazioni della complessità organizzata.

Uno degli aspetti più affascinanti dello studio delle strutture complesse è costituito dalla finestra che essi possono aprire su alcune arti creative. La più semplice di queste è la musica. I dati sono registrati con precisione e completezza e forniscono una configurazione monodimensionale di suoni nel tempo. I risultati sono splendidi esempi di complessità organizzata che sono stati misteriosamente selezionati dalle nostre menti, e sono almeno altrettanto complessi degli esempi che occorrono naturalmente.

Due fisici Americani, Clark e Voss, riferisce poi l'autore, hanno scoperto che indipendentemente dalla cultura e del tipo di musica, dai pigmei africani, alle canzoni del folclore russo, ai raga indiani, *che si tratti di Beethoven o dei Beatle*s, lo schema di base è sempre il medesimo.

Tale situazione ci fa pensare che le composizioni musicali che tanto ci attraggono possono benissimo essere esempi di uno stato critico di auto-organizzazione. Ricordiamo che uno stato di questo genere è caratterizzato dalla sua sensibilità ottimale ai piccoli cambiamenti. Forse questa è una delle cose che

186

apprezziamo di più nei brani musicali. Significa che sono sensibili alle più piccole sfumature dell'esecuzione. Diverse esecuzioni della stessa partitura possono dunque essere sempre fresche, avere sempre qualcosa di nuovo da far provare a chi le ascolta, e possedere un tipo attraente d'imprevedibilità che si estende su intervalli molto più lunghi di quello delle singole note, delle pause e dei movimenti che, insieme, danno vita a quel brano musicale nel suo complesso. Variazioni in un momento o in un altro danno luogo a sensazioni complessive. Le apprezziamo se aiutano a mantenere l'organizzazione generale. Quella che manca di questa sensibilità è musica banale. É invariante: morta.

E, più avanti prosegue:

É interessante riflettere sui tipi di ordine e di non casualità che ci affascinano. All'inizio del Novecento Gorge Santayana tenne una famosa serie di conferenze di estetica intitolata Il senso della bellezza, in cui ricordava il fascino che lo spettacolo del cielo notturno ha sempre esercitato sugli esseri umani. A suo parere, l'attrazione che esso esercitava sugli antichi era dovuta al fatto che esso manifesta un livello di complessità intermedio tra l'ineffabile e il banale.

Le certezze derivano dalla constatazione contemporanea del banale e dell'organizzazione generale, dal riconoscimento delle regolarità [...] se non fossimo in grado di individuare degli schemi regolari, non potremmo immagazzinare informazioni sull'ambiente e adattarci a loro; il piacere nasce dall'ineffabile, dalla sorpresa legata all'imprevedibile.
Più avanti Barrow attacca il problema in modo ancora più diretto ed esplicito.
Nel Capitolo 23, intitolato addirittura La sopravvivenza del più estetico, Barrow scrive:

Dovremmo, infine, raccogliere la sfida della musica. Mentre ci sono state culture senza la matematica, culture che non hanno praticato l'agricoltura e l'allevamento, e altre che non hanno sviluppato la scienza o la scrittura, non siamo a conoscenza di culture che non hanno coltivato la musica. Tale universalità ci spinge a chiederci se anche questo non costituisca il prodotto collaterale di un'antica attività più semplice che ha accresciuto le nostre possibilità di sopravvivenza.

Accenna poi alla relazione Darwiniana tra suoni musicali e la trasmissione di messaggi per favorire gli accoppiamenti. E al potere emotivo della musica, capace di rinforzare la solidarietà di un gruppo, o di ispirarlo alla battaglia con la *percussione ritmica del tamburo.*

Un'altra strada percorribile è quella di esaminare le configurazioni sonore nella musica. La scoperta interessante è stata che le configurazioni musicali che risultano piacevoli a un'amplissima gamma di culture umane mostrano un bilanciamento ottimale fra prevedibilità e sorpresa.

Barrow discetta ancora, per molte pagine, e in modo più tecnico, sulla possibilità e sui modi in cui la musica potrebbe essere divenuta parte integrante del patrimonio genetico ed elemento essenziale per la sopravvivenza.
Ve lo risparmio, anche perché non è conclusivo, come spesso accade, e perché non l' ho ben capito. Avevo promesso di scrivere solo cose che mi fossero totalmente intelligibili.
Ho ritenuto di riprendere l'argomento perché ho scoperto la connessione con quello che io avevo già scritto tempo fa. Lo avevo già letto? Oppure l'idea è anche mia?
La prossima connessione - sempre ritrovata in Barrow, e che sono certo di aver trascurato nella prima lettura del libro - è con un'idea che mi affascina che riguarda la letteratura o, più in generale, i processi coinvolti nell'arte dello scrivere.

Ogni storia, ogni romanzo e ogni capitolo di un romanzo sono influenzati dalle condizioni iniziali. Così come l'intreccio tra le varie parti. Una piccola modificazione delle condizioni iniziali può avere come conseguenza variazioni sensibili sulla struttura del racconto. Non solo. Ci sono momenti in una storia in cui, alla *biforcazione* tra un evento e l'altro, nel passaggio da un paragrafo a quello successivo, si aprono due possibilità: il fenomeno si evolve verso la *complessità organizzata,* in cui si riesce a trovare l'equilibrio tra *prevedibilità e sorpresa.* In questo caso nasce *l'ordine*, il racconto fluisce, la storia viene bene e affascina il lettore. La seconda possibilità è che la scelta dei parametri del racconto, sia sbagliata. Ci si muove verso il vero *caos,* verso la complessità disorganizzata di una storia senza attrattive, banale, e senza fascino. Non si riesce a trovare l'equilibrio tra *prevedibilità e sorpresa,* né si riesce a bilanciare il *banale con l'ineffabile.*

Come c'entra di nuovo Barrow?

Nel capitolo 21 intitolato *Nel complesso Tempo mite e bello; venti variabili,* cita il libro *Strange Attractors*[I] di Harriet Hawkins. Non ho letto il libro, ma il titolo completo riportato in nota, oltre a evidenziare la pertinenza del collegamento, la relazione tra scelte, anche quelle letterarie, e caos, mi spinge a cercarlo e a leggerlo.Vediamo cosa dice Barrow:

L'autrice concentra la propria attenzione su un certo numero di storie ricorrenti che comportano una biforcazione significativa a un certo punto delle vicende umane: una scelta che ha conseguenze incalcolabili.

Gli esempi scelti dalla Hawkins sono il *Paradiso Perduto,* l'*Amleto,* il *Macbeth, La Tempesta*, ma non trascura storie

---

[I] *Strange Attractors. Literature, Culture and Chaos Theory* (Prentice Hall, New York, 1995)

meno impegnative e letterarie come alcuni episodi di *Jurassic Park, Star Treck, L'isola del Dottor Moreau.*

Scopo dell'autrice è ricostruire gli sviluppi sensibili ai piccoli cambiamenti delle narrazioni che contengono decisioni critiche [...] mentre espone, nel frattempo, una concezione della complessità della costruzione letteraria che riflette la molteplicità delle possibili interpretazioni che un lavoro offre, in diverse epoche, a differenti lettori, in contesti mutati.

Mi pare che, almeno fino a un certo punto, le idee esposte non siano troppo distanti dalle mie. L'autrice va forse oltre, includendo nelle conseguenze critiche di una scelta, non solo le opzioni dello scrittore, ma anche le azioni dei personaggi, e le reazioni dei critici e dei lettori. Per esserne certi bisognerebbe leggere il libro.

A me pare che valesse la pena di riportare la cosa, anche per avvalorare il concetto che in *mezzo* c'è veramente tutto.

Salta fuori una tesi

Avevo previsto, e lo confermo di voler inserire Newton e qualche ragionamento iniziale approfondito sulla Fisica Classica in questo capitolo.

Quello che certamente non mi era noto era che avrei, come ho fatto a questo punto, deciso di metter Newton e Classica, *in mezzo,* e di metterli insieme al *caos.*

Ho dato inizio a questo libro, dopo il prologo, con un capitolo intitolato Caos, Quanti e Fisica Classica. Ho suddiviso la trama, e dunque la scienza, in tre branche fondamentali, dedicando pochissimo spazio alla prima, il Caos, e di più alle altre due. Ho accomunato, all'interno del campo dedicato ai *Quanti,* una prima analisi dei principi che regolano il molto piccolo e il molto grande, soprattutto perché prigioniero della consuetudine scientifica corrente che dirige lo sforzo dei fisici moderni verso la ricerca affannosa di una *Teoria del Tutto* capace di unificare le forze atomiche con quelle gravitazionali, il molto piccolo con il molto grande, la fisica delle particelle con la teoria della relatività generale.

Quello che sta venendo fuori adesso è una distinzione diversa: da una parte il *molto piccolo* e quindi la fisica della particelle; dall'altra il *molto grande*, l'Universo intero con tanti soli, galassie e pianeti; in mezzo il Caos, e in *mezzo* Newton e la Fisica Classica.

Cerco di essere più preciso.

La distinzione iniziale era:

- Caos
- Quanti (Fisica delle particelle e Cosmologia)
- Fisica Classica.

Ora si sta proponendo una nuova classificazione:

- Molto piccolo (Particelle e Fisica delle Particelle)
- Complessità Organizzata e Complessità Disorganizzata (in mezzo)
- Newton (in mezzo) e Fisica Classica (in mezzo)
- Molto Grande (Universo Intero e Cosmologia).

(Quando scrivo *Newton* mi riferisco ovviamente alla scoperta delle leggi della gravitazione che regolano i moti del Sistema Solare, e anche alla razionalizzazione matematica di quelle della meccanica: l'origine della Fisica Classica).

Le novità sono due, una in realtà di scarso peso. Il molto piccolo e il molto grande sono distinti poiché descritti da numeri infinitamente diversi, ma sono uniti sia dall'essenza atomica e quantistica che li mette in qualche modo insieme, che dall'aspirazione all'unificazione dei fisici che se ne occupano.

L'altra riguarda Newton e la Fisica Classica. Sembrano, dato che li ho piazzati *in mezzo*, avere qualche attinenza con i fenomeni che regolano tutto quel d'altro che in mezzo si trova e che ho descritto come collegato al settore del Caos, della complessità organizzata e disorganizzata.

Ed ecco che una tesi si sta presentando. Sta venendo fuori lentamente dalla nebbia caotica dell'incertezza (la mia), delineandosi pian piano.

Sembra che sia possibile, mettendola *in mezzo*, avvicinare la Fisica Classica, quella che spesso è definita come l'espressione scientifica di tutte le certezze - il Sole che sorge e tramonta; la luna che ci galoppa intorno apparendo e riapparendo quando è giusto e prevedibile che lo faccia; il proiettile che viaggia e cade dove deve cadere; la sonda che arriva su Marte al momento stabilito anche senza l'aiuto di Einstein; le teorie dell'elettromagnetismo, dell'acustica; la macchina a vapore; le centrali elettriche; le dighe e le opere d'ingegneria – appare verosimile pensare che possa trovarsi vicina, accomunata, associata al Caos. Ma, com'è possibile confondere il determinismo con la confusione?

Vediamo.

Anzitutto, la Fisica Classica ripetiamolo ancora una volta - ha formalmente inizio con le scoperte di Newton e con le conseguenze immediate che esse hanno prodotto nello studio della meccanica, prima, e delle altre discipline più tardi. Quindi, parte da Newton e dalla sua magica formula. Ergo, si dipana e prende il via dallo studio del sistema solare.

Com'è il sistema solare: piccolo o grande? Né piccolo né grande. La luce del Sole impiega otto minuti ad arrivare da una distanza di 150 milioni di chilometri, e la luna ci mette un secondo per illuminare con i suoi raggi le nostre notti, inviando segnali luminosi originati appena a 300.000 chilometri dalla Terra.

Mi pare che sia indiscutibile, dunque, che il sistema solare, i suoi movimenti relativi, e la fisica che li regola - tralasciando per un istante il fatto che gli stessi principi avrebbero dato luogo all'immenso successivo progresso della meccanica e della fisica in generale - possano ben essere piazzati al centro, tra atomi e galassie. Semplicemente per una questione di dimensioni.

É solo questo? Oppure è concepibile pensare a una ragione più profonda che, di là dalle proporzioni spaziali che collocano il sistema solare in mezzo, tra gli atomi che lo compongono e le galassie lontane che pur di atomi sono fatte, ci permetta di concludere che la regolarità cronometrica dei moti planetari non sia altro che un accidente, il punto di arrivo di un processo di auto-organizzazione che ha generato l'ordine del piccolo Universo nostro e di Newton?

Pensiamoci. É ancora una volta una questione di spazio e di tempo.

Spazio. Il sistema solare è uno dei tanti miliardi di sistemi solari associati ai miliardi di Soli di cui è costellato l'Universo. Il nostro è tanto regolare e ordinato da avere permesso la razionalizzazione dovuta a Newton. Newton era lì a studiarlo, dopo gli altri astronomi della storia, Tolomeo, Keplero, Ticho, Galileo, proprio perché l'ordine intrinseco del nostro piccolo Universo ha permesso, tra l'altro, l'evoluzione della Terra e dell'uomo così come sono, e a Newton di nascere e guardar cadere le mele.

Ma, si può affermare che questo è vero di altri sistemi solari? Trascuro la questione della vita e della sua origine, e riflettiamo solamente sulla regolarità con cui si comportano Terra e pianeti nel loro moto intorno al Sole, con orbite regolari, precise, e calcolabili con precisione assoluta.

L'idea, ancora una volta non è mia.

In un sottocapitolo intitolato *Perché a Newton è sfuggito il Caos*, Trinh Xuan Tuan (Op. Cit.) scrive:

Newton sapeva assai bene che il maestoso edificio teorico da lui creato non riusciva a spiegare tutto. Con sua profonda irritazione, non era riuscito a dominare completamente i movimenti della Luna ribelle, strattonata tra la forza gravitazionale della Terra e quella del Sole [...]. Se Newton e Keplero sono riusciti a intuire l'armonia del mondo, è perché noi viviamo in un sistema solare dominato dalla massa del Sole. É lui che comanda il ballo della gravitazione ed è sempre lui che dirige la danza dei pianeti. Questo ha permesso a Newton di trattare il problema dell'orbita di ciascun pianeta intorno al Sole come un problema a due corpi: il Sole e il pianeta. Se ci fossero stati due Soli nel nostro sistema solare, il problema sarebbe divenuto a tre corpi (i due Soli e ogni pianeta) e allora sarebbe entrato in giuoco il caos. I pianeti avrebbero esibito orbite erratiche e imprevedibili, e gli umani che fossero riusciti a vivere su uno di questi pianeti non sarebbero mai riusciti a osservare l'esistenza di ogni benché minima armonia [1] .

E allora chi è che può assicurare che nell'immensa pentola dell'Universo, nel calderone in continua ebollizione in cui da miliardi di anni le galassie si formano, nascono i Soli, esplodono le supernove, pezzi incandescenti di materia stellare si agglomerano in pianeti, chi ci dice che deve essere negata l'esistenza di sistemi solari caotici, disordinati in cui le danze sono confuse, e i movimenti dei danzatori totalmente imprevedibili? Sistemi nei quali né Newton né altri avrebbero potuto individuare leggi precise e scrivere equazioni coerenti? Tempo. Abbiamo già discusso altrove che la probabilità che un evento si produca, è direttamente proporzionale al tempo che si lascia a disposizione perché esso possa prodursi.

---

[1] I problemi a tre corpi sono matematicamente intrattabili con metodi ordinari. Anche Trinh, in questo caso non si pone il problema della possibilità o meno che la vita sarebbe possibile su pianeti impazziti.

Allora, non dimentichiamo che anche la Terra, nei quattro miliardi di anni di vita che le si attribuiscono ne ha viste di tutti i colori. Basta pensare a due eventi critici: l'inclinazione dell'asse terrestre e la scomparsa dei dinosauri.
Ancora da Le *Caos et l'Harmonie:*

Di tanto in tanto un asteroide si abbatte su un pianeta. Lo choc è tale che il pianeta si piega e pende da un lato. É quello che è accaduto alla Terra. Quando gli asteroidi erano ancora numerosi e le collisioni erano molto più frequenti, ci si poteva aspettare che vi fossero tanti urti a sud quanto a nord del pianeta. Un impatto a nord che avesse causato l'inclinazione della Terra sarebbe potuto essere compensato da un impatto a sud che l'avrebbe raddrizzata.

Questo secondo impatto, conclude Trinh non si è verificato, la Terra è restata inclinata, e questo ha consentito l'avvicendarsi delle stagioni.
Più avanti, Trinh si occupa di un altro tipo di collisioni celesti. I dinosauri sono scomparsi dopo l'impatto con la Terra di un asteroide di 15 chilometri di diametro, circa 65 milioni di anni fa. Calcola che, fortunatamente, eventi simili possono riprodursi solo ogni cento milioni di anni, con conseguenze ovviamente catastrofiche e definitive per la civiltà umana. Un bolide di dieci chilometri esploderebbe al suolo con la potenza di un miliardo di megatoni, 1000 volte la potenza nucleare totale oggi disponibile. L'asteroide che ha fatto fuori dinosauri non è stato il solo a atterrare sul nostro pianeta *ultimamente. Nei 250 milioni di anni che sono trascorsi dopo la fine del Permiano ci sarebbero state sei ecatombe di grandi dimensioni. Più di una volta, l'avventura della vita è ricominciata per interrompersi di nuovo. É possibile che queste interruzioni siano sempre state dovute a incontri mortali con bolidi assassini del quarto tipo*[1]*?*

---

[1] Ovvero quelli con più di dieci chilometri di diametro.

Se allarghiamo i nostri orizzonti di spazio e tempo, è innegabile che è lecito concludere che è solo un caso tra tanti, che il nostro Sole sia al centro, che i pianeti del sistema solare seguano delle orbite ordinate e prevedibili, che non ci siano eventi straordinari che trasformano la regolarità in caos, e che Newton sia riuscito a fare il suo lavoro: dunque, è ugualmente lecito sistemare Newton e le leggi sulla gravitazione che ci concernono, ben situati *in mezzo* alla nostra classifica, insieme a temporali, ingorghi stradali, crolli in borsa, e quant'altro ancora di caotico e difficilmente prevedibile esiste nell'Universo.

E veniamo, finalmente, al ragionamento più generale sulla Fisica Classica: è anche attendibile affermare che il progresso della scienza che si è basato sulla Fisica Classica, dando origine a tante scoperte e invenzioni, insieme alle formule, ai sistemi e alle applicazioni che ne sono derivate possano essere piazzati in mezzo? E ancora: in che modo possono collegarsi alle manifestazioni caotiche del mondo, siano esse completamente incoerenti, o tendano, invece, all'ordine e all'organizzazione?
In mezzo per altre due ragioni.
Dopo la rivoluzione scientifica newtoniana, che come vedremo più avanti ha prodotto quelle certezze quasi religiose che hanno permesso la rapidissima evoluzione del pensiero scientifico e della tecnologia, sono esplose sulla scena due nuove, dirompenti teorie: relatività e quanti.

Da quel momento:

Ogni progresso della fisica teorica e gli straordinari risultati tecnici che esso produceva si pagavano con una perdita d'intelligibilità. Le perdite, però, nel bilancio intellettuale si vedevano assai di meno che i ricavi, sempre più spettacolari [...]. La gravità dell'impasse non apparse che nel secondo

196

quarto del nostro secolo, e solamente agli uomini di scienza che più si occupavano di filosofia, che avevano conservato una certa immunità contro quello che io chiamerei la nuova scolastica della fisica teorica.

Paragonata all'immagine del mondo che ci offrono i fisici moderni, l'Universo di Tolomeo con i suoi epicicli e le sue sfere di cristallo era un modello di buon senso.

Ritorneremo ancora su questo brano di Koestler, tratto dal libro *Les Sonnambules,* citato più volte. Koestler non è uno scienziato, è uomo di gran erudizione, completamente capace di leggere e interpretare i libri di fisica. Il suo libro rappresenta un cardine, tra le opere che trattano di scienza e di cosmologia. Nel capitolo di chiusura del libro, da cui è tratto il brano citato, non cerca di sostenere la tesi sciocca che la fisica moderna non funziona. Tutt'altro. É anche vero però che esprime lo sconforto di un filosofo che affronta il dramma di una descrizione del mondo, quello della fisica dei quanti e della relatività, che diventa sempre meno intelligibile, che è sempre più dominio dei pochi che se n'occupano, e che lascia alcuni di loro, quelli che sono *filosofi,* preoccupati e frustrati dalla mancanza di senso comune delle proprie scoperte e delle teorie che ne seguono.

La Fisica Classica, al contrario, pur essendo sicuramente complessa, traduce in verità scientifiche – anch'esse, va rilevato, completamente accessibili solo agli specialisti – l'analisi e la descrizione di fenomeni che appartengono a un mondo comprensibile e che, in modo limpido sono analizzati e descritti.

Insomma, la Fisica Classica è *umana.* Come il cancro, la storia, la politica, e i pezzi di legno che scivolano giù da una cascata.

C'è poi una seconda ragione, che consente di mettere la Fisica Classica in mezzo, insieme al Caos.

La differenza tra un evento classico e un fenomeno caotico risiede in gran parte nella difficoltà di trattare quest'ultimo con lo stesso approccio rigoroso e gli stessi metodi matematici con cui si tratta il primo. Di questo si è parlato abbastanza e si parlerà ancora. Lo svolgimento del fenomeno caotico è assai più sensibile alle condizioni iniziali. In tutti e due i casi c'è o deve esserci una causa e c'è un effetto, una connessione più o meno rigorosa tra tempi e spazi, tra azioni e reazioni. Vorrei chiarire il mio pensiero con un ragionamento per eccesso.

Si potrebbe affermare che nei fenomeni caotici prevale il caso, mentre in quelli che si appoggiano alle formule della Fisica Classica prevale l'ordine e la prevedibilità.

Un proiettile cade dove deve cadere, un razzo raggiunge l'orbita prestabilita dalla Nasa, il Concorde vola tranquillamente con i suoi passeggeri. Ma, è noto, gli errori, gli incidenti, gli effetti indesiderati sono comuni, all'ordine del giorno. Non sono prevedibili[I]. Quindi, se s'introduce la possibilità d'errore, l'influenza dell'imprevedibile sul previsto, allora le certezze delle formule vanno a farsi benedire. Nella descrizione del mondo affidata alla Fisica Classica, si tende sempre a semplificare le condizioni al contorno, per ottenere formule precise.

Al contrario, nei fenomeni caotici la precisione è per definizione impossibile, prevale la statistica insieme all'incertezza.

La Fisica Classica serve, è servita a dare sicurezze e a metter ordine perché ha affrontato problemi che si prestano a definizioni precise…con il massimo dell'approssimazione possibile. Si può calcolare la meccanica di due corpi, ma i calcoli relativi a sistemi a tre corpi sfuggono a un trattamento rigoroso. Insomma, i fisici, prima di quanti è relatività, hanno

---

[I] Questo stesso ragionamento verrà ripreso in maggior dettaglio nei capitoli sul Determinismo e sul Caos.

scoperto quelle leggi della natura che entro limiti ragionevoli descrivono l'irragionevolezza complessiva del mondo.

Scrive Prigogine, nel libro Order out of Caos[23]:

Questo ci riconduce a un punto già sollevato: è solamente in un mondo semplice (specialmente nel mondo della scienza classica, dove la complessità nasconde una fondamentale semplicità) che può esistere una forma di conoscenza che fornisce una chiave universale.

Nella scienza classica la complessità nasconde una fondamentale semplicità? O è vero il contrario?

Avrei preferito che l'autore, scienziato di rilievo, avesse scritto: (specialmente nel mondo della scienza classica, dove la *semplicità* nasconde una fondamentale *complessità*).

Io vi lascio con il dubbio: a me pare che il contrario sia vero.

...e finalmente Newton

Tutti i discorsi che seguono sono, in gran parte, conseguenza della lettura dello straordinario libro Les Sonnambules (Op. Cit.) di Arthur Koestler. L' ho letto per la prima volta negli anni 60. Me lo aveva prestato, in lingua inglese (il titolo era *The Sleepwalkers*), un mio amico, un ingegnere nucleare che si chiama Arnaldo Turricchia.

Non ho mai potuto restituirglielo. Lo leggevo con tanta passione, che un giorno mi cadde nell'acqua della vasca da bagno. Non potei salvarlo, perché mi ero addormentato leggendo.

Persi di vista il libro, (e anche Arnaldo) e per anni lo dimenticai, sino al 1988, quando per caso, ne vidi una copia, in edizione tascabile, in francese, in una libreria a Bruxelles.

Nei *Sonnambules*, Koestler percorre tutta la storia dello sviluppo della cosmologia, dagli antichi sino a Newton, con molto spazio dedicato a coloro che, rotti gli argini della filosofia aristotelica e scolastica, avevano creato le basi per la razionalizzazione Newtoniana: Copernico, che muore nel 1543.

Tycho Brahe nasce nel 1546 - Copernico è già morto - e se ne va nel 1601.

Keplero, ha venticinque anni meno di Tycho, e muore nel 1630.

Infine, Galileo, nasce nel 1564 e muore nel 1642, l'anno di nascita di Newton.

Gli *anni mirabiles* furono per Newton il 1666 e 67. Ritiratosi in campagna, nella sua casa di Woolsthorpe per sfuggire all'infuriare della peste che molte vittime fece a Londra e a Cambridge, maturò le riflessioni e la matematica che gli avrebbero consentito di pubblicare i *Principia*, la grande sintesi, circa venti anni dopo, nel 1687. É importante notare il sostanziale intervallo tra l'intuizione, i primi calcoli con lo sviluppo della matematica necessaria, e la produzione di un'opera completa, una delle più importanti mai scritte nella storia intera della scienza moderna. Cos'altro ha combinato Isaac nel frattempo, e perché ci ha messo tanto? Vedremo.

Copernico ha il merito di aver spostato la Terra dal centro dell'Universo di allora. Non la fa girare proprio intorno al Sole ed è costretto a usare ancora gli epicicli, come Tolomeo, per spiegare i movimenti inconsueti di qualche pianeta.

Thycho osserva le stelle con metodi e strumenti che forniscono a Keplero, entusiasta delle teorie Copernicane, la precisione necessaria a permettergli di capire che il moto dei pianeti è ellittico e non circolare, che, di fatto, è il Sole al centro dell'Universo, scrivere le prime leggi corrette, ed eliminare la necessità degli epicicli.

Galileo, studia il movimento dei corpi terrestri, pendoli che oscillano, palle che cadono dalle torri, scivolano su piani inclinati, percorrono la traiettoria dei proiettili.

Ecco come descrive la situazione il nostro Koestler nei

Sonnambules:

Ecco dunque gli elementi del puzzle come si presentarono a Newton, intorno al 1660, trent'anni dopo la morte di Keplero, venti dopo quella di Galileo. I pezzi essenziali erano le leggi di Keplero, sul moto dei corpi celesti, e le leggi di Galileo, sul moto dei corpi terrestri. Ma i due frammenti non combaciavano, (non più di quanto lo facciano oggi la relatività e la meccanica quantistica)[I], le forze che animavano i pianeti nel modello kepleriano non si reggevano in piedi all'esame dei fisici. E viceversa, le leggi dei proiettili e della caduta dei corpi di Galileo non avevano alcun rapporto apparente con i movimenti dei pianeti e delle comete.

Le orbite planetarie di Keplero erano ellittiche, quelle di Galileo erano circolari. Ai raggi di una forza misteriosa emanante dal Sole, sostenuta da Keplero, Galileo opponeva il nulla, perché era convinto che il moto circolare fosse perpetuo. L'inerzia frenava i pianeti secondo Keplero, mentre per Galileo era proprio l'inerzia a mantenerli nel loro percorso circolare.

Il disaccordo era dunque totale: a) sulla natura della forza che muove e mantiene in orbita i pianeti, e b) sulla sorte che sarebbe riservata a un corpo nei vasti spazi, se esso fosse lasciato a se stesso, vale a dire senza alcuna influenza proveniente dall'esterno [...].

E ancora, sulla questione della *pesantezza*:

Copernico aveva suggerito che i corpi dovevano pesare in modo uguale tanto sul Sole che sulla Luna e sulla Terra, e che la pesantezza altro non era che una qualità assoluta di tutta la materia terrestre, che non richiedeva spiegazioni e che non

---

[I] Koestler scrive nel 1960. Ancora oggi il problema è lontano da una soluzione chiara e definitiva.

richiedeva cause e che in fatti non poteva essere distinta dall'inerzia della materia; altrettanto, nei corpi celesti, la pesantezza si confondeva in qualche maniera con la loro persistenza a continuare a muoversi in cerchi. Keplero fu il primo a spiegare la pesantezza mediante l'attrazione mutua tra due corpi; aveva ammesso che, nello spazio, due corpi, non sottoposti a una terza influenza, si avvicinerebbero l'uno all'altro per incontrarsi in un punto intermedio tale che le distanze percorse da ciascuno di essi sarebbero inversamente proporzionali alle loro masse, ed è in questo modo che aveva potuto attribuire le maree all'attrazione della Luna e del Sole, e tuttavia, come è noto, al momento decisivo, si tirò indietro di fronte all'idea fantastica di un'anima mundi gravitazionale [...]. Tali erano, prima di Newton i frammenti sparpagliati del caotico giuoco di pazienza. Teorie contraddittorie sul comportamento dei corpi nello spazio nell'assenza di forze esterne; teorie contraddittorie sulle forze che fanno girare i pianeti; inquietanti informazioni frammentarie sull'inerzia e l'accelerazione, la pesantezza e la caduta libera, la gravitazione e il magnetismo[1]; dubbi sulla collocazione della Terra al centro dell'Universo e addirittura sull'esistenza di tale centro; e insieme a tutto questo, la questione di sapere dove sistemare il Dio della Bibbia.

Tutti i pezzi del puzzle erano, dunque, disponibili. Quello che era mancato ai predecessori di Newton era stato, essenzialmente, la matematica appropriata, la mentalità *scientifica* e il coraggio, tutti combinati insieme.

Tutti loro, e anche Newton profondamente religiosi.

Copernico, però, temeva di andare controcorrente, e aveva paura di se stesso, e per se stesso. Non solo delle possibili reazioni ostili della Chiesa, ma anche di esporsi al ridicolo per le sue idee rivoluzionarie, e non confortate da solide prove. La

---

[1] Una delle teorie correnti attribuiva al magnetismo la forza dominante tra i pianeti

sua Opera *Sulle Rivoluzioni delle Sfere Celesti,* scritta molti anni avanti, corretta semplificata e razionalizzata da un suo allievo, Retico (al quale Copernico mai riconobbe il lavoro fatto), non fu pubblicata sin dopo la sua morte, nel 1543.

Nelle prime venti pagine dell'Opera, Copernico dice tutto quello che di nuovo c'è da dire: il Sole è al centro, non la Terra; la Terra gira su se stessa e questo spiega l'avvicendarsi del giorno e della notte; la velocità d'ogni pianeta intorno al Sole è diversa, e così si giustifica l'apparente movimento retrogrado di certi pianeti. Poi, nel resto del lavoro, si preoccupa, si perde, e sposta il Sole un pochino fuori centro. É costretto, a questo punto a reintrodurre gli epicicli di Tolomeo. Scrive Michael White nel libro *Isaac Newton: The Last Sorcerer*[24]:

É possibile che Copernico abbia voluto rendere confusa, di proposito, la descrizione dettagliata della propria teoria, per rintuzzare i previsti attacchi dell'ortodossia religiosa. Ma è ugualmente possibile che, essendo arrivato all'irrefutabile conclusione che era la Terra a girare intorno al Sole, non fosse egli stesso in grado di accettare le conseguenze del semplice sistema specificato all'inizio del suo libro. Copernico era un Aristotelico, radicato nel pensiero medioevale, ed era stato educato a accettare alla lettera gli insegnamenti dei Greci. Non è stato, in definitiva, la figura rivoluzionaria che la posterità gli ha attribuito.

Credo che vada anche aggiunto, però, che oltre a tutto ciò, i *tempi* non erano maturi, e il povero Copernico era solo. Non poté, come gli altri tre, interagire con pensatori ispirati quanto lui. É vissuto e morto troppo presto, anche da questo punto di vista.

Tycho e Keplero si conobbero e lavorarono insieme - fu Keplero a lavorare per Tycho - Keplero conobbe assai bene l'opera di Galileo e ne fu un fervente ammiratore. Non s'incontrarono mai. Galileo sicuramente fu influenzato dal lavoro di Keplero, anche se, come racconta Koestler, mostrò poco entusiasmo e uno snobistico atteggiamento verso il *matematico* Tedesco. Aveva un pessimo carattere.

Thyco

Thyco era un ricco signore appassionato di astronomia. Per molti anni ebbe a disposizione un'isola, Hveen, in Danimarca, per studiare il moto degli astri, dal suo osservatorio, Uraniburg, e per insegnare al mondo *i metodi di osservazione esatta.*Più tardi Tycho addizionò a Uraniburg *un altro osservatorio, Stjoernborg (Stellaville), questa volta sotterraneo al fine di proteggere gli strumenti dal vento e da ogni vibrazione: solo i tetti a forma di cupola spuntavano dal suolo: in modo che «dalle viscere della terra, indicava il cammino delle stelle e della gloria di Dio.* Sempre Koestler che cita Dreyer.

Nel 1599, arriva a Praga dove l'imperatore Rodolfo II, lo nomina matematico imperiale. É qui che Thyco chiama Keplero a fungere da suo assistente nell'osservatorio in costruzione nel castello di Benatek, situato a 35 chilometri da Praga.

Ecco, ancora Arthur Koestler, sul rapporto tra i due:

Thycho aveva cinquantatré anni e Keplero ventinove; Thyco era un aristocratico, un Creso, Keplero un vagabondo senza beni. Erano diversi in tutto tranne che in una cosa: erano entrambi irritabili, ugualmente collerici. Ne verranno fuori frizioni costanti, a volte delle liti incandescenti che si chiudevano con mezze riconciliazioni.

Tutto ciò in superficie. In apparenza, due sapienti astuti s'incontrano, ciascuno ben deciso a servirsi dell'altro. Ma sotto la superficie, essi sapevano, con una sicurezza da sonnambuli, di essere nati per completarsi a vicenda. I loro rapporti dovevano alternarsi senza cessa su due livelli:

204

giacché sonnambuli avanzavano, mano nella mano, attraverso gli spazi inesplorati; da svegli, tiravano fuori l'uno dall'altro, come per reciproca induzione quello che c'era di peggio nei loro caratteri.

Keplero ha un assoluto bisogno dei dati di Thyco e questi li centellina, li distribuisce con il contagocce. La loro relazione è interrotta dalla morte di Tycho. Gli eredi di quest'ultimo cercano di sottrarre a Keplero le documentazioni del morto, ma Keplero non si ferma di fronte a nulla: se n'appropria rubandole.
La storia della morte di Thyco la lascio raccontare ancora a Koestler (e anche se lunga la cito per intero).

Il 13 ottobre 1601, Thyco era a cena, a Praga, presso il barone Rosemberg: era presente un consigliere imperiale, ci si trovava sicuramente in nobile compagnia. Tycho aveva ospitato dei re a casa sua, e aveva l'abitudine di bere parecchio: non si capisce perché non sia riuscito a tirarsi fuori della spiacevole situazione in cui venne trovarsi. Keplero nota accuratamente la cosa nel Giornale delle Osservazioni, una specie di diario, in cui sono annotati tutti gli avvenimenti importanti di casa Brahe:
«Il 13 Ottobre, Tycho Brahe, in compagnia di mastro Minkowitz, cenò alla tavola dell'illustre Rosemberg, e contenne la sua acqua più a lungo di quanto sia richiesto dalla buon'educazione. Continuò a bere e sentì che la pressione sulla vescica aumentava, ma mise l'educazione davanti alla salute. Ritornato a casa non gli riuscì di urinare normalmente.
All'inizio della sua malattia, la Luna era in opposizione con Saturno (segue l'oroscopo del giorno). Dopo cinque notti senza sonno, egli non poteva ancora liberarsi, se non con le più grandi sofferenze, lo stesso passaggio era impedito. L'insonnia continuò, insieme con una febbre interna che lo portò quasi sino al delirio; il cibo che ingurgitava, da cui non si riusciva a tenerlo lontano, esacerbava il suo male. Il 24

ottobre, il delirio cessò per qualche ora; la natura se lo portò via e spirò in pace in mezzo alle parole di conforto, le preghiere e le lacrime di tutti i suoi.

Così in questa data la serie di osservazioni celesti s'interruppe, e i suoi trent'anni di osservazioni hanno avuto termine.

L'ultima notte, nel suo calmo delirio, ripeteva più volte queste parole, come qualcuno che compone una poesia: Che non debba mai verificarsi che io abbia vissuto inutilmente. Nessuno dubita che egli desiderasse che queste parole fossero aggiunte al titolo delle sue opere, dedicandole in questo modo al ricordo e al vantaggio della posterità.

Durante quegli ultimi giorni, ogni volta che il dolore diveniva tollerabile, il grande Danese aveva rifiutato di mettersi a dieta, ordinava, al contrario, e divorava tutti piatti che gli venivano in mente. Quando il delirio tornò, non riuscì che ripetere dolcemente che sperava di non aver sprecato la propria vita [...]. Ne frustra vixisse videatur.»

Koestler chiarisce, a questo punto, che il desiderio di Tycho già espresso precedentemente a Keplero era che questi pervenisse a costruire il nuovo Universo servendosi delle sue stesse teorie e non di quelle di Copernico[1].

Keplero

Keplero, invece, andò per la sua strada *servendosi come meglio gli sembrò dell'eredità Brahe.*

Il preferito di Koestler, tra i personaggi di quest'irripetibile dramma della creatività umana in cui si mescolano gli ingredienti di vite tumultuose, ricche di avventure, di viaggi e

---

[1]Anche Tycho aveva sviluppato una propria teoria eliocentrica.

onori - insieme alle tragiche esperienze tipiche dell'epoca – è sicuramente Keplero.

La storia della sua nascita, del matrimonio, della lotta continua per la sopravvivenza economica, le disavventure di sua madre, processata per stregoneria, e quella dello sviluppo del suo pensiero e della sua costruzione cosmologica affascinano l'autore. Koestler le racconta con gran dovizia di dettagli storici e con una simpatia non celata, quasi paterna. Merita di essere letta.

La prima opera di Keplero giovanissimo, *Il Mistero Cosmografico*, sostiene le idee di Copernico, ma non fornisce spiegazioni più chiare, sul moto dei pianeti e sulla struttura meccanica del sistema solare, di quelle svelate dal timoroso canonico.

L'opera gli valse comunque l'apprezzamento di Tycho e l'opportunità di lavorare con lui e di usare i suoi dati. Nel 1608 Keplero pubblica la prima delle sue grandi opere, *La nuova Astronomia*, seguita nel 1619 dall'*Armonia del Mondo*.

Le prime due leggi di Keplero appaiono nella *Nuova Astronomia*. Stabiliscono che tutti i pianeti viaggiano su orbite ellittiche di cui il Sole occupa uno dei fuochi; e che più grande è la distanza del pianeta dal Sole tanto più grande è il tempo che il pianeta impiega percorrere l'orbita.

La terza legge, la più importante, *descrive la relazione matematica tra le distanza dei pianeti dal Sole e il tempo che impiegano a percorrere un'orbita completa. Keplero dimostrò che il quadrato del tempo periodico che un pianeta impiega a descrivere la propria orbita, è proporzionale al cubo della distanza media del pianeta stesso dal Sole.* Michel White (Op. Cit.).

Galileo, quando cominciò a usare il telescopio per osservare il cielo e scoprì le Lune di Giove, avrebbe potuto confermare senza fallo le leggi di Keplero. Non poté e non volle farlo, impegnato com'era nell'annosa controversia con la Chiesa e istintivamente avverso a riconoscere i meriti altrui.

Galileo

Anche per quanto riguarda Galileo l'opera di Koestler è basata su una ricerca documentale penetrata a fondo sulla vita dello Scienziato, le sue scoperte, e soprattutto sulla diatriba che lo oppose alla Chiesa di Roma.

Secondo Koestler, Galileo Galilei non avrebbe mai suscitato l'ira e l'inimicizia della Chiesa con tutte le conseguenze negative che ne risultarono per lui, e per tutti noi, se avesse evitato di mettersi in polemica, come in realtà fece, esclusivamente a causa del suo cattivo carattere, con i gesuiti in generale, e con papa Urbano VIII, Maffeo Barberini, in particolare.

Era stimato e ammirato da tutti, per la sua scoperta delle lune di Giove, il multiforme lavoro scientifico, e la sua grandissima abilità nell'analizzare, discutere e tentare di descrivere i misteri dell'Universo.

Galileo (che apparentemente non scoprì il telescopio, e mai disse *eppur si muove*) divenne un accanito sostenitore dell'edificio Copernicano (sole al centro, pianeti rotanti, terra inclusa, intorno al sole) senza averlo veramente studiato, e senza essere in grado di produrre la prova del movimento della Terra, prova che gli era disperatamente richiesta dai più autorevoli membri dell'autorità ecclesiastica.

Questi ultimi, e il Papa in particolare, avrebbero fatto qualsiasi cosa pure di evitare problemi al vecchio scienziato.

Il Papa indicò in modo esplicito che non si sarebbe opposto a una visione Copernicana dell'Universo se, in mancanza di una prova certa (che avrebbe costretto la chiesa a rivedere le scritture, *fermati o sole*, e compagnia bella) che Galileo non riusciva fornire, quest'ultimo avesse chiaramente e pubblicamente espresso il concetto che il sistema Copernicano, da preferirsi perché meglio capace di spiegare movimenti, tempi e appuntamenti degli astri altrimenti inspiegabili, non era necessariamente *vero* nel senso dogmatico della parola, (e di conseguenza in contraddizione con la cosmologia derivante dalle Sacre Scritture) ma solamente *utile*, ovvero da intendere come un artificio della geometria e della fisica, capace di spiegare situazioni altrimenti non spiegabili.

In altre parole, Urbano VIII sosteneva che *un'ipotesi che dia dei risultati, non deve esser intesa come l'unico modo di spiegare la realtà, in quanto possono esservi altri modi di spiegare come il Signore sappia produrre i fenomeni in questione.* Urbano VIII ebbe a dichiarare, tra l'altro che la tesi Copernicana non era eretica ma solamente temeraria.

Galileo rifiutò la scappatoia e litigò con tutti.

Fu costretto ad abiurare la sua fede e le sue idee, fu sottoposto a un debilitante processo, e fu condannato a rinunciare a ragionare e a spiegare a suo modo il movimento degli astri.

Non andò mai in prigione e, anche se malato, visse i suoi ultimi anni ragionevolmente bene, nella sua fattoria di Arcetri.Fu proprio in questi ultimi anni che poté dedicarsi - dimenticate le ossessioni polemiche sulla cosmologia - a scrivere il capolavoro sulle leggi della dinamica, su cui si basa gran parte della fisica moderna, *I Discorsi sulla Nuova Scienza.*

Quello che mi interessa sottolineare qui è la faccenda di Urbano VIII, e il suo tentativo di salvare Galileo e insieme il sistema Copernicano, non perché questo fosse *vero* ma perché *utile*.

La Fisica Classica - quella che s'é sviluppata dopo che Newton ha sistemato in modo totalmente comprensibile l'edificio del *nostro* Universo, creando una struttura apparentemente vera, in qualsiasi momento, e in qualsiasi punto - rappresenta il trionfo del collegamento tra utile e vero.

Con la teoria della relatività di Einstein, e con gli sviluppi della fisica delle particelle, si è prodotta, invece, una trasformazione totale della concezione della natura e dell'Universo.

Niente è vero, tutto è probabile, e i fenomeni naturali, quelli del molto piccolo e dell'infinitamente grande, possono essere utilmente previsti e opportunamente descritti, ma non completamente spiegati, all'interno del senso comune

Ora, se ci mettiamo nei panni dell'uomo del 600, anche per lui, (prima di Keplero, Galileo e Newton) il sistema Tolemaico, e poi quello Copernicano, erano certamente utili a prevedere il moto degli astri le eclissi di sole e di luna, e i viaggi delle comete.

Però erano errati. L'uomo del 600, non aveva ancora avuto l'illuminazione scientifica che si produsse dopo che i nostri *sonnambuli,* da Copernico a Newton, erano riusciti a individuare la *verità.*

Ora, è del tutto irragionevole arguire che Einstein e soci si possono paragonare a Copernico e ai nostri amici?

In altre parole, è possibile che le verità di Einstein, di Plank, di Heisenberger, e di tutti quelli che li hanno seguiti nel cammino dello sviluppo della fisica quantistica e della cosmologia del pre-XXI secolo, stiano alle verità di qualcuno che ancora deve venire a fare nuova chiarezza, come i sistemi di Tolomeo e Copernico stavano a quelli di Keplero Galileo e Newton?

Ancora più chiaramente, è possibile che un nuovo miracolo, e una nuova intuizione che permettano di edificare un diverso, più comprensibile edificio, sulle ceneri di quello vecchio, si possano ancora produrre?

Lasciamo da parte, per il momento quest'interrogativo, e...finalmente arriviamo a Newton.

Newton

Nel periodo in cui fu costretto a starsene a Woolsthorpe, non si limitò alla contemplazione delle mele che, attratte dalla forza di gravità, cadevano dagli alberi del frutteto. Già nei due anni precedenti si era concentrato sulla matematica, riuscendo ad assimilarne tutti i fondamentali principi, studiando tra l'altro la *Geometria* di Cartesio e l'opera matematica di Barrow - anch'egli professore a Cambridge - sui gradienti e sulle curve. Nel 65 e all'inizio del 66 ideò un sistema per determinare il gradiente (l'andamento, la tendenza a salire o scendere in ogni punto) di una curva (*differenziazione*) e per calcolare, con opportune manipolazioni matematiche, l'area sottostante alla curva (*integrazione*): gli strumenti di calcolo infinitesimale che erano mancati ai suoi predecessori, che gli sarebbero stati necessari per esplorare il moto dei pianeti.

Poi si mise a osservare le mele.

Vale la pena di dedicare qualche parola alla faccenda delle mele, pescando ancora nel libro di White:

La storia della mela è quasi certamente un'invenzione o tutt'al più una versione fortemente ricamata della verità [...]. Anche se gli anni compresi tra il 65 e il 66 furono sicuramente grandi per lo sviluppo intellettuale di Newton, essi rappresentano solo l'inizio della sua missione [...] e l'origine del momento iniziale dell'ispirazione rimane un mistero.

Una delle fonti che riferiscono la storia è William Stukeley, un biografo che visitando Newton nel 1726, l'anno precedente la sua morte, mentre passeggiava con lui nel giardino della casa londinese lo interrogava sull'origine delle sue scoperte. Newton osservò che fu proprio in circostanze simili che aveva, per la prima volta, concepito la teoria della gravitazione. Proseguirono la conversazione«all'ombra degli alberi di mele» racconta Stukeley «e tra gli altri discorsi, (Newton) mi disse, che si trovava proprio nella stessa situazione quando l'idea della gravitazione gli venne in mente. Fu occasionata dalla caduta di una mela, mentre era seduto in meditazione.»

Voltaire, grande ammiratore di Newton, scrive nel suo libro *Elementi della filosofia di Newton*, (sto citando ancora White che a sua volta cita Voltaire):

Un giorno nell'anno 1666, Newton, essendo ritornato in campagna e osservando la caduta dei frutti da un albero, s'immerse, stando a quanto mi ha riferito sua nipote, Mrs Conduit, in una profonda meditazione, sulla causa che attrae i corpi, secondo un percorso, che se potesse realizzarsi, passerebbe vicino al centro della terra.

L'ultima storia è dovuta a Henry Pemberton, l'editore della terza edizione dei *Principia*.

Le prime intuizioni che avrebbero dato origine ai Principia, le ebbe quando ritornò da Cambridge, a causa della peste. Mentre sedeva da solo in giardino, cadde in profonde riflessioni sulla forza di gravità.

Niente mele cadenti in questo caso, e forse mai.
É certo però, come appare dai suoi appunti, che le idee fondamentali gli vennero in quel periodo e che Newton, come abbiamo già accennato, impiegò vent'anni, prima di consolidarle in un'opera magna e di convincersi a pubblicare.
Newton è uno di quei pochi uomini di genio ai quali la natura ha consentito di penetrare una parte consistente dei suoi misteri: un *sonnambulo*, come Koestler lo definisce, insieme agli altri personaggi principali del suo libro. Misteri che diventano verità tra veglia e letargo, tra affanno e sogni.

Nel libro *Does God Play Dice?*[25] di Ian Stewart a proposito di Newton, l'autore cita Aldous Huxley:

Aldous Huxley una volta ha affermato che «Forse gli uomini di genio sono i soli veri uomini. In tutta la storia della razza

212

(umana), sono apparse solo poche migliaia di uomini veri [...].
E il resto, noi, che cosa siamo? Animali capaci di apprendere.
Senza l'aiuto dei veri uomini, non saremmo riusciti a scoprire
un bel nulla»

E continua Stewart :

Non c'è bisogno di essere d'accordo con Huxley per accettare
che alcuni uomini hanno avuto un'influenza senza paragoni
sulla storia: Newton era un vero uomo.

Un v*ero uomo* e un s*onnambulo.* Intelligenza suprema, straordinaria forza di volontà, capacità di somma concentrazione e di rapido apprendimento, fede completa nella missione prescelta, miste a una miracolosa, sonnambula, capacità d'intuizione.
Da aggiungere ancora, lo scetticismo, il rifiuto di accettare ogni dogma, e di convivere con le tradizioni e i principi acquisiti.
Newton poi, non era solo. Non aveva a disposizione soltanto i pilastri del passato, ma lavorava e viveva nel clima di fervore intellettuale che caratterizzava Cambridge e la Royal Society di cui divenne, presto, giovanissimo membro. Le sue idee non nacquero, e non si svilupparono nel vuoto.

La Royal Society accoglieva la parte migliore della cultura scientifica del momento, nomi come Boyle, Hooke, Halley, Wren, ognuno dei quali ebbe un ruolo nell'avventura intellettuale e scientifica di Newton.
Da Halley che lo spronò a portare a termine e a pubblicare il suo lavoro sulla gravitazione, a Hooke che ne fu oppositore acerrimo, e che ebbe sostanziali controversie con Newton sia sulle teorie della luce, sia sulla gravità.
Nel 1672 Newton pubblicò nel giornale dell'associazione, il *Philosofical Transactions* un lungo articolo intitolato la *Teoria della Luce e dei Colori*, frutto di lunghi studi, e per la prima

volta contenente *una revisione radicale di una teoria scientifica accettata, e basata interamente su dati sperimentali*[1].

Questa la ricordiamo tutti: Newton che gioca con i prismi, afferra un raggio di luce, lo scompone nell'arcobaleno dei sette colori, e lo rimette insieme, bianco di nuovo. Solo che Newton aveva concluso che la luce era formata da particelle, e Hooke aveva in precedenza sostenuto che si trattava di onde. Avevano ragione entrambi, come è stato confermato un paio di secoli dopo dalla teoria dei quanti. Anche allora le questioni di priorità su una scoperta non erano rare. E come succede ancora oggi non mancavano le polemiche a volte sotterranee e tranquille, a volte senza sottintesi, e ricche di deflagrazioni anche violente. Gli scambi epistolari d'insolenze tra Newton e Hooke ne sono un classico esempio.

Anche vero però, che le idee circolavano, filtravano e si sovrapponevano. Si discuteva di gravità e della forza che lega Terra e pianeti al Sole, già da tempo, nei salotti, nei caffè, in pubblico e in privato. Insomma le circostanze erano favorevoli. Newton però, una volta sviluppate le idee fondamentali, le tenne per se, e le elaborò sino a farle diventare certezze scientifiche.

Ci siamo già domandati quello che Isaac abbia fatto tra il 66, l'anno delle idee, e l'87, l'anno dei fatti, della pubblicazione dei *Principia* e del trionfo che ne seguì.
Non era stato con le mani in mano. La teoria della luce e altri lavori minori avevano occupato il suo tempo di accademico, insegnante e scienziato.
A questo bisogna aggiungere due cose: Newton si è occupato a lungo di alchimia! E poi, mentre si affaticava con crogiuoli, alambicchi, fuochi e mercurio alla ricerca della *sua* particolarissima, newtoniana *pietra filosofale,* rifletteva e progrediva.

---

[1] White

White fornisce un resoconto fedele delle attività alchemiche di Newton. Qui non entreremo in dettagli se non per precisare l'interpretazione dell'autore sul significato di quest'impegno di Newton in un'occupazione che è spesso presa a esempio di quanto di meno scientifico, e più astruso vi sia; condizionata da credenze magiche che sono campo d'azione di negromanti e stregoni più che di quelli che, come Newton, erano alla ricerca della precisione assoluta e avrebbero inventato il metodo scientifico rigoroso che è stato ereditato dai loro successori.

Newton non voleva trasformare il piombo in oro. Le lunghe ore passate a arrostire e fondere metalli, a creare strane combinazioni a volte esplosive, a guardare il fondo dei crogiuoli sperando in misteriose trasmutazioni, facevano parte dell'ambizione che egli aveva di studiare il molto piccolo insieme al molto grande. Newton era alla ricerca di una settecentesca *Teoria del Tutto*, con largo anticipo sugli scienziati moderni.
Scrive White commentando l'interesse di Newton per l'alchimia:

É anche chiaro che egli era interessato a una sintesi di tutta la conoscenza, ed era un devoto indagatore di qualche forma di teoria unificata dei principi dell'Universo.

E ancora prima:

Se non avesse sviluppato la matematica negli anni 1660, la sua intuizione sulla natura del moto planetario sarebbe rimasta niente di più che una buon'idea. Senza la conoscenza profonda dell'alchimia (che egli praticò negli anni 70 e 80), egli non sarebbe mai riuscito a espandere la nozione limitata del movimento dei pianeti come l'aveva presentita nel 65/66, nei grandi concetti della gravitazione universale, dell'attrazione e repulsione, e dell'azione a distanza.

Per comprendere questo commento di White dobbiamo ricordare che uno dei grandi ostacoli frapposti a una visione completa e finale nelle teorie dei predecessori di Newton, insieme al difetto di una matematica appropriata, era stata la difficoltà di immaginare una forza che agisse nel vuoto e a distanza, senza un intermediario che non fosse lo stesso Domineddio.

Anche Newton passò anni a riflettere prima accettandola, e poi avendo il coraggio di farne a meno, sulla *faccenda* dell'*etere*.

Nei *Sonnambules* (Op. Cit.), Koestler scrive, riferendo un passo di Newton:

É inconcepibile che la materia bruta inanimata, senza la mediazione di qualche cosa che non sia materiale, possa agire su altra materia, senza reciproco contatto [...]. Questa è una delle ragioni per cui non vorrei che mi sia attribuita la gravità innata. Che la gravitazione sia innata, inerente ed essenziale alla materia, di modo che un corpo possa agire su un altro, a distanza, nel vuoto, senza alcuna mediazione attraverso la quale e per mezzo della quale la loro interazione e le loro forze possano passare dall'uno all'altro, è per me un'assurdità così grande, che penso che nessun uomo dotato di facoltà che gli rendano possibile di ragionare di filosofia, potrà mai cadervi. La gravitazione deve essere causata da una causa che agisca costantemente secondo certe leggi; ma quanto a sapere se materiale o immateriale, io lo lascio giudicare ai miei lettori.

Newton precorre di più di tre secoli l'idea corrente dei *gravitoni* come messaggeri *materiali* della forza di gravità. Ancora oggi, però, nessuno è riuscito a dimostrarne l'esistenza, e tanto meno a vederli.

Scrive ancora White:

Al momento in cui ebbe completato il suo capolavoro, i Principia, aveva completamente rifiutato l'immagine tradizionale dell'etere in favore della gravità operante mediante attrazione a distanza (che forse implicava l'esistenza di un non ben definito mezzo etereo come strumento che ne rendesse possibile l'azione - un mezzo attraverso il quale questa misteriosa forza, la gravità, poteva operare).

Ma poi, con il progredire degli anni 80, il ruolo dell'etere divenne sempre meno importante per Newton, e il concetto che gli alchimisti definiscono principio attivo divenne prevalente e lo indirizzò verso una completa revisione di come la gravità funzionasse. Uno studioso di Newton è giunto a affermare addirittura che Newton non sarebbe riuscito a visualizzare l'attrazione a distanza senza il suo lavoro di alchimista [...]. Esplorando l'evoluzione dei pensieri di Newton al riguardo di gravità ed etere, attraverso le note e gli articoli scritti fra il 1672 e il 1687, noi possiamo renderci conto di come arrivò a percepire la gravità come forza che agisce a distanza, attraverso una forma di principio attivo. Si trattava di un meccanismo che non richiedeva l'etere corporeo della tradizione filosofica.

Il fatto che mi sembra certo è che, qualunque dubbio gli rimanesse sulla natura, materiale o immateriale, e sull'esistenza dell'etere, Newton se ne liberò e solo questo gli consentì di semplificare la matematica e di scrivere le formule più semplici e appropriate a descrivere il moto reciproco dei corpi celesti.

Abbiamo detto sopra che tra l'intuizione geniale e la pubblicazione dei *Principia,* oltre che a scoprire le leggi fondamentali dell'ottica e ragionare sulla fisica del molto piccolo occupandosi di alchimia, Newton impiegò due decenni a riflettere e a prepararsi per il salto finale: tecnicamente e spiritualmente.

Intendevo riferirmi a due aspetti delle elucubrazioni dell'intelletto di Newton.

Da una parte, l'inquietudine concreta di non disporre di tutti i fatti e tutti i dati, e dell'energia necessaria a procurarseli e a immergersi nel faticoso, gigantesco sforzo di elaborarli in una forma che non lasciasse adito a dubbi: quello che definirei il panico della formalizzazione, il timore delle difficoltà di portare a compimento, razionalmente, con certosina attenzione, le immagini nebulose dell'intuizione geniale. La relazione svantaggiosa che esiste tra idee e immagini concrete, tra una prima battuta musicale e una sinfonia, tra un'immagine sognata e un quadro finito, tra un'idea e un romanzo, un libro. Tutto questo, insieme alla preoccupazione di non volersi esporre alle critiche e alle controversie sempre possibili nel mondo accademico in cui viveva e di cui non gli erano mancate amare esperienze. Newton aveva bisogno di certezze assolute e rimandava lo sforzo necessario per poterle acquisire.

Dall'altra, Newton, doveva star sviluppando la qualità essenziale che ne ha fatto, ancor più che nel caso di Galileo, il primo scienziato moderno: quella di dubitare, non avere certezze, e non essere soddisfatto dall'idea di potersi limitare a svelare una verità senza prove, una fede senza dimostrazioni.
Di quest'atteggiamento di Newton discutono sia Koestler sia White, nei testi spesso citati e utilizzati. Sulla faccenda del dubbio, e di come essa possa essere riferita al pensiero di Isaac Newton, preferisco avvalermi, ancora una volta di Richard Feynman). In un piccolo libro *The Pleasure of finding Things Out*[26] edito da Jeffrey Robbins e Freeman Dyson, sono raccolte varie lezioni, conferenze e interviste di Feynman, con numerosi e accattivanti spunti, sul significato della scienza, l'importanza della matematica, e sul dubbio, sulla capacità di dubitare, intesa come essenziale dote di ogni scienziato che si rispetti.

Incidentalmente, non è Newton l'oggetto dei ragionamenti di Feynman, ma lo scienziato in generale.

Elencherò, in sequenza una serie di pensieri di Feynman, riservandomi un breve commento finale.

Pagina 111:

E questo ha a che fare con la questione dell'incertezza e del dubbio. Uno scienziato non è mai certo. Lo sappiamo tutti. Sappiamo che ogni nostra affermazione è approssimata con diversi gradini di certezza; che quando un'affermazione è fatta, la domanda non deve essere se è vera o falsa, a piuttosto quante possibilità esistono che possa essere vera o falsa.

Pagina 104:

La questione del dubbio e dell'incertezza è quella con cui occorre iniziare; poiché se la risposta è già nota non v'è alcun bisogno di cercare le prove che la confermino.

Pagina 146:

Quando uno scienziato non conosce le risposte a un problema, lui è ignorante. Quando ha un'intuizione su quale potrebbe essere il risultato, è incerto. E quando è assolutamente sicuro di quale sarà la risposta, egli è ancora parzialmente dubbioso.

Pagina 185:

Arrivò, dunque, un'epoca in cui le idee, anche se accumulate lentamente, non erano soltanto l'insieme di cose utili e pratiche, ma la gran collezione di ogni tipo di pregiudizio, e di stravaganti, strane credenze.

A un certo punto un modo per evitare il morbo fu scoperto. Si trattava di dubitare che quanto arrivava dal passato fosse vero, e cercare di scoprire ab inizio, di nuovo e sulla base dell'esperienza, qual fosse la situazione, piuttosto che dare fiducia all'esperienza del passato nella forma in cui era stata trasmessa. E questa è la scienza: il risultato della scoperta che è importante ricontrollare di nuovo per esperienza diretta, senza accettare l'esperienza trasmessa dal passato. Io la vedo così. Questa è la mia definizione migliore (della scienza).

Pagina 210:
Quando hai messo insieme un sacco di idee che elaborano una teoria complessa, devi assicurarti, quando cerchi di spiegare a che cosa si applica, che questa cosa non corrisponda a quello che ti ha dato l'idea per la teoria; ma che la teoria completa permetta a qualcosa di nuovo di venir fuori in aggiunta.
In conclusione, l'idea è di fornire tutte le informazioni possibili per aiutare gli altri a comprendere il valore del tuo contributo, e non solo il tipo d'informazione che indirizzi il giudizio in una direzione piuttosto che in un'altra.

Newton, dunque, non poteva permettersi di rendere pubbliche idee, sia pur geniali, risolutive, e in parte basate sulle scoperte e le credenze del passato, senza cominciare da capo, senza dubitare di tutto, e senza raccogliere l'enorme quantità di elementi sperimentali che riuscì a mettere insieme, sollecitando nuovi dati e informazioni astronomiche dovunque gli fosse possibile, e senza procurarsi le prove che avrebbero cancellato ogni dubbio e ogni incertezza. Compresi i suoi.

Che cosa ha scoperto o...inventato Newton?

Non possiamo veramente concludere questa breve sintesi sull'esperienza e le scoperte di Newton senza affrontare la domanda di fondo: ma, insomma, che cos'è che Newton ha veramente scoperto?

Ho lasciato per ultima questa questione perché in realtà, io non l'ho mai ben capito, e con me tanti studenti liceali e universitari. C'è una validissima ragione per tutto questo.

Riferisce White che quando il suo amico Richard Bentley gli chiese che cosa dovesse leggere (io avrei detto studiare) per prepararsi a affrontare i *Principia,* Newton rispose (e permettetemi ancora una volta l'intera citazione, la trovo illuminante e in qualche modo umoristica):

Dopo gli Elementi di Euclide [probabilmente tutti e quattordici volumi, annota White], occorre comprendere i principi delle sezioni coniche. A questo proposito puoi leggere o la prima parte degli Elementa Curvarum di John De Witt, oppure l'ultimo trattato di Da La Hire sulle coniche basato sulla sintesi di Apollonio eseguita dal Dottor Barrow.

Per quanto riguarda l'algebra devi leggere prima l'introduzione di Bartholin e poi approfondire i problemi che troverai sparsi su e giù nei Commentari della geometria di Cartesio e altri scritti di Francio Schooten [...]. Per l'astronomia leggi prima il breve sunto sul sistema Copernicano che troverai alla fine dell'Astronomia di Gassendus, e poi tutta la porzione dell'Astronomia di Mercator che riguarda il medesimo sistema e, infine, le nuove scoperte fatte nel cielo con i telescopi riportate nell'Appendice.

Queste letture sono sufficienti per capire il mio libro: ma se potessi procurarti anche Horlogium oscillatorium di Hugenius, la lettura di quest'ultimo ti renderebbe ancora meglio preparato.

Tutto questo, Newton lo scriveva a un amico! Non è facile dire se Newton stesse esagerando, né avere conferma che Bentley abbia seguito i suoi consigli, oppure, disperato e frustrato, abbia rinunciato a comprendere completamente l'opera Newton.

Occorre dire che all'epoca dei nostri studi, alla scuola superiore o all'Università, erano disponibili per noi rispettabili sintesi dei lavori dei matematici e astronomi del passato, e che non c'era bisogno di ritornare agli Elementi di Euclide oppure a Gassendi, Mercator e Hugenius.

Forse, però è mancata la sintesi appropriata. Forse, non ci hanno fatto *leggere* i testi disponibili nella sequenza corretta raccomandata da Newton. Quindi abbiamo capito poco.

Non cercherò di riparare adesso; però un breve tentativo di chiarire almeno di che si tratta, lo devo, se non al lettore, almeno a me stesso. Userò Koestler e White. Sono curiosissimo di vedere come va a finire.

Le leggi di Newton sono quattro:

- la legge d'inerzia: come la abbiamo imparata a scuola, afferma che *un corpo persevera nel suo stato di quiete o di moto rettilineo uniforme, se nessuna forza interviene a cambiarlo*
- la legge dell'accelerazione, *l'accelerazione che un corpo sollecitato da una forza subisce, è proporzionale alla forza e inversamente proporzionale alla massa del corpo stesso*
- la legge di azione e reazione, *a ogni azione esercitata su un corpo corrisponde una reazione uguale e contraria*
- la legge di gravitazione, *la forza di attrazione che si esercita tra due corpi è direttamente proporzionale al prodotto delle due masse e inversamente proporzionale al quadrato della distanza che li separa.*

Proviamo a immaginare. Un satellite, un meteorite, per un errore della NASA, o per una qualsiasi ragione che dipende dalla sua caotica storia precedente, mentre viaggia a velocità costante movendosi in linea retta, entra nella sfera di attrazione della Luna. Il corpo vorrebbe continuare a viaggiare indisturbato nello spazio, per sempre, verso il vuoto infinito, (immagine non corretta, difficilmente riuscirebbe a uscire dal sistema solare) con moto *rettilineo uniforme*. Che significa che entra nella sfera di attrazione della Luna? Vuol dire che, guarda caso, la sua massa coniugata con quella della luna, e la distanza cui si trova, mettono in azione la forza di attrazione lunare.

Ora, si aprono due possibilità interessanti. Delle due l'una: o finisce per cadere sulla luna, fare un bel cratere e rimanere immobile per l'eternità dell'universo, oppure diventa un satellite della luna. Che cos'è che determina una delle due alternative? Vediamo. Il corpo deve decidere se iniziare una sempre più rapida caduta verso il suo basso, che ora è reale, ora c'è un sopra e c'è un sotto che prima non c'era, oppure deve scegliere di passare il resto della sua secolare esistenza a girare come un tonto intorno al satellite della Terra. Ma non è lui che sceglie: è Newton.

La forza con cui la Luna l'attrae è la forza centripeta, e Newton seppe calcolarla e capì che si opponeva a una forza uguale e contraria, la forza centrifuga che tende a allontanare il corpo dall'attrazione lunare. Quali sono i parametri che entrano in giuoco? La distanza è quella, il corpo è appena entrato nella sfera di azione lunare. La massa della luna, pure, quell'è e quella rimane. Dunque, rimangono la velocità con cui il corpo si muove nell'istante in cui le forze gravitazionali lunari l'acchiappano, e rimane la sua massa. Se è molto pesante[I], grosso e ingombrante, e se arriva movendosi pian piano, la luna lo chiama inesorabilmente verso di sé in un'irreparabile, terminale caduta. Se, invece, tutto quadra, la componente della forza centrifuga in direzione del moto prevale e il viaggio eterno dell'ignaro satellite intorno all'inconsapevole luna continua per sempre.

[I] Pesante? Massa e peso coincidono. Però il peso cambia a seconda della massa del corpo verso cui cade la mela. Di massa e peso parleremo ancora nel Capitolo VII, quello sulla Relatività Generale.

Mi pare di aver incluso, in questa semplice analisi, tutti gli aspetti delle principali leggi di Newton. E mi pare abbastanza chiara.

Un'ultima nota. Ho attribuito a Newton la facoltà di *scegliere* e determinare il destino di quest'imprecisato oggetto vagante nell'etere che non esiste. Ma non è Newton a scegliere. E allora che cos'è? Il destino o il caos, la strana combinazione di prevedibili fatti concreti che si collega in una relazione matematica che tutto rende prevedibile, oppure la caotica, disorganizzata combinazione di miliardi di piccoli e grandi eventi? E chi può dirlo se non gli astronomi, gli osservatori del cielo e dei corpi celesti, i cosmologi? E se non ci fossero? Se nessuno fosse lì a osservare, contare e catalogare, chi se n'accorgerebbe? La Luna? Il corpo vagante? Oppure proprio nessuno?

Capitolo V Determinismo

Una delle opinioni più comuni, espresse con energia e abbondanza di argomentazioni e citazioni, nei libri di divulgazione scientifica, è che i primi seguaci della fisica classica e newtoniana abbiano prestato fede con accentuata fiducia al concetto che la capacità di prevedere certi eventi fosse sinonimo di un inoppugnabile, totale, determinismo. Ogni evento ha una causa e, data la conoscenza delle condizioni iniziali, e la disponibilità delle leggi della meccanica, tutto può essere previsto: l'evoluzione di ogni fenomeno nel futuro, e la conoscenza del suo passato.

Sarebbe poi arrivata la meccanica quantistica a dire la parola fine alla concezione deterministica e newtoniana delle leggi della natura, con il probabilismo e l'indeterminazione che qualificano la teoria dei quanti.
Ho già messo in discussione tutto questo, nel capitolo precedente.
Newton si era occupato dei moti planetari, li aveva razionalizzati con una semplice legge, e aveva esteso i principi di base a tutti i corpi in movimento, nel cielo del sistema solare e sulla terra. Aveva introdotto un nuovo modo di fare scienza, basato sulla conferma di ogni teoria con consolidate prove sperimentali.

Non c'è dubbio che la fiducia nella scienza, generata dal metodo e dalle formule della fisica classica, abbia contribuito ai prodigiosi sviluppi successivi e che - se questo giustifica in parte le speculazioni ed i ragionamenti sul determinismo (che avrebbe, addirittura, introdotto seri limiti al libero arbitrio, tanto da far emettere a tanti un filosofico sospiro di sollievo, quando i *quanti* hanno riportato a galla l'incertezza, e il probabilismo) - non mi pare altrettanto corretto trattare il determinismo come una specie di malattia da cui è stato necessario separarsi per far progredire il discorso della scienza.

Secondo alcuni scrittori, insieme ai quanti, sarebbe intervenuta la teoria del Caos, o della complessità, a contribuire alla fine delle concezioni del determinismo insite nella fisica classica.

Ancora una volta, dunque, voglio porre il problema di individuare le correlazioni tra le tre branche del pensiero scientifico in cui io stesso ho suddiviso il mio racconto, Fisica Classica (deterministica), Quanti e Caos.

Laplace e Marx e caos

Uno dei *colpevoli* dell'interpretazione parossistica del determinismo implicito nella fisica di Newton è stato il gran matematico del diciottesimo secolo, Pierre Simone de Laplace. La citazione che riporto sotto, esprime il pensiero del matematico, e compare dappertutto, quando si parla dell'argomento:

Un intelletto che in ogni dato istante conoscesse tutte le forze che animano la Natura, e la posizione reciproca degli esseri che la compongono, se quest'intelletto fosse così vasto da sottoporre a analisi i dati disponibili, potrebbe condensare in una singola formula i movimenti dei corpi più grandi dell'universo e quelli degli atomi più minuti: per un tale intelletto nulla sarebbe <u>*incerto*</u> *[mia è la sottolineatura]; e il futuro esattamente come il passato si presenterebbero ai suoi occhi.*

Voglio citare immediatamente un'opinione sul determinismo, tratta dal Libro *Does God Play Dice?* (Op. Cit.). Il libro tratta della teoria del Caos. Il titolo deriva dalla famosa frase di Einstein, oppositore dei concetti estremi della teoria dei quanti:

226

Dio non gioca a dadi. Mi riferirò spesso a questo libro nel capitolo dedicato al Caos.

L'autore, Ian Stewart, a sua volta cita se stesso e un certo Tim Poston da un articolo scritto per la rivista *Analog*:

Quindi le inesorabili leggi della fisica sulle quali – ad esempio – Marx ha cercato di modellare le sue leggi sulla storia, in realtà non esistevano. Se Newton non è riuscito a prevedere il comportamento di tre palle, poteva Marx, predire quello di tre esseri umani? Ogni regolarità nel comportamento di grandi gruppi di particelle, o di persone deve essere statistica, e ciò ha un ben diverso sapore filosofico [...]. In retrospettiva si può vedere che il determinismo della fisica prequantistica si è salvaguardato dalla bancarotta solo mantenendo le tre palle al banco dei pegni, a debita distanza una dall'altra.

Devo subito chiarire che il pensiero di Laplace e la sua convinzione che tutto potesse essere calcolato e previsto, a parte il fatto che non era corretta, non era derivata direttamente dallo studio di Newton, o dal pensiero filosofico di quest'ultimo. Newton può aver sbagliato a pensare che lo spazio e il tempo fossero assoluti. Se non l'avesse fatto, se si fosse impegolato nei concetti di spazio e tempo dipendenti dall'osservatore, come avrebbero fatto i suoi posteri - Einstein primo tra tutti - non sarebbe mai riuscito a venirne fuori, e a inventare il tipo di formule e di fisica che avrebbero sconvolto per più di un secolo la conoscenza e il progresso scientifico[1].

---

[1] Ho giàaccennato alle controversie tra Newton e Leibniz nel Capitolo III, quello su Dio. Sulla questione dell'opportunismo implicito nella concezione newtoniana di spazio e tempo, voglio citare un passo tratto dal libro *La Vita del Cosmo,* di Lee Smolin, Einaudi 1997:[...] la concezione di Newton ebbe più successo di quella leibniziana, perché è molto più facile costruire una descrizione del moto basata su una nozione di spazio e tempo assoluti che non una nozione relazionale. Il problema è, infatti, che ogni descrizione relazionale risulta necessariamente complicata, perché per dire relazionalmente dove si trova qualcosa bisogna far entrare in scena tutto il resto dell'universo. Una teoria relazionale del moto deve trattare l'universo come un sistema complesso costituito da un gran numero di particelle. E

Certamente, però, non mi pare che egli abbia mai pensato o scritto che - se era possibile calcolare l'orbita dei pianeti e i viaggi delle comete, se aveva chiarito che le stesse leggi che regolano il moto di quest'ultimi valgono anche per mele e proiettili - tutto sia prevedibile, incluso il passato ed il futuro di ogni cosa, ogni essere, ogni evento terrestre e universale. Quello che sostiene Laplace.

Tra l'altro, come abbiamo visto nel capitolo precedente, Isaac si era occupato della fisica del molto grande e aveva appena sfiorato il molto piccolo, le particelle elementari, nei suoi studi alchemici.

L'indeterminazione e il probabilismo, la mancanza di certezze assolute implicite nella teoria dei quanti, al contrario, riguardano, essenzialmente, il mondo dell'infinitesimo, la sfera degli atomi, degli elettroni, dei quark.

Parleremo a lungo dei quanti in un capitolo successivo, ma le limitazioni di questa distinzione – determinismo nel *grande* e indeterminazione nell'*infinitesimo* – devono essere sempre ben presenti, perché vedremo che si andrà consolidando il pensiero già espresso nei capitoli precedenti, secondo il quale anche il grande è tutt'altro che regolare e prevedibile in maniera deterministica, nel senso classico della parola.

Con le equazioni di Newton e con la matematica sviluppata dopo di lui da altri illustri scienziati come Lagrange e Hamilton, la fisica ha dato il via allo sviluppo della tecnologia.

Cito ancora Stewart:

Radio, televisione, elettronica. Automobili. Telefoni. Radar. Potenti aeroplani a reazione. Orologi digitali, aspirapolvere. Lavatrici. Apparecchi stereofonici. Ponti sospesi. Sintetizzatori. Deltaplani. Satelliti per le comunicazioni. Compact Disk. E per

---

questo è difficile da fare...Newton lo capiva benissimo, ed era disposto a pagare questo prezzo (spazio e tempo assoluti), perché si rendeva conto che nessuno dei suoi contemporanei era in grado di costruire una teoria utile del moto basata su idee relazionali.

essere corretti, mitragliatrici, carri armati, mine antiuomo, missili Cruise, testate atomiche, e inquinamento. Non dobbiamo sottostimare l'effetto del paradigma del determinismo classico nella fisica matematica, sulla nostra società.

Quindi, se è vero che

[...] in retrospettiva si può vedere che il determinismo della fisica prequantistica si è salvaguardato dalla bancarotta solo mantenendo le tre palle al banco dei pegni, a debita distanza una dall'altra (vedere sopra) è anche vero che pur mantenendo le tre palle a debita distanza, la fisica classica ha prodotto straordinari risultati.

Ma, continua e corregge di nuovo il tiro:

Tuttavia, non lasciamoci ingannare. La tecnologia è una nostra creazione. Nella tecnologia non cerchiamo di comprendere l'universo, ma piuttosto di costruire dei nostri piccoli universi, che sono così semplici da permetterci di farli comportare come noi stessi desideriamo [...]. Noi costruiamo le nostre macchine in modo tale che esse si comportino in modo deterministico. La tecnologia crea dei sistemi ai quali si applica il paradigma del determinismo classico. Poco importa se non siamo in grado di risolvere (con precisione totale),[1] le equazioni che riguardano il moto del sistema Solare: non costruiamo macchine il cui funzionamento dipende dalle soluzioni di queste equazioni.

Dunque, Stewart, un convinto sostenitore della teoria del Caos, da una parte sente il bisogno di accettare l'importanza e i risultati delle regole deterministiche imposte dalla fisica

---

[1] La parentesi è mia. Oppure l'autore si riferisce alla complessità che rende irrisolvibile la dinamica dei sistemi a tre corpi.

classica, e dall'altra non sembra riesca a fare a meno di mettere Caos (e quanti) in contrapposizione con la fisica classica, ironizzando su quest'ultima e criticandola, per rinforzare la sua tesi.

Un altro scienziato che dedica non poco spazio al determinismo è Trinh Xuan Thuan.

Trinh e il suo libro *Le Chaos et l'harmonie* (Op. Cit.) sono comparsi più volte nei Capitoli precedenti; in particolare, ho ripreso una parte dei suoi ragionamenti sulla teoria del Caos. Qui m'interessa mettere in risalto come anche lui considera l'avvento dei quanti, e della teoria del Caos come una liberazione dai legami imposti dal determinismo classico.

Ecco un paio di citazioni dal libro in questione:

Questo determinismo opprimente e sterilizzante, questo riduzionismo rigido e disumano hanno prevalso sino alla fine del XIX secolo. Furono scossi alle fondamenta, trasformati e, in fin dei conti, spazzati via da una visione più esaltante e liberatrice nel corso del XX secolo [...].

Il sogno formulato da Laplace nel secolo XVIII di un'intelligenza che abbracciasse nella stessa formula i movimenti dei corpi più grandi dell'universo e quelli dell'atomo più leggero, e per la quale niente sarà incerto e l'avvenire come il passato saranno presenti ai suoi occhi, finì in pezzi [...] con l'avvento della meccanica quantistica all'inizio del secolo XX, il caso e la fantasia entrarono di forza nel mondo subatomico. E alla noiosa sicurezza determinista si sostituì la stimolante incertezza dei vapori quantistici [...]. Il mondo macroscopico, a sua volta, non fu risparmiato: con la teoria del caos, il caso e l'indeterminazione invasero non solo la vita di tutti i giorni, ma anche il campo dei pianeti, delle stelle e delle galassie.

Più avanti Trinh cita Henri Poincaré, considerato da molti uno dei precursori della teoria del Caos: Le affermazioni di Henri Poincaré nel 1908, *Una causa molto piccola, che ci sfugge,* determina un effetto considerabile che noi non possiamo avvertire, e allora noi diciamo che questo effetto è dovuto al caso, non potevano essere più lontane dalle formulazioni Laplaciane.

Vorrei che voi ritornaste un momento al capitolo precedente in cui, ripeto, ho riportato una parte del pensiero di Trinh sul Caos e, in particolare, su come il caos sia potenzialmente presente anche nei moti, altrimenti considerati deterministici e prevedibili, del sistema solare.
Secondo Trinh, dunque, tutto cambia e la liberazione arriva dall'inizio del XX secolo.
Non è il solo, lo ripeto, a scriverlo e a pensarlo.
Paul Davies in uno dei suoi tanti libri, *God and the New Phisics*[27] scrive:

Quando Newton inventò le leggi della meccanica, molti ritennero che questo rappresentasse la fine del principio del libero arbitrio. Secondo la teoria di Newton, l'universo è come un orologio gigante, che si dipana secondo un rigido, predeterminato percorso verso uno stato finale inalterabile. Il moto di ogni atomo è considerato come legiferato e deciso in anticipo, prestabilito sin dall'inizio del tempo. Gli esseri umani erano reputati come nient'altro che i componenti di una macchina irresistibilmente intrappolata in questo colossale meccanismo cosmico. Poi, ecco che appare la nuova fisica, con la sua relatività dello spazio e del tempo e con l'incertezza quantistica. Tutta la questione della libertà di scelta e del determinismo ricaddero nel melting pot.

Anche in questo caso valgono le considerazioni fatte più su. Newton non si è occupato né di atomi, né di uomini, ma solo di Sole, Luna e pianeti, e ha poi esteso le stesse leggi ai moti terrestri. Davies attribuisce a Newton e seguaci la colpa della perdita della possibilità decisionale, e alla teoria dei quanti insieme alla relatività il soffio liberatorio di cui c'era bisogno.

Vale la pena, a questo punto, di rilevare due cose. Lo studio dei fenomeni atomici *comincia* all'inizio del secolo XX, e la teoria dei quanti assume la forma incerta e probabilistica solo dopo un trentennio, quando i fisici non riescono a applicare le leggi convenzionali al mondo delle particelle. Per quanto riguarda la teoria del Caos, intesa come scienza, essa non fa la sua apparizione fino agli anni 60 e comincia a consolidarsi solo nei decenni successivi, a parte le intuizioni, senza conseguenze immediate, di Poincaré. Come potevano, dunque, i primi fisici classici, quelli che hanno creato le macchine di allora e le premesse alle macchine del futuro, prevedere difficoltà che sarebbero derivate solo quando la *loro fisica* avrebbe permesso di affrontare l'atomo, e capire che l'atomo rifiutava i principi fondamentali che ne avevano consentito lo studio e il progresso?

E ancora. É lecito pensare che Faraday, Maxwell, Carnot, Boltzman - per ricordare solo qualcuno dei grandi utilizzatori del pensiero, del metodo e delle formule classiche - mancassero di *fantasia*, e si sentissero *annoiati* dall'uso delle certezze deterministiche e riduzioniste della fisica classica?
Insomma, se è vero che fisici classici preferivano affrontare problemi risolvibili con le formule e la matematica e i limitati sistemi di calcolo che avevano a disposizione; se è corretto che, di conseguenza, tendevano a scartare istintivamente lo studio dei fenomeni non lineari, complessi, non esprimibili con semplici formule e algoritmi *comprimibili*; se è certo che grandi, insospettabili sorprese sarebbero arrivate con l'esplorazione dell'atomo e poi con l'approccio allo studio dei fenomeni *complessi;* se tutto ciò non è contestabile, è anche giusto che tanti eminenti scrittori di scienza e fisica debbano punire la fisica classica, mettendola in contrapposizione con le scoperte che sono venute quando il tempo era maturo, i quanti, la relatività, e con la nuove percezione del mondo associata all'esplorazione di fenomeni caotici?

Tra l'altro, se ci riferiamo alla meccanica quantistica, all'incertezza e all'indeterminazione che portava con se, è lecito applaudirla come una liberazione, quando anche chi l'ha inventata, Plank, Bohr, Heisnberg, Shrödinger, Dirac, Pauli, Born e soci, si sentivano spaesati, preoccupati, e spaventati dalle stranezze irragionevoli che essi erano costretti a costruire per spiegare il curioso comportamento degli elettroni?

É vero che le certezze della fisica classica dipendevano in parte da un metodo che, tuttavia, e pur con le sue limitazioni, funzionava.

Scrive James Gleick nel Libro *Caos*[28], citando discorsi di un non precisato teorico ai suoi studenti:

L'idea di base della scienza occidentale, è che non è necessario tener conto della caduta di una foglia in qualche pianeta in un'altra galassia quando si voglia calcolare il moto di una palla di biliardo qui, sulla terra. Le influenze esterne molto piccole possono essere trascurate. Esiste una convergenza nel modo in cui le cose funzionano, e le influenze esterne, arbitrariamente piccole, non s'ingigantiscono fino a avere effetti arbitrariamente grandi [...]. Dal punto di vista della fisica classica, la fiducia nell'approssimazione e nella convergenza era più che giustificata. Un piccolo errore nel determinare la posizione della Cometa di Halley nel 1910 avrebbe causato solamente un errore altrettanto piccolo nella predizione del suo arrivo nel 1986, e l'errore sarebbe rimasto piccolo per i milioni di anni a venire.

Anche Stewart, in *Does God Play Dice* ragiona sulle *certezze* che sarebbero tipiche della fisica classica. Dà una definizione interessante di *determinismo*, in opposizione a incertezza e casualità:

Un sistema può definirsi dinamico quando il suo stato cambia nel tempo, secondo una regola, una procedura che definirò dinamica. Una dinamica è una regola per passare allo stato successivo da quello attuale. La chiave per interpretare la casualità è di immaginare che detto sistema si trovi in uno stato particolare, e che gli si permetta di comportarsi in qualunque modo esso sia capace di farlo. Poi, immaginiamo di riposizionare il sistema esattamente nel suo stato iniziale e di ripetere di nuovo l'intero esperimento. Se si ottiene sempre esattamente lo stesso risultato, allora il sistema è deterministico. Altrimenti è accidentale. Da notare che per dimostrare che un sistema è deterministico non è necessario prevedere il suo comportamento: bisogna solo essere certi che in ogni occasione, esso si comporti alla stessa maniera.

Però si domanda, più avanti, se è veramente possibile scegliere tra un modello matematico deterministico o casuale quando si esamina un sistema appartenente al mondo reale:

É evidente sin dall'inizio che ogni sistema che appartiene al mondo reale può essere improvvisamente influenzato da fattori che si trovano al di fuori della nostra conoscenza e delle nostre possibilità di controllo. Se un uccello si schianta contro una palla di cannone in movimento, il cammino di quest'ultima devierà dalla traiettoria prevista. Potremmo inserire anche l'uccello nel computo matematico, ma che dire del gatto che potrebbe, oppure no, catturare l'uccello prima del suo impatto con la palla di cannone? Il meglio che possiamo fare è scegliere un sistema che pensiamo di comprendere, e concordare che le influenze esterne inaspettate non contino. Dato che la nostra conoscenza del sistema è necessariamente limitata da errori di misura, non possiamo essere certi di saper ritornare esattamente alle stesse condizioni iniziali. Possiamo ripetere il nostro esperimento, con un altro proiettile che gli assomigli, nello stesso posto, e che viaggi con la stessa velocità; però non possiamo controllare ogni singolo atomo al suo interno per riprodurre le condizioni iniziali con precisione infinita. Infatti, ogni volta che tocchiamo la palla di cannone qualche atomo se ne distacca, e qualche atomo si attacca alla sua superficie, rendendola diversa ogni volta.

In realtà l'esperimento è ripetibile, continua Stewart, ed è questo che rende le leggi del moto di Newton cosi efficaci nell'appropriata sfera di applicazione.

Avevo accennato a un simile ragionamento nel capitolo precedente, quando ho cercato di mettere *in mezzo* la Fisica Classica e il Caos. Ritengo di poter confermare la scelta. La fisica Classica è deterministica nell'appropriata sfera di azione dei fenomeni e delle regole che le appartengono. Smetterebbe di esserlo se si cercasse infinita precisione, e se si volesse tener conto di tutte le possibili, imprevedibili influenze esterne. I fenomeni caotici, quelli per i quali minimi cambiamenti delle condizioni iniziali, e molteplicità di parametri che possono influenzare l'andamento dell'evento, richiedono un diverso approccio matematico, non sono esprimibili con un'unica, semplice, esclusiva formula. Tuttavia, sono regolati dalle stesse leggi della fisica classica, e così come quest'ultima fornisce risultati corretti solamente per certi sistemi, quando si possano escludere importanti fattori esterni, e quando la precisione ottenuta sia sufficiente, anche certi fenomeni caotici sono analizzabili se si sceglie il modello idoneo e si usano gli adeguati metodi di calcolo.

Le previsioni del tempo, il moto dei fluidi, l'andamento della borsa, i sondaggi elettorali, le previsioni di mercato, i fenomeni biologici, l'andamento delle popolazioni, fanno parte della vita umana, insieme ai movimenti dei pianeti nel sistema solare. Fanno parte, quindi del *medio- grande*.

Rimangono, separati, distinti - in modo incongruente - unici, gli atomi e le particelle, che appartengono al molto *piccolo*. Dico incongruente perché, dopo tutto, non possiamo dimenticare che essi sono la matrice di ogni cosa nell'universo.

Ma, occorre domandarsi: è certamente vero che al determinismo approssimato ma funzionale dei fenomeni classici, e a quello intrinseco nei fenomeni complessi (pur con la loro imprevedibilità e la loro resistenza a essere trattati con algoritmi comprimibili in un'unica semplice formula), si debba opporre, come se facesse parte di un altro mondo, l'incertezza e la non causalità che i fisici hanno introdotto nei fenomeni quantistici?

Lascio la risposta ancora una volta a Paul Davies e a Trinh Xuan Thaun.

Davies in the *Mind of God,* più volte richiamato nei precedenti capitoli scrive:

Benché non esiste in generale la certezza sugli stati futuri di un sistema quantistico, tuttavia le probabilità relative dei possibili, diversi stati sono ancora determinate. Pertanto, è possibile fornire la percentuale di chance nella scommessa che, diciamo, un atomo si troverà in uno stato eccitato o non eccitato, anche se il risultato di un unico caso a se stante è sconosciuto.

E Trinh, riferendosi ancora alla *liberazione* quantistica dalle certezze del determinismo:

Tuttavia, in un certo senso, permanevano le vestigia del determinismo. Se un evento quantico individuale restava indeterminato, le probabilità relative di un insieme di possibilità erano perfettamente determinate e rese prevedibili per mezzo delle leggi statistiche. Se non è possibile calcolare la traiettoria esatta di un elettrone, si può benissimo calcolare la probabilità che esso si trovi in un posto piuttosto che in un altro. D'altra parte, sono proprio le vestigia del determinismo che permettono al vostro ordinatore e alla vostra catena hi-fi di funzionare. Se il comportamento di un elettrone singolo nei circuiti elettronici di queste macchine non è prevedibile, l'insieme degli elettroni non ha un comportamento aleatorio, bensì un ben preciso comportamento, determinato dalle leggi della probabilità. La meccanica quantistica introduce un soffio liberatorio per ogni singola particella, ma impone ancora all'insieme delle particelle un comportamento statistico.

L' ho già scritto: non è possibile prevedere quando un atomo radioattivo di una data specie decade (passa da uno stato *eccitato* a un altro dotato di meno energia), ma è possibile calcolare con precisione assoluta la curva di decadimento di una miscela di atomi della stessa specie.

Del resto, pensiamoci. Abbiamo calcolato che nell'universo ci sono 10^{22} stelle. Un numero enorme. Ma ho anche ricordato che un grammo atomo d'idrogeno (due grammi di gas), o di qualsiasi altro elemento chimico contiene 10^{23} atomi, dieci volte il numero di tutte le stelle dell'universo! Voler prevedere il comportamento di un elettrone in un singolo atomo e aspettarsi che sia possibile, facile e immediato, come prevedere il moto di Giove in un sistema grosso pesante e semplice come quello solare, è una pretesa che, se fa onore a chi l'ha perseguita e ancora la persegue, non può non avere incontrato e incontrare ancora oggi, una strada irta di enormi problemi e difficoltà. Su questo tornerò ancora più avanti.

Capitolo VI Relatività Speciale

Ho letto il mio primo Einstein durante il liceo, negli anni cinquanta, in un libretto, di mio padre *Sulla teoria speciale e generale della relatività*, scritto proprio da Albert in persona, in un'edizione di Nicola Zanichelli del 1916. Forse la trattazione più lineare e più semplice dell'argomento che mi sia capitata tra le mani. L'autore fornisce i fatti, i ragionamenti, le equazioni e le conclusioni, senza svolazzi e spunti meno che razionali, freddi e scientifici. Mi confrontai, però, per la prima, e non ultima, volta col problema che ancora non ho completamente risolto, della *relatività della simultaneità*. Ne parleremo più avanti. Non credo che aggiunga molto alla teoria, ma sicuramente, e certamente per me, ha introdotto elementi di dubbio totale su tutto l'edificio su cui la teoria è basata.

Lo stesso problema raffreddò, qualche anno dopo, e di nuovo, i miei entusiasmi. Ero in Inghilterra, il mio primo lavoro; anche per migliorare l'inglese avevo preso a seguire un corso serale sulla relatività. Non ricordo bene, ma finii per abbandonare il corso dopo qualche lezione. Generava tanti di quei dubbi da non permettermi di dormire tranquillo la notte. I miei incontri successivi con l'argomento sono stati sempre tumultuosi e deludenti, con dubbi e incertezze permanenti, e la frustrazione di non riuscire a liberarmene. Solo qualche tempo fa credo di avere capito il senso generale della teoria, e tendo a evitare di correre il rischio della delusione che proverei, se approfondendo ancora i miei ragionamenti, dovessi scoprire di...non aver capito un bel nulla. Scrivere questo capitolo mi espone di nuovo a certamente al rischio: ma è essenziale correrlo.

Forse perché la conoscenza e la comprensione della relatività sono alla base di altri importanti pezzi della fisica in generale, oppure quello che più conta, sono essenziali all'edificio logico di questo libro? Nossignore, oppure signornò!

Gli effetti pratici della teoria sono assai limitati[1], si fanno sentire solo in condizioni estreme, trovano applicazione solo nella fisica dei quanti e degli acceleratori di particelle, nella programmazione di futuri viaggi interplanetari, e nelle storie più strane e paradossali di fantascienza.

Devo parlarne, tuttavia, per molte ragioni. Anzitutto, mi tocca verificare se l'ho veramente capita, sottoponendomi al test più duro e completo: spiegarla a altri. Poi, voglio scriverne perché si tratta di una faccenda che senza arrivare all'esoterico astrattismo di certe moderne teorie di fisica matematica, fornisce un esempio importante della drammatica distanza che esiste tra la percezione della realtà offerta dall'uso del senso comune, e quella alla quale ci costringe la logica della verità scientifica.

Infine mi piace scriverne come mi piacerebbe suonare o cantare, condividendolo con altri, un pezzo di musica che mi piace.

Non c'è libro di divulgazione scientifica che non s'impegoli, prima o dopo nell'interpretazione della teoria della relatività.

Comunemente, è introdotta in una sequenza di tipo *storico* in cui partendo da certe difficoltà in cui si dibatte la fisica classica dopo Newton, si descrive il percorso che porta Einstein alla miracolosa intuizione del 1905. Vedremo che alcune di queste difficoltà e il tentativo di risolverle daranno origine, nello stesso periodo alla teoria dei quanti. Al centro del dibattito scientifico si trovano soprattutto inusitati comportamenti delle radiazioni luminose, ovverosia della luce, che non trovano spiegazione nelle concezioni della fisica e della meccanica Newtoniana.

---

[1] Quest'affermazione non include uno dei corollari più noti della teoria: la famosa formula $e=mc^2$. Stabilisce, come vedremo tra poco, che ogni massa anche, a riposo è detentrice di un'energia pari al suo prodotto per la velocità della luce al quadrato. Le conseguenze dell'equivalenza massa – energia si fanno sentire nell'elettrodinamica quantistica.

La cosa veramente singolare - su cui si fermano a riflettere in pochi, dandolo come un dato di fatto, un'idea scontata e da scontare che, sia ben chiaro, costituisce l'essenza della teoria - è il suo stretto, intimo collegamento con la luce. Tutte le astrusità cominciano a verificarsi quando ci si confronta con quelli che appaiono gli strani comportamenti della luce.

La luce è materia che si muove

Anzitutto, si sa da tanto tempo, è ben noto, la luce *si muove*! Se non si muovesse che farebbe? Starebbe lì ferma. Che vuol dire? Significherebbe, per esempio, che l'immagine di un'isola, un uccello, un ramo, una casa lontana, il mare in tempesta, l'immagine di questi oggetti non va da nessuna parte, non arriva fino a me, non fluttua nell'universo, non la vedo anche se c'è. C'è e io non la vedo! Che succede: rimane lì per sempre? Esattamente. Se la *luce* non viaggiasse, l'immagine rimarrebbe lì, sempre, in eterno e sempre uguale, nessun segnale, nessun raggio, niente radiazioni luminose. Un'immagine che galleggia in un niente senza fine. Ma non è così che vanno le cose.

Se proviene da un fuoco è luce propria, quella della fiamma di un vulcano in eruzione, che continua a inviare radiazioni luminose nello spazio. Se è materia inerte, una pietra, un albero, un che so io illuminato dal sole, una parte delle radiazioni solari è assorbita, e una parte è rilasciata. Ma che cos'è che è lasciato andare? Onde, onde luminose, che sono anche particelle, i fotoni, radiazioni con certe proprietà che le colorano.

Insomma, un segnale parte dall'uccello lontano, le sue penne colorate dal sole mandano avanti un raggio che viaggia in tutte le direzioni possibili e io che sto lì lo capto. E se io non ci fossi? Il segnale partirebbe ugualmente, tutti i segnali di tutte

240

le cose che sono lì a poter mandare fuori segnali, manderebbero fuori segnali in tutte le direzioni, alla… velocità della luce! Ogni pezzo di fotogramma, allo stesso modo in cui potrebbe essere concentrato e conservato in un film, si mette a viaggiare verso di me e verso una gran parte dell'intero universo. Ogni pezzo del fotogramma. Ogni pezzo si muove, perché l'intima essenza di quello che costituisce la struttura dell'oggetto, oltre a emettere suoni e canti, odori, o che so io, emette anche delle radiazioni, onde, particelle, fotoni che si mettono a viaggiare per lo spazio. Se non ci fermiamo a riflettere ancora un pochino su questa faccenda c'è il rischio che possa apparirci del tutto normale.

Sono varie le cose che vanno rilevate, tutte grandiose e sorprendenti!

La luce non è solo quella dei raggi del sole e delle lampadine elettriche. La luce è parte di tutto quello che c'è nell'universo. Tutto quello che c'è, quello che nasce, muore, corre, naviga, parla, vola, urla, ondeggia, brilla, tutto questo s'illumina e illumina, manda fuori i suoi infiniti, continui, precisissimi segnali. Né più né meno come centinaia di milioni di telefonini accesi, e in comunicazione, che anch'essi, com'è ben noto, mandano i loro segnali, attraverso onde elettromagnetiche che corrono alla velocità della luce. Questo è un punto, un primo punto.

Dunque, la luce *si muove*. Vedremo bene, quando si parlerà di atomi, spettri luminosi, e quanti, che questo non è un fatto strano o difficile da capire.

Adesso un concetto, un pochino tecnico, ma utile e veramente basilare. Piccolo e grande, ne abbiamo già discusso a lungo, numeri corti e numeri immensi. Eccolo. Ogni corpo, ogni sostanza, una pietra, l'erba, un uccello è capace insieme di muoversi e di emettere o assorbire radiazioni. Studiamolo un pochino. Perché è qui che il mistero si centra e il racconto ne chiarisce i risvolti.

Solo che c'è chi si muove pian piano e chi si muove veloce veloce. La pietra, spostata dall'acqua cade e poi si ferma. Ci mette qualche minuto. L'immagine della pietra che cade, invece, nello stesso minuto, percorre, o percorrerebbe, ci sia oppure no qualcuno a guardarla, 180 milioni di chilometri[I]! Lo spostamento della pietra, il suo piccolo viaggiare per riposare in altra sede è anch'esso un fenomeno fisico. Una forza, questa volta l'acqua, l'ha spinta, e l'attrito, o il buco che trova sulla sua strada l'arresta. Una forza ha spostato, lentamente gli atomi della pietra verso il basso. La pietra è fatta di atomi, neutroni e protoni nel nucleo ed elettroni all'esterno. Una pietra fredda e ferma non fa in concreto nulla, se non riflettere i raggi del sole. Di notte non esiste. Se però le accendo un fuoco sotto, la riscaldo, comincia a colorarsi, prima di bruno, poi di rosso e poi di giallo. Gli elettroni cominciano a agitarsi, a saltare da un'orbita all'altra (prima interpretazione quantistica, vedremo più avanti) e mentre saltano, per trovare un nuovo assetto, emettono…radiazioni luminose…fotoni che viaggiano alla velocità della luce.

La faccenda è che quando si va a cercare nell'intima struttura della materia è proprio questo che, tra l'altro, si trova. Una proprietà del mondo: elettroni che saltellano, e fotoni che si mettono in movimento.

Questo è il punto chiave. La teoria della relatività parte e si decide nell'interpretazione del comportamento di particelle, i fotoni, la luce, che sono un ingrediente fondamentale della struttura dell'Universo.

Questo significa che non occorre sorprendersi se è da lì che tutta la teoria prende le mosse, e non bisogna allo stesso tempo dare per scontato che non vi sia in questo un miracolo e una spiegazione dei misteri della natura.

Einstein si mette a ragionare sulla luce e scopre o conferma dei fatti fondamentali:

[I] Naturalmente, prescindo, in questo ragionamento dall'energia della fonte luminosa. Se è piccola, dopo un poco le onde si diluiscono e muoiono.

- è vero che la luce, come le onde elettromagnetiche, già ben conosciute, si muove velocissima, a 300.000 chilometri il secondo
- se un corpo qualsiasi si muove a velocità altissime, vicine a quelle della luce, cominciano a succedere cose strane e inaspettate
- non c'è un *mezzo, un etere[I]*, in cui la luce cammina. Cammina senza doversi appoggiare a nulla, nel vuoto
- la velocità della luce è una costante universale, sempre uguale, indipendente dal moto dell'osservatore. Se mi muovo verso un raggio di luce non misuro, rispetto a me stesso, una velocità più alta del raggio luminoso, come accadrebbe se seduto in una macchina veloce, mi mettessi a misurare quella della macchina che viene, in senso contrario, verso di me
- allo stesso modo, se mi allontano dal raggio, continuo a misurare, rispetto al mio sistema, la mia automobile, il mio razzo, la stessa velocità che il raggio avrebbe, se io stessi fermo. Anche qui pensiamo alla misura che farei dalla mia macchina, della velocità relativa di quella che si muove, sulla stessa carreggiata e nella mia stessa direzione. Se, supponiamo, le velocità di moto nella stessa carreggiata sono le stesse, potrei ben affermare che l'altra macchina, sta ferma, relativamente alla mia. Non è così con la luce. Dovunque mi trovi, a qualsiasi velocità mi muovo, in qualsivoglia direzione, verso o via da un raggio luminoso, misurerò sempre lo stesso valore della velocità della luce.

Da queste premesse viene fuori il resto. Vale la pena di indugiare ancora un momento su quest'ultimo concetto. In un sistema *Galileiano* un treno, una nave, un'astronave che si

---

[I] Sono anni, prima di Einstein che vari esperimenti mostrano l'inesistenza dell'etere, di un mezzo esclusivo in cui la luce si muove, e in cui i corpi viaggiano. Lo spazio **assoluto** di Newton non esiste.

muovono in moto uniforme, il viaggiatore, se non guarda fuori, non si accorge di essere in movimento. Le mosche volano, la pallina di ping-pong corre sul tavolo, un marinaio cammina lentamente da prora a poppa, tutto avviene come se il mezzo fosse completamente fermo. Se, però dall'esterno si vuole calcolare la velocità del moto del marinaio rispetto al mare, bisognerà sommare quella dei suoi passi a quella della nave, e in caso contrario, sottrarla se il marinaio cammina verso poppa. Questo lo sapevano tutti, Galileo, e poi Newton e gli altri.

Quello che è normalmente presentato come *strano* è il fatto che la somma delle velocità non si applica, quando l'*oggetto* in movimento è un raggio di luce. Molto prima di Einstein, un astronomo, De Sitter, aveva provato inequivocabilmente che la velocità della luce rilasciata da una stella è completamente indipendente dal moto della stella medesima.

Se, sulla nave in movimento accendo per una frazione di secondo una lampadina, la luce, il fascio di luce che viene fuori è del tutto indipendente, dimentico, del moto della nave. La sua velocità non si somma a quella della nave. Come aveva detto De Sitter a proposito delle stelle. Questo è il punto centrale, che a mio avviso rende spiegabili, chiare, le premesse della teoria della relatività speciale. Ed è un fatto che a me non sembra strano per nulla. La luce, i fotoni, sono privi di massa, vanno per i fatti loro sono oggetti particolarissimi, *non sono* come le palle di cannone sparate da un corazzata, chiamiamola A, in movimento fulmineo verso un bersaglio B che si trovi, in movimento reciproco, in moto verso A.

In quest'ultimo caso la velocità di A, quella di B e quella del proiettile, si sommano, e maggiore è l'energia con cui la palla potrà compiere il danno previsto. Sul *sistema* A, *nave che spara*, preso come riferimento, si misura un certo valore della velocità del proiettile: quella relativa ad A. Quelli fermi misurano una velocità che è somma nave che spara + proiettile. Gli ultimi, il bersaglio, misurano una velocità uguale alla somma della loro, più quella della nave che spara, più quella del proiettile.

I fotoni no. Quelli non sentono il movimento della nave. Questo concetto, ripeto, mi sembra intuitivo, è *intuitivo*. Il fuoco del cannone che ha sparato, la luce emessa dalla fiamma si muove a una velocità che è del tutto indipendente da quella della nave. Se tutti, i marinai sulla nave che spara, quelli su una nave vicina, ferma a osservare, e quelli sul bersaglio, in movimento verso le radiazioni della fiamma dello sparo, se tutti avessero la voglia il tempo e gli strumenti per misurare la velocità con cui gli arriva l'immagine delle radiazioni luminose, tutti misurerebbero lo stesso valore: 300.000 chilometri il secondo.

Ora, mentre la proprietà per la quale i fotoni non sentono il movimento della nave è, ho detto, intuitiva, direi quasi assiomatica, e contiene i fondamenti del comportamento della luce e della teoria della relatività, non è così evidente che la misura della velocità di un raggio di luce sia la stessa sia se il raggio si muove verso l'osservatore sia nel caso in cui se ne allontana. Ma ecco la spiegazione.

Il fatto è che gli orologi dei vari sistemi in movimento relativo tra loro si muovono a velocità relative diverse, che dipendono dalla propria velocità. Se così non fosse, i padroni degli orologi, usati per misurare il tempo in cui un oggetto percorre un certo spazio e quindi la velocità, misurerebbero velocità della luce diverse: *la velocità della luce, dunque, non sarebbe più una costante universale, indipendente dal sistema di riferimento, ovvero dal sistema in cui le misurazioni sono eseguite.* Solo se ci fosse stato l'etere, un sistema assoluto di riferimento, la velocità della luce sarebbe stata costante per tutti: rispetto all'etere. Ma l'etere, purtroppo non c'é.

La velocità della luce e il tempo

Supponiamo che il nostro intuito ci dica già che possiamo trovarci di fronte a sorprese bizzarre se cominciamo a muoverci in modo assai veloce. Che vuol dire *assai veloce*? Un'automobile che corre veramente forte va, che so io, a 1000 chilometri l'ora; un razzo che lascia la terra, per raggiungere la velocità di fuga e riuscire a sfuggire all'influenza della gravità terrestre bisogna che vada a 30.000 chilometri l'ora: la velocità con cui ruota la nostra galassia intorno al suo centro è pari a 900.000 chilometri l'ora. La luce, porca miseria, ne fa trecentomila, dico 300.000 di chilometri, non in un ora...li fa in un secondo.

Ci troviamo già di fronte a qualche cosa le cui dimensioni, ancor più delle bizzarrie che ne conseguono, dovrebbe per se stessa meravigliarci e confonderci. Qualcuno potrebbe dire: «ma a me che me ne cale?» Se sto seduto a guardarmi un tramonto non mi viene proprio in mente di riflettere su quanto ci mette il segnale a raggiungere i miei occhi. Eppure se qualcuno, o qualcosa dovessero essere dotati dell'improbabile possibilità di cominciare a muoversi a velocità inusitate, pari a quella inaccettabile, ostica, inimmaginabile della luce, dovrebbero, prima di farlo, domandarsi che cosa gli accadrebbe.

Prendiamo l'esempio più cretino. Due fanno una gara di automobile. Mille chilometri su una lunga spiaggia. Il primo va a mille chilometri l'ora esatti. Dopo un'ora arriva al traguardo e fa scattare il suo orologio. Segna un'ora, tremila seicento secondi spaccati.

Il secondo corridore parte insieme e si mette a correre a duemila di chilometri l'ora, possiede una macchina più potente e più veloce. Quando arriva fa scattare il cronometro, senza guardarlo, è sicurissimo degli strumenti di bordo. Scende, accende una sigaretta e si mette a aspettare il compagno di gara. Eccolo che arriva. Ed ecco la stranezza: il suo cronometro, quello del corridore più veloce, per esser chiari, segna una frazione, sia pur piccolissima di secondo, inferiore alla mezzora che dovrebbe misurare in comparazione l'ora segnata dal cronometro dell'altro automobilista, la mezzora che sarebbe logico aspettarsi, dato che ha viaggiato a velocità doppia. La prima conclusione è che si è mosso più veloce di quanto gli dicevano gli strumenti di bordo. Il fatto, invece, è che l'orologio del corridore che va più veloce, rallenta, rallenta in una proporzione che dipende dalla sua velocità rispetto a quella della luce, e a quella dell'altro.

Questo è il modo più semplice ed elementare d'illustrare quello che risulta dalla teoria. Naturalmente, in quest'esempio le velocità in gioco sono piccolissime: il ritardo dell'orologio del corridore più veloce rispetto al più lento è trascurabile, non si riesce misurarlo.
In termini un pochino più scientifici si può scrivere che l'orologio *di un osservatore che viaggi a una certa velocità, si muove, cammina più lentamente* **relativamente** *a quello di un altro, osservatore o automobilista che cammini a una velocità minore.* Il ritardo dipende dalla velocità del moto, ed è tanto più grande quanto più quest'ultima si avvicina a quella della luce.
Ora, della luce possiamo dimenticarcene per un momento. Niente nell'universo di tutti i giorni si muove tanto veloce, da creare misurabili differenze e strani paradossi. Rimane la verità scientifica che lo scorrere del tempo in un sistema è influenzato dalla velocità del moto del sistema stesso **relativamente** *a un altro.*

Altra cosa fondamentale. Il tempo dell'osservatore più veloce si accorcia e cosi tutti i processi biologici e fisici che lo riguardano. Lui però non lo sa, e mai potrebbe venirne a conoscenza, se non confrontando in qualche modo quello che gli succede con quello che accade a un altro.

Il caso che ho illustrato, quello dei due automobilisti sottintende un fatto fondamentale. Il sistema di riferimento è uguale per entrambi: la strada. Inoltre c'è un punto d'incontro in cui possono confrontare gli orologi.

La cosa di cui noi dobbiamo essere certi è che è vero, il fatto è dimostrato con validi esperimenti scientifici.

Quello che fa nascere le difficoltà, in un'analisi generale della teoria è che un orologio rallenta **relativamente** a quello di un altro che si trovi in un sistema più lento.

Immaginiamo due astronavi che si muovano nello spazio, in direzioni opposte. L'orologio dell'una si muove più lentamente di quello dell'altra. Ma...la velocità dell'una non è RELATIVA essa stessa a quella dell'altra? E allora? Qual'è l'orologio che va più piano? Qui nascono problemi e paradossi; problemi che riguardano il modo di comunicare dei due mezzi, e il fatto che possono solo farlo mandandosi dei segnali che si muovono alla *velocità della luce.* Io su questi paradossi, e sulle spiegazioni scientifiche che li risolvono, non intendo, a questo punto, intrattenervi. Ci sono, e sono abbondanti e credibili.

La verità da accettare è che il tempo non è assoluto come credeva Newton e come credevano tutti gli altri sino a Einstein. Cambia, scorre più lento o più veloce, secondo di come si corre *rispetto a qualcun altro.*

Credo che il modo più facile per capire questo è proprio l'opposto di quello che normalmente si usa.

Bisogna pensare, invece che a fare paragoni, a immaginare una situazione di totale incomunicabilità tra i sistemi in movimento. Viaggiano in punti dello spazio lontani, lontanissimi anni luce, e ognuno pensa ai fatti suoi. Bene, In ognuno dei sistemi il tempo scorre in modo inversamente proporzionale alla velocità con cui il sistema si muove, e tanto più quanto la sua velocità si avvicina a quella della luce. Se la raggiungesse...? Il tempo si fermerebbe. Naturalmente, gli abitanti dei due sistemi potrebbero rendersi conto della situazione e far paragoni, solo incontrandosi, o comunicando in qualche modo.

La velocità della luce e lo spazio e il moto

Dimentichiamo per un istante la luce e il fatto che corre così tanto. Ragioniamo un pochino sul concetto di spazio. Questo ragionamento ci porterà, allo stesso tempo un po' in avanti e un po' all'indietro, su quanto abbiamo già discusso, nel nostro tentativo di afferrare le stranezze dell'Universo e della teoria della relatività.

Se vi muoveste, in moto uniforme, vale a dire senza accelerare, da soli, nei meandri bui di un universo *vuoto*, e vi venisse in mente di misurare dove siete e a che velocità state andando, vi trovereste in estremo imbarazzo. Primo: dove siete? La domanda non ha risposta senza essere completata da *rispetto a che cosa*. Lo stesso vale per la vostra velocità di movimento. E siete sotto, o sopra? A destra o a sinistra? Il fatto è che, come sapevano bene prima Galileo e poi Newton il moto, la velocità, la posizione sono concetti privi di senso se non espressi e calcolati in modo relativo.

É il mio treno che si muove o è quello sulla carreggiata a fianco alla mia?

Newton, nei suoi progressi sulla comprensione dei moti delle stelle, aveva ben chiare le relazioni della relatività di ogni movimento. Per Newton, peraltro, lo spazio aveva un significato assoluto. Vero era che senza un punto di riferimento non poteva calcolare e prevedere un bel niente ma, pensava, lo spazio è vuoto, infinito, senza limiti, un vuoto in cui, tuttavia, le cose, la terra, la luna, i pianeti, le comete, tutti viaggiano, gli uni relativamente agli altri[I]

[I] Uno dei problemi di Newton, come abbiamo visto, una volta inventata la

249

Tuttavia Newton credeva a un concetto di spazio assoluto, con le distanze piccole o grandi tra oggetti in moto relativo tra loro, completamente indipendenti dal loro stato di moto e dalle loro relative velocità. Se fosse esistito un *etere* (vedi nota) rispetto al quale misurare moti e fenomeni, come quello della trasmissione dei segnali luminosi, non ci sarebbe stato bisogno della teoria della relatività. La velocità della luce sarebbe stata, e rimasta una costante universale rispetto al sistema di riferimento *etere,* e a nulla sarebbero serviti gli sforzi di Einstein per conservarne il valore di costante dell'universo, in sistemi che non assoluti, ma sempre in moto relativo tra loro, avrebbero dovuto misurare lo stesso valore della velocità della luce.

- quello che viene fuori della relatività speciale è che come il tempo, e come conseguenza del comportamento di quest'ultimo, anche lo spazio tutto è tranne che assoluto
- infine, il tempo che un mobile impiega a percorrere un certo tratto è dato dallo spazio percorso diviso per la velocità con cui si muove.

Ma, allora, che succede al viaggiatore in corsa? Se guardiamo la cosa dal suo punto di vista e facciamo coincidere l'osservatore con la strada che il corridore sta percorrendo, o con un'asta rigida parallela alla strada, sarà quest'ultimo, questa volta, a misurare una strada o un'asta rigida più corta.
Io vi sconsiglio di mettervi a riflettere troppo, e soprattutto non domandatevi: a che serve? Ci vuole fiducia e un minimo di superficiale strafottenza. Primo, è vero, è cosi. Secondo, la

gravità, fu quello di stabilire come detta forza si trasmettesse a distanza e senza un intermediario. Dubitò a lungo sull'esistenza o meno di un *etere* intermediario. Poi, lasciò cadere il problema. Sull'esistenza o meno di un etere che permettesse anche la trasmissione delle radiazioni luminose si è consumato un dramma scientifico che è durato a lungo, tra la fine dell'ottocento e l'inizio del nuovo secolo, e che si è concluso con una serie di esperimenti, tra i quali importantissimi e definitivi quelli di Michelson e Morley. Risposta: l'etere non esiste.

faccenda cambia poco o nulla non solo per quanto riguarda la nostra vita quotidiana, ma anche nello studio della fisica del mondo.

L'ho detto fin dall'inizio. Dobbiamo interpretare la relatività speciale di Einstein come una delle più grandi scoperte nella storia della fisica, ma non tanto per le sue irragionevoli conseguenze, quanto per l'importantissima conclusione che ha permesso di raggiungere: l'etere davvero non esiste, la velocità della luce è una costante universale, ed è possibile spiegare le incongruenze che ne derivano, quando si facciano misure sostenute sui principi della meccanica classica. Tanto ci deve bastare, insieme alla convinzione che tutto quello che sembra non è come sembra. É un convincimento spiacevole, che c'intristisce e ci frustra a momenti. Però, è anche la premessa a tante delle altre stranezze che la natura sembra averci voluto riservare, e che non mancheranno di impressionarci nel seguito di questo racconto.

Nella mia controversia con la teoria della relatività speciale ho avuto, come ho raccontato, momenti di grossi dubbi, che hanno rischiato di associarmi alle centinaia di scettici, che la negano con convinzione. Ma, nelle mie tante letture non ho trovato traccia di disperazione o di dubbi. Nessuno. Ci credono tutti...I paradossi, come quello dei due gemelli: uno dei gemelli parte e va velocissimo verso un'altra stella, l'altro rimane a terra a aspettare. Quello che viaggia va veloce, il suo tempo si accorcia e non invecchia. L'altro, invece invecchia e sarà più vecchio quando, al ritorno del primo, s'incontreranno. Ma ecco il paradosso: poiché è tutto relativo, si potrebbe sostenere che è il viaggiatore a star fermo, e il terrestre a muoversi. Quindi la situazione s'inverte. Insomma chi invecchia prima, il terrestre, il viaggiatore, oppure, per rispondere, occorre passare notti insonni a risolvere il puzzle? Vi sconsiglio, vi ripeto, di cercare di addentrarvi in questa roba.

Ma, se proprio ci tenete leggetevi *About Time* di Paul Davies (Op. Cit.). Con pazienza, senza troppa matematica e un minimo di fatica ci si arriva. Qui ve lo risparmio.

La massa e qualche parola su e = mc²

La massa di un corpo in movimento aumenta in proporzione alla sua velocità di moto (relativamente a un osservatore). Un oggetto leggero diventa pesantissimo, sempre più pesante, e se raggiungesse la velocità della luce la sua massa, sarebbe infinita. É stato dimostrato misurando l'aumento della massa di particelle elementari in funzione della loro velocità negli acceleratori di particelle. Quindi è vero.
Non aggiungo altro.
Quanto alla formula, essa stabilisce la completa equivalenza tra energia e massa. L'energia di un corpo in riposo, è proporzionale al prodotto della sua massa per il quadrato della velocità della luce.
Ho cercato in vari testi di arrivare a una spiegazione semplice di come ci sia riuscito lui, Einstein, e francamente ho trovato troppa matematica e poca chiarezza. Quindi, ve lo dico e basta.
Molti sostengono che quest'idea ha aperto la strada alla fissione dell'atomo e alle bombe, ma a mio avviso non è vero. Ha, però, avuto una fondamentale importanza filosofica e scientifica e rilevanti conseguenze nell'approccio alla teoria quantistica della materia.

Capitolo VII La relatività Generale

La relatività Generale è stata scoperta da Einstein intorno al 1915, dopo anni di fatica e tribolazioni, mentre combatteva, contemporaneamente, con la teoria dei quanti. Ha dato allo scienziato una fama straordinaria, ha contribuito a fare di lui il mostro sacro che è rimasto sino alla di lui scomparsa.
Non si può sostenere che esistano seri dubbi sulla validità della teoria, ma è anche vero che essa ha introdotto una visione ancora più complessa del mondo, e che continua a mantenere impegnati i fisici delle particelle, ingaggiati a fare quadrare i principi della teoria con il resto della struttura del *modello standard[I]*. Non si riesce a unificare la forza di gravità, così come interpretata dalla teoria, con le altre tre forze che agiscono sulle particelle elementari: la forza debole, quella forte, e infine, quell'elettromagnetica. Abbiamo già accennato a ciò, e se ne parlerà ancora.

Per circa quarant'anni, aggiunge Martin Rees (Op. Cit.), la sua scoperta è rimasta

un severo monumento intellettuale, un argomento alquanto sterile, isolato dallo sviluppo principale della fisica e dell'astronomia [...] ma oggi costituisce una delle frontiere più vive della ricerca di base.

Qui, l'autore allude sia al problema dell'unificazione cui io ho accennato sopra - e alla teoria delle stringhe, che è l'ultimo grido in fatto di unificazione - che all'uso che della teoria si fa in cosmologia.

Le formule scritte da Einstein sono state spesso rielaborate e, sostiene Steven Weinberg nel suo *I primi tre minuti* (Op. Cit.) [...]. *che sono i modelli di Friedman, fondati sulle equazioni di*

[I] Si tratta del modello adottato nella fisica delle particelle.

campo originarie di Einstein o di de Sitter, a fornire la base matematica alla maggior parte delle teorie cosmologiche moderne.

Sempre Martin Rees in *Prima dell'Inizio* (Op. Cit.) scrive che mentre essa

è insegnata comunemente nelle università insieme alla meccanica quantistica, all'elettromagnetismo e al resto del menu dei corsi offerto agli studenti di fisica: molti sono d'accordo sul fatto che è eccezionalmente difficile da capire. (Fu chiesto a Arthur Eddington se lui fosse davvero una delle tre sole persone al mondo che capivano la relatività generale. Si dice che esitasse a rispondere, non per modestia, ma perché non riusciva a immaginare chi potesse essere la terza).

Ancora Rees, scrive che:

Le accurate verifiche delle piccole deviazioni della teoria Newtoniana[1], i cosiddetti effetti post-Newtoniani, rinforzano la nostra fiducia nella validità della teoria di Einstein. Si attende, tuttavia, una diagnosi astronomica diretta del comportamento esatto della gravità quando i suoi effetti sono davvero molto forti.

Devo affermare che una faccenda che spesso mi sorprende nelle mie letture, è che nei ragionamenti dei fisici e dei cosmologi, la relatività generale entra in pieno quando a loro fa comodo, mentre altre volte essa sparisce dal contesto, come se non esistesse. (Idem, con la speciale).
Che cosa sto cercando dire o di fare? Insinuare dubbi e perplessità? Sostenere che si corre appresso alla relatività generale, solo perché sarebbe dissacrante, fuori moda, e

---

[1] Ricomposte e messe a punto dalla Generale.

controcorrente non farlo? La s'insegna nelle Università insieme alla teoria dei quanti. E allora? Anche quella s'impara, ma resta sempre vero che l'hanno capita in pochi.

Debbo confessare, come ho fatto altre volte che proprio bene non l'ho capita nemmeno io, non ho nemmeno osato avvicinarmi alle equazioni, alla matematica e alla geometria (non euclidea) che sono alla base della teoria.
Tuttavia, ed è per questo che tratto un poco l'argomento, i principi mi sono abbastanza chiari, e quindi mi pare corretto provare a esporli.
Anzitutto è il momento di domandarsi perché *generale* e non *speciale* o *ristretta* come lo stesso Einstein ha intitolato la sua prima scoperta.

La teoria della relatività speciale afferma, essenzialmente, che le leggi della fisica debbano essere equivalenti in tutti i sistemi in moto uniforme tra loro, in altre parole, che valga sempre il *principio di relatività*. Dal comportamento della luce, e da questo assunto, seguono tutti i corollari.
Con la teoria generale, Einstein ha voluto estendere il medesimo Principio anche se i sistemi in moto relativo, **non** si muovono di movimento uniforme.
Bisogna tornare un istante alle idee di Newton. Lo spazio e il tempo sono *assoluti*. Quello che tiene i mondi in circolazione permanente è la forza di gravità.

La terra intorno al sole, la luna che passeggia intorno alla terra, i pianeti che Galileo per primo ha visto intorno a Giove, tutti sono mossi dalla stessa azione reciproca esercitata dalla gravità, che batte l'inerzia del corpo ad accettare il movimento. Anche la caduta della mela verso la terra, trova la sua ragione nell'attrazione reciproca dei due corpi ed è sempre dovuta alla gravità. Era chiaro a Newton che i concetti di massa (quella che si oppone al movimento) e di peso (quello che fa cadere gli oggetti verso il suolo, mele, piume, pezzi di piombo e palle di cannone) fossero equivalenti.

Ma, come scrive lo stesso Einstein:

La meccanica classica ha conosciuto quest'importante teorema, ma non lo ha interpretato. Una soddisfacente interpretazione si può soltanto ottenere dicendo:«Una stessa qualità di un corpo si manifesta secondo le circostanze come inerzia» (una pietra da spostare) che come peso (la stessa pietra che cade verso il suolo[I].

Einstein interpreta il teorema dell'equivalenza tra massa inerte e massa pesante e ci costruisce sopra la relatività generale. Ed è solo su questo che voglio intrattenermi.

L'altro problema lasciato insoluto dalla fisica classica è attraverso quale mezzo, il misterioso etere o altro si trasmette l'azione di attrazione. Per Newton fu un dubbio assillante: Ne abbiamo già discusso a lungo e non è il caso di ritornarci.
Sulla questione della *istantaneità* con cui la forza si trasmetteva Newton non si intrattenne a lungo, la accettò come una verità di fatto.
Non così Einstein, che con la relatività speciale stabilì che nulla nell'universo può correre più veloce della luce, e quindi

---

[I]La fisica classica ha conosciuto questo problema : ricordiamo (vedi Capitolo IV) la seconda Legge di Newton, la legge dell'accelerazione: *l'accelerazione che un corpo sollecitato da una forza subisce, è proporzionale alla forza stessa e inversamente proporzionale alla massa del corpo stesso.* Ricordiamo anche gli esperimenti di Galileo sui piani inclinati, o quelli delle palle di piombo, che indipendentemente dal peso, raggiungono il suolo allo stesso istante se lasciate cadere dalla torre di Pisa. Due oggetti, di peso diverso hanno anche masse diverse. La *massa* è l'entità che si oppone al moto. Il *peso,* tramite la forza di gravità, è la *forza che lo genera.* Se le palle arrivano insieme a terra, vuol dire che massa e peso sono equivalenti.

nemmeno i segnali di una forza che agisce tra corpi situati a distanze, piccole, grandi o enorme che possano essere.

Si mise riflettere, scoprì che esistevano geometrie diverse dall'euclidea, mise insieme fantasia e matematica e pubblicò vari articoli e uno finale sulla Relatività Generale.

Per cercare di seguire almeno il punto di partenza dell'idea geniale di Einstein, dobbiamo fare riferimento, agli esperimenti ideali che lui usò.

Immaginate, di nuovo, uno spazio vuoto, che si trovi al di fuori di qualsiasi azione possibile, o più precisamente - non soggetto ad alcun campo gravitazionale - in cui si trovi una scatola, una cassa, (sistema di riferimento per l'osservatore) che si muove, come le conviene, di moto uniforme seguendo una qualsiasi traiettoria (sopra, sotto, sinistra, destra sono termini senza significato). Io, voi, le mosche, i calamai e le penne, siamo sospesi insieme, nuotiamo nello spazio della scatola, come vediamo fare agli astronauti, mentre girano nelle loro orbite non influenzate dalla gravitazione.

In una situazione diversa, che alla fine è analoga, ora la cassa si trova nel campo gravitazionale terrestre, e precipita verso il basso, dal vuoto, verso la terra, con l'osservatore e i suoi oggetti. Anche in questo caso l'osservatore che si trova all'interno della cassa, non sa la terribile sorte che lo attende quando la arriverà al suolo. Intanto, però, galleggia, insieme a scrivania, penne e calamai all'interno della scatola.

Supponiamo invece che qualcuno attacchi una corda allo scatolone in moto uniforme, e cominci a tirare verso l'*alto*, con una velocità sempre crescente, che comporti un'accelerazione del moto corrispondente a quella cui è soggetto un corpo che cade, se assoggettato alla forza di gravità. A questo punto una direzione c'è, è quella del senso in cui la corda tira. Che cosa succede: il fondo della scatola si muove verso gli oggetti che contiene, noi compresi, fino a quando tutto tocca *terra* e ci rimane attaccato. Se lasciamo cadere un oggetto dalle nostre tasche, anche quello *cade* verso il fondo della scatola e ci rimane.

Facciamo degli esperimenti, nulla sappiamo della corda che ci tira e concludiamo che *ci troviamo in un campo gravitazionale!* Se mettiamo insieme queste storie immaginate da Einstein, possiamo concludere con lui che c'è totale equivalenza tra un corpo in caduta libera in un campo gravitazionale, e un altro che, fuori dell'influenza della gravitazione, viene soggetto ad un moto accelerato, con un'accelerazione uguale a quella di gravità. Insomma gli effetti della gravità e quelli dell'accelerazione sono *equivalenti.* In altre parole, un'altro modo di confermare e interpretare l'equivalenza tra massa e peso.

I ragionamenti successivi di Albert diventano assai complessi, in alcuni punti contraddittori, e assai difficili da seguire. La conclusione è che la forza di gravità non esiste giacché tale. É lo spazio che s'incurva sotto l'influenza della presenza di un corpo dotato di massa. Più il corpo è grosso e pesante e più lo spazio s'incurva. I pianeti non girano intorno alla terra perché si trovano sotto l'azione della forza di gravità, ma al contrario, essi seguono la traiettoria più breve, quella circolare, nello spazio curvato dalla presenza dell'enorme massa del Sole.
Ci sono altre due conseguenze importanti della teoria alle quali occorre accennare:

- così come il tempo si accorcia in un sistema in moto veloce rispetto a un altro che va più piano, gli orologi vanno più lenti anche in funzione dell'intensità del campo gravitazionale a cui sono sottoposti. In prossimità del sole, di una stella pesante, o di un buco nero lo scorrere del tempo si dilata rispetto alla terra. Si tratta sempre di una condizione *relativa* con tutte le complessità paradossali che ogni forma di relatività porta con se.

258

- anche la luce s'incurva sotto l'azione della gravitazione. Un raggio di luce emesso da un pianeta che passi vicino al sole si piega, prima di arrivare sino a noi, sotto l'influenza del campo gravitazionale solare.

Stringiamo: i conti si potevano fare benissimo con la fisica classica e Newtoniana, per spiegare tutti i moti del sistema solare, e si possono ancora fare oggi per mettere e tenere in moto un satellite in orbita terrestre. La relatività generale consente di raffinare un pochino i calcoli, niente di più. Prove sostanziali che la teoria sia valida sono fornite in piccole quantità, mai esenti da sottili, più o meno sottintesi dubbi.
Scrive Thomas Kuhn in *La Structure des révolutions Scientifiques*[29] che:

[...] è raro che i settori nei quali una teoria scientifica si possa mettere in relazione diretta con la natura siano numerosi, in particolare se essa si esprime principalmente sotto forma matematica. Fino a oggi [siamo nel 1970,N.d.A.] solo tre gruppi di fatti possono essere messi in relazione con la teoria della relatività generale di Einstein.

In una nota, nella stessa pagina, Kuhn sostiene che l'unica prova generalmente ammessa risiede nella precessione del perielio di Mercurio. Lo spostamento verso il rosso dello spettro delle stelle lontane, e la curvatura dei raggi luminosi possono essere interpretati da considerazioni più elementari di quelle della teoria della relatività. Per quanto riguarda quest'ultima, le prove sono ancora in discussione nel momento in cui lui scrive.

Quando però si comincia a discutere d'ipotesi cosmologiche, buchi neri, intere galassie che s'influenzano a vicenda, la relatività generale si applica e fornisce risultati soddisfacenti. Devo confessare che a parte la faccenda della scatola e quella dell'equivalenza tra massa inerte e massa pesante, e tra effetti equiparabili dell'accelerazione e dei campi gravitazionali, la generale mi attrae meno della speciale. Quest'ultima è strana e bizzarre sono le sue conseguenze: però, in qualche modo si rende accettabile. La relatività generale mi lascia stanco, perplesso e parecchio frustrato.

Nel libro *Einstein Innamorato*[30], Dennis Overbye racconta la vita sentimentale di Eisntein e il tortuoso percorso che lo condusse all'enunciazione della teoria. Overbye è vice caporedattore di Scienze del New York Times, e collaboratore scientifico di molte riviste di divulgazione. Un giornalista con solida cultura scientifica, che gli consente di muoversi con sorprendente agilità attraverso matematica, geometria e complessità della fisica. Annega e diluisce la parte scientifica in una storia degli amori di Einstein che non è accattivante, e che non contribuisce alla comprensione della teoria. Discute il problema della comprensione della scienza.

Scrive che dopo la scoperta di Einstein:

Non avrebbe più potuto esserci alcuna pretesa di far funzionare il mondo, di comprendere l'arte. Nemmeno l'anima poteva essere compresa aveva detto Freud. Perché mai, dunque, qualcuno avrebbe dovuto aspettarsi di capire la scienza? In realtà la mistificazione faceva parte della lusinga. Per tanti la filosofia naturale, un passatempo per gentiluomini di ottima cultura, si era andata evolvendo nella fisica, e si era annidata negli angoli della specializzazione matematica e dell'incomprensibilità dei profili taglienti. Il mondo stava fuggendo di mano agli uomini ordinari. Era Einstein, un ebreo che si era degnato di dirsi spiacente per Dio, il solo ad avere collegamento telegrafico con la natura, bucando le fotografie sui quotidiani con quegli occhi pieni di sentimento, occhi che vedevano più in profondità di quanto si potesse immaginare. Era la quarta dimensione dappertutto: il regno del mistero in cui ogni cosa era possibile, ogni cosa veniva trascesa, dove lo spirituale giaceva nudo e isolato. Quando finalmente appare il sollievo, la fuga, dalla squallida razionalità e dalla morte, apparve esattamente dove gli aristo – mistici seguaci di Lobacevskij, e Rienman e Hinton avevano detto che era, nei misteri di curve geometriche a dimensione superiore. La borghesia sapeva già di non essere tenuta a comprendere la quarta dimensione, solo a celebrarla. Ma Einstein si era accostato direttamente a ciò che chiunque altro avrebbe solo guardato attraverso come metafora. L'uomo che stava dietro quegli occhi aveva toccato il segreto dell'universo, il segreto che faceva curvare i raggi di luce e danzare le stelle.

Ho riportato per intero questo lungo brano e sottolineato alcune frasi. Che cos'è questa? Poesia, filosofia, letteratura? Il linguaggio è certamente buono e, ammetto, mi piacerebbe molto sapere scrivere tanto bene. Ma a che serve? E che cosa vogliono dire le frasi che ho rimarcato? Quello che però mi sembra ancora più terribile e il senso del discorso.
L'autore non solo accetta, ma celebra, esalta la terribile verità che solo pochi uomini hanno la facoltà e il privilegio di penetrare i segreti dell'universo. Io trovo questa posizione rinunciataria e sconfortante.

Capitolo VIII La direzione del Tempo

Non sono certo, di riuscire veramente a capire, o più correttamente, a *sentire* le ragioni per le quali eminenti filosofi del passato da Sant'Agostino a Kant, (per citarne solo qualcuno) e famosi scienziati di oggi, siano stati, e continuino a essere tanto turbati e conquistati dal problema del tempo: esiste, non esiste; il suo scorrere è reale oppure solamente il riflesso della nostra capacità e abitudine a percepire gli eventi uno dietro l'altro, prima e dopo, oggi, ieri domani; se non ci fossero gli orologi, che ne scandiscono il percorso verso il futuro, dividendo l'anno in mesi, giorni, ore e secondi, oppure in senso inverso - segnando gli istanti progressivi che trasformano il giorno in notte, la primavera in inverno, i mesi in anni - avrebbe senso una definizione del tempo, astratta e separata dai meccanismi che lo misurano?
Altro problema: ha avuto inizio? Avrà una fine?

La cosmologia moderna è concorde nell'assumere che il tempo ha avuto inizio con il Big Bang, ma ha qualche difficoltà a risolvere il problema di Prima *dell'Inizio*. Non solo: sembra che se l'Universo, a un certo punto, smettesse di espandersi e cominciasse a contrarsi, il tempo inizierebbe a scorrere al contrario. Le cause verrebbero dopo gli effetti, le frittate tornerebbero uova, il tè sparso sul pavimento rientrerebbe nella tazzina, i pezzi di quest'ultima si ricomporrebbero fino a restituirla, integra, al piano del tavolo da cui è caduta...dopo. Insomma, un film girato al contrario.
Certo, se ci mettiamo a riflettere, anche prima di entrare nello strano mondo di un universo in contrazione, finiremo per ammettere che qualche problema c'è davvero.

Immaginate, per esempio, di essere chiusi in una cella, sempre illuminata a giorno, con luce artificiale, e supponete che la vostra giornata sia scandita dal carceriere che vi porti i pasti in orari sconclusionati e sconnessi, senza alcuna sequenza logica. Per un poco vi concentrate a misurare il passare del tempo contando i battiti del vostro cuore. Non è un'operazione che può durare a lungo, dopo poco sareste confusi. In più, non è escluso che i vostri cicli biologici finirebbero per cambiare, il cuore batterebbe più svelto o più lentamente: insomma, nulla più sarebbe disponibile per contare il ritmo delle ore e dei giorni che scorrono. Che cosa ne sarebbe, a questo punto del *vostro* tempo?

Insomma, forse la faccenda è più intricata di quanto vorrebbe la mia tendenza verso la semplificazione.

Del resto qualche problema lo abbiamo già incontrato nei capitoli sulla relatività. Il tempo è tutt'altro che assoluto, come lo avrebbe voluto Newton. Il ritmo di un orologio, cambia, rallenta al crescere della velocità del sistema in cui ci troviamo (relativamente a un altro che si muova più piano), ed è influenzato dalla forza di gravità. Abbiamo appena scalfito i paradossi che la relatività del tempo può generare: i due gemelli, uno sulla terra e uno che viaggia veloce verso Andromeda, per poi tornare e trovare suo fratello più vecchio di lui...o è vero il contrario? Due astronauti in moto, l'uno rispetto all'altro: per entrambi è l'orologio dell'altro che rallenta. Questi effetti, d'altra parte, cominciano a diventare importanti, solamente quando ci si muova a velocità altissime, vicine all'inusitata, surrealistica velocità della luce.

Il vero problema è proprio questo. Il dilemma del tempo, del suo fluire, del modo relativo in cui può essere percepito e misurato; la questione della direzione del tempo, dal passato verso il presente e il futuro, o al contrario dal futuro verso il passato; gli effetti strani che capiterebbero se un oggetto potesse muoversi a velocità superiori a quella della luce; tutto questo è importante e assume una vaga concretezza solo nei ragionamenti astratti dei filosofi della scienza, e nelle esoteriche ipotesi sulla nascita, l'evoluzione e la possibile morte dell'Universo. In altre parole, è soprattutto in cosmologia e in cosmologia quantistica, che le stranezze, le incongruenze rispetto al senso comune, le astrusità e i paradossi trovano ampio spazio.

L'argomento è tanto complesso da non permettere vaghe semplificazioni, e richiede un linguaggio speciale, una cultura scientifica approfondita e la padronanza della consuetudine...matematica.

Tuttavia, qualche ragionamento semplificato mi appare utile e può essermi consentito.

Ho intitolato il capitolo *La direzione del Tempo*. É su quest'aspetto della questione, che io intendo soffermarmi per primo, dedicando poi un po' di spazio ad alcune curiosità collegate alle conseguenze potenziali della possibilità che il tempo possa andare al contrario.

La freccia del Tempo

Bisogna introdurre il concetto d'*entropia*. C'è utile perché apparirà ancora nel capitolo sulla teoria dei quanti. Ha avuto origine negli anni a metà del diciannovesimo secolo, dallo studio dei fenomeni di trasmissione del calore e del comportamento dei gas, con la scoperta delle leggi della termodinamica.

La seconda legge della termodinamica può essere espressa in molti modi diversi. Il più semplice ed intuitivo stabilisce che il calore può solamente passare da un corpo più caldo a uno più freddo, mentre non è mai possibile il contrario. Un bicchiere d'acqua calda, si raffredda sino a raggiungere la temperatura della stanza in cui si trova. Non può riscaldarsi a spese del calore disponibile nella stanza, se questa si trova a una temperatura più bassa. Ma, esistono enunciati diversi, alcuni con riflessi immediati sulla vita del cosmo: Scrive Paul Davies in *About Time* (Op. Cit.):

La cosiddetta seconda legge della termodinamica è spesso enunciata affermando che ogni sistema chiuso si evolve verso uno stato di totale disordine o caos […]. Quando si applica all'intero universo, la seconda legge implica che l'intero cosmo si muove velocemente, come in una frana unidirezionale, verso una condizione finale di totale degenerazione, ovvero di massimo disordine, che si identifica con lo stato di equilibrio termodinamico.

Quando le molecole d'acqua nel bicchiere smettono di agitarsi urtando contro le pareti e cedendo la loro energia all'esterno, il sistema bicchiere è in equilibrio con il sistema stanza.
Un altro modo di vedere la cosa è dovuto a Boltzman e al suo lavoro sulla cinetica dei gas. Fu lui il primo a cercare di interpretare il fenomeno della trasmissione del calore, dal caldo verso il freddo, su basi matematiche, in termini del movimento delle molecole.

Sempre Paul Davies nel libro citato:

Boltzman concepì un modello che rappresentasse un gas. Si rese conto che il movimento casuale delle molecole avrebbe provocato la rottura diogni ordine iniziale, e la miscelazione efficiente della popolazione di particelle. Per esempio, la temperatura del gas è determinata dalla velocità media delle molecole. Pertanto se in un certo momento il gas fosse più caldo in una certa regione, le molecole in quella regione si muoverebbero in maniera più veloce che nel resto. Questa situazione, tuttavia, non potrebbe durare a lungo. Molto presto le molecole più veloci entrerebbero in collisione con quelle più lente cedendo una parte della loro energia cinetica. L'energia in eccesso delle particelle situate nella regione calda finirebbe per diffondere attraverso l'intera popolazione, fino al raggiungimento di una temperatura uniforme, e di una situazione in cui la velocità media delle molecole in ogni regione divenisse la stessa in tutto il gas […].

Applicando le leggi del moto di Newton, insieme a tecniche statistiche, Boltzman [...] *scoprì una quantità, definita in termini del movimento delle molecole, che forniva una misura del grado di caos del gas. Questa quantità, dimostrò Boltzman, cresce sempre come conseguenza delle collisioni tra molecole, e suggerì che dovesse essere identificata con l'entropia termodinamica.*

Se le molecole di un gas sono contenute in una parte di una scatola separata dal resto da una parete, e se un foro viene aperto tra le due parti, tutte le molecole finiranno per occupare l'intera scatola, la pressione del gas diventerà uniforme. Da quel momento in poi il gas è in equilibrio, nulla più accade; si è passati da una condizione di *ordine* in cui le molecole del gas sono raggruppate in una regione, a una di *disordine* che riflette un equilibrio che nega ogni possibile ulteriore azione.

Quello che occorre rilevare è che lo studio della termodinamica mise gli scienziati a confronto con processi irreversibili, cosa alla quale non erano stati abituati dalla meccanica classica.

Sempre Paul Davies in *The mind of God*, più volte citato nei precedenti capitoli scrive:

Questi problemi cominciarono a imporsi agli scienziati durante la prima metà del diciannovesimo secolo. Fino allora i fisici si erano occupati di leggi che erano simmetriche nel tempo, senza evidenziare favoritismi tra passato e futuro. L'investigazione dei processi termodinamici mise fine per sempre a tutto questo. Nel cuore della termodinamica si trova la seconda legge che proibisce al calore di passare da un corpo freddo a uno caldo. Questa legge, dunque, non è reversibile: essa imprime all'universo una freccia del tempo, che indica la strada verso cambiamenti unidirezionali.

Ecco un primo riferimento alla *direzione del tempo*.

Nel capitolo V, *Determinismo,* ho rilevato come molti sostengono che con l'avvento della teoria dei quanti e della teoria del Caos, si è inferto un duro colpo al determinismo implicito nella fisica Newtoniana. In realtà, avrei potuto accennare sin d'allora al fatto che con lo studio del calore e la scoperta delle leggi della termodinamica, anche il concetto di reversibilità, implicito nella meccanica classica, era entrato in crisi. L'ho scritto innumerevoli volte: per Newton il tempo e i fenomeni che si svolgevano nel tempo, non avevano una direzione di favore. Si poteva calcolare la posizione futura di una cometa tanto bene che quella passata, prevedere le eclissi future, e calcolare a ritroso la data di quelle già verificatesi.

Nell'introduzione al libro *Order Out of Caos* (Op. Cit.) di Ilya Prigogine, Alvin Toffler dedica molti ragionamenti alle conseguenze della termodinamica sulle speculazioni della fisica dell'epoca. Scrive, tra l'altro:

Nel modello del mondo costruito da Newton e dai suoi seguaci, il tempo era di secondaria importanza. Un istante, nel presente, passato o futuro, veniva considerato alla stregua di ogni altro istante. Il ciclo senza fine dei pianeti – o in verità il funzionamento di un orologio o di una macchina semplice – può, in teoria muoversi in avanti o all'indietro senza alterare la base del sistema. É per questo che gli scienziati descrivono il tempo nei sistemi Newtoniani, come reversibile.

L'entropia di ogni sistema chiuso può solo aumentare e con essa il disordine e la progressione verso un equilibrio freddo e ristagnante. Applicato all'universo intero questo processo porterebbe a una progressiva degenerazione, e alla morte delle stelle, dei soli e dei pianeti.
Anche Alvin Toffler, come Davies, ritiene che questo imporrebbe una direzione al tempo:

Perché, per la seconda legge della termodinamica, esiste un'inesorabile perdita d'energia nell'universo. E, se la macchina del mondo sta veramente rallentando e avvicinandosi alla morte del calore, allora ne consegue che un istante non è esattamente uguale al precedente. Non è possibile far muovere l'universo al contrario per compensare l'aumento dell'entropia. Gli eventi, sul lungo termine, non possono ripetere se stessi. E questo significa che esiste una direzione oppure, una freccia del tempo come ebbe a dire, più tardi Eddington.

Come al solito, però, la storia non finisce qui. Paul Davies, *About Time*:

Per una strana coincidenza, proprio quando le cattive notizie sulla morte futura dell'universo si affermavano tra i fisici, Darwin pubblicava il suo famoso libro Sull'Origine delle Specie. Nonostante la teoria dell'evoluzione finì per essere più scioccante della predizione della morte cosmica, il messaggio centrale del libro di Darwin era essenzialmente ottimistico. Anche l'evoluzione biologica introduce in natura una freccia del tempo, ma rivolta in una direzione opposta a quella che deriva della seconda legge della termodinamica – l'evoluzione sembra essere un processo ascendente [...] che a partire dai primitivi microrganismi ha prodotto una biosfera di impressionante complessità organizzativa [...] laddove la termodinamica predice degenerazione e caos, i processi biologici tendono a essere costruttivi, producendo ordine a partire dal caos. Ecco che salta fuori nella scienza un tempo ottimistico, proprio mentre un tempo pessimistico stava per seminare il seme della disperazione.

Devo confessare il disagio causato da queste citazioni mentre le riporto. Tempo *ottimistico*, tempo *pessimistico*, frecce del tempo che vanno in direzioni opposte, e disperazione per la prevedibile fine dell'universo. Mi sembra tutto veramente esagerato, l'uso di un'enfasi letteraria e *poetica* che confonde invece di stimolare l'interesse e la comprensione.

Ma Davies non è il solo. Anche Toffler sostiene che con la nascita della termodinamica, e delle teorie evoluzionistiche, non solo si verificò una divisione della scienza in due campi: quello di chi credeva a un tempo assoluto e a fenomeni reversibili nel tempo, e quello degli scienziati che avevano *scoperto* la direzione del tempo e l'irreversibilità di certi eventi fisici. In più, anche questi ultimi si divisero in due branche: i *pessimisti* della seconda legge, con l'universo avviato a un'inesorabile estinzione, e gli *ottimisti*, i seguaci delle teorie evoluzionistiche di Darwin.

Mentre mi pare che questa distinzione lasci il tempo che trova - e che in entrambi i casi, se si prescinde dalla visione catastrofica degli uni e quell'ottimistica degli altri, la freccia del tempo va nella stessa direzione, verso l'ordine oppure verso il disordine futuri - mi sembra più importante la distinzione tra la reversibilità implicita nella fisica classica, e il suo contrario, che scaturisce dallo studio dei fenomeni termodinamici, e dalla scoperta dell'entropia da una parte, e dall'indagine di fenomeni complessi quali sono quelli biologici.

Toffler, però, sempre commentando il libro di Prigogine, chiarisce che, per quanto riguarda questo punto, nella *scienza classica e meccanicistica gli eventi partono da una condizione iniziale* e seguono precise *traiettorie che possono essere tracciate sia all'indietro nel passato, che in avanti verso il futuro.*
Vi sono invece fenomeni unidirezionali, come la miscelazione di due liquidi che non permettono ritorni, sono *orientati nel tempo*. Questi fenomeni, continua Toffler, sono stati considerati come aberrazioni, peculiarità e come tali i fisici (classici) hanno preferito a lungo, metterli da parte, escluderli dall'indagine scientifica. In realtà, sostiene, sempre

commentando l'opera e le idee di Prigogine, l'opposto potrebbe essere vero: i fenomeni che implicano la reversibilità nel tempo, associati a *sistemi chiusi* potrebbero rappresentare le vere anomalie.

Cito ancora Toffler:

Con la loro insistenza (Prigogine e Stengers, gli autori del libro) che l'irreversibilità non è una pura e semplice aberrazione, bensì una caratteristica di gran parte dell'universo, essi sovvertono la dinamica classica. Per Prigogine e Stengers non è una questione di l'uno o l'altro. Certamente la reversibilità si applica ancora (almeno per tempi sufficientemente lunghi) ma solo nei sistemi chiusi. L'irreversibilità si applica all'universo intero.

Proviamo a chiarire un pochino. Davies scrive che i *processi biologici tendono a essere costruttivi, producendo ordine a partire dal caos.*

Il libro di Prigogine, introdotto da Toffler è intitolato come abbiamo detto *Order Out of Caos*. Notiamo la coincidenza. I ragionamenti e le citazioni che ho riportato tendono, con una spallata più o meno gentile alla fisica classica, a razionalizzare l'antinomia tra la reversibilità classica e l'irreversibilità di una molteplice caterva di fenomeni: quelli complessi. Ho già accennato in più punti (Vedi capitoli I, IV e V) alla teoria della complessità. Ho fatto anche notare che, a mio avviso, non è necessario criticare la fisica classica per rendere accettabile il fatto che il mondo si esprime più spesso e soprattutto con manifestazioni strane, sconnesse, caotiche e a prima vista imprevedibili, piuttosto che con fenomeni semplici, calcolabili e reversibili, e che basta che *un proiettile urti contro un uccello* per mandare all'aria ogni nozione di prevedibilità e ogni possibilità di calcolo.

Ma Newton non si preoccupava degli uccelli, e se lo avesse fatto, i progressi della scienza si sarebbero arrestati, sicuramente per un lungo tempo a Galileo e Keplero. Mi piace, pertanto, Toffler quando scrive che secondo Prigogine e Stengers, non si tratta *dell'uno o dell'altro* ma di entrambi, reversibilità limitata a certi sistemi (chiusi) e irreversibilità estesa al resto dell'universo.

Anche qui non posso fare a meno di registrare una certa confusione. Una scatola con un separatore bucato in cui il gas passando da un settore all'altro attraverso un foro, fino all'equilibrio termodinamico non è un sistema chiuso? E non abbiamo detto che il fenomeno della diffusione di un gas conduce in modo irreversibile all'equilibrio termodinamico?
Ma ecco dov'è la trappola. Bisogna notare la parentesi nell'ultima citazione di Toffler (almeno per tempi sufficientemente lunghi). Henri Poincaré, già citato come uno dei precursori della teoria del Caos nel capitolo sul Determinismo, sostenne in contraddizione con le scoperte di Boltzman, che (cito ancora Davies in *About Time*):

*Un assortimento finito di particelle confinato in una scatola e soggetto alle leggi del moto Newtoniane deve sempre ritornare al suo stato iniziale **dopo un periodo di tempo sufficientemente lungo** [...] le conseguenze del teorema di Poincaré sono che se l'entropia di un gas cresce in un dato momento, prima o dopo deve diminuire di nuovo in modo che il gas possa ritornare al suo stato iniziale [...] in altre parole il comportamento di un gas è ciclico. Questa ciclicità nello stato del gas va ricondotta all'implicita simmetria del tempo nelle leggi di Newton che non distinguono il passato dal futuro.*

Il problema è che il *tempo di Poincarè* è piuttosto lungo, qualche trilione di volte la lunghezza presunta della vita dell'universo. Il fatto rimane, conclude Davies, che Poincaré aveva ragione e Boltzaman torto, e che le certezze di quest'ultimo dovevano essere rimpiazzate da un meno determinato assunto statistico: l'entropia del sistema gassoso *molto probabilmente* finirà per aumentare.

271

Quindi è possibile anche se estremamente improbabile che un sistema chiuso sia dopo tutto reversibile, come i principi che descrivono il moto di una cometa o di un pianeta (attenti, ho scritto i *principi,* le formule matematiche che descrivono il moto stellare, non il loro moto vero e proprio: i pianeti non si mettono a girare al contrario)[1].

Quello che mi pare importante, ancora una volta, nel tracciato di questa narrazione, è che sembra che la storia della scienza debba trovare una giustificazione logica perché, per tanto tempo (ovvero per il paio di secoli, da Newton a Boltzman, in cui si era occupata di sviluppare le meravigliose conseguenze della meccanica classica) la scienza stessa abbia preferito le equazioni e i sistemi lineari e risolvibili, a quelli che, descrivendo situazioni veramente irreversibili e complesse, non erano *comprimibili,* non potevano rappresentare, in poco, definitivo spazio, l'evoluzione del fenomeno studiato. Ed eccoli di fronte all'entropia in aumento, all'evoluzione di Darwin, alla costanza della velocità della luce, alla non esistenza dell'etere, allo strano comportamento dell'atomo, e alla prima percezione dell'importanza dei fenomeni caotici. Chi descrive, come Toffler, Davies, e tanti altri, l'evoluzione della scienza, sente il filosofico bisogno di creare delle spaccature profonde tra una concezione e l'altra, attribuendola agli scienziati e ai filosofi dell'epoca, piuttosto che a se stessi.
E allora cominciano ad apparire le complesse e contorte elucubrazioni il cui scopo è, quello si, veramente unidirezionale: farci capire che il mondo è semplice solo dove e quando ci fa comodo pensare che lo sia.
Io, su questo, sono assolutamente d'accordo.

---

[1] Avrei anche potuto scrivere: anche se è *probabile* ma praticamente *impossibile* che eccetera, eccetera.

Ma…se il tempo potesse davvero scorrere al contrario?

Siamo arrivati, dalla terra, su un buco nero, una palla con un diametro di un chilometro e una densità enorme. La forza di gravità è assai più possente che sulla terra. Secondo la relatività generale, il tempo scorre più lento, tanto più quanto più forte è la gravità. Solo che noi non ce ne rendiamo conto. Potremmo farlo solo se potessimo confrontare il nostro orologio con quello di un terrestre, ma la cosa non è per nulla facile. Mentre sulla terra passano decenni o secoli, per noi trascorre solo qualche giorno.

La nostra percezione del tempo, se siamo dotati degli stessi meccanismi cerebrali e degli stessi orologi di quando siamo partiti, non cambia. Il nostro cuore batte assai più lentamente, che so io, un battito ogni anno, secondo il tempo terrestre, ma noi li misuriamo con i nostri lentissimi orologi, quindi non ci accorgiamo di nulla. Se, ad un certo punto potessimo lasciare il buco nero - altra cosa in concreto impossibile - e tornare sulla terra, ci ritroveremmo in un lontanissimo improbabile futuro. Dunque, non sono inverosimili i viaggi nel futuro. Attenti: si tratterebbe del futuro relativo di un terrestre che ha viaggiato verso un buco nero e ci si è installato; si è fermato per un poco, per ritornare al punto di partenza. Un regolare abitante del buco nero che viaggiasse verso un altro pianeta, dove la gravità è più bassa e il tempo scorre più veloce non avrebbe modo di discutere se egli è piombato nel *futuro* del pianeta prescelto[I].

[I] Ho giàaccennato, nel Capitolo VI, *Relatività Speciale,* alla storia dei due gemelli. Uno parte verso una stella lontana, si muove a velocità altissime e poi tornando sulla terra trova che il gemello è invecchiato. Se la velocità del suo moto fosse prossima a quella della luce, ritornerebbe addirittura secoli dopo la partenza. Dunque i viaggi nel futuro sono, in questo caso, *più possibili* di quanto lo siano nel mio raccontino. La domanda che ci si pone è se sarebbe possibile per il gemello viaggiante tornare indietro nel *suo* passato. La domanda, astrusità nell'astrusità, non ha trovato risposta.

Ho immaginato questa banale storiella, probabilmente non corretta del tutto, dal punto di vista scientifico, per evitare di citare le moltissime storie paragonabili che ritrovo nelle mie letture. Serve certamente a mettere, ancora una volta, in evidenza che è vero: il tempo, se Einstein ha ragione, dipende solo dall'orologio con cui lo misuriamo. Serve anche a farmi condividere l'imbarazzo che provo leggendo, quando non riesco né a razionalizzare né a riassumere con logica quello che leggo.

Confermo che le stranezze del tempo hanno una ragione d'essere discusse in cosmologia, nelle teorie sulla nascita e sull'evoluzione dell'universo. Forse tornerò sull'argomento nel capitolo XIII, dedicato alla cosmologia, ma non ne sono tanto sicuro.

Ho già accennato all'inizio, alla teoria della nascita dell'universo più affermata, quella del Big Bang. A un certo momento...bum! Tutta la materia concentrata in un punto di densità infinita ha cominciato ad espandersi, e con essa si è espanso lo spazio e...il tempo. Insomma, non è vero che, come alcuni erroneamente pensano, l'universo si è espanso in uno spazio preesistente, e che il percorso successivo dell'espansione è avvenuto in un tempo che già c'era. Il tempo si è mosso, e cresciuto mentre dalla pura radiazione si è passati ai nuclei atomici, agli atomi - quando gli elettroni hanno potuto combinarsi con i nuclei - ai gas, alle stelle e alle galassie.

Questo concetto non mi sembra troppo astruso. La cosa si complica quando ci si pone la domanda: che tempo c'era prima che ci fosse il momento *zero*? Ho scritto più sopra: *A un certo momento* il che implicherebbe che ci fossero momenti prima di quello dell'inizio. Invece non è necessariamente così. Steven Weinberg, sempre in *Dreams of a final theory* (Op. Cit.), racconta che spesso gli è capitato di dover rispondere, alla fine delle sue conferenze sulla nascita dell'Universo, a chi gli obiettava che l'idea di un inizio era semplicemente assurda: qualsiasi istante - secondo quello che noi affermiamo, - abbia visto l'inizio del Big Bang, deve essere stato preceduto da un istante precedente:

Ho cercato di spiegare che non è necessariamente così. É vero, ad esempio, che, secondo la nostra normale esperienza, per quanto freddo possa fare è sempre possibile che faccia ancora più freddo, ma esiste qualcosa che si definisce zero assoluto[I]; noi non possiamo scendere a temperature inferiori allo zero assoluto, non perché noi non siamo sufficientemente abili, ma perché una temperatura inferiore allo zero assoluto è priva di significato.

Il ragionamento di Weinberg mi sembra corretto e accessibile, anche se io non sono sicuro che sia del tutto convincente se applicato all'idea del tempo. Infatti, non è immaginabile un vuoto più vuoto del vuoto illimitato, al quale corrisponde la temperatura dello *zero assoluto*; si può pensare senza traumi a uno spazio privo di qualsiasi particella o energia: si connette ancora al nostro senso comune. Ma, il tempo? Se il tempo assoluto non esiste, se è vero che il ritmo del suo fluire dipende dallo strumento di misura e dalle condizioni - gravità, velocità relativa - in cui agisce chi lo avverte e lo misura, come si fa a immaginare che non ci sia stato un tempo, prima che il tempo avesse inizio?

Una risposta possibile che, però, mi fa correre il rischio di dare la stura allo stesso tipo d'elucubrazioni che hanno turbato l'immaginazione di tanti, filosofi e scienziati - le stesse disquisizioni inutili che, ho dichiarato, m'imbarazzano e mi frustrano - potrebbe essere la seguente.

[I] Lo *zero assoluto* corrisponde a una temperatura di −273,15 gradi nella scala centigrada. Questa temperatura implica anche il vuoto assoluto

Forte sarebbe la tentazione di pensare che - con un'immagine che ho già usato spesso - prima della vita, animale e vegetale, quando non c'era proprio niente e nessuno a percepire il continuo turbinio della natura inanimata, le rocce, il fuoco, i terremoti, le maree, lo spostamento dei continenti, l'apparizione e la scomparsa di mari e montagne il tempo sulla terra non ci fosse. Non solo perché nessuno era lì a registrarlo, ma anche perché, ragioniamoci, stiamo parlando di una sequenza che scuote e sconvolge, anch'essa, per la sua durata, misurabile, ma pur sempre fuor di misura.

Mi riferisco ai quattro miliardi d'anni, dalla formazione del sistema solare, all'inizio della vita sulla terra. Ho scritto *fuor di misura* che è l'unico aggettivo con cui mi riesce di esprimere la stranezza di un tempo che è tanto lungo, da essere inconcepibile. La mia mancanza di vocaboli, lingua e, forse, immaginazione - non sono Virginia Wolf, Saramago, Baricco - non mi consente di esprimere, con soddisfazione per me, e per provocare sufficiente emozione per chi dovesse leggere, l'inverosimile stramberia di un tempo cosi lungo. Ma ho anche scritto *misurabile*. Questo è il punto. Il tempo del lontano passato della terra è stato misurato da geologi, paleontologi, cosmologi, in tanti diversi modi, incluso lo studio del decadimento degli isotopi radioattivi da cui erano composte, e lo sono ancora, le prime rocce.

Misurando il rapporto tra gli atomi non radioattivi e quelli che decadono, e conoscendo la vita media dell'isotopo radioattivo corrispondente, è possibile risalire indietro sino al tempo della prima formazione dei minerali. Gli atomi dunque hanno ticchettato per milioni di anni la scansione del tempo che passava. Dunque, c'erano le cose del mondo in evoluzione e c'era, se non qualcuno, qualcosa che segnava il tempo. Prima del Big Bang, invece, non c'era nulla, niente succedeva, non c'erano né oggetti né relazioni tra loro: non poteva esserci nemmeno il tempo.

Ho divagato, dovevo parlare del tempo che scorre al contrario. Il fatto è che, dopo tutto, non è poi tanto strano che fiumi di pensiero e di parole siano stati spesi sul miracolo del tempo, dal passato al futuro, anche prima che si cominciasse a speculare su un tempo che scorre in senso inverso. Ho pescato e riporto adesso una citazione che mi è piaciuta, sempre in *Order out Caos di Prigogine* (Op. Cit.):

Nel quinto volume di Science and Civilization in China Needham descrive il sogno degli alchimisti Cinesi: il loro supremo obiettivo non era la trasmutazione in oro dei metalli, ma quello di manipolare il tempo, per raggiungere l'immortalità attraverso un rallentamento dei processi di degenerazione naturale. Noi siamo in grado oggi di capire perché non è possibile riavvolgere il tempo [...] dobbiamo abbandonare l'idea che un giorno noi saremo capaci di viaggiare all'indietro, nel passato. La situazione è pressoché analoga a quella della barriera presentata dalla velocità della luce. Il progresso tecnologico ci può avvicinare alla velocità della luce, ma secondo la fisica moderna non potremo mai attraversarla.

Come gli alchimisti Cinesi, anche noi vorremmo saper manipolare il tempo. Allungare il tempo della gioia e della serenità, e abbreviare quello della sofferenza e della tristezza. Ci piacerebbe anche *poter rallentare i processi di degenerazione naturale*, non necessariamente per conquistare l'immortalità, ma per controllare, almeno un poco, il futuro della nostra vecchiaia. Un anno dovrebbe metterci trecentosessantacinque giorni a passare. Invece, purtroppo, ci mette assai meno.

Ma, allora, siamo sicuri, come sembra concludere Prigogine, che la velocità della luce non possa essere superata, e che non si possa *tornare* nel passato?
E, finalmente, è possibile che la freccia del tempo cambi direzione?

Più veloce della luce?: I Tachioni

Sono stati fatti numerosi esperimenti che confermerebbero l'esistenza nel cosmo di particelle più veloci della luce. Certezze assolute non ce ne sono, alcuni fisici ci credono altri no. Secondo Paul Davies, la teoria della relatività speciale - che nega la possibilità che si possa infrangere, in un senso o nell'altro la barriera della velocità della luce - non è ugualmente categorica sulla possibilità che particelle *superluminali* possano esistere, purché non viaggino mai a velocità *inferiori* a quella della luce. Accettiamo, per un momento quest'idea, per confrontarci con un altro concetto espresso sempre da Davies, ma anche da molti altri, che se i tachioni (cosi sono state denominate queste fantastiche particelle) esistessero potrebbero essere utilizzati per inviare segnali…nel passato.

Prima di andare a leggere Davies, fermiamoci a ragionare un pochino.
Cominciamo con il suono. Si trasmette nell'aria a una velocità di circa 340 metri ogni secondo, una velocità concepibile, ragionevole, in altre parole circa, 1200 chilometri l'ora. Sappiamo che in questo caso è plausibile parlare di velocità superiori a quelle del suono nell'aria, perché conosciamo il Concorde, e sappiamo che può volare a velocità supersoniche. Che cosa succede dunque se io mi metto a cavalcare un'onda sonora e a un certo punto la sorpasso? Succede esattamente quello che c'è stato raccontato a proposito del Concorde: il rumore dei motori resta dietro di noi e mai riuscirà a raggiungerci. Sin qui, mi pare, nulla di strano.

Supponiamo adesso, per cominciare, che dotati di una sensibilissima antenna ci mettessimo, questa volta, a cavallo di un segnale radio, diciamo un'onda elettromagnetica che suona come un Do, e che fossimo capaci di muoverci con lei, verso il futuro etereo del segnale. Continueremmo a sentire lo stesso suono sino a quando il segnale non fosse raccolto, assorbito, disturbato da un ricevitore, o da un ostacolo. In mancanza di ostacoli, lo sentiremmo per l'eternità del suo viaggio. La questione è: che cosa succederebbe se fossimo capaci di viaggiare ancora più veloci dell'onda elettromagnetica? Se accettassimo il parallelo con ciò che accade con il suono, concluderemmo che l'onda di Do rimarrebbe dietro di noi, e basta.

Ma, attenzione. In questo caso, il nostro orologio, quello del razzo, o cavallo cosmico su cui siamo seduti, smette di ticchettare, si arresta se veramente viaggiamo alla velocità della luce. Il tempo si azzera. Dunque, a una velocità ancora superiore il tempo dello Schumacher cosmico...diventa negativo. Scrive Davies, *About Time,* a proposito dei primi rilevamenti dei tachioni:

Ora, questa è roba sensazionale. Come ho fatto notare, la teoria della relatività impedisce a qualsivoglia particella di infrangere il muro della velocità della luce. Se vi fossero particelle capaci di farlo, le conseguenze per la natura del tempo sarebbero profonde. C'è anche una piccola poesia che ci mette in guardia:

There was a young lady named Bright
Whose speed was faster than light;
She set out one day, in a relative way.
And returned on the previous night[1].

In poche parole, più veloce-della luce può significare all'indietro nel tempo, con tutte le stranezze e i paradossi che questo comporta.

---

[1] C'era una ragazzina dal nome Bright, che si muoveva più veloce della luce. Si mise in moto un giorno, in modo relativo, e ritornò la notte precedente.

Davies riprende l'argomento al capitolo X del libro. Ho già scritto che eviterò di addentrarmi nella materia perché è troppo complessa e perché non riesco a capire bene. Me la potrei cavare, dunque, in modo superficiale e sbrigativo, consigliando al lettore interessato di leggere il libro di Davies. Ma preferisco optare per una soluzione differente, citando un lungo passo del suo libro che illustra la questione:

[...] ho discusso l'argomento dei tachioni - particelle ipotetiche che viaggerebbero più veloci della luce - e ho indicato che più veloce della luce può significare indietro nel tempo. Lasciatemi spiegare perché è così. Supponiamo di avere una pistola che può sparare pallottole verso un bersaglio. Consideriamo per cominciare il caso di comuni pallottole. L'esperienza e il senso comune ci insegnano che il proiettile colpisce il bersaglio dopo che è stato sparato. Se chiamiamo l'atto di far fuoco evento E_1 e l'arrivo del proiettile al bersaglio E_2, allora possiamo essere ben certi che la sequenza dei due eventi è $E_1 E_2$. Ora, la teoria della relatività prevede che la durata del tempo tra i due eventi può variare a secondo dello stato di moto (oppure le condizioni gravitazionali) dell'osservatore. Tuttavia, la teoria chiarisce che, per quanto l'intervallo $E_1 E_2$ è allungato o accorciato, l'ordine della sequenza temporale non è mai invertito. In altre parole, la relazione prima–dopo non è influenzata dal movimento o dalla gravità, anche se può esserlo la durata dell'intervallo. Tutto questo può cambiare se si ammette l'esistenza dei tachioni. Se la pallottola fosse tachionica, e si dirigesse verso il bersaglio a una velocità superiore a quella della luce, allora sarebbe possibile per un osservatore vedere la pallottola colpire il bersaglio prima dello sparo. Per esempio: supponiamo che la pallottola viaggi a due volte la velocità della luce; in questo caso qualcuno che viaggi nella stessa direzione al 90 percento della velocità della luce vedrebbe per prima cosa il proiettile colpire il bersaglio e poi la pistola far fuoco. Gli sembrerebbe che la pallottola viaggi al contrario, dal bersaglio verso il caricatore della pistola. Un

altro osservatore che viaggiasse solo alla metà della velocità della luce vedrebbe la pallottola viaggiare a velocità infinita, passando istantaneamente dalla pistola al bersaglio. Per qualcosa che si muova a velocità superiori a quella della luce, la sequenza temporale E_1E_2 non è più fissa, ma può apparire invertite come E_2E_1 in certi sistemi di riferimento. In questi sistemi, i tachioni sembrano viaggiare indietro nel tempo relativamente a normali processi fisici.

Da qui Davies prende le mosse per muoversi nel mondo dei paradossi dei viaggi indietro nel tempo, cita H.G. Wells, (famosissimo il suo libro *La macchina del Tempo*) per chiarire che il moto tachionico non soddisfa i sogni dello scrittore giacché non consente alla materia normale, quella di cui siamo tutti fatti, di viaggiare nel passato. Se però i tachioni esistessero e potessero essere liberamente manipolati, questo ci permetterebbe almeno di mandare segnali nel passato. Davies spiega come questo possa avvenire, usando la metafora di due astronaute, Betty e Ann, in moto relativo l'una rispetto all'altra a velocità pari all'ottanta percento di quella della luce che si scambiano segnali con tachioni che vanno a quattro volte la velocità della luce. Non lo riporto, è troppo complesso e non riesco a venirne a capo.

Il tempo al contrario

Anche qui vorrei dire poche parole soltanto. Devo prima confessare, però, che l'incapacità di capire bene e completare questa parte del racconto, in fondo, non mi fa piacere. Rileggendo quello che ho già scritto, ho l'impressione che sto cercando di dare a intendere, soprattutto a me stesso, che non vale la pena di approfondire queste questioni perché hanno poco riscontro con la realtà del normale e con il senso comune - e forse anche con i fatti che appartengono alla più gran parte della cultura scientifica - presentando le idee di scienziati e filosofi della scienza sull'argomento, come se si trattasse di eccessive, enigmatiche, e pressoché inutili elucubrazioni. Il fatto vero è che io non sono in grado di trovare risposte chiare alle domande che mi pongo. Sono giorni, da quando ho cominciato a scrivere questo capitolo, che leggo e rileggo i miei libri, scrivo note, traccio diagrammi. Ci sono istanti in cui mi pare di avercela fatta, e poi...mi ritrovo pieno di dubbi. Io non ho veramente capito perché se Bright, la ragazzina della poesia, andasse più veloce della luce, potrebbe andare indietro nel tempo; non ho capito perché, se i tachioni esistessero davvero potrebbero essere utilizzati per mandare segnali nel passato.

In realtà, credo di non avere ben capito, contrariamente a quanto ho scritto nel capitolo VI, nemmeno come funzioni la relatività speciale! Lì me la sono cavata evitando di affrontare i problemi e i paradossi di cui mi sto occupando adesso. E allora, contraddicendomi, ho deciso di tornare sulla questione. Però lo faccio in un'appendice, in cui posso ragionare sui miei dubbi che coinvolgono, non solo la teoria della relatività, ma anche la fisica elementare, la relatività del moto e le sue semplicissime, a volte ostiche leggi. Sto scrivendo l'Appendice I, insieme a questo capitolo. Non so davvero quello che ne verrà fuori.
Nel passato sembra, in ogni caso, che non possiamo tornare, tranne che inviando segnali per mezzo di tachioni messaggeri. Ma, il tempo, lui stesso può andare all'indietro? La freccia del tempo può invertire la sua direzione?

Sembrerebbe di sì, soprattutto se si immagina che l'universo, come ho detto all'inizio di questo capitolo, smettesse di espandersi e cominciasse a contrarsi, (Big Crunch, opposto al Big Bang) e tutta la materia, stelle, gas intergalattici, galassie intere, pian piano, in miliardi di anni, tornassero a concentrarsi in un unico punto a densità infinita. Durante tutto questo lungo percorso, la freccia del tempo invertirebbe la sua direzione, il tempo scorrerebbe al contrario. Per un improbabile osservatore di tutto questo, il futuro diventerebbe passato, anche il pensiero s'invertirebbe. I cosmologi non escludono neanche che in lontane regioni del nostro universo, quello attuale, possono esistere condizioni per cui già adesso il tempo vada in direzione opposta al nostro, e si pongono il problema di come le due specie di abitanti delle due regioni potrebbero comunicare: il futuro degli uni sarebbe il passato degli altri.

Capitolo IX Atomo e Teoria dei Quanti

Ci sono arrivato, finalmente. Questo è uno dei capitoli più strani, controversi e affascinanti della storia della fisica moderna. Ho affrontato i preliminari alla scrittura di questo capitolo, con un'inconsueta diligenza e con molta fatica. Non ho riletto i libri di fisica vera e propria, non ce la farei. Ma, come il solito, mi sono affidato ai moltissimi di coloro che l'analizzano e la raccontano da esperti. Ho fatto anche di più. Ho scritto un'intera appendice, l'Appendice II che, in modo semplice e lineare, riassume, con qualche ragionamento e alcune formule semplici, tutta la storia dell'evoluzione del pensiero che, dal 1905 al 1930, ha generato la meccanica quantistica come la conosciamo ancora oggi. No, andiamo a vedere, non è farina del mio sacco, non è roba originale. Ma mi permette di scrivere questo capitolo senza dover tornare a spiegar*mi* e a chiarire i dettagli, e di maneggiare con più serena rilassatezza quello che cerco di scrivere adesso. Altamente consigliata una breve lettura; rileggo l'appendice, è buona, anticipa molte delle considerazioni che farò in questo capitolo.

Mi succede ogni volta, ho avuto qualche giorno di esitazione prima di mettermi a scrivere – la solita preoccupazione che le *condizioni iniziali*, se non opportunamente fissate possano male influenzare l'inizio e l'evoluzione del racconto. Come sempre, un problema è quello del *tono*, della tonalità musicale che, a mio avviso, si applica anche a chi scrive di... scienza, e a chi lo fa, come me, in maniera a dir poco dilettantesca. Poi, c'è quello della *tesi* e della questione se la tesi uno l'ha già nella testa e va alla ricerca di tutti gli elementi che possono confermarla, oppure se le conclusioni che si raggiungono, studiando, leggendo, informandosi, sono il risultato sereno e obiettivo dei fatti raccolti.

Non ultimo, e soprattutto in questo caso, c'è il problema inerente alla descrizione della meccanica quantistica, che è quello del *linguaggio*.

Fritjof Capra, un fisico americano specialista delle alte energie, ha scritto nel 1975[I] *Il Tao della Fisica*[31].

Si tratta di un libro che avevo scartato, perché quando mi è capitato tra le mani e direi anche adesso, poco m'interessavano le connessioni che l'autore fa tra filosofia orientale e meccanica dei quanti, e perché trovavo l'analisi che egli edifica di quest'ultima era troppo difficile e complessa, diluita oltre misura - per qualcuno come me alla ricerca di verità semplici e chiare - dalle analogie e le somiglianze con il pensiero e gli atteggiamenti filosofici del buddismo, taoismo, zen e così via. Rileggendolo con più cura e attenzione, però, io devo ammettere di avere trovato spunti interessanti e utili per il mio lavoro, e degli sprazzi di poesia e di *saggezza* che non mi hanno lasciato indifferente. Per esempio i due seguenti:

Un monaco chiese a Fuketsu Ensho: «Quando la parola e il silenzio sono entrambi inammissibili, come si può procedere senza errore?» Il Maestro replicò:
«Io ricordo sempre Kiangsu nel mese di Marzo
Il grido della pernice, la massa dei fiori fragranti.»

E, ancora più sotto, un piccolo brano di un poeta di *kaiku:*

Le foglie che cadono
giacciono l'una sull'altra;
la pioggia batte sulla pioggia

Sto divagando. Stavo accennando al problema del *linguaggio*. Ecco che cosa ho trovato rileggendo Capra. Anzitutto, cita in

---

[I] Può sembrare tanto tempo fa, ma, come vedremo, già nel 1930 la meccanica quantistica era completamente sviluppata. Il resto del tempo è servito a sperimentare, analizzare, discutere e polemizzare.

testa di capitolo, un pensiero di Heisenberg[1] ,uno dei padri della meccanica quantistica: *I problemi del linguaggio sono qui veramente gravi. Noi desideriamo parlare in qualche modo della struttura degli atomi [...]. Ma non possiamo parlare degli atomi servendoci del linguaggio ordinario.*

Più avanti, Capra:

Lo studio del mondo degli atomi costrinse i fisici a rendersi conto che il linguaggio comune è non solo impreciso, ma assolutamente inadeguato a descrivere la realtà atomica e subatomica. La meccanica quantistica e la teoria della relatività, le due basi della fisica moderna, hanno reso evidente che questa realtà trascende la logica classica e che non possiamo parlarne con il linguaggio ordinario. A questo punto Heisenberg scrive: «Il problema più difficile concernente l'uso del linguaggio sorge nella teoria dei quanti. In essa non abbiamo la benché minima indicazione che ci aiuti a mettere in rapporto i simboli matematici con i concetti del linguaggio ordinario. L'unica cosa che sappiamo fin dall'inizio è che i nostri concetti comuni non possono essere applicati alla struttura degli atomi.»

Da qui Capra individua la relazione tra fisica moderna e filosofia orientale.

Capra riprende ancora il discorso. Quello che riusciamo a *vedere* del mondo atomico sono solo gli effetti degli esperimenti che su di esso conduciamo *mai direttamente il fenomeno che abbiamo indagato, ma sempre soltanto qualcuna delle sue conseguenze.*

Il mondo atomico sta di là delle nostre percezioni sensoriali [...] *esplorando l'interno dell'atomo e studiandone la struttura, la scienza oltrepassò i limiti della nostra immaginazione*

[1] D'ora in poi, non spiegherò più i personaggi con frasi tipo uno dei padri della meccanica quantistica o simili. Una breve scorsa all'appendice II dice tutto su ciascuno di essi.

sensoriale. Da questo punto in poi essa non poteva più affidarsi con assoluta certezza alla logica e al senso comune.

Quindi, il problema del linguaggio che dovrò usare in questo capitolo è doppio: devo trovare le parole adatte, quelle mie, a descrivere una materia che è – sembrerebbe sin qui – inadatta, per il suo distacco dal senso comune e dall'immaginazione sensoriale, difficile, o addirittura impossibile a lasciarsi esporre.

Mi pare giusto, però, esprimere subito un dubbio su tutto questo. Se quanti e relatività sono – e lo sono effettivamente – al confine della separazione tra descrizioni semplici e teorie inarrivabili, siamo ugualmente certi che le teorie di Maxwell sull'elettromagnetismo, le onde elettromagnetiche, la stessa gravità, il campo elettromagnetico, le due relatività, siano più spalancate a una descrizione aperta all'uso del linguaggio comune, quello del cosiddetto buon senso? Senza lasciare Capra:

Faraday e Maxwell trovarono più appropriato dire che ogni carica creava nello spazio circostante una perturbazione, o una conduzione, tale che un'altra carica, se presente avverte una forza. Questa condizione dello spazio che ha la capacità di produrre una forza è chiamata campo. Essa è generata da una singola carica ed esiste indipendentemente dal fatto che un'altra carica sia o meno presente nel campo e ne avverta l'effetto.

Il Campo! Le onde di energia elettromagnetica (radio, televisive, luce del sole, per rimanere nel semplice) sono categorie del linguaggio e del senso comune? Lo erano prima di divenire parte integrante della meccanica quantistica?
Dunque, il linguaggio dei quanti è tanto più complesso e indecifrabile del linguaggio della fisica classica pre-quantistica più avanzata?[i] O, almeno in parte, è stato forse reso tale, non

solo dagli scienziati che si sono impegnati e sgarbugliati a far quadrare con le loro invenzioni matematiche esperienza e teoria, ma anche dai filosofi della scienza?

Le opinioni sono diverse e frastagliate. Ho già scritto che Bohr ebbe a dire:

«Se un uomo non si sente confuso quando sente parlare per la prima volta della teoria dei quanti [...] vuol affermare che non ha capito una parola.»

Leo Ledereman, altro fisico di rispetto e premio Nobel, nel libro *La Particella di Dio*[32] formula l'ipotesi che il problema risieda nello sviluppo del cervello umano:

C'è una questione più profonda: se il cervello umano sarà mai pronto per i misteri della fisica dei quanti, che negli anni Novanta del XX secolo continua a turbare i sonni di alcuni dei migliori fisici. Heinz Pagels (morto tragicamente pochi anni fa in un incidente di montagna) aveva avanzato l'ipotesi, nel suo bel libro Il Codice Cosmico che il cervello umano possa non essersi abbastanza evoluto per capire il mondo dei quanti.

Un'opinione interessante su come la filosofia della scienza contribuisca a ingarbugliare la questione ce la da Steven Weinberg in *Dreams of a final Theory* (Op. Cit.) scrive:

Ho cercato di leggere il lavoro recente sulla filosofia della scienza. Ho trovato che gran parte di esso è scritto in un gergo cosi impenetrabile che io posso solo pensare che ha lo scopo di impressionare coloro che confondono l'incomprensibilità con la profondità [...] ho sollevato nel capitolo precedente il problema di quello che Wigner chiama l'irragionevole efficacia della matematica; io, adesso, voglio prendere in considerazione un altro fenomeno strano, l'irragionevole inefficacia della filosofia.

[I] Ho accennato a questo anche nel capitolo *Determinismo*

Weinberg espande il ragionamento per un intero capitolo. Io voglio solo far rilevare che, a volte, non sono solo i filosofi a rendere ancora più incomprensibile la scienza con le loro interpretazioni filosofiche, ma che, spesso, gli scienziati stessi parlano di scienza con ambizioni metafisiche, con il risultato che quello che potrebbe essere chiaro diventa nebbioso e quello che è certo, dubbio.

Ma se è tanto piccolo, perché meravigliarsi che sia strano e inafferrabile?

Ho scritto nell'Appendice II, quella che consiglio di leggere:

Parlo di atomi, onde, elettroni, righe spettrali, formule che coincidono con la realtà, e ne parlo, entusiasmandomi per la logica che ne deriva o che è implicita nelle scoperte, come se fosse roba normale. Perché, mi dico poi, il mondo non è più semplice? Perché tagliando a pezzi la materia, non si arriva a un atomo che è non solo piccolo ma normale, un pezzetto piccolissimo di roba che tutti possano vedere e capire? Qual è il senso della complicazione dell'Universo? E, per essere coerente, dovrei dire meglio: qual è il senso dell'Universo delle particelle di cui è costituito l'Universo?

Ho anche dedicato ampio spazio, nel capitolo IV *Spazio e Tempo: il Niente e l'Infinito*, a introdurre i concetti di numeri grandi e piccoli, e ho accennato alle dimensioni dell'atomo e del nucleo.

Ora, la questione è quella che ho posto nel titolo, sopra. Perché meravigliarsi del fatto che spaccando il mattone, di seguito, 2, 4, 8, 16 volte e cosi via, si incontri, alla fine un mattone ineffabile, talmente infimo, talmente piccolo da superare non solo l'immaginazione, ma anche la possibilità di applicare canoni ordinari - qualsiasi cosa *ordinari* voglia significare - alla sua conoscenza e allo studio del suo comportamento?

Riporto di nuovo la citazione di Fritjof:

Il mondo atomico sta al di là delle nostre percezioni sensoriali e esplorando l'interno dell'atomo e studiandone la struttura, la scienza oltrepassò i limiti della nostra immaginazione sensoriale. Da questo punto in poi essa non poteva più affidarsi con assoluta certezza alla logica e al senso comune.

Mi sembra corretta, e allora qual è la ragione di tanta sorpresa, quella che indusse i fisici dei quanti a strapparsi i capelli, e a disperarsi per le incongruenze della fisica atomica e per le stranezze inspiegabili che loro stessi inventavano per trovare le risposte agli interrogativi che...la sperimentazione, sempre più approfondita e fine gli andava ponendo?

Prima di tentare di spiegare la mia ragionata meraviglia per quest'atteggiamento, voglio ancora dedicare un poco di spazio alla questione della dimensione fisica di quello di cui stiamo parlando. Numeri di cui ho scritto già, ma che non fa male riprendere ancora in considerazione.

Il nucleo atomico, quello intorno al quale circolano gli elettroni di Rutherford, e saltano quelli di Bohr, costituito da protoni e da neutroni (questi ultimi scoperti dopo, negli anni trenta) ha un raggio che è circa 100.000 volte, 10^5, volte più piccolo di quello dell'atomo intero. Dato che il volume è proporzionale al cubo del raggio, si calcola facilmente che il nucleo è 10^{15} volte più piccolo dell'atomo. Questo, tra l'altro rende più comprensibili i discorsi che si fanno sulle altissime densità che si ritrovano nelle situazioni in cui, come nei buchi neri, nelle stelle neutroniche, gli elettroni sono strappati via dall'atomo. La densità del nucleo è dell'ordine di un miliardo di tonnellate per centimetro cubo, oppure un milione di miliardi (ancora

290

10^{15}) di volte la densità dell'acqua, che è di un grammo per centimetro cubo.

Scrive Fritjof, che *se tutto il corpo umano fosse compresso fino a raggiungere la densità del nucleo, non occuperebbe più spazio di una capocchia di spillo.*
Sempre Fritjof, parlando dell'atomo e del nucleo:

Per visualizzare questo minuscolo oggetto, immaginate un'arancia che cresca sino a raggiungere le dimensioni della terra. A questo punto gli atomi dell'arancia sarebbero grandi come ciliegie, impacchettate in un globo delle dimensioni della terra: ecco un'immagine ingrandita degli atomi di un'arancia.
Un atomo, quindi, è veramente piccolo rispetto agli oggetti grossolani. Tuttavia è enorme se confrontato con il suo nucleo che sta al centro. Nella nostra immagine di atomi-ciliegie, il nucleo di un atomo sarebbe così piccolo che non potremmo vederlo. Se facessimo crescere l'atomo sino alle dimensioni di un pallone di calcio, o anche sino alle dimensioni di una stanza, il nucleo sarebbe ancora troppo piccolo per essere visibile a occhio nudo. Per vedere il nucleo dovremmo far crescere l'atomo sino alle dimensioni della più grande cupola del mondo, quella della basilica di San Pietro a Roma. In un atomo di quelle dimensioni, il nucleo sarebbe grande quanto un grano di sale!

Gli atomi, non solo sono piccoli ma anche tantissimi.
Un grammo atomo di Carbonio, circa 12 grammi, un cucchiaino da caffè di atomi, contiene 6×10^{23} atomi (il numero di Avogadro).
Ne abbiamo già discusso, parlando, nel Capitolo IV, di granelli di sabbia, stelle e galassie, ma ho trovato un passo di Gribbin, nel libro *In search of Schrödinger Cat*[33] che rende ancor meglio l'idea.
Gribbin ricorda che l'età dell'Universo, diciamo quindici miliardi di anni, calcolata in secondi dà 5×10^{17}, e che questo numero è

circa 10^6 volte minore degli atomi di carbonio in un cucchiaino da caffè. Poi si domanda:

[...] ma che cosa vuol dire questo? [...] Immaginiamo un essere soprannaturale che sia stato a guardare l'universo svilupparsi dal Big Bang della creazione. Questo essere ha a disposizione un cucchiaino di atomi di carbonio, e una pinzetta così piccina da permettergli di acchiapparne uno per volta dal mucchio. Comincia l'operazione nell'istante del Big Bang in cui il nostro universo è nato, prende un atomo ogni secondo e lo butta via. A oggi sarà riuscito a scartare $5x10^{17}$ atomi: quanti ne rimangono? Dopo tutta questa attività, lavorando senza sosta per quindici miliardi di anni, il nostro essere soprannaturale avrà rimosso appena un milionesimo degli atomi di carbonio. Quello che rimane nel cucchiaino è ancora un milione di volte di più di quello che è stato scartato.

E conclude:

Ora, forse avrete un'idea di quanto è piccolo un atomo. La sorpresa non è che il modello dell'atomo di Bohr è una pura e semplice approssimazione, o che le regole della fisica tradizionale non siano applicabili agli atomi. Il miracolo è che noi si riesca a capire qualcosa degli atomi, e che possiamo trovare il modo di colmare il distacco che esiste tra la fisica classica di Newton e quella quantistica dell'atomo.

Bravo Gribbin!

Dunque, Fritjof ci ha chiarito che quando studiamo gli atomi non possiamo vedere *mai direttamente il fenomeno che abbiamo indagato, ma sempre soltanto qualcuna delle sue conseguenze.* Gribbin ci aiuta a capire anche che quando si misurano le proprietà e si analizzano i comportamenti dell'atomo, si prende un pochino di materia, un cucchiaino da caffè di carbonio, un grammo d'idrogeno, e si sottopone a test complessi in cui miliardi di miliardi di nuclei e tantissimi più elettroni girano, saltano, ondeggiano, permettendo sempre misure concrete e ripetibili.

É solo quando, pretendendo di studiare un atomo alla volta, si è cercato di colmare il baratro tra i fenomeni cosiddetti classici e quelli atomici usando il cervello *classico* di cui siamo dotati, che i veri pasticci hanno cominciato a turbare il sonno dei fisici. Anche perché, come vedremo, e come racconta la storia in Appendice, questi ultimi non hanno potuto, ed era giusto, usare una visione iniziale che non tenesse conto d'idee, concetti, parametri e pensieri che altro non erano che quelli di ogni giorno di un buon fisico teorico... e classico.

Funziona, non funziona, insomma a che serve?

M'interessa, a questo punto, fare quello che io chiamerei quasi un catalogo d'alcune opinioni sul significato e sull'efficacia della teoria dei quanti. Lo faccio perché mi sembra di trovare - insieme con una solida base d'opinioni reverenziali ed entusiastiche, meravigliate e conquistate, insieme con esempi di come senza meccanica quantistica non avremmo né laser, né computer, né bomba atomica - anche qualche *frase* che, se non altro, esprime qualche perplessità.

Devo prima però, anticipare un concetto che è bene espresso in Appendice, e di cui si tratterà ancora, più avanti in questo capitolo. Come vedremo, dagli inizi del novecento sino al 1923, in un frenetico susseguirsi d'esperimenti che permettono per la prima volta di studiare il comportamento dell'atomo, si sviluppa una teoria atomica che è subito, o quasi, quantistica ma non è ancora la *meccanica quantistica* di Heisenberg, Schrödinger e Dirac. É la *vecchia* teoria dei quanti, quella che combinando Plank, Bohr, Einstein e Rutherford più altri, fornisce un modello atomico che dà ragione alla più gran parte dei risultati sperimentali. Quello che non è mai del tutto chiaro nell'illustrazione non tanto dei misteri e delle stranezze, quanto dell'efficacia pratica della teoria, è se i vari autori, fisici e scienziati, si riferiscano alla vecchia o alla nuova teoria.

Lee Smolin in *La vita del Cosmo*[34] discute del rapporto tra filosofi e scienziati in relazione alla teoria dei quanti. Non ha la stessa opinione sui filosofi della scienza di quella espressa da Weinberg, e si aspetta il loro aiuto per stabilirne o negarne la correttezza. Scrive:

Ma per quanto io abbia imparato un sacco di cose dalla conversazione con alcuni di loro [i filosofi N.d.A.] devo però dire che spesso sono rimasto con la sensazione che essi siano troppo benevoli nei confronti di noi scienziati. Ho, per esempio, l'impressione che a volte gli specialisti di filosofia della meccanica quantistica concepiscano il loro ruolo come se si dovesse limitare a chiarire il modo in cui si deve parlare di questa teoria. Eppure, molti fisici sospettano che i problemi al riguardo siano molto più profondi. Sarà anche utile riuscire a chiarire quali siano le idee che proprio non vanno a proposito dell'interpretazione della meccanica quantistica. Ma che dire se, in ultima analisi, si scoprisse che il problema è come molti di noi sospettano – che abbiamo a che fare con una teoria sbagliata piuttosto che con un'interpretazione sbagliata? Chi se non i filosofi potrà trovare il coraggio di andare a dire ai fisici che non si può dare un significato alla loro meccanica quantistica o a una qualche altra loro costruzione?

Smolin insegna fisica all'Università di Pensilvanya. Insegna e usa sicuramente la meccanica quantistica; nel libro ne dà una dettagliata descrizione, senza escludere e senza sollevare dubbi sulle curiose conseguenze che ne derivano. Quello che sostiene, però, è coerente con il sentimento più generale: non la capisco, non mi riesce darne un'interpretazione comprensibile, ma la uso e mi è utile.

Sul concetto di *utile* mi soffermerò ancora. Ma ecco un altro piccolo brano che, collegato ai ragionamenti sul numero degli atomi (sono tanti), sulle loro dimensioni (sono piccoli), e sull'impossibilità di vederli se non con gli esperimenti, getta un'ironica ombra di dubbio sulla relazione tra previsioni quantistiche e risultati sperimentali.

Gribbin, nel *Schrödinger's Cat* riferisce una frase di Eddington, quando nel 1933 fu predetta l'esistenza del neutrino per spiegare quello che non andava nell'interpretazione dei fenomeni del decadimento radioattivo: *non sono molto impressionato dalla teoria del neutrino. Io non credo ai neutrini; ma posso osare di dire che i fisici sperimentali non avranno abbastanza inventiva da riuscire a fabbricare i neutrini?*

Naturalmente, spiega poi Gribbin, e questo lo sanno tutti, i neutrini sono stati trovati, anche in parecchie specie diverse.

Introducendo la teoria dei quanti e analizzando la descrizione del mondo che essa offre, nel libro *The Emperor's New Mind* (Op. Cit.), Penrose si impegna a dare un'interpretazione diversa da quella comune, alla teoria. Scrive:

Sfortunatamente diversi teorizzatori tendono ad avere punti di vista molto diversi (benché equivalenti dal punto di vista dei risultati) sulla realtà di questa descrizione. Molti fisici, prendendo le mosse dalla imponente figura di Niels Bohr, direbbero che non esiste alcuna descrizione obiettiva. In realtà non c'è nulla laggiù al livello quantico. In qualche modo la realtà emerge solamente in relazione ai risultati delle misure. La teoria dei quanti, secondo questa visione, fornisce solo un metodo di calcolo, senza cercare di descrivere il mondo come realmente è. Questo atteggiamento verso la teoria mi sembra troppo disfattista, e io seguirò la linea più corretta che attribuisce una realtà fisica obiettiva alla descrizione quantistica del mondo: lo stato quantico.

Mi fermo alle intenzioni di Penrose perché non mi è riuscito seguirne la matematica, senza la quale non si comprendono le vaghe conclusioni cui arriva.

Ancora da Steven Weinberg, e dal libro citato sopra, estraggo qualche opinione sulla teoria dei quanti di cui l'autore è non solo un solido sostenitore, ma uno di quelli che, utilizzandola, hanno contribuito ad importantissimi sviluppi della fisica delle particelle. Illustrando la sua convinzione secondo la quale ogni disciplina può trovare e trova le sue radici nella fisica (delle particelle quindi dei quanti) scrive:

É già abbastanza difficile usare le equazioni della meccanica quantistica per calcolare la forza di legame di due atomi di idrogeno nella più semplice molecola di idrogeno; la speciale esperienza e la visione dei chimici sono necessarie per affrontare i problemi delle molecole complesse, specialmente quelle assai complicate che s'incontrano in biologia. Ma il successo della meccanica quantistica nel calcolare le proprietà di molecole molto semplici ha reso chiaro che la chimica funziona come funziona a causa delle leggi della fisica.

E ancora:

Paul Dirac, uno dei fondatori della nuova meccanica quantistica, annunciò trionfalmente nel 1929 che le leggi fondamentali della fisica necessarie per le teorie matematiche della fisica in generale e dell'intero campo della chimica sono pertanto completamente note, e la difficoltà è solo che l'applicazione di queste leggi porta a equazioni che sono troppo complesse per essere risolte.

Weinberg accenna poi ad altri problemi inerenti alla fisica quantistica. Quelli degli infiniti che appaiono spesso nelle soluzioni delle equazioni. Di questi mi occuperò dopo.

Più avanti, citando Linus Pauli: *non c'è parte della chimica che non dipenda, nella sua teoria di base, dai principi quantistici.*

Leggi semplici, anche se non facilmente accessibili a un'interpretazione ovvia, e calcoli difficili o impossibili. E quindi la domanda: le leggi fondamentali della chimica hanno bisogno della meccanica quantistica, di Heisenberg, Shrödinger, Dirac, o basterebbero gli elettroni in orbita, quelli più fuori e quelli più interni, con i salti di Bohr, ovvero le sarebbero sufficienti i principi della *vecchia teoria dei quanti?*

Weinberg, scrive qualcosa di leggermente diverso di quello che ha sostenuto nelle precedenti citazioni. Almeno così mi pare. Riferendosi al fatto che i fisici avevano una sostanziale familiarità con le equazioni d'onda, come quella di Schrödinger *si trovarono tanto a proprio agio con quest'ultima da impegnarsi a calcolare le energie e altre proprietà di ogni tipo di atomi e molecole. Altri successi seguirono immediatamente e, uno per volta, i misteri che avevano circondato atomi e molecole cominciarono a sembrare risolti.*

Allora ci voleva Shrödinger, non bastava Bohr! Oppure no? Ma, di quali dei tanti misteri si parla?
Nel libro *In search of Schrödinger's cat,* Gribbin riporta una frase di Einstein, che nel suo libro *Autobiographical Notes,* descrivendo il lavoro di Bohr, scrive *che questo fondamento insicuro e contraddittorio, - che è stato sufficiente a un uomo con lo straordinario istinto e con il tatto di Bohr per scoprire le più importanti leggi delle linee spettrali e delle orbite elettroniche degli atomi insieme al loro significato per la chimica – mi apparve e mi appare ancora come un miracolo.*

L'Appendice II è chiarissima su questo punto, e sul lavoro di Bohr in generale. Dunque, anche secondo Einstein, le idee di Bohr bastano sicuramente a spiegare la chimica. Mi diverte il riferimento al *tatto* di Bohr. Un pochino d'invidia da parte del vecchio Einstein. I due hanno continuato a polemizzare, rispettosamente, per un ventennio.

Il modello di Bohr aveva permesso di mettere ordine completo nel sistema periodico degli elementi, consentendo addirittura di prevedere l'esistenza d'ingredienti ancora sconosciuti e poi trovati.

Questo, scrive Gribbin, *rappresentò l'apice del successo della vecchia teoria dei quanti. In tre anni tutto ciò fu spazzato via dalla meccanica quantistica.*

In moltissimi testi divulgativi, il laser è citato come una delle conquiste conseguenti alla meccanica quantistica.

Ecco ancora cosa ne pensa Gribbin:

Benché ci fu bisogno di un maestro cuciniere come Dirac per scoprire le ricette per fabbricare nuove particelle nel ricettario quantistico, i processi nucleari sono compresi in termini che sono meno completi del modello atomico di Bohr. Allora, forse, non dovrebbe essere troppo sorprendente rendersi conto che il modello di Bohr ha ancora la sua utilizzazione. Alcuni degli sviluppi scientifici più esotici e interessanti, i laser, possono essere compresi da qualsiasi competente assistente cuoco nella cucina quantistica, che ha sentito parlare del modello di Bohr, e non richiedono particolare genialità per la loro interpretazione (Il genio entra in giuoco, in questo caso nella tecnologia di costruzione, ma questa è un'altra storia). Pertanto, chiedendo scusa a Heisenberg, Born, Jordan e Dirac, e Shrödinger, ignoriamo le sottigliezze quantistiche, per un istante e ritorniamo al pulitissimo modello degli elettroni in orbita intorno al nucleo dell'atomo.

Poi Gribbin indugia a chiarire il suo pensiero, illustrando i principi su cui il laser è basato. Questo non c'interessa adesso.

Il discorso sembrerebbe quasi conclusivo. Ma non del tutto.

Lo stesso Gribbin riferisce una sua frase: *senza* **teoria dei quanti** *non esisterebbero l'ingegneria genetica, i computer a stato solido, le centrali nucleari (o le bombe).*

Più avanti, elencando altri importanti contributi della scienza alla vita di ogni giorno - la solita lista, laser, centrali nucleari e bombe inclusi - afferma che poche persone realizzano che *ogni elemento della lista trova le sue radici nella* **meccanica quantistica**, *una branca della scienza di cui potrebbero non aver mai* inteso *parlare e che sicuramente non comprendono.*

Ho messo in grassetto, *teoria dei quanti* (Bohr) e *meccanica quantistica* (Heisenberg, eccetera).

Mi pongo, di nuovo, il problema centrale cui ho già accennato: Gribbin usa i due termini come se si trattasse di due cose diverse, *vecchia* teoria, e *nuova* meccanica quantistica oppure no? É un problema di *linguaggio*? Dimentica la distinzione? Ma insomma l'atomo di Bohr sarebbe stato sufficiente a inventare la bomba e le centrali nucleari, come è lo è stato per inventare i laser, oppure no?

Non credo di essere in grado di andare molto oltre l'aver sollevato quello che mi sembra un legittimo dubbio, forse le cose si chiariranno più avanti.

Una cosa però posso dirla. Ho accennato in apertura di non essere riandato a leggere libri di fisica. É vero. Tuttavia, facendo spazio a un artigiano che doveva sistemare un vecchio mobile che contiene tantissimi libri del mio passato, mi sono capitati tra le mani due volumi.

Il primo, di Rice e Teller, è intitolato *La struttura della Materia*, Einaudi 1953. Teller è noto per essere uno dei padri della bomba. Bene. Consultando l'indice analitico, sotto la voce *quanti*, ho trovato due riferimenti: *Quantistica, teoria pagine 21-22 e – meccanica, 22-23*. Dopo queste tre pagine, su un totale di 526, di quanti non si parla più.

Il secondo è di Frederick Soddy, *La storia dell'energia atomica*, Einaudi 1951.Anche qui l'indice analitico è assai povero sul tema dei quanti. Però, Soddy, dedica un intero capitolo, il VII alla *Teoria dei **quanta** e l'atomo nucleare*. Da pagina 199 a pagina 228. Nell'indice dei nomi, c'è Heisenberg, e c'è Pauli, ma totalmente assenti tutti gli altri grandi della *meccanica quantistica*.

Siamo agli inizi degli anni cinquanta. Molte delle conquiste tecnologiche di oggi sono ancora lontane nel futuro, e ancora da venire sono gli sviluppi raffinatissimi della fisica delle particelle e della cosmologia che, certamente, avrebbero trovato i loro spunti, teorici e sperimentali, le loro ragioni di essere, i loro limiti e incongruenze, nella meccanica quantistica.

Sino a questo momento, però, mi sembra che si possa affermare serenamente che *La Struttura della Materia* e *La Storia dell'Energia Atomica* potevano essere descritte (la prima) e raccontate (la seconda), con l'atomo di Plank, Rutherford e Bohr.

Quindi sulla *bomba* io non ho dubbi, e nemmeno sull'energia nucleare per scopi pacifici. Gribbin oscilla, ma mi pare che abbia idee assai precise sul Laser.

E il resto?

I superconduttori, i transistor, i microcip, i computer? Ho anche qui l'impressione convinta che il *vecchio* Bohr, prima dell'indeterminazione di Heisenberg, prima del dramma della dualità onda particella, aveva detto abbastanza da permettere di arrivarci.

Il vero *resto* rappresenta il tentativo, ancora in corso, di arrivare a una comprensione totale della struttura dell'atomo e del nucleo. Il resto, come vedremo, sono le intricate teorie matematiche *fancy mathematical teories, Weinberg)* quali quelle dei campi quantici, le teorie di *gauge*, quelle delle *superstringhe,* tutte formulate nell'ambito della meccanica quantistica, e della cosmologia.

Teoria dei quanti e Meccanica Quantistica: ripercorriamo la storia

L'Appendice II, altro non è se non un compendio del Libro *Quantum Theory* di J.P. Mc Evoy e Oscar Zarate[35].
Si tratta di un vero e proprio romanzo a fumetti, con fotografie ma soprattutto disegni di personaggi, i grandi della storia quantistica, che discutono tra di loro, scrivono formule, si agitano e si disperano per le scoperte e le sorprese che man mano si aprono loro davanti. Il libro, senza essere affatto dissacrante, ha il merito di raccontare - in modo semplice e leggibile - tutta la storia, dandole non solo il senso umano che traspira dal dramma associato alla ricerca della verità compiuta da ciascun personaggio, ma anche la chiarezza che segue dal racconto logico dell'evoluzione del pensiero e delle scoperte, non appesantita ma, al contrario, resa intelligibile, dall'uso attento di formule, accessibili a chiunque abbia anche un minimo di cultura e di memoria della cultura della fisica più semplice. Incluso il sottoscritto.

Qui, naturalmente, non posso riscrivere l'Appendice, non avrebbe senso. Devo solo cercare di tirare fuori il succo del ragionamento dai fatti che l'appendice (vale a dire Mc Evoy) illustra egregiamente, e le mie conclusioni su quello che ho imparato scrivendola, e su quel mezzo barlume di comprensione che mi pare di avere acquisito.

La vecchia teoria: è quasi comprensibile

É importante notare che tutta la vicenda, per due decenni, ruota intorno al tentativo di correlare con un'interpretazione teorica logica, con un modello ragionevole, un'unica categoria di esperimenti, e di risultati sperimentali: quelli relativi all'interpretazione dello spettro di emissione dell'idrogeno gassoso. Quando nei libri di divulgazione si discetta sulle difficoltà di individuare la *posizione dell'elettrone*, non è mai abbastanza ovvio che si sta discutendo, appunto, dell'aspirazione di spiegare il comportamento di una miriade di atomi, con un'analisi fisico - matematica che tenga in conto il comportamento di ciascuno di loro.

Occorre anche chiarire subito che l'intero *mistero quantistico*, che si sviluppa dopo, nella seconda metà degli anni venti, ha solamente due facce principali: è legato anzitutto al fatto che tutte le particelle elementari, *fotoni* ed *elettroni* in prima linea, oltre a comportarsi come particelle, in certi esperimenti, si comportano, in altri, come onde. L'altra faccia è quella dell'indeterminazione: i parametri (classici!) più importanti che caratterizzano *in fisica classica* una particella–posizione e quantità di moto, non sono misurabili, insieme con precisione. Dunque, a) interpretazione degli spettri dell'idrogeno; b) onde e particelle; c) indeterminazione.

Rivediamo la storia, e ragioniamo su qualche dettaglio.
Un piccolo, ma necessario passo indietro. Ancor prima della faccenda dello spettro dell'idrogeno, tutto ha inizio con il problema della radiazione emessa dal *corpo nero*. Qui basta ricordare che un corpo nero emette radiazioni elettromagnetiche, dall'infrarosso all'ultravioletto, con una legge che correla l'intensità della radiazione emessa con la frequenza, mediante una curva a campana: l'intensità parte da zero a frequenza zero, raggiunge un certo massimo, che

cambia con la temperatura del corpo nero, e cade di nuovo a zero alle alte frequenze. Un sacco di fisici sperimentali si mette studiare il fenomeno, usando gli stessi ragionamenti che funzionano quando si vuole correlare il numero delle particelle in un gas con la loro velocità, o energia.

Wien scrive una formula che funziona alle alte frequenze e non va bene a quelle basse. Rayleigh, ne scrive un'altra che va bene alle basse frequenze, e che purtroppo, a quelle alte spedisce all'infinito l'intensità di radiazione: la cosiddetta catastrofe dell'ultravioletto.
Arriva Plank. Si mette a ragionare, e riesce a scrivere una formula perfetta, che descrive il fenomeno in tutto il campo di frequenze emesse dal corpo nero.
Dall'Appendice:

L'energia della radiazione E (o intensità per usare la terminologia consueta), a ogni temperatura T, è legata alla frequenza da quest'equazione, in cui C_1 e C_2 sono due costanti che Plank ha determinato per fare in modo che la formula riproducesse i risultati sperimentali, sia alle basse frequenze (Rayleigh che poi, però se ne va all'infinito) sia a quelle alte (Wien che però aveva problemi alle frequenze basse). Potenza della matematica, ed esempio tipico del fatto che con l'uso di appropriate costanti si può aggiustare tutto. Il fatto rimane, però, che Plank, pur rimanendone sgomento e non comprendendo il significato fisico della sua formula, era riuscito a scrivere qualcosa di ripetibile e valido in qualsiasi condizione di esperimento.

Lo sgomento e le preoccupazioni di Plank si attenuano un pochino quando qualche tempo dopo inventa i *quanti!* L'energia della radiazione emessa da un corpo nero non esce in modo continuo, ma a pacchetti discreti, ed è proporzionale alla frequenza della radiazione a meno di una costante *h*, la costante di...Plank. Si attenuano un pochino perché Plank con

303

questo in mente, riesce a riscrivere la sua formula; ma non completamente, perché è preoccupato di non comprendere il significato di quello che ha scoperto: i *quanti* di energia, i pacchetti discreti, roba che prima, in fisica classica non esisteva.

Intanto Einstein per spiegare l'effetto fotoelettrico (elettroni estratti da una piastra metallica colpita da una radiazione luminosa) conclude che la luce è costituita da particelle, discrete come i quanti di Plank, e che anche in questo caso, solo se le particelle hanno una certa energia, proporzionale alla frequenza tramite la costante *h* di Plank, gli elettroni riescono a saltar fuori. Questo fatto, però, è messo di lato per una ventina d'anni, tranne per il dettaglio che Plank, oltre a non sapere bene quello che ha fatto, si rifiuta di credere ai fotoni–particelle di Einstein.

Arriviamo allo spettro dell'idrogeno. Un gas, come l'idrogeno, se riscaldato emette radiazioni che, se passate attraverso un prisma (ricordate Newton e la scomposizione della luce bianca nelle sue varie componenti) si scompongono in una serie di righe *spettrali*, parecchie a diverse frequenze, e caratteristiche di ogni gas, per l'appunto.

L'avventura (quella che io desidero raccontare) dello studio dello spettro dell'idrogeno comincia con Balmer. Balmer non sa ancora quello che scopriranno, più tardi, prima Thomson e poi Rutherford. Dall'Appendice:

In breve. Thomson dimostra definitivamente che gli elettroni, sono elettroni, particelle con carica negativa, dotate di massa, e non raggi catodici. Rutherford, studiando lo scattering delle particelle alfa scopre che il centro dell'atomo deve essere ben pesante: questa è la scoperta del nucleo atomico, carico positivamente, attorno al quale, conclude Rutherford, si muovono gli elettroni in orbite diverse. Si comprende che rispetto alle dimensioni dell'atomo intero, il nucleo occupa uno

304

spazio piccolissimo [il solito pisello al centro di un campo di calcio], circa un miliardesimo di milioni di volte più piccolo dello spazio totale occupato dall'atomo con i suoi elettroni orbitanti.

Nonostante sappia poco o nulla della struttura di un atomo ancora del tutto o quasi sconosciuto, nonostante non sappia che l'idrogeno ha un protone nel nucleo e un solo elettrone, che per il momento gli facciamo girare intorno, Balmer si mette a trafficare con i numeri, inventa una formuletta che gli permette di calcolare parecchie delle frequenze delle righe dello spettro dell'idrogeno correlandole, tramite una bella costante ad hoc, nientemeno che solamente alla differenza di due piccole frazioni, inverse di numeri interi.
Consiglio caldamente la lettura dell'appendice, anche perché è a questo punto che arriva Niels Bohr. Non gli piace l'atomo di Rutherford, con protoni al centro ed elettroni orbitanti, ma è fortemente attratto dalla formula di Balmer.

Non ignora i quanti di Plank, e vuole a tutti costi ritrovare la formula di Balmer. Usa concetti derivati dalla meccanica classica, un sacco d'immaginazione, e un paio di postulati, il più importante dei quali è che gli elettroni emettono energia non quando ruotano intorno all'atomo, ma quando saltano da un'orbita più esterna a una più interna, più vicina al nucleo. Con questo modello e con l'armamentario di fisica e matematica di cui dispone riesce a scrivere esattamente la formula di Balmer! Solo che questa volta la costante non è ad hoc, niente affatto! Contiene nientemeno che la costante di Plank, **h**, la massa e la carica dell'elettrone, e pi greco che comincia a fare capolino nelle formule quantistiche.
I numeri interi della formula di Balmer, ora di Bohr sono i primi, cosiddetti numeri quantici, indicati con **n**. Ne seguono altri.
Dall'Appendice:

Dopo che Bohr ha sviluppato il suo modello, negli esperimenti con l'idrogeno continuano ad apparire nuove righe spettrali. Ci lavorano in parecchi e ampliano le idee di Bohr, ipotizzando tre cose:

- *Non tutte le orbite sono circolari, alcune possono essere ellittiche. Si aggiunge a n un nuovo numero quantico k, sempre quantizzato in unità di h/2л che stabilisce l'eccentricità dell'orbita.*
- *L'orbita elettronica, ellittica o circolare può essere orientata su piani diversi: perpendicolare, all'asse dell'atomo, oppure inclinata a destra o a sinistra. Questo accade quando gli atomi sono piazzati in un campo magnetico. Altro numero quantico, m.*

Il rompicapo continua; i tre numeri quantici, n, k, m, non bastano ancora a spiegare nuove linee che appaiono nello spettro dell'idrogeno soggetto ad un campo magnetico. É Wolfang Pauli a risolvere questo problema. Con un ragionamento che trova le sue radici nel modello planetario, Pauli scopre che l'elettrone – cosi come fa la terra ogni giorno, mentre ruota intorno al sole – ruota su se stesso, e può farlo sia in direzione oraria sia antioraria. Ecco il quarto numero quantico s, lo spin. Il momento angolare dell'elettrone che ruota su se stesso è uguale a ± 1/2 del valore h/2л, a seconda che lo spin sia up (antiorario) oppure down (orario). Il valore ½ significa, tra l'altro una cosa strana e interessante. Laddove ogni pianeta nel sistema solare torna nella posizione iniziale (la terra ogni 24 ore, per esempio) in un solo giro, l'elettrone deve farne due per ritornare al punto di partenza. Pauli, inoltre scopre ed enuncia un principio, per l'appunto Il Principio di Esclusione di Pauli, secondo il quale solamente un elettrone può occupare un certo livello quantico (orbita)[I]. É proprio

---

[I] Più chiaramente: in un atomo ogni elettrone esibisce una particolare combinazione dei quattro numeri quantici: ogni elettrone conosce l'indirizzo di ogni altro e occupa il suo spazio particolare nella struttura *questo che impedisce agli elettroni e quindi all'atomo di collassare ai livelli minimi dell'energia. Una conseguenza di tutto questo, che potremmo definire come parte della **Vecchia** teoria quantistica, fu la capacità di Bohr, di raffigurare la struttura del sistema periodico degli elementi chimici che cataloga in gruppi, gli atomi che posseggono le stesse proprietà chimiche e fisiche. A questo Bohr pervenne, attribuendo a ciascun elettrone nell'atomo i quattro numeri quantici. Non entro in questa questione: è comprensibile ma difficile da spiegare senza l'aiuto di tabelle e di grafici.*

Qui si conclude, in parte, la vicenda della *vecchia* teoria dei quanti. Si sa che l'atomo ha un nucleo che esibisce una carica positiva, associata ai protoni, tanto più alta quanto più è alto il loro numero, il peso atomico dell'elemento; è denso e piccolo, (i neutroni verranno dopo, nel 1933) ed è circondato da elettroni che, lontanissimi dal nucleo, tendono ad occupare orbite ben definite, disponendosi su ciascuna secondo ben precisi numeri quantici.

Gli elettroni, dotati di massa e carica negativa, mentre girano intorno al nucleo non emettono radiazioni. Se lo facessero finirebbero per perdere energia, come vogliono Faraday e Maxwell, e a cadere nel nucleo. Invece, lo fanno solo quando saltano da un'orbita più esterna a una più interna, e l'energia è emessa a pacchetti discontinui, i *quanti*, con una frequenza che è uguale alla differenza tra il livello energetico che compete alle due orbite, divisa per la costante h di Plank.

Al contrario, quando gli atomi di gas sono sottoposti a radiazioni elettromagnetiche (luce) gli elettroni assorbono energia, anche questa volta a pacchetti, e saltano verso l'esterno dell'atomo.

---

dell'atomo. É questa la vera ragione dell'impenetrabilità della materia. Quando un orbita è piena non è possibile aggiungere un altro elettrone.

L'ho scritto nell'appendice e lo ripeto ancora una volta. Non è *un atomo* che fa tutto questo, non uno solo. I fisici non studiano un atomo alla volta, ma raggruppamenti di atomi espressi da un dieci seguito da ventitré zeri. Quando si calcolano le righe dello spettro di un gas, dell'idrogeno in particolare, che è facile perché è soggetto alla danza di un singolo elettrone, si applica il modello di Bohr e zac! Si ritrovano le linee dello spettro, sempre uguali, mai diverse. Ma la curiosità non finisce mai. Perché ogni singolo elettrone decide di zompare da quell'orbita particolare a quella specifica altra? Per saperlo bisognerebbe poter studiare, calcolare, *vedere* un singolo atomo. Questo non è possibile. Lo dice Heisenberg.

Werner Heisenberg

Se il lettore rimane dubbioso di fronte a quello che Heisenberg stava facendo, egli o ella non sono i soli. Io ho cercato molte volte di leggere l'articolo che Heisenberg scrisse al ritorno da Helgoland e benché penso di capire la meccanica quantistica, non ho mai capito le motivazioni di Heisenberg per i passaggi matematici contenuti nel suo lavoro.

Questo scrive Steven Weinberg, raccontando, come fanno moltissimi altri, di una vacanza del fisico a Helgoland, nel 1925, durante la quale, mentre tossiva e starnutiva in preda a una crisi di allergia, ha dato inizio alla rivoluzione che avrebbe trasformato la vecchia teoria dei quanti nella meccanica quantistica.

Heisenberg era amico di Bohr, ma non era entusiasta del modello che quest'ultimo aveva tanto faticosamente messo insieme. Del resto, nemmeno Bohr, nonostante gli strabilianti successi della sua teoria, era soddisfatto.

Ecco cosa scrive sulla questione, e sull'approccio di Heisenberg, Lederman:

Lavorò duro per cercare di farsi un'immagine mentale dell'atomo di Rutherford-Bohr, ma non arrivò a nulla. Gli elettroni orbitanti di Bohr erano qualcosa che proprio non riusciva a immaginare. Quel piccolo atomo, tanto carino [...] non aveva senso. Heisenberg si convinse che le orbite di Bohr erano mere costruzioni mentali che servivano a far tornare i calcoli e rispondere alle obiezioni classiche, o meglio, ad aggirarle astutamente. Ma orbite reali? No [...]. Heisenberg arrivò a comprendere che di questo nuovo atomo non poteva darsi un modello visuale. Al posto della ricerca dell'analogia visiva egli si diede un nuovo e saldo principio guida: non si deve avere nulla a che fare con niente che non sia misurabile. Le orbite non possono essere misurate. Le righe spettrali, invece, possono esserlo. Heisenberg formulò una teoria denominata meccanica matriciale basata su formule matematiche chiamate matrici. I suoi metodi erano matematicamente sofisticati e ancora più difficile era visualizzarli, ma era chiaro che aveva fatto un grande passo avanti rispetto alla vecchia teoria di Bohr.

Neanche lo stesso Heisenberg sapeva esattamente quello che aveva fatto.
Che il suo metodo matematico corrispondesse ad una procedura nota in matematica, quella del calcolo con matrici, lo stabilì Dirac, qualche tempo dopo, e fu Wolfang Pauli il primo a *usare la nuova meccanica matriciale per risolvere il problema principe della fisica atomica, il calcolo delle energie degli stati quantici dell'atomo d'idrogeno, e quindi giustificare i risultati a hoc ottenuti precedentemente da Bohr* (Weinberg).

Un'altra chiave interpretativa e a sostegno delle matrici di Heisenberg si trova nel libro *In Search of Schrödinger's Cat* di Gribbin (Op.Cit).

Il vero salto in avanti compiuto da Heisenberg era fondato sull'idea [...] che ogni teoria fisica debba solo occuparsi di cose che possano essere osservate tramite esperimenti. Questo sembra ovvio, ma in realtà rappresenta una verità profonda. Un esperimento che osserva gli elettroni in un atomo non ci presenta un'immagine di piccole palline dure che orbitano intorno al nucleo – non c'è modo di osservare l'orbita, mentre l'evidenza delle linee spettrali ci racconta quello che accade agli elettroni quando saltano da uno stato energetico (od orbita, per usare il linguaggio di Bohr) a un altro [...]. Heisenberg ha eliminato i laccioli delle analogie d'ogni giorno, e ha lavorato intensamente alla matematica che descrive non uno stato di un atomo o elettrone, ma l'associazione tra due paia di stati.

Vediamo. Balmer, il professore di scuola svizzero, inventa una formula che permette di calcolare la frequenza delle righe spettrali dell'idrogeno, le righe di…Balmer.

Dopo una quindicina di anni, e dopo che Bohr ha sviluppato con le sue *costruzioni mentali* un modello *visibile,* che *aggirando astutamente le obiezioni classiche,* permette di calcolare le righe di…Balmer (e altre, per essere onesti), arriva Heisenberg e produce un complicatissimo metodo matematico, che Weinberg, molti anni dopo, non arriva a comprendere, che è interpretato come *matrici* non dallo stesso Heisenberg, ma da Dirac; il metodo è poi utilizzato da Pauli per calcolare le righe di… Balmer. Heisenberg ha deciso che solo quello che è verificabile con gli esperimenti ha un vero senso scientifico. Ma non l'aveva già detto Newton? E se non è così che la cosa va intesa, chi più di…Balmer l'aveva applicato, costruendo una formula elementare, appesantita è vero da una costante *a hoc,* verificabile con la misura della frequenza delle righe spettrali dell'idrogeno, quelle di…Balmer.

Weinberg definisce *ad hoc* i risultati ottenuti da Bohr. Ad hoc solo perché si è sforzato, usando la fisica, la matematica e l'immaginazione di costruire, oltre che una formula che *funziona,* un modello che si comprende, e che nonostante gli sforzi dei meccanici quantistici rimane, è usato costantemente nel linguaggio della fisica delle particelle?

Sono io che leggo male, scelgo in modo capzioso quello che mi fa comodo, ho le traveggole?

Su una cosa sono d'accordo, o forse due. Ha ragione Gribbin quando scrive che Heisenberg ha lavorato a una matematica che descrive la relazione tra stati diversi, tranne che descrivere uno stato. Questo sarà utile più avanti nell'analisi del resto della meccanica quantistica. E hanno ragione tutti quando affermano che l'atomo è troppo piccolo perché sia studiato, affrontato e risolto con un *modello visuale.* Peccato però!

Non dico: viva Balmer. Non dico: abbasso la meccanica quantistica. Ma insisto su un punto che mi è caro: i fisici-matematici che, dopo Plank, Rutherford e Bohr, hanno sviluppato la meccanica quantistica lo hanno fatto, come i loro predecessori, sempre con *costruzioni mentali* e sempre a partire da concetti tipici della fisica classica. Ora vedremo che cosa combinano il principe De Broglie, Schrödinger, Heisenberg, ancora, con il principio d'indeterminazione, e Dirac.

La *liberazione* se è di liberazione che si può parlare - quando si perde ogni contatto con la realtà, quando strutture matematiche, calcoli ed esperimenti sembrano coincidere a scapito della comprensione - arriverà più tardi, quando si rinuncia a qualsiasi tentativo di far modelli, e si usano semplicemente le formule senza capire affatto perché funzionino, oppure aggiustandole in qualche modo per costringerle a funzionare.

Louis, principe de Broglie

Secondo Brian Green in *L'Universo Elegante*[36]:

[...] fino a metà degli anni venti si procedeva soprattutto tentando di unire alla bell'e meglio le idee della fisica classica ai nuovi fenomeni. Si era ben lontani da una teoria coerente, chiara e logica come quelle di Newton o di Maxwell [...] almeno fino a che [...] nel 1923 un giovane francese di nobili origini, gettò nella mischia una nuova idea, che presto avrebbe spalancato le porte alla teoria moderna della meccanica quantistica e che gli avrebbe regalato il premio Nobel nel 1929.

Ho raccontato la storia e ho riprodotto la matematica, non complessa, usata dal principe, nell'Appendice II. In sintesi, de Broglie anzitutto si ricorda dei fotoni di Einstein – particelle anziché onde – poi mettendo insieme la matematica classica di Einstein ($E = mc^2$) e quella semiclassica di Plank-Einstein ($E = hf$)[I] sviluppa la matematica di un'idea nuova ed esaltante. Se i fotoni luminosi, che spesso si comportano come onde, a volte si comportano come particelle, perché non può essere vero il contrario, che le particelle, e prime tra tutti, gli elettroni, non dovrebbero comportarsi come onde? Einstein è ovviamente entusiasta, de Broglie utilizza le sue scoperte, e come ho già scritto in appendice, l'idea di de Broglie risulterà corretta. In esperimenti sulla diffrazione degli elettroni, da parte di cristalli di nichel si conferma che anche gli elettroni generano figure d'interferenza, tipiche dei fenomeni ondulatori.

Occorre sottolineare una cosa. Il principe de Broglie pensa ancora in termini classici. Vede ancora gli elettroni in orbita intorno al nucleo, e immagina un comportamento in cui la particella, ruotando, si porta appresso un'onda. L'idea che gli

---

[I] Ricordiamo che h è la costante di Plank, e f è la frequenza.

elettroni si comportano in maniera ondulatoria ha successo. Ma ancora una volta il suo modello è troppo realistico per essere vero. Tant'è, che dopo il premio Nobel, di de Broglie non si sente più parlare. Anche perché è arrivato sulla scena Erwin Shcrödinger, perché Heismberg non sta con le mani in mano e Dirac si scatena.

Schrödinger, Born e Dirac

A questo punto non mi va di faticare due volte per ripetere le stesse cose. Quindi pesco nell'Appendice. Heisenberg ha fatto quel che ha fatto, ma non...proprio *tutti* sono d'accordo, e contenti nemmeno, tant'è che Schrödinger si mette a cercare una soluzione diversa che ancora sia in qualche modo legata a un modello classico; Born darà di quest'ultima un'interpretazione diversa da quella del suo stesso autore, e poi Dirac con la sua matematica troverà una soluzione generale del problema che ingloba entrambe le teorie, quella di Heisenberg e quella di Schrödinger e udite, consente di superare il paradosso della natura duale della luce a *tutti coloro che sono in grado di seguirne e comprenderne la matematica*.

Voglio riportare l'equazione di Schrödinger, uno degli strumenti più usati nella meccanica quantistica e dire due parole sul suo significato:

$$\frac{\delta^2}{\delta x}\Psi + \frac{8\pi^2}{h^2}m(E-V)\Psi = 0$$

in cui E è l'energia, V l'energia potenziale, x la posizione, h la solita costante di Plank, m la massa della particella. L'equazione deve essere risolta per determinare il valore di Ψ, un'onda che descrive lo stato quantico del sistema in esame. Schrödinger cerca, disperatamente, una formulazione della teoria che non sia solo matematica; vorrebbe che anche il mondo delle particelle possa essere riconducibile a fenomeni classici. La sua equazione permette di calcolare tutte le righe dell'idrogeno, riproduce la formula di Balmer, e consente di ricavare i tre numeri quantici n, m e k della vecchia teoria. Ma, lo stesso inventore della nuova forma della meccanica quantistica è confuso, non è certo di avere ben chiaro quello che ha scoperto. Gli piace l'idea di De Broglie, particelle che viaggiano avvolte da un pacchetto d'onde, mentre aborre la visione astratta, puramente matematica di Heisenberg. Finisce per riconoscere, però, con sua sorpresa che le matrici di Heisenberg portano ai suoi stessi risultati. É anche costretto ad ammettere che la sua visione non è corretta e finisce per accettare l'interpretazione di Max Born. Quest'ultimo conclude che Ψ rappresenta l'ampiezza della probabilità che un elettrone passi da un certo stato a un altro, e che il valore assoluto del quadrato di Ψ non è altro che la probabilità fisica della presenza di una particella.

Devo fermarmi un momento e ritirar fuori il problema che mi assilla. Quando, usando il *linguaggio* dei quanti, ci si domanda: dov'è l'elettrone? Qual'è il significato fisico della domanda? Io ho sostenuto sino a ora che si tratta sempre della posizione dell'elettrone in orbita intorno al nucleo, o meglio ancora del livello quantico, energetico, quello che volete, che l'elettrone occupa nell'atomo, prima o dopo uno dei suoi salti.

Capra (Op.Cit.), presentando una foto con *modelli visivi di distribuzione della probabilità* scrive:

Non è possibile, per esempio, dire con sicurezza dove si troverà un elettrone in un atomo. La sua posizione dipende dalla forza di attrazione che lo lega al nucleo atomico e dall'influenza degli altri elettroni presenti nell'atomo. Queste condizioni determinano distribuzioni di probabilità che rappresentano le tendenze dell'elettrone a trovarsi nelle diverse regioni dell'atomo [...] non possiamo parlare di

314

posizione dell'elettrone, ma solo delle sue tendenze a trovarsi in certe regioni.

Lederman, in *La particella di Dio,* prima scrive che:

L'equazione di Schrödinger, corredata dall'interpretazione probabilistica di Born delle funzioni d'onda ha avuto un successo enorme. É la chiave per spiegare i segreti dell'idrogeno e dell'elio, e con un computer abbastanza potente, dell'uranio. Fu usata per capire come due elementi si combinano per costituire una molecola, mettendo la chimica su più sicure basi. Permette di costruire i microscopi elettronici e anche i microscopi protonici. Nel periodo 1930-1950 venne usata per studiare il nucleo e si rivelò altrettanto utile di quanto lo fosse per studiare l'atomo.

Gli esempi sono sempre generici e le spiegazioni, poche. Ma, a parte l'atomo e il nucleo, per le solide basi della chimica non bastava l'atomo di Bohr e le conclusioni che permetteva di raggiungere sulla struttura degli elementi chimici e sul loro comportamento? Ma restiamo sulla questione del significato della domanda sulla posizione dell'elettrone.

Lederman poi, dedica la pagina successiva a spiegare come con la formula di Schrödinger si può calcolare dove si trova l'elettrone nell'atomo di idrogeno, ovvero quali sono le probabilità che salti da uno stato quantico all'altro, e conclude: *I diversi stati energetici sono necessari, perché sono le uniche condizioni possibili (Bohr, Pauli). Ma noi possiamo solo calcolare la probabilità che l'elettrone ha di trovarsi in uno di qualsiasi di questi stati. É il caso a decidere.*
Dunque, si tratta sempre dello spettro dell'idrogeno, che come ho scritto fino alla nausea, è sempre uguale, identico a se stesso, perché anche se non sappiamo dov'è un elettrone, *tutti* gli elettroni, miliardi di miliardi che si trovano in pochi grammi di idrogeno, sottoposti a test, saltano, a gruppi, in

maniera coerente, da un'orbita all'altra. O no? Dunque l'equazione di Schrödinger serve a sapere una cosa che non serve. Ha la pretesa di andare in un mondo di miriadi di piccole infinitesime cose, a cercare dov'è una sola di quelle.

Ma ci deve essere dell'altro. Ed ecco una possibile di chiave di lettura che nega il mio semplicistico ragionamento, l'interpretazione di Born dell'equazione di Schrödinger raccontata da Weinberg:

L'equazione di Schrödinger mostra che, quando un pacchetto d'onde colpisce un atomo, si rompe; piccole onde se ne vanno viaggiando in tutte le direzioni come quando il flusso d'acqua che esce da un tubo per innaffiare il giardino colpisce una pietra. Questa cosa sembrò strana; gli elettroni che colpiscono un atomo se ne vanno in una direzione oppure nell'altra ma non si frantumano – rimangono elettroni. Nel 1926 Max Born a Gottingen propose di interpretare questo strano comportamento della funzione d'onda in termini di probabilità. L'elettrone non si spezzetta, ma può essere lanciato (scattered) in ogni direzione possibile, e la probabilità che lo faccia in una direzione particolare, è più grande per quelle direzioni per le quali sono più grandi i valori della funzione d'onda.

Qui non si parla più di elettroni che si muovono all'interno di un atomo, cambiando livello energetico, ma di elettroni che colpiscono un atomo e vengono *scatterati* in una delle tante direzioni possibili.
Quindi ci deve essere di più, e nonostante la carenza di esempi chiari, quando si parla di cercare un elettrone, di non saperlo trovare, e di poter calcolare solo la probabilità che ritrovi in un certo posto, ci si deve riferire anche a esperimenti di fisica delle particelle in cui, per qualche motivo ancora ignoto, è essenziale saper dove è andato a finire. Vedremo più avanti che una spiegazione forse c'è, quando approfondiremo

316

il discorso della dualità onde particelle e la storia dell'indeterminazione di Heisenberg.

Ma ecco l'altra domanda: se non sappiamo calcolare la storia di tre, dico tre palle da biliardo che si urtano tra loro, o di tre pianeti; se, come dice Weinberg qui sopra, l'acqua di un tubo da giardino si disperde, dopo l'urto con una roccia, in mille rivoletti dall'*incalcolabile*, *imprevedibile* destino, perché abbiamo preteso di sapere che fa, dove va, che dice questo strano miscuglio ibrido di ondivaga particella?

Vorrei concludere, per il momento, la storia di Schrödinger beccando ancora per un momento, appunto, nel *Schrödinger Cat* di Gribbin.

Bohr, all'inizio era preoccupato per i risultati del lavoro di Schrödinger, e si chiedeva): *Come poteva un'onda, o un gruppo di onde interagenti, produrre un responso (click) in un contatore Geiger, come se avesse registrato una singola particella? Che cos'è che veramente* <u>ondeggia</u> *in un atomo?*

Poi, invita Schrödinger a Copenagen, lavorano insieme. Non riescono a liberarsi dal problema dei *salti quantici*. L'elettrone–particella, continua a saltare, l'energia delle radiazioni del corpo nero continua a venir fuori a pacchetti. Schrödinger stesso è sconcertato: *se avessi saputo che non ci saremmo liberati da questi dannati salti quantici, non mi sarei mai coinvolto in questa faccenda.*

Gribbin commenta:

Senza dubbio, la sconcertante immagine d'onde reali che girano intorno ai nuclei atomici, che aveva consentito a Schrödinger di scoprire l'equazione d'onda che oggi porta il suo nome, è errata. La meccanica ondulatoria non è guida migliore alla comprensione del mondo dell'atomo, della meccanica matriciale, ma al contrario di quest'ultima, la meccanica ondulatoria fornisce l'illusione di qualcosa di familiare e conveniente. Molte generazioni di studenti, oggi essi stessi professori, potrebbero aver raggiunto una

317

comprensione più profonda della teoria dei quanti, se fossero stati costretti a venire a patti con l'approccio astratto di Dirac, piuttosto che immaginando che quello che sapevano sul comportamento delle onde nel mondo di ogni giorno, potesse fornire un'immagine precisa del modo di comportarsi degli atomi.

Nonostante gli enormi successi della teoria dei quanti, oggi, cinquant'anni dopo, noi siamo a mala pena in una posizione migliore di quella dei fisici degli anni venti, per quanto riguarda la nostra fondamentale comprensione della fisica quantistica. É stato proprio il gran successo dell'equazione di Schrödinger come mezzo di pratico utilizzo a impedire di pensare in profondità su come e perché il mezzo funziona.

Ho già accennato al fatto che sarà Paul Dirac a consolidare tutte le teorie più recenti nella sua teoria del campo quantistico, che si svilupperà nei decenni successivi nell'elettrodinamica dei quanti.

A questo punto, con l'interpretazione di Born, abbiamo una funzione d'onda che rappresenta e permette di calcolare la probabilità che una particella si trovi in un certo posto. Non sappiamo esattamente che cosa vuol dire ma possiamo usarla per previsioni e calcoli[1].

Parliamo dei veri Misteri

La *vecchia* teoria dei quanti è strana, e deve esserlo perché è bizzarro, e inaccessibile l'oggetto di cui si occupa: l'atomo. Ma, non è misteriosa, non chiude ancora con un passato in cui la fisica è difficile ma leggibile, e non apre la strada alle ardite speculazioni intellettuali e ai dubbi interpretativi dei decenni

---

[1] Attenzione: non mi si dice se la teoria consente calcoli per atomi più complessi di quelli dell'idrogeno. Devo però annotare che Martin Rees, nel Libro *Prima dell'Inizio* (op. cit.) sostiene che *quell'equazione non può essere risolta per alcunché più complicato di una molecola.*

successivi. I veri misteri hanno inizio con le idee di de Broglie, e con gli esperimenti che confermano la singolare dualità onde–particelle. Ancora Gribbin:

Heisenberg scartò in modo deliberato ogni raffigurazione dell'atomo e affrontò la questione solo in termini di quantità che potessero essere misurate tramite esperimenti; tuttavia al centro della sua teoria c'era l'idea che gli elettroni fossero particelle. Schrödinger prese le mosse da una chiara immagine fisica dell'atomo, come se fosse un'entità reale; il cuore della sua teoria era l'idea che gli elettroni fossero onde. Entrambi gli approcci produssero equazioni che descrivevano esattamente il comportamento di entità che potevano essere misurate nel mondo dei quanti.

E, poi,

Non è solamente che l'atomo di Bohr con in suoi elettroni orbitanti è una falsa immagine; tutte le rappresentazioni sono false, e non esiste un'analogia fisica che ci permetta di capire quello che succede all'interno degli atomi. Gli atomi si comportano come atomi, nient'altro [...].
Gli esperimenti programmati per rivelare particelle rivelano sempre particelle; quelli per rivelare onde rivelano sempre onde. Nessun esperimento mostra che l'elettrone si comporta, allo stesso tempo, come un'onda e come una particella.

Questo è lo stato dei fatti, prima che accadano tre cose: ci si mette a riflettere a fondo sulla dualità onde particelle e si ragiona su un esperimento che la testimonia in modo indiscutibile; Heisenberg tira fuori il principio di indeterminazione; Bohr che è uomo di *tatto*, ma soprattutto persona capace di condividere senza invidia o rancore, le scoperte dei suoi allievi, e di accettare la nuova realtà che propongono, rinunciando al suo pur fondamentale modello, produce la sua interpretazione dello stato della fisica quantistica, quella che rimarrà sino a oggi l'interpretazione più condivisa che va con il nome di *Interpretazione di Copenaghen.*

Se si fossero fermati prima, avremmo comunque avuto le equazioni quantistiche, le matrici, le funzioni d'onda, la matematica di Dirac, e tutte le conseguenze tecnologiche che ne sono derivate. Non avremmo avuto, invece, la necessità conseguente di dover subire il tormento delle più incredibili speculazioni filosofiche sulla materia, e non avremmo avuto lo sviluppo della fisica delle particelle, e delle sue applicazioni alle teorie cosmologiche sulla nascita e sullo sviluppo dell'universo.

Le due Fessure: ancora Onde e Particelle

Secondo Feynman - sappiamo chi è, l'ho citato più volte - l'esperimento delle *due fessure* rivela un fenomeno che non è assolutamente spiegabile con i canoni della fisica classica, e racchiude (sono parole sue) l'*unico* mistero... le stravaganze di base di tutta la meccanica quantistica.
Potrei citare almeno venti libri in cui l'esperimento è descritto e commentato.
Mi limiterò a qualcuno. Lederman, *La Particella di Dio,* lo illustra con il titolo *Il tormentone della doppia fessura.* Un'ottima presentazione, con immagini assai precise si trova nell'*Universo Elegante* di Green (Op. Cit.). Penrose, nell' *Emperor's New Mind* (Op. Cit.) non è da meno: disegni logici e spiegazioni conseguenti.
E, naturalmente, Feynman che lo tratta nelle sue lezioni di fisica dedicate alla meccanica quantistica.
Devo confessare che un poco come per la relatività speciale, ho impiegato anni a convincermi di aver capito, e questa volta, non è stato così solo per colpa mia.

Tre cose sono spesso assenti o non completamente chiare in molte delle trattazioni del fenomeno. La prima e la più importante è che il ragionamento si applica non solo agli elettroni, ma a tutte le particelle: elettroni, fotoni luminosi, raggi gamma, particelle beta (che poi elettroni sono), alfa, neutroni e protoni. La seconda è che, in effetti, esperimenti reali sono stati condotti solo sui fotoni e sugli elettroni[I] e con metodi completamente diversi, e che l'esperimento della doppia fessura è solo un esperimento esistente nel pensiero (in inglese *thought experiment)*, che si applica sia agli uni sia agli altri; per il resto delle particelle la certezza c'è, ma le prove sono poche. La terza è che Thomas Young all'inizio dell'ottocento, aveva dimostrato proprio con quest'esperimento, questa volta reale - in contraddizione con le teorie di una luce particellare, dovute a Newton - che la luce è, in effetti, un'onda.

Non voglio e non posso usare figure; non voglio nemmeno entrare nei complicatissimi dettagli dell'esperimento; per una visione completa, raccomando a chi fosse interessato, la lettura dei testi citati. Qui, voglio solo fornire un quadro semplice ed essenziale e poi discuterne un pochino.
Il fatto centrale è che l'esperimento precisa in modo inequivocabile il problema della dualità onde–particelle. L'enfasi è sull'elettrone, anche perché, mentre sulla natura della luce, particelle o onde, si discuteva da secoli, l'elettrone era nato, veniva misurato, rappresentato e calcolato come una particella fino a de Broglie e soci. Non solo. Mentre la doppia natura del fotone viene accettata con meno riserve, forse per i motivi che ho citato, forse per altri, l'elettrone nasce particella ed è scioccante ritrovarlo come onda.

[I] In realtà pare che questo non sia vero. Esperimenti su neutroni, protoni e altre particelle sono stati condotti negli anni ottanta.

Forse, a mio avviso, l'importanza dell'esperimento in questione è grande non tanto per la meraviglia suscitata dall'idea astrusa che una pallina (l'elettrone) possa esser anche un'onda, ma per la conferma che il fotone luminoso, oltre che essere onda è, come vuole il buon Einstein, anche una particella. Come fa una roba senza massa, la luce, quella che arriva dalle stelle, dall'isola di fronte e dal mare in tempesta, come fa, buon Dio, a colpire una lastra fotografica e lasciare una traccia puntiforme, come se fosse una pallina?

Insomma, il punto chiave è che non occorre fare una distinzione tra elettroni e fotoni: sono tutti onde oppure particelle. Mai le due cose insieme. Di qui in poi si può assumere che quando parlo di fotoni o di elettroni il ragionamento si applica a entrambi, è totalmente intercambiabile.

Per dare al discorso un minimo di concretezza, dò un'idea dell'apparato sperimentale. Una sorgente di luce monocromatica per i fotoni, o una sorgente qualsiasi di elettroni, spara i suoi raggi verso una parete che presenta due fenditure verticali. Questo mi sembra abbastanza facile da immaginare. Volendo, una delle due fenditure può essere chiusa. Al di là della parete con le fenditure c'è n'è un'altra, con una lastra fotografica, o con un contatore Geiger, o con qualunque cosa che sia capace di leggere quello che passando attraverso le fenditure, la colpisce.

Thomas Young aveva usato realmente questo tipo di apparato, con due buchi tondi invece che fenditure verticali, e aveva raccolto sullo schermo finale, una serie di cerchi concentrici, uno chiaro e uno scuro, testimonianza del fatto che la luce subiva un fenomeno di diffrazione, classico di ogni fenomeno ondulatorio, quando il raggio luminoso, attraversava le due fenditure. É facile capire quello che succedeva a Young. Quando un'onda (anche un'onda d'acqua) arriva di fronte a un ostacolo con due buchi, si spezza in due fronti d'onda separati. Le due serie di onde risultanti, vanno verso la

322

parete finale e, secondo la distanza esistente tra i buchi e ogni punto della parete ricevente, le loro intensità si sommano o si elidono, dando luogo a cerchi chiari o cerchi scuri: le onde interferiscono tra loro, il fenomeno di diffrazione genera l'interferenza.

Ripartiamo, qualche secolo dopo, con lo stesso apparato, fenditure invece che buchi.

Sorgente di luce monocromatica, parete intermedia con due fenditure, e schermo ricevente, organizzato in modo da poter leggere singole particelle.

Ecco quello che succede:

a) Due fenditure aperte. Si ottengono strisce verticali d'intensità diversa, chiaro scuro, ciascuna formata da una serie di *puntini distinti uno dall'altro*. Che vuol dire? I fotoni luminosi si comportano come onde passando attraverso le fenditure, rimangono onde mentre percorrono il tragitto dalle fenditure allo schermo – deve essere così perché c'è interferenza – e ridiventano particelle, **quanti** di luce quando vengono raccolti dall'apparato di misura.

b) Una sola fenditura aperta. Miracolo, miracolo. I fotoni si comportano, questa volta, come particelle, dall'origine sino allo schermo di misura. Non c'è interferenza, quindi niente onde, sullo schermo si raccolgono sempre puntini, più numerosi di fronte alla fenditura, e in numero degradante verso i due lati dello schermo.

c) Ci poniamo un'improbabile domanda: siccome siamo convinti che i fotoni siano particelle vogliamo sapere come fanno a interferire come se fossero onde. Allora che facciamo? Mandiamo fuori della nostra sorgente un fotone alla volta, eliminando la possibilità che in qualche modo le particelle possano interferire tra loro[I]. Ancora miracolo,

miracolo. Con due fenditure aperte continuiamo a trovare un'immagine di interferenza, ogni fotone è un'onda, si spezza in due fronti d'onda alle fenditure, e dopo qualche tempo troviamo gli stessi risultati del caso a).

d) Ultima curiosità. Continuiamo a esser convinti che i fotoni siano particelle e vogliamo sapere da quale delle due fenditure passano. Mettiamo un rivelatore di qualche tipo subito dopo le fenditure e...miracolo, miracolo, miracolo, il fatto di avere cercato di misurare i fotoni, il fatto di avere voluto vederli...li trasforma di nuovo in particelle. Niente interferenza.

Ho raccontato l'esperimento e i suoi risultati in modo semplice, e spero comprensibile, dimenticando, volutamente una cosa fondamentale.
Ho scritto i fotoni (o gli elettroni) si *comportano* come onde oppure come particelle, secondo le condizioni sperimentali, cambiando natura durante il percorso: particelle emesse dalla sorgente, onde dopo le fenditure se sono tutte e due aperte, particelle quando arrivano allo schermo, e sempre particelle se solo una delle due fenditure è aperta.
Che cosa o chi ho dimenticato? Ho dimenticato che le speranze di Schrödinger che elettroni e fotoni fossero dopo tutto onde, e che la loro, posizione e comportamento fossero descritte dalla sua equazione erano errate; ho dimenticato che Born ha interpretato l'equazione di Schrödinger attribuendo alla funzione d'onda un significato probabilistico: si può solo

---

[1] Devo chiarire questo punto. Che significa che le particelle potrebbero interferire tra loro? Lederman: Si potrebbe ipotizzare che forse, due o più elettroni stanno passando attraverso le fessura, simulando un campo di interferenza. Green: Una prima spiegazione potrebbe essere questa: l'acqua è composta da **particelle**, le molecole di H_2O. Quando molte di queste particelle fluiscono insieme producono le onde. Sembra ragionevole pensare che le proprietà di tipo ondulatorio, come le figure di interferenza, possano risultare da una teoria corpuscolare della luce a causa dell'enorme numero di foton i. Poi, entrambi descrivono che no, il fenomeno dell'interferenza continua a verificarsi con un fotone o con un elettrone alla volta.

conoscere la probabilità che l'elettrone faccia una cosa piuttosto che un'altra, si trovi qui oppure lì, passi da una parte piuttosto che dall'altra.

E allora? Che cosa ho cercato di fare? Ho cercato di rendere comprensibile e accettabile in senso antropomorfico il bizzarro comportamento quantistico delle...come devo chiamarle: particionde? Le cose, purtroppo non stanno come io vorrei, sono uno dei tanti che rifiuta, che non riesce a capire certi aspetti della meccanica quantistica.

Feynman, Lederman, Green, l'hanno capita bene e si pongono problemi che io ho sapientemente dribblato per restare con l'animo tranquillo. Attenzione, non ho imbrogliato, l'esperimento va proprio così come l'ho descritto. Solo che il modo in cui l' ho fatto implica delle assunzioni che, purtroppo per Schrödinger prima maniera e per me, non sono corrette.

Voglio citare, allora, un pezzetto di Lederman, uno di Green, e uno di Green che racconta Feynman.

Ecco che cosa scrive Lederman:

La meccanica quantistica afferma che noi possiamo prevedere la probabilità del passaggio degli elettroni attraverso le fessure e del loro susseguente arrivo sullo schermo. La probabilità è un'onda, e le onde hanno campi d'interferenza. Quando entrambe le fessure sono aperte, le onde di probabilità Ψ possono interferire con il risultato di avere probabilità zero ($\Psi = 0$) per certe posizioni sullo schermo.

Non mi sembra chiarissimo, ma testimonia il tipo d'inghippo in cui sono andato a cacciarmi scrivendo che l'elettrone si *comporta* come un'onda.

E Green:

La particella non è spalmata qua e là, ma esistono posti in cui essa si potrebbe trovare con probabilità nulla.

Green, descrive poi la formulazione di Feynman. Numericamente è uguale alle altre, porta agli stessi risultati, ma il concetto è diverso. Feynman, se capisco bene, seguita a intendere l'elettrone come una particella, e assume che le particelle viaggino da un punto all'altro *lungo ogni possibile traiettoria.*

Nella sua formulazione, quindi, non è necessario associare un'onda di probabilità all'elettrone, ma si deve fare qualche cosa di altrettanto bizzarro: la probabilità che un elettrone – visto sempre come una particella – arrivi in un punto dello schermo è data dall'effetto combinato di tutti i possibili modi di arrivarci [...]. A questo punto la vostra educazione classica traballa: come può un elettrone percorrere tutte le traiettorie (che sono infinite)? [...].I risultati dei calcoli svolti con questo metodo[1] concordano con quelli ottenuti con la funzione d'onda, e quindi sono confermati sperimentalmente.

A questo punto sono non poco confuso. Nella concezione classica di *probabilità* la difficoltà di prevedere l'esito di un evento dipende dalla mancata conoscenza di tutti i parametri che lo regolano, e dalla difficoltà di calcolo – la roulette, le corse dei cavalli, l'esito, testa o croce, del lancio di una moneta. Qui, invece sembrerebbe che la *probabilità* sia una proprietà intrinseca della materia. Ovvero, essa non dipende, come mi sarebbe piaciuto, dall'insondabile piccolezza degli oggetti trattati, associata all'enorme numero di essi con cui ci si confronta nella realtà degli esperimenti. Nossignore.

Ora cito di nuovo Fritjof Capra:

É importante capire che la formulazione statistica delle leggi della fisica atomica non riflette la nostra ignoranza della situazione fisica, come nel caso dell'uso del calcolo delle

---

[1] Non è detto, ma è chiaro che il metodo deve spiegare l'interferenza.

probabilità da parte delle società di assicurazione e dei giocatori di azzardo. Nella meccanica quantistica siamo giunti a vedere nella probabilità un aspetto fondamentale della realtà atomica, che governa tutti i processi e persino l'esistenza della materia. Le particelle subatomiche non esistono con certezza in punti definiti, ma mostrano piuttosto tendenze a esistere e gli eventi atomici non avvengono con certezza in momenti precisi e in modi definiti, ma mostrano tendenze ad avvenire.

Proviamo a ricapitolare un pochino. Ho scritto e ho riferito di altri che lo hanno sostenuto, che l'elettrone (e, ripetiamolo, il fotone e tutte le particelle elementari) si *comporta* a volte come un'onda e a volte come una particella. Poi mi sono pentito, forse a torto. L'equazione di Schrödinger, non descrive un'onda d'*elettrone*, ma solo la probabilità che l'elettrone si trovi in un certo posto e faccia una certa cosa. E, questo è il più difficile da assorbire, non si tratta di probabilità classica, statistica, no per nulla. Si tratta invece di una qualità intrinseca del mondo subatomico.

Mi sono anche domandato il significato della questione *dove si trova l'elettrone,* e ho sostenuto che la risposta essenziale è associata al livello energetico dell'elettrone nell'atomo, all'orbita che l'elettrone occupa e dalla quale può saltare, emettendo i fotoni che, quando gli atomi sono tanti, forniscono le righe spettrali. Ho accennato all'idea di Weinberg degli elettroni che, urtando un nucleo, vengono scatterati in tante imprevedibili direzioni. E, infine, ho riferito dell'esperimento *ideale* principe della meccanica quantistica, quello delle due fessure. In quest'ultimo, che ha riscontri sperimentali assodati, ha certamente senso parlare di un elettrone che viaggia da un posto all'altro, e domandarsi dove va a finire, e come si comporta nel viaggio.

Poi ho citato la formulazione di Feynman. Qui si riparla di probabilità. L'elettrone non si comporta come un'onda, non è nemmeno necessario associargli un'onda di probabilità, è una strana particella che può andare da un posto all'altro in un numero infinito di maniere possibili. Ma di che tipo di probabilità si parla? Quelle classiche, quelle di Boltzman con i suoi miliardi di particelle - tante da sfuggire a ogni trattazione che non implichi l'uso della probabilità - quelle dei bookmakers e dei lanciatori di monete? Oppure quella imperscrutabile della meccanica quantistica?

Che peccato! Che peccato che De Broglie e poi il primo Schrödinger non abbiano avuto ragione sino in fondo. Se ci si fosse accontentati di accettare l'idea che le particelle sono piccole, e che a volte sono onde e a volte particelle, per quanto misteriosa la cosa possa sembrare, sarebbe rimasto un piccolo enigma, irrisolto e forse irrisolvibile, ma ancora rispondente, a un sia pure astratto, curioso senso comune. Ma, scusate, un fotone di luce classico che si muove a trecentomila chilometri il secondo, insieme ai raggi X, quelli gamma, insieme alle onde radio, tutte onde che si *appoggiano* a un altrettanto misterioso, impalpabile campo elettromagnetico[1] non sono tutti insieme l'espressione dello strano inafferrabile modo in cui la natura si esprime e l'uomo la descrive?

E il fatto non rimane che - l'ho già detto più volte mi pare - le righe spettrali di emissione di un gas, sia pure risultando dalle indecisioni quantistiche, sono sempre uguali a se stesse in intensità e posizione nello spettro delle frequenze? E che se non si riesce a prevedere quando un atomo decide di decadere, è sempre possibile calcolare al millesimo le sempre uguali curve di decadimento di un piccolo mucchio di miliardi di miliardi di atomi?

---

[1] Capra: La luce, per esempio è emessa e assorbita sotto forma di *quanti,* o fotoni, ma quando viaggiano attraverso lo spazio queste particelle di luce appaiono come campi elettrici e magnetici variabili che presentano tutti i comportamenti caratteristici delle onde.

Una conclusione, però, rileggendo quello che ho scritto sinora, forse posso avanzarla.

Gli elettroni e i fotoni, in fatti, *si comportano* in entrambe le maniere: possono essere onde e particelle. Il problema è che non si riesce a descriverli matematicamente come onde. Allora: li si considera particelle e si usa l'equazione di Schrödinger, oppure la matematica totalmente astratta di Dirac, per calcolare il loro comportamento. Che ve ne pare?

Per sentirmi più sicuro di questa conclusione a cui sono arrivato, mi pare, da solo, cito un altro pezzetto di Lederman:

L'interpretazione statistica data da Born alla psi di Schrödinger proveniva dal convincimento, proprio della scuola (di Gottingen, in Germania), che gli elettroni fossero particelle. Essi fanno fare click ai contatori Geiger. Lasciano sottili tracce nelle camere a nebbia di Wilson. Collidono con altre particelle e rimbalzano. Ora, l'equazione di Schrödinger fornisce le risposte giuste, ma descrive gli elettroni come onde. Come si può convertirla in un'equazione corpuscolare? [...]. La soluzione di Born al dilemma particella-onda è semplicemente questa: l'elettrone (e i suoi amici) agiscono come particelle quando sono osservati e misurati, ma la loro distribuzione nello spazio tra una misura e l'altra segue il modello probabilistico e ondulatorio che emerge dall'equazione di Schrödinger. In altre parole, la quantità psi di Schrödinger descrive la probabile posizione degli elettroni. E questa probabilità può comportarsi come un'onda.

Torniamo per un istante alle due fessure e alla mia semplice descrizione dell'esperimento. Le particelle, elettroni o fotoni che siano, sono particelle quando partono dalla sorgente che le emette. Se le si osserva, le si disturba con una misura nel tragitto, rimangono particelle sino all'urto con la parete di misura: niente interferenza. Se, invece, le si lascia in pace, particelle rimangono all'arrivo (fanno clickare il contatore

Geiger) ma interferiscono in qualche modo come se avessero comportamento ondulatorio.

 Ma non sono onde, *la loro distribuzione nello spazio tra una misura e l'altra segue il modello probabilistico e ondulatorio che emerge dall'equazione di Schrödinger*. Se alla parole *tra una misura e l'altra* sostituiamo *tra le fessure e la parete di misura* arriviamo, forse, a capire perché interferiscono.

Più di questo non riesco a fare.

Ma c'è un'altra contraddizione. Non mi riesce a ritrovare dove ho letto che anche l'elettrone, come le onde luminose, possiede una frequenza specifica e una corrispondente lunghezza d'onda. Voglio ricordare che tutte le *radiazioni* che conosciamo mostrano queste due proprietà, in modo ben definito e conosciuto. Le onde. Le onde radio e TV hanno una frequenza relativamente bassa (quindi una grande lunghezza d'onda) che va 10^6 a 10^8 cicli al secondo.

Le onde radar si piazzano tra i 10^{10} e i 10^{12}. L'infrarosso copre il campo tra 10^{12} e 10^{14} cicli al secondo, seguito dalle radiazioni della luce visibile con una fascia di frequenze strettissima, appena un pochino più alta di 10^{14}. Segue l'ultravioletto, sino a 10^{16}, e poi i raggi X sino a 10^{19}. I raggi gamma occupano un campo bello esteso che va da 10^{19} a 10^{26} cicli al secondo. Infine i raggi cosmici, che arrivano sino a 10^{28}. Questa sequenza, che si trova dappertutto, nelle enciclopedie, nei libri di testo, spesso negli articoli pubblicati su riviste scientifiche, l' ho ricavata dal libro di Fritjof. Dov'è l'elettrone? Non c'è, non c'è mai.

Ma allora l'elettrone non si comporta dopo tutto come un'onda? E, un'altra cosa. Anche le onde radio, quelle della televisione, quelle del radar, sono onde o particionde? Perché nessuno me lo racconta? Perché sembrerebbe che siano particelle solo i fotoni che vengono impiegati nel dannato esperimento delle due fessure, o quelli che comportandosi come particelle quantistiche fanno saltar fuori gli elettroni di Einstein dai metalli? Le frequenze delle radiazioni emesse dal corpo nero, quelle dello spettro dell'idrogeno, quelle di tutti gli elementi che dalle stelle, inviano segnali che ne rivelano la struttura e la composizione, le radiazioni *luminose* in senso stretto, si trovano in un campo limitato, tra l'infrarosso e l'ultravioletto.

Queste sono sicuramente fotoni, onde e particelle. Anche i raggi X e quelli gamma debbono esserlo. Ma allora, gli elettroni, i neutroni, e tutte le altre manifestazioni della natura atomica che diavolo sono, dove si collocano nella scala di frequenze universali che ho appena descritto? Ci sono voluti i quanti per inventare la radio, la televisione, il radar, o sono bastati Maxwell e Herz?
Ma tutto questo non è ancora nulla. I veri guai non sono ancora cominciati.

Indeterminazione

Ho già scritto parecchio su questo nell'Appendice II. Ho fatto anche una serie di commenti che potrei rileggere e riportare qui, nel testo. Preferisco però ignorare quello che in Appendice risulta dalla lettura di Mc Evoy, e riconsiderare la faccenda tenendo conto dello studio più recente d'altri testi.
Il Principio d'Indeterminazione di Heisenberg è, a prima vista, uno degli aspetti più chiari e accettabili della meccanica quantistica.
Vediamo come lo presentano un paio di autori. Cominciamo con Weinberg, *Dreams of a final theory* (Op. Cit.):

Ma l'interpretazione probabilistica dell'onda (electron wave) trovò sostegno in uno straordinario ragionamento offerto da Heisenberg l'anno dopo. Heisenberg approfondì il problema che un fisico deve affrontare quando voglia misurare la posizione e la quantità di moto di un elettrone. Per effettuare una misura accurata della posizione e del momento di un elettrone, è necessario usare luce a bassa lunghezza d'onda, perché la diffrazione tende a confondere l'immagine di qualsiasi cosa più piccola della lunghezza d'onda del raggio luminoso. Ma la luce a bassa lunghezza d'onda consiste di fotoni con un corrispondente alto valore del momento[I], e quando fotoni dotati di un forte momento sono usati per osservare un elettrone, quest'ultimo, necessariamente salta via per l'impatto, portando con se una frazione del momento del fotone. Ne consegue che più alta è l'accuratezza con cui cerchiamo di misurare la posizione di un elettrone, tanto meno conosceremo dopo la misura il suo momento.

Leon Lederman:

Heisenberg proclamò che la misurazione simultanea della posizione e dalla velocità di una particella ha dei limiti e che l'incertezza circa il valore di queste due quantità deve essere superiore a...nientepopodimeno la costante di Plank, quella h che abbiamo incontrato per la prima volta nella formula E = hf. Le misurazioni della posizione della particella e della sua velocità (la sua quantità di moto) sono in relazione reciproca inversa. Più sappiamo dell'una e meno sappiamo dell'altra.

Nella fisica Newtoniana, espande l'autore, non è così. Si possono misurare in un dato istante posizione e velocità di un oggetto senza annullare la possibilità di sapere dove l'oggetto finirà in un istante futuro. Poi scrive:

Heisenberg propose di considerare come una proprietà fondamentale della natura che il prodotto delle due incertezze sia sempre maggiore della costante di Plank [...]. Per quanto strano possa sembrare, c'è una precisa ragione fisica per questa irriducibile incertezza nella misurabilità del microcosmo. Immaginate di voler trovare la posizione di un elettrone. Per farlo dovete vederlo, vale a dire che dovete far

---

[I] O, se preferite, alta frequenza.

rimbalzare la luce, uno sciame di fotoni, sull'elettrone. Fatto! Adesso vedete l'elettrone. Conoscete la sua posizione in un certo istante. Ma un fotone che si scontra con un elettrone cambia lo stato di moto dell'elettrone. Una misurazione incide sull'altra [...]. Nei sistemi atomici, dice la teoria dei quanti, dobbiamo includere lo strumento di misura come parte del sistema misurato.

Notiamo due cose. Le interpretazioni del principio di indeterminazione fornite dai due autori sono praticamente identiche, e entrambe danno conto di qualcosa di, *a prima vista,* estremamente semplice, logico e accettabile. Se per *vedere* un elettrone devo prenderlo a calci, è ovvio che finirò per sbatterlo da qualche altra parte. Lederman, però, dice anche qualcos'altro, qualcosa che occorre leggere attentamente*: Heisenberg propose di considerare come una proprietà fondamentale della natura che il prodotto delle due incertezze sia sempre maggiore della costante di Plank.*
Dunque non è solo questione di metodo di misura, dell'uso inevitabile di fotoni ad alta energia (frequenza, momento) necessari per illuminare e vedere la particella. Si tratta di una proprietà fondamentale della natura. Non è Lederman il solo a dirlo.
Sentite cosa ha da dire Fritjof:

La cosa importante è che questa limitazione non ha nulla a che fare con l'imperfezione delle nostre tecniche di misura. É una limitazione di principio inerente alla realtà atomica. Se decidiamo di misurarne con precisione la posizione, semplicemente la particella non ha una quantità di moto ben definita e se decidiamo di misurarne la quantità di moto, la particella non ha una posizione ben definita.

La sottolineatura *non ha*, buttata lì da Fritjof è densa di significato, ha lo stesso senso della affermazione di

Lederman: l'indeterminazione è una proprietà fondamentale, intrinseca della natura.

E, per finire, ancora Penrose, *The Emperor's New Mind* (Op. Cit.):

In alcune descrizioni, si è portati a credere che questo è solamente il risultato di un'intrinseca inadeguatezza del processo di misura. Quindi, nel caso appena considerato, quello dell'elettrone, il tentativo di localizzarlo, inevitabilmente gli da un calcio accidentale di una tale probabile intensità che è del tutto verosimile che l'elettrone venga scagliato via ad una grande velocità, quella indicata dal principio di Heisenberg.

In altre descrizioni si apprende che l'incertezza è una proprietà della particella medesima, e che il suo moto possiede un'intrinseca indeterminatezza, che significa che il suo comportamento è implicitamente imprevedibile a livello quantico[I].

Infine, in altre descrizioni, si è informati che una particella quantistica è qualcosa di incomprensibile, alla quale i concetti specifici della posizione e del momento classici, sono inapplicabili.

Io non sono soddisfatto con nessuna di queste.

La prima, in qualche modo, porta fuori strada; la seconda è sicuramente errata; la terza è inutilmente pessimistica.

Voglio far notare che nel testo di Penrose i paragrafi che riportano le tre diverse interpretazioni non sono separati. Io l'ho fatto per rendere meglio leggibili le alternative proposte, e il corrispondente giudizio dell'autore.

[I] Notare che sto usando una serie di sinonimi nella traduzione: incertezza, indeterminatezza, imprevedibile. Penrose usa: uncertainty, randomness, unpredictable.

A me sembra che quella che *porta fuori strada*, la prima, corrisponde alla descrizione delle ragioni dell'indeterminazione nella misura, fornite da Weinberg e da Lederman.

La seconda, anche se espressa con un *linguaggio* diverso, è quella a cui accenna Lederman, e sulla quale si esprime Fritjof: *proprietà fondamentale della natura* e di ogni particella atomica che *non ha* allo stesso tempo una ben definita posizione e quantità di moto.

La terza, è solo pessimistica e l'autore spiega perché in molte pagine al di sopra della mia capacità di comprendere.

Vedremo, comunque, che l'interpretazione più corrente, quella che viene data dal gruppo di Copenaghen, e che resta uno dei pilastri della meccanica quantistica, sembra proprio essere che l'elettrone non possiede allo stesso tempo un momento e una posizione, che questa è una proprietà imperscrutabile ma vera della natura, che esiste a prescindere dalle misurazioni, anche se sono proprio le misurazioni a rivelarne l'essenza.

A questo punto mi sembra ragionevole, dopo tutto, citare i miei ragionamenti finali riportati nell'Appendice:

Per molti questo concetto rappresenta la fine di tutte le certezze sulla natura e sul suo comportamento connaturate, tra l'altro, alla fisica antecedente, quella classica. Io penso che questa conclusione meriti una seria discussione. Per almeno tre ragioni.

Anzitutto l'indeterminazione di Heisenberg si applica alle particelle elementari, e non alle palle da tennis, ai rinoceronti, ai proiettili e ai satelliti artificiali. La fisica classica continua a dominare indisturbata una grandissima parte dell'universo che ha bisogno di una descrizione razionale e che la consente. Poi, non bisogna dimenticare che il mondo reale, quello che trova una rappresentazione moderna nella teoria del caos, è probabilmente assai più indeterminato e casuale di quello degli atomi. Con l'uso di concetti basati su probabilità e statistica, il comportamento fisico e chimico degli atomi è assai più prevedibile di quello dei tanti altri strani modi in cui si manifestano i fenomeni del mondo. Infine è critico il fatto che si stia ragionando di [...] atomi, delle cose più piccole, e meno probabili, in senso stretto, dell'Universo, e che aspettarsi da esse un comportamento normale è forse l'intrinseca espressione di una pedante, ristretta, aspettativa del contenuto della realtà. Quest'ultima considerazione, vale ancor più quando si tenga conto della presenza insostituibile e decisiva dell'invenzione matematica nello sviluppo delle teorie atomiche e quantistiche. Se la matematica riesce a descrivere la realtà non è detto che riesca a farlo sempre in modo completo, definitivo e completamente privo, esso sì, d'indeterminazione e incertezza.

Conseguenze di Copenaghen: tutte le particelle sono intercorrelate

Qui vorrei espandere, usando qualche autorevole citazione, quello che ho brevemente scritto in appendice, dedicare spazio alla storia della polemica Einstein–Bohr e, infine, discutere di qualcuna delle curiose conseguenze filosofiche della cosiddetta *Interpretazione di Copenaghen*. Si tratta di argomentazioni, al limite tra scienza e metafisica, che possono generare reazioni situate, anch'esse, al confine tra uno scettico dissenso e un profondo senso di affascinato riguardo.

Nel 1927 due congressi di fisica, uno sul lago di Garda, e un altro qualche mese dopo a Bruxelles, presso l'hotel Metropole. Non partecipa al primo Einstein, che invece è presente al secondo, a esprimere il proprio dissenso sulle conclusioni di Bohr e soci.
In essenza Bohr avalla tutte le ultime scoperte, le teorie di Heisenberg, di Schrödinger, di Dirac e l'indeterminazione quantistica di Heisenberg. Su onde e particelle Bohr è salomonico: enuncia il principio di complementarità, secondo il quale le entità elementari possono comportarsi nell'uno e

nell'altro modo, secondo il contesto in cui si opera, o più specificatamente, secondo gli strumenti con i quali sono osservate e misurate[I].

Bohr si concentrò, in particolare su una strana peculiarità della meccanica quantistica che egli chiamò complementarità; la conoscenza di uno degli aspetti di un sistema impedisce la conoscenza di altri. Il principio d'indeterminazione di Heisenberg fornisce un esempio di complementarità: la conoscenza della posizione di una particella (oppure del suo momento) preclude la conoscenza del momento (o posizione).
(Weinberg, *Dreams of a Final Theory*)

E, Gribbin, *In search of Schrödinger Cat*:

L'idea di complementarità, che entrambe le qualità, particelle e onde, sono necessarie per capire il mondo dei quanti (benché l'elettrone, per esempio, non è né l'uno né l'altro) aveva trovato la sua formulazione matematica nella relazione di incertezza che affermava che momento e posizione non possono essere conosciuti precisamente ma, allo stesso tempo, affermava aspetti complementari e in un certo senso esclusivi, l'uno dell'altro, della realtà.
[...] (Bohr) scrisse assai poco, tra il 1925 e il 1927 sulla teoria dei quanti, e quindi presentò,

[a Como] le idee che vanno sotto il nome di *Interpretazione di Copenaghen* a una vasta platea.

Mise in evidenza che laddove, nella fisica classica possiamo immaginare che un sistema di particelle interagenti funzioni, come un orologio, indipendentemente dal fatto che siano o meno osservate, nella fisica dei quanti l'osservatore

---

[I] Vedere Appendice II. Questa non è una autorevole citazione.Sono io che riassumo Mc Evoy.

interagisce con il sistema sino al punto che il sistema stesso non può essere considerato come se avesse un'esistenza indipendente.

Osserviamo un atomo, continua Gribbin, e vediamo un elettrone che si trova a un livello energetico A; dopo un po' guardiamo ancora e vediamo un elettrone nello stato B. Non sappiamo né se è lo stesso elettrone, né possiamo sapere che cosa facesse mentre non guardavamo. Possiamo solo immaginare che è passato da A a B, forse perché lo stavamo osservando. Alcune volte le cose si trovano in uno stato A, altre in uno stato B, e la faccenda di quello che c'è in mezzo, o come si passa da A a B è priva di significato.

É a questo punto, non prima, che Gribbin, nel suo libro, presenta l'esperimento delle due fessure. Questo, in un certo senso, risponde alla mia consueta domanda: che vuol dire, in pratica guardare un elettrone in un atomo? L'esperimento in questione viene usato dall'autore per dare un significato a quello che scrive, per spiegare la dualità onda–particella, e per dare sostanza alle ragioni dell'indeterminazione, della complementarità, e del comportamento probabilistico delle particelle: alle teorie di Schrödinger e Heisenberg e all'indeterminazione inventata da quest'ultimo.
Io non so se si tratti di un difetto della teoria, o di una manchevolezza di chi la presenta. Il fatto certo che rimane, è che la vaghezza del racconto, le difficoltà del *linguaggio* usato potrebbero essere, semplicemente, il risultato della maniera in cui la teoria si è sviluppata – meccanica matriciale di Heisenberg, teoria ondulatoria di Schrödinger, interpretazione di Born, colpo di genio ancora di Heisenberg con la sua indeterminazione: tutta matematica usata per superare le limitazioni classiche dell'atomo di Bohr e per arrivare a calcolare... le righe spettrali dell'idrogeno!

So e ho già detto che tutto ciò è riduttivo, e rischia di sembrare pretenzioso. So che tutta la fisica delle particelle, che si è sviluppata nei decenni successivi, la scoperta dell'antimateria, delle forze atomiche e dalla loro unificazione, la cosmologia quantistica, so che tutto questo è basato sui *calcoli e sulla matematica* della meccanica quantistica. Quello che trovo criticabile non è, dunque, la meccanica quantistica. Ho concluso in questo modo, sulla stessa linea di pensiero, il mio riassunto in Appendice II, la cui scrittura…

ha avuto anche un altro importante risultato: far nascere nella mente dell'autore, vale a dire nella mia testa, qualche dubbio non tanto sull'essenza e sull'esistenza Platonica dei principi matematici, ma piuttosto sull'uso a volte spregiudicato che della matematica è fatto dai fisici. La spregiudicatezza che riscontro non è tanto legata alla volontà di ottenere a ogni costo un risultato che permetta di spiegare i fenomeni, quanto al fatto che non si ammetta apertamente da parte dei matematici, dei loro critici, commentatori e ammiratori, qual è la natura del metodo seguito. Lo definisco con una semplice frase: cerca, e cerca. Se conosci il risultato e se sei bravo finirai per trovare…qualcosa.

É a questo proposito, cerca e cerca vedrai che ce la fai, vorrei chiuder il capitolo descrivendo brevemente due esperimenti, quello ideale di Einstein, Rosen e Podolsky (EPR) e quello reale di Aspect, condotto molti anni dopo per contestare il primo. Voglio anche soffermarmi, come ho già detto, sulle conseguenze metafisiche di tutto questo.
Einstein non era contento della meccanica quantistica. Lui, uno dei padri della vecchia teoria, non accettava le implicazioni probabilistiche della nuova. Ricordiamo che gli era piaciuto De Broglie e il suo tentativo di mettere insieme onde e particelle. Quello che però non riusciva a accettare era l'interpretazione probabilistica dell'equazione di Schrödinger, e l'indeterminazione di Heisenberg.

Fisico classico per eccellenza (le relatività è una teoria classica), non poteva ammettere che i fenomeni della natura fossero impervi a previsioni precise e oggettive, e che i risultati dipendessero in modo probabilistico dall'influenza dell'osservatore e dal metodo di sperimentazione.

Passò una gran parte del suo ultimo tempo di scienziato, meno prolifico ed originale che negli anni dei trionfi, a contestare le idee finali di Bohr, senza mai, poveretto, riuscire ad avere ragione. Usò tutta una serie di esperimenti ideali per dimostrare che era possibile misurare contemporaneamente momento e posizione di una particella, fino a che, nel 1935, con Podolsky e Rosen tirò fuori un ragionamento che avrebbe dovuto aspettare sino agli anni ottanta per dimostrarsi...sbagliato.

L'EPR è descritto in moltissimi testi ed è veramente difficile da afferrare. La descrizione più accessibile l' ho trovata in *Superforce* di Paul Davies (Op. Cit.).

La sfida di fronte alla quale si trovano Einstein e i suoi colleghi era di escogitare uno schema in cui appare che entrambe le quantità (posizione e momento) possono, almeno in linea di principio, essere misurate con qualsivoglia grado di precisione. Se Einstein doveva aver successo nel trovare un modo di determinare entrambe le proprietà simultaneamente questo avrebbe richiesto una strategia più raffinata.

Decisero di usare due particelle invece che una sola.

Se, in qualche modo, si può collegare in anticipo il movimento di due particelle, le misure effettuate simultaneamente su entrambe potrebbero consentire allo sperimentatore di gettare uno sguardo sotto al velo dell'incertezza quantistica che Bohr insisteva non potesse essere sollevato.

Il principio era il seguente. Se una palla di biliardo ne colpisce un'altra, le due sfere si muovono in direzioni diverse, con un moto che non è casuale ma è ben fissato dal principio di azione e reazione. Misurando la quantità di moto di una delle due si può calcolare, dunque, quello dell'altra. Le particelle quantistiche, devono anch'esse obbedire allo stesso principio. Allora basta far venire in contatto due particelle quantistiche, 1 e 2, che dopo l'urto si separano, a grande distanza l'una dall'altra. A questo punto si può misurare il momento di una delle particelle, la 1. È vero, ammettono EPR che questa misura provoca l'impossibilità di misurare la posizione della particella 1. Però, permette di conoscere senza bisogno di misura, con un semplice calcolo, il momento della particella 2. La misura non dovrebbe influenzare in alcun modo il comportamento della particella 2, perché è lontanissima, potrebbe essere lontana anni luce. Se a questo punto si misura la posizione della particella 2, ecco che di essa si conosce posizione e momento. Einstein, Podolscky e Rosen fanno due assunzioni basilari.

La prima è che le due particelle, una volta separate non possano inviarsi segnali, l'interazione deve diminuire con la distanza, non sono possibili *eteree* azioni a distanza, secondo le parole di Einstein. Tanto più che nessun segnale può essere trasmesso nell'universo in tempi nulli. Ciò implicherebbe che qualcosa possa muoversi a velocità superiori a quelle della luce.

La seconda ipotesi fondamentale introdotta da Einstein e dai suoi colleghi è quella dell'esistenza di una realtà obiettiva. Essi fecero l'assunzione che una qualità come il momento o la posizione di una particella esistano obiettivamente, anche se la particella si trova in una posizione distante e la qualità in giuoco non è osservata [...]. Secondo Bohr, [invece], non è semplicemente possibile fornire attributi come posizione e momento senza effettuare una misura, un'osservazione della particella. Non funziona, non si può misurare nulla per delega. Usare una seconda particella significa frodare.

Bohr e Einstein rimasero sempre in posizioni divergenti.

Nel 1960 John Bell propose una teoria che permettesse un esperimento specifico per controllare chi dei due avesse ragione.

Si dovette aspettare, però, sino al 1982, quando finalmente Alain Aspect riuscì a mettere insieme l'esperimento richiesto. I risultati furono inequivocabili. Einstein aveva torto.

Non descrivo la teoria di Bell e i dettagli dell'esperimento di Aspect. Dovrei citare intere pagine per riferire qualcosa che davvero è assai difficile da seguire e capire.

Concludo l'argomento EPR citando ancora Gribbin:

Ma Einstein era un uomo onesto, sempre pronto ad accettare solidi risultati sperimentali. Se avesse vissuto sino a essere presente sarebbe rimasto convinto dai test sperimentali recenti [...] che aveva torto. La realtà oggettiva non ha alcuno spazio nella nostra fondamentale descrizione dell'universo, mentre vi trovano posto l'azione a distanza e la non causalità.

Dunque una delle conseguenze dall'interpretazione di Copenaghen è che se due particelle si incontrano, interagiscono tra loro in qualche modo, continuano a farlo, per misteriosi motivi, anche quando sono separate.

Fritjof, che come ho spiegato, nel suo libro *Il Tao della Fisica*, analizza le relazioni tra filosofia orientale e meccanica quantistica e scrive:

La fondamentale unicità dell'universo non è solo la caratteristica principale dell'esperienza mistica, ma è anche una delle più importanti rivelazioni della fisica moderna. Essa diviene evidente a livello atomico e si manifesta tanto più chiaramente quanto più si penetra in profondità nella materia, fino al mondo delle particelle subatomiche [...]. Studiando i vari modelli della fisica subatomica vedremo che essi esprimono ripetutamente, in modi diversi, la stessa intuizione: i costituenti della materia e i fenomeni fondamentali ai quali essi prendono parte sono tutti in rapporto reciproco, interconnessi e interdipendenti; non possono essere compresi come entità isolate, ma solo come parti integranti del tutto.

Fritjof spiega che non tutti hanno accettato l'interpretazione di Copenaghen, ma che sembra, però, che l'interconnessione che esiste a livello atomico sia una caratteristica fondamentale del mondo dell'atomo, e non una conseguenza della matematica usata per descriverlo. Poi cita un passo di Bohm, uno dei *principali oppositori dell'interpretazione di Copenaghen:*

Si è condotti a una nuova concezione di totalità ininterrotta che nega l'idea classica della possibilità di analizzare il mondo in parti esistenti in maniera separata e indipendente [...]. Abbiamo rovesciato la consueta concezione classica secondo la quale le parti elementari indipendenti del mondo sono la realtà fondamentale e i vari sistemi sono solo forme particolari e contingenti di tali parti. Anzi, diciamo che la realtà fondamentale è l'inseparabile interconnessione quantistica di tutto l'universo e che le parti che hanno un comportamento relativamente indipendente sono solo forme particolari e contingenti dentro questo tutto.

Fritjof mette la cosa in modo da far intendere che Bohm, pur essendo contro Copenaghen, accetta l'idea delle interconnessioni universali. Io userei ancora la frase di Weinberg, secondo la quale i filosofi tendono a confondere l'incomprensibilità con la profondità. Il passo di Bohm non mi sembra veramente comprensibile.
Lo è di più una breve frase di Smolin in *La Vita del Cosmo* in cui dopo aver raccontato il suo primo contatto con le idee di

Einstein, Podolsky e Rosen, e con la teoria di Bell, scrive: *Mi ricordo ancora di essere rimasto molto colpito che gli atomi del mio corpo dovessero essere inestricabilmente intercorrelati con gli atomi dei corpi di ogni persona che avessi sfiorato nel corso della mia vita.*

Ho scritto, all'inizio di questo pezzo che le conseguenze metafisiche di EPR, Bell e Aspect ci avrebbero piazzato in una posizione al confine tra uno scettico dissenso e un profondo senso di affascinato rispetto.

Devo ammettere che tra le varie strane e misteriose incongruenze della meccanica quantistica, l'idea dell'interconnessione universale tra tutte le particelle è quella che più appaga il mio tutt'altro che filosofico e sapiente istinto verso la metafisica.

E allora? Allora, adesso permettetemi di divagare un pochino, anzi parecchio.

Ho sviluppato negli anni una teoria, *La Teoria del Pollo*. Si tratta di qualcosa di analogo a ciò di cui mi sto occupando adesso che avevo in mente quando, molti anni fa l'ho pensata. Se i polli sono identici, come gli elettroni e i fotoni, non è possibile distinguere tra l'uno e l'altro. Muore l'uno o muore l'altro niente cambia nell'universo dei polli. Sono intimamente correlati eppure separati, sono talmente interconnessi che non è possibile trovare parole per dire con quale di essi si è fatto il brodo. E poi, la conclusione. Cancro a me, o cancro a te è essenzialmente la stessa cosa. É solo quando si va a fare la misura, quando si verifica se le cellule impazzite sono mie o tue, che può nascere una momentanea distinzione, che nulla toglie al fatto che si tratta di modificazioni che coinvolgono atomi di carbonio azoto e idrogeno, componenti che si trovano in un punto piuttosto che in un altro dell'universo delle unità biologiche umane.

Ne ho pensata anche un'altra, sempre molti anni fa, prima dei quanti, dell'indeterminazione e dell'EPR. Questa si chiama la teoria dei gemelli.

Supponete che in una stanza ci sia un tavolo rotante, intorno al quale sono seduti due gemelli assolutamente identici - identiche le loro esperienze del passato e i computer dei loro cervelli - e che una pesante mazza colpisca, di continuo, sempre uno di loro, lo stesso, quando passa sotto al martello. La domanda è questa. In che senso è possibile affermare che si tratta dell'uno o dell'altro? Gli effetti dei colpi, in questo caso il dolore per le mazzate ricevute sono sicuramente gli stessi, indipendenti dall'oggetto, il gemello colpito. Ma, che significato ha cercare di distinguere, di dire «sì, ma è l'uno che prende le botte e soffre, non l'altro?» Io penso che non abbia molto senso se si smette di pensare alla soggettività delle sensazioni e ci si concentra sugli esiti obiettivi.

Anche in questo caso, mi pare, si manifesta l'impossibilità di distinguere tra le particelle che compongono il cervello di ognuno dei due. Sia l'uno o l'altro a sentir dolore, è la stessa cosa nell'universo della sofferenza.

Come si collegano le due teorie, Pollo e Gemelli, all'indeterminazione, e all'azione a distanza? Entrambe fanno riferimento a un tutto collegato in cui le cose avvengono, e in cui solo effettuando misure specifiche si può accertare quale realtà è vera. E poi, in qualche modo corrispondono alla seducente stranezza metafisica delle interpretazioni estreme della meccanica quantistica.

Scrive Lee Smolin, nella *Vita del Cosmo*:

Si ricordi un altro dei principi leibniziani, quello dell'identità degli indiscernibili, che richiede che due particelle che hanno le stesse relazioni con le altre cose dell'universo debbano essere di fatto la stessa. Infatti se le cose possono essere distinte solo in base alle loro relazioni, non c'è modo di distinguerle l'una dall'altra.

Mi pare che sto dicendo qualcosa di molto simile e se è Smolin che riferisce le idee di Leibniz sono in ottima compagnia.

Ho premesso che sto divagando, nel senso più generale della parola; rimango legato al soggetto ma dopo la fatica e l'attenzione richiesta, dopo il tentativo di essere il più corretto possibile a riferire, interpretare, e criticare un poco, voglio divertirmi per qualche riga.

Prendiamo prima l'EPR e l'esperimento di Aspect. Einstein ha torto. Non solo vale il principio di indeterminazione, ma l'esperimento conferma che è anche vero che le due particelle restano collegate dopo l'incontro, anche se è impossibile l'azione a distanza. Ora, le particelle usate da Aspect sono fotoni.

Supponiamo che questa volta, però, non siano particelle ma onde.

Se sono onde, man mano che si allontanano una dall'altra, non è vero che continuano a restare in contatto durante tutto il percorso? L'onda, non quella di probabilità, la psi di Schrodinger, ma quella luminosa (insomma la modifica del campo elettromagnetico) è tonda, è sferica, e la sfera si allarga sia nella direzione del moto che in quella opposta. Dunque, le due particelle rimangono in costante ondivaga comunicazione alla velocità della luce, e si scambiano messaggi. Ognuna sa quello che fa e quello che pensa l'altra. L'idea mi piace, mi affascina perché spiegherebbe una parte del mistero. Anche se è sbagliata.

Insomma io credo che sia verissimo che tutto è in costante *comunicazione*.

Facciamo un esempio: piazzo un enorme numero di televisori in un campo di calcio. Li tengo spenti e guardo la partita mangiando noccioline.

Poi, li accendo, tutti insieme e guardo, contemporaneamente, lo stesso enorme numero di programmi.

Prima che io accendessi il televisore le onde elettromagnetiche che trasportavano le immagini e i suoni erano già tutte sul campo di calcio. Io non le vedevo né le sentivo. Però c'erano. E c'erano anche tutte le onde elettromagnetiche provenienti da qualsiasi oggetto lontano che emettesse fotoni: il sole, la luna invisibile nel cielo diurno, le case vicine e lontane, le costellazioni e le galassie.

Quali di tutte queste onde io posso *vedere?* Quelle che non vengono arrestate da ostacoli e quelle che sono *amplificate abbastanza da risultare percepibili.*

Insomma, se prendo un punto qualsiasi dell'Universo, ideale, centrale, tolgo di mezzo gli ostacoli, e amplifico abbastanza i segnali che arrivano, io posso *vedere,* nello stesso istante, eventi lontani. Eventi che sono tanto più sbiaditi, tanto più grande è la distanza che devono percorrere, ma pur sempre leggibili con le apparecchiature appropriate. Se sposto il punto centrale nulla cambia. C'è tutto dappertutto. E c'è anche se non lo *vedo.*

Voglio concludere con un aneddoto. Ero in giro con mia moglie e sono arrivato alla Grand Place a Bruxelles. Nei periodi come questo, in cui scrivo con frequenza e determinazione di un argomento affascinante come la meccanica quantistica, ci penso continuamente. Mentre cammino, e anche mentre cerco di dormire. Se non mi riesce di addormentarmi di nuovo, a metà della notte, e se non mi va di raccontarmi, come faccio da anni la storia, sempre uguale, monotonamente ripetuta, della vita di Carlo V e famiglia, comincio a riflettere su quello che ho letto e pensato, e dopo poco riesco a addormentarmi tra elettroni che saltano e fotoni che viaggiano a incommensurabili velocità. Mi vengono in mente domande quali: ma quando un elettrone salta da un'orbita all'altra (Bohr!, Bohr!) emettendo un fotone, come fa quest'ultimo a raggiungere istantaneamente la velocità della luce? Mi addormento senza risposta.

Dunque, mentre passeggiavo con mia moglie alla Grand Place, non ascoltando quello che mi diceva, ho sviluppato la teoria quantistica…della Grand Place.
Era il 15 Agosto. C'erano centinaia, migliaia di turisti, belgi dalle Fiandre e dalla Vallonia, e stranieri da tutto il mondo. Coppie vecchie, mano nella mano, coppie giovani, giapponesi che fotografavano e si fotografavano, coppie di gays, donne che mangiavano gelati e bambini che succhiavano lecca-lecca. Vestiti di ogni colore, pantaloni e scarpe di gomma, spesso identici. Poliziotti belgi con le loro camice azzurre e la pistola. Bar all'aperto e gente che sorbiva birra di tutti i tipi, ciascuna con il suo appropriato bicchiere. Insomma, un turbinio di folla che schizzava da tutte le parti. Mi sono domandato se fosse stato possibile calcolare contemporaneamente il momento (velocità) e la posizione di ciascuno di loro, o di qualcuno tra loro, e se era possibile prevedere dove si sarebbe trovato l'oggetto scelto dopo un istante, e anche quanti urti ci sarebbero stati nell'unità di tempo.

Ho riflettuto un poco. Una differenza fondamentale tra le due situazioni, quella atomica, e quella della Grand Place, è che gli elettroni sono tutti uguali e le persone non lo sono. Oppure, secondo la *Teoria del Pollo*, dopo tutto, lo sono? L'altra è il numero. Molti più elettroni in poca materia che gente in giro per la piazza. E se avessi estrapolato il ragionamento a tutte le piazze e strade del mondo allo stesso tempo?
La terza, è che la posizione successiva di una persona che cammina, dipende anche da scelte improvvise: traversare la strada, avvicinarsi a un monumento, comprare dei fiori. Non

riuscivo, tuttavia, a liberarmi dall'idea che non ci fosse una gran differenza tra il mio proposito di calcolare posizione e velocità di un passante, frequenza d'urto tra tutti, e quella di un fisico quantistico alla ricerca di un singolo elettrone, della sua energia e della sua posizione.

Pensandoci bene, le analogie sono molteplici.

Non si sa quello che l'elettrone combina tra uno stato quantico e l'altro. Nel caso del bambino che succhia caramelle la cosa è possibile. Ma solo se si osserva senza distrarsi. Se si ritrova da un'altra parte, nulla può dirsi del percorso compiuto per arrivarci. Gli elettroni, come sostiene Feynman, possono andare da una parte all'altra attraverso infinite possibili traiettorie. Anche la signora che succhia avidamente il suo gelato. Se guardo l'elettrone ne influenzo la posizione. Non posso misurare energia e velocità allo stesso tempo. Ma se, per misurare le stesse qualità di un passante dovessi toccarlo, urtarlo, perché non dispongo di un più semplice apparato sperimentale, quello della vista, finirei per spostarlo. Dopo l'urto, come dice Smolin, continuerei a portarmi dietro l'essenza dei suoi atomi. E, atomi oppure onde? Dopo tutto, pensavo, una visione semplice della realtà potrebbe essere questa: ci sono solo onde. Tutti siamo onde, e sono onde i vecchi palazzi del seicento, le strade e i negozi. Diventano particelle solo se qualcuno le osserva. Come gli elettroni.

Ho provato a raccontare a mia moglie quello che avevo in mente. Mi ha seguito con un inusuale interesse. Poi, però, alla fine mi ha chiesto: scusa, ma tutto questo a che serve?

C'è, però, una storia che si racconta su Fermi che mi aiuta a credere che non sono completamente fuori di me. La racconta Lederman:

Un giorno a Los Alamos un fisico investì un coyote con la sua macchina; Fermi dichiarò che era possibile calcolare il numero complessivo dei coyote in tutto il deserto prendendo nota delle interazioni veicolo–coyote, che erano disse, proprio come le collisioni tra particelle. Pochi eventi molto rari che permettevano di raggiungere delle conclusioni sulla popolazione complessiva di quelle particelle.

Capitolo X Conseguenze Quantistiche: il Modello Standard

Il Modello Standard si è sviluppato tra gli anni trenta e ottanta in un susseguirsi di teorie ed esperimenti, quest'ultimi associati all'uso d'acceleratori di particelle sempre più potenti. Le teorie correvano dietro alle sperimentazioni, e le ricerche sperimentali si adeguavano alle teorie. A volte erano la matematica e l'invenzione dei fisici teorici a richiedere conferme; altre volte i fisici sperimentali, imbattendosi in qualcosa di nuovo e di strano, davano il là ai teorici stimolando nuovi ragionamenti e nuova matematica.

Il mondo dell'atomo è apparso sempre più strano e complesso. Insieme agli elettroni, e ai nucleoni - protoni e neutroni - sono saltate fuori decine di particelle che, se non esistono nella fisica e nella realtà di ogni giorno, sono state spesso previste e, quasi sempre, trovate negli esperimenti successivi.

Farò spesso ricorso a Steven Weinberg, come ho già fatto altrove, e com'è debito fare in questo capitolo specifico. Lui è stato uno dei padri del modello standard.

Nel libro che tratta di fisica delle particelle, il più volte citato *Dreams of a Final Theory* (ne ha scritto un altro, caposaldo della divulgazione seria, *I primi tre minuti* sulla nascita e lo sviluppo dell'Universo) fornisce un resoconto di tutte le fasi, e delle più importanti idee che hanno generato il modello.

Con molta onestà, se non con il massimo di leggibilità. Scrive un paio di cose che, appunto per la loro obiettività, mi hanno colpito.

Riferendosi alla teoria sviluppata da lui stesso e da Abdus Salam, sull'unificazione della forza elettromagnetica con quella nucleare debole, scrive:

Pierre Duhem e W. Van Quine hanno reso evidente molto tempo fa che una teoria scientifica non può mai esser completamente negata dai risultati sperimentali, perché esiste sempre un modo per manipolare la teoria o le assunzioni che la sostengono, per creare un accordo tra teoria ed esperimenti. A un certo punto occorre solamente decidere se le elaborazioni che sono essenziali per evitare conflitti con gli esperimenti, sono troppo antiestetiche per essere credibili.

Più avanti, riferisce di una frase attribuita a Eddington, che come abbiamo visto altrove, era uomo di spirito oltre che eminente scienziato: *non bisognerebbe mai accettare un risultato sperimentale sino a quando non è stato confermato da una teoria.*

Nel Capitolo intitolato *Beautyful Theories* che è appunto dedicato al concetto dell'importanza della *bellezza* delle teorie fisiche, e all'aspirazione di ogni fisico di arrivare a formulazioni che siano eleganti dal punto di vista della matematica e della logica scrive, in apertura, che Dirac, in una conferenza diretta a studenti, laureati, alla quale anche Weinberg era presente, consigliò agli studenti di occuparsi solamente della bellezza delle loro equazioni e non di quello che significavano. *Non lo considero un buon consiglio, ma la ricerca della bellezza nella fisica è stato un tema ricorrente in tutto il lavoro di Dirac e, certamente, nella maggior parte della storia della fisica.*

Una prima domanda da porsi quando si studia il modello e si cerca di comprenderne le conseguenze è assai simile a quella posta da mia moglie alla fine del Capitolo precedente: a che serve?

Dedicherò un intero sottocapitolo a questo punto. Tuttavia, voglio dare immediatamente un'idea di che *cos'é*.

Così come l'ambizione dei fisici post newtoniani era stata quella di unificare tutta la fisica, ottica, acustica, elettricità, magnetismo, in un'unica teoria basta sulla meccanica; così come il massimo successo nella direzione di quest'aspirazione si raggiunse con l'unificazione di elettricità e magnetismo da parte di Faraday e Maxwell; allo stesso modo i fisici quantistici post Copenaghen si misero alla ricerca di una teoria che potesse unificare tutte le espressioni del mondo dell'atomo, come costituente fondamentale della natura: forze atomiche, particelle e interazioni tra queste ultime.

Le forze fondamentali della natura intera sono quattro. Tre evidenti, la quarta un pochino meno. Le prime tre sono la *Gravità* che deve in qualche modo agire sempre e dovunque, anche tra le particelle elementari. La seconda è la *Forza Elettromagnetica* che è alla base degli scambi tra particelle cariche, tra nucleo positivo, ed elettroni negativi che si attraggono, ed elettroni–elettroni che si respingono, e che si trova alla base di tutte le reazioni chimiche, e dell'elettricità. La terza è la *Forza Nucleare Forte.* É una forza che deve esistere, per evitare che il nucleo dell'atomo, pieno di particelle neutre, i neutroni, e di particelle cariche positivamente, i protoni, esploda per la repulsione tra i protoni tutti con carica positiva. Si tratta della forza che tiene insieme protoni e neutroni nel cuore dell'atomo. La quarta, la *Forza Nucleare Debole* è quella che regola il fenomeno del decadimento radioattivo beta, scoperto sin dai primi del novecento, comune a moltissimi atomi instabili per natura, e a tutti gli isotopi radioattivi che si formano nel corso di reazioni nucleari, per esempio in un reattore di potenza.

Un neutrone spacca un atomo di uranio e produce elementi meno pesanti, alcuni dei quali radioattivi. Oppure, un neutrone si aggiunge a un atomo stabile, per esempio il nickel, e cambiandone il numero atomico, lo trasforma in un isotopo di un altro elemento, in questo caso il cobalto, che è radioattivo e decade beta. Che vuol dire? É semplice, un isotopo radioattivo è instabile. Per tornare alla stabilità l'isotopo può decadere in molti modi, di cui uno dei più frequenti è il decadimento beta.

Dall'atomo di Cobalto schizza fuori una particella beta+, vale a dire un positrone, e nella reazione un protone si trasforma in neutrone. Il Cobalto diventa Ferro, mi pare. Attenti, non è uno degli elettroni di Bohr a schizzar fuori. Si tratta di una reazione nucleare che implica la *trasmutazione* di un protone in un neutrone. É una delle reazioni più note, insieme al decadimento beta⁻ in cui un elettrone nucleare viene fuori, e un neutrone si trasforma in un protone. Fermi, per spiegare certe anomalie energetiche associate alla reazione, ipotizzò che insieme all'elettrone beta, venisse fuori anche un neutrino. Ho scritto che quest'ultima forza è meno *evidente* per me delle altre tre. Lo è perché non ho mai capito bene perché sia necessaria una forza per trasformare un neutrone in un protone, scacciando via un pezzo di se stesso nella forma di un elettrone.

Forse è perché, in effetti, le cose vanno diversamente. Un altro modo di vedere la reazione che coinvolge queste entità, consiste in un processo in cui un neutrino sbatte contro un neutrone e lo trasforma in protone lasciando schizzare fuori una particella beta, un elettrone. Oppure, quando un elettrone e un protone sono trasformati in un neutrone e in neutrino, la reazione su cui si basa la fisica delle stelle.

Ad ogni modo, le forze sono quattro e i fisici hanno cercato per anni di unificarle, di dimostrare che fossero l'espressione mascherata di un'unica forza. Sono riusciti solo a una parte del compito che si erano assegnati. Hanno provato che la forza elettromagnetica e quella nucleare debole sono - con molte matematiche e non poche azzardate ipotesi - sicuramente unificabili. Più difficile, unificare queste ultime con la forza nucleare forte, i dubbi sono ancora tanti. Assolutamente impervia a ogni soluzione l'ambizione di metter insieme a queste tre anche la forza di gravità, o per usare un linguaggio più appropriato, quella di fondere la visione quantistica dell'atomo, alla base dell'unificazione delle tre forze - elettromagnetica, forte e debole - con la relatività generale di Einstein, fondamento della teoria della gravitazione. Quello che è interessante è che mentre lavoravano e prevedevano continuamente l'esistenza di nuove particelle, gli esperimenti eseguiti negli acceleratori confermavano le teorie e trovavano le nuove entità atomiche.

Le teorie alla base dell'unificazione si chiamano *Elettrodinamica Quantistica*, QED nell'abbreviazione della dizione inglese, e *Cromodinamica Quantistica,* QCD.
L'altro aspetto notevole di tutta la storia è che, alla base delle due teorie quantistiche, c'è il concetto che l'azione a distanza tra particelle si esplica attraverso messaggeri, particelle virtuali, che comunicano segnali precisi tra una particella e l'altra.
I *fotoni*, a noi oramai ben noti, sono i messaggeri che dicono agli elettroni di respingersi tra loro, oppure di essere attratti dai protoni, insomma i messaggeri della *Forza Elettromagnetica*. Tre nuove particelle W+, W- e Z, e chiamate *bosoni di gauge*, sono i messaggeri che agiscono nell'esplicarsi della *Forza Nucleare Debole,* quella che regola il decadimento Beta. Queste particelle sono state trovate negli acceleratori.
I *gluoni* tengono insieme protoni e neutroni nel nucleo, e sono responsabili della *Forza Nucleare Forte*. Esistono, sono stati trovati e raggruppano, come vedremo, un'intera famiglia di particelle, i *mesoni*. I *mesoni* possono essere *virtuali*, e in questo caso fanno da *messaggeri* nelle interazioni forti, o reali, come si presentano negli acceleratori.
Infine i *gravitoni*, potenziali messaggeri della forza di gravità, irriducibile a esser unificata, e mai sperimentati nella realtà.

Questa è, in essenza, la storia del modello standard. L'ho descritta in pochi minuti, senza gran fatica e senza bisogno di ritornare ai miei testi, perché il succo mi è chiaro, ed è semplice come l' ho raccontato. Il Diavolo, naturalmente, è nei dettagli (*The Devil is in the details*, l'ha detto qualcuno). Il modello è una costruzione logica, figlia legittima e naturale della mamma quantistica, e delle ardite conseguenze teoriche e sperimentali che l'hanno seguita. Anche in questo caso la matematica e l'astrazione dominano la scena e rendono assi complicato ogni tentativo di descrizione verbale.

Ma, ecco quello che farò.

Mi soffermerò solo su una breve indagine del *a che serve*.

Cercherò, poi, di fornire una lista logica, informativa, scolastica, di tutte le particelle che sono venute fuori. Infine, svilupperò la storia del modello standard e andrò cercando un equilibrio sensato tra qualche semplice ragionamento e qualche citazione che aggiunga un po' di sale al menu di questa parte del racconto.

A che serve?

Serve, serve. A tre cose.

La prima è tenere contenti e al lavoro centinaia di fisici teorici, matematici, fisici–matematici, e migliaia di sperimentatori. Questo non va letto in modo malevolo. Persone rispettabilissime, alla ricerca di una gloria legata alla realizzazione di qualcosa di nuovo, artisticamente bella. Tutti i grandi fisici sono anche filosofi, poeti, musicisti, e considerano la fisica come un'arte, e la scoperta della verità, oppure di simulacri di quest'ultima, con la stessa passione, la stessa purezza di un artista. Il desiderio di comprendere, di capire i misteri del mondo, e la soddisfazione di riuscire a scrivere un'equazione elegante che li esprima, li riveli, e programmare ed eseguire esperimenti che li confermino, è sicuramente paragonabile a quella di un artista che, ispirato e curioso, tenta e riesce a scrivere, dipingere, suonare un pezzo della musica dell'universo. Scrive Paul Davies, in *Superforce* (Op. Cit.)*:*

I fisici conducono la loro ricerca, soprattutto come fine a se stessa, spinti da un profondo senso di curiosità sul modo in cui il mondo è strutturato per un desiderio di conoscere e comprendere la natura nei suoi più intimi dettagli. La fisica delle particelle racconta la storia di un'avventura umana senza precedenti [...]. Come ebbe a dire Faraday una volta «qual è il significato di un bimbo appena nato?» Imprese astratte come la fisica delle particelle sono testimonianza dell'ispirazione dello spirito umano e, anche in un mondo con tanti pressanti bisogni materiali, senza questo spirito saremmo perduti.

Davies non accenna però alle esigenze meno utopistiche e ideali che sono bagaglio e stimolo dell'attività di ognuno: la competizione, il bisogno di riconoscimento, la notorietà e i premi, come il Nobel. Bisogni di cui non c'è da vergognarsi, che riempiono, nel cammino percorso, la storia della fisica, come quella di ogni altra nostra impresa. Eppure, la lettura della storia conferma quest'aspetto in modo inequivocabile. Leggeremo più avanti quello che io riuscirò a raccontare delle teorie e degli esperimenti che hanno condotto all'unificazione tra forza elettromagnetica e forza debole. Ci sono voluti trent'anni, e molti problemi sono ben lontani dall'essere definitivamente risolti.

Ancora meno definitive le teorie che permettono l'ulteriore passo avanti, quello del progresso aggiuntivo necessario per incorporare anche la forza nucleare forte nel quadro teorico e sperimentale delle prime due. Ci vorranno decenni per arrivare, se mai ci si arriverà, a unire anche la gravità generale allo scenario complessivo. Le polemiche, le frustrazioni, i bisogni di rivalsa non sono quasi mai espressi chiaramente ma sono ben leggibili tra le righe del racconto. Tutto questo non è male. É giusto e accettabile, prevedibile e umano. Ciò che forse lo è di meno sono gli eccessi d'immaginazione e di trucchi usati, spesso, per far tornare i conti a ogni costo. Tanti trucchi e tanta immaginazione da rendere la materia talmente complessa da essere non solo illeggibile ma anche poco suscettibile di esser raccontata. E mi riferisco, non a me, ma ai grandi fisici, agli stessi protagonisti, che vorrebbero spiegarla a tutti noi.

Ci sono ancora un paio di ragioni. Anche queste sono analizzate da Davies che scrive tra l'altro che *esiste senza dubbio un sentimento nazionalistico in tutta la grande scienza* e che, in un certo momento l'America decise di *riacquistare la supremazia* che, intanto, stava acquistando il CERN, il più importante laboratorio Europeo attivo nella fisica delle particelle. I nomi degli scienziati del QED e del QCD sono spesso se non sempre Americani, oppure di Scienziati che lavorano negli Stati Uniti.
Infine, come si diceva ai tempi dell'atterraggio sulla luna, e degli esperimenti spaziali della NASA, c'è lo *spin-off*, la ricaduta che la tecnologia necessaria all'esplorazione dello spazio, in quest'ultimo caso, e che, nel caso dell'esplorazione del mondo di particelle sempre più piccole ed effimere, con macchine sempre più grandi e potenti, provoca nello sviluppo delle tecniche di avanguardia nella vita comune.
Credo che il quadro sia completo, è chiaro a che *serve*. Quello che rimane dubbio è se i bisogni e le esigenze, solo in parte nobili, che stanno dietro a questi innegabili progressi della conoscenza, siano integrabili in qualche modo nella cultura umana, piuttosto che rimanere di solo dominio di pochi matematici e fisici avvolti nelle nubi eteree di processi, teorie ed equazioni matematiche che a volte risultano difficili e inaccessibili anche a chi le ha inventate. Vedremo più avanti se, in questo ho torto o ragione.

Lo Zoo delle particelle

Non sono io ad avere inventato questo titolo. L'espressione è spesso usata dagli scienziati e dagli autori, fisici essi stessi, sorpresi e frastornati dal molteplice modo in cui si manifesta il mondo atomico. A molti sarebbe piaciuto un atomo semplice, anche se reso misterioso dalle manifestazioni quantistiche: qualche neutrone e qualche protone al centro, nel nucleo; gli elettroni intorno, spalmati, probabili, ondivaghi, ma sempre elettroni; i buoni fotoni che entrano ed escono dagli atomi, assorbiti oppure emessi a togliere e mettere i colori del mondo; e perché no, qualche neutrino, responsabile del decadimento radioattivo e dell'esplosione delle supernove.

Non è cosi. Mi ricorda un poco la canzoncina pubblicitaria che faceva: *le stelle sono tante, milioni di milioni...*e cosi via. Le particelle elementari non sono milioni ma parecchie decine. Come ho premesso voglio scrivere un elenco ragionato, almeno delle più importanti, diciamo per me stesso, per non dover cominciare da capo, ogni volta che io leggo qualcosa sull'argomento, a lottare per raccapezzarmi tra loro.

Ma, prima dell'elenco, una riflessione o meglio un'ammissione. Mentre scrivo questa parte sto preparandomi alla prossima sezione, e lo faccio come il solito, consultando i miei testi, segnando le pagine che m'interessano e cercando di capire. Ho contato i fogli marcati, questa volta, con piccoli, ben ordinati, stickers rossi. Li conto: sono un'ottantina.

Quindi, tratterò in forma estesa la discussione del modello standard.

Mi vengono in mente idee e pensieri che ho già sparso qua e la nei capitoli precedenti.

Anzitutto, ecco di nuovo il piacere di capire, o se proprio non è esatto che questo verbo traduca la sensazione, ecco almeno l'esultanza di cominciare a intravedere un ordine razionale delle cose. Il passaggio dalla vaga frustrazione generata dall'incompetenza, e dall'ottuso, retrogrado scetticismo che ne deriva, a un'intuizione di congruente completezza. Si tratta, insomma, dell'oggetto di questo mio tentativo. Io sono quasi sicuro che nessuno, o molto pochi leggeranno questo libro. Ma sono altrettanto sicuro di due cose. Certamente sarò io a leggerlo con attenzione. Non solo. Io stesso, potrò rileggere i libri che in passato non si lasciavano conoscere, con maggior piacere. Potrò forse leggerne altri, anche più complessi, con più caparbietà e senza distrazioni. Insomma, mi si conferma una vecchia intuizione. Il piacere è il seguito della conoscenza e della pratica. Il grado di dilettantismo che ci accompagna è inversamente proporzionale alla possibilità di scoprire e alla gioia della scoperta. E poi c'è la faccenda della distrazione. Si trascorrono molteplici vite a non vedere, non sentire, non capire nulla o poco di quello che succede intorno.

I sensi del poeta, dello scrittore, dell'artista potenziale che appartengono a ciascuno di noi, sono oscurati da una permanente, superficiale deconcentrazione, insieme con quelli che dovrebbero contribuire a mantenere le più semplici relazioni con il nostro prossimo. Solo ad alcuni privilegiati è dato il sublime appagamento di sapere e potere *vedere* e *sentire* non soltanto le immagini e le situazioni estreme, quelle che, a sorpresa, e data la loro imprevista intensità, inducono a provare pietà, gioia, meraviglia, stupore, dolore profondo, sensi di colpa, e sofferenza, ma anche quelle più vaghe, effimere e sottili, come un pezzo di carta che vola nel vento, una foglia che cade, una donna che sorride, una luce che si accende, l'acqua che corre sulla strada dopo un temporale.

Torniamo alle particelle. Pensavo fosse facile produrre quello che ho chiamato *elenco*. Con i miei testi davanti, vedo che non è per nulla così. Ognuno degli autori racconta la storia in modo diverso e con differenti obiettivi. Potrei fare una copia delle diverse tabelle che ho di fronte e riportarle nel testo: lo farò, in parte. Questo non basterà però a risolvere il rompicapo. Ci sono altri due problemi. Sinora ho accennato alle particelle più importanti, quelle che si riscontano nel mondo di ogni giorno: i neutroni e i protoni; gli elettroni; il sia pur sfuggente e fantomatico neutrino. Ho tralasciato, proponendomi di introdurre questi nuovi costituenti della realtà atomica più tardi, nella sezione sul modello standard, i quark. Sono i costituenti, ancora più elementari, dei neutroni e dei protoni e delle loro antiparticelle. Devo farlo adesso anche se ancora non sappiamo da dove sono saltati fuori.

L'altro concetto che richiede qualche ragionamento introduttivo ulteriore è quello di *spin*. Ho accennato, nell'appendice, che l'idea dello spin era stata introdotta da Pauli per spiegare nuove anomalie riscontrate nello spettro dell'idrogeno. Secondo Lederman, invece, lo spin fu introdotto da due fisici olandesi, Goudsmit e Uhlenbeck.

La parola inglese spin significa girare; questo fa pensare che l'elettrone, ad esempio, oltre a girare, cosa che in realtà non fa, intorno al nucleo, gira anche su se stesso. Tutte le particelle sono dotate di spin, non solo gli elettroni, e nessuna gira su se stessa come una trottola, anche se Capra scrive proprio questo, che *la maggior parte delle particelle, per esempio, ruota intorno a un asse come una trottola,* contraddetto da Gribbin secondo il quale *lo spin non ha nulla a che fare con il comportamento di una trottola, o con la rotazione della terra intorno al proprio asse mentre compie i suoi giri intorno al sole.*

Qui, per raggiungere lo scopo proposto di classificare le particelle, e senza addentrarci in complesse spiegazioni, che richiederebbero un capitolo a sè, dobbiamo accontentarci di accettare che lo spin è un'altra delle strane proprietà quantistiche del mondo atomico. I fisici possono misurarlo, e farne uso, com'è accaduto, per sviluppare le teorie di unificazione di cui parleremo più avanti.

Le particelle possono avere spin interi, 0, 1, 2, (non esistono particelle con spin maggiori di 2) oppure frazionari, 1/2, 3/2, 5/2.

Una prima classificazione delle particelle è basata sullo spin. Quelle con spin intero sono chiamate *bosoni,* mentre quelle con spin frazionario sono chiamate *fermioni.*

I protoni, i neutroni e gli elettroni con spin ½ sono dunque fermioni. Il fotone che ha spin 1 è un bosone, e cosi pure i *bosoni di gauge* cui abbiamo accennato più sopra.

Una seconda classifica, forse più interessante e informativa è quella che distingue le particelle in *leptoni* e *adroni*, questi ultimi, a loro volta suddivisi in *mesoni* e *barioni.*
I leptoni sono *particelle leggere* che sentono la forza debole, mentre gli adroni sentono la forza nucleare forte. I barioni sono i componenti pesanti del nucleo, i mesoni un pochino più leggeri.
A questo punto entrano in scena i quark, che altro non sono che gli ingredienti intimi dei protoni e dei neutroni, e per descriverli mi conviene prendere in prestito una tabella di Lederman che potrei riscrivere, ma che trovo più conveniente tirar fuori del mio computer in forma di fotografia.

BARIONI	MESONI
uud protone	$u\bar{d}$ pione positivo
udd neutrone	$d\bar{u}$ pione negativo
uds lambda	$u\bar{u} + d\bar{d}$ pione neutro
uus sigma più	$u\bar{s}$ kaone positivo
dds sigma meno	$s\bar{u}$ kaone negativo
uds sigma zero	$d\bar{s}$ kaone neutro
dss csi meno	$\bar{d}s$ antikaone neutro
uss csi zero	

Per leggere questa tabella occorre anzitutto ricordare che a ogni particella corrisponde un'antiparticella equivalente. I simboli soprassegnati con un trattino sono, appunto antiquark. I quark sono tre, almeno per il momento, e si combinano a formare particelle e antiparticelle diverse. Si chiamano up, down, e strange, e sono indicati con le lettere corrispondenti u, d e s. Hanno carica elettrica frazionaria uguale a 1/3. Si combinano in particelle a noi note, come il protone ed il neutrone formati rispettivamente da un due up e un down, e da due down e un up. Si fondono anche in particelle più esotiche che, in realtà compaiono solo nei calcoli dei fisici e, per tempi infinitamente piccoli, negli acceleratori di particelle. Arriva comodissima, a questo punto una tabella riportata nel libro di Capra, che ho llustrato sino a ora.

Nome		Simbolo	
		Particella	Antiparticella
fotone		γ	
leptoni	neutrino	ν_e $\quad$ ν_μ	$\bar{\nu}_e$ $\quad$ $\bar{\nu}_\mu$
	elettrone	e^-	e^+
	muone	μ^-	μ^+
mesoni	pione	π^+ $\quad$ π°	π^-
	kaone	K^+ $\quad$ K°	$\bar{K}^\circ$ $\quad$ K^-
	eta	η	
barioni	protone	p	$\bar{p}$
	neutrone	n	$\bar{n}$
	lambda	Λ	$\bar{\Lambda}$
	sigma	Σ^+ $\quad$ Σ° $\quad$ Σ^-	$\bar{\Sigma}^+$ $\quad$ $\bar{\Sigma}^\circ$ $\quad$ $\bar{\Sigma}^-$
	csi	Ξ° $\quad$ Ξ^-	$\bar{\Xi}^\circ$ $\quad$ $\bar{\Xi}^-$
	omega	Ω	$\bar{\Omega}^-$

(leptoni, mesoni e barioni fanno parte degli adroni)

Mettendo insieme la lista di Lederman che dà i nomi alle diverse combinazioni, e la tabella di Capra, ritroviamo tutto: Leptoni e Adroni; gli Adroni distinti in Mesoni e Barioni; tra i Leptoni, oltre al ben noto elettrone, troviamo anche due tipi di neutrini ed un muone. I tre tipi di mesoni, pioni, kaoni ed eta sono combinazioni di quark e antiquark. I primi due barioni sono i familiari protoni e neutroni, mentre le particelle lambda, sigma e csi sono anch'esse combinazioni di quark, non familiari, insieme alle tante cose strane che stiamo incontrando.

Mi manca l'Omega, che è presente nella tabella di Capra e che è una combinazione di tre quark strange. Altra piccola incongruenza: Lederman segna 7 mesoni, e Capra ne riporta

363

8. Non devo dimenticare di aggiungere che tutti i quark hanno spin 1/2 e quindi sono fermioni.

Tra ricerca ed esperimenti sono venuti fuori dopo, altri tre quark, il *charme*, il *bottom*, ed il *top*, quest'ultimo ancora da confermare, e si è anche visto che ogni quark può presentarsi in tre *colori* diversi, ogni colore esprime l'idea di qualcosa equivalente a una carica elettrica che genera il campo di forza di attrazione tra i quark. Uso linguaggio preso a prestito, forse capirò meglio quando parlerò della cromodinamica quantistica (QCD). Continuo il discorso sui tipi di particelle prendendo ancora a prestito un'altra tabella di Lederman insieme alle sue riflessioni conclusive sull'argomento:

MATERIA

Prima generazione	Seconda generazione	Terza generazione
	QUARK	
u	c	t?
d	s	b
	LEPTONI	
ν_e	ν_μ	ν_τ
e	μ	τ

INTERAZIONI

BOSONI «GAUGE»

elettromagnetismo	fotone (γ)
interazione debole	W⁻ W⁺ Z⁰
interazione forte	otto gluoni

Lederman presenta la tabella con queste parole:

All'inizio degli anni Ottanta avevamo calcolato i parametri[I] di tutte le particelle materiali (quark e leptoni) e ormai conoscevamo discretamente anche le particelle messaggere, o bosoni gauge, delle interazioni (gravità esclusa). Aggiungendo le particelle delle interazioni a quelle materiali otteniamo il modello standard (MS) completo. Ecco qui il segreto dell'universo.

[I] Parametri: massa, carica elettrica, spin. Nota mia.

Mi piace molto. È *bello* che un piccolo schema come questo sia capace non solo di rappresentare un modello completo, ma anche una sintesi dei costituenti elementari del creato. Lederman però, dopo aver calcolato che includendo i tre colori dei quark, e le antiparticelle si arriva, in totale a sessanta particelle, commenta così:

Riassumere l'intero universo in un diagramma, sia pure pasticciato, può sembrare arrogante. Ma gli esseri umani mostrano una chiara tendenza a costruire sintesi di questo tipo; nella storia dell'Occidente i modelli standard sono un tema ricorrente […].
Perché il modello standard risulta incompleto? Una prima (e ovvia) lacuna è che il quark alto (top) non è stato ancora osservato; un'altra è che manca una delle interazioni, la gravità e nessuno sa come inserire questa grande e antica forza nel modello. Poi c'è un difetto estetico: non è abbastanza semplice, dovrebbe somigliare di più al sistema di Empedocle, terra, acqua e fuoco più amore e odio.

Sul modello standard ragiona anche Brian Green, nell'*Universo Elegante*, (Op. Cit.) e riferisce una frase di Weinberg che rispondendo alle critiche del riduzionismo implicito nel modello scrive: *la visione del mondo di un riduzionista è **davvero** fredda e impersonale: deve essere accettata così com'è, non perché ci piace, ma perché così funzionano le cose.* Poi commenta:

C'è chi è d'accordo con queste affermazioni forti e chi no.
Secondo alcuni studiosi, teorie come quelle del caos ci mostrano che al crescere della complessità di un sistema entrano in gioco altri tipi di leggi: conoscere il comportamento di un elettrone o di un quark è un conto, applicare questa conoscenza per prevedere il tragitto di un tornado è un altro.

Green, però, pensa che anche i fenomeni complessi siano conseguenza *anche se terribilmente difficile da dimostrare, delle leggi che governano le singole, moltissime, particelle elementari [...] Il fatto che sia impossibile spiegare le proprietà di un tornado in termini di elettroni e di quark, mi sembra più un problema computazionale che un segnale della presenza di nuove leggi fisiche. Ma, ripeto non tutti sono d'accordo.*
Una teoria del *Tutto* conclude, non significherebbe la fine della psicologia, della biologia, della geologia, della chimica o persino della fisica, ma potrebbe sempre rappresentare la base su cui costruire la nostra comprensione del mondo.

Un ultimo commento *tecnico* sulle tabelle, sui simboli usati, e sulla congruenza dei vari dati esposti. Lederman nella sintesi del MS si riferisce a tre generazioni di particelle, intendendo rappresentare il modo in cui la ricerca si è sviluppata nel tempo. Nella prima generazione compare il neutrino elettronico insieme all'elettrone e al muone, e nella seconda ecco il muone e il neutrino muonico. Nella terza appare la particella τ, un leptone, e il corrispondente neutrino tauonico. Questi ultimi non sono presenti nella tabella di Capra, in cui mancano anche i quark top and bottom. Capra scriveva nel 70, prima che le idee e gli esperimenti che avrebbero prodotto la terza generazione fossero sviluppate.

Lo sviluppo del MS

In questo Capitolo, nelle sezioni precedenti a questa, ho preso come riferimenti principali quattro libri, selezionandoli tra moltissimi altri. Continuerò a farlo adesso e vorrei spiegarne le ragioni.

Weinberg è uno scienziato teorico, uno dei maggiori epigoni della teoria dell'unificazione elettro-debole. Pensa, ragiona, calcola, discute con gli altri fisici teorici e quando è in dubbio controlla i suoi ragionamenti con gli sperimentatori. Nel 1979 riceve il premio Nobel per la Fisica, come riconoscimento di questo lavoro.

Lederman, anch'egli premio Nobel per la fisica nel 1989, direttore a lungo del Fermilab, è lo sperimentatore per eccellenza, quello che riesce a trovare le particelle annunciate e quelle non previste, negli acceleratori di particelle.

Fritjof Capra è scienziato puro, è anche filosofo. La parte filosofica del suo racconto, le connessioni con la mistica e la metafisica orientale c'interessano poco, ma importante ed originale è il suo contributo allo sviluppo delle idee sul mondo dell'atomo.
Infine, Davies, vive e lavora in Australia dove insegna Filosofia Naturale all'università di Adelaide, si occupa di quanti, cosmologia, gravità quantistica e ha scritto moltissimi tra i migliori libri di divulgazione presenti nelle librerie.

Quindi una scelta equilibrata. In questa sezione mi riferirò soprattutto a loro, citando i soli nomi. I riferimenti ai testi si trovano nelle note afine libro. Il libro di Weinberg è citato un po' dappertutto.
Potrei procedere in molti modi; credo che il più efficiente sia quello di introdurre subito alcuni concetti fondamentali, e poi seguire il racconto dello sviluppo del MS intrecciando le idee e le delucidazioni dei diversi autori.
Devo, quindi, ritornare a Dirac e a ragionare su un importante ritocco della meccanica quantistica dovuto a quest'ultimo, quando ha introdotto nelle equazioni certi effetti della relatività speciale, e a riportare nuove conseguenze del principio di indeterminazione di Heisenberg ignorate nel precedente capitolo sui quanti. Poi voglio districarmi a vedere se riesco a capire e raccontare come sono nate l'elettrodinamica e la cromodinamica quantistiche (QED e QCD), introducendo i

principi di *gauge* e di *simmetria*, presupposti dell'unificazione tra forza elettromagnetica e forza debole.

Supponiamo prima, però, che voi non abbiate voglia di leggere questa parte della storia. Oppure, supponiamo che un potenziale editore mi chieda di tagliare, accorciare: o perché il libro si allunga troppo, oppure perché finisce per diventare troppo uguale a quelli che il suo autore critica perché oltremodo astrusi e complessi.

In quest'ipotesi, per non lasciare buchi nel discorso, sento il bisogno di dire ancora qualche parola sul modello standard, in generale. Ho già accennato *a che serve* e ho spiegato in modo semplice che cos'è: un tentativo di fare avanzare la meccanica quantistica, usarla per determinare l'intima struttura dell'atomo, prevedere e cercare le particelle che lo compongono e le loro interazioni; infine, un primo approccio a una teoria unificata delle forze dominanti della natura.

Ricordiamo che dal 1687, quando Newton pubblica i *Principia*, ai primi anni del 1900, quando comincia l'avventura atomica e quantistica, poco si conosce e scarse energie si dedicano allo studio del molto piccolo. Newton con i suoi studi alchemici sfiora appena il mondo che poi sarà conquistato dalla chimica e interpretato in due sequenze, quella di Bohr prima e, successivamente, quella dovuta ai padri fondatori della meccanica quantistica. É solo all'inizio degli anni trenta, che teoria e sperimentazione concentrano i propri sforzi a cercare di capire e di vedere meglio che cosa c'è *dentro*. Scaturisce dagli sforzi congiunti di fisici teorici e sperimentali un *modello* che, come abbiamo già visto, funziona da ragionevole contenitore di una miriade di particelle e di forze-particelle che, immaginate nelle pagine delle equazioni dei teorici, si manifestano nelle tracce lasciate nelle camere a bolle collegate agli acceleratori di particelle.

Questo è il punto: i pioni, le particelle sigma e omega, i neutrini elettronici e tauonici, insieme a tutti i loro fratelli, sorelle, e antifratelli e antisorelle non *esistono,* se non quando i fisici si mettono a cercarli sparando a velocità inverosimili particelle che *si trovano* realmente in natura, come i protoni e i neutroni, le une contro le altre. In un reattore nucleare di potenza, per la produzione di energia elettrica, oppure in una bomba atomica, ci sono neutroni e protoni, fotoni come i raggi gamma e i raggi X, ma sicuramente, non ci sono le particelle W, quelle Z, i gluoni, e i quark sopra, sotto, charm e soci. O meglio: forse ci sono e forse non ci sono, ma in ogni caso nessuno sta a guardarli e poco interessano sia dal punto di vista della tecnologia di progettazione nei reattori nucleari, che da quello dei loro potenziali effetti devastanti, nelle bombe.

La realtà delle pietre, delle case, dell'acqua, dei corpi umani, delle montagne, delle piante, la realtà della vita terrestre, e quella delle reazioni chimiche è composta solamente di neutroni, protoni, elettroni, fotoni e onde elettromagnetiche in generale. L'importanza e la verità di questi ultimi è confermata dal mistero delle radiazioni luminose, e dal miracolo dei sistemi di comunicazione, cui assistiamo ogni giorno con le nostre radio, televisioni, telefonini e computer collegati alla rete. Dunque, vale la pena di confermare che la designazione di *modello* che è attribuita al modello standard è sicuramente appropriata, giacché proprio di questo si tratta. Ci occuperemo poco della teoria delle stringhe: se i fisici teorici riuscissero a portare a termine la matematica delle stringhe, con tutte le forze unificate in una sola, le particelle sparirebbero per essere sostituite da effimere entità sempre meno reali, ma capaci di soddisfare le loro equazioni.
A quel punto succederà ancora una volta quello che è già successo: il sole smetterà di girare intorno alla terra e sarà quest'ultima a mettersi a correre intorno al sole.
 La storia del modello standard è piena d'incertezze e di astrazioni. Il modello risponde, come scrive Lederman, al

bisogno umano di darsi una logica ragione delle cose che pensa e osserva, e di quelle che non comprende.

Tempi e spazi atomici

Devo sempre stare attento a evitare di descrivere le circostanze strane e non scevre da contenuti surreali che si presentano nella fisica dell'infinitesimo, senza fermarmi a riflettere, per evitare che il tono che assumo, possa dare la falsa sensazione che io stia accettando le situazioni che racconto come se fossero evidenti e normali.

Moltissime delle entità atomiche che si creano nella fisica delle alte energie, negli acceleratori, sono instabili e vivono, esistono per tempi brevissimi, inferiori al milionesimo di secondo. Tuttavia, come suggerisce Capra, la loro vita media va valutata anche in relazione alle loro dimensioni. Un uomo, in un secondo, se è un campione di atletica arriva a percorrere dieci metri, una distanza pari a poche volte le sue umane dimensioni. Per una particella nucleare occorrono 10^{-23} secondi per percorrere un cammino pari a poche volte le sue dimensioni. Quindi, se sopravvive un milionesimo di secondo (10^{-6} secondi) ha la possibilità di percorrere distanze–particella che sono relativamente enormi.

M'interessa porre l'accento, ancora una volta, per introdurre i concetti che seguiranno, sul fatto che le cose che accadono all'interno di un atomo non corrispondono a nulla che sia consono alla nostra esperienza quotidiana. In quest'ultima, i fotoni delle radiazioni luminose, quelli tangibili che trasportano solo immagini, anche se si muovono alla massima velocità consentita a un ente fisico, urtano contro altri oggetti, inclusi i nostri organi sensoriali della vista, senza conseguenze drammatiche, tranne quelle associate al loro potere di illuminare, colorare e farci vedere il mondo.

Il fatto è che i fotoni sono piccoli e noi siamo grossi e pesanti. All'interno dell'atomo le cose vanno assai diversamente. Le energie che un fotone, un elettrone, un pione, un quark in movimento si portano dietro, oppure quelle di un neutrone accelerato, sono infime se rapportate a un qualsiasi oggetto umano, ma sono enormi se, come accade, esplicano la loro azione su enti consimili, fratelli e sorelle con le stesse caratteristiche. Ma c'è di più e questo è il punto chiave.

Non abbiamo dimenticato il breve cenno fatto nel Capitolo sulla relatività speciale alla scoperta cardine della teoria: l'equivalenza tra massa ed energia espressa dalla ben nota relazione $E = mc^2$, dove E è l'energia che compete a una particella di massa m, ottenuta moltiplicando quest'ultima per la velocità della luce al quadrato.

Dunque, la massa **è** energia, e anche una particella con massa piccolissima possiede una notevole energia data l'enormità del fattore di moltiplicazione c^2. Non solo. Se una particella è dotata di una forte energia cinetica (E) perché si muove ad altissime velocità, alla sua massa naturale si aggiunge quella che le compete ($m = E/c^2$) per il solo fatto che si muove veloce. Tutto questo per anticipare che nelle interazioni atomiche entra in gioco la teoria della relatività, e che la conseguenza di ciò corrisponde all'inaspettato, ben provato paradigma che, veramente, come diceva Albert, la massa è energia e l'energia è massa.

Paul Dirac e Heisenberg di nuovo: il vuoto non è vuoto

La concezione che ho illustrato sopra venne in mente a Paul Dirac. Capì che nel mondo dei quanti, tra onde e particelle, doveva trovar posto la relatività e scrisse una equazione relativistica che si aggiungeva a quella di Schrödinger per descrivere il comportamento degli elettroni. La matematica di Dirac introdusse per la prima volta nel mondo quantistico il

concetto di simmetria tra materia e antimateria, aprendo la strada all'elettrodinamica quantistica. A ogni particella ne corrisponde un'altra identica in tutto tranne che per la carica elettrica. In particolare Dirac non arrivò a prevedere l'esistenza del positrone, il fratello dell'elettrone con carica positiva che, in effetti, fu scoperta due anni dopo. In realtà, pensava che l'antiparticella fosse il protone. Molti anni dopo Murray Gell-Man in *The quark and the Jaguar*[37] gli chiese le ragioni per cui non avesse previsto il positrone. Dirac rispose: *Semplice vigliaccheria.* La derivazione più interessante della teoria di Dirac consiste nell'idea che così come due particelle di segno opposto possono annichilirsi a vicenda se s'incontrano, liberando energia, al contrario se è a disposizione una dose sufficiente di energia, da essa possono crearsi coppie di particelle–antiparticelle. Queste, a loro volta si annichilano incontrandosi e liberano energia.
Ecco come descrive la cosa Firtjof Capra:

Ora che la massa è riconosciuta come una forma di energia, non è più necessario che sia indistruttibile; essa può trasformarsi in altre forme di energia. Ciò può verificarsi, ad esempio, quando le particelle subatomiche si urtano tra loro. In questi urti, le particelle possono essere distrutte e l'energia contenuta nelle loro masse può trasformarsi in energia cinetica, e ridistribuirsi tra le altre particelle che partecipano all'urto. Inversamente, quando le particelle si urtano a velocità estremamente alte, la loro energia cinetica può essere utilizzata per formare la massa di altre particelle.

Dato che l'energia coincide con la massa, entrambe sono espresse usando come unità di misura l'elettrone-volt (eV), ovverosia l'energia che un elettrone acquisterebbe passando attraverso un filo che collega i poli di una batteria con differenza di potenziale pari a un volt.
Ci sarà utile, più avanti, avere un'idea delle energie necessarie per rompere le principali strutture negli acceleratori

di particelle. Lederman fornisce una tabella che riproduco sotto:

Energia (approssimata)[*]	Dimensioni della struttura (metri)
0.1eV	Molecola, Grande atomo, 10^{-8}
1 eV	Atomo, 10^{-9}
1000 eV, 1 KeV	Nocciolo Atomico, 10^{-11}
1 Mev	Nucleo Grasso, 10^{-14}
100 Mev	Nocciolo Nucleare, 10^{-15}
1Gev	Neutrone o Protone, 10^{-16}
10Gev	Effetti Quark, 10^{-17}
100GeV	Effetti Quark (più dettagli) 10^{-18}
10 TeV	Bosoni di Higgs, 10^{-20}

Fin qui, la stranezza della combinazione quanti–relatività ci può lasciare perplessi ma non sgomenti. I veri arcani cominciano quando, invocando un nuovo modo di interpretare il principio di indeterminazione di Heisenberg, i fisici concludono che il vuoto, quello in cui secondo la fisica classica si muovono i corpi solidi e le particelle, in realtà non è per niente *vuoto*. Come vedremo tra un momento il *vuoto* è, in realtà, *pieno* di entità subatomiche, forze e particelle che compaiono e scompaiono, e s'influenzano tra loro.

É una questione assai strana e complessa la cui analisi sta intralciando e ritardando il mio lavoro di scrittura. Questo dipende anche dal fatto che in tutti i testi che consulto, il linguaggio e le sequenze usate per illustrare il fenomeno sono tutt'altro che espliciti e consequenziali.

Ho sfogliato anche un altro testo, oltre a quelli che intendevo usare. Si tratta di un altro libro di Barrow (Vedere Capitolo IV) *Da zero a infinito*[38]

L'autore esibisce anche qui un eccesso di cultura che distrae e confonde. La verità viene fuori a pezzetti sconnessi, diluiti da troppi racconti, molte dettagliate descrizioni di complicatissimi esperimenti. Ho provato, tuttavia, a mettere insieme alcune parti del suo discorso sul vuoto quantico perché, nonostante tutto, mi offre, forse, il miglior punto d'inizio.

Scrive:

Il principio di indeterminazione e la teoria quantistica hanno rivoluzionato la concezione del vuoto. L'idea elementare che il vuoto sia una scatola vuota è divenuta insostenibile. Dire che in una scatola non ci sono particelle, che essa è completamente sgombra da qualsiasi massa ed energia, sarebbe in contrasto con il principio di indeterminazione, perché presupporrebbe di avere un'informazione completa sul moto in ogni punto e sull'energia del sistema a un dato istante del tempo [...]. Questa scoperta, al cuore della descrizione quantistica della materia, significa che il <u>concetto</u> di <u>vuoto</u> va in qualche modo riconsiderato, non potendo più essere associato <u>all'idea del nulla o dello spazio vuoto.</u>

Ho volutamente sottolineato una parte della citazione. Provate a sostituire alla parola *concetto* la parola *idea* e vi troverete con una frase che dice che *l'idea del vuoto* non può più essere associata all'idea dello *spazio vuoto.* Questo passo, dunque, non è di grande aiuto. Bisogna andare oltre perché il discorso diventi un pochino più preciso. Si discute prima di quello che succederebbe alla deflessione della traiettoria di due elettroni che s'incontrino in un mondo abitato da un vuoto *classico.* In pratica, quando s'incontrano, si respingono e continuano il loro cammino secondo traiettorie curve.

E poi:

Il vuoto quantistico cambia tutto. I due elettroni non sono più situati in uno spazio completamente vuoto. Dato il principio di indeterminazione essi si muovono nel vuoto quantistico, che, come abbiamo visto, è ben lontano dall'esser vuoto in senso stretto: è un alveare pullulante di attività. Il lettore ricorderà che vi sono coppie complementari di proprietà che non si possono misurare simultaneamente con precisione illimitata[1]

L'*energia* e la *vita media*[I] di una particella costituiscono una di queste coppie complementari. Se si vuole sapere tutto sull'energia di una particella si deve rinunciare a qualsiasi informazione sulla sua vita media. Più precisamente il principio di indeterminazione di Heisenberg afferma che il prodotto delle incertezze di queste due variabili è sempre maggiore della costante di Plank divisa per 2л:

(incertezza dell'energia) x (incertezza della vita media) > h/2л

(1)

Qualunque particella o stato fisico osservabile deve osservare questa disuguaglianza. Essa è una precondizione per l'osservabilità.

Vale la pena di rilevare che come il solito non si parla di una realtà fisica sottostante, ma di *osservabilità*. Ma, andiamo avanti:

Il vuoto quantistico può essere concepito come un mare formato di particelle elementari e delle loro antiparticelle che appaiono e scompaiono continuamente.

Per esempio

[...] coppie elettrone-positrone si materializzeranno dal vuoto quantistico e poi immediatamente si annichileranno a vicenda scomparendo. Se l'elettrone e il positrone hanno massa m, la famosa formula di Einstein (E = mc²) ci dice che la loro creazione richiede un'energia pari a 2 mc², che deve essere presa a prestito[II] dal vuoto. Se l'intervallo di tempo durante il quale essi esistono prima di annichilirsi nuovamente nel vuoto è così breve da violare il principio di indeterminazione, ossia se:

[I] Noi conosciamo bene la coppia posizione – momento o velocità.
[I] La sottolineatura è mia.
[II] La sottolineatura è mia

(incertezza dell'energia) x (incertezza della vita media) < h/2π
(2)
allora queste coppie elettrone–positrone saranno inosservabili.
Per questo sono chiamate coppie virtuali. Se prima di
annichilirsi a vicenda e scomparire vivono abbastanza a lungo
perché la (1) sia soddisfatta diventeranno osservabili e in
questo caso si parla di coppie reali.

A questo punto, Barrow, dopo aver notato che questo vuoto
popolato da particelle e antiparticelle virtuali che appaiono e
scompaiono, ha *un aria vagamente mistica*, di cui si sarebbe
tentati di fare a meno, rimette i due elettroni di prima - quelli di
cui aveva studiato il comportamento nel vuoto *classico* - nel
vuoto quantistico, ed esamina l'effetto che su questi avrebbero
le coppie positrone-elettrone create dal vuoto quantico. E
dimostra che l'effetto c'è davvero.

La faccenda non è del tutto incomprensibile. Basta accettare
tre idee. La prima è che le coppie complementari particella–
antiparticella entrano e escono dalla scena senza lasciar
traccia nell'equilibrio energetico complessivo, possono farlo
mille volte – c'è vuoto prima che appaiano e dopo la loro
comparsa. La seconda è che bisogna accettare che ogni
ragionamento quantistico è associato, come sempre, non alla
realtà di ciò che avviene ma alla possibilità di osservare e
misurare. La terza è che se è vero che il vuoto non è vuoto e
pullula di attività, questo non significa creazione ex nihilo, e
che solo alla presenza di situazioni e particelle reali, l'effetto
discusso ha conseguenze misurabili.

Certo sarebbe tutto più facile da capire se le disuguaglianze
(1) e (2) riportate sopra si riferissero al prodotto di (energia)x
(vita media) piuttosto che a quello (incertezza dell'energia)x
(incertezza della vita media). In questo caso, se il prodotto
delle due grandezze è maggiore di h/2π e l'energia è fissata
($2mc^2$, come nel caso descritto) la vita media è più grande e la

376

particella vive tanto a lungo da essere osservata. Se invece il principio di indeterminazione, così *tradotto* da me, è violato perché il prodotto di energia x vita media è minore di h/2π, allora la vita media è corta e la particella è inosservabile e quindi virtuale.

Sono già abbastanza contento, non mi pare che vada così male. Voglio verificare se la mia serenità soddisfatta ha ragione di esistere o se si annichila in un *vuoto* idiota, controllando il ragionamento con il riferimento a un altro paio di autori, Capra e Lederman.

Capra riferendosi a un'interazione in cui due protoni scambiano un pione (ricordiamo che i pioni sono *mesoni*) lasciando venir fuori ancora due protoni, scrive:

La ragioni per le quali possono avvenire processi di scambio di questo tipo, nonostante l'apparente mancanza di energia per la creazione del mesone, devono essere cercate in un effetto quantistico connesso con il principio di indeterminazione [...] gli eventi subatomici che si verificano entro un intervallo di tempo breve, comportano un'incertezza nell'energia proporzionalmente grande. Gli scambi di mesoni, cioè la loro creazione e successiva distruzione sono eventi di questo tipo. Essi avvengono in un intervallo di tempo così breve che l'incertezza nell'energia è sufficiente a permettere la creazione dei mesoni stessi. Mesoni di questo tipo sono chiamati particelle virtuali e sono diversi dai mesoni reali creati nei processi d'urto perché possono esistere solo per l'intervallo di tempo permesso dal principio di indeterminazione. Più sono pesanti, cioè maggiore è l'energia richiesta per crearli, più piccolo è l'intervallo di tempo permesso per il processo di scambio.

Questo passo aiuta perché piazza il fenomeno in un vuoto sperimentale in cui i protoni *esistono* e perché introduce, anch'esso la questione dell'indeterminazione; è interessante perché esplicita il concetto che è più difficile che si *crei* ed esista, per un tempo che la renda osservabile, una particella pesante piuttosto che una leggera. Non aiuta, a mio avviso, a risolvere l'enigma linguistico del collegamento tra *incertezza*, entità matematica astratta, e processo di creazione. Ma, se i fisici sostengono che va bene usare la teoria senza capirla bene, anche se un po' frustrati, possiamo fare lo stesso.

Lederman facendo riferimento a ciò che accade nelle collisioni tra particelle, e quindi, ancora una volta a fenomeni che avvengono in un vuoto in cui qualcosa è stato introdotto e fatto interagire, prima descrive un certo numero d'interazioni possibili – per esempio un elettrone che collide con la sua antiparticella, le due si annichilano e compare un fotone che a sua volta deve creare una coppia positrone–elettrone, oppure una coppia muone antimuone, o protone-antiprotone – e poi scrive:

Un altro modo di pensare a queste cose è di immaginare che tutto lo spazio, anche lo spazio vuoto, sia pieno di particelle, tutte quelle che la natura, nella sua infinita saggezza può fornire. Non si tratta di una metafora. Una delle implicazioni della teoria quantistica è che queste particelle appaiono e scompaiono veramente nel vuoto. Particelle di ogni dimensione e aspetto appaiono e scompaiono in un via vai incessante. Finché ciò accade nel vuoto, si può affermare che nulla realmente accade. Questo è parte della fantasmaticità della teoria dei quanti, ma forse può servire a capire quello che succede in una collisione. Ci sono delle regole in questa caotica follia. I numeri quantici devono dare come somma zero, lo zero del vuoto. Un'altra regola è che gli oggetti più pesanti appaiono con minor frequenza. Essi prendono a prestito energia dal vuoto per far capolino durante la più insignificante frazione di secondo, poi scompaiono perché devono restituire quest'energia in un tempo specificato dal principio di indeterminazione di Heisenberg. Qui sta la chiave:

378

se dall'esterno viene fornita energia, allora l'apparizione virtuale e transeunte di queste particelle originate dal vuoto può essere convertita in esistenza reale, esistenza che può essere rivelata dalle camere a bolle o dai contatori. Fornita come? Ebbene, se una particella ad alta energia, prodotta fresca fresca dall'acceleratore e alla ricerca di nuove particelle può permettersi di pagare la bolletta – vale a dire la massa a riposo della coppia di quark o di X, allora lo scompenso energetico lasciato nel vuoto è coperto, e noi diciamo che la particella ha creato una coppia quark-antiquark. Ovviamente, più pesante è la particella che vogliamo creare, maggiore è l'energia che deve fornire la macchina. Detto per inciso questa fantasia quantistica di un vuoto pervasivo che è pieno di particelle virtuali ha delle altre implicazioni controllabili sperimentalmente, come ad esempio la modificazione della massa e del magnetismo di elettroni e muoni.

Cerchiamo di chiudere. Particelle *reali* si possono osservare negli acceleratori, per tempi inversamente proporzionali alla loro massa–energia, se è disponibile una quantità globale di energia extra apportata da un'altra particella. Rimane il fatto che esse appaiono dal vuoto e nel vuoto ritornano, ma questo non ci confonde se crediamo all'equivalenza tra massa ed energia, e se accettiamo l'idea che a ogni particella corrisponde un'equivalente antiparticella. La questione delle particelle *virtuali* è più nebulosa solo per il fatto che in questo caso la mancanza di energia sufficiente le rende *visibili* per tempi troppo corti, o più precisamente le rende *inosservabili*.
Allora, di nuovo la domanda: siamo soddisfatti?
Voglio provare con uno dei miei soliti dialoghi.

«Ma insomma tutte queste fantomatiche particelle da dove vengono fuori?»

«Dobbiamo distinguere, mio caro, dobbiamo distinguere tra quelle reali e quelle virtuali.»

«Spiega.»

«Ecco, prendiamo quelle reali per prime. Qui non c'è nulla di molto strano. Siamo tutti d'accordo che crediamo all'equivalenza tra massa ed energia. Crediamo anche alla simmetria particella antiparticella. Se in un acceleratore mando in giro una particella che oltre alla sua massa- energia ha a disposizione energia extra, ecco che essa può essere spesa in qualche modo, e perché no a creare coppie, stiamo attenti, sempre coppie, di materia e antimateria che prima o dopo si annichilano e restituiscono l'energia che è stata usata per crearle. Qui a me sembra che il principio di indeterminazione serva a poco.»

«Perché dici questo?»

«Beh, c'è la questione del prodotto delle incertezze vita media–energia; dovrebbe influenzare la relazione tra peso della coppia creata e durata della sua osservabilità. A me sembra inutile. A meno che non sia essenziale per fissare, per l'appunto, a parità di energia disponibile, la relazione tra tipo o peso della coppia creata e durata della coppia prima della successiva annichilazione.»

«Accontentiamoci e non cerchiamo di indagare oltre. Allora che mi dici delle coppie virtuali?»

«Prima di tutto che non si vedono. Se ne sente la presenza nei calcoli dei fisici, e servono, come vedremo e come ha accennato Lederman, a combinare certi scherzetti matematici utili alla fisica del modello standard. La complicazione in questo caso nasce dal fatto che anche se partecipano alla meccanica delle interazioni nucleari, questa volta possono farlo prendendo a prestito l'energia dal vuoto restituendola un poco dopo.»

«E, mi pare di capire che non si riescano a vedere per colpa o per merito di Heisenberg.»

«Esattamente. Se il prodotto delle incertezze valore dell'energia x vita media è inferiore a $h/2\pi$ ecco che dal vuoto appaiono particelle con una vita media così bassa che in realtà non appaiono. Ma ci sono.»

«Questo l'hai capito?»

«Francamente direi di no.»

Infiniti, gauge, simmetria e rottura…della simmetria

I tre puntini nel titolo indicano che oltre a farmi ragionare sulle teorie di *gauge*, e sulla rottura della simmetria di cui intendo scrivere a questo punto, la stesura di questa parte è assai difficile. Come prevedevo, la fatica è improba. Come ho già accennato, i miei autori preferiti hanno il vizio di preferire un libro lungo con discorsi frantumati, in cui i vari aspetti del problema si diluiscono in salti improvvisi, deviazioni, e ritorni altrettanto repentini e imprevedibili verso il centro del ragionamento. Questo in parte dipende dal modo in cui le teorie si sono sviluppate: partenze e ritorni, appunto; esperimenti, diatribe, utilizzazione di dati sperimentali e di matematiche sviluppati dopo, per risolvere problemi che prima erano rimasti insoluti, e così via. In parte, dal fatto che gli autori non sembrano disporre della capacità e della volontà di rendersi veramente accessibili al pubblico per il quale scrivono, quando desiderano *divulgare* la loro scienza e la loro cultura.
Ho anch'io lo stessa debolezza? Certo, a volte divago. Però il mio sforzo costante è quello di cercare la massima coerenza nella descrizione logica delle teorie.

L'elettrodinamica quantistica (QED) sarebbe nata morta, priva di ulteriori sviluppi e conseguenze, se i fisici e i matematici non avessero scoperto (oppure inventato) l'uso della *rinormalizzazione*; allo stesso modo, l'unificazione tra forza elettromagnetica e forza nucleare debole e il tentativo di unificare queste ultime con la forza nucleare forte sarebbero naufragati nel nulla, senza la teoria della *simmetria di gauge e della rottura* della simmetria.

Ricordiamo che la <u>QED è la teoria dell'elettrone e dei fotoni</u> e che prende le mosse dalle idee di Dirac quando introduce la relatività speciale nelle equazioni della meccanica quantistica che descrivono, appunto, il comportamento degli elettroni e dei loro inseparabili compagni, i fotoni. I problemi che i fisici incontrarono subito, quando provarono a utilizzare la QED, furono, come vedremo tra un momento, associati al fatto che le equazioni usate conducevano a risultati in cui alcune delle grandezze in gioco assumevano valore infinito. Il cosiddetto problema degli *infiniti.* Con una nuova matematica i fisici riuscirono a *rinormalizzare* le equazioni e a far sparire gli infiniti.

Weinberg scrive che:

Dirac in particolare si è sempre riferito alla rinormalizzazione come a qualcosa che era servita a spazzare gli infiniti sotto al tappeto. Io non sono d'accordo con il suo atteggiamento nei riguardi dell'elettrodinamica quantistica, ma non penso che lui fosse solamente cocciuto; l'aspirazione verso una teoria completamente compiuta è paragonabile a tantissimi altri giudizi estetici che i fisici teorici hanno sempre bisogno di effettuare.

Sulla questione degli infiniti Lederman, senza entrare in troppi dettagli, scrive:

A metà degli anni quaranta erano implicati in questa guerra le infinità da una parte e molti dei luminari della fisica dall'altra, Pauli, Weisskopf, Heisenberg, Hans Bethe, Dirac e qualche nuovo astro in ascesa, come Richard Feynman a Cornell, Julian Schwinger a Harvard, Freeman Dyson a Princeton e Sin-Itiro Tomonaga in Giappone. Le infinità, in parole povere, venivano da questo fatto: quando si calcolava il valore di certe proprietà dell'elettrone, la risposta, stando alle nuove teorie quantistiche relativistiche era infinito. Non un valore molto alto, ma proprio infinito.

Poi spiega quel che vuol dire infinito: tutta la serie dei numeri interi cui si può sempre continuare ad aggiungerne un altro, o una frazione con denominatore uguale a zero:

[...] che aveva maggiori probabilità di figurare nei calcoli dei brillanti ma infelicissimi teorici appena citati; e ancora: per i fisici le infinità erano il segno di un qualche errore molto profondo nel modo in cui veniva consumato il matrimonio tra elettromagnetismo e teoria quantistica [...] comunque sia, nei tardi anni quaranta, Feynman, Schwinger e Tomonaga, lavorando ciascuno per conto proprio, ottennero qualcosa di simile a una vittoria, superando l'impossibilità di calcolare le proprietà di particelle cariche come l'elettrone [...]. La cosa che i fisici teorici tirarono fuori ha preso il nome di <u>*elettrodinamica quantistica rinormalizzata.*</u>

Vedremo più avanti come hanno fatto. Esaminiamo ora, come tratta la faccenda degli infiniti il nostro Weinberg, che fornisce qualche maggiore dettaglio.
Weinberg racconta di come Oppenheimer scrisse un articolo nel 1930, che mise in subbuglio la fisica quantistica presentando per la prima volta in modo inequivocabile il problema. Quando, con l'uso delle formule di Dirac, spiega Weinberg, si cerca di calcolare l'energia di un atomo, occorre tener conto che un elettrone in orbita può emettere un fotone

virtuale, continuare il suo giro e riassorbirlo. Il fotone non esce dall'atomo e rende nota la sua presenza attraverso i suoi effetti che implicano variazioni dell'energia e del campo magnetico dell'atomo. Questa variazione (shift) nel livello energetico in cui l'atomo si trova, può essere calcolata, secondo le regole della QED, sommando un numero infinito di contributi, uno per ogni possibile valore dell'energia che può essere attribuita al fotone virtuale. Cito:

Oppenheimer trovò nei suoi calcoli che, poiché la somma include il contributo di fotoni con energia di valori illimitati, essa produce un risultato infinito, il che comporta un valore infinito nello shift energetico dell'atomo.

Prendiamo come buono semplicemente il fatto che a causa delle interazioni con i fotoni virtuali la variazione dell'energia dell'atomo viene fuori infinita, senza cercare di approfondire troppo.

Continua:

Lo shift nell'energia di un atomo dovuto all'emissione e al riassorbimento di un fotone non è, in realtà, osservabile; l'unica osservazione possibile è quella dell'energia totale dell'atomo che può essere calcolata sommando il valore dello shift e quello dell'energia ottenuto da Dirac nel 1928.
Quest'energia totale dipende dalla massa nuda e dalla carica nuda dell'elettrone, quelle che compaiono nelle equazioni della teoria, prima che ci si cominci a preoccupare dell'emissione e del riassorbimento dei fotoni. Ma sia gli elettroni liberi che quelli negli atomi emettono e riassorbono in continuazione fotoni che influenzano la massa e la carica dell'elettrone, e quindi la massa e la carica nude non sono le stesse della massa e della carica misurate ed elencate nelle tabelle delle particelle elementari. Infatti per spiegare i valori osservati (che naturalmente sono finiti) della massa e della

carica dell'elettrone, *la carica e la massa nuda devono esse stesse essere infinite*. L'energia totale dell'atomo è pertanto la somma di due termini, entrambi infiniti: l'energia nuda che è infinita perché dipende da una massa e da una carica nude che sono infinite, e lo shift di energia calcolato da Oppenheimer che è, anch'esso, infinito perché riceve il contributo da fotoni di illimitata energia. Il problema è: è possibile che questi due infiniti si cancellino lasciando un'energia totale che è finita?

Credo di avere esposto e tradotto i due brani in modo corretto e fedele. Bisogna ammettere che il tutto è piuttosto confuso. La frase sottolineata da me, in particolare, salta fuori senza ulteriori spiegazioni. Avrebbe potuto scrivere qualcosa come: l'energia totale dell'atomo è la somma di due parti, lo shift, ovvero quella che l'atomo acquista quando l'elettrone emette e riassorbe fotoni virtuali (che Oppenheimer aveva calcolato essere infinita), e quella che dipende dalla carica e dalla massa *nude* dell'elettrone, per le quali anche, i calcoli conducono a valori infiniti.
Rimane comunque oscuro, mi pare, il motivo per il quale i calcoli conducono a valori infiniti della massa e della carica *nude* dell'elettrone. Non è detto, tra l'altro, nell'esposizione, quale sia il collegamento tra l'energia dell'atomo intero e quella dell'elettrone.

Quando abbiamo studiato l'atomo d'idrogeno di Bohr, si comprendeva come ogni atomo poteva trovarsi a diversi livelli energetici dipendenti dal suo stato di *eccitazione*, (per esempio secondo la temperatura a cui è portato un gas come l'idrogeno) cioè dall'orbita più o meno esterna in cui l'elettrone veniva a trovarsi, prima di saltare verso un'orbita più interna con l'emissione di un fotone, questa volta reale. Ricordiamo come gli elettroni degli atomi di idrogeno, saltando da un'orbita all'altra, contribuivano alle diverse linee spettrali del gas.

Poi, sono venuti fuori i fotoni virtuali, invisibili, ma presenti, insieme alla capacità di tener conto, nel calcolo dell'energia totale dell'atomo, del contributo dell'energia associata al campo elettrico generato dalla carica dell'elettrone e del valore relativistico dell'energia dipendente dalla massa dell'elettrone. Lo *shift* che Oppenheimer cercava di calcolare dipende dall'esistenza dei fotoni virtuali. Il resto del contenuto energetico dell'atomo dipende dalla carica e dalla massa *nude* dell'elettrone, prima che i fotoni virtuali si facciano sentire.

Questo riferimento all'atomo più semplice di Bohr, serve a dare una prospettiva leggibile al ragionamento, a permetterci di rimanere attaccati a un qualche tipo di realtà. Serve anche a fare notare che più ci si distacca dal modello comprensibile della vecchia teoria dei quanti, più si cerca di capire, più il modello si complica rendendo necessaria l'astrazione matematica come insostituibile linguaggio nella rappresentazione di una realtà che smette di essere tale.
Vediamo come Davies tratta il problema e, anche in questo caso, mi conviene citare direttamente, piuttosto che *tradurre*, alcuni brani.
Dopo aver illustrato che per varie ragioni l'elettrone con cui i fisici lavoravano doveva esser un punto, privo di dimensioni, scrive:

Questa volta il problema nacque dal campo (elettrico) che avvolgeva l'elettrone. La forza elettrica di un corpo carico diminuisce con la distanza, secondo la legge dell'inverso dei quadrati. Al contrario, il campo tende a rinforzarsi nella vicinità della carica stessa. Nel caso di una sorgente puntiforme la forza del campo aumenta senza limiti man mano che ci si avvicina alla sorgente. Questo significa che l'energia totale del sistema è infinita. La massa osservata di un elettrone è composta di due parti: la sua massa nuda più la massa dell'energia elettrica generata dal campo. L'imbarazzo nasce dal fatto che si calcola che la porzione dovuta all'energia

386

elettrica è infinita [...]. Quando osserviamo un elettrone percepiamo l'intero insieme, campo incluso. E la massa osservata è, naturalmente, finita.

Fermiamoci un istante. Davies non ha ancora introdotto la questione dell'effetto dei fotoni virtuali. Lo farà tra un minuto, vedremo come. La sua massa *nuda* diventa infinita per effetto dell'energia elettrica associata a un campo infinito.
Posso mettere d'accordo Weinberg e Davies, solo concludendo che quando Weinberg scrive che massa e carica *nude* sono infinite, si riferisce a ciò che si calcola prima dell'effetto dei fotoni virtuali, mentre per Davies la massa è *nuda* prima dell'effetto del campo. L'energia del campo, infinita, rende infinita la massa dell'elettrone. Quando Weinberg sostiene che anche l'energia *nuda* è infinita, deve star dicendo la stessa cosa che dice Davies. Linguaggio?
Per quanto riguarda gli infiniti di Oppenheimer, Davies, che nelle pagine precedenti si è dilungato a illustrare la danza dei fotoni virtuali, e le infinite invisibili modalità di emissione e assorbimento da parte degli elettroni, scrive:

Nella descrizione quantistica di un elettrone, dunque, il campo elettromagnetico che avvolge la particella deve essere visto come una rete di fotoni virtuali che gli ronzano intorno, gli si attaccano, formando un tenace mantello di energia. I fotoni vanno e vengono rapidamente. Quelli che rimangono vicini all'elettrone, nella prossimità del centro del mantello, portano con se una quantità considerevole di energia; infatti, quando l'energia totale del mantello di fotoni viene calcolata, anch'essa risulta infinita.

Quindi, l'esistenza dei fotoni virtuali che *veste* le masse e le cariche nude di Weinberg, avvolge e influenza solo l'energia *nuda* dell'elettrone di Davies rendendola infinita.
Proviamo a riepilogare. L'energia di un elettrone dipende dalla sua massa, dalla sua carica elettrica, e dall'effetto dovuto ai

fotoni virtuali. La massa nuda dell'elettrone, prima dell'effetto dei fotoni virtuali, sembra che sia infinita per Weinberg, e non infinita per Davies. La carica, invece è infinita per entrambi, e Davies ne spiega le ragioni. Poi, arriva l'effetto dei fotoni virtuali; le due descrizioni coincidono, questi ultimi contribuiscono a uno shift, anch'esso infinito, dell'energia dell'atomo.

Ho riscritto questo pezzo molte volte. Non mi riesce di fare meglio di così.

Un sospiro: di sollievo per aver sommato nella mia testa e in queste pagine, una serie di caotici racconti in una sola storia? Oppure di frustrazione per il caos che è il risultato dalla somma? Diciamo tutt'e due!

E, l'argomento è tutt'altro che esaurito. Dopo esserci occupati degli infiniti dobbiamo capire come hanno fatto i fisici a *spazzarli sotto al tappeto*!

Su questo punto non ho altra risorsa, dopo una lotta che è durata giorni, che quella di citare brevemente alcuni passi di Lederman, Davies e Weinberg.

Lederman, riferendosi solo a una parte del problema, quello della massa infinita dell'elettrone, se la cava scrivendo:

Feynman e i suoi colleghi hanno proposto di aggirare il problema di queste temute infinità inserendo nelle equazioni, ogni volta che esse compaiono, la massa (conosciuta) dell'elettrone. Nel mondo reale una cosa del genere si potrebbe chiamare imbroglio; nel mondo della teoria si chiama rinormalizzazione, un metodo matematicamente corrente per driblare quelle imbarazzanti infinità che nessuna vera teoria vorrebbe contenere.

Davies spezza il problema in due. Per quanto riguarda la massa dell'elettrone resa infinita dall'infinità della carica, scrive:

In pratica i fisici teorici non fanno altro che aggiustare, o rinormalizzare il punto zero nella scala usata per misurare la massa, spostandolo di una quantità infinita. Sarebbe come accordarsi per misurare l'altezza di un aeroplano rispetto al livello della terra piuttosto che a quello del mare, solo che nel caso dell'elettrone lo spostamento richiesto è una quantità infinita.

Per quanto concerne le infinità generate dalle interazioni tra l'elettrone e i fotoni che si agitano nel mantello che lo avvolge, Davies, più avanti, rimuove così il problema:

Piuttosto che aver a che fare con una singola infinità, come nella teoria classica[i], ci si trova di fronte, in questo caso a una sequenza senza fine di termini infiniti nei calcoli. A ogni punto del calcolo potremmo provare ad annullare un'infinità sottraendo artificialmente un termine infinito, ma appena l'abbiamo fatto ecco che un altro infinito appare. Sembra che non vi sia via di uscita. Di fronte a questa tristissima prospettiva, ecco che si verifica una specie di miracolo. Quando quest'orrenda sequenza di termini infiniti è organizzata nel modo appropriato (in termini matematici) quello che succede è che l'intera sequenza può essere eliminata in un colpo solo. Una sola sottrazione, o rinormalizzazione, spazza via tutti gli infiniti, indipendentemente dalla complicazione dell'interazione che l'ha prodotta. Naturalmente, la dimostrazione della correttezza di questo miracolo richiese qualcosa come un tour de force quando fu introdotta trent'anni fa. Senza di esso, la teoria sarebbe caduta a pezzi come un'idiozia priva di significato.

E veniamo a Weinberg.
Il problema degli infiniti, dunque, aveva reso quasi inaccettabile l'elettrodinamica quantistica, vista con sospetto

---

[i] Nota mia: quella relativa alle ragioni per l'infinità della massa dell'elettrone

dalla comunità scientifica. Ciò sino a quando nell'anno 1947 vennero comunicati i risultati di una misura eseguita da Willis Lamb: era riuscito a misurare con gran precisione lo shift di energia nell'atomo d'idrogeno dovuto all'emissione e all'assorbimento di fotoni virtuali. I fisici, stimolati dalla certezza che il fenomeno c'era ed era misurabile, decisero che era assolutamente necessario risolvere il problema degli infiniti e di *rinormalizzare* le equazioni della QED.

Weinberg spiega che uno dei problemi che generavano gli infiniti nei calcoli di Oppenheimer era che essi non tenevano conto di un'altra importante interazione che contribuisce allo *shift* energetico dovuto all'elettrone quando questo emette e riassorbe fotoni: un processo per il quale un positrone, un fotone e un secondo elettrone appaiono dallo spazio vuoto, con il fotone che viene poi riassorbito nell'annichilazione del positrone con l'elettrone originale.

Non fu difficile immaginare che, se si teneva conto di questo processo insieme alla differenza tra carica e la massa nude dell'elettrone da una parte e i loro valori misurati, a quel punto gli infiniti nello shift di energia sarebbero spariti.

I fisici si misero a calcolare in modo più preciso lo *shift* che Lamb aveva misurato, includendo il processo che includeva il positrone ed altri effetti relativistici.

L'importanza di questi calcoli non consisteva tanto nel fatto che portavano a risultati più accurati ma perché il problema degli infiniti era finalmente domato; venne fuori che gli infiniti si cancellavano senza dover scartare il contributo dei fotoni virtuali ad alto contenuto energetico.

Che ne pensate? Certo, un bel pasticcio.
Però, sostengono i miei patrocinatori, la teoria, quando accettata, ebbe un grandissimo successo.

Anzitutto, è già ben chiaro, permise di ricalcolare alla perfezione il *Lamb Shift*. Inoltre consentì di calcolare il campo magnetico dell'elettrone, il cosiddetto fattore g e dimostrare che era un pochino più grande di quello calcolato da Dirac, che pensava fosse uguale a 2, precisamente di un fattore pari a 1,0011159652188, e di fare simili calcoli per il muone.

Su questi successi i fisici, non solo festeggiarono, aprendo innumerevoli bottiglie di champagne, ma conclusero che la QED appartenendo alla classe delle cosiddette *teorie di gauge* era rinormalizzabile e che la *simmetria di gauge* è intimamente collegata alla rinormalizzazione, cioè un metodo per far sparire gli infiniti dovunque li avessero trovati.

Siamo finalmente arrivati, disperati e stanchi, all'idea di *simmetria di gauge.*
Introduco il concetto con una frase di Lederman:

Abbiamo ballato il tip tap intorno a quest'idea di simmetria di gauge perché spiegarla in modo completo è difficile, e forse impossibile. Il problema è che questo libro è scritto in italiano, mentre il linguaggio della teoria di gauge è matematico. In Italiano dobbiamo riferirci alle metafore, di nuovo a dei passi di tip tap, ma forse serviranno.

Ha ragione. Non ci riesce bene nessuno. Per me il mal di testa è cominciato quando ho incontrato per la prima volta la parola: gauge. Non sapevo, e non so ancora come pronunciarla, se ga-u-ge, oppure go-o-ge. Nel dizionario inglese dei sinonimi trovo parole, che tradotte, corrispondono a misura, stima, determinazione, test, riferimento, indicazione.

Partiamo dal concetto di simmetria. Sono moltissimi gli esempi di simmetria geometrica. Un arco è simmetrico, e lo è una sfera. In fisica esistono numerosi esempi di simmetrie non geometriche. L'energia potenziale di un peso e quella cinetica che si esplica quando il peso cade, non dipende dall'altezza cui il peso è sollevato, ma solo dalla differenza tra i due livelli. Il lavoro per spostare una carica elettrica da un punto all'altro dipende soltanto dalla differenza di potenziale tra i due punti del percorso, e non dal potenziale del campo elettrico in cui le particelle si muovono. Questi sono esempi di *simmetrie di gauge* (Davies). Le simmetrie che si presentano in questi due casi possono essere viste come un *re–gauging* dell'altezza e del voltaggio. La cosa si può esprimere in altro modo: le leggi che regolano il campo elettrico e quelle della meccanica non variano se cambia il punto di riferimento: *l'altezza* da cui cade il corpo e il *voltaggio* del campo. Quindi, sono simmetriche rispetto al livello, alla scala o al valore delle quantità fisiche in gioco. Cito ancora Davies:

Le simmetrie di gauge sono connesse con l'idea di ri-fissare (re–gauge) il livello, o la scala, o il valore di una certa quantità fisica e un sistema possiede una simmetria di gauge se la natura fisica del sistema stesso rimane inalterata sotto l'influenza di detto cambiamento.

Non intendo andare oltre su questo punto. Sono veramente affranto, sfiduciato e preoccupato. Ma, potrei dire anche, che allo stesso tempo, sono stanco ma...felice? In un certo senso si. I divulgatori scienziati - lo posso concludere senza i dubbi che io ho avuto all'inizio di questo lavoro - scrivono solo per un piccolo mondo di eletti: scienziati e altri divulgatori che si copiano a vicenda. Io avevo dichiarato che non avrei scritto altro che ciò che mi fosse comprensibile e che avessi compreso. Non ci sto riuscendo. Tuttavia, pure se anch'io sto *copiando*, quello che sto facendo è comunque fuori dell'ordinario. Sto mettendo insieme ragionamenti e fatti che, se non sono chiari e accessibili, questo non è a causa dei limiti intellettuali e culturali di chi scrive: evidenziano i limiti profondi e i dubbi in cui la scienza si dibatte. Non solo. Collegando le mie letture e ragionandoci sopra con tutta la fatica che posso spendere e la diligenza di cui dispongo, propongo ai lettori pazienti una delle sequenze che pur non avendo il merito di chiarire quel che accessibile non è, sicuramente si rivelerà tra le più leggibili. E basta che siano pazienti. Non occorre che siano scienziati.

Per chiudere questo capitolo devo affrontare il problema dell'unificazione della forza elettromagnetica con quella nucleare debole, e quello della QCD, la cromodinamica quantistica, che rappresenta il primo passo, mai compiuto, verso l'unificazione con l'interazione nucleare forte, quella che tiene insieme neutroni e protoni, o più precisamente i loro figli quark e antiquark.

Il discorso sugli infiniti e la breve introduzione sulla questione della simmetria di gauge sono utili a far rilevare il livello di astrazione implicito in queste storie, e a provvedere, spero, la terminologia che mi servirà a introdurre concetti ancora più vaghi ed esoterici.

La prima unificazione: la teoria elettrodebole e la rottura della simmetria

Ho accennato nell'introduzione a questo Capitolo al fatto che Fermi fu il primo a cercare di spiegare il decadimento beta, quello che fa uscire un elettrone, accompagnato da un neutrino, dal nucleo di un atomo radioattivo, trasformando un neutrone in un protone. Altre reazioni che coinvolgono le stesse particelle sono possibili. Abbiamo accennato alla reazione in cui un elettrone e un protone vengono trasformati in un neutrone e in neutrino, la reazione su cui si basa la fisica delle stelle.

La matematica di Fermi, valida per il semplice decadimento radioattivo, smette di funzionare quando si teorizzano gli altri processi. Anche qui gli infiniti abbondano e la teoria non è rinormalizzabile.

Studiando il problema, Weinberg, nel 1967, intuì che poteva essere trattato alla stessa stregua della QED, ma che così

393

come nella teoria della forza elettromagnetica occorre introdurre un fotone virtuale, messaggero che trasmette l'azione tra elettroni, anche nell'interazione debole, la forza (debole) si trasmette tra le particelle in gioco, questa volta, attraverso messaggeri dotati di massa, le particelle W⁺ e W⁻ (dotate anche di carica elettrica) e la particella Z⁰ neutra. Scrive Weinberg a proposito della teoria elettrodebole:

Il fotone, la particella fondamentale la cui emissione e assorbimento causa la forza elettromagnetica, venne riunito a un'altra famiglia di particelle dello stesso tipo dei fotoni: le particelle W cariche elettricamente il cui scambio produce la forza debole della radioattività beta, e una particella neutra che ho chiamato Z, di cui si discuterà più avanti.

Weinberg e Abdus Salam svilupparono allo stesso tempo la teoria dell'interazione elettrodebole ma, né l'uno né l'altro riuscirono a dimostrare che la teoria fosse rinormalizzabile e che gli infiniti si cancellavano. Ci riuscì un fisico europeo, Gerard t'Hooft, nel 1971, e da quel momento in poi l'affezione dei fisici per la teoria crebbe. Solide conferme sperimentali furono trovate al Fermilab e al CERN, nel 1974, seguite, qualche anno più tardi, dalla effettiva scoperta delle particelle W e Z.

Spiega più avanti Weinberg che la teoria prevedeva, tra l'altro *un'asimmetria tra destra e sinistra nella forza debole tra elettroni e nucleo atomico, causata dallo scambio delle particelle Z, che attribuirebbe a questi atomi*[1] *una sorta di destrità come in un guanto o una molecola di zucchero.*
Weinberg, dopo aver affermato che il modello standard obbedisce al *principio di simmetria* dedica parecchie pagine a illustrare il concetto, fornendo numerosissimi esempi. Scrive tra l'altro che: *Una simmetria delle leggi della natura*

---

[1] Gli atomi dell'esperimento a cui si riferisce in questo passo

corrisponde a un'affermazione secondo la quale quando variamo il punto di vista da cui osserviamo un fenomeno naturale, le leggi della natura non cambiano. Queste simmetrie sono spesso indicate con il nome di principio di invarianza.

Cito questo passo per aggiungere qualche parola utile a estendere le poche nozioni che ho già dato sul concetto di simmetria, e a rendere più facile il discorso logico che segue. A questo punto, senza cercare di interpretare, mi conviene citare un intero, lungo brano:

La simmetria sottostante alla teoria elettrodebole è un pochino più esoterica. Non ha nulla a che fare con cambiamenti nel nostro punto di vista dello spazio e del tempo, ma piuttosto con il cambiamento nel nostro punto di vista sull'identità dei diversi tipi di particelle elementari. Così come è possibile per una particella trovarsi in uno stato meccanico–quantistico in cui essa non è manifestamente né qui né lì, non ruota (spin) né in senso orario, né in senso antiorario, allo stesso modo, sempre attraverso i misteri della meccanica quantistica, è possibile avere una particella in uno stato in cui non è né di sicuro un elettrone, né con certezza un neutrino, sino a quando non misuriamo una qualche proprietà che permette di distinguere tra i due, come la carica elettrica. Nella teoria elettrodebole la forma delle leggi della natura rimane la medesima se rimpiazziamo elettroni e neutrini in qualunque punto delle nostre equazioni con degli stati misti che non sono né elettroni, né neutrini. Poiché vari altri tipi di particelle interagiscono con gli elettroni e i neutrini, è necessario allo stesso tempo miscelare famiglie di particelle come i quark up con i quark down, insieme ai fotoni con i loro fratelli: le particelle W con cariche positive e negative e la particella neutra Z. Questa è la simmetria che collega la forza elettromagnetica, prodotta da uno scambio di fotoni, con la forza nucleare debole che risulta dallo scambio di particelle W e Z. I fotoni e le particelle W e Z appaiono nella teoria elettrodebole come un miscuglio dell'energia di quattro campi, campi che sono necessari nella teoria elettrodebole, proprio allo stesso modo in cui il campo gravitazionale è reso necessario dalle simmetrie della relatività generale.

É la simmetria di gauge o *locale,* scrive alla pagina successiva, che esiste tra elettroni e neutrini che rende necessaria l'esistenza dei campi associati ai fotoni e a W e Z.
Avrei dovuto accennare, e non l'ho fatto che tutta l'elettrodinamica quantistica si basa sulla teoria dei campi. Ma, se non abbiamo ben capito il mistero del campo elettromagnetico di Farday e Maxwell che speranza potevamo avere di penetrare l'enigma matematico dei campi quantistici? Quindi, ho lasciato perdere.
Il vantaggio di questo modo di esporre la faccenda, cercando di collegare i pezzi delle sequenze in modo non tanto chiarificatore quanto consequenziale e logico, è solo quello di evitare le fratture, i ritorni e le attese.
Weinberg, invece, ci fa stare in trepidante attesa, prima di cominciare a discutere le ragioni per cui la forza elettromagnetica e quella debole sono così terribilmente diverse, e per qualificare le limitazioni insite nel Modello Standard.

Il modello, anzitutto, non include la gravità, e sebbene contenga (come vedremo più avanti) la forza nucleare forte, quest'ultima appare come qualcosa di completamente diverso dalle altre due (elettromagnetica e debole). Inoltre, benché sia riuscito a unificare la forza elettromagnetica e quella nucleare debole, vi sono, tra loro, fondamentali diversità: non ultima l'enorme differenza tra i loro valori. Infine il modello *include numerose caratteristiche che non sono dettate da principi fondamentali,* cosa che, se si verificasse, piacerebbe molto ai fisici, *ma devono essere derivate dai risultati sperimentali.* Tra queste, un intero menu di particelle, molte costanti, quali i rapporti tra le masse, e persino le stesse simmetrie. Il modello standard *non è sicuramente la risposta finale, e per andare oltre dovremo confrontarci con le sue limitazioni.*

Tutti questi problemi del modello, hanno a che fare, in una maniera o nell'altra con il fenomeno della *rottura spontanea della simmetria.*
Ecco, ci siamo. Anche qui mi conviene citare un lungo brano. Prima di farlo credo opportuno chiarire di che cosa si tratta, in modo da rendere più leggibile la complessa esposizione di Weinberg.
La *rottura spontanea della simmetria* è un processo che deve essersi verificato nei primissimi istanti del Big Bang. Le sue conseguenze sono state la differenziazione tra forze e particelle che avevano proprietà simmetriche. Più che di *rottura* sarebbe appropriato parlare di mascheramento. La stessa forza che regolava le interazioni elettromagnetiche, deboli e forti, si è differenziata in forze distinte, e le stesse particelle hanno assunto forme e caratteristiche diverse.
La temperatura era enorme, miliardi di gradi, e ugualmente grandissima era l'energia che spettava alle particelle in agitazione cosmica. Le condizioni in cui la simmetria è stata mascherata, sfortunatamente, non sono riproducibili negli acceleratori di particelle. Quindi, un esperimento che dimostri che tutte le forze attuali, altro non sono che l'espressione di un'unica forza, non è realizzabile. La risposta finale può essere trovata solo nelle teorie e nelle misure degli astronomi e dei cosmologi. Vediamo ora che cosa scrive Weinberg, riprendendo concetti che ha già descritto e che io ho citato:

La scoperta di questo fenomeno rappresenta uno dei grandi sviluppi che hanno salvato la scienza del ventesimo secolo [...] e la fisica delle particelle elementari. Il suo maggiore successo è stato quello di spiegare la differenza che esiste tra la forza debole e quella elettromagnetica [...].

La teoria elettrodebole [...] è basata su un principio esatto di simmetria, che dice che le leggi della natura assumono la stessa forma, se in ogni punto delle equazioni della teoria rimpiazziamo il campo dell'elettrone e del neutrino con campi misti – per esempio, un campo che è 30% elettrone e 70% neutrino e un altro campo che è 70% neutrino e 30% elettrone – [...] Questo principio di simmetria prende il nome di locale, il che vuol dire che si suppone che le leggi di natura restino inalterate anche se la miscela varia di momento in momento e da punto a punto. Esiste un'altra famiglia di campi che è dettata da questa simmetria [...]. Questa famiglia consiste dei campi del fotone e delle particelle W e Z, ed anche questi ultimi campi devono essere mescolati insieme quando mescoliamo i campi del neutrino e dell'elettrone. Lo scambio di fotoni è responsabile della forza elettromagnetica, mentre lo scambio di particelle W e Z produce la forza debole, quindi questa simmetria tra elettroni e neutrini è anche una simmetria tra forza elettromagnetica e forza debole.

Tuttavia, questa simmetria non è palese in natura, ed è per questo che c'è voluto tanto tempo per scoprirla. Per esempio, gli elettroni e le particelle W e Z sono dotati di massa, mentre il neutrino e i fotoni non lo sono. (É proprio la massa di W e Z che rende la forza debole tanto più debole di quella elettromagnetica). In altre parole, la simmetria che mette in relazione elettroni e i neutrini è una proprietà delle equazioni che disciplinano il modello standard, equazioni che dettano le proprietà delle particelle elementari, ma questa simmetria non è soddisfatta dalle soluzioni di queste equazioni – cioè le proprietà stesse delle particelle.

Dunque: le equazioni alla base del modello standard sono regolate, disciplinate dalla simmetria, ma non lo sono le soluzioni delle equazioni medesime. La simmetria non si manifesta in ognuna delle soluzioni individuali delle equazioni ma solo nella configurazione di *tutte* le soluzioni delle equazioni medesime. Per esempio, con riferimento ai quark[l], la simmetria delle equazioni non esclude la possibilità che la soluzione possa fornire una massa del quark up più grande della massa del quark down; richiede soltanto che in questo caso vi sia una *seconda* soluzione in cui la massa del quark down sia più grande di quella del quark up, esattamente della stessa quantità.

A questo punto non avrebbe alcun'importanza quale delle due soluzioni la natura sceglie: la differenza tra le due soluzioni sarebbe semplicemente una questione del nome attribuito ai due tipi di quark.

La natura come noi la conosciamo rappresenta una soluzione di tutte le equazioni del modello standard, e non fa alcuna differenza quale soluzione, purché tutte le soluzioni siano collegate da principi esatti di simmetria. In questi casi noi diciamo che la simmetria è rotta, anche se un termine più corretto sarebbe nascosta, perché la simmetria è ancora lì, nelle equazioni, e sono queste equazioni che governano le proprietà delle particelle. Chiamiamo questo fenomeno rottura spontanea della simmetria perché nulla distrugge la simmetria delle equazioni della teoria; la rottura appare spontaneamente nelle varie soluzioni delle equazioni.

Mamma mia, che garbuglio! É una chiara testimonianza di come quando al linguaggio matematico si vogliono sostituire le parole, risulta impossibile evitare giri vorticosi di frasi che si avvolgono su se stesse.
Vediamo anche in questo caso, se si riesce a fare qualche progresso con Davies e Lederman.
Di Davies, per non aumentare il mal di testa cito solo una frase:

---

[1] Come vedremo, l'esistenza dei quark era già stata ipotizzata nel 1963 da Murray Gel-Man. Le reazioni di decadimento radioattivo e quelle della stessa categoria, coinvolgono, tramite i messaggeri W e Z, non i protoni e i neutroni ma, appunto, i loro costituenti, i quark up and down.

La teoria di Weinberg e Salam spiega magnificamente perché la forza elettromagnetica e la forza debole hanno proprietà tanto diverse. La struttura di base dei loro campi di forza è in pratica quasi la stessa; sono entrambi campi di gauge. É l'effetto della rottura della simmetria che produce l'enorme differenza nelle loro caratteristiche. Noi non riusciamo a notare la simmetria di gauge della forza debole perché viene mascherata dalla rottura della simmetria.

Ci aiuta? Non molto mi pare. Lederman è meno elogiativo e più cinico: sperimentatori contro fisici teorici? Il passo che segue, tra l'altro tenta di spiegare le ragioni per cui questa benedetta simmetria si...rompe. Lo fa anche Weinberg, e i racconti sono equivalenti; quello di Lederman però, aggiunge un differente punto di vista, ed usa un *linguaggio* che ci può aiutare a rimanere sani di mente.
Lederman, comincia con il dire che uno dei problemi con l'interazione debole era che, avendo un raggio di azione così breve, aveva bisogno di messaggeri pesanti, come W e Z che venivano fuori dalle equazioni. La teoria di gauge, però non prevedeva messaggeri pesanti [...] *e poi, come fanno le W e la Z, tre particelle pesanti a convivere felicemente nella stessa famiglia del fotone che non ha massa?*
Ed ecco la risposta:

É chiaro che noi, idraulici di laboratorio non vediamo la simmetria elettrodebole. I teorici lo sanno, ma hanno un bisogno disperato di questa simmetria nelle equazioni di base; perciò dobbiamo trovare un modo di installare questa simmetria, salvo quando le equazioni si abbassano a prevedere i risultati degli esperimenti [...].

Stop! Stop! Fermi un secondo. La simmetria (di gauge) serve a rendere praticabili le equazioni, a eliminare gli infiniti attraverso la rinormalizzazione. Però il collegamento tra teoria

400

ed esperimenti (e qui semplifico: la massa dell'elettrone e quella del neutrino, quella inesistente del fotone e quelle massicce delle particelle W e Z vengono fuori solo dagli esperimenti e non dalla teoria) richiede che ci sia qualche potente e misteriosa ragione per la quale la simmetria si rompe: altrimenti la teoria non funzionerebbe, e sarebbe del tutto inefficiente a fare qualsivoglia previsione.

Insomma: senza simmetria la teoria va a farsi benedire. Con la simmetria, i risultati della teoria non vanno bene. Allora che facciamo? Prima ce la mettiamo e poi troviamo un modo di farla sparire. Ed ecco come, scrive Lederman:

Weinberg aveva scoperto attraverso il lavoro di Higgs[I], un meccanismo grazie al quale un insieme primordiale di particelle prive di massa, che rappresentava un'interazione elettrodebole unificata, acquistava massa nutrendosi, per esprimerci in modo molto poetico, delle componenti non volute della teoria. Va bene così? No? Insomma usava le idee di Higgs per distruggere la simmetria! Le particelle W e Z acquistavano massa, il fotone rimaneva tale e quale e dalle ceneri della teoria unificata, ormai distrutta, apparivano l'interazione debole e quella elettromagnetica. Le particelle W e Z, così massicce, giravano intorno creando la radioattività degli atomi e quelle reazioni che, di tanto in tanto interferivano con i neutrini che attraversavano l'universo, mentre i fotoni messaggeri generavano l'elettricità che tutti noi conosciamo, amiamo e paghiamo: ed ecco la radioattività (interazione debole) e la luce (elettromagnetismo) elegantemente (?) unite l'una all'altra. In realtà, l'idea di Higgs non distruggeva la simmetria, ma si limitava a nasconderla.

Il punto interrogativo è di Lederman: grazie a Dio e a lui!

[I] L'idea originale è di Peter Higgs, dell'Università di Manchester. IL bosone di Higgs è stato recentemente, pare, trovato.

Lederman si domanda ancora perché qualcuno avrebbe *dovuto credere a questi castelli in aria matematici*. Poi ricorda, come ho fatto io più sopra, che fu Gerard 't Hooft in Olanda a provare che la teoria era rinormalizzabile e funzionava.

Voglio concludere ricordando che ho scritto più sopra che l'idea del vuoto quantistico che non è vuoto ma pieno di potenziali campi, particelle e strane agitazioni quantistiche sarebbe stata usata per risolvere problemi, incongruenze e incertezze. Il campo o le particelle di Higgs ne sono un esempio fondamentale. In più mi pare giusto ricordare che se Lederman ci scherza sopra, alimentando il mio disagio e fornendo motivi per rallegrarmene, è anche vero che il titolo del suo libro è, per l'appunto *La particella di Dio*, e che la particella in questione, che lui e altri ricercatori si affannano a trovare, è proprio la particella di Higgs. Un'ultima cosa: se più o meno ce l'hanno fatta a unificare le due forze, debole ed elettromagnetica nella teoria elettrodebole, nonostante i vari tentativi, non c'è stato nulla da fare per far rientrare nell'unificazione la forza nucleare forte. E su questo non mi dilungo.

Quark e QCD

In un divertente, immaginario dialogo con Democrito, quest'ultimo chiede a Lederman la ragione per cui i fisici credono all'esistenza del Campo di Higgs.

Lederman: Perché deve esistere. I quark, i leptoni, le quattro forze conosciute [...] nessuna di queste cose ha veramente senso se non c'è un enorme campo che distorce ciò che vediamo, alterando i nostri risultati sperimentali. Per deduzione deve esserci il campo di Higgs.

Più avanti, Lederman racconta di come i quark sono ancora più astratti e difficili da visualizzare degli atomi. *Nessuno ne ha mai visto uno, dunque come possono esistere?* Cito il passo per intero:

La nostra evidenza è indiretta. Le particelle collidono in un acceleratore. Sofisticate apparecchiature elettroniche ricevono ed elaborano gli impulsi elettrici generati dalle particelle in una varietà di sensori nei rivelatori. Un computer interpreta gli impulsi elettronici provenienti dal rivelatore, riducendoli a un mucchio di zero e uno, e invia questi risultati a un monitor nella stanza di controllo. Noi guardiamo la rappresentazione di zero e uno e diciamo «porca vacca c'è un quark!» Sembra così inverosimile al profano. Come possiamo esserne così sicuri? Non potrebbe essere stato l'acceleratore o il rivelatore a fabbricare il quark? Dopotutto, noi non possiamo mai vedere i quark con i nostri propri occhi. Ah, i tempi in cui la scienza era più semplice! Non sarebbe bello tornare nel XVI secolo? Chiedetelo a Galileo.

Mi piace Lederman perché riesce a mantenere, anche da fisico sperimentale convinto, un sistematico, dissacrante, ma allegro senso di humor. Il fatto è che anche se non possono essere visti, i quark esistono: il protone e il neutrone sono fatti di tre quark.

I quark sono stati *inventati* per razionalizzare le risposte che si ottenevano dagli acceleratori, decine di particelle strane, pioni e kaoni di vario tipo, sigma, omega: ricordate le tabelle di Lederman e di Fritjof? L'inventore dei quark fu Murray Gell-Man. Nel libro già citato in questo capitolo, *The Quark and the Jaguar*, Gell-Man spiega:

La ricetta per costruire un neutrone o un protone è, in parole povere, Prendi tre quark. Il protone è composto da due u quark e un d quark, mentre il neutrone contiene due quark d e un quark u. I quark u e d hanno valori diversi della carica elettrica. Nelle stesse unità per cui l'elettrone ha carica −1, il protone ha una carica di +1, e il neutrone ha carica 0. La carica del quark u, se si usano le stesse unità di misura è 2/3 e quella del quark d è −1/3. Naturalmente, addizionando 2/3,

2/3 e −1/3 otteniamo 1 per la carica del protone; se sommiamo −1/3 -1/3 e 2/3, otteniamo la carica 0 del neutrone.

I quark u e d sono definiti come diversi *sapori* (flavors in inglese) dei quark. Vedremo che è importante.

I quark, giacché tali, sono intrappolati per sempre all'interno delle particelle che essi stessi costituiscono e non possono essere trovati negli esperimenti di laboratorio. Però, la loro esistenza, oltre a essere confermata dalla teoria, lo è stata da esperimenti in cui bombardando protoni con elettroni ad altissima energia, si è rivelata una struttura interna che conferma la struttura basata sui quark.

I quark sono tenuti insieme dalla forza nucleare forte, ma sentono anche la forza debole. Ricordate? Quando la forza debole agisce su un quark ne cambia il *sapore*. Questo, scrive Davies, è l'essenza del decadimento di un neutrone: *uno dei quark down nel neutrone si trasforma in un quark up, e la carica in eccesso è portata via dall'elettrone che è creato allo stesso tempo.* Il decadimento radioattivo, l'avevo accennato, si spiega con la trasmutazione dei quark.

La necessità di aggiungere ai quark di base, l'up e il down, e poi lo strange, il charme, il top, e il bottom, nacque dall'esigenza di spiegare, come ho detto, altri fenomeni di decadimento, con l'apparizione di misteriose particelle. Tutti fenomeni, spiega Davies, regolati dalla forza nucleare debole. La forza forte li tiene insieme, ma è quella debole che ne cambia il sapore. Ho accennato, illustrando la tabella di Lederman, più sopra, che le *generazioni* di quark furono tre, e si susseguirono negli anni, dopo la prima comparsa negli acceleratori e nella testa di Gell-Man.

E siamo arrivati alla Cromodinamica Quantistica, la QCD, sulla quale non m'intratterrò a lungo. Nacque dal bisogno di spiegare l'interazione forte, utilizzando gli stessi principi matematici e i medesimi modelli che avevano portato a risolvere il problema dell'interazione debole. Un'altra stranezza associata ai quark che aveva bisogno di essere risolta, veniva fuori da esperimenti che indicavano che contrariamente a ogni altro tipo forza, l'interazione forte che tiene insieme i quark all'interno degli adroni (neutroni protoni e loro soci) aumenta con la distanza. I fisici, Gell-Man in testa s'inventarono la QCD, basata ancora una volta sulla simmetria di gauge. Per riuscirci dovettero attribuire ai quark oltre che il sapore (up, down, eccetera) anche un colore. I quark si possono presentare in tre colori, verde, rosso e blu.

Quando si combinano nei barioni, in triplette, il risultato della miscela è bianco. Anche nelle coppie di quark–antiquark che costituiscono i mesoni (vedere la tabella di Lederman, più sopra) il colore e l'anticolore si annullano dando come risultato il bianco. Analogamente a quanto accade nella QED, dove i messaggeri dell'interazione debole sono le particelle W e Z, ben otto *gluoni* furono necessari per trasmettere da quark a quark l'interazione forte.
Il colore, naturalmente è solo un'altra astrazione, una qualità attribuita ai quark. Ha permesso di utilizzare la simmetria di gauge, di fare intervenire messaggeri e campo di Higgs, e rinormalizzzare la teoria.

Non me la sono sentita, nel caso della QCD di andare oltre e di capire di più. Né mi sembra il caso di entrare nella storia dei primi passi verso una *teoria del tutto*, che unifichi la forza *elettrodebole* con l'interazione forte, lasciando sempre fuori la gravità. I fisici non ci sono ancora riusciti, né riuscirei io a descrivere con eleganza la storia dei loro numerosi tentativi e altrettanto molteplici fallimenti. Ho già trattato gli aspetti metafisici dell'argomento nel Capitolo II, *Dio all'inizio invece che alla fine*.

E allora?

Sono quasi alla fine del lavoro. Manca ancora un Capitolo sulla cosmologia e sugli effetti che la meccanica quantistica ha avuto nel suo sviluppo. Due brevi Capitoli che si occupano dei fenomeni paranormali e del Principio Antropico. Poi, rimane quello più difficile, il Capitolo sul Caos, la teoria della complessità, che includerà i ragionamenti conclusivi.

Ieri, mentre lavoravo, per uno di quegli incidenti tipici della scrittura elettronica, mi sono perso due o tre ore di scrittura. Non ho sofferto troppo, non ero soddisfatto. Però, mi sono domandato che cosa proverei, se per errore, capricci del computer, distrazione, e nonostante salvataggi, back-up, e tecniche varie di protezione, dovessi perdere tutto quello che ho scritto sinora. La domanda ne ha indotto un'altra conseguente: dove ho trovato l'energia, la forza per arrivare, con le pagine che ho già scritto, alla conclusione di un'avventura che ho cominciato senza grandi speranze, e con limitata convinzione? Credo che la curiosità sia stata lo stimolo più importante, insieme al desiderio di capire di più.

Anche, direi, una specie di sfida. Provare a raccontare la fisica, in modo che mi fosse leggibile, e che come tale, potesse divenire leggibile anche per altri. Credo, che dopo i primi Capitoli in cui ho fatto molto ricorso a citazioni altrui - per riempire le pagine con pensieri che non essendo miei erano sicuramente più autorevoli - ho trovato, pian piano il coraggio della sintesi personale e di un po' di critica, quando mi sembrava che fosse appropriata.

E allora? Se perdessi tutto? Certamente non ricomincerei.

Dove sono arrivato? Mi pare che una riflessione possa essere anticipata adesso, prima delle conclusioni a fine libro, e proprio ora, dopo la recente scrittura dei Capitoli sui quanti e sul Modello Standard, che sicuramente rappresentano una delle parti più intricate del racconto.

In questi giorni, per scrivere la storia dei quark, sono andato a rileggermi il libro di Murray–Gellman, *The Quark and the*

Jaguar (Op. Cit.), che userò un pochino anche nel capitolo sul Caos.

I quark rappresentano, insieme agli elettroni, l'espressione di ciò che vi è di più piccolo nel mondo *reale*. Sono introvabili, ma semplici. Un giaguaro è un sistema complesso, che ha richiesto miliardi di anni per svilupparsi, partendo da quark, elettroni, atomi e molecole. La domanda è: qual è la relazione tra i due sistemi e le leggi che li governano? Ho già riportato, qualche pagina prima, le opinioni di Weinberg e di Green sulla faccenda. Avevo sperato di trovare lumi chiari e definitivi nel libro di Gell-Mann. Sarebbe implicito nel titolo del suo libro, e nella premessa in cui spiega la struttura del libro e le sue intenzioni. Scrive tra l'altro a pagina X: *[...] divenni stimolato dall'idea di condividere con i miei lettori la crescente consapevolezza dei legami che esistono tra le leggi fondamentali della fisica e il mondo che ci circonda. Tutta la vita io ho amato esplorare la sfera degli esseri viventi, ma la mia vita professionale è stata dedicata soprattutto alla ricerca delle leggi fondamentali.*

Queste le intenzioni dell'autore. Direi proprio che non ci riesce; spero di dovermi ricredere quando, arrivato al Capitolo sul Caos, riprenderò in mano il suo libro. Si tratta di un'ulteriore prova del pasticcio in cui sono andato a cacciarmi quando ho pensato di trovare e raccontare le relazioni tra Caos, Quanti e Fisica Classica[I].

Ma, c'è un'altra cosa che mi ha profondamente colpito, interessato ed eccitato. Nell'introduzione scrive:

[I] Mentre preparavo il materiale per il capitolo XII, *Il principio Antropico* mi sono imbattuto in una frase di Lee Smolin in *La Vita del Cosmo*. Tornerò a citare questo libro. Intanto però voglio annotarla, perché ho trovato una traccia di quello che dichiaro mancante in Gell - Man, sulla relazione tra semplice e complesso: *Se vogliamo veramente comprendere il nostro universo, queste relazioni tra strutture macroscopiche e particelle elementari debbono essere considerate più che una coincidenza. Dobbiamo capire come avviene che i parametri che governano le particelle elementari e le loro interazioni siano sintonizzate ed equilibrate in modo da far sbocciare nell'universo tanta complessità.*

La seconda parte si occupa delle leggi fondamentali della fisica, quelle che governano il cosmo e le particelle elementari di cui è composta tutta la materia dell'universo [...]. La teoria delle particelle elementari è così astratta che moltissimi trovano difficile seguirla anche quando è spiegata, come in questo caso, senza l'uso della matematica.

Attenti adesso. Continua:

Alcuni lettori possono trovare conveniente leggere velocemente alcune porzioni della seconda parte, specialmente i Capitoli 11 (sull'interpretazione moderna della meccanica quantistica) e 13 (dedicata al modello standard delle particelle elementari, quark inclusi). Una lettura rapida di questi capitoli, o addirittura di tutta la seconda parte, non interferisce con la possibilità di seguire quello che resta. É ironico che una porzione del libro che intende spiegare perché la teoria fisica fondamentale è semplice, debba essere tuttavia difficile per tanti lettori. Mea culpa!

Insomma, Gell-Man scrive un intero libro sulle relazioni tra semplice e complesso, quark e giaguari, e dichiara che è colpa sua se una delle parti che compone il suo ragionamento non è spiegabile, e ha il coraggio di assumersene la colpa! Sembra ovvio allora, che se Gell-Man non riesce a spiegare in modo chiaro la parte relativa a quello che lui chiama semplice, la fisica delle particelle, dimentichi pure, nel corso dell'opera, di compiere quello che si era proposto: spiegare i collegamenti tra semplice e complesso. Tra l'altro, vi assicuro, e permettetemi il gioco di parole, il *complesso* di Gell-Man non è tanto più facile da capire del suo *semplice.*

Tutto questo non è detto per sottintendere che io sono più bravo di Gell-Man. Percarità.

Lo faccio notare per dare ancora forza al significato del mio tentativo.

Vediamo. Quanto ho capito io del Modello Standard?

Sono capace di fare, a questo punto, una sintesi, mezza pagina, delle trenta e più pagine che ho scritto in questo Capitolo? Ci provo.

Schrödinger scrive la sua equazione sulla funzione d'onda. Dirac c'infila dentro la relatività speciale, l'equivalenza tra massa ed energia; vengono fuori le anti-particelle, e il vuoto quantistico che non è veramente vuoto, ma è pieno di particelle - virtuali e reali - quando la legge d'indeterminazione di Heisenberg si applica alle grandezze coniugate *incertezza sui valori dell'energia (massa) e incertezza sulla vita media delle particelle*. Negli acceleratori compaiono sempre più strane tracce di particelle reali. Parte Gell-Man con i quark, i primi due, up and down, e con i relativi antiquark. Diventeranno sei, con il top ancora da scoprire, nei vent'anni successivi.

Intanto i fisici si mettono a studiare la forza elettromagnetica e salta fuori l'elettrodinamica quantistica, QED. C'è però, il problema degli infiniti. Studia e studia tirano fuori la simmetria di gauge e gli infiniti scompaiono. La QED permette di prevedere e calcolare alcune grandezze riguardanti l'elettrone, lo shift di Lamb e il fattore g del campo magnetico dell'elettrone. La teoria è *rinormalizzabile*, gli infiniti possono essere spazzati sotto il tappeto.

La QED è la teoria che spiega essenzialmente il comportamento dell'elettrone e dei messaggeri della forza elettromagnetica: i fotoni.

A questo punto, i fisici attaccano la forza debole, quella del decadimento radioattivo. Weinberg e Salam inventano i messaggeri W e Z, e 't Hoft si accorge, prima di loro stessi, che la teoria della forza debole è rinormalizzabile: anche qui gli infiniti possono scomparire. Benedetta ancora una volta la simmetria di gauge.

Non solo: si accorgono che la forza elettromagnetica e quella nucleare debole sono unificabili in un'unica forza, l'elettro debole. Ma perché le forze sono tanto diverse una dall'altra in intensità, e perché i messaggeri, fotoni da una parte e W-Z dall'altra possiedono caratteristiche così dissomiglianti? Perché si rompe, o si è rotta nei primordi, la simmetria. E chi è che mantiene la simmetria non *rotta* ma *nascosta*? I Bosoni, le particelle, il Campo di Higgs.

Gli esperimenti si collegano alle teorie e le teorie si allacciano agli esperimenti in un giuoco di vai e vieni che finisce per soddisfare tutti, e si giunge al modello standard. Cinque o sei quark - con i loro sapori e con i loro colori che appaiono nella QCD - l'elettrone e i suoi fratellini neutrini, interagiscono tra loro tramite i bosoni messaggeri: fotoni, W e Z, gluoni. Tutte le strane particelle che lasciano le loro tracce nelle camere a bolle degli acceleratori, trovano una spiegazione in un *modello* che riduce le variabili e ne razionalizza le relazioni. Il modello è buono, ma non è perfetto. Per far quadrare tutto occorre inserire nelle equazioni molti parametri che discendono da misure sperimentali, come masse e cariche. Il numero di particelle si è ridotto, ma sono sempre tantissime.

Non si riesce a unificare la forza forte con la forza elettro debole, non si trova il quark top, e rimane lontana la possibilità di trovare le particelle di Higgs.

Questa è la sintesi di cui io sono capace. Significa che ho capito? Certamente no, non nel senso di potermi permettere una discussione con dei fisici seri, o di ascoltare, seguendo con sicurezza, una conferenza sugli sviluppi più recenti della fisica di cui non sono al corrente. Però sono in grado di descrivere la sequenza e di usare la terminologia giusta. Mi pare già tanto.

Capitolo XI I fenomeni Paranormali

C'è una ragione precisa che m'induce a introdurre, a questo punto, dopo la descrizione dei miracolosi prodigi del Modello Standard, un discorso su quelle che noi potremmo chiamare finte–scienze. Ci arriveremo tra un minuto.

Devo subito dichiarare che sono sempre stato scettico di ogni storia, vicenda, letta o raccontata, che abbia a che fare con i cosiddetti fenomeni paranormali: spiritismo, precognizione, telepatia, telekinesi (riuscire a muovere un corpo con la forza della mente), chiaroveggenza. Anzitutto, tra l'altro, non mi è mai capitato di vivere personalmente esperienze di questo tipo. Ho incontrato persone cui è successo, ma si è comunemente trattato di qualcuno che, pur dimostrando un senso concreto del rapporto con le cose normali della vita, cioè né pazzo, né invasato, manifestava sempre una percettibile, irrazionale, esaltazione nel racconto, descrizione, analisi, delle sue esperienze mistiche o extrasensoriali.

Poi, ho letto assai poco sull'argomento. Ogni volta che ho provato sono rimasto deluso dalla poca coerenza logica delle esperienze narrate, e infastidito dal tono, spesso delirante, privo di concretezza, con cui erano descritte. Le prove, se di prove si poteva trattare, erano sempre vaghe, generiche, e non suffragate da fatti abbastanza consistenti da renderle accettabili. Non sono mai stato in India, non ho mai parlato con un asceta, non ho mai assistito alle esibizioni di fachiri; anche se credo che in questo caso si tratti di qualcosa di diverso: l'allenamento, la pratica e l'acquisita capacità di un amplificato e cosciente controllo dei propri meccanismi mentali e fisiologici.

Gli scienziati, i fisici delle particelle, mostrano due atteggiamenti opposti. C'è chi come Weinberg nega ogni valore al paranormale, e sostiene che i fisici, gli scienziati, i ricercatori, hanno già troppo da fare, per poter e dovere dedicare energie a fenomeni che, secondo lui, nulla hanno a che fare con la scienza. Il lavoro necessario a dimostrare che, eventualmente, esiste una base scientifica per certe pretese manifestazioni, richiederebbe un investimento di mezzi e intelletti, già meglio impiegati in campi in cui il rigore e la coerenza hanno buone capacità di affermarsi.

Di altro avviso è Gell-Man che scrive, nel libro citato nel precedente capitolo, un intero brano sull'argomento intitolato *Superstizione e scetticismo*.

Introduce un'interessante distinzione tra due tipi di errori che si commettono quando ci si confronti con i fenomeni paranormali: la superstizione e la negazione.

Superstizione significa vedere a tutti i costi ordine dove l'ordine non c'è. *Negazione* è il rifiuto di accettare le prove di certe regolarità, *anche quando c'esplodono in faccia.*

La superstizione nasce dall'istintivo bisogno umano di trovare risposte alle incertezze, all'impredicibilità della vita (incluse quelle generate dalla meccanica quantistica e dal caos); di ristabilire, anche dove manca, un principio di causa ed effetto, all'interno del quale ci si possa liberare dal terrore, trovando conforto in verità manipolate, e forze inventate.

Anche la *negazione* può generare superstizione quando, per esempio, negando qualcosa come la verità inevitabile della morte, si accettano credenze e illusioni che ci liberano dall'ansietà e della paura di morire.

Gell-Man, tuttavia non è convinto che un atteggiamento di rifiuto totale, di *negazione* a tutti i costi, nel tentativo di demistificare ogni caso di fenomeni paranormali, sia scientificamente corretto. Se un fenomeno è genuino, si domanda, come fa a essere paranormale? *Ogni fenomeno genuino deve essere compatibile con la scienza.*

Se viene fuori qualcosa di nuovo (purché sia confermato in modo credibile) non occorre disperarsi. Prima occorre praticare un processo di demistificazione che riduca al minimo

412

i dubbi ed elimini le ovvie falsificazioni, le manipolazioni volute o non volute della verità. Poi, in certi casi varrebbe la pena di mettersi a studiare e cercare di dare una spiegazione dei fenomeni, che rientri nella scienza conosciuta, o che apra nuovi orizzonti.

Gell-Man, non è conclusivo, come ho già fatto notare per altri aspetti del suo libro; si diverte a raccontare alcuni esempi, i pesci che cadono dal cielo, le palle di fuoco vaganti durante i temporali, la telepatia, come nel caso di due gemelli di cui uno è sotto stress; non suggerisce metodi e criteri per una ricerca approfondita. La mia impressione è che anche se sostiene il bisogno di non negare a tutti i costi, è lui stesso profondamente scettico.
Come posso mettere in relazione tutto questo con le teorie e gli esperimenti che hanno generato la *storia* del modello standard?
Ci sono due ragionamenti collegati, o collegabili, e una buona ragione per fare questo discorso, come ho anticipato più sopra. Uno riguarda le invenzioni, le incertezze, e le forzature associate al modello. L'altro si riferisce al concetto di utilità e alle diverse interpretazioni che se ne possono dare.

Non abbiamo dimenticato il *vuoto quantistico*, le particelle virtuali, e quelle reali che ci sono e non ci sono, quando in un'enorme acceleratore di particelle, collegato con complessi sistemi di rivelazione, si vanno a cercare. Non mi dite che l'idea del vuoto quantistico non rasenta essa stessa i limiti della metafisica e dell'astrusità. Riprendiamo un pezzetto della citazione di Ledereman che io ho riportato nel capitolo sul Modello Standard:

La nostra evidenza è indiretta. Le particelle collidono in un acceleratore. Sofisticate apparecchiature elettroniche ricevono ed elaborano gli impulsi elettrici generati dalle particelle in una varietà di sensori nei rivelatori. Un computer interpreta gli

413

impulsi elettronici provenienti dal rivelatore, riducendoli a un mucchio di zero e uno e invia questi risultati a un monitor nella stanza di controllo. Noi guardiamo la rappresentazione di zero e uno e diciamo «porca vacca c'è un quark!» Sembra così inverosimile al profano. Come possiamo esserne così sicuri? Non potrebbe essere stato l'acceleratore o il rivelatore a fabbricare il quark? Dopotutto, noi non possiamo mai vedere i quark con i nostri propri occhi. Ah, i tempi in cui la scienza era più semplice! Non sarebbe bello tornare nel XVI secolo? Chiedetelo a Galileo.

Sembrerebbe, dunque che i fisici delle particelle, investendo enormi quantità di danaro, mezzi e tempo, abbiano demistificato le incongrue incertezze della fisica, e contribuito a ridurre la paura dell'ignoto, con un complesso di brillanti invenzioni, capaci di trasformare l'*indeterminato* in un *certo* che, pur avendo il merito della verifica sperimentale, non è scevro di seri dubbi e limitazioni.

L'*utilità* di questo sforzo è doppia. Da una parte, lo abbiamo visto, risponde a stimoli competitivi, e a propositi di ricaduta tecnologica ed economica. Dall'altra, soddisfa, il bisogno di conoscere, capire e soprattutto, razionalizzare. Ma, ci sono riusciti? E se è così, non è anche questo una rappresentazione di come di fronte alle certezze della morte, dell'imprevedibilità, dell'insicurezza, diventa necessario *negare* che il mondo è solo imprevedibile, incerto, insicuro e caotico, e che questo ci riesce a costo di sforzi dell'immaginazione vicini a quelli che si potrebbero compiere per capire perché Uri Geller riesce a compiere l'inutilissima operazione di piegare i cucchiai a distanza?

Capitolo XII Il Principio Antropico

Il poco che volevo scrivere e che ho scritto sul paranormale, si adatta bene in successione alla storia del modello standard; mi sto anche convincendo che lo scrivere sul principio antropico, prima che sulla cosmologia, semplificherà il lavoro successivo, introducendo termini e concetti che si ritroveranno più avanti.

Ho già scritto qualcosa sul principio antropico nel capitolo II, *Dio all'inizio invece che alla fine*. Non sono certo che la rapida esposizione che ne ho dato allora sia del tutto corretta; ma, come vedremo, non sarei il solo a scriverne in modo contraddittorio e impreciso. Mi sembra, e lo confermeranno le prossime pagine che siano in parecchi ad avere qualche problema a mettersi d'accordo sul principio e le sue implicazioni.

Da quando leggo i libri che hanno generato questa peccaminosa voglia di dire la mia, sono affascinato e incuriosito da uno speciale senso di frustrazione che si presenta quando gli autori entrano nella discussione del principio antropico, quando lo descrivono, lo sostengono, oppure lo rifiutano e l'osteggiano. Non è il solito tormento sottile dell'incomprensione. Piuttosto si tratta della contraddizione che nasce quando qualcosa che sembra ovvia diventa ambigua; quando ci si dice *ma è chiaro, è così*! e quando, invece, ci si dibatte tra due convinzioni opposte e contraddittorie: o il ragionamento è troppo sbagliato perché sia accettabile, oppure troppo giusto per essere respinto.

Vedremo i dettagli tra un momento ma, in sintesi, la questione è questa. Nelle leggi della fisica e in quelle della cosmologia, ci sono grandezze e parametri, sia quelli che riguardano forze e particelle, sia quelli più specificamente cosmologici, che hanno dovuto assumere valori e relazioni tra loro precisissime (e si parla di decine di zeri prima o dopo la virgola in qualche caso) per consentire che dal Big Bang, (dato per scontato come la più plausibile spiegazione scientifica della nascita e dell'evoluzione dell'universo) a oggi, abbiano potuto svilupparsi le galassie, le stelle, i pianeti, in particolare la Terra e la vita intelligente sulla Terra.

Si tratta di numeri che sono stati misurati e trovati sperimentalmente, non d'invenzioni teoriche. Bene. Se non fossero stati sintonizzati in modo talmente improbabile e allo stesso tempo talmente preciso, prima di tutto l'universo sarebbe diverso e poi noi non potremmo esser qui a ragionare sul perché ci siamo.

Perché questo è strano? Perché suscita sorprese? La prima reazione, quella ovvia cui ho già accennato è: ma insomma, le grandezze in gioco dovevano pur assumere, avere, possedere dei valori. Noi li misuriamo e scopriamo che sono gli unici adatti a giustificare l'universo com'è, la vita sulla terra, e l'evolversi di una razza dotata di parole, intelligenza, e capacità di misurarli e di scoprire che sono gli unici valori *adatti a giustificare l'universo com'è, la vita sulla terra, e l'evolversi di una razza dotata di parole, intelligenza, e capacità di misurarli e di scoprire che sono anche gli unici valori* adatti a giustificare l'universo com'è, la vita sulla terra, e l'evolversi di una razza dotata di parole, intelligenza, e capacità di misurarli e di scoprire che sono gli unici valori...

Potrei continuare ad alternare testo normale e in corsivo all'infinito. Non lo faccio, ma spero che la ripetizione tripla sia già sufficiente a rendere l'idea, e il tipo di ragionamento circolare che salta fuori quando si affronta la questione.

Se non ci fosse stata la stramaledetta *sintonizzazione* io non starei scrivendo. Se scrivo vuol dire che c'è stata e questo dovrebbe bastare. Invece non va bene.

Gli interrogativi sono assai più profondi e le spiegazioni possibili, al limite tra scienza e religione, tra logica e metafisica, sono state oggetto di ricerche e speculazioni, non prive del tutto di risultati utili per il progresso della comprensione del mistero dell'universo.

Credo altresì che le riflessioni e i dubbi sul principio antropico nascano anche dalle perplessità e dai sensi di colpa dei fisici a riguardo dell'intera costruzione del modello standard, e degli astronomi e cosmologi per le profonde incertezze legate alle teorie sulla nascita e lo sviluppo dell'universo.

Ricordiamo che i parametri del modello standard sono, in pratica, i numeri che caratterizzano le quattro forze e le masse delle particelle. E ricordiamo che i valori di questi numeri non saltano fuori della teoria, ma ne sono i costituenti necessari; e che nascono in modo indipendente, dagli esperimenti piuttosto che dall'aver trovato in questi ultimi la conferma dei calcoli teorici.

Sintonizzazione

I sinonimi più comuni di questa parola sono: taratura, regolazione, calibratura, messa a punto. I parametri cosmologici e quelli fisici sono stati regolati (a partire dai primi istanti del Big Bang) in maniera pazzesca.

Ecco un assaggio:

Scrive Thrin Xuan Thuan nel *Le chaos et l'harmonie* (Op. Cit.):

Questa precisione della regolazione si rivela appassionante: per esempio il tasso di espansione dell'Universo ha dovuto essere regolato con una precisione paragonabile a quella di un arciere desideroso di conficcare una freccia su un bersaglio di un centimetro quadrato situato dall'altra parte dell'Universo a 15 miliardi d'anni luce! Il modello standard potrà un giorno trasformarsi in una teoria che possa spiegare tutto, compreso il valore delle costanti fisiche e delle condizioni iniziali?

Di questo, dunque, si tratta: i valori delle costanti fisiche e quello che alcune grandezze cosmologiche hanno assunto all'inizio dell'espansione generata dal Big Bang.

Sintonizzazione di Masse e Forze

Se si prende come base un numero uguale alla massa del protone, risulta che l'elettrone ha massa 0,00054, il quark up 0,0047, quello down 0,0074. Il fotone ha massa zero, e così pure i gluoni. I bosoni di gauge hanno masse comprese tra 86 e 87. Il protone è più pesante del neutrone di circa due parti su mille. La massa dell'elettrone è circa 1800 volte più piccola di quella del protone e del neutrone. Questi sono alcuni dei numeri che, misurati, entrano a far parte dei parametri del modello standard.

Per quanto riguarda le forze, sono in difficoltà.

Secondo Green, nell'*Universo Elegante* (Op. Cit.) la forza nucleare forte è pari a 100 volte quella elettromagnetica, e a 100 000 volte quella debole.

Gribbin in *In the Beginning*[39] scrive che se si prende uguale a uno la forza elettromagnetica, la forza forte è circa 1000 volte più intensa (invece delle 100 volte di Green) e che la forza debole è pari a circa 10^{-10} volte la forza elettromagnetica. Posso aver letto male, ma questi numeri non quadrano per nulla.

Della forza di gravità (la quarta, importantissima forza) Green scrive che è 10^{42} volte meno intensa della forza elettromagnetica mentre Gribbin sostiene che il rapporto tra le due è solo 10^{38}, 10.000 volte più piccolo di quello di Green.

Quello che conta è che, primo, la gravità non influenza in alcun modo le interazioni atomiche. L'importanza che assume il rapporto tra l'intensità della forza di gravità e quello delle altre forze sarà discussa più avanti.

Secondo, la forza elettrica che tenderebbe a far interagire tra loro i protoni e a far scoppiare gli atomi è ampiamente controbilanciata dalla forza nucleare forte; terzo, dice Gribbin, anche se la forza debole è tanto *debole*, ciò non impedisce agli atomi di decadere, giacché l'elettrone espulso dall'atomo, sotto la spinta della forza debole, non sente la forza forte.

Ed ecco, in maggior dettaglio, i ragionamenti e le sorprese che tutto questo genera nella mente dei fisici e dei nostri autori.
Ma, per quale ragione l'universo dovrebbe essere fatto in questo modo, si domanda Green. E continua:

Non è una domanda oziosa e filosofica sul perché alcuni dettagli sono fatti in un certo modo e non in un altro: l'universo sarebbe un luogo radicalmente diverso se le proprietà delle forze e della materia cambiassero anche di poco. Ad esempio l'esistenza di nuclei stabili che formano il centinaio di elementi della tavola periodica dipende in modo assai delicato dal rapporto fra l'intensità della forza nucleare forte e di quell'elettromagnetica. I protoni, impaccati nel nucleo, avendo tutti carica positiva si respingono, ma la forza che agisce tra i loro quark, per fortuna, vince la repulsione e lega i protoni strettamente. Basterebbe un piccolo cambiamento nei rapporti tra le forze per alterare gli equilibri e per far disintegrare gran parte dei nuclei. Inoltre, se gli elettroni fossero un po' più pesanti, si combinerebbero con i protoni a formare neutroni, ingoiando nuclei d'idrogeno (l'elemento più semplice dell'universo, il cui nucleo è fatto solo da un protone) e impedendo la produzione di atomi più complessi. In un contesto del genere le stelle, che si alimentano grazie alla fusione di nuclei stabili, non si formerebbero neppure.

John Gribbin fornisce altre spiegazioni:

Se la forza nucleare forte fosse appena un pochino più forte (13%) di quello che è, tutto l'idrogeno dell'Universo si sarebbe

419

trasformato in elio-2 molto presto nel Big Bang. Niente idrogeno, niente acqua [...]. Dato che tutte le sequenze della vita di una stella sono alimentate dalla fusione dei protoni in nuclei di elio-4, non ci sarebbero stelle come il Sole in un tale universo. Al contrario, se la forza forte fosse un po' meno forte (del 31%), nemmeno il deuterio avrebbe potuto essere tenuto insieme. L'Universo sarebbe costituito da null'altro che idrogeno, dato che la nucleosintesi non sarebbe mai iniziata.

Ancora un ragionamento dello stesso tipo tratto dalla *Vita del Cosmo* (Op. Cit.) di Lee Smolin:

Siamo talmente abituati all'idea che i protoni e i neutroni se ne stiano uniti stretti stretti per fabbricare centinaia di nuclei atomici stabili diversi, che risulta difficile pensare a questa situazione come una circostanza fuori dell'usuale. Ma lo è. Se la massa dell'elettrone non fosse all'incirca delle stesse dimensioni della differenza tra la massa del protone e quella del neutrone e se entrambe le masse non fossero più piccole di quella del protone, i nuclei non potrebbero restare uniti in modo da formare nuclei atomici stabili. Si tratta di fatti di di enorme importanza per il mondo così come lo conosciamo, perché senza molti nuclei stabili non ci sarebbero la fisica atomica e nucleare, non ci sarebbero stelle e nemmeno la chimica.

E poi sulla questione delle forze:

É notevole che l'esistenza di più di cento atomi stabili sia dovuta al fatto che l'intensità dell'interazione nucleare forte equilibra molto bene la repulsione elettrica tra i protoni. Per renderci conto di questo, basta solo chiedersi di quanto si dovrebbe aumentare l'intensità della forza elettrica (o diminuire quella dell'interazione nucleare forte) perché i nuclei non siano più stabili. La risposta è non molto. Se l'interazione forte fosse più debole anche del solo 50 per cento, la repulsione elettrica non sarebbe più equilibrata e la maggior parte dei nuclei diverrebbe instabile. Spingendosi più in là, forse di un altro 25 percento, tutti i nuclei si scinderebbero. E si otterrebbe lo stesso effetto mantenendo costante l'intensità dell'interazione nucleare forte e aumentando quella della repulsione elettrica di un fattore non superiore a 10.

Mi pare che anche se con qualche diversa angolatura dicano tutti quasi la stessa cosa. Forza debole e gravità non giocano, sino a questo punto un gran ruolo. Importanti la relazione tra le masse di protoni, neutroni ed elettroni, e il rapporto tra forza elettrica e forza forte. Influenzano la formazione e la persistenza di atomi stabili, e sono critici per la sequenza della storia degli eventi cosmologici. Dobbiamo, naturalmente credere sulla parola a quello che ci dicono, non abbiamo la possibilità di discutere né la velleità di controllare. Rimane vero però che qualche inconsistenza c'è. Basta riferirsi solamente al fatto che non sembra siano d'accordo sul rapporto tra forza forte ed elettromagnetica, che oscilla tra il valore 100 di Green e il valore1000 di Gribbin. Entrambi però sostengono che una variazione percentuale minima dell'una rispetto all'altra influenzerebbe drammaticamente il comportamento degli atomi. Strano. Per rimanere nel campo delle piccole incongruenze, Smolin si domanda *quanto sia probabile che un universo creato con una scelta casuale dei parametri possa contenere delle stelle. Dato ciò che abbiamo letto sin qui, è semplice dare una stima di questa probabilità. La risposta, in cifra tonda, è di una probabilità su 10^{229}* .

Steven Weinberg nel solito *Dreams of a final theory* scrive: *non abbiamo a disposizione un modo convincente per calcolare quanto sia improbabile che le costanti della natura debbano assumere i valori favorevoli allo sviluppo della vita intelligente.*
L'uno parla delle stelle, l'altro della vita intelligente, ma l'una non potrebbe esistere senza le altre.

Stiamo cominciando a intuire il significato del piccolo dramma del principio antropico. Dopo tanta fatica per determinare masse e forze, i fisici, di fronte ad atomi stabili, stelle, vita e intelligenza, non solo non sono soddisfatti, ma esprimono anche sconcerto e meraviglia. Il fatto, mi sembra, è che i numeri dell'universo di cui dispongono sinora sono stati *inventati* e non *scoperti.* L'ho già scritto più sopra. La sorpresa nasce dall'insoddisfazione e dal senso di colpa. Sono riusciti ad *inventare* un modello piuttosto che a scoprire la verità: una delle vie aperte alla rimozione dei dubbi e delle sorprese sarebbe quella della *scoperta* di una teoria del tutto in cui i parametri scaturissero dalle equazioni e dalla teoria, invece che dagli esperimenti e dagli aggiustamenti non sempre trasparenti ai quali sono stati costretti per spiegare l'inspiegabile.

Sintonizzazioni Cosmologiche

Ho già citato nei capitoli IV e VII Martin Rees e il suo *Prima dell'Inizio.* Rizzoli ha pubblicato recentemente un altro piccolo libro di Rees, *I sei numeri dell'Universo*[40] che dice tutto quello che c'è da dire sulla questione della sintonizzazione dei parametri che hanno regolato la successione della storia del cosmo dal Big Bang in poi.

Rees fa riferimento a sei numeri, *due di essi hanno attinenza con le forze fondamentali; altri due fissano la dimensione e la* <u>struttura</u> *globale del nostro universo e determinano la sua durata nel tempo; i due rimanenti fissano le proprietà dello spazio stesso.*

Mi limiterò ad un breve riassunto delle idee di Rees solo per completare il quadro che sto tracciando per introdurre il Principio Antropico.

Il primo numero, indicato con *N* altro non è che il rapporto tra la forza elettromagnetica e quella di gravità, già incontrato nella precedente sezione. Per Rees il rapporto non è uguale né al 10^{42} di Green, né al 10^{38} di Gribbin, ma a $10^{36!}$. La lettura

422

di Rees chiarisce un punto importante: il nodo non sta nella relazione tra le due forze, con la gravità miliardi di miliardi di miliardi di miliardi di volte meno intensa della forza elettromagnetica. Si usa la forza elettromagnetica come riferimento, perché fa comodo - è una delle forze più comuni in natura - solo per far rilevare la piccolissima intensità della gravità. Se la forza di gravità, indipendentemente dalle altre forze e, ripeto, dalla sua relazione con esse, fosse più grande, cioè *se N avesse qualche zero in meno, potrebbe solo esistere un universo in miniatura e di breve durata: non potrebbero esserci creature più grandi d'insetti e non vi sarebbe tempo a sufficienza per l'evoluzione biologica.*

A parte la piccola incongruenza della citazione – se non c'è evoluzione biologica non ci possono essere insetti – Rees dedica molte pagine a chiarire l'argomento e lo fa bene. Noi, per il momento ci fermiamo qui.

Il secondo numero, indicato con ε, riguarda ancora una volta - ne ho già parlato - i valori dell'interazione forte. Rees affronta la questione da un'angolatura diversa da quelle riferite sopra di Green e Gribbin, ma non incongruente con esse. ε è uguale a 0,007 e rappresenta il 7 per mille della massa dell'idrogeno che, nella reazione di fusione di due atomi d'idrogeno in un atomo di elio (la reazione che fa brillare le stelle e il nostro sole), è convertita in energia. *La quantità di energia* scrive Rees, *rilasciata, quando atomi semplici si fondono, dipende dall'intensità della forza che* **incolla** *assieme gli ingredienti in un nucleo atomico.* Insomma, l'interazione forte. Rees poi, spiega come se ε fosse uguale a 0,06 o a 0,08 succederebbero cose simili a quelle descritte da Gribbin e

---

[1] Queste discrepanze potrebbero anche derivare da una mia lettura affrettata dei testi. A volte gli autori si riferiscono invece che alla forza elettromagnetica, a quella, per esempio, tra due protoni in una molecola di acqua.

Green quando discutevano gli effetti di piccole variazioni nel rapporto percentuale tra forza forte e forza elettromagnetica.

Il secondo dei due numeri di Rees, dunque, ha riflessi cosmologici, ma ha ancora a che fare con i parametri del modello standard.

Ora entriamo nel campo dei numeri più propriamente legati alla cosmologia.

Il terzo numero si chiama Ω. Rappresenta il rapporto tra l'energia di espansione acquistata dall'Universo al momento del Big Bang e la resistenza all'espansione dovuta alla forza aggregante della gravità. Dipende dalla quantità di materia totale disponibile nell'universo. Se detta quantità fosse troppo grande l'universo tenderebbe a contrarsi o non si sarebbe mai espanso. Al contrario, se la materia totale resasi disponibile con le *regolazioni* e le successive trasformazioni intervenute con il Big Bang e nei dieci o quindici miliardi di anni successivi, fosse troppo poca, la gravità perderebbe la sfida con l'impulso all'espansione, e l'universo sarebbe vuoto e freddo e senza stelle né galassie.

Anche qui, non vado molto oltre tranne che per affermare che questo è uno dei più grandi rompicapi in cui si dibatte la cosmologia moderna. L'universo che i cosmologi osservano e misurano è *piatto*: non va né troppo veloce verso la diluizione cosmica della materia, né tende a contrarsi. Questa situazione obiettiva, a conti fatti, richiederebbe, però, più materia di quella che si riesce a trovare nell'universo. Si ipotizzano allora varie forme di *materia oscura,* quali invisibili buchi neri, o neutrini, dopo tutto, dotati di massa. Il fatto è che Ω è stato, anch'esso, finemente regolato intorno al valore che ci dà l'universo che abbiamo, anche se purtroppo non si riesce a provare che la materia necessaria alla regolazione esiste davvero.

Il quarto numero si chiama Q ed è stato *sintonizzato* intorno al valore di 10^{-5}. Scrive Rees:

I semi di ogni struttura cosmica - stelle, galassie e ammassi di galassie - erano tutti impressi nel Big Bang. Il nostro universo dipende da un solo numero, Q che rappresenta il rapporto tra due energie fondamentali e il cui valore è 1/100.000. Se Q fosse ancora più piccolo, l'universo sarebbe inerte e senza strutture; se Q fosse molto più grande, l'universo sarebbe un posto violento, in cui non potrebbero sopravvivere né stelle, né sistemi solari, un luogo dominato da grandi buchi neri.

Più avanti Rees spiega che Q misura l'ampiezza delle increspature che dopo qualche centinaio di migliaia di anni dall'*inizio* ha permesso che la gravità agisse a condensare gli atomi primordiali d'idrogeno ed elio in dense nubi di gas che avrebbero prodotto le stelle e poi le galassie.

Infine altri due numeri. Λ è la costante cosmologica, quella che Einstein aveva messo, nell'equazione della relatività generale, per spiegare perché l'universo era piatto. La costante serviva a bilanciare l'effetto della gravità e a impedire che l'universo si richiudesse di nuovo su se stesso. Una specie di antigravità. Einstein aveva aggiunto Λ alla sua splendida equazione qualche anno dopo averla scritta. Poi si era pentito, quando l'universo in espansione di Hubble e le prime avvisaglie del Big Bang erano comparse sulla scena della fisica e dell'astronomia. Solo di recente sembra dimostrato che di Λ c'è bisogno per far meglio quadrare i conti.

L'ultimo numero è D le tre dimensioni del nostro spazio, quattro con il tempo. Se fossero state due o cinque il mondo sarebbe stato certamente assai diverso.

Le varie facce del Principio Antropico

L'Universo, dunque è *liscio e piatto. Liscio* vuol dire uniforme. Appare uguale in tutte le direzioni e in ogni punto dello spazio. *Piatto* significa che non procede tumultuosamente verso la contrazione gravitazionale, e non viaggia verso la diluizione di tutta la massa e l'energia che contiene verso uno spazio sempre più grande e sempre più vuoto.

In più, la sua storia si è evoluta in un intervallo tale da consentire lo sviluppo di tutti quei processi – la nascita dei nuclei di idrogeno e di elio, la condensazione dei gas nelle stelle, la formazione delle galassie, l'esplosione delle supernove con frammenti di materia cosmica che poi si sarebbero aggregati in altri corpi tra cui i pianeti del Sole, il raffreddamento della terra, l'inizio della vita, e l'evoluzione della specie umana – che avrebbero condotto esseri dotati di intelligenza a domandarsi come e perché tutto questo è avvenuto.

La sintonizzazione dei parametri critici, quelli nucleari e quelli cosmologici è stata talmente fine da rendere inevitabile la sorpresa. La probabilità che tutto quadrasse, com'è avvenuto, è in sostanza nulla o quasi nulla.

É da questa sorpresa e dalla difficoltà di trovare delle ragioni scientifiche per spiegare tutto questo, che nascono i ragionamenti sul Principio Antropico.

Cominciamo con quello che ne pensa Steven Hawking nel famoso *A Brief History of Time*[41]. Ho discusso a lungo di questo libro di Hawking nel I capitolo e ho accennato alle sue teorie cosmologiche nel II.

Ho espresso delle perplessità sul suo modo di raccontare le cose. Si confermano tutte, adesso, mentre cerco di riferire come Hawking affronta la questione del principio antropico.

Premette che una delle possibilità che distinguono la maniera in cui si può immaginare un modello dell'inizio dell'universo (quello in cui si sono fissate le regole del suo sviluppo) è quella che prevede condizioni al contorno *caotiche*. Scrive che ciò equivale ad assumere implicitamente che l'universo è infinito nello spazio, oppure che esiste un numero infinito di universi. Il perché di quest'affermazione non è evidente. Diamo questo per scontato, per un momento. Dato che tra le varie possibili configurazioni iniziali, continua Hawking, quelle caotiche sono assai più probabili di quelle regolari, lisce e piatte, non è facile immaginare come una di queste configurazioni abbia potuto originare l'universo che ci troviamo a osservare.

Se l'universo è infinito dal punto di vista dello spazio, o se esistono infiniti universi, è possibile (qui mi sarei aspettato un *tuttavia* che invece non c'è) che esistano vaste regioni che hanno avuto inizio in modo liscio e uniforme. Riporta il solito esempio dei milioni di scimmie che battendo a caso su milioni di macchine per scrivere possono produrre, per pura combinazione, un sonetto di Shakespeare. Poi scrive, e cito:

Allo stesso modo, nel caso dell'universo, potrebbe essere che noi viviamo in una regione che solo per caso è liscia e uniforme? A prima vista ciò sembra improbabile, poiché il numero di queste regioni uniformi è fortemente in difetto rispetto a quello di regioni caotiche e irregolari. Tuttavia, formuliamo l'ipotesi che solo nelle regioni uniformi si possano formare stelle e galassie e si creino le condizioni favorevoli allo sviluppo di organismi complessi e idonei ad auto-replicarsi come noi, capaci di porsi la domanda: perché l'universo è così liscio? Questo è un esempio dell'applicazione di quello che va con il nome di principio antropico, che può essere parafrasato così: «Noi vediamo l'universo così com'è perché esistiamo.»

Prima di tutto: che bisogno c'è di affermare che se le condizioni al contorno sono *caotiche*, ne consegue che o esistono infiniti universi oppure che l'universo è infinito?

L'esistenza di molti universi è una conseguenza dell'ipotesi di un inizio caotico? Non è ugualmente vero, corretto, pensare e affermare che un inizio caotico può dare luogo alla formazione di tanti universi diversi, non necessariamente tutti insieme, ma uno alla volta e uno solo, e che ognuno di questi casuali universi avrebbe caratteristiche differenti e probabilmente non sarebbe adatto allo sviluppo di stelle galassie ed esseri umani? E che, guarda caso tra le infinite, improbabili possibilità c'è quella – scimmie insegnano – che ne venga fuori, dopo tutto uno come il nostro in cui siamo lì a domandarci *perché è così com'è?*

Ma, andiamo avanti. Hawking continua:

Vi sono due versioni del principio antropico, una debole e una forte. Il principio antropico debole stabilisce che in un universo che è grande oppure infinito nello spazio e nel tempo, le condizioni necessarie per lo sviluppo della vita intelligente avverranno solo in certe regioni che sono limitate nello spazio e nel tempo. Gli esseri intelligenti che si trovano in queste regioni, non dovrebbero pertanto essere sorpresi se osservano che la loro posizione nell'universo soddisfa le condizioni necessarie per la loro esistenza.

Ci risiamo con l'universo infinito nello spazio oppure nel tempo.

A questo punto Hawking spiega come un esempio dell'uso del principio antropico sia quello di spiegare le ragioni – di cui abbiamo già discusso sopra – per cui il Big Bang è avvenuto circa dieci milioni di anni fa: *tanto ci vuole per l'evoluzione di esseri intelligenti.*

Poi, passa alla forma forte del principio antropico:

Non molti si metterebbero a criticare la validità o l'utilità del principio antropico debole. C'è qualcuno, tuttavia, che va molto più in là e propone una versione forte del principio. Secondo questa teoria esistono molti universi o molte regioni di un singolo universo, ciascuna con la sua configurazione e, forse, con le sue proprie leggi della scienza. Nella maggior parte di questi universi le condizioni non sarebbero adatte allo sviluppo di organismi complessi. Solo nei pochi universi che sono come il nostro si svilupperebbero esseri intelligenti pronti a chiedersi: «perché l'universo è come lo vediamo?» La risposta è semplice. Se fosse stato diverso, noi non saremmo qui!

Dopo tantissime riletture di questo testo, dopo averlo percorso e, in pratica, riscritto mi pongo più di una domanda. Nell'esposizione di Hawking che differenza c'è tra principio debole e forte? L'unica risposta possibile nasce dal fatto che nell'illustrare la forma debole l'autore non fa riferimento ai molteplici, infiniti universi, ma solo a speciali regioni dello spazio. Vuol dire che è solo nella forma forte del principio che si arriva ad ammettere l'esistenza di più universi? É corretto? Oppure, come spesso accade, io non afferro qualche sottigliezza nascosta e non capisco? O, infine, Hawking si spiega male?

Passiamo a Green: nell'*Universo Elegante* già citato sopra Green non si avvolge su se stesso nella distinzione tra forma debole e forte del principio antropico. Riporta la teoria di Linde, secondo la quale non è escluso che in ognuna delle tante regioni disseminate attraverso il cosmo avrebbe potuto evolversi un universo diverso. Secondo la moda, scrive Green, si tratta della teoria del *multiverso*.
Scrive:

Possiamo così immaginare che la fisica cambi da un universo all'altro. In certi universi le differenze possono essere molto

429

sottili: la massa dell'elettrone o l'intensità della forza forte, ad esempio, potrebbero essere un decimillesimo più piccole o più grandi che nel nostro universo [...] il quark up potrebbe pesare dieci volte di più...oppure la forza elettromagnetica potrebbe essere dieci volte più intensa di quella che misuriamo con i nostri strumenti [...]. Se diamo libero corso alla fantasia, le leggi di natura potrebbero cambiare profondamente da un universo all'altro. Le possibilità sono infinite. Ecco il punto. Esplorando questo sconfinato dedalo di universi si scoprirebbe che la maggior parte di essi non presenta condizioni favorevoli alla vita, o quantomeno a niente che abbia a che fare con la vita che c'è familiare [...] la peculiarità che contraddistingue la combinazione di forze e particelle del nostro universo è di permettere il formarsi della vita. E l'esistenza della vita, della vita intelligente in particolare, è un presupposto necessario per potersi domandare perché il nostro universo ha le proprietà che ha. In altre parole, le cose sono come sono perché se fossero diversamente, noi non saremmo qui a osservarle [...] così l'ipotesi del multiverso ha la prerogativa di mitigare la nostra insistenza nel cercare la spiegazione del perché l'universo in cui viviamo appare come appare.
Questo ragionamento è una versione di quell'idea, con una lunga storia alle spalle, nota sotto il nome di principio antropico.

Dunque, l'ipotesi del multiverso, quella che anche Hawking sembra collegare in modo non evidente, ma preferenziale, alla forma forte del principio, conduce, semplicemente a non *insistere* nella ricerca di spiegazioni e ad accettare se noi siamo qui a porre domande, l'universo non può esser che così com'è. La cosa si può descrivere invertendo i termini, in modo del tutto equivalente: se l'universo fosse diverso da com'è, noi non saremmo presenti a sorprenderci di com'è fatto.

John Gribbin ha scritto in società con Rees un altro libro dedicato essenzialmente al problema della materia oscura, quella che manca per giustificare la Ω e la *piattezza* dell'universo. Il libro, intitolato, appunto, *The stuff of the universe*[42] si occupa brevemente del Principio Antropico. Il principio, nella sua forma debole riflette, ancora una volta, secondo gli autori, l'idea del multiverso, e il principio antropico espresso anche come *la realizzazione che l'esistenza di osservatori quali noi siamo, impone un qualche effetto di selezione su quello che siamo in grado di osservare intorno a noi – è pressappoco banale.*

La forma forte, è enunciata da Gribbin e Rees come *l'idea che l'universo sia stato sistemato di proposito per l'uomo.* Aggiungono che quest'idea non dovrebbe essere presa troppo sul serio dai fisici teorici.

Gli autori spiegano anche che l'idea del principio antropico è stata sostenuta con energia da John Barrow (vedi capitolo III, La matematica e le leggi) e Frank Tipler, in un massiccio trattato *The Antropic Cosmological Principle*, e che il suo status nella fisica dipenderà dalla capacità o meno da parte dei fisici di sviluppare una teoria unificata che dia conto dei valori delle costanti fondamentali in modo univoco, unico.

Citano anche (Gribbin e Rees) un lungo passo tratto da un libro di Heinz Pagel, *Perfect simmetry,* molto ostile al principio antropico. Riporto qualche linea che mi sembra interessante:

L'influenza del principio antropico nello sviluppo dei modelli cosmologici moderni è stata sterile. Non ha spiegato nulla, e ha avuto persino un'influenza negativa, come è evidenziato dal fatto che i valori di certe costanti, come il rapporto tra il numero di fotoni (nell'universo) e quello delle particelle nucleari, per cui il ragionamento antropico era stato invocato a un certo punto come spiegazione, può oggi essere spiegato con il ricorso alle leggi della fisica [...]. Io opterei per respingere il principio antropico come una non necessaria contaminazione nel repertorio concettuale della scienza.

Più chiari di cosi!

Della stessa opinione di Pagel è Steven Weinberg, la cui pacata visione del problema sarà ripresa tra un momento.

Voglio prima tornare brevemente a Lee Smolin e alla sua *Vita del Cosmo* (Op. Cit.) Per lui non è corretto sbarazzarsi alla leggera del principio antropico debole, *tanto più che è stato un'idea di un'importanza centrale per gli astronomi e i fisici più seri degli ultimi decenni.*

Il principio antropico debole di Smolin coincide con l'idea del multiverso [...] *il punto centrale del principio antropico debole è che, dati questi postulati (l'idea del multiverso) non c'è bisogno di nessun'altra spiegazione. Basta soltanto postulare l'esistenza di un gran numero di mondi, dotati di una varietà di proprietà, di cui uno almeno sia ospitale nei confronti della nostra esistenza.*

Smolin liquida la forma forte del principio antropico con una breve frase in parentesi: *(Quella forte è esplicitamente un'idea religiosa più che scientifica. Essa sostiene che il mondo sia stato creato da un Dio, e con quelle precise leggi che avrebbero permesso lo sviluppo di forme di vita intelligenti).*

Altrove nel libro, Smolin accenna al principio antropico per dire che tra le strade per arrivare a una spiegazione delle regole e delle forme del nostro universo esistono le due strade della doppia forma, forte e debole del principio antropico, a cui, di preferenza, potrebbe aggiungersene una terza, quella di una sola teoria, *matematicamente coerente* dell'universo intero.

Sempre Smolin riporta la storia del principio antropico come fu vista negli anni settanta da Brandon Carter, quando preparò un saggio sulle *coincidenze* nei valori delle costanti fondamentali.

La forma debole consisteva *nel tener conto della selezione dell'osservatore [...] dobbiamo accettare che creature come noi non possono vedere l'universo in tutti i punti dello spazio e del tempo, cosicché la nostra prospettiva è, in qualche modo, destinata a essere speciale.*

Non è chiarissimo, mi sembra che riprenda la stessa opinione di Gribbin e Rees.

Molto più esplicita è la versione della forma forte: *Il principio antropico forte di Carter era ancora più controverso e speculativo: in breve è l'idea che le leggi fondamentali di un qualsiasi universo debbano di fatto essere tali da permettere l'esistenza di osservatori. Un'asserzione del genere ha sfumature di tipo teologico; sono pochi quelli che l'hanno presa sul serio.*

Con riferimento alla versione debole del principio e alla considerazione *che potrebbe sembrare irrazionale stupirsi che il nostro universo abbia certe proprietà tali che, se non le avesse, noi non esisteremmo,* Smolin sostiene che quest'idea non dovrebbe spegnere la nostra curiosità e cita l'analogia escogitata da un filosofo canadese John Leslie, che Smolin, come me, giudica carina, e che ho trovato in più di un testo. La riporto:

Supponete di essere di fronte a un plotone di esecuzione. Cinquanta fucili si alzano, sparano, e scoprite che tutti i proiettili vi hanno mancato. Se non l'avessero fatto, non sareste lì a notare la fortunata coincidenza. Ma, rendendovi conto di essere ancora vivi, sareste legittimamente perplessi e ve ne domandereste perché.

E, chiudiamo, con Weinberg.
Prima di farlo dobbiamo accennare a uno degli esempi che più spesso sono addotti per dimostrare la validità e l'utilità del principio antropico. É di qui che Weinberg parte per dire la sua sull'argomento. Uno dei puzzle cosmologici più critici è stato a lungo, il processo per cui nelle cucine stellari si è formato il carbonio, elemento essenziale alla vita e alla vita umana. Non si riusciva a capire come tre atomi di elio con numero atomico

4, potessero venire a contatto e fondersi, appunto, nell'isotopo con numero atomico 12, il carbonio. La difficoltà nasceva dal fatto che il prodotto intermedio, doveva essere i berillio, risultato della fusione dei primi due atomi di elio, e che il berillio 8, era fortemente instabile, viveva talmente poco tempo da rendere impossibile il passo successivo, l'incontro e la fusione con un altro atomo di elio.

Fred Hoyle, l'astronomo inglese di cui ci siamo a lungo occupati nel Capitolo su Dio, partendo dalla constatazione che noi, la vita, vegetale e animale, che è, appunto basata sul carbonio, esistiamo, concluse che il processo, nonostante tutto *doveva* essere possibile.
Armato della sua convinzione sviluppò una teoria secondo la quale esisteva un particolare valore dello stato energetico dell'atomo di carbonio che avrebbe reso possibile la sua formazione attraverso l'incontro e la fusione del terzo atomo di elio con il pur tutt'altro che longevo atomo di berillio 8. Forte dei suoi calcoli e dell'energia con la quale soleva spingere ogni sua idea, riuscì a ottenere che fosse appositamente condotta una serie di esperimenti che dimostrarono la validità della sua ipotesi.

Weinberg, nel solito libro, *Dreams of a Final Theory* discute a lungo la teoria delle stringhe, uno dei candidati con le maggiori possibilità di realizzare il sogno dell'unificazione delle quattro forze e di consentire la deduzione di tutti i valori delle costanti critiche della natura. La teoria delle stringhe si presenta ancora oggi, e ancor più quando Weinberg scrive il suo libro, in molte forme diverse, nessuna completa o definitiva. Weinberg, scrive che per scegliere tra le tante versioni quella vera *potremmo essere forzati a invocare un principio con un dubbio status nella fisica, noto come il principio antropico che afferma che le leggi della natura devono consentire l'esistenza di esseri intelligenti che possano porsi domande sulle leggi della natura.*

Poi, dopo aver descritto la storia di Hoyle che ho appena raccontato, sostiene che, in realtà esistono, come è stato dimostrato più recentemente, altre strade per arrivare alla sintesi di atomi più pesanti dell'elio, carbonio incluso, oltre quella individuata da Hoyle e fornisce la sua opinione: Valido o no, esiste un contesto in cui il principio antropico soddisfa il senso comune.

Forse esistono, in qualche modo, altri universi logicamente accettabili, ciascuno con il suo gruppo di leggi fondamentali. Se questo è vero allora devono anche esistere molti universi la cui storia e le cui leggi li renderebbero inospitali per la vita intelligente. Ogni scienziato che si pone la domanda perché il mondo è com'è, deve star vivendo in uno degli altri universi, quelli in cui la vita intelligente può aver origine.

Riporta in nota una storiella che mi pare valga la pena di raccontare:

Uno scienziato sovietico emigrato mi raccontò alcuni anni fa un aneddoto che circolava a Mosca, secondo il quale il principio antropico spiegava perché la vita dovesse essere tanto squallida. Esistono molte più ragioni per cui la vita debba essere triste anziché felice; il principio antropico richiede che le leggi della natura siano, sì, tali da permettere l'esistenza di esseri intelligenti, ma non che questi esseri possano godersi la vita.

Weinberg accetta l'esistenza dei ragionamenti a sostegno del principio antropico, ma non cessa di sperare e di credere nel suo sogno. Scrive:

I fisici certamente continueranno a sforzarsi di spiegare le costanti della natura, senza dover fare ricorso al principio antropico. La mia convinzione è che finiremo per trovare che

435

tutte le costanti della natura (con una possibile eccezione) sono fissate da principi di simmetria di un certo tipo e che l'esistenza di qualche forma di vita non richiederà alcuna impressionante sintonizzazione fina delle leggi della natura.

L'eccezione è la costante cosmologica, Λ a cui abbiamo accennato più sopra, e Weinberg spiega le ragioni, sulle quali, però, ora non noi ci intratteniamo.

Vorrei concludere dicendo che mi piace l'approccio di Weinberg. Il principio antropico è il risultato dell'applicazione del senso comune. Le differenti interpretazioni che ho illustrato si possono riassumere nell'idea dei molteplici universi che esprime la forma debole del principio, e nell'altra, quella di un Essere supremo che ha creato il mondo per permettere la vita dell'uomo cosi com'è. Quest'ultima è la forma forte del principio antropico. Valeva la pena di dedicare tante pagine a qualcosa che si può scrivere in poche linee?

Penso di si. Credo che si tratti di un buon esempio delle difficoltà in cui si dibatte la scienza, dell'aspirazione a raggiungere una qualche forma di certezza e di come l'ovvio non faccia parte delle soluzioni proposte.

In più, come ho scritto all'inizio di questo capitolo, la storia del principio antropico mi serve da buona introduzione al prossimo capitolo sulla cosmologia.

Capitolo XIII Cosmologia

Se, come abbiamo visto nei Capitoli precedenti, il Modello Standard, che incorpora i principi, le teorie e le idee della fisica quantistica, rimane appesantito da profonde incertezze, non è meno impervia la strada percorsa da chi, passando dall'esplorazione del molto piccolo - l'atomo e i suoi elementi - alla decodificazione dei misteri dell'immensità del Cosmo, si è trovato di fronte a difficoltà spesso insormontabili, risolte in modo tutt'altro che definitivo, attraverso l'uso di *creazioni* matematiche e di modelli incompiuti in cui, ancora una volta, le soluzioni trovate hanno generato nuovi problemi e nuove incertezze.

Anche la cosmologia, in altre parole *lo studio dell'intero universo osservabile, concepito come un'unica entità*, distinta dall'astronomia che si occupa di *parti individuali (o tipi di parti) all'interno dell'Universo*, si è sviluppata solo negli ultimi trent'anni, nella sua forma più moderna; e anche in cosmologia i risultati delle ricerche e delle teorie vengono ricapitolati in un complesso di ragionamenti e principi a cui viene attribuito il nome di Modello Standard.

Il Modello Standard Cosmologico si basa - ormai sono pochi quelli che la pensano diversamente - sul concetto del Big Bang.

Nel suo *Prima dell'Inizio* (Op. Cit.) Martin Rees scrive:

Il concetto di Big Bang ha vissuto una vita spericolata per più di 25 anni. Se i vari esperimenti e osservazioni fossero andati in modo diverso, ne sarebbe uscito morto. La sopravvivenza della teoria ci permette di estrapolare fiduciosamente fino ai primi secondi della storia cosmica, e di assumere che già allora le leggi della microfisica erano le stesse di adesso. Dobbiamo rimanere all'erta, le contraddizioni sono sempre possibili: la nostra attuale soddisfazione potrebbe riflettere la pochezza dei dati più che l'eccellenza della teoria. É concepibile che la nostra fiducia sia mal riposta, e che la nostra soddisfazione si dimostri transitoria come quella dell'astronomo di fede tolemaica, tutto felice quando gli riusciva a sistemare un epiciclo.

Anche i moderni scienziati dell'universo sono riusciti, come vedremo, a *sistemare parecchi epicicli.*

Nel corso del libro, in più di un capitolo, non ultimo quello sul Principio Antropico, e fin dall'inizio, nel capitolo su Dio, ho accennato allo studio del cosmo, ai notevoli progressi ottenuti, e alla correlazione tra molto piccolo e molto grande. La fisica dei quanti, ho spiegato, manifesta con forza la sua appartenenza alla costruzione che, dal momento del Big Bang, e secondo la scienza corrente, ha portato all'universo com'è adesso.

Se la meccanica quantistica è difficile da digerire e se è stato arduo per me cercare non tanto di spiegarla in modo semplice, ma almeno di dare una forma coerente e, io spero, leggibile ad alcuni dei concetti più astrusi, ancora più duro, adesso, è il tentativo di dare un significato a tutte le complicazioni e alle non poche difficoltà insite nella materia da trattare. Anche in questo caso il lavoro degli scienziati divulgatori non è sempre eccellente. Tendono sempre, e ancor più in questo caso, a dare per scontate le facoltà di comprendonio del lettore, e troppo spesso, a concedere troppo spazio al racconto, vita morte e miracoli di ogni scoperta sperimentale e di ogni artefice delle più significative creazioni intellettuali, a detrimento di una tranquilla esposizione, in ordine logico, dei fatti essenziali.

Tra le più grosse difficoltà che rendono ardua la comprensione della cosmologia, io vorrei citarne un paio in cui mi sono personalmente imbattuto. Quando si esplora l'universo, e quando con l'uso di potenti telescopi si guarda sempre più lontano, non si vedono cose che stanno succedendo adesso.

438

La velocità della luce non è infinita; se si esplora una galassia a una distanza d'innumerevoli, milioni, o addirittura miliardi di anni luce, si osserva quello che accadeva innumerevoli, milioni, o addirittura miliardi di anni fa. Ricordiamo che un anno luce è la distanza che la luce, viaggiando a trecentomila chilometri il secondo, percorre in un anno. Il numero che esprime il tempo che il segnale ci mette ad arrivare è, appunto, uguale a quello che fornisce la distanza. Una galassia lontana 100 milioni di anni luce (distanza) ci mette 100 milioni di anni (tempo) a farci pervenire i suoi segnali.

Come vedremo, questa situazione determina grosse difficoltà quando si cerchi di decifrare il significato delle osservazioni degli oggetti cosmici. Se stiamo vedendo immagini del passato e quindi della loro posizione di *allora*, come possiamo rispondere alla domanda: dove si trovano *adesso* in un universo in espansione?
Nel capitolo V, *Spazio e Tempo* ho già accennato a questo. Ho riportato alcuni semplici calcoli che chiariscono la relazione tra distanza e tempi, in astronomia e in cosmologia. Qui, le cose si complicano poiché allungheremo di miliardi di anni luce le distanze alle quali noi estendiamo l'esplorazione dell'universo.

Nello stesso capitolo ho brevemente illustrato, la seconda difficoltà. Un altro degli aspetti che rendono complicato il racconto: l'evolversi del tempo dall'*inizio* a oggi, e l'importanza che occorre dare agli eventi che dall'istante 0 portano ai primi secondi di vita dell'universo. Ho calcolato che il tempo espresso in secondi di un universo vecchio di dieci miliardi di anni è circa 10^{17} secondi; ho anche messo in evidenza che è importante accettare che gli intervalli tra zero e 10^{17} secondi (10^1, 10^2, 10^3…10^{10} e così via, sino a 10^{17}) in cui nell'universo è successo di tutto, non sono più critici e più facili da intuire degli eventi che dall'istante zero, attraverso una serie successiva di potenze di dieci negative e decrescenti, hanno visto l'evoluzione dell'universo sino al suo primo istante di vita.

I fisici non sanno quello che è successo tra il tempo zero e 10^{-43} secondi e sono costretti a formulare curiose ipotesi e a elaborare strane teorie; però danno estrema importanza agli sviluppi della storia dell'universo tra quest'ultimo istante e 10^{-42}, 10^{-41}...10^{-40} sino a 10^{-1} (0,1 secondi dall'inizio) e 10^{0} (1 secondo dall'inizio).

Voglio essere chiaro. Non sono questi i veri problemi che s'incontrano nello studio e nell'esplorazione dell'universo. Vedremo che sono ben altri. Si tratta, però, di elementi fondamentali del linguaggio della cosmologia, che anche per il loro insito distacco dal senso comune, non dovrebbero essere dati come scontati nella costruzione del racconto complessivo, senza rispettare la mancanza di consuetudine del povero lettore con idee e concetti tutt'altro che evidenti.

Nel corso di questo capitolo mi riferirò a sei o sette autori, alcuni dei quali hanno dedicato all'argomento dell'origine e dell'evoluzione dell'universo più di un solo libro. Sono, come al solito, scienziati famosi e importanti divulgatori. Cosmologia e meccanica quantistica sono spesso associate nei libri di divulgazione scientifica. I testi consultati qui sono essenzialmente dedicati ai problemi dell'universo, senza che siano trascurate le correlazioni inevitabili con i mattoni che lo costruiscono: particelle e fotoni.

In questo capitolo approfondirò quegli aspetti del problema che mi hanno impensierito e sorpreso; quelli che hanno richiesto più fatica e maggiore difficoltà nel tentativo di renderli comprensibili.

La questione che più m'interessa sviscerare riguarda una domanda che mi sono posto sin dall'inizio dei miei studi e delle mie letture. Una domanda che viene scartata, driblata con sottile leggerezza in tutti i testi consultati: dove siamo noi?

Dove si trova la nostra galassia rispetto ai miliardi di altre di cui l'universo è formato? Per quelle più vicine, come Andromeda che dista solo due milioni di anni luce, la risposta può sembrare semplice e intuitiva: la vediamo com'era due milioni di anni fa, e nella posizione che allora le competeva. Anche la nostra posizione nel cosmo è cambiata, insieme con quella di Andromeda nei due milioni di anni in cui il segnale inviato si è reso disponibile alla lettura dell'astronomo di oggi.

L'universo – lo chiariremo meglio tra poco – è in espansione. Tutte le galassie, inclusa la nostra Via Lattea e Andromeda, si allontanano una dall'altra in uno spazio che cresce trascinando con se tutto quello che contiene. (In realtà pare che, mentre la Via Lattea e Andromeda, seguendo lo stesso destino di tutte le galassie si allontanano insieme da tutte le altre compagne, si stiano anche avvicinando tra loro). La luce comunica con ritardo l'immagine reciproca degli avvenimenti su ciascuna delle due galassie. Ma, se guardiamo una galassia più lontana, distante, per esempio, due, o tre, o dieci, miliardi di anni luce, se è vero che possiamo solo vedere dov'era e cosa faceva due, tre, o dieci miliardi di anni fa, dov'è adesso rispetto a noi? E, dove siamo noi rispetto ad essa?

Vedremo più avanti che queste questioni non sono per niente peregrine e che la capacità di trovare una risposta, se esiste, tradurrebbe tutte le complesse elucubrazioni che riempiono la storia del Modello Standard Cosmologico, in qualche cosa di afferrabile anche ai non addetti ai lavori.

Quando affermo che la questione viene evitata, scartata dagli scrittori che consulto, non dico una cosa esatta. Infatti, in modo esplicito, anche se oscuro, essi affermano che la domanda non ha senso. In base al Principio Cosmologico (vedere seguito) è necessario accettare che non esistono punti di vista privilegiati, o centrali. Ogni galassia e ogni osservatore si trovano in posizioni interamente interscambiabili: l'universo è identico, uguale da qualsiasi punto di osservazione. Il guaio è che quando ci si mette a riflettere su questo e, seguendo la teoria del Big Bang, si cerca di far quadrare quest'idea con tutto il resto, quando si prova a immaginare o a interpretare i modelli possibili, e quelli che vengono forniti in letteratura, anche con pregevoli metafore e a volte con brillanti rappresentazioni pittoriche, ci si perde in un mare di tormentose contraddizioni.

Ripeto: il superamento di queste contraddizioni, coinciderebbe, se possibile, con un potenziale barlume di comprensione.

Bang!

Una cosa già difficile da immaginare è che prima del gran botto non c'era nulla: né spazio né tempo. Non è vero che il Big Bang si è verificato in un punto di uno spazio già esistente, in un certo, preciso istante che seguiva un tempo eterno e antecedente. Lo spazio ha cominciato a esistere, colmandosi di materia ed energia in espansione, in un istante iniziale che si è poi evoluto, di momento in momento, a segnare la progressiva trasformazione del cosmo. Non preoccupiamoci, per adesso, della questione di com'è che tutto ha avuto inizio. Si tratta del tema centrale, all'interno del quale si combinano cosmologia e fisica dei quanti, alla ricerca di una spiegazione che permetta alla scienza di fare a meno della metafisica e della teologia.

Come ho già accennato le teorie fisiche disponibili sono in grado di fornire una descrizione del Big Bang da un momento piazzato dopo 10^{-43} secondi (tempo di Plank)[1] dal tempo 0. Gli avvenimenti compresi tra 0 e 10^{-43} secondi, fondamentali,

---

[1] Spiegherò tra un momento perché si chiama così e che cosa significa tempo di Plank

poiché è proprio in quest'intervallo di tempo che si sono verificate le interazioni tra energia e materia che hanno portato alla formazione di quest'ultima – quark ed elettroni – sono oggetto di studi e speculazioni di cui ci occuperemo solo brevemente in chiusura di capitolo.

Al contrario, il Modello Standard Cosmologico contiene una descrizione precisa e rigorosamente quantificata degli sviluppi dell'universo, staccati in ciò che è avvenuto in tre periodi critici e distinti: dal tempo di Plank ai primi tre minuti, poi sino a settecentomila anni, e successivamente sino a oggi.

Ne darò una descrizione sintetica più avanti.

Ho già illustrato nel capitolo precedente la lista dei problemi che preoccupano i sostenitori del modello del Big Bang. Voglio dare ancora una sgrossata alla questione, riservandomi di entrare, dopo nei necessari dettagli.

Come vedremo, alla fine dei primi tre minuti, la palla di fuoco primordiale aveva già generato nuclei di elio (due protoni e due neutroni) e nuclei di idrogeno (un solo protone). C'era pure un'infinità di elettroni e positroni che si annichilivano generando fotoni, e un predominante mare di fotoni che interagivano generando elettroni e positroni, che annichilandosi generavano fotoni e cosi via per ancora molto tempo.

Quando, dopo molti anni la temperatura si è abbassata abbastanza da rallentare la danza cosmica della combinazione fotoni–elettroni/positroni, gli elettroni si sono combinati con i nuclei di idrogeno e di elio, formando atomi stabili di questi ultimi elementi. Più avanti ancora nel tempo - si ragiona a questo punto in milioni di anni - l'idrogeno e l'elio hanno cominciato, misteriosamente a condensarsi e raggrumarsi nel processo che avrebbe portato alla formazione delle galassie.

Dico *misteriosamente* perché è vero che data l'uniformità della distribuzione della materia nello spazio in espansione, non è facile, e non si riesce ancora a spiegare come si siano prodotte le condizioni che hanno favorito la contrazione dei gas, sotto l'azione della gravità, e l'inizio della nascita delle strutture galattiche.

L'universo ha continuato a espandersi per miliardi di anni. É in questo lunghissimo periodo che l'aggregazione galattica ha continuato a funzionare, con la formazione delle stelle, e che all'interno delle stelle, possenti reazioni nucleari hanno portato alla conversione dell'idrogeno e dell'elio in atomi più pesanti, dal carbonio, all'ossigeno, fino al ferro. L'esplosione delle stelle, le supernove ha spalmato l'universo galattico del tipo di materia che conosciamo bene; durante l'esplosione delle supernove anche gli atomi più pesanti del ferro hanno potuto prodursi, e insieme al resto si sono sparsi nello spazio, un profluvio di atomi, polveri e gas destinati ad aggregarsi in ammassi rocciosi, i pianeti come la terra.

Quali sono dunque i problemi degli studiosi di cosmologia?

Il problema dell'orizzonte: l'universo è liscio

La prima contraddizione si trova tra l'osservazione dell'uniformità con cui la materia sembra distribuita nell'universo visibile, e il misterioso inizio dell'aggregazione dei gas nelle strutture galattiche. Da dove sono venuti fuori i *ripples,* le increspature disomogenee che hanno consentito alla gravità di cominciare ad agire? Non basta. Mentre ci si pone questa fondamentale domanda, che non ha trovato sinora una risposta adeguata, ne salta fuori un'altra: problema nel problema. Come fa l'universo a essere, apparire così uniforme, così *smooth,* così liscio?

Viene definito come il problema dell'*orizzonte.* Vedremo più avanti qual è la ragione di questo nome. L'uniformità viene riscontrata non solo (e non tanto) nella distribuzione della materia nell'universo intero, miliardi di galassie e miliardi di stelle in ognuna di esse, ma anche (e soprattutto) nella temperatura della radiazione di fondo, residua di quella che esisteva nei primi istanti del Big Bang[1]. La spiegazione di questa stranezza rappresenta uno dei rompicapi per fisici e cosmologi, e una delle mie difficoltà più gravi. I motivi sono differenti: per i cosmologi è uno strano fenomeno da spiegare. Per me è stato un enigmatico rebus da risolvere; loro cercano di risolvere il problema. Io cerco di capire *qual* è il problema. Perché delle zone tanto distanti tra loro possano esibire le stesse qualità, temperatura, densità di materia, occorre - dicono i nostri autori - che esse siano state in comunicazione tra loro. Nessuna obiezione, sembra logico.

Orbene, sostengono, il modo in cui l'espansione dell'universo viene descritta dal modello del Big Bang, non consente la comunicazione tra regioni lontane. Dopo una breve descrizione del modello del Big Bang, Stephen Hawkins nel suo, più volte menzionato *A Brief History of Time* fa un elenco delle domande senza risposta insite nel modello. Scrive tra l'altro:

Perché l'universo è tanto uniforme su larga scala? Perché appare uguale in ogni punto dello spazio e in tutte le direzioni? In particolare, perché la temperatura della radiazione di fondo è sempre quasi la stessa quando guardiamo in direzioni diverse. [...] nel modello sopra descritto non vi sarebbe stato tempo sufficiente dal momento del Big Bang perché la luce riuscisse a spostarsi tra due regioni distanti, anche se dette

---

[1] I testi di cosmologia e affini sono letteralmente affollati dalla descrizione della scoperta di Penzias e Wilson che negli anni sessanta hanno individuato e misurato l'esistenza della radiazione di fondo , residua, come ho detto, della radiazione primordiale, perfettamente uniforme in ogni direzione ed in ogni punto dell'universo osservabile, salvo piccolissime increspature, necessarie a spiegare la formazione delle galassie. Io non posso addentrarmi in questa faccenda. Posso solo dire che se da una parte rappresenta uno dei cardini su cui si regge la teoria del Big Bang, dall'altro intensifica il problema dell'orizzonte.

regioni erano vicine nell'universo iniziale. Secondo la teoria della relatività, se la luce non riesce a spostarsi da una regione all'altra, nessun'altra informazione può farlo. Quindi non vi sarebbe maniera per cui regioni dell'universo iniziale possano essere arrivate ad avere l'una la temperatura dell'altra, se non esistesse una misteriosa ragione per cui abbiano tutte avuto inizio alla stessa temperatura.

Una prima considerazione su quello che Hawking scrive. Dunque, l'universo è uniforme *su larga scala* e *in particolare* è giudicato tale perché la temperatura della radiazione di fondo è approssimativamente *quasi* la stessa in ogni punto. Dopo l'entusiasmo per la scoperta della radiazione di fondo e della sua uniformità che <u>serviva a confermare</u> previsioni e calcoli associati al modello del Big Bang, innumerevoli esperimenti sono stati condotti per dimostrare che non era dovunque esattamente la stessa, c'erano davvero le minime increspature ipotizzate, che <u>erano essenziali</u> per giustificare l'esistenza di punti di addensamento gravitazionale e quindi la formazione delle galassie. É l'uniformità della radiazione di fondo <u>più che quello</u> che si osserva esplorando con i telescopi il cielo vicino e lontano, quello su larga scala, che dapprima conferma il modello e dopo crea il problema della sorprendente uniformità; poi, fortunatamente, si scopre che la radiazione di fondo non è proprio del tutto uniforme. Fortunatamente perché, anche se l'uniformità crea sorpresa e preoccupazione, le deviazioni dall'uniformità lasciano lo spazio necessario alle teorie sulla formazione delle galassie.

Ma il punto chiave da rilevare in questo passo di Hawking è la leggerezza con cui ci spiega le ragioni per cui è sorprendente che dopo tutto, la temperatura della radiazione di fondo è, anche se solo *quasi*, uniforme.
La sua descrizione del modello di espansione non è tanto diversa da quella che ho dato io più su. Dice Hawking che secondo questo modello, e poiché nulla, nessun segnale (e

446

quindi nemmeno quelli che presiedono allo scambio termico) può viaggiare più rapido della luce, l'uniformità può essere giustificata *solo se esiste una misteriosa ragione per la quale tutte le regioni dell'universo iniziale si trovassero alla stessa temperatura*, e questo problema resta anche se *dette regioni erano vicine nell'universo iniziale.* Sic et simpliciter.

Ho riflettuto per anni su questo passo, e su simili ragionamenti fatti da altri autori; ragionamenti guarniti della stessa profonda, ermetica incomprensibilità di quello di Hawking. Insomma, mi domando, se tutto ha avuto inizio insieme, nel tempo e nello spazio, perché non è possibile che tutte le regioni dello spazio si trovassero allora a una temperatura uguale, e la mantenessero tale nei secoli dei secoli? E perché se è vero che l'espansione è avvenuta a velocità inferiori a quella della luce (lo richiederebbe, benedetto Iddio, la teoria della relatività) le stesse regioni in allontanamento l'una dall'altra non hanno potuto continuare a scambiarsi segnali?
Credo di essere riuscito a trovare (non a scoprire) una spiegazione sulla quale, però tornerò più avanti. Come il solito, si tratta di un semplice problema di...matematica. Pazienza: ora debbo illustrare il secondo problema che affligge gli scienziati.

L'universo è piatto: né chiuso né aperto

Anche di questo problema ho fatto cenno nel Capitolo sul Principio Antropico. Ho introdotto il concetto di Ω, la lettera greca che esprime il rapporto tra la densità media reale dell'universo e la cosiddetta *densità critica*. La densità, ricordiamo, esprime il rapporto tra la materia e spazio che la contiene. La densità dell'acqua, per esempio, è di un grammo per centimetro cubo. In un universo molto denso la forza di attrazione gravitazionale tra la materia che vi è contenuta finirebbe per prevalere sulla spinta iniziale dovuta all'esplosione del Big Bang: l'universo tornerebbe, prima o dopo a contrarsi, tutta la materia si addenserebbe di nuovo in un unico punto di densità infinita. Sarebbe un universo chiuso. Al contrario, un universo poco denso continuerebbe a espandersi rapidamente, trascinato dall'impulso primordiale sino alla sparizione delle galassie, e sino a un vuoto corrispondente a *un decimo di atomo per metro cubo: un vuoto davvero fantastico, l'equivalente di un fiocco di neve distribuito nell'intero volume della terra.* Un universo aperto.

La *densità critica* è quella per cui l'universo finirebbe, prima o dopo, per arrestare la sua espansione. Universo piatto.

Dunque, se Ω è maggiore di 1, l'universo tenderà a chiudersi di nuovo; se è minore di 1 continuerà a espandersi; se fosse uguale a 1, l'universo sarebbe, appunto, piatto.

Per essere più chiaro cito ancora Gribbin, questa volta, il suo *In Search of the Big Bang* (Op. Cit.)

Possiamo calcolare il tasso di espansione dell'universo, e possiamo stimare il quantitativo di materia che contiene – o piuttosto la densità di materia, che è quello che serve veramente – contando il numero delle galassie. Le equazioni di Einstein consentono la possibilità che l'universo sia aperto, e destinato a espandersi per sempre, o chiuso, e destinato a collassare di nuovo in una palla di fuoco. Oppure, ancora possibile, potrebbe essere piatto, bilanciato su una lama di coltello gravitazionale, compresa tra le due possibilità.

I calcoli basati sulla misura della materia *luminosa*, la materia galattica che produce radiazioni elettromagnetiche di ogni tipo, portano a un valore di Ω, uguale a 0.02 = 1/50; la densità dell'universo sarebbe dunque un cinquantesimo di quella critica.

Il fatto è, però che lo studio delle galassie e del loro moto dimostra che oltre alla materia *visibile*, esse devono contenere grandi quantità di materia *oscura*. Potrebbe essere costituita, scrive Rees, *di nane bianche, particelle esotiche, o buchi neri, e la sua gravità domina il materiale visibile delle galassie.*

Non entro qui nella questione complessa e ardua della natura possibile della materia oscura, e degli sforzi in corso per determinarne le caratteristiche e la struttura. M'interessa stabilire soltanto, che tenendo conto di essa, la densità critica passa da 0.02 a un valore di 0.2, solo un quinto di quella che assicurerebbe un universo veramente piatto.

I Cosmologi, aggiunge Rees *coltivano il pregiudizio che il nostro universo contenga la densità critica per intero.* Vale a dire omega uguale ad 1. Quindi sono alla ricerca di altra materia oscura, oltre quella che deve per forza esistere per soddisfare le leggi del moto della materia galattica.
Ma ecco dov'è il busillis.

Ancora Gribbin, *In search of the Big Bang,* scrive anzitutto che l'universo di oggi è assai vicino allo stato più atipico possibile, quello della piattezza assoluta. Si domanda, insieme agli altri scienziati: perché Ω non è eguale a 10^{-4} oppure ad un valore un milione di volte più grande di quello che, cifra più cifra meno (compreso tra 0,2 e 10 - il numero più alto sostenuto da alcuni) rende l'universo piatto come ci appare? E se è piatto oggi deve esserlo stato ancora di più quando è nato, quando si è stabilita la forza espansiva, che solo dopo sarebbe stata bilanciata, in modo cosi perfetto, dall'antagonistica gravità. Poi aggiunge:

Lo stato di bilanciamento perfetto è in equilibrio, ma si tratta di un equilibrio davvero instabile, e ogni deviazione dalla perfezione è foriera di disastri per il bilanciamento. Possiamo immaginare di spostare all'indietro le lancette dei nostri orologi, e calcolare quanto piatto l'universo deve essere stato durante l'era della palla di fuoco per avere, anche allora, una densità cosi prossima a quella critica di oggi. Dicke e Pebbles, e altri dopo di loro, hanno fatto il calcolo per noi. Se la densità dell'universo fosse oggi un decimo di quella necessaria per renderlo chiuso, un valore sul quale molti astronomi si metterebbero d'accordo, sulla base delle galassie visibili, e dei calcoli relativi alla produzione di barioni durante il Big Bang, questo vuol dire che un secondo dopo la creazione la densità dell'universo deve essere stata uguale al valore critico con una precisione di una parte su 10^{15}. E se andiamo ancora più indietro, a 10^{-35} secondi dall'inizio, la densità deve essere stata di appena una parte su 10^{49} inferiore al valore critico. É assai difficile pensare che questa sia una condizione dipendente dal caso, e deve anche significare che le leggi della fisica richiedono, in qualche maniera, che l'universo sia nato dal Big Bang in uno stato di estrema piattezza.

Vediamo come presenta la faccenda Rees, in *Prima dell'Inizio* (Op. Cit.):

Ciò che almeno sappiamo è che Ω, oggi come oggi non differisce enormemente da 1: non c'è un tremendo squilibrio tra gli effetti della gravità e quelli dell'energia di espansione. Questo fatto ha forti implicazioni su come debba essere stato l'universo primordiale. Qual era il valore di Ω quando furono creati l'elio e il deuterio, quando il nostro universo aveva solo pochi secondi di vita? Una qualsiasi deviazione da 1 si sarebbe amplificata nel corso dell'espansione: se all'inizio Ω fosse stato più piccolo di 1, l'energia cinetica l'avrebbe avuta rapidamente vinta e il valore di omega sarebbe crollato verso zero; se omega fosse stato sostanzialmente maggiore di 1, la gravità avrebbe ben presto arrestato completamente l'espansione. Il fatto che omega, ancora oggi, dopo dieci miliardi di anni, non sia molto scostato da 1 significa che, quando il nostro universo aveva un secondo di vita, omega non poteva differire da 1 per più di 10^{-15}.

Mi pare che le due descrizioni del problema siano coincidenti e che, entrambe, ne chiariscono la natura.

450

Dunque il nostro universo è liscio e piatto. Entrambe le cose generano sorpresa e domandano risposte. A entrambe le questioni, un certo tipo di risposta viene data, vedremo, dalla cosiddetta teoria dell'*inflazione*.

Sulla questione della piattezza, sino a quando affronterò il discorso dell'*inflazione*, non sento il bisogno di indagare oltre.

Confermo invece la necessità di approfondire la questione dell'uniformità, in un universo in cui le diverse regioni lontane non avrebbero avuto il tempo di scambiarsi i segnali che lo avrebbero reso e mantenuto uniforme.

Adesso non voglio perdere il filo del ragionamento.

Riassumo. I cosmologi si pongono due problemi essenziali: quello dell'orizzonte e quello della piattezza. Provano a risolvere entrambi con la teoria dell'inflazione. Io, mentre m'impegno a spiegare i loro teoremi, mi sono affezionato all'idea di risolverne due diversi; primo, perché *esiste un problema dell'orizzonte;* secondo: dove siamo noi?

Per arrivarci, però, ancora pazienza. Debbo spiegare meglio la faccenda del Principio Cosmologico, e quella del tempo di Plank. E debbo introdurre le scoperte di Hubble e le loro straordinarie conseguenze.

Sono elementi essenziali alla comprensione dei problemi dei cosmologi e di quelli miei.

Aggiungerò, per chiudere il Capitolo, una sezione su altri aspetti della cosmologia – la materia oscura e la formazione delle galassie, la storia dei primi minuti, l'evoluzione delle stelle, le ipotesi quantistiche sull'origine della materia dal nulla e altre curiosità cosmologiche – che richiederebbero un libro intero o più libri. Anche se si tratta di libri già scritti da altri, e assai meglio di quanto potrei fare io stesso, non posso fare a meno, a mia futura memoria, e per completezza, di dare un breve resoconto di questi aspetti del pensiero degli artefici della sintesi cosmologica.

Il Principio Cosmologico

Nel libro *I primi Tre minuti* di Steven Weinberg (Op. Cit.) e su cui torneremo più avanti, dopo aver brevemente accennato alla scoperta di Hubble, secondo la quale tutte le galassie si allontanano una dall'altra a velocità proporzionali alla loro distanza dall'osservatore scrive:

Dovremmo attenderci, <u>istintivamente,</u> che in un dato momento l'universo presenti lo stesso aspetto a tutti gli ipotetici osservatori che lo scrutino da tutte le galassie tipiche, qualunque sia la direzione verso cui si volge il loro sguardo. É un ipotesi così naturale (<u>almeno dopo Copernico</u>), che l'astrofisico Edward Arthur Milne l' ha definita il Principio Cosmologico.
Nella sua applicazione alle Galassie, il Principio Cosmologico presuppone che un osservatore situato in una galassia tipica veda tutte le galassie muoversi con la medesima distribuzione della velocità, qualunque sia la galassia tipica su cui l'osservatore sta viaggiando.

Ho sottolineato la parola *istintivamente* e la frase *almeno dopo Copernico*. La concezione che tutto debba apparire uguale, dovunque sia piazzato l'osservatore non mi sembra veramente *istintiva*; il bisogno di non ricadere nell'errore di quelli che prima di Copernico ponevano l'uomo e la terra al centro del loro piccolo spazio, questa volta esteso all'intero universo, mi pare risponda maggiormente a un'esigenza filosofica che non a una necessità scientifica.
Il Principio cosmologico, attribuito alla distribuzione delle velocità, non mi disturba; vedremo che è convincente. Mi preoccupa quando (e non lo fa Weinberg in questo passo) viene usato per sostenere che non ha significato né importanza la domanda *dov'è che siamo noi*, posta da un

astronomo terrestre o da un suo socio su una galassia lontana da noi milioni o miliardi di anni luce.

Nel Capitolo V, *Spazio e Tempo: il niente e l'infinito* ho già fornito, sotto il titolo *Quant'è grande e quant'è vecchio l'universo*, una breve traccia delle scoperte di Hubble, e ho usato l'immagine dell'universo in espansione come quella di un palloncino di gomma su cui le galassie sono distribuite come puntini che si allontanano uno dall'altro mentre il palloncino viene gonfiato.

Quest'immagine torna di frequente adesso.

In *In Search of the Big Bang* di John Gribbin l'autore, riferendosi alla questione della disunione continua e progressiva delle galassie introduce il Principio cosmologico, appunto, iniziando con l'immagine del palloncino:

Noi non siamo in un posto speciale, il centro di repulsione di tutto l'universo[1]. É l'intera fabbrica dello spazio–tempo che si espande, cosicché tutti gli osservatori, viventi in qualsiasi luogo dell'Universo, vedono lo stesso effetto.

Se si riferisce al movimento e alla velocità relativa delle galassie, ancora una volta, mi sta bene. Meno bene riesco ad afferrare il concetto se si discute di posizione relativa. Ma ecco il palloncino:

Pensate a una bolla perfettamente liscia, su cui siano segnate piccole macchie di colore. Quando la bolla si espande, ogni segno si allontana da tutti gli altri, e la veduta da uno di essi - ognuno - sarà quella di altre macchie che si allontanano da lui. Nel suo articolo del 1917 Einstein propose un postulato

---

[1] Nota mia. Sono contento quando dice che non siamo in un posto speciale. Mi angustia, invece, l'idea che viene presentata come implicita, che il *posto speciale* debba coincidere con il centro dell'universo! Ma perché non potremmo trovarci in un posto *non* speciale, che senza dare fastidio a Copernico, si trovi da qualche parte, fuori centro?

fondamentale, che non esiste una proprietà media dell'Universo utile a definire un punto speciale nell'Universo o una direzione speciale nell'Universo. Questo è noto come il Principio Cosmologico che, in effetti, afferma che noi viviamo in una tipica, ordinaria regione dell'universo e che la nostra veduta è esattamente la stessa, in media, di ciò che chiunque vedrebbe, in qualsiasi altro punto si trovasse.

Probabilmente, continua Gribbin, Einstein tirò fuori quest'assunzione fondamentale per applicare le sue equazioni al modello più semplice possibile. Il Principio Cosmologico, però, sembra avere assunto la tremenda importanza che ha oggi perché è crescente la convinzione che corrisponda alla descrizione più semplice e veritiera del nostro universo.
Anche se esistono verifiche circostanziali a favore del Principio Cosmologico, si tratta di una di quelle cose che non possono essere dimostrate corrette.
Tuttavia, senti senti:

Se l'universo fosse costruito in modo da apparire diverso a ogni osservatore non vi sarebbero veri motivi per occuparsi di cosmologia, giacché non riusciremmo a dedurre alcunché sull'universo in generale da osservazioni fatte dal nostro piccolo punto di vista. Senza il Principio Cosmologico, in un senso davvero reale, non vi sarebbe la cosmologia.

Dunque è Einstein e non Milne l'inventore del Principio. Senza di esso non vi sarebbe cosmologia. L'immagine della bolla che si gonfia, il palloncino, elimina, garbatamente, e come vedremo ancora meglio, in modo che sembra accettabile, una posizione centrale alla nostra e a ogni altra galassia e dà ragione delle velocità relative che aumentano in funzione della distanza. Però, e questo rimane il mio problema, non mi pare che escluda la necessità che noi dobbiamo pur trovarci da qualche parte sul palloncino.

Per Martin Rees (Libro citato) è Milne che ha postulato il Principio cosmologico, secondo [...] il *quale l'universo su larga scala è abbastanza uniforme da rendere applicabili i modelli teorici semplici [...] e il Principio è stato confermato con più accuratezza di quanto Milne non abbia mai osato sperare, almeno per quella parte di universo che è compresa nel nostro orizzonte attuale.*

Ancora Gribbin, questa volta in *In the Beginning* usa di nuovo la metafora del palloncino, e n'aggiunge un'altra, quella del panettone. Non fa riferimento al Principio cosmologico quando afferma che - quando, con Hubble, osserviamo che le altre galassie si allontanano dalla nostra in modo uniforme, in ogni direzione - non dobbiamo pensare di trovarci al centro dell'universo (cosa che, come ho già scritto, a me non verrebbe mai in mente).
Introduce in maggior dettaglio, la metafora del palloncino:

[...] immaginiamo una serie di piccole macchie d'inchiostro sulla superficie di un palloncino. Se provi a gonfiarlo fino a due volte il suo volume iniziale, la distanza tra due macchie si raddoppia. Quindi maggiore è la distanza tra due macchie all'inizio, tanto più esse si allontanano, riproducendo esattamente la regola scoperta da Hubble. Due macchie che si trovavano a 2 cm di distanza ora saranno a 4 cm l'una dall'altra, mentre se erano distanti 4 cm ora si troveranno a 8 cm di distanza. Ma non puoi riferirti a una qualsiasi delle macchie e assicurare che si trova al centro della figura. Da qualsiasi punto ti metti a far misure penserai sempre che tutti gli altri punti si trovano adesso a una distanza maggiore di quell'iniziale.
Un'altra analogia è quella di un panettone in cui i chicchi d'uva passa sono separati mentre la pasta cresce. Quest'analogia non è perfetta, perché un panettone possiede un centro, e una superficie che lo limita. Le equazioni di Einstein ci dicono che l'universo reale potrebbe non avere limiti, perché lo spazio si

curva dolcemente su se stesso per produrre l'equivalente a quattro dimensioni della superficie di una sfera. Come nel caso della superficie della terra, o quella del palloncino picchiettato, lo spazio in cui viviamo potrebbe essere chiuso, senza limiti. Se tu parti per un viaggio sulla terra, e prosegui a muoverti nella stessa direzione, finirai, prima o dopo per trovarti al punto di partenza. Allo stesso modo, se parti per un viaggio nello spazio e procedi nella stessa direzione, finirai per viaggiare intorno all'universo e ritornare al punto di partenza. Non c'è un centro dell'universo cosi come non esiste un centro sulla superficie della terra o sulla pelle di una bolla di sapone.

Voglio fermarmi un momento su questo lungo passo che ho citato di proposito per un numero di ragioni. Vi assicuro, e tutti potrebbero provarci, che tentare di mettere insieme le due analogie - quella della superficie bidimensionale della bolla sferica e quella tridimensionale del panettone che cresce - può far venire il mal di pancia. Lo stesso Gribbin dichiara che la seconda non è perfetta per colpa o per merito di Einstein, e perché lo spazio si curva su se stesso *per produrre l'equivalente a quattro dimensioni della superficie di una sfera.* Io confesso di non riuscire a capire bene che cosa questo significa. Certo è che da ogni incertezza, imbarazzo o dubbio, si esce sempre citando le equazioni della relatività generale. Il fatto è che se tutte le galassie si trovassero distribuite nello spazio cosmico come nella metafora del palloncino, potremmo essere, almeno per un momento, soddisfatti e sereni.

Ma allora perché fare ricorso al panettone? E poi, come funziona la faccenda per cui *non c'è un centro dell'universo cosi come non esiste un centro sulla superficie della terra o sulla pelle di una bolla di sapone?* Io sono d'accordo che non c'è un centro sulla superficie della bolla, o su quella della terra, però mi domando: esiste o no un centro della bolla? E, ancora una volta, se la risposta è negativa (e vedremo che in effetti lo è), e se una volta espanso, lo spazio non ha memoria

456

del progressivo aumentare del diametro della sfera cosmica, e se quindi tutte le galassie sono distribuite uniformemente sulla superficie dello spazio espanso, perché complicarci la vita con un'analogia tridimensionale?

Nella sua *Brief History of Time* anche Hawking si occupa della faccenda con un passo utile e rivelatore.

Orbene, a prima vista, tutti questi indizi per cui l'universo appare uguale in qualsiasi direzione lo si osservi, potrebbe indurci a credere che esiste qualcosa di speciale nella nostra posizione nell'universo. In particolare, potrebbe sembrare che se osserviamo che tutte le galassie si allontanano da noi, questo potrebbe voler dire che ci troviamo al centro dell'universo. Ci potrebbe essere però una spiegazione più soddisfacente: l'universo potrebbe sembrare lo stesso in ogni direzione, anche a un osservatore che si trovi su un'altra galassia. Questa, come abbiamo visto, era la seconda assunzione di Friedman. Noi non abbiamo una prova scientifica a favore o contro di questa assunzione. Noi la accettiamo in conformità a un principio di modestia: sarebbe veramente straordinario se l'universo apparisse lo stesso in ogni direzione intorno a noi, ma non intorno ad altri punti dell'universo!

Hawking, a questo punto, offre anch'egli la metafora del palloncino, con termini e parole che non mi pare necessario ripetere.

Voglio rilevare alcuni punti. Il Principio cosmologico (che Hawking non cita) si ritrova nella frase che riguarda la *modestia*. Noi, dopo che Copernico ha escluso la centralità della terra nel sistema solare, non possiamo ritenerci al centro dell'universo, per non ricadere negli errori e nella presunzione degli ante copernicani. Non è certo però che le assunzioni di Friedman (il primo fisico che applicò le equazioni di Einstein a un modello dell'universo) e quindi l'implicito Principio Cosmologico, siano corretti. Soprattutto, torna ad apparire per

457

un'ennesima volta la concezione per cui accettare che Hubble ha ragione quando dice che da qualsiasi galassia si facciano le misure, tutte le galassie si allontanano con velocità proporzionale alla loro distanza dall'osservatore, debba coincidere con un'obbligatoria assunzione di centralità. Come ho già scritto in una nota più sopra, mentre non è difficile accettare la prima idea, non si capisce bene perché si debba teorizzare la seconda, solo per negarla. Io non ho problemi a essere d'accordo con il Copernico Universale: la nostra galassia **non è** al centro dell'Universo. Mi domando: uno, perché dovrebbe esserci; due: **dov'è**?

Nel corso delle mie ricerche su questo e altri argomenti riguardanti la cosmologia ho consultato internet. Ho trovato un incredibile numero di siti, istituiti da importanti università e centri di ricerca americani e inglesi, contenenti una dovizia di informazioni corredate da splendide immagini, da qualche semplice equazione, e da molti ragionamenti che se non aggiungono molto a ogni tentativo di semplice chiarificazione, hanno il sicuro merito di provarci.

In uno di questi siti, creato dalla NASA, gestito da Sten Odenwald, il cui indirizzo elettronico riporto qui sotto:

http://image.gsfc.nasa.gov/poetry//ask/a11610.html

nella sezione FAQ, quella che contiene le risposte alle domande più frequenti, ho trovato due pezzi che aggiungono utili indicazioni per la soluzione del nostro puzzle.
Riporto per intero domande e risposte:

Perché l'universo non possiede un centro?

Questa è una buona domanda, e una che dovrebbe avere una risposta perché, dopo tutto, il Big Bang non è stata un'esplosione come tutte quelle cui siamo abituati? Sfortunatamente la risposta è negativa. Il Big Bang non somigliava a nessuna delle esplosioni che abbiamo visto,

458

perché le stesse forze gravitazionali che accoppiavano materia ed energia nello scoppio, hanno anche curvato lo spazio. QUESTO è il fattore che s'insinua ogni volta a rendere irrilevanti le nostre intuizioni. Solo la relatività generale è utile per aiutarci a concepire il <u>quadro completo</u> e questo quadro ci offre l'immagine di un universo in cui tutte le particelle volano via separandosi dalle altre particelle mentre la totalità dello spazio si espande e si dilata. Non esiste un centro NELLO SPAZIO in cui si trovi il punto in cui è avvenuta l'esplosione, ma solo un unico CENTRO NEL TEMPO, 15 miliardi di anni fa.

Se tutte le galassie si allontanano da noi, ci troviamo al centro dell'universo?

No, perché questa non è l'unica maniera in cui si può arrivare, dal punto di vista di quello che si osserva, allo stesso risultato finale. La relatività generale fornisce un'altra interpretazione che è favorita poiché 1) è consistente con tantissime osservazioni e con i dati sperimentali e 2) non conserva in vita l'idea filosofica che noi siamo, in qualche modo, piazzati in un punto speciale dell'universo. Questo fu il punto cruciale della rivoluzione copernicana, e da allora non è più necessario che la terra si trovi al centro di ogni cosa. Pertanto, dato che sembra che la relatività generale funzioni, noi accettiamo l'interpretazione per cui tutti gli osservatori, dovunque nell'universo vedrebbero se stessi al centro <u>come formiche sulla superficie di un palloncino che si gonfia</u> (sottolineatura mia).

Se è vero che sembrerebbe che in questo scambio di domande e risposte non appaia nulla di nuovo e di veramente risolutivo – le particelle che si allontanano una dall'altra, la relatività generale che interviene al posto del senso comune a curvare lo spazio, l'effetto della gravità che, dunque, si fa sentire sin dai primordi, l'applauso a Copernico e la

459

conseguente *modestia* che impedisce di presumere che siamo al centro di tutto, e il solito palloncino, questa volta con formiche invece che macchie d'inchiostro – è anche certo che le parole, e l'approfondimento delle parole può esserci di aiuto.

Prima di tutto, nonostante le incertezze degli scienziati, e la nostra difficoltà di accettare che in certi ambiti della fisica le *nostre intuizioni sono assolutamente irrilevanti,* non possiamo rifiutare che la gravità e la teoria della relatività generale abbiano avuto un ruolo importante nel distribuire prima le particelle, e poi le galassie in un tipo di spazio che, tristemente, non c'è familiare.

Scrive Rees, *Prima dell'Inizio:*

Ad una densità così stupefacente, che si raggiunse nei primi 10^{-43} secondi (tempo questo noto *come il tempo di Plank*) gli *effetti quantistici e quelli gravitazionali diventano entrambi importanti [...].*

Ma, sembrerebbe anche che nell'allinearsi progressivo delle parole e delle idee, si presentino, lentamente nuovi elementi di comprensione.

Lo spazio di Einstein, quello del Big Bang e delle galassie in formazione e in espansione non è mai stato una palla piena di energia e particelle. Mentre la bolla di sapone si gonfia, oppure mentre lo spazio s'incurva, le formiche si allontanano e poi si aggregano in formicai galattici, sulla superficie, lasciandosi dietro il nulla, qualcosa che noi vorremo che esistesse e che invece non esiste.

Noi vorremmo un centro, come il centro della terra, e il nucleo, il magma, la crosta, e la superficie con le montagne, le campagne e il mare. Noi vorremmo una palla piena. Lo spazio che si dilata, invece, non si lascia dietro nulla, perché si tratta di un nulla che non esiste e che se darebbe pace e serenità a noi, non soddisferebbe le equazioni della relatività generale.

Come in un vero romanzo ci stiamo avvicinando alla soluzione. Alla nostra soluzione, buona o cattiva che sia. Non sappiamo ancora dove siamo, ma c'è la possibilità che indizio dopo indizio, nel susseguirsi delle piccole scoperte, arriveremo a rispondere alla domanda: chi è l'assassino? Cioè, dov'è che siamo noi?

Ma come in un vero romanzo, dobbiamo continuare a divagare, e a cercare gli altri elementi del puzzle.

E attenzione. Esistono due facce in ogni realtà, vera o romanzata: quello che è successo e quello che possiamo osservare dopo che gli avvenimenti si sono prodotti. Se questo si applica alla maggior parte delle cose umane - prendiamo la *storia* come esempio basilare - tanto più deve applicarsi alla storia dell'universo. Dobbiamo stare attenti a distinguere bene, in maniera inconfutabilmente esplicita, tra quello **che è successo** dal Big Bang in poi e quello che **noi osserviamo adesso**.

Andiamo avanti con gli indizi.

Il Tempo di Plank

Un'analisi e una definizione in chiaro del tempo di Plank, non sono, di per sè, elementi essenziali all'impianto delle risposte che stiamo cercando. Servono però a riprendere un tipo di ragionamento, quello relativo all'importanza delle frazioni di tempo dal momento del Big Bang al primo millesimo di secondo di esistenza dell'universo; non riusciremmo a capire la questione dell'orizzonte (l'incomunicabilità tra regioni distanti in contraddizione con l'uniformità dell'universo) né la soluzione che, di questo problema, fornisce la teoria dell'inflazione; non avremmo una base per discutere le conseguenze cosmologiche della meccanica quantistica, la formazione dei barioni, e il tentativo dei fisici di spiegare, senza ricorrere all'intervento divino, l'origine prima dell'universo; nulla di tutto questo sarebbe possibile, se non ci allenassimo a frequentare le negative potenze di dieci del tempo, gli ineffabili intermezzi di un periodo infinitesimo, e ad accettare il significato e l'importanza degli avvenimenti che vi sono inclusi.

Devo anche aggiungere, come ho già scritto assai di frequente, che poiché uno degli scopi del mio lavoro consiste nel catalogare, e quando posso, nello spiegare le stranezze della fisica, voglio essere certo, che nell'indice analitico finale, sia presente questo singolare concetto, in modo che io stesso possa ritrovarlo senza troppa fatica.
Voglio anche richiamare l'attenzione sul fatto che già nei capitoli sulla teoria dei quanti, il nono e soprattutto il decimo, si trovano molti degli elementi del discorso che sto facendo adesso: il vuoto che non è vuoto, l'incertezza di Heisenberg applicata alla coppia energia (o massa che è la stessa cosa), vita media delle particelle, e la relazione tra queste due grandezze che ne deriva.

Ho anche illustrato il rapporto tra le dimensioni di una particella, e il tempo che impiega a percorrere il cammino tipico di un processo d'interazione.
Ricordiamo:

tuttavia, come suggerisce Capra nel Tao della Fisica (Op. Cit.) la loro vita media va valutata anche in relazione alle loro dimensioni. Un uomo, in un secondo, se è un campione di atletica arriva a percorrere dieci metri, una distanza pari a poche volte le sue umane dimensioni. Per una particella nucleare occorrono 10^{-23} secondi per percorrere un cammino pari a poche volte le sue dimensioni. Quindi, se sopravvive un milionesimo di secondo (10^{-6} secondi) ha la possibilità di percorrere distanze –particella che sono relativamente enormi.

Questa situazione, descritta da Capra, avviene negli esperimenti condotti negli acceleratori di particelle. Ora, dobbiamo viaggiare più indietro nel tempo, all'origine del Big Bang e confrontarci con numeri che sono ancora più piccoli, insieme a numeri orrendamente grandi, che collegano grandezze ingaggiate in eventi non riproducibili sperimentalmente, senza che per questo, fisici e cosmologi abbandonino la speranza di scoprirne le relazioni.

Voglio cominciare con un lungo passo di Rees in *Prima dell'inizio* e cercare, poi, pian piano, di interpretarne il significato:

Il più lungo intervallo di tempo sicuramente dotato di senso - l'intervallo fra il Big Bang e il Big Crunch - si estende, come minimo per svariate decine di miliardi di anni. Che si può dire del problema opposto: c'è una scala temporale più piccola di tutte? O si può invece triturare il tempo in intervalli infinitamente piccoli? La fisica quantistica fornisce una risposta. Le relazioni d'indeterminazione di Heisenberg ci assicurano che per misurare un intervallo di tempo con <u>*precisione*</u>[I] *sempre crescente, abbiamo bisogno di usare quanti di lunghezza d'onda sempre più corta, e quindi dotati di più alta energia*[II].*Siccome i quanti di luce si muovono a velocità finita, quest'ammontare crescente di energia deve venir concentrato in dimensioni sempre più piccole* <u>*(più piccole dell'intervallo di tempo che viene misurato, moltiplicato per la velocità della luce).*</u> *E qui ci si scontra con una limitazione,* <u>*quando l'energia richiesta*</u> *diventerebbe tanto alta e così*

[I] Le sottolineature sono mie

[II] Attenzione. Se andiamo a rileggere II capitolo sul Modello Standard, ritroviamo il concetto che la vita media di una particella, sempre per colpa di Heisenberg, è inversamente proporzionale alla sua energia (o massa). É più difficile *fabbricare* una particella pesante e allo stesso tempo aspettarsi che viva abbastanza a lungo da poterla osservare che, viceversa, fare sortire una particella leggera dal vuoto quantico e avere il tempo di vederla bene. Qui, la cosa è vista da un'angolatura diversa. Ora si parla di misura del tempo, dell'uso di quanti per effettuare la misura, e del fatto che più si vuole affinare la misura del tempo, maggiore deve essere l'energia (massa) del quanto adoperato per farlo.

densamente concentrata da collassare in un buco nero. La quantificazione di quest'argomento suggerisce che esista una scala temporale minima, dell'ordine di 10^{-43} secondi chiamata il tempo di Plank[I]. Gli eventi non possono essere ordinati più precisamente di cosi.

Ecco, finalmente che, in questo passo che trovo parecchio opaco, fa la sua apparizione il tempo di Plank. L'ho scelto apposta (il passo) per il gusto di praticare il solito esercizio: tradurre parole dall'apparenza stravagante, in fatti più percettibili.

Ho posto l'accento sulla parola *precisione* per ricordare ancora una volta che in fisica quantistica è sempre di questo che, in prima analisi, si parla: non tanto di qualità inerenti alle grandezze fisiche, ma della precisione con cui è possibile misurare una grandezza in contrapposizione con l'altra; e per precisare che questo è uno dei problemi attinenti alla meccanica quantistica: dal concetto dell'indeterminazione delle misure, spesso si passa a conclusioni e conseguenze di natura fisica reale; se volessi *misurare* intervalli più piccoli del tempo di Plank, l'energia richiesta sarebbe talmente concentrata da collassare in un buco nero.

Il tempo di Plank salta fuori dai calcoli dei fisici e dal limite posto all'energia necessaria per *misurarlo*. Poi, come vedremo, diventa parte della realtà.

Ma ho anche sottolineato un'altra intera frase di cui posso chiarire il significato.

All'istante corrispondente al tempo di Plank, l'universo è esistito per 10^{-43} secondi.

La luce viaggia a 300.000 Km/sec ovvero 3×10^{10} cm/sec.

Se ricordiamo la relazione fondamentale, usata più volte:

[I] Quant'è piccolo. É uguale a
0,0000000000000000000000000000000000000000001 secondi.

$$s(spazio) = v(velocità) \times t(tempo)$$

possiamo facilmente calcolare che le dimensioni dell'universo (oppure di che cosa?) al tempo di Plank potevano essere al massimo (nulla viaggia più veloce della luce):

$$3 \times 10^{10} \, cm/sec \times 10^{-43} \, sec = 3 \times 10^{-33} \, cm$$

Dimenticando il numero 3, siamo arrivati alla *lunghezza* di Plank, ai 10^{-33} cm che rappresentano il diametro dell'universo all'istante più lontano da oggi e più vicino al Big Bang[1].

É interessante rendersi conto, in rapporto con le dimensioni del mondo atomico, per esempio di quelle di un protone, di quanto sia piccola la *lunghezza* di Plank.

Riporto qui sotto una tabella apparsa nel capitolo X, di cui avevo previsto la futura utilità. Mette in relazione l'energia e le dimensioni delle particelle nucleari:

Energia (approssimata)*	Dimensioni della struttura (metri)
0.1eV	Molecola, Grande atomo, 10^{-8}
1 eV	Atomo, 10^{-9}
1000 eV, 1 KeV	Nocciolo Atomico, 10^{-11}
1 Mev	Nucleo Grasso, 10^{-14}
100 Mev	Nocciolo Nucleare, 10^{-15}
1Gev	Neutrone o Protone, 10^{-16}
10Gev	Effetti Quark, 10^{-17}
100GeV	Effetti Quark (più dettagli) 10^{-18}
10 TeV	Bosoni di Higgs, 10^{-20}

Il protone ha un diametro di 10^{-16} metri ovvero 10^{-14} centimetri. La lunghezza di Plank, il diametro dell'universo (è o no il diametro dell'universo?) al tempo di Plank - questo è facile da calcolare - è più piccola di un protone di 10 milioni di miliardi di volte (10^{19}) come risulta dal semplice rapporto tra le dimensioni del protone e quelle del diametro dell'universo:

---

[1] Questo semplice calcolo è derivato da *In the beginning* di Gribbin (op. cit.)

$$10^{-14}/10^{-33} = 10^{19}$$

La tabella ci offre lo spunto per un ulteriore progresso nel nostro ragionamento. L'energia di un protone è pari a 1 Gev. Hawking scrive *se si avesse a che fare con una particella con un'energia superiore alla cosiddetta energia di Plank, dieci milioni di milioni di milioni (10^{19}) di Gev, la sua massa sarebbe talmente concentrata che essa si taglierebbe fuori del resto dell'universo formando un piccolo buco nero.*

Dunque, Hawking, confermando il ragionamento di Rees, c'informa che l'energia di una particella al tempo di Plank è più grande di quella di un protone nel rapporto inverso delle loro dimensioni, e che la sua *massa* sarebbe talmente concentrata da collassare in un buco nero. Però, nel linguaggio di Hawkins, non si parla di *precisione* della misura, ma di un effettivo effetto fisico. Si conferma quanto ho notato sopra sulla dualità delle argomentazioni insite nel *linguaggio* della meccanica quantistica: precisione delle misure e realtà degli effetti fisici.

Per fare ulteriori progressi devo collegare vari indizi trovati qua e là in testi diversi.

Li cito nell'ordine:

- Gribbin, in *The Stuff of the Universe* fornisce il valore della massa (la massa di Plank) corrispondente a un'energia di 10^{19} Gev, informandoci che è pari a 10^{38} volte la massa del protone
- Nello stesso libro, trovo il valore della massa di Plank, questa volta, espressa in grammi, circa 10^{-5} grammi. Mi risparmio la fatica della conversione da Gev, o da masse protoniche a grammi
- Paul Davies in *The Mind of God* scrive che *gli effetti quantistici erano importanti quando la densità della materia possedeva lo* strabiliante *valore di 10^{94} grammi per centimetro cubo. Questo stato delle cose esisteva prima di*

10^{-43} secondi, quando l'universo aveva un diametro di appena 10^{-33} cm.

Dunque, ora sappiamo che al *tempo* di Plank (10^{-43} secondi) la *lunghezza* di Plank, ovvero il diametro dell'universo era pari a 10^{-33} cm, e che in questo spazio era contenuta la *massa* di Plank, pari a 10^{19} Gev, o espressa in grammi 10^{-5} grammi.

Dato che il volume di ua sfera è proporzionale al cubo del diametro, è facile calcolare che il volume dell'universo al tempo di Plank doveva esser di 10^{-99} centimetri cubici.

Ne segue allora che la densità doveva essere uguale a 10^{-5}gr/10^{-99}cm^3, e cioè doveva esser pari allo *strabiliante*[I] valore di 10^{94} grammi per centimetro cubo, citato da Davies.

Ora conosciamo la *lunghezza* (diametro) e l'energia (*massa*) dell'universo al *tempo* di Plank, e siamo stati capaci di calcolarne la densità. Sappiamo anche che più indietro nel tempo non è possibile andare. Se lo facessimo l'universo *collasserebbe in un buco nero.*

Questo è uno dei problemi insoluti e più importanti della fisica moderna[II].

Cito di nuovo il passo di Rees riportato sopra: *A una densità così stupefacente, che si raggiunse nei primi 10^{-43} secondi (tempo questo noto come il tempo di Plank) gli effetti quantistici e quelli gravitazionali diventano entrambi importanti.*

[I] Notiamo che la densità della materia nucleare, protoni e neutroni insieme è dell'ordine di 10^{14} grammi per centimetro cubo. L'aggettivo *strabiliante* non è, pertanto, fuori luogo.

[II] In tutti questi bei ragionamenti che sembrano coerenti, c'è qualcosa che proprio non quadra. Prendiamo per certi alcuni dati:

- Il Diametro dell'universo è uguale a 10^{-33} cm.
- Il corrispondente volume, non credo di sbagliare, é dell'ordine di 10^{-99} cm.
- La densità, me la dà Paul Davies, ha un valore di 10^{94} gr/cm^3.
- La massa contenuta in questo volume è data dal prodotto densità x volume, cioè 10^{-5} gr, la benedetta massa di Plank. L'abbiamo ritrovata.

Devo concludere questa sezione con un'importante divagazione su quest'ultimo punto. Ho citato assai spesso la questione delle difficoltà che i fisici stanno incontrando nel tentativo di unificare le tre forze, elettromagnetica e nucleare forte e debole con la gravitazione. Armati delle nozioni che ho costruito per acquistare familiarità con il tempo (e le altre *cose*) di Plank (faticoso discorso che ci aiuterà a capire meglio i problemi di natura più strettamente cosmologica), possiamo utilizzarle per definire in maniera precisa la natura del problema. Credo che il seguente passo di Gribbin, in *The Stuff of the Universe* riassuma la questione in modo egregio, senza richiedere ulteriori commenti:

É in corrispondenza del tempo di Plank, in una zona in cui si ha a che fare con masse di 10^{-5} grammi e distanze di 10^{-33} centimetri che,

gli effetti della gravità e quelli quantistici divengono entrambi importanti, ma queste situazioni sono assai diverse da quelle con cui abbiamo a che fare oggi. Questo è il motivo per cui i fisici riescono a cavarsela senza essere riusciti a concepire una sintesi di gravità e teoria dei quanti, in un unico assetto matematico completo e, tuttavia, sono capaci di produrre una descrizione adeguata del modo in cui le cose funzionano nell'universo. O la gravità oppure gli effetti quantistici possono essere rilevanti per gli oggetti nell'universo di oggi, ma mai le due cose insieme. Non v'è mai stata una sovrapposizione fra gravità e zone quantiche, a eccezione di quanto è accaduto nel Big Bang.

Potremmo essere soddisfatti; se però andiamo a leggere la nota alla pagina precedente, si vede che qualcosa non quadra: la massa di Plank non puo essere corrispondente alla massa dell'intero Universo! Ma allora tutti gli altri numeri e le correlazioni tra essi sono privi di significato? Il tempo di Plank non è più il tempo più piccolo misurabile dal momento del

468

Bang in poi, la lunghezza di Plank non è corrispondente al diametro di universo e la massa di plank NON è la massa dell'Universo. Allora com'è che certi conti tornano? Poca chiarezza, superficialità nell'opera dei miei divulgatori? Confusione effettiva esistente? Errore d'interpretazione dell'Autore?

Le Galassie in Espansione

Sto commettendo lo stesso errore dei miei autori preferiti? Divago, ondeggio, esco dal seminato? Mentre devo riconoscere che non mi è sempre facile rigare dritto quando la materia è così intricata, quando, da una verità o certezza appena acquisite, l'orizzonte s'illumina con i raggi di nuove consapevolezze (com'è appena successo con la lunga discussione sul tempo di Plank e, appena sopra, con il discorso sull'unificazione gravità-quanti), continuo a esser convinto di stare usando il massimo rigore possibile. Ho posto chiaramente i *miei* interrogativi e il desiderio di trovare una risposta. Ho elencato i problemi basilari della cosmologia classica. Facendolo ho cominciato a tratteggiare la direzione verso le soluzioni possibili. Ho chiaramente indicato che non posso arrivare alla soluzione del *mistero,* senza mettere insieme tutti i pezzi del puzzle.

L'ordine e la sequenza dei miei discorsi è quello che mi piacerebbe trovare quando io leggo lavori di altri. (Oppure, come ho scritto altrove, dipende dalle condizioni iniziali e si sviluppa in modo in parte caotico?) Io cerco, in ogni maniera possibile, di applicare una buona dose di coerenza alla sequenza logica della mia esposizione.

Ma, anzitutto, è il *mio* rigore, e non presuppone la sciocca convinzione che è l'unico ipotizzabile. Inoltre, dipende, sicuramente, anche dalle condizioni al contorno: dalle tacche che ho messo nei libri, dalle note che ho preso, e dal mio personale, ma tristemente meteoropatico, senso dell'ordine e della logica.

Per introdurre le scoperte di Hubble è, però, certo necessario inserire la questione dell'effetto Doppler e del *redshift,* lo spostamento verso il rosso.

Hubble, con i suoi telescopi (la cosa è già apparsa qua e là nel libro, e in quest'ultimo Capitolo) ha trovato che tutte le galassie (o quasi tutte) si allontanano da noi a una velocità proporzionale alla loro distanza. Lo ha fatto misurando il *redshift* nello spettro della luce proveniente dalle galassie, dovuto, appunto, all'effetto *Doppler.*

Lo spostamento verso il rosso e l'effetto Doppler

Cominciamo con il *redshift.* Nell'appendice II, quella sulla teoria dei quanti, e nel capitolo X, ho spiegato che cosa sono gli spettri di emissione e quelli di assorbimento, e come lo spettro della luce solare che esibisce radiazioni di tutte le frequenze, dal rosso all'ultravioletto, presenta innumerevoli linee oscure, corrispondenti alle frequenze tipiche delle sostanze che, presenti nel sole, assorbono la sua luce. Riprendo la questione con un pezzo tratto dai *Primi Tre Minuti* di Weinberg (Op. Cit.)[I]:

[...] nel 1814–815, un ottico di Monaco di Baviera, Joseph Fraunhofer, aveva scoperto che quando la luce del Sole viene fatta filtrare attraverso una fenditura e poi attraverso un prisma di vetro, lo spettro di luce colorata che ne risulta appare solcato da centinaia di righe scure, ciascuna delle quali

---

[I] Non posso evitare le citazioni, ogni volta che mi rendo conto che sono utili alla chiarezza. Gli scrittori di divulgazione si citano spesso tra loro, e a volte, quelli più prolifici, scrivendo sempre lo stesso libro, citano se stessi. Anche se mi sento capace di descrivere un fenomeno con parole mie, e con le nozioni che progressivamente acquisisco, sono sempre stimolato dal bisogno di costruirmi un prontuario dal quale trarre, in caso di necessità, in ogni momento futuro, le certezze di cui ho bisogno. In fondo, sto scrivendo questo libro, a tratti, con lo spirito del cronista.

rappresenta un'immagine della fenditura [...] le righe scure venivano a trovarsi sempre sullo sfondo degli stessi colori, e corrispondevano ciascuna a una determinata lunghezza d'onda[l] della luce [...] Ben presto ci si rese conto che quelle righe più scure sono prodotte dall'assorbimento selettivo della luce di determinate lunghezze d'onda quando la luce passa dalla superficie incandescente di una stella attraverso la sua atmosfera esterna, più fredda. Ogni riga è dovuta all'assorbimento della luce da parte di un elemento chimico specifico: per questa via diventa anzi possibile accertare che gli elementi presenti sul Sole, come il sodio, il ferro, il magnesio, il calcio e il cromo, sono gli stessi che si rinvengono sulla terra.

Nel capitolo IX e in maggior dettaglio nell'Appendice II ho anche spiegato il significato delle righe associate allo spettro di emissione e di assorbimento di ogni sostanza: elettroni che nella *vecchia* teoria quantistica saltano da un'orbita all'altra dell'atomo eccitato. Non mi sembra necessario ritornare su questo.

Orbene, se al posto del Sole, o di un'altra singola stella, mettiamo un'intera galassia, e ne fotografiamo lo spettro, troveremo righe scure di frequenza (o lunghezza d'onda) diversa associate agli elementi chimici presenti nell'atmosfera galattica. Si sa da tempo, prima dell'entrata in scena di Hubble, che se si osserva una stella simile al Sole, che si muove allontanandosi da noi, le righe spettrali di cui sopra sono *spostate verso il rosso* (redshift) rispetto a quelle solari, e che, analogamente, se l'astro in questione si avvicina a noi, lo spostamento delle righe spettrali è verso il violetto (blueshift).

---

[l] Nota mia: ricordo che la lunghezza d'onda è l'inverso della frequenza. Dal rosso al violetto, la frequenza aumenta e diminuisce la lunghezza d'onda.

Dunque, il movimento di una sorgente luminosa che si allontana da noi, provoca lo *spostamento verso il rosso* delle righe spettrali caratteristiche.
Mi pare che questo sia sufficiente a definire il redshift.

La prossima questione è: che cosa provoca il redshift? La risposta è: l'effetto Doppler.
Anche in questo caso, riferirmi a Weinberg mi sembra una buona mossa. Lo cito ancora:

Quando osserviamo un'onda acustica o luminosa proveniente da una sorgente in quiete, il tempo compreso fra l'arrivo di due successive creste d'onda al nostro strumento è uguale al tempo compreso tra due creste d'onda al momento in cui sono emesse dalla sorgente[I]. Se, invece, la sorgente si sta allontanando da noi, il tempo compreso tra due creste d'onda all'atto della ricezione supera il tempo compreso tra le due creste d'onda all'atto dell'emissione, perché ogni cresta d'onda, nel suo viaggio dalla sorgente a noi, deve percorrere una distanza leggermente maggiore rispetto alla cresta precedente. Il tempo compreso fra due creste consecutive corrisponde esattamente alla lunghezza d'onda divisa per la velocità dell'onda stessa, sicché un'onda emessa da una sorgente in allontanamento da noi ci sembrerà avere una lunghezza d'onda maggiore che se la sorgente fosse in quiete.

[I] Nota mia. Un minimo di matematica elementare ci può aiutare a capire il ragionamento successivo. Se nella solita relazione che collega spazio, tempo e velocità, $s = vt$ sostituiamo a s la lunghezza d'onda (λ), e se (v) è la velocità dell'onda, il tempo (t) rappresenta il tempo compreso tra due creste d'onda; se il tempo misurato tra due creste d'onda alla ricezione aumenta (t') quando la sorgente si allontana, ciò equivale ($\lambda'=vt'$) a misurare un valore più alto (λ')della lunghezza d'onda della radiazione. Dunque le righe spettrali si spostano verso le lunghezze d'onda più alte, verso il rosso.

Rileggo, e anche con la mia nota *matematica* la cosa non è chiarissima. Però si tratta di fisica elementare, non esistono dubbi o forzature di tipo quanto–meccanicistico.

Vediamo se un paio di esperimenti ideali possono aiutarci.

Siamo su una spiaggia a guardare le onde che vengono verso di noi. La forza del vento determina la velocità (v) con la quale le onde vengono, una dopo l'altra, a frangersi sulla battigia. In realtà, sappiamo che non è l'acqua che si sposta. Il mare assume una forma ondulata, e i picchi e le valli che ne risultano, sono le nostre onde. La distanza tra i picchi (creste) di due *onde* successive è la *lunghezza d'onda* (λ); misuriamo il tempo (t) tra il susseguirsi di due onde, e verifichiamo che è sempre lo stesso.

Non solo. É anche uguale al tempo tra due creste d'onda al momento della loro formazione. In questo caso la *sorgente*, il punto lontano in cui varie forze imprimono all'acqua il moto ondulatorio, è fisso, non si muove. Il tempo (t), come scrive Weinberg, uguale alla velocità dell'onda diviso la lunghezza d'onda, non cambia.

Supponiamo adesso che la *sorgente* del moto ondoso si allontani progressivamente dalla nostra spiaggia. (Questo è più facile da immaginare se invece di riferirsi al mare in tempesta, si pensi a uno stagno in cui, in un punto, un pistone che sale e scende genera l'onda. Prima è fisso. Poi, mentre va su e giù, comincia ad allontanarsi da punto iniziale). In questo caso, il tempo che intercorre tra due creste d'onda aumenta. Se la velocità dell'onda rimane la stessa, sarà la lunghezza d'onda ad aumentare in proporzione.

Le righe si spostano verso il rosso. Mi pare che sia un ragionamento abbastanza accettabile.

Sappiamo cos'è il redshift e abbiamo capito che cosa lo causa. Quello che è fondamentale notare prima del prossimo passo, è che con un pochino di matematica elementare è possibile dimostrare che il redshift espresso come rapporto tra la lunghezza d'onda della luce emessa dall'oggetto in movimento e la lunghezza d'onda dello stesso oggetto da fermo è anche proporzionale al rapporto tra la velocità relativa tra i due oggetti, osservatore-osservato e la velocità della luce. Quindi, noto il redshift, e disponendo della notissima velocità della luce è possibile calcolare facilmente la velocità relativa dei due oggetti[I].

Siamo, dunque, pronti ad affrontare le scoperte di Hubble, la base delle teorie cosmologiche moderne.

Una sola nota che, pure se complica un pochino le cose, non posso trascurare. Si tratta di una diversa interpretazione delle cause del redshift associato all'osservazione degli spettri di oggetti cosmici in movimento. Compio il mio dovere di *cronista* riportando qualche citazione.

Riferendosi all'idea dell'universo in espansione, che discuteremo in dettaglio tra poco, Martin Rees, nei *Sei Numeri dell'Universo* (Op. Cit.) scrive:

Quest'espansione può essere concepita localmente come un effetto Doppler, su grandi scale, quando la recessione visibile avviene a una discreta frazione della velocità della luce, è meglio attribuire lo spostamento verso il rosso (redshift in inglese) a una distensione dello spazio mentre la luce viaggia attraverso di esso.

Anche Gribbin si riferisce all'universo in espansione, quando in *The Stuff of the Universe* (Op. Cit.) scrive:

Esiste un'altro modo di intendere la legge di Hubble. L'Universo (o meglio lo spazio tra le galassie) è in espansione,

---

[I] La spiegazione ce la fornisce ancora Weinberg in una nota matematica che dimostra come λ'/λ è uguale a $1 + V/c$, in cui V è la velocità di recessione e c è la velocità della luce. Ne segue facilmente che la velocità di recessione V è data da $c(\lambda'/\lambda - 1)$.

e si può immaginare che lo faccia trascinando con se le galassie. Quando la luce viaggia attraverso lo spazio che si espande, è dilatata verso lunghezze d'onda più lunghe, e le lunghezze d'onda più lunghe si trovano verso la parte rossa dello spettro. In un Universo che si espande in modo uniforme, l'effetto sarà più grande per le galassie più lontane, e il redshift sarà, in particolare, proporzionale alla distanza.

Per chi fosse interessato, cito in Appendice III, *Note sulla Cosmologia,* un ragionamento di Weinberg che illustra questo concetto.

E... finalmente Hubble

Tra il 1923 e il 1929 Edwin Hubble, un astronomo americano, riuscì a misurare il redshift di 18 galassie, e contemporaneamente, a stimarne la distanza da noi.
La distanza delle galassie osservate era compresa tra 0 e 6 milioni di anni luce[l]. Nel 1933, lo stesso Hubble e altri astronomi avevano ottenuto misure del redshift e *stimato* i valori delle distanze per galassie assai più lontane: tra i 30 ei 120 milioni di anni luce. Nel 1936 un altro dato importante, l'ultimo prodotto da Hubble, contribuì a correlare distanza e velocità (redshift, oramai siamo esperti) per una galassia distante (stima di allora) 260 milioni di anni luce. Dopo la guerra, scrive Weinberg, *il lavoro fu ripreso da altri astronomi (in particolare da Allan Sandage, dagli osservatori di Palomar e di Monte Wilson) e continua tuttora.*
La cosa straordinaria è che Hubble *inventò* la sua legge già quando aveva a disposizione solamente i primi 18 valori della

---

[l]Ricavo i dati da grafici riportati a pagina 79 e 81 di *In search of the Big Bang* di Gribbin. Le distanze, in questi grafici sono riportate in Mpc (milioni di Parsec). Non entro nel merito della definizione di Parsec, e nella spiegazione di valori delle distanze ottenute mediante la misura del parallasse. Basta sapere che un Parsec corrisponde a circa 3 anni luce.

relazione distanza–velocità, ipotizzando una relazione lineare basata su numeri che proprio tutto fanno, tranne che trovarsi su una retta. Cito ancora Weinberg:

[...] (Hubble) concluse che esisteva una «relazione pressoché lineare» una proporzionalità semplice fra velocità e distanze. In realtà, dopo un'occhiata ai dati di Hubble, mi chiesi perplesso come avesse potuto raggiungere una simile conclusione: le velocità galattiche sembrano prive di qualsiasi rapporto con le distanze, se si prescinde dalla tendenza a un lieve aumento della velocità con la distanza. In verità non dovremmo attenderci alcuna precisa relazione di proporzionalità per queste galassie: sono tutte troppo vicine, nessuna di esse trovandosi oltre l'ammasso della Vergine. É difficile evitare di dedurre che [...] Hubble conoscesse già la risposta che si proponeva di ottenere.

Questo passo di Weinberg testimonia, ancora una volta, che la linea di demarcazione tra *invenzione* e *scoperta*, come in questo caso, è assai sottile; l'intuizione di Hubble è divenuta, non senza controversie e problemi, una delle più importanti basi per lo sviluppo della cosmologia moderna. Il passaggio dall'invenzione alla scoperta è stato segnato dall'accumulo di dati sempre più precisi ottenuti con misure di distanze sempre più grandi; è stato alimentato dal desiderio profondo che l'idea potesse funzionare. Come ho sottolineato le distanze delle galassie erano e sono *stimate*. La *stima* delle distanze è un argomento non complesso, ma assai intricato che richiederebbe un eccesso di spazio che non posso consentirmi, e che, del resto, non è critico per lo sviluppo successivo del racconto.

Per chi fosse interessato suggerisco la lettura del libro di Gribbin *The Birth of Time*.

Gribbin non è il solo a descrivere le marce in avanti e indietro che sono state effettuate da astronomi e cosmologi per arrivare a un valore univoco della costante di Hubble che fosse coerente con altri fatti e altri dati che derivavano dallo studio dell'universo, e soprattutto con l'età dell'universo ottenuta usando altri metodi. Poiché pochi dubbi esistono sul calcolo delle velocità delle galassie, basato sulla valutazione del redshift; è la distanza la variabile che, date le difficoltà di misure certe, soprattutto alle grandi distanze, può essere oggetto, allo stesso tempo, di successive più precise approssimazioni, in cui non manca il sentito bisogno di far quadrare l'equazione complessiva. Basta dire che i primi valori della costante di Hubble si aggiravano intorno a 170Km/sec/milione di anni luce, e quelli più recenti sono fissati intorno a un incerto valore di 15 Km/sec/milione di anni luce. Ma, procediamo con ordine.

Per chiarire il significato della scoperta di Hubble, voglio affrontare la cosa con degli esempi numerici elementari, in cui, usando distanze e velocità *umane*, mi sposto lentamente verso la comprensione di fenomeni che sono facili da capire per se stessi, ma resi complessi dai numeri *disumani* con cui, nella realtà del mistero del cosmo, devono essere espressi.

Prendiamo un osservatore sulla terra che si metta a seguire due automobili, A e B che corrono, l'una dietro l'altra, su un rettilineo che gli sta di fronte. Al momento in cui l'osservazione inizia, A si trova a 10 Km di distanza e B a 20. L'osservatore dispone di mezzi per misurare sia la distanza delle automobili in moto sia la loro velocità. Diciamo che per la misura della velocità impiega l'effetto Doppler (redshift) e che per misurare la distanza usa un metodo semplice qualsiasi. L'automobile A si muove a 100Km/ora rispetto al nostro osservatore. Quella B, si muove a 100Km/ora rispetto ad A. Non ci vuole Einstein, in questo caso, per calcolare che B si muove a 200Km/ora rispetto all'osservatore.
Se l'osservatore si chiama Hubble, sicuramente non si accontenta di solo due dati, e va a vedere che succede a una terza automobile che si trova a 30 Km di distanza. Trova

ancora una volta che quest'ultima si muove a 300Km/ora rispetto a se stesso e quindi a 100/Km/ora rispetto a B.

Ecco che il nostro Hubble tira fuori una legge generale: ogni automobile si muove alla stessa velocità relativa rispetto all'altra. Non solo: la velocità di ogni automobile rispetto a se stesso, a lui, osservatore principale, è proporzionale alla distanza. Ecco la legge di Hubble:

$$v = HD$$

cioè la velocità di ogni auto rispetto a Hubble è uguale a una costante, la costante H di Hubble, per l'appunto, moltiplicata per la distanza.

Quanto vale la costante nel nostro caso?

$$H = v/D$$

Ovvero, usando i miei ridicoli numeri è uguale a 100/10, oppure a 200/20, o infine 300/30, ovvero 10Km/ora/Km, relazione perfettamente lineare, come quella di Hubble.

In sintesi per ogni chilometro di aumento della distanza della galassia-automobile osservata, la velocità aumenta di 10Km/ora.

La costante H viene espressa in varie unità di misura. La più comune, che io userò nei conti che ho fatto nell'Appendice III, è Km/sec/milione di anni luce[1].

Muniti delle certezze che ci vengono da questa piccola incursione nella matematica di un extraterrestre dodicenne, possiamo passare al calcolo dell'età dell'universo.

---

[1] Supponiamo che H sia uguale a 15Km/sec/milione di anni luce. Una galassia distante 1 milione di anni luce avrà una velocità relativa di 15 Km/sec. 150 km/sec sarà la velocità di una galassia distante 10 milioni di anni luce. Andando avanti alla stessa maniera è facile calcolare che per una galassia lontana 20 miliardi di anni luce, la velocità relativa sarà data da 15 x 20.000Km/sec, ovvero 300.000 Km/sec, che non è altro che la velocità della luce.

L'età dell'universo

La velocità di separazione tra due galassie tipiche è proporzionale alla loro distanza.

La costante di Hubble H esprime il rapporto tra la velocità di separazione (km/sec) e la distanza (anni luce). E chiaro che se si accetta in modo inequivocabile che il rapporto velocità relativa/distanza è costante, la scoperta di Hubble può essere usata in due modi: 1) nota la velocità relativa (proporzionale al rapporto tra redshift) si può determinare la distanza, e 2) nota la distanza si può determinare la velocità relativa.

Prendendo due galassie tipiche e assumendo che subito dopo il Big Bang (sei o settecentomila anni dopo, quando le galassie cominciano a formarsi) le galassie fossero tutte unite, se è nota la costante di Hubble si può calcolare l'età dell'universo. Come e perché? Continuando a usare numeri assurdi, ma *umani* prendiamo due galassie tipiche: la nostra da cui facciamo le nostre osservazioni, e un'altra distante 100Km. Ripetiamo che Hubble ci dice che per ogni coppia di galassie, il rapporto tra velocità relativa V e distanza S è uguale a una costante indicata con la lettera H.

$$V/S = H(Km/sec/Km)$$

Supponiamo che V sia uguale a 10 Km/sec e S sia uguale, appunto, a 100 Km. La costante di Hubble sarebbe data da 10/100 = 0,1. Le due galassie che erano insieme, ora si trovano a 100 Km di distanza. Quanto tempo ci hanno messo (età dell'universo) a separarsi? Beh, in questo calcoletto elementare è ovvio che se si sono separate a una velocità di 10Km/sec e si trovano a 100 Km di distanza, ci hanno messo esattamente 10 secondi a separarsi. Quindi l'universo ha 10 secondi di vita, cioè 1/H, l'inverso della costante di Hubble.

In realtà, come ho già detto la costante di Hubble si esprime in chilometri il secondo per milione di anni luce (Km/sec/milione di anni luce).

Questo cela un piccolo problema di algebra elementare che viene sempre scansato nei libri. Per fare i calcoli e ottenere un'età dell'universo in anni, occorre rendere congruenti le unità di misura, cioè esprimere i milioni di anni luce in chilometri, ottenere il tempo in secondi e poi trasformare i secondi in anni e infine in miliardi di anni.

Per chiarire tutto ciò e per chi n'avesse voglia prego di consultare ancora l'Appendice III, in cui sotto la voce *Hubble e l'età dell'Universo: Un po' di matematica,* non solo ragiono con numeri veri, ma metto in evidenza le incongruenze e le incertezze che esistono sul valore reale della costante di Hubble e sull'età dell'universo.

Una nota importante è necessaria subito. Continuiamo il nostro ragionamento semplice e prendiamo due galassie che si trovino invece OGGI a 200 Km di distanza. Perché dal calcolo risulti la stessa età dell'universo occorre che la velocità relativa sia doppia rispetto al caso precedente: 20 Km/sec.

Questo è logico, ma perché, mi domando, due coppie di galassie tipiche si sarebbero distanziate solo di 100 Km, e altre due di 200? Oppure, con numeri realistici, perché una coppia sarebbe distante OGGI, diciamo 1 milione di anni luce, e un'altra 1 miliardo di anni luce? Tornando all'immagine del palloncino la cosa si chiarisce? Ricordiamo: due galassie lontane due centimetri si trovano, dopo un poco a quattro centimetri di distanza; e due che erano a quattro centimetri ora saranno separate da una distanza pari a otto centimetri. E, andando avanti, due galassie lontane due chilometri si troveranno a quattro, e le loro compagne che erano a quattro chilometri di distanza si troveranno a otto. E ancora, una coppia distante 200 milioni di anni luce si troverà a

480

quattrocento, mentre l'altra coppia che era a quattrocento si troverà a ottocento.

Se tutte le galassie si fossero trovate insieme, a un immaginario centimetro di distanza una dall'altra da un punto centrale, quando hanno cominciato a distanziarsi, avrebbero continuato a trovarsi insieme, anche se separate dalle maggiori distanze richieste dal palloncino dello spazio in espansione.

Dunque, sembra logico concludere che in coerenza con la realtà fisica, le galassie debbano essersi *formate* in tempi e a distanze diverse tra loro e aver continuato a distanziarsi in modo proporzionale alla distanza iniziale. Solo così è possibile vedere OGGI, galassie separate da distanze tanto diverse tra loro e solo così si può dare un senso a Hubble le sue leggi e le conseguenze che se ne derivano.

Questa conclusione, a cui sono arrivato con estrema fatica dovrà confrontarsi con il resto del ragionamento che farò alla fine.

Universo liscio: il (mio) problema dell'orizzonte

Ora che ne sappiamo di più, riprendiamo il discorso abbandonato qualche pagina fa.

Nella sezione *Il problema dell'orizzonte: l'universo è liscio* ho illustrato la natura del problema e ho scritto:

Ho riflettuto per anni su questo passo, (mi riferivo a un pezzo di Hawking) e su simili ragionamenti fatti da altri autori; ragionamenti guarniti della stessa profonda, ermetica incomprensibilità di quello di Hawking. Insomma, mi domando, se tutto ha avuto inizio insieme, incluso il tempo e lo spazio, perché non è possibile che tutte le regioni dello spazio si trovassero allora, e mantenessero, nei secoli dei secoli, una temperatura uguale? e perché se l'espansione è avvenuta a velocità inferiori a quella della luce, (lo richiede, benedetto

Iddio la teoria della relatività) le stesse regioni in allontanamento l'una dall'altra non hanno potuto continuare a scambiarsi segnali?
Credo di essere riuscito a trovare (non a scoprire) una spiegazione sulla quale, però tornerò più avanti. Come al solito, si tratta di un semplice problema di ... matematica.

Ed è proprio di questo che si tratta: un semplice problema di matematica, applicata a un ragionamento fisico tutt'altro che astruso.

M'interessa arrivare alla soluzione attraverso una serie di tentativi successivi, usando citazioni, lunghe e apparentemente complesse, intramezzate da mie osservazioni, per finire con un paio di spiegazioni, una di Gribbin e una di Weinberg. In quest'ultima, la matematica fa la sua risolutiva apparizione.
Comincio con Green in *L'Universo elegante* (Op. Cit.) che dopo aver introdotto il problema lo spiega con queste parole:

Per analizzare più in dettaglio questo punto, immaginiamo di studiare un film dell'espansione cosmica, ma un film che scorra a ritroso nel tempo, da oggi fino all'istante del Big Bang. Dato che nessun segnale o informazione può propagarsi a una velocità superiore a quella della luce, (le) due regioni sono in grado di scambiare calore una con l'altra (e hanno comunque la possibilità di raggiungere la stessa temperatura) solo se la loro distanza a un dato istante è minore della distanza che la luce può aver percorso dal Big Bang fino allora.

Fin qui, no problem! Continua Green:

scatta così una specie di gara: le due regioni si avvicinano sempre di più ma le lancette dell'orologio cosmico si spostano sempre più indietro.

482

Anche questo è chiaro: stiamo andando all'indietro, quindi le regioni si avvicinano, e l'orologio va al contrario. Procediamo:

Chi avrà le meglio? Ad esempio, se per aver una distanza di 300.000 chilometri, il nostro orologio deve riavvolgersi fino a **meno** *di un secondo ATB[I], le due regioni non possono interagire, dato che la luce impiegherebbe un intero secondo per viaggiare dall'una all'altra .*

Giusto. Le due regioni hanno raggiunto una distanza di 300.000 chilometri in **meno** di un secondo. La luce viaggia, appunto a 300.000 chilometri il secondo, quindi le due regioni non hanno potuto interagire.

La questione è che nel testo, l'autore dà come scontato un fatto importantissimo: cioè, che l'universo, dall'inizio, si è espanso fino a trecentomila chilometri, in **meno** di un secondo. Ma non abbiamo sempre pensato, creduto e affermato che nulla può superare i 300.000 Km/sec della velocità della luce? La nota (2) dopo la parola l'*altra* è di Green[II].

Green continua, precisando il suo ragionamento:

Se per diminuire ancora di più la loro distanza, riducendola, poniamo, ad appena 300 chilometri, dovessimo spingerci a meno di un millesimo di secondo ATB, ecco che di nuovo non concluderemmo un bel nulla: la luce in meno di un millesimo di secondo percorre meno di 300 chilometri. E si potrebbe andare avanti: se le due regioni fossero separate solo di una

---

[I] ATB= After Big Bang. Mio è il grassetto della parola *meno*.

[II] Nella nota Green spiega che nonostante la relatività ristretta non è impossibile che due fotoni *trascinati dalla spazio in espansione si allontanino uno dall'altro a velocità superiori a quella della luce*. Quindi non è del tutto vero che Green dia questa contraddizione come scontata. La spiegazione, in una nota affrettata, tuttavia, è tutt'altro che soddisfacente.

trentina di centimetri[i] l'una dall'altra quando il nostro film si è riavvolto a meno di un milionesimo di secondo ATB, ogni reciproca influenza risulterebbe ancora impossibile, perché alla luce manca il tempo, dopo il Big Bang, di coprire questo breve intervallo. Come si vede, anche se due punti dell'universo, andando a ritroso nel tempo, si avvicinano sempre di più, ciò non significa per nulla che possano avere avuto scambi termici, al contrario della minestra e dell'aria circostante.

Ripeto ancora: il ragionamento funziona. Mancano solo un paio di dettagli: le ragioni per cui l'universo si espande con questo ritmo e, quindi, perché si glissa sul fatto che se è vero che i segnali non possono andare più veloci della luce, è invece vero che l'espansione generata dal Big Bang, quella si, può portare due regioni adiacenti a separarsi a un ritmo che supera la velocità della luce.
Green conclude:

I fisici hanno calcolato che, nel modello cosmologico standard, si presenta esattamente il problema illustrato da questi due esempi: regioni del cosmo che sono ora separate da distanze enormi non hanno mai avuto il tempo di scambiare calore una con l'altra, e così non c'è modo di spiegare per quale motivo si trovano alla stessa temperatura. Quest'inspiegabile uniformità della temperatura nel cosmo si chiama appunto problema dell'orizzonte (il termine orizzonte allude a quanto lontano può viaggiare la luce, per così dire).

Ecco che appare il termine *orizzonte* e la spiegazione *per così dire* di Green. Noi non ci accontentiamo.

---

[i] Spero che non sfugga la relazione tra velocità e distanze, e il piccolo errore di conto di Green: la luce percorre 300.000 chilometri in un secondo. In un millesimo di secondo farà 300 chilometri, (e questo va bene) e in un milionesimo ne percorrerà 0,3, 300 metri (e non 30 centimetri come scrive l'autore).

Ma, ancora, una volta, pazienza.

John Gribbin insieme a Rees in *The Stuff of the Universe*, dopo aver effettuato dei conti, non complessi dal punto di vista della matematica, che però risultano ugualmente difficili da seguire, scrive:

Questo semplice calcolo mette in luce un puzzle cosmico fondamentale: Come è possibile che l'universo fosse tanto liscio tanto tempo fa? Quando l'universo presentava un quarto delle sue dimensioni attuali, aveva solo un ottavo della sua età di oggi. Quindi deve esserci stato, in proporzione, meno tempo disponibile per ogni tipo di influenza, che mai può viaggiare più veloce della luce, per propagarsi attraverso l'universo.

Ripeto, il calcolo è reso oscuro da innumerevoli passaggi matematici sottintesi, ma le conclusioni ci fanno fare un passo avanti. (Alla pagina successiva, tuttavia, Gribbin riporta una figura e una didascalia che hanno contribuito a sprofondarmi in lunghi periodi di frustrata confusione).

Assumiamo che l'età dell'universo sia di 15 miliardi di anni, e che le sue dimensioni, oggi, siano di 15 miliardi di anni luce[I]. Quando l'universo aveva un quarto di dette dimensioni, 3.75 miliardi di anni luce, la sua età era solo un ottavo di quella di oggi, ovvero 1.875 miliardi di anni. Messa così, sembra evidente che all'epoca era troppo grande perché la luce potesse aver messo agevolmente in comunicazione regioni

---

[I] Sempre in *The Stuff of the Universe* Gribbin e Rees scrivono: *Perché noi si possa riflettere e ragionare su tutto ciò, l'universo* deve *essere circa vecchio di 15 miliardi di anni, e pertanto deve avere una dimensione di 15 miliardi di anni luce.*

Problematico: se è vero che - se l'universo è vecchio di 15 miliardi di anni luce - noi, oggi, possiamo vedere eventi in luoghi da cui la luce è partita 15 miliardi di anni fa, ne consegue anche che età e dimensioni debbano coincidere? Questo non significa implicare che l'universo si è espanso alla velocità della luce, cosa che non è vera? Un universo grande 7,5 miliardi di anni luce non potrebbe averci messo 15 milioni di anni a raggiungere queste dimensioni? Questo è un altro dei miei busillis che spero di risolvere insieme alla domanda chiave: dove siamo noi.

diverse. Ma, 1) perché è così, e 2) perché se l'universo ha oggi 15 miliardi di anni le sue dimensioni - quelle della geodetica del palloncino, oppure quelle del diametro della sfera che non esiste - corrispondono a 15 miliardi di anni luce? Ci avvicineremo lentamente alla soluzione del primo quesito. Il secondo lo lascio per più tardi.

Adesso, prendo Gribbin, da solo, in *In the Beginning*. Gribbin prima stabilisce *che il tempo al quale l'universo aveva dimensioni pari a 1 millimetro corrispone a un istante pari a 10^{-35} secondi dopo il momento della creazione.*

Accettare quest'affermazione, presentata senza spiegazioni, come un dato di fatto, significa compiere lo stesso atto di fede di qualche rigo fa. L'autore potrebbe almeno dirci che, come mi sembra di capire più tardi, ciò discende da calcoli precisi, che come vedremo non sono nemmeno troppo astrusi.

Tuttavia l'analisi successiva di Gribbin, oltre a darci un'opportunità di usare le cognizioni e la ginnastica mentale appresa quando abbiamo studiato il tempo di Plank, spiega chiaramente com'è che fin dai primi istanti dalla nascita dell'universo, i segnali non ce la fanno a viaggiare tra regioni diverse dell'universo.

Ricordiamo che la luce viaggia a una velocità di 3×10^{10} centimetri al secondo – niente può viaggiare più veloce, quindi, questa è la velocità massima alla quale ogni messaggio può viaggiare attraverso lo spazio. Quando l'universo era appena vecchio di 10^{-35} secondi, allora, nessun segnale – nessun tipo di informazione – avrebbe potuto percorrere una distanza superiore a 10^{-25} cm. (Questo è approssimativo, possiamo ignorare il (3) nella velocità della luce).

Caspita! L'universo è già bello grande, un millimetro. Se accettiamo questa fondamentale premessa, e moltiplichiamo la velocità della luce (10^{10}) per l'età dell'universo (10^{-35} secondi), otteniamo lo spazio che un segnale luminoso, o qualsiasi altro segnale ha potuto percorrere (10^{-25} cm), e verifichiamo che è immensamente inferiore alle dimensioni, appunto un millimetro, dell'universo, a quel tempo.

Questo ragionamento di Gribbin non è dissimile da quello di Green, riportato sopra: Gribbin lo spinge ai primi istanti della vita dell'universo e conferma lo stesso tipo di raziocinio.

A questo punto, viene in nostro aiuto Weinberg a spiegarci meglio come stanno le cose. Cito:

Nessun segnale può viaggiare a una velocità superiore a quella della luce, per cui in ogni momento, è possibile per noi istituire un rapporto fisico, fosse pure solo quello dell'osservatore, unicamente con eventi che si siano verificati in una zona abbastanza vicina a noi, perché un raggio di luce abbia avuto il tempo di raggiungerci a partire dall'inizio dell'universo. Ogni evento che abbia avuto luogo oltre tale distanza non potrebbe avere alcun effetto su di noi: si trova oltre l'orizzonte.

Ecco che finalmente si chiarisce la denominazione del problema: quello dell'*orizzonte*. (Ho anche sottolineato la frase *è possibile per noi*. Nel testo in Italiano, la traduzione usata è *noi si possa*. Non funziona bene).

Andiamo avanti:

Se l'universo ha oggi 10 miliardi di anni, l'orizzonte si trova a una distanza di 30 miliardi di anni luce[l]. Quando l'universo

---

[l]Vi prego di confrontare questa affermazione di Weinberg sulla relazione età/orizzonte con quella di Gribbin e Rees nella nota riportata alla pagina precedente. Per questi ultimi un universo vecchio di 15 miliardi di anni *must be 15 billion light years across* (io ho tradotto: deve avere una dimensione di 15 miliardi di anni luce); per Weinberg *se l'universo ha oggi 10 miliardi di anni, l'orizzonte si trova a una distanza di 30 miliardi di anni luce*. E, se l'orizzonte di Weinberg si trova a 30 miliardi di anni luce, e per tutti ragionamenti fatti sin'ora, l'orizzonte è il limite dal quale possono pervenirci segnali luminosi, allora, quant'è grande l'universo? Le contraddizioni e le incertezze si accumulano. Riuscirò a sciogliere tutti questi nodi alla fina del capitolo?

aveva invece un'età di soli pochi minuti, l'orizzonte si trovava a una distanza di pochi minuti luce: meno dell'attuale distanza fra la Terra e il Sole. É vero anche che l'intero universo era allora più piccolo, nel senso che il distacco fra due corpi scelti a piacere era allora minore di quanto sia oggi. Se però volgiamo lo sguardo indietro verso il principio dell'universo, vediamo che la distanza rispetto all'orizzonte diminuisce più rapidamente delle dimensioni dell'universo. Le dimensioni dell'universo sono proporzionali alla potenza di un mezzo o due terzi del tempo, mentre la distanza dall'orizzonte è in proporzione semplice col tempo, in modo tale che, per i tempi sempre più vicini al principio, l'orizzonte cinge una parte sempre più piccola dell'universo.

Non riporto, nemmeno in Appendice III, la nota matematica di Weinberg. Si tratta di matematica universitaria, non troppo complessa, ma già accessibile solo a specialisti. Entrano in giuoco la costante di Hubble, la densità dell'universo, variabile nel tempo, la costante gravitazionale di Newton e l'assunzione che l'energia totale di ogni galassia tipica, cinetica più potenziale, debba rimanere costante nel tempo. Niente relatività, né speciale, né generale. Chiunque fosse interessato non deve fare altro che comprare e leggere il libro di Weinberg. A noi preme sapere che esistono delle ragioni logiche per le conclusioni raggiunte.

Prendiamo in considerazione la seconda parte dell'affermazione finale della citazione: *le dimensioni dell'universo sono proporzionali alla potenza di un mezzo (lasciamo perdere per il momento il caso dei due terzi) del tempo, mentre la distanza dall'orizzonte è in proporzione semplice col tempo.*

Ancora più chiaramente Weinberg chiarisce la situazione nella didascalia posta sotto la figura 6 a pagina 55 del suo libro. La figura mostra universi a forma di sfera, quattro, a tempi sempre più lontani dal Big Bang. L'universo s'ingrandisce progressivamente, mentre l'orizzonte, rappresentato con piccole calotte semisferiche, rappresenta una porzione sempre più grande della superficie delle sfere, man mano che si va avanti nel tempo. (Oppure viceversa, più piccola, man mano che si va indietro nel tempo).La didascalia enuncia:

L'universo è rappresentato come una sfera, in quattro momenti separati da intervalli di tempi uguali. L'orizzonte di un punto P è la distanza oltre la quale i segnali di luce non hanno ancora avuto il tempo di raggiungere P. La parte della sfera non ombreggiata. La distanza P dall'orizzonte cresce in proporzione diretta al tempo. Il raggio dell'universo cresce, invece, come la radice quadrata del tempo [...] Di conseguenza, man mano che procediamo a ritroso nel tempo avvicinandoci sempre di più agli inizi dell'universo, l'orizzonte cinge una porzione dell'universo sempre più piccola.

Ricordo che dire che le dimensioni dell'universo sono proporzionali alla potenza di un mezzo equivale a dire che il *raggio* dell'universo cresce come la radice quadrata del tempo[*]. Ho fatto qyalche controllo con numeri semplici e con qualche grafico ricavato con *Excel*, un programma a disposizione di tutti gli utilizzatori di computer. I conti tornano. Più ci si avvicina all'origine, più è piccolo il rapporto tra la distanza dell'orizzonte dal punto di riferimento (osservatore) e le dimensioni, il *raggio* dell'universo.
In altri termini, con l'andar del tempo la velocità di espansione è diminuita. Era più rapida all'inizio, quando l'orizzonte arrivava addirittura solo a 10^{-25} cm, contro il millimetro raggiunto dall'universo; poi, per effetto della gravità si è progressivamente ridotta, e il numero di segnali che 2 differenti regioni hanno potuto scambiarsi è aumentato: la distanza dall'orizzonte cresce man mano che l'universo si espande.

---

[*] $n^{1/2} = \sqrt{n}$

Faccio notare che fino a questo momento non ho spiegato come i cosmologi risolvano il problema dell'*orizzonte,* (o dell'incomunicabilità tra regioni adiacenti nell'universo in espansione). Per questo dobbiamo attendere il prossimo sottocapitolo e la teoria dell'*inflazione.* Però, seguendo i miei propositi, ho cercato, finalmente dopo anni, di mettere insieme le informazioni che illustrano il *perché del problema.*

Ne esco abbastanza soddisfatto, ma non ignaro del fatto, che sembra che io continui a lasciarmi dietro interrogativi e dubbi. Sembrerebbe che l'universo si sia espanso, inizialmente, a velocità superiori a quelle della luce; non sembrano esistere correlazioni univoche tra età e dimensioni dell'universo; pare (Vedere anche appendice III) che le galassie più lontane si stiano movendo alla velocità (relativa) della luce. Sono io che non funziono? Oppure i divulgatori scienziati? Oppure il modello dell'universo?

Se accetto, come è doveroso fare, che *nulla può viaggiare più veloce della luce*, devo anche superare i dubbi che mi fanno preoccupare del fatto che sembra che l'universo si sia espanso, inizialmente, a velocità superiori.
(Però, com'è che lo stesso Gribbin - vedere *Il tempo di Plank* - calcola una lunghezza di Plank (diametro dell'universo) uguale al tempo di Plank (10^{-45}) moltiplicato per la velocità approssimata della luce (10^{10}), pari a 10^{-35} centimetri e sostiene che è così perché nulla può andare più forte della luce e poi postula che l'universo abbia le dimensioni di un millimetro al tempo 10^{-35} secondi dal Big Bang? Usando lo stesso criterio l'universo dovrebbe avere un diametro di 10^{-35} x 10^{10} = 10^{-25} centimetri, e non si presenterebbe affatto il problema dell'orizzonte).

Il fatto è questo. Applicando i principi del Modello Standard Cosmologico, i calcoli di Weinberg, si arriva alla contraddittoria conclusione che l'universo si è espanso all'inizio, prima che la gravità intervenisse a rallentarne l'espansione, a una velocità superiore a quella della luce. Più si va indietro nel tempo e più diminuisce il rapporto tra l'orizzonte e le dimensioni dell'universo. Ci si ritrova con un universo che, dopo 10^{-35} secondi dal Big Bang, si presenta con un millimetro di diametro e un orizzonte di 10^{-25} centimetri. L'incomunicabilità tra regioni diverse è tanto maggiore, tanto più si va indietro nel tempo. Ma questo è ben strano! Fino a questo punto siamo convinti che nulla può viaggiare più veloce della luce.

La vera tragedia è che in tutti i conti, nei molteplici esempi forniti per spiegare il problema dell'orizzonte, nessuno - ripeto - nessuno dei divulgatori evidenzia, sottolinea che questa contraddizione è il semplice risultato della matematica del modello standard cosmologico e una conseguenza dell'inflazione. Il mal di testa aumenta proprio quando, andando avanti, nell'ignoranza di questa semplice considerazione, ci si accorge che la teoria dell'inflazione fa proprio questo: consente un'espansione iperbolica che, miracolo, miracolo, permette, da una parte come vedremo subito, che le regioni iniziali siano abbastanza vicine da poter comunicare, e dall'altra che ci s'incontri prestissimo con un universo assai più grande di quello che ci aspetteremmo se credessimo al dogma che nulla viaggia più veloce della luce.

Per quanto riguarda la velocità di espansione delle galassie più lontane, non è impossibile che possano muoversi a velocità relative vicine a quella della luce. Quello che non possono fare è andare oltre. La teoria della relatività speciale evita che si sommino le velocità relative in modo classico. (Vedere anche Appendice II).

Ultima nota. Weinberg scrive che a un'età dell'universo di dieci miliardi di anni corrisponde un orizzonte di trenta miliardi di anni luce. Bene. Weinberg sbaglia, si confonde? Nel glossario scrive:

Orizzonte. In cosmologia, è la distanza dalla quale nessun segnale può avere il tempo di giungere sino a noi. Se l'universo ha un'età definita, la distanza dell'orizzonte è dell'ordine del prodotto dell'età moltiplicata per la velocità della luce.

Se si moltiplica l'età di dieci miliardi di anni per la velocità della luce si ottiene, esattamente **10 miliardi anni luce** come è logico aspettarsi, dato che la luce percorre in ogni anno una distanza di 1 anno luce e in dieci miliardi di anni una distanza di 10 miliardi di anni luce. Oppure la definizione di orizzonte fornita da Weinberg nel glossario non è corretta?

Inflazione

La teoria dell'*inflazione* è un tentativo recente (anni ottanta) di risolvere il doppio problema delle ragioni per le quali i cosmologi trovano che l'universo è *piatto* (né chiuso né aperto, Ω prossimo a 1) e uniforme (distribuzione della materia e soprattutto uniformità della radiazione di fondo), *liscio*. Ho illustrato la natura di questi enigmi cosmologici, intrattenendomi più a lungo sulla questione dell'orizzonte, non perché sia più strana, ma perché è meno facile da intuire. Mi sono imbattuto in qualche incertezza che, dopo molte notti insonni, credo di avere risolto, almeno in parte, attribuendone la responsabilità ai divulgatori.

Mi domando, mentre rileggo quello che ho già scritto, se la resistenza e la pazienza di cui dovrebbe essere dotato un eventuale lettore, sarebbe veramente minore di quella che è richiesta quando si leggono i testi degli specialisti cui io stesso mi riferisco. Mi pongo anche domande del tipo:…ma a chi interessa veramente capire perché l'universo è piatto e liscio? E ancora: non è possibile che il mio sforzo di capire e semplificare risponda esclusivamente a una mia personale esigenza, nasca dal mio bisogno di avere la meglio sulla *mia* ignoranza, una specie di sfida con me stesso, iniziata quando ho scritto la prima parola, quando, quasi per caso, ho intrapreso un lavoro che nessuno mi ha chiesto? La cosa curiosa è che qualunque siano le risposte ai miei interrogativi, continuo a essere incalzato dal desiderio di andare avanti, per nulla turbato dalle promesse di solitudine con cui dovrò confortarmi dopo aver scritto la parola *fine*.

L'introduzione alla teoria dell'inflazione è sempre preceduta da ragionamenti ed esempi tendenti a chiarire, come ho già tentato di fare, il problema dell'orizzonte.
Sento il bisogno di includere, a questo punto, ancora un paio di citazioni che si aggiungono a quelle della sezione precedente, nella convinzione che contribuiscano a fare ancora maggiore chiarezza sulla natura del problema; le scrivo e le analizzo, subito prima di trattare quella che viene presentata e accettata come l'unica soluzione disponibile.

Prendiamo ancora Rees in *Prima dell'Inizio*:

Questo problema di comunicazione nell'universo primordiale può forse venir chiarito da un esempio, utilizzando numeri effettivi. Immaginiamo una galassia che si trovi ora a un miliardo di anni luce da noi. Il nostro universo si sta espandendo da 10-20 miliardi di anni, cosicché ci sarebbe il tempo di scambiare fra i dieci e i venti segnali nel corso dell'attuale tempo di Hubble.

Fermiamoci a ragionare. Notiamo il condizionale *sarebbe*, perché vedremo che non è così che funziona e, per il momento, non ci occupiamo di approfondire le ragioni che implicano che tra noi e una galassia distante oggi 1 miliardo di anni luce, si siano potuti scambiare, nei 10-20 miliardi del tempo di espansione, 10 o venti segnali. Prendiamole per buone.

Quando il nostro universo era mille volte più compresso [...]
questa galassia sarebbe stata 1000 volte più vicina, a una
distanza di solo un milione di anni luce, invece che di un
miliardo. Se le galassie si stessero allontanando a una
velocità costante il nostro universo sarebbe stato 1000 volte
più giovane. Si sarebbe potuto scambiare lo stesso numero di
10-20 segnali perché, anche se ogni segnale avesse avuto
1000 volte meno strada da fare, il tempo disponibile (il tempo
di Hubble) si sarebbe accorciato dello stesso fattore. Ma la
gravità rallenta l'espansione. Quando il nostro universo era
1000 volte più compresso di ora, era in effetti più di 10.000
volte più giovane. Così, in quell'era primordiale, si sarebbe
potuto scambiare un solo segnale (e forse nemmeno quello).

Adesso ragioniamo. La galassia, oggi, è lontana da noi 1
miliardo di anni luce. La corrispondente età dell'universo (il
tempo di Hubble) è di 10-20 miliardi di anni. Una semplice
proporzione darebbe come risultato che quando la galassia
distava da noi solo 1 milione di anni luce (1 miliardo diviso per
mille) l'età dell'universo, ovvero il tempo (di Hubble) che la
galassia ha impiegato a separarsi da noi doveva essere 10-20
milioni (10-20 miliardi diviso mille) di anni. E invece no! La
proporzione non funziona. **La gravità rallenta l'espansione**.
Quindi, quando l'universo è mille volte più piccolo, esso, con le
parole di Rees, è 10.000 volte più giovane, ha solo 1-2 milioni
di anni. Quindi, data l'approssimazione dei calcoli, solo un
segnale o due, o forse nemmeno quelli.

Nell'esempio di Gribbin, riportato qualche pagina fa, ci si
riferisce a un universo 2 volte più compresso (più piccolo) e 4
volte più giovane. Il fattore è due. Se ricordiamo il discorso di
Weinberg, sempre nella sezione precedente, non è ambiguo il
fatto che un universo 1000 volte più piccolo sia 10.000 volte
più giovane. Il fattore, questa volta è 10. Ricordo anche il
ragionamento di Gribbin applicato a quando l'universo aveva

solo 10^{-35} secondi di vita. Secondo il modello standard avrebbe avuto dimensioni di un millimetro, con l'*orizzonte* a solo 10^{-25} centimetri.

Quindi tutto sembra quadrare. Tutti gli scrittori che consulto vanno all'indietro e non in avanti nel tempo, per spiegare che all'inizio le cose sono andate in modo tale che era impossibile che due regioni diverse potessero comunicare tra loro. Non fanno altro che applicare, a ritroso, le equazioni del modello standard cosmologico. Ci hanno spiegato (Weinberg) con conti precisi le ragioni di tutto questo, ma non hanno sprecato qualche parola in più per chiarire che un universo che cresce fino a un millimetro in 10^{-35} secondi è una conseguenza concreta della matematica e dei calcoli del modello e, come ho già accennato, una ripercussione fisica dell'...inflazione.

Il prossimo brano, di Green dall'*Universo elegante* (Op. Cit.) introduce così il problema dell'orizzonte e la necessità dell'*Inflazione*:

Alla base del problema dell'orizzonte sta il fatto che due regioni del cosmo oggi immensamente lontane non hanno mai potuto esercitare alcuna influenza fisica l'una sull'altra, perché anche quando si sono trovate abbastanza vicino, nessun segnale ha mai avuto il tempo di metterle in contatto reciproco. In altre parole, la difficoltà è che proiettando all'indietro il film della storia del cosmo e avvicinandosi all'istante del Big Bang, l'universo non si contrae abbastanza rapidamente.

Fermiamoci un istante per notare che Green, come hanno fatto Weinberg e lo stesso Green alle pagine precedenti, preferiscono andare all'indietro verso il Big Bang, piuttosto che in avanti, dal Big Bang in poi. Invece di scrivere che *avvicinandosi all'istante del Big Bang l'universo si espande troppo rapidamente* preferisce spiegare che avvicinandosi all'istante del Big Bang, l'universo *non si contrae abbastanza*

495

rapidamente. Perché? La risposta comincia a essere chiara. É proprio andando indietro con le equazioni del modello standard cosmologico che si passa da *venti segnali* a *meno di un segnale* e a nessuna possibilità di comunicazione.
Continua Green:

Una volta chiarita l'idea di fondo[I], cerchiamo ora di precisare meglio la questione. Proprio come succede con una palla lanciata in aria, il punto è che la forza di gravità rallenta la velocità di espansione. Ciò significa, ad esempio, che per dimezzare la distanza tra due regioni del cosmo, dobbiamo più che dimezzare il tempo trascorso dopo il Big Bang. Di conseguenza non è detto che le due regioni riescano a comunicare l'una con l'altra anche se si avvicinano sempre di più.

Non mi pare che questo enigmatico passo contribuisca immediatamente alla chiarezza.

Ed eccoci arrivati alla teoria dell'inflazione. Uso, per introdurla, la continuazione dello stesso brano di Green.

Quale fu la soluzione proposta da Guth?[II]Trovò una soluzione delle equazioni di Einstein, in base alla quale, l'universo subito dopo il Big Bang attraversò una breve fase di espansione enormemente rapida. – un periodo durante il quale le sue dimensioni si dilatano (inflate) a un ritmo esponenziale. A differenza della palla lanciata in aria che rallenta man mano che sale più in alto, l'espansione iniziale accelera sempre di più. Quando il film ci ripropone a ritroso la storia del cosmo, osserveremo dunque una contrazione che decelera molto

---

[I]Avreste afferrato *l'idea di fondo* senza l'analisi pedestre ed elementare delle pagine precedenti?

[II] Nota mia. Guth è l'inventore, all'inizio degli anni ottanta, della teoria dell'inflazione.

rapidamente. Ciò significa che per dimezzare la distanza tra due punti del cosmo (durante l'epoca di espansione esponenziale) ci potremmo fermare molto prima di metà del tempo trascorso dopo il Big Bang. In tal modo, le nostre due regioni hanno il tempo di scambiare calore e possono dunque raggiungere la stessa temperatura.

Fermiamoci un istante. L'universo, in base al modello standard cosmologico, si starebbe di già espandendo, senza l'intervento di Guth (ma solo, ricordiamo, perché l'orizzonte si espande in funzione lineare del tempo, e l'universo in funzione della potenza ½ del tempo) a velocità tali da non consentire la comunicazione tra due qualsiasi regioni, cioè a velocità superiori a quelle della luce, ora arriva Guth e fa crescere le sue dimensioni a un ritmo esponenziale. Come vedremo tra un momento la velocità di espansione dell'universo nella fase inflativa è *enormemente più alta di quella della luce.* Il nostro autore, però, non fa il minimo riferimento a questo. Un'altra cosa. Scrive che *Quando il film ci ripropone a ritroso la storia del cosmo, osserveremo dunque una contrazione che decelera molto rapidamente.*

Perché, mio Dio, non inverte i termini della frase, scrivendo che *osserveremo dunque un'espansione che accelera molto rapidamente e poi che per raddoppiare la distanza tra due regioni del cosmo dovremmo andare avanti per un tempo molto, ma molto, minore del doppio del tempo trascorso dal Big Bang.*

Proviamo a invertire, parola per parola, tutti i termini della frase di Green.

Ciò significa che per dimezzare (raddoppiare) la distanza tra due punti del cosmo (durante l'epoca di espansione esponenziale) ci potremmo fermare (dovremmo andare avanti) molto dopo (prima) di metà (del doppio) del tempo trascorso dopo il Big Bang.

Cioè per (raddoppiare) la distanza tra due punti del cosmo (durante l'epoca di espansione esponenziale) dovremmo andare avanti molto prima del doppio del tempo trascorso dopo il Big Bang. Oppure, in miglior italiano: perché due punti del cosmo raddoppino la loro distanza occorre un tempo assai più corto del doppio di quello intercorso dal Big Bang in poi. Ma, non è vero che più corto è il tempo meno strada possono fare i segnali che si muovono alla velocità della luce? Insomma, se l'espansione è accelerata il problema dell'orizzonte non aumenta invece di diminuire?

Queste sono le contraddizioni apparenti con cui mi sto cimentando. Ma ecco la soluzione. Scrive poi:

Grazie alla scoperta di Guth e a successivi miglioramenti della teoria dovuti a molti altri, il modello standard fu emendato nel modello cosmologico inflazionairio. La modifica riguarda un brevissimo intervallo di tempo – all'incirca tra i 10^{-36} e 10^{-34} secondi ATB – durante il quale l'universo subì un'espansione colossale, moltiplicando il proprio raggio di un fattore pari ad almeno 10^{30}, immensamente più grande del fattore all'incirca uguale a 100 previsto dal modello standard.
Ciò significa che in un miliardesimo di miliardesimo di miliardesimo di secondo le dimensioni dell'universo aumentarono in percentuale maggiore che durante i successivi 15 miliardi di anni. Prima di questa violenta esplosione, la materia che oggi occupa regioni del cosmo lontanissime si trovava a essere molto più vicina di quanto previsto dal modello cosmologico standard, il che rese possibile il raggiungimento di una temperatura comune.

É l'ultima frase, quella sottolineata (da me), che risulta risolutiva. Non è che le regioni distinte abbiano potuto meglio comunicare durante l'inflazione. Sarebbe vero, esattamente, il contrario. Quello che è successo è che comunicavano bene tra loro **prima** dell'evento inflativo, facendoci ritrovare all'inizio

498

del tempo calcolato con il modello cosmologico standard un universo troppo espanso perché fosse consentito alla luce di portare i suoi messaggi da regione a regione. Ci fa ritrovare, già dopo 10^{-35} secondi con il millimetro di diametro di Gribbin e con il corrispondente orizzonte di miseri 10^{-25} centimetri. Dopo l'inflazione l'universo si mette a correre a velocità giuste, riprende il suo regolare cammino, la gravità rallenta l'espansione e tutto va a posto.

Quindi sono vere due cose: l'universo **si è** espanso per un certo periodo a velocità assai superiori a quelle della luce; il modello standard funziona benissimo dalla fine dell'inflazione in poi, quando l'universo si mette a crescere in maniera normale. Se, però, lo applicassimo senza inflazione, non sapremmo spiegarci l'uniformità della radiazione di fondo e dell'universo intero.

Devo notare una cosa importante. Weinberg pubblica i suoi *Primi Tre Minuti* nel 1977. Guth non è ancora entrato in scena. Bene. Weinberg spiega che cos'è l'orizzonte e illustra la matematica che chiarisce la relazione tra orizzonte e dimensioni dell'universo. Però, vi assicuro, non si pone per nulla il problema dell'incomunicabilità tra regioni dello spazio in formazione, né si meraviglia per l'uniformità e la piattezza dell'universo. Il fatto è che Weinberg parte quando l'universo è già vecchio, qualche decimillesimo di secondo dal tempo zero, e si concentra sui primi tre minuti. Gli altri divulgatori scrivono dopo Guth. Guth ha fatto inflazionare l'universo, ha permesso la comunicazione tra regioni che poi si sono distanziate, perché erano vicine e avevano potuto comunicare *prima* dell'inflazione; ha anche fatto espandere l'universo a velocità astronomiche per arrivare a 10^{-34} secondi dal tempo zero con un universo bello grande. Lo ha fatto espandere *a velocità assai maggiori di quella della luce*. Ma, allora, quando ci spiegano che più si va indietro nel tempo più diventa difficile comunicare, quando in più punti fanno rilevare che nulla può andare più veloce della luce, quando sembra che si contraddicano continuamente, perché non dicono semplicemente:

State attenti. Quando usiamo il modello cosmologico standard troviamo che più andiamo <u>avanti</u> nel tempo più aumenta la forza di gravità e più l'espansione rallenta. Ci sono voluti, però, miliardi di anni perché abbia rallentato di tanto da permettere lo scambio di qualche segnale tra galassie lontanissime. Se ci muoviamo al contrario, <u>indietro</u> verso l'inizio, non solo troviamo, con le nostre equazioni, che l'universo si espande tanto più rapidamente tanto più ci avviciniamo all'inizio; c'è di più. Ci troviamo con un universo talmente grande che, per un certo periodo di tempo, deve essersi espanso, porca vacca - viva i quanti e abbasso Einstein - a velocità superiori a quelle della luce.

A proposito. Abbiamo scovato un altro problema. Se si è espanso tanto rapidamente la luce non ce l'ha fatta nemmeno a percorrere le distanze piccolissime che metterebbero in comunicazione una regione con l'altra. Quindi ci domandiamo con ansia com'è che invece l'universo è così uniforme? Ah! ecco. C'è stata l'inflazione. É l'inflazione che ha fatto ingrandire tanto rapidamente l'universo! Però, fortunatamente, questo significa anche, che prima che cominciasse, tutte le regioni erano vicine e potevano comunicare. Ecco tutto.

Dimenticavo di notare che in qualche modo l'inflazione risolve anche il problema della piattezza dell'universo. Su questo piuttosto che usare le contorte spiegazioni che trovo in letteratura, pigramente, mi astengo.

Inflazione: perché e qualche numero

Rimane il mistero di come nella storia dell'universo si sia potuto verificare un evento che contraddice uno dei fondamentali capisaldi della fisica: la relatività speciale di Einstein e il conseguente limite che impone che nulla possa verificarsi a velocità superiori a quella della luce. A questo punto entra in giuoco la meccanica quantistica insieme all'abilità dei fisici di risolvere i loro problemi, riuscendo, come aveva fatto Copernico a *sistemare parecchi epicicli*. Cito un solo brano che può dare un'idea del tipo di ragionamenti in questione, senza avere la pretesa di sforzarmi di renderli intelligibili. Tra l'altro, contrariamente ai miei propositi, non entrerò ulteriormente, se non in maniera marginale, nella questione quanti –cosmologia.

Riprendo Martin Rees che in *Prima dell'Inizio,* riferendosi all'inflazione, scrive:

Ma i fisici teorici presentano ragioni serie (per quanto, è ovvio, ancora provvisorie) perché, con le colossali densità che precedettero quel momento, durante i primi 10^{-36} secondi, potesse entrare in gioco un nuovo tipo di repulsione cosmica che avrebbe potuto sopraffare la gravità ordinaria. In quei tempi precocissimi l'espansione sarebbe andata accelerando esponenzialmente, di modo che si sarebbe potuto gonfiare un universo–embrione, omogeneizzato e dotato di quell'equilibrio finemente sintonizzato fra energia cinetica e gravità[I].

E, un paio di pagine più avanti,

Può sembrare controintuitivo che un universo intero che si estende per almeno dieci miliardi di anni luce (e probabilmente assai più lontano, oltre il nostro orizzonte) possa essere emerso da un puntolino infinitesimale. Ciò che rende possibile questo è che, per quanta inflazione possa verificarsi, l'energia

---

Poiché non ho intenzione di ritornare sull'argomento, permettetemi di usare queste parole per indicare che l'inflazione, oltre a dar conto del problema dell'*orizzonte* che tanto mi ha tribolato, risolve anche il problema dell'universo piatto.
[I]

totale netta è nulla. É come se l'universo stesse scavandosi da solo un pozzo gravitazionale così profondo che ogni cosa che si trova in esso ha un'energia gravitazionale negativa esattamente uguale all'energia della sua massa a riposo mc^2. Rendersi conto di questo rende più facile inghiottire il concetto che il nostro universo sarebbe emerso praticamente dal nulla.

Non vado oltre. Mi limito a far rilevar che la creazione dal nulla non è esclusa dai principi della cosmologia quantistica.
Rees dedica un paio di pagine allo *Status dell'Inflazione*. Scrive tra l'altro:

Ma alcuni di loro [fisici] ne sono meno ammaliati, in particolare quelli che preferiscono un approccio più geometrico. Il più famoso di questi è Roger Pennrose: per lui l'inflazione è una moda che i fisici hanno imposto alla cosmologia e ricorda che ogni scarafone è bello a mamma sua. Nonostante tali voci discordanti, e alcune idee innovative che si sono sviluppate lungo linee alternative, la maggior parte delle teorizzazioni sull'universo ultraprimordiale incorpora il concetto di inflazione.

Gribbin in *In Search of the Big Bang* spiega che alcune delle predizioni del modello originale di Guth sono sbagliate. *Il modello è inesatto. Ma l'espansione esponenziale che era la caratteristica chiave del primo modello inflativo appariva talmente affascinante, e risolveva tanti di quei problemi, che molti cosmologi volevano che fosse vera, nonostante i suoi limiti.*
Insomma, giusta o meno, la teoria e il modello che ne deriva sono tutt'oggi alla base della cosmologia moderna. Tra l'altro è proprio al periodo della nascita dell'universo a cui la teoria si applica, che i fisici quantistici si riferiscono, alla ricerca dell'unificazione delle quattro forze.
Prima di chiudere questo faticoso discorso voglio chiarire meglio come funziona la semplice aritmetica che presiede alle

strabilianti trasformazioni dell'universo durante la successione di eventi, giusta o sbagliata che sia, inventata da Alan Guth.

Green, nella citazione riportata nel sottocapitolo precedente scrive che l'inflazione ha avuto luogo all'incirca tra i 10^{-36} e 10^{-34} secondi ATB e *che in questo intervallo di tempo l'universo subì un'espansione colossale, moltiplicando il proprio raggio di un fattore pari ad almeno 10^{30}, immensamente più grande del fattore all'incirca uguale a 100 previsto dal modello standard.*

Non tutti divulgatori, come vedremo sono d'accordo sui tempi; poco importa. Prendiamo, come base i numeri di Green. Dobbiamo renderci conto che l'intervallo di tempo tra 10^{-36} e 10^{-34} secondi contiene 100 volte un tempo di 10^{-36} così come, per esempio, l'intervallo tra 10^{-3} (0,001) e 10^{-1} (0,1) secondi contiene 100 volte l'intervallo di 10^{-3} secondi. Non solo; dobbiamo anche capire che se gli eventi in questione si verificano nell'intervallo 10^{-36} - 10^{-34} secondi, quest'ultimo numero rappresenta la fine del fenomeno, così come 10^{-1} (0,1) rappresenterebbe il tempo alla fine di un fenomeno iniziato da un tempo pari a 10^{-3} (0,001) secondi.

Chiarito questo punto occorre capire com'è che Green arriva a dire che l'universo ha aumentato il proprio raggio nell'intervallo di tempo da lui scelto di un fattore 10^{30}. Supponiamo che le dimensioni dell'universo raddoppino ogni 10^{-36} secondi. Tra 10^{-36} e 10^{-35} secondi ci sarebbero 10 raddoppi, e tra 10^{-35} e 10^{-34} ce ne sarebbero altri 90, per un totale composto di 100 raddoppi nell'intervallo considerato.
In un raddoppio 2 diventa 4. Nel successivo 4 diventa 8, e poi 16, 32, 64, 128, 256, 528,1024, 2048 e cosi via. In matematica questo si chiama crescita esponenziale; è così che si moltiplicano i batteri, e si scrive che, per esempio, 10 raddoppi corrispondono a 2^{10} e 100 raddoppi a $2^{100.}$
Non complico le cose per spiegare la semplice regola che consente di passare dalle potenze di 2 a quelle di 10. Lo ha

fatto già Green per me, nell'intervallo da lui considerato, precisando che l'universo aumenta le sue dimensioni di un fattore 10^{30}.

Ora, per avere un'idea del significato di questo, dovremmo sapere quali sono le dimensioni dell'universo all'inizio dell'inflazione. Anche su questo i miei testi sono piuttosto vaghi e in disaccordo. Quindi prendo come punto di partenza le dimensioni di un protone, che ricordiamo sono 10^{-14} centimetri.

L'universo aumenterebbe le sue dimensioni di $10^{-14} \times 10^{30}$ cioè fino a 10^{16} centimetri, ovvero a 100 miliardi di chilometri!

Questo è solo un esempio e, ripeto, i testi che ho consultato non mi aiutano. Ogni autore usa valori diversi del tempo d'inizio e fine dell'inflazione, e nessuno precisa a quale momento esatto l'inflazione si arresta, qual'è il valore iniziale delle dimensioni dell'universo, e quanti raddoppi, in verità, si verificano.

Vediamo ancora qualche esempio.

Gribbin e Rees in *The Stuff of the Universe* (Op. Cit.) scrivono che utilizzando la meccanica quantistica e le migliori teorie disponibili si può calcolare l'energia alla quale l'inflazione avrebbe avuto inizio e che questa corrisponde a un tempo quando l'età dell'universo era di circa 10^{-35} secondi. Non c'è grande contraddizione, fino a questo punto, con l'intervallo scelto da Green: 35 si trova proprio tra il 36 e il 34 di quest'ultimo. Le contraddizioni hanno inizio quando alla pagina seguente scrivono che a inflazione iniziata l'universo raddoppierà le sue dimensioni ogni 10^{-34} secondi, cosa che non sembra troppo sconvolgente fino a quando non si realizza che questo significa 100 raddoppi nello spazio di 10^{-32} secondi, abbastanza per espandere una palla da tennis sino alle dimensioni dell'intero universo osservabile[l].

E per restare nel campo delle contraddizioni, lo stesso Rees, quando scrive da solo *Prima dell'inizio,* spiega che *l'era inflazionaria dell'espansione cosmica ... durò* 10^{-36} *secondi...*

Questo discorso, ragionando con la semplice matematica che ho illustrato più sopra, implicherebbe che l'inflazione cominciata al tempo 10^{-35} si arresti al tempo 10^{-32} il che significa 1000 raddoppi ogni tra 10^{-35} e 10^{-32} secondi, oppure 100 raddoppi tra 10^{-34} e 10^{-32}. Ma, allora se i raddoppi di Gribbin e Rees sono 100 sembrerebbe che l'inflazione non ha avuto inizio al tempo 10^{-35} ma, piuttosto, a 10^{-34}.

Lo stesso Gribbin in *In Search of the Big Bang* non si contraddice quando parla ancora di un raddoppio ogni 10^{-34} secondi e di 100 raddoppi in 10^{-32}. Poi, però cambia analogia e invece di fare espandere una palla da tennis sino alle dimensioni dell'intero osservabile universo questa volta scrive *che in assai meno che un battito di ciglia una regione 10^{-36} volte più piccola di un protone può essere gonfiata [...] in una regione con un diametro di 10 centimetri, le dimensioni di un pompelmo [...].*

Questa metafora è veramente curiosa. Ricordiamo che le dimensioni di un protone sono 10^{-14} centimetri, l' ho scritto sopra e l' ho ricavato da una tabella di Lederman.

Un oggetto *10^{-36} volte più piccolo di un protone* avrebbe una dimensione di 10^{-50} centimetri: ma non abbiamo detto che la lunghezza più piccola possibile in natura è quella di Plank, e cioè **10^{-33}** centimetri?!!!

A parte la possibilità che non escludo mai, che è quella di una mia naturale tendenza all'incapacità di comprendere, non credete che tutto questo confermi le mie ragioni per affermare che nei libri di divulgazione, a volte il piacere di spiegare le cose in modo estremo, di scioccare il lettore, induca gli autori a metafore apicali, confuse e pericolose? E, domando, tutto questo, non giustifica, almeno in parte, le ragioni del libro che sto scrivendo?

I

Ora mi diverte fare un'ultima pedissequa verifica. Riporto la sequenza dei numeri che nascono dal raddoppio progressivo di 2. Poi provo a giocarci un pochino...

Inizio	1
Primo Raddoppio	2
Secondo Raddoppio	4
Terzo	8
Quarto	16
Quinto	32
Sesto	64
Settimo	128
Ottavo	256
Nono	528
Decimo	1.056
11	2.112
12	4.224
13	8.448
14	16.896
15	33.792
16	67.584
17	13.5168
18	270.336
19	540.672
20	1.081.344
21	2.162,688
22	4.325.376
23	8.650.752
24	17.301.504
25	34.603.008
26	69.206.016
27	138.412.032
28	276.824.064
29	553.648.120
30	1.107,296.526
31	2.214.592.512

32	4.429.185.024
33	8.858.370.048
34	17.716.740.096
35	35.433.480.192
36	70.866.960.384
37	141.733.920.768
38	283.467.841.536
39	566.935.683.072
40	1.133.871.366.140
41	2.267.427.322.800
42	4.534.485.464.860
43	9.069.709.291.200
44	18.139.418.582.240
45	36.278.837.164.800
46	72.557.674.329.600
47	145.115.348.659.000
48	290.230.697318.000
49	580.461.394.636.000
50	1.160.922.789.270.000

Mi fermo qui, al cinquantesimo raddoppio. L'ultimo numero si legge: un milione cento sessantamila novecento ventidue miliardi settecento ottantanovemila duecentosettanta milioni. In cifra tonda, un milione e centosessantuno mila miliardi. Espresso come potenza di dieci corrisponde a circa 1.2×10^{14}! Mica male, però ancora lontano dal 10^{30} di Green, che richiede, appunto un centinaio di raddoppi.

Ora facciamo un conto al contrario, partendo dal pompelmo di Gribbin, e assumendo che:
a) l'inflazione sia cominciata 10^{-37} secondi dopo il Big Bang
b) che con i suoi raddoppi finisca intorno a 10^{-35} secondi dopo il Big Bang
c) che i raddoppi portino a un fattore di espansione appunto uguale a 10^{30}.

Calcoliamo allora che se l'universo ha una dimensione di 10 centimetri a fine inflazione, era grande 10^{-29} centimetri al tempo 10^{-37}. Questo risultato mi sembra buono, se ricordiamo che la lunghezza di Plank, a 10^{-43} secondi dal Big Bang era 10^{-33} centimetri. Questo significa che fino all'inflazione, l'universo è andato relativamente piano, espandendosi solo di un fattore 10^4 ($10^{-29}/10^{-33}$) appena 10.000 volte[I]!

Ancora un ultimo piccolo calcolo. Questa volta assumiamo che Gribbin non meni il can per l'aia, quando dice che l'universo aveva dimensioni di 1 millimetro a 10^{-35} secondi di vita e che dopo l'inflazione abbia raggiunto le dimensioni di un pompelmo, dieci centimetri di diametro. La nostra tabella ci dice che bastano sette raddoppi per passare da 1 millimetro a 100 millimetri (dieci centimetri), un fattore 10^2. Si tratta di una piccolissima parte della sfacchinata che l'universo ha dovuto fare, per compiere il tragitto completo dall'inizio alla fine dell'espansione esponenziale.

I numeri in tabella e i ragionamenti associati possono essere usati come si vuole, esattamente come ho fatto io. C'è da rammaricarsi che i fisici divulgatori non facciano un maggiore sforzo per chiarirci le idee, e per darci dei punti di riferimento più precisi. É per semplificare? O perché, benedetti loro, cercano, ognuno a modo suo, di far quadrare, a ogni costo, gli *epicicli*?

Varie nozioni di cosmologia

Mi avvicino all'unico pezzo che avrei voluto veramente scrivere: dove siamo noi nell'universo? Ma, non avrei potuto

[I] Una piccola nota matematica relativa a quest'esempio. La velocità d'espansione dell'universo è data da $\dfrac{10^{-29} - 10^{-35}}{10^{-37} - 10^{-43}} = \dfrac{10^{-29}}{10^{-37}} = 10^6$ cm/sec, dato che i secondi termini della frazione sono trascurabili rispetto ai primi. La velocità d'espansione è assai più piccola di quella della luce (3 x 10^{10} cm/sec): ergo le regioni sono in comunicazione per tutto il periodo.

provarci, come farò, senza percorrere, come sto facendo, la strada dei dilemmi con cui si confrontano gli studiosi del cosmo e senza cercare di liberarmi, nel tragitto, dei miei vecchi, persistenti dubbi. Prima di arrivarci voglio completare il quadro con qualche notizia sulla storia dei primi minuti, sulla formazione delle galassie, la materia oscura, l'evoluzione delle stelle. Anche questo, insieme a quanto ho già scritto nei sottocapitoli precedenti, oltre ad accrescere la mia familiarità con l'argomento e con il linguaggio di cui ho bisogno, mi serve a lasciare una traccia per me stesso. Vorrei essere certo che in ogni possibile futuro cimento con questo tipo di argomenti, mi sia possibile tornare alle mie stesse note, e impiegare dati e fatti già accertati, senza dover, ancora una volta, tribolare a interpretarli.

Le sequenze del Modello Standard Cosmologico

Per questo aspetto della questione mi riferirò quasi esclusivamente a un sommario fornito da Gribbin in *In search of the Big Bang*. Gribbin a sua volta va a pescare nel miglior resoconto disponibile (sono sue parole) nella letteratura divulgativa: *I primi tre minuti* di Weinberg.
La storia di Weinberg comincia quando l'universo ha 0,01 (10^{-2}) secondi di vita.
La temperatura è di 100 miliardi di gradi Kelvin. Domina la radiazione che produce coppie elettroni–positroni; questi ultimi, a loro volta si annichilano producendo radiazione. Ci sono anche neutrini e antineutrini. La percentuale di protoni e neutroni, i futuri costituenti del mondo materiale, è irrisoria, appena un miliardesimo dei fotoni (radiazione) totali. Tutte le reazioni descritte dalla meccanica quantistica avvengono contemporaneamente, coinvolgendo neutroni, protoni, neutrini e le loro controparti. Il numero di protoni e neutroni, in media, e in ogni punto dell'universo, è lo stesso.

La conversione di neutroni in protoni e viceversa avviene senza sosta. La massa di un protone è 955 Mev (mega elettroni volt), quasi un Gev[l]. Quella del neutrone è quasi la stessa (appena 1,3 Mev minore del protone) e, dice Gribbin, è proprio questa piccola differenza la chiave della conseguente evoluzione dell'universo. Man mano che la temperatura diminuisce, comincia a difettare l'energia necessaria a convertire un neutrone nel suo più pesante compagno, il protone.

L'universo ha, a questo punto 0,1 secondi di vita e la temperatura è scesa a 30 miliardi di gradi Kelvin, con una densità di energia pari a 30 milioni di volte la densità dell'acqua. Le dimensioni dell'universo adesso raddoppiano ogni 0,2 secondi e la percentuale di protoni e neutroni è rispettivamente 62 e 38 percento.

É al tempo t = 0,1 sec che comincia a verificarsi un cambiamento importante. I neutrini finora, quando la densità della materia era altissima hanno giocato un importantissimo ruolo nelle interazioni tra particelle. A questo punto, mentre la densità decresce rapidamente, la *materia* diventa trasparente per i neutrini che continuano a occupare sensibili porzioni dello spazio cosmico, senza però influenzarne l'evoluzione.

Al tempo t = 1,1 secondi la temperatura è ancora diminuita, sino a 10 miliardi di gradi Kelvin, cui corrisponde una densità di energia pari a solamente 380.000 volte quella dell'acqua. Le dimensioni dell'universo raddoppiano ogni 2 secondi, e il bilancio protoni neutroni si è spostato a 76 % degli uni e 24 % degli altri. A questo punto il ritmo di espansione dell'universo *è rallentato sino a qualcosa di quasi familiare; si ha a che fare con secondi interi e non più con frazioni di secondo.* Le reazioni tra particelle cominciano a diventare simili a quelle che avvengono oggi nel sole e nelle stelle.

[l] Vedere Tabella, capitolo X e qui, nel sottocapitolo *Il Tempo di Plank*. Una rapida scorsa al capitolo X, *Atomo e Teoria dei Quanti*, può risultare consigliabile a questo punto.

Al tempo t = 13,8 secondi dal tempo 0, la temperatura si è abbassata a 3 miliardi di gradi Kelvin, si formano temporaneamente nuclei di deuterio (1 protone e 1 neutrone; l'idrogeno è formato da un protone da solo), che però vengono subito separati nella collisone con altre particelle. Non si formano più coppie elettroni–positroni. Continua ad aumentare il rapporto tra protoni e neutroni.

Al tempo t = 3 minuti e 2 secondi dall'inizio, la temperatura è diminuita sino a 1 miliardo di gradi Kelvin, maggiore di solo 70 volte circa della temperatura di 15 milioni di gradi Kelvin che è quella che si riscontra oggi al centro del Sole. I neutroni a questo punto, possono decadere naturalmente in protoni, riducendosi a rappresentare solo il 14 % della miscela.
Cominciano a formarsi i nuclei di elio (2 protoni e due neutroni). I nuclei di idrogeno (1 protone) esistono di già.
Al tempo t = 4 minuti, *il modello standard del Big Bang ha creato le condizioni per produrre la quantità di elio che si osserva nell'universo.*

Quando sono trascorsi 34 minuti dal Big Bang, tutta la materia è costituita solo da neutroni e protoni, e un numero di elettroni esattamente uguale a quello che occorre per bilanciare la carica positiva dei protoni presenti nell'universo. Anche gli ineffabili neutrini sono presenti in enormi quantità, a non far nulla di evidente. La temperatura, però, è ancora troppo alta perché sia consentito l'accoppiamento tra nuclei di elio e di idrogeno (protoni) con gli elettroni per formare atomi stabili. La temperatura è scesa sino a 300 milioni di gradi Kelvin e la densità di materia è adesso inferiore a quella dell'acqua, circa un decimo.

Le dimensioni dell'universo raddoppiano ogni 75 minuti. L'energia totale è suddivisa tra fotoni – 69% e neutrini – 21%, con un trascurabile resto distribuito tra nucleoni ed elettroni.

Questi ultimi non riescono a restare aggrappati ai nuclei di elio e di idrogeno, sono sbalzati via dagli energetici fotoni. Comincia così *l'era della radiazione*, dominata dai fotoni, mentre diventano trascurabili le interazioni tra le particelle.

Questa situazione rimane inalterata per circa 700.000 anni, sino a che la temperatura cala a un valore intorno ai 4.000 gradi Kelvin.

É a questo momento che radiazione e materia si sconnettono (decouple in inglese). Gli atomi stabili di elio e idrogeno se ne vanno in giro per l'universo a formare stelle e galassie, mentre la radiazione, si avvia, in un universo ormai trasparente, verso un progressivo raffreddamento fino a divenire la *radiazione di fondo* misurata dagli astronomi di oggi.

Cito, per concludere, parti di un intero pezzo di Gribbin, che mi serve da ottima introduzione al sottocapitolo successivo, sulla formazione delle galassie:

Benché l'era della radiazione sembra, a prima vista, essere priva di avvenimenti notevoli, al paragone con i primi tre minuti, è stato proprio durante questo periodo che, probabilmente, si sono sviluppate le irregolarità che sarebbero divenute più tardi galassie e ammassi di galassie [...]. Ma, la materia che finirà per diventare la caratteristica dominante dell'universo probabilmente ha preso in eredità le irregolarità provenienti dall'era della radiazione. Dal momento in cui la materia dominava l'evoluzione di un universo trasparente, buio e in fase di raffreddamento, essa doveva essere già raggruppata in mucchi che, a causa dell'insistente attrazione della loro stessa gravità, non si diluivano tanto rapidamente quanto l'universo nel suo insieme. Nell'ambito di questi mucchi di materia con densità superiore alla media, alcune regioni hanno formato nuvole di gas che hanno cominciato a rompersi e a collassare, formando, prima o dopo, le stelle della nostra Via Lattea e altre galassie [...]. Però i dettagli della formazione delle galassie rimangono oscuri, ed esistono teorie rivali,

512

sostenute da diversi gruppi di astronomi, per spiegar in che modo l'universo si è raggruppato nelle strutture che vediamo oggi.

Sembra, conclude Gribbin, che la verità vada cercata con l'ausilio della meccanica quantistica, in quello che è avvenuto *nel primo millisecondo, prima del Big Bang descritto dal modello standard.*

Galassie e Stelle

Anche se Gribbin ci ha reso consapevoli delle difficoltà e dei dubbi che circondano l'argomento, penso che qualche parola vada spesa per accennare ad alcuni aspetti interessanti e ad altri che potranno tornare utili dopo. Il processo di formazione delle galassie cominciato, dunque, dalle irregolarità ereditate dall'era della radiazione, continua per parecchie centinaia di milioni di anni. Nessun testo è preciso: le prime galassie farebbero la loro apparizione intorno a 500 milioni – un miliardo di anni. Pare che non si siano formate tutte insieme ma, ancora una volta, non è chiaro quando il processo è terminato[I]. Intanto, è bene ricordare, che mentre le galassie si addensano in enormi configurazioni che contengono un po' di tutto, gas, polvere, stelle in formazione e stelle che esplodono - lanciando nello spazio la materia di cui poi saranno costituiti i pianeti - e muoiono lasciandosi dietro strani oggetti, stelle di neutroni, nane bianche, e buchi neri, l'universo continua ad espandersi. La galassie, formate oppure in evoluzione, si allontanano una dall'altra ai ritmi che ci ha fornito Hubble con le sue leggi.

[I] In realtà il processo non termina mai. Le galassie e i loro componenti sono in continua, caotica, violenta evoluzione. Per terminato intendo concluso, nel senso che esista un oggetto a cui si può dare il nome di galassia.

Quando, oggi, servendoci dei più potenti telescopi guardiamo verso le zone più lontane dell'universo che cosa vediamo?

Gribbin e Rees in *The Stuff of The Universe* e Rees, solo, nei *Sei Numeri dell'Universo* già citato si presentano con un disegno di Escher intitolato Angeli e Diavoli, corredato da didascalie paragonabili. Cito quella di Gribbin e Rees:

Dato che la velocità della luce è finita, noi osserviamo le regioni remote com'erano nelle epoche primitive, quando tutto era densamente impacchettato insieme. L'Universo come lo vediamo in realtà assomiglia a questo disegno di Escher: gli oggetti sembrano essere più affollati insieme verso il nostro orizzonte osservabile.

Il dilemma è rappresentato dalla domanda: quello che vediamo corrisponde a quello che è? Oppure, in altri termini, le galassie che osserviamo oggi, tanto più densamente avvicinate, quanto più lontano andiamo nello spazio e più indietro nel tempo, *oggi* dove sono? Si ripresenterà in tutta la sua forza quando si terrà conto dell'affollamento di Escher.

Un'altra questione interessante è il fenomeno per cui da un gas o due gas, elio e idrogeno, sotto l'influenza della gravità - dove si sono formate delle zone, dei mucchi più densi - si giunge a una qualsiasi forma di agglomerazione. Insomma, non è ovvio visualizzare l'azione della gravità su particelle atomiche distinte.

Rees dà una spiegazione interessante in *Prima dell'inizio*. Non la riporto per intero; è parecchio complessa. Basti dire che la forza di gravità comincia a prevalere sulla forza di repulsione dei protoni, anche se così infima (la forza di gravità, vedere i dati nel Capitolo XI) quando il numero dei protoni impacchettati insieme in un certo spazio, supera il valore di 10^{54}. Scrive: *è questa la massa di Giove. Qualsiasi cosa più grossa diventa una stella.*

Un'ultima riflessione riguardo a questa succinta storia delle galassie e della loro evoluzione.

Rees, nello stesso libro divide la storia dell'universo in tre parti.

- Il primo millisecondo, un'era breve, ma piena di eventi, che occupa 40 potenze di 10 nel tempo, iniziando al tempo di Plank: 10^{-43} secondi. É questo l'habitat intellettuale dei fisici matematici e dei cosmologi quantistici [...] uno dei motivi che rendono importante lo studio della cosmologia è che l'universo primordiale può offrire i soli indizi reali per capire le leggi di natura a quelle estreme energie
- Il secondo stadio si estende solo fino a un milione di anni circa (e occupa solo 16 potenze di dieci). La Parte Seconda della storia del cosmo, anche se giace nel remoto passato è quella più facile da capire.
- Ma rimane così ben trattabile solo fintanto che l'universo rimane amorfo e privo di struttura. Quando le prime strutture tenute insieme dalla gravità cominciano a condensarsi – quando le prime stelle, le prime galassie, i primi quasar si sono formati e hanno cominciato a brillare – comincia l'era studiata dagli astronomi tradizionali. Ci troviamo qui a osservare manifestazioni complesse di leggi fondamentali ben note. La Parte Terza della storia cosmica è difficile per lo stesso motivo che rende difficile lo studio di tutte le scienze ambientali dalla meteorologia all'ecologia: esse comportano lo studio di manifestazioni ultracomplesse di leggi semplici.

Rees non lo dice esplicitamente, ma sta riferendosi a un nuovo approccio possibile allo studio della più gran parte della storia dell'evoluzione temporale dell'universo: la teoria del Caos!
Consultando l'indice di questo libro si può verificare in quali punti ho introdotto o ho fatto un fugace riferimento alla teoria in questione; il prossimo capitolo le è interamente dedicato.
Rees si riferisce a meteorologia ed ecologia e aggiunge l'universo: l'enorme scatolone che ha generato, tra l'altro, esseri pensanti, dotati della possibilità di comunicare tramite il

linguaggio; capaci di speculare con l'uso della meccanica quantistica sui primi millisecondi di vita del cosmo; di applicare le leggi della fisica convenzionale a lunghi periodi intermedi; di usare teorie classiche e fisica delle particelle per sviluppare la tecnologia che permette, tra l'altro, di osservare, fotografare le inconsuete, incongrue, strabilianti meraviglie di mondi lontani miliardi di anni luce.

Noi, questi stupefacenti, miracolati esseri pensanti, però, non riusciamo a capire come opera più di una parte fondamentale dell'avventura planetaria: quella che nel corso della lunghissima vita del cosmo ha prodotto le concatenazioni misteriose e occulte che ci hanno generato e che ci fanno essere, pensare e agire; quella delle relazioni umane, degli eventi della storia, dell'andamento dell'economia, dello sviluppo delle cellule impazzite dei tumori. Ci sforziamo di razionalizzare quello che sembra ordinato, mentre rimaniamo interdetti e inermi di fronte alla regola base: quella del disordine, sia pure, a volte, disciplinato da semplici leggi.

Ma, adesso, occupiamoci di qualcosa che gli astronomi conoscono meglio: le stelle, i miliardi di costituenti delle imperscrutabili galassie, che, studiate una per una, ci lasciano capire che cos'è che le fa vivere e brillare.

Gribbin, Rees, Smolin e tutti gli altri autori che ho citato in questo Capitolo trattano la storia delle stelle in modo completo. É una parte della cosmologia in cui, accoppiando un poco di fisica nucleare – la stessa che si applica alle bombe e ai reattori per la produzione di energia elettrica – con la teoria della gravità di Newton, e senza troppi ricorsi alle astrazioni e alla complessità della relatività generale e della meccanica quantistica, si riesce a dar conto del funzionamento delle stelle. É un discorso lungo, ma logico e comprensibile.

M'interessa, pertanto, soffermarmi solamente su alcuni punti chiave, che mi hanno particolarmente attratto, senza sottopormi alle contorsioni mentali e alla sofferenza quasi fisica che ho provato nella cronaca riportata nelle pagine precedenti, e con cui dovrò ancora confrontarmi nella chiusura di questo Capitolo: quando, finalmente, dovrò risponde alla mia domanda iniziale: dov'è che siamo noi?

Mi riferirò, in questo breve condensato sulla storia delle stelle, soprattutto al testo di Gribbin, *In The Beginning*.
Il nostro Sole è una stella tipica, e può essere considerata rappresentativa di altri miliardi di simili individui. Nel disco galattico della Via Lattea, che ha un diametro di circa 100.000 anni luce, il Sole si trova a 30.000 anni luce dal centro, intorno al quale orbita a una velocità di 220 Km/sec, impiegando circa 300 milioni di anni per compiere un intero giro. Una stella come il Sole si è formata a partire da una nube di gas e polvere che si condensa verso il centro sotto la spinta attrattiva della gravità. La compressione, allo stesso modo di quando si pompa aria nella ruota di una bicicletta, provoca il riscaldamento della miscela sino a 15 milioni di gradi.

A questo punto la temperatura è sufficientemente alta per consentire la reazione nucleare che converte nuclei di idrogeno in elio, liberando energia. I protoni sono abbastanza vicini perché possa entrare in azione la forza nucleare forte, prevalendo sulla tendenza dei protoni a respingersi, dato che sono tutti dotati di carica positiva. Questo processo di fusione mette insieme nuclei di idrogeno, quattro alla volta, convertendoli in un nucleo di elio. La massa di un nucleo di elio è pari allo 0, 7 % in meno di quella di quattro protoni messi insieme, ed è proprio questa massa, che nella reazione di fusione è convertita in energia.

Questa è l'energia che fa brillare il sole per milioni di anni. Ma, spiega Gribbin, la cosa interessante è che quello che mantiene il Sole bello caldo, non è quest'energia nucleare, bensì ancora una volta la gravità. Senza le reazioni nucleari che arrestano la contrazione, la gravità l'avrebbe per vinta, il

Sole diventerebbe sempre più compresso e sempre più caldo fino a scoppiare. *Paradossalmente, sono proprio le reazioni nucleari a una temperatura di 15 milioni di gradi che mantengono il sole così freddo!*

Il sole ha un raggio circa 100 volte più grande di quello della terra, ed un corrispondente volume 1 milione di volte più grande. La sua massa è 330.000 volte quella della terra, e la corrispondente densità è circa dodici volte quella del piombo fuso. Ogni secondo il sole converte in energia poco più di quattro milioni di tonnellate di materia ma, spiega sempre Gribbin, (questa volta in *In Search of the Big Bang):*

Può sembrare una quantità enorme, invece è una minima frazione della massa del Sole. Approssimativamente, la massa del sole è pari a 2×10^{27} tonnellate. Se converte 600 milioni di tonnellate di idrogeno in elio ogni secondo[I], il sole brucia appena meno di 2×10^{16} tonnellate di combustibile all'anno [...] anche dopo 10 miliardi di anni di combustione dell'idrogeno, a questo ritmo solamente 2×10^{26} della massa totale del sole, cioè il 10%, si sarebbero consumate.

Man mano che il core del Sole si riscalda, la sua periferia si gonfia sotto l'influenza del calore interno e il Sole diventa una *red giant,* un gigante rosso. Questo processo richiederà centinaia di milioni di anni, fino a che il combustibile sarà esaurito. Il destino finale del nostro Sole, dopo il passaggio attraverso il gigante rosso, è di divenire una nana bianca, dotata, quasi, della stessa massa che il Sole ha oggi, schiacciata dalla gravità in un blocco solido le cui dimensioni sono pari a quelle della terra.

[I]Dei seicento milioni di tonnellate di materia, lo 0,7%, ovvero le già citate quattro milioni di tonnellate di materia, vengono convertite in energia dalla reazione di fusione idrogeno–elio.

Esiste, però, una frazione del numero totale di stelle in ogni galassia, stelle che hanno inizio con una massa assai più grande di quella del Sole, che terminano la loro vita con una violenta esplosione. Sono chiamate *supernovae*, le reazioni nucleari nel loro interno continuano convertendo l'elio in carbonio, e poi ossigeno ed elementi più pesanti sino al ferro. La nostra presenza nel cosmo è proprio dovuta al lancio di materia già formata insieme a idrogeno ed elio, polvere stellare e elementi pesanti che si formano durante l'esplosione, che condurrà alla formazione di altre stelle, meteoriti e pianeti.

Ciò che rimane si raggruma sotto la spinta sempre più preponderante della gravità sino a dare origine a oggetti dotati d'impensabili valori della densità e della gravità: le stelle di neutroni e i buchi neri. Scrive Rees in *Prima dell'Inizio*, che la gravità in una stella di neutroni sarebbe pari a 10^{12} volte di quella terrestre. *Le loro superfici dovrebbero essere completamente lisce; nessuna montagna potrebbe superare il millimetro di altezza.*

Prima di chiudere questa parte vorrei tornare per un istante alla galassie. Nel Capitolo IV ho illustrato con esempi derivati dalla letteratura il fatto che mentre prendendo come base le dimensioni di una stella, le distanze relative tra le stelle sono enormi, non è così per le galassie. Riprendo questo tipo di ragionamento, sempre da *In the Beginning*. Se si dà alla Via Lattea la dimensione di un cioccolatino, in questa scala Andromeda dista da noi 13 centimetri. Il prossimo agglomerato di galassie lo *Scultor Group* è a circa 60 centimetri di distanza; a tre metri troviamo un raggruppamento di duecento cioccolatini; i successivi gruppi di galassie - cioccolatino si trovano a venti metri. Adesso cito testualmente: *Ma l'intero Universo visibile, sino ai limiti estremi cui possono arrivare i nostri telescopi, potrebbe entrare in una sfera di appena un chilometro di diametro, sulla base della scala in cui un cioccolatino rappresenta la nostra Galassia.*

Ho citato questo brano e ho evidenziato la parola sfera. Si tratta di un altro dei tanti indizi che sto accumulando per arrivare all'epilogo, e forse alla soluzione del mistero.

Qualche rigo sulla materia oscura

Ho accennato alla faccenda della materia oscura quando ho illustrato il problema della piattezza dell'universo. Voglio solo aggiungere un paio di considerazioni interessanti che aiutino a consolidare l'impressione che, effettivamente, tutto l'impianto della teoria sulla nascita e l'evoluzione dell'universo, non manca di punti deboli.
Scrive Rees in *Prima dell'inizio:*

Con nostro grande imbarazzo, non di sa dar conto del 90 per cento di ogni galassia; ciò che di fatto vediamo non rappresenta più del 10 per cento della loro materia totale. Tutto il resto è presente in qualche forma misteriosa oscura.

Il deficit di materia si riscontra a prescindere dal mistero ampiamente discusso della sorprendente piattezza dell'universo. Basta osservare il moto stesso delle galassie, la loro velocità di rotazione e la velocità con cui, a partire da un ammasso di galassie, ciascuna galassia si allontana dalle altre. Rees spiega più avanti che la velocità delle galassie è troppa: a quella velocità le galassie dovrebbero volarsene via dall'ammasso, e che solo l'attrazione gravitazionale di qualcosa più pesante delle galassie può evitare che l'ammasso di galassie si disgreghi. Non capiremo mai le galassie, aggiunge ancora, *fino a che non comprenderemo che cosa sia la materia dominante la cui gravità le fa stare insieme.*

Rees riferisce la teoria di uno scienziato israeliano che ha cercato di rifiutare il bisogno di materia oscura, per dar conto del moto delle galassie (e ancor più della piattezza dell'universo). Mordehai Milgrom ha studiato la possibilità che la formula di Newton secondo cui l'attrazione gravitazionale dipende da m/r^2 smetta di esser applicabile *e sottostimi la vera forza di gravità* quando la forza è più debole di un certo valore. Rees dimostra apprezzamento e considerazione per il lavoro di Milgrom, ma finisce per rifiutarlo perché non crede possibile che una delle più *belle* teorie scientifiche, la legge di gravitazione universale estesa da Einstein nella sua relatività generale possa essere buttata a mare solo per spiegare la materia oscura. Il prezzo da pagare, scrive, sarebbe troppo alto.

Si cerca dunque di trovare la materia che manca in tutto quello che può esistere senza brillare, senza emettere radiazioni: polveri scure, buchi neri – tanti piccolissimi o pochi enormi – e perché no, attribuendo ai neutrini una massa che fino a oggi nessuno è riuscito a dimostrare che essi posseggano. Si pensa anche (Rees*) che la materia gravitante che domina il nostro universo attuale, la materia oscura, consista di particelle sopravvissute alle prime fasi molto dense. Ciascuna di queste particelle potrebbe pesare quanto un atomo, ma esse interagirebbero così debolmente che ciascuna avvertirebbe solo l'effetto gravitazionale collettivo di tutte le altre, mentre non colliderebbero mai una con l'altra.*

Voglio concludere questa breve rassegna sulla vita di stelle e galassie, e sulle incertezze profonde e nebbiose in cui sono avviluppate, mettendo in evidenza che ci si scontra con misteri più semplici e ugualmente insoluti quando si voglia trovare ragione degli strani fenomeni che senza *quanti* e senza imperscrutabili bang, hanno contribuito alla vita della terra: fenomeni che potrei definire, appunto, *terra…terra*.

Thrin Xuan Thuan, nel volume più volte citato *Le Caos et l'Harmonie*,(Op. Cit.) illustra il fenomeno della percussione della terra da parte di centinaia di asteroidi, nel periodo di evoluzione del pianeta. Introduco ora il ragionamento di Thrin perché serve a mettere in evidenza che al di là dei miracoli della chiusura e della piattezza e di tutte le coincidenze che ci hanno permesso di esistere, insite nel Big Bang, ci sono eventi curiosi e imprevedibili avvenuti dopo, molto dopo il Big Bang, che giustificano la vita sulla terra e la nostra esistenza. E scrive:

É lo choc violento di uno di questi folli bolidi contro la terra che, l' ha fatta inclinare per darci il susseguirsi delle stagioni e lo spettacolo dei campi di lavanda in fiore [...].

Uno di questi bolidi ha provocato il distacco dalla terra, in una violentissima esplosione, di polvere e detriti che si sono poi condensati a formare la luna. La luna, dunque, non solo è responsabile dei magnifici spettacoli che ci sono offerti nelle notti in cui illumina la campagna, ma anche della nostra esistenza.

Perché la luna gioca un ruolo assai più importante che quello di lanterna notturna o di musa dei poeti. Essa è stata indispensabile all'emergenza stessa della vita sulla terra, giocando un ruolo stabilizzatore del clima terrestre.

Poi spiega che:
con l'aiuto dei computer si può ricostruire la storia del sistema solare sopprimendo la luna. (Gli studiosi) [...] hanno trovato che in assenza della luna l'asse terrestre si comporterebbe in maniera assai fantasiosa, mostrando delle variazioni che vanno da una posizione perpendicolare al piano dello Zodiaco sino a trovarsi pressoché orizzontale, con un'inclinazione di 85 gradi su detto piano [...].

In questa situazione la terra si comporterebbe in maniera caotica. Questo comportamento caotico implicherebbe cambiamenti climatici catastrofici. Quando la terra stesse dritta la quantità di calore solare assorbito sarebbe costante per tutto l'anno. Al contrario, nelle epoche in cui si trovasse in posizione orizzontale, come accade a Urano la terra sarebbe sottoposta a variazioni climatiche estreme: per sei mesi un inverno interminabile e un freddo glaciale e per sei mesi sarebbe sottoposta a un calore torrido.

Con delle variazioni climatiche cosi estreme la vita avrebbe avuto grosse difficoltà a svilupparsi sulla terra. Di nuovo dobbiamo prendere in considerazione il ruolo fondamentale della chance nella costruzione della realtà. Una collisione accidentale con un asteroide facendo partorire la luna ha consentito la nascita della vita.
Mia è la sottolineatura.

E allora? Dov'é che siamo noi?

Non credo di riuscire a mantenere la promessa in modo completo. La lettura e lo studio dei miei testi ha richiesto parecchi mesi. Ho riempito interminabili pagine di calcoli elementari che mi permettessero di venire a capo di dubbi profondi e sostanziali incertezze. Mentre rileggo quello che ho scritto mi rendo conto che, anche se mi pare di aver captato la logica di certi problemi cosmologici e di averli espressi in modo leggibile, il mio sforzo non è scevro di difetti. Almeno due.

La prima manchevolezza è associata al deficit di analisi critica e di capacità di scelta. Ho discusso di *piattezza*, di *uniformità*, d'*inflazione* cercando di riportare e di approfondire i fatti e le teorie senza riuscire, però, a districarmi, a liberarmi dalla consuetudine dell'ovvio. Tutti i divulgatori raccontano, più o meno, la stessa storia e, approssimativamente, lo fanno nella stessa maniera, spesso confusa e imprecisa. Non riescono, forse perché è impossibile, in mancanza dello strumento matematico, a produrre una narrazione che soddisfi il bisogno di un modello *visibile*, adatto a controbattere il principio secondo il quale *in certi ambiti della fisica le nostre intuizioni sono assolutamente irrilevanti*.

Ho paura di aver fatto lo stesso. Ho raccontato la *loro* storia, ho elencato i *loro* problemi e le *loro* incerte soluzioni, senza avere il coraggio di affrancarmi dall'uso comune, mediatico – in un certo senso – che si fa della cultura scientifica. Non dico questo perché convinto di avere i mezzi intellettuali e gli strumenti tecnici per fare di meglio: per criticare almeno, anche senza risolvere. Al contrario. Voglio solo dire che avrei almeno potuto tentare di dare una visione nuova e diversa, concentrandomi solamente in un - forse ossessivo - ma pur utile tentativo di riuscire a *intuire e proiettare* la storia e la geometria dell'universo dal Big Bang in poi.

É vero anche che, come ho premesso, non pensavo di farcela senza accumulare fatti, indizi, speculazioni e teorie. Ma ancor più certo è che per scrivere quest'ultimo pezzo avrei potuto limitarmi a illustrare la legge di Hubble, con i calcoli dell'età dell'universo e i ragionamenti di Weinberg e altri sull'orizzonte. Il fatto è, per concludere, che ho riempito molte pagine con la scusa di volere disporre, dopo, di un quadro sinottico completo per mio futuro riferimento, e come risposta al mio, egoistico bisogno di capire, leggendo e scrivendo.

Il secondo problema è che non mi pare di avere accumulato, come speravo, abbastanza dimestichezza con la materia da riuscire, adesso, in questa parte conclusiva, a uscire dalla frustrata insicurezza causata da esitazioni che non hanno a che fare con la complessità e le astrazioni della relatività generale e della meccanica quantistica, ma semplicemente con la capacità di capire come funzionino le relazioni tra distanze, velocità, moto, e segnali trasmessi da corpi in movimento, soprattutto quando i tempi sono tanto lunghi, le velocità tanto elevate, e quando a muoversi sia la luce piuttosto che delle umanissime automobili.

Ma, basta con questa lamentosa confessione dei miei peccati. Avevo detto che m'interessava sapere rispondere alla domanda *dove siamo noi?* La domanda implica la soluzione di almeno un paio di questioni intimamente collegate: *qual è la forma geometrica e quali sono le dimensioni* dell'universo?

Vorrei cominciare con la questione delle dimensioni. Ho riportato con sorpresa, in una nota nel sottocapitolo sul problema dell'orizzonte che, mentre Gribbin sembra sostenere che un universo vecchio di 15 miliardi di anni, ha una dimensione *across* - traduco ora non con *diametro* ma *da un estremo all'altro* - di 15 miliardi di anni luce, Weinberg introduce la sua spiegazione del problema riferendosi a un universo vecchio di solo dieci miliardi di anni (attenzione: la differenza di età non è il punto) e scrivendo, senza alcuna chiarificazione, che in un siffatto universo l'orizzonte si troverebbe a 30 miliardi di anni luce.

Ho anche notato che Weinberg nel glossario definisce il termine orizzonte come il prodotto del tempo espresso in anni per la velocità della luce, c x t.

Non ho però sottolineato che mentre il passo di Weinberg recita testualmente: *se l'universo ha oggi un età di dieci miliardi di anni, l'orizzonte si trova a 30 miliardi di anni luce,* nel glossario l'autore scrive che la distanza dell'orizzonte è *dell'ordine* del prodotto dell'età moltiplicato per la velocità della luce.

É forse nel termine *dell'ordine* che si trova la chiave del mistero? Noi, comunque ci aspetteremmo che il prodotto c x t, dopo 10 miliardi di anni debba essere pari a 10 miliardi di anni luce, ma Weinberg potrebbe avere i suoi buoni motivi per sostenere nel testo che sia uguale a 30, e dimenticarsi il fattore 3 usando il termine *dell'ordine*. E vedremo che i suoi buoni motivi, anche se per me poco comprensibili, vengono confermati da altri, mentre lui non si è preso la briga di rivelarceli in chiaro.

La contraddizione formale, sarebbe almeno risolta.

Ma quali sono le implicazioni di un orizzonte distante 30 miliardi di anni luce in un universo vecchio di 10 miliardi di anni?

Tanto per cominciare, applicando la solita relazione che lega spazio e tempo – $s = vt$ – se il tempo (t) è pari a 10 miliardi di anni, e la distanza (s) da cui parte il segnale più lontano che sia possibile, OGGI, osservare, (che è per l'appunto la distanza dell'orizzonte), è uguale e a 30 miliardi di anni luce, ne consegue che sembrerebbe che la velocità relativa (s/t) con cui la galassia si è mossa nel tempo trascorso e uguale a 3c, tre volte la velocità della luce.

Segniamo questo primo punto.

L'altra conseguenza curiosa risulta dall'applicazione della legge di Hubble. Se l'età dell'universo è 10 miliardi di anni (ricordiamo che a un'età di 20 miliardi di anni corrisponde una costante di Hubble pari a 15Km/sec/Milione di anni luce) la costante di Hubble è uguale a 30 Km/sec/Milione di anni luce. E allora, applicando la relazione $v = HD$, si calcola che la velocità relativa di questa lontanissima galassia rispetto a noi, oggi, deve essere data da:

$$30 \text{ Km/sec} \times 30 \times 10^9 \text{ anni luce}/10^6 \text{ anni luce} =$$
$$9 \times 10^5 \text{ Km/sec} = 900.000 \text{ Km/sec}$$

tre volte la velocità della luce.

Quest'ultima scoperta non deve preoccuparci troppo. Weinberg ci ha già spiegato e l' ho citato, il fatto che stiamo sommando velocità relative e che non si applica la relazione che ho scritto, ma quella prevista dalla relatività ristretta.

Rimangono due fatti sorprendenti: a) quello segnato sopra che darebbe l'impressione che l'universo si è espanso a un ritmo almeno 3 volte superiore alla velocità della luce; b) che se l'orizzonte si trova a 30 miliardi di anni luce, e se, come ho faticosamente illustrato con l'aiuto di Weinberg, qualche pagina fa, l'orizzonte è il punto più lontano da cui possiamo rilevare un segnale, devono esistere oggetti ancora più distanti, e l'universo deve avere limiti, dimensioni, chiamiamole come volete, maggiori di 30 miliardi di anni luce.

Non riesco a uscirne. Posso - dopo aver ancora una volta fatto notare che Weinberg e gli altri avrebbero il dovere di essere più precisi su questo punto, per non lasciarci amareggiati e scontenti - fare riferimento a qualcosa che ho trovato su internet.

Nel sito,
http://www.astro.ucla.edu/~wright/cosmo_01.htm,
intitolato *Ned Wright's Cosmology Tutorial* e istituito dall'Università di California, sotto la voce FAQ (frequently asked questions), e sotto la domanda: «If the Universe is only 10 billion years old, how can we see objects that are now 30 billion light years away?» (Se l'universo ha un età di solamente 10 miliardi di anni, com'é che possiamo vedere oggetti che si trovano oggi ad una distanza 30 miliardi di anni luce?) il Professor Wright risponde con un passo che ho riportato per intero nell'Appendice III. Cito qui la traduzione delle prime righe della risposta:

Quando si discute della distanza di un oggetto in movimento, s'intende la separazione spaziale ADESSO, tra la posizione di entrambi gli oggetti [osservatore - osservato. N.d.A] in questo momento. In un universo in espansione questa distanza ADESSO è maggiore del prodotto della velocità della luce per il tempo del viaggio, a causa dell'aumento della separazione tra gli oggetti stessi mentre l'universo si espande. Ciò non è dovuto ad alcuna variazione nelle unità di spazio e tempo, ma è semplicemente causato dal fatto che le cose sono più distanti di quanto fossero in passato.

Questo l'ho capito. ADESSO NOI vediamo un segnale che è partito 10 miliardi di anni fa. Intanto, però, l'oggetto, la galassia ha continuato a muoversi rispetto a noi (o noi rispetto a lei), sino a portarsi a 30 miliardi di anni luce di distanza da noi osservatori odierni. La spiegazione matematica in Appendice III, si rifà alla nozione che ho già riportato, citando sempre Weinberg e la sua analisi del problema dell'orizzonte, secondo la quale le dimensioni dell'universo aumentano in proporzione alla potenza del tempo elevata a 2/3, o se preferite alla radice cubica del tempo al quadrato (mentre, ricordiamo, la distanza dall'orizzonte è in proporzione semplice col tempo).

Questo ci aiuta? Non proprio. Il professore è categorico quando ci spiega perché è giusto che dopo 10 miliardi di anni solo dopo la nascita dell'universo riusciamo a vedere un oggetto lontano 30 miliardi di anni luce. Noi però, continuiamo a trovarci con un universo troppo grande per i nostri gusti. Meglio ancora: non sappiamo quanto è grande l'universo.
Proviamo allora a tirare delle conclusioni concrete su com'è fatto e a rispondere alla domanda: *dove siamo noi*? Ed è forse possibile che esplorando il sibillino assetto geometrico delle galassie ci riesca dopo tutto a capire anche quali sono le dimensioni dello spazio che le contiene?
Per mantenere un filo logico dobbiamo far quadrare tutti i punti, tutti gli indizi forniti sinora. Vediamo quali sono.

Il primo è il rispetto del Principio Cosmologico. Noi, la nostra Galassia, non siamo in una posizione preferenziale, né lo sono le altre galassie compagne.
Poi c'è la questione di Escher: più lontano andiamo con i nostri telescopi e più si addensano le galassie. Lontano

significa indietro nel tempo, e più indietro si va, meno l'universo è espanso, e più addensate sono le galassie.

Terzo: le galassie non si formano tutte insieme. La materia si addensa in punti diversi e tempi diversi, a partire dall'inizio del tempo e dello spazio. Poi le galassie cominciano ad allontanarsi l'una dall'altra (prima erano le particelle di gas che facevano lo stesso) con una velocità relativa che rispetta, ancora oggi, la legge di Hubble. Quelle più vicine rimangono più vicine, quelle più lontane si allontanano di più, in modo proporzionale.

Ultimo, ma non in ordine di importanza, il fatto già notato, che occorre distinguere tra la posizione delle galassie OGGI, e la fotografia del passato che ci viene presentata da uno strano mondo in cui i segnali che osserviamo sono partiti milioni e miliardi di anni fa.

Ho dissertato a lungo sull'immagine del palloncino che viene ripetutamente offerta dai divulgatori ed è da questa che vorrei cominciare.

Possiamo immaginare una serie di fotografie di palloncini sempre più grandi a partire da un primo di essi, piazzato in un'epoca che coinvolge qualche milione di anni dal Big Bang. Sulla superficie di questa sfera priva di organi interni, di questo spazio curvato dalla gravità e da una delle soluzioni fornite da Friedman delle equazioni della relatività generale, si trovano le galassie, occupate a evolversi mentre, il palloncino si gonfia, e le macchie d'inchiostro, le formiche galattiche si allontanano una dall'altra. Se potessimo fotografare la situazione con una frequenza di, diciamo, un miliardo di anni, troveremmo palloncini successivi sempre più grandi, sui quali sono distribuite galassie sempre più distanti una dall'altra.

Naturalmente, si tratta di fotografie impossibili. Per riprendere la scena della progressiva evoluzione cosmica dovremmo trovarci fuori dell'universo. Invece, palloncino dopo palloncino,

ci troviamo *tutti insieme* appassionatamente sulla STESSA faccia esterna dello spazio che è cresciuto, fino ad arrivare alle dimensioni di OGGI: dunque, tutte le galassie sono OGGI, posizionate una vicina all'altra, sulla superficie della bolla estrema raggiunta dallo spazio nell'equilibrio tra forza espansiva e gravità. Trovo conforto e sicurezza sulla validità di questa prima conclusione consultando ancora le domande e risposte fornite da Sten Odenwald nel sito Nasa già citato nel sottocapitolo dedicato al Principio Cosmologico.
Alla domanda:

«É possibile vedere le galassie più antiche osservando l'universo in ogni direzione»? Il professore risponde: «In verità, le galassie più antiche che possiamo osservare si trovano alla porta accanto nell'universo di oggi. Quando guardiamo lo spazio lontano usando per esempio il Telescopio di Hubble, vediamo immagini di galassie che ringiovaniscono progressivamente tanto più quanto più lontano andiamo con il nostro sguardo.»

Fino a questo punto la cosa sembra funzionare. Il Principio Cosmologico è conservato. La nostra non è una galassia speciale. É una delle tante sistemate OGGI ai limiti dello spazio. Quando fotografiamo l'universo con i nostri telescopi registriamo immagini del passato in cui, tra l'altro, man mano che procedendo verso i palloncini primitivi ci avviciniamo all'origine, troviamo una densità crescente di macchie galattiche. Quindi, anche l'immagine di Escher è rispettata. Vale, infine, la distinzione che occorre fare tra la posizione di OGGI e le immagini del passato.
Mi piace poco, però, l'idea, di stare guardando all'interno di una sfera che non esiste.

Vorrei provare, allora, a fare un ulteriore passo avanti e migliorare il modello, tenendo conto dei fatti presentati nel corso delle pagine precedenti. Ricordiamo che l'universo è *piatto*. Non è né *chiuso* nella forma sferica appena descritta, né *aperto* in una forma di sella iperbolica i cui margini vanno verso l'infinito. Possiamo immaginare lo spazio come un foglio di carta appena curvo, e perché no, come un pezzo di un palloncino immenso, e tanto grande da rendere trascurabile il fatto che è curvo. Continuando a usare l'idea del palloncino che si gonfia, dobbiamo solo accettare l'idea che, in realtà, la materia dell'universo, le formiche galattiche sono disegnate su una porzione, l'unica che esiste veramente, di un'immensa sfera che non c'è. Rimane tutto come prima? Il modello funziona ancora? Vediamo.

Le galassie si sono separate una dall'altra, per trovarsi distribuite, OGGI, su quest'immenso pezzo di sfera quasi piatto. Noi siamo una delle tante. Quando si guarda l'universo non si rivolge più lo sguardo verso l'interno di una sfera inesistente, ma verso il <u>centro</u> di una superficie quasi piana... Ho usato la parola *centro*: allora il modello non funziona. Ci sarebbero galassie alla periferia e galassie al centro: il principio cosmologico non sarebbe più verificato, la nostra galassia non potrebbe più essere considerata equivalente a ogni altra galassia.

L'unico modello che funziona, dunque, è quello precedente. Guardare più *lontano* equivale a spostarsi più *verso il passato*. Un passato da cui ci arrivano immagini di oggetti che non si trovano dove li fotografiamo, perché OGGI, sono situati *alla porta accanto*.

L'oggetto più lontano e antico che possiamo osservare, si trova, se l'universo ha dieci miliardi di anni, a 30 miliardi di anni luce. Lo dice Weinberg e lo conferma Ned Wright su internet[1].

Come possiamo conciliare questo fatto con l'immagine geometrica dell'universo che ho tanto faticosamente messo

---

[1] O, se preferite, dato che tutto, anche nell'universo, è relativo, siamo noi a trovarci a 30 miliardi di anni luce dall'oggetto.

insieme? E come possiamo integrare in quest'immagine l'età, le dimensioni dell'universo e la legge di Hubble che di fatto lega queste grandezze? Riprendiamo, insomma, la questione delle dimensioni dell'universo, dopo le frustrate conclusioni di qualche rigo fa.

Ho asserito che guardando nel passato vediamo galassie che pur essendo oggi situate *alla porta accanto*, si trovavano, quando i segnali, nel viaggio verso di noi, le hanno lasciate, sulla superficie di sfere immaginarie che hanno smesso esistere.

Che cosa vedevano Hubble e i suoi successori, quando puntavano il telescopio su una galassia lontana, diciamo, 1 miliardo di anni luce? Per rimaner coerenti con il nostro modello, gli astronomi osservavano l'immagine un segnale partito 1 miliardo di anni fa, da una galassia che OGGI, si trova come allora sulla stessa superficie della sfera cosmica, e che ha continuato a distanziarsi sulla stessa superficie, dal punto di vista dell'osservatore. Quando il segnale è partito, però, la galassia si trovava INSIEME A NOI sul palloncino, contrassegnato dalla cifra -1 Miliardo.

Scrivere questo mi fa già pensare che il mio problema è rappresentato dal fatto che non essendo capace di usare la matematica appropriata, io vedo gli eventi spaziati nel tempo a intervalli discreti, quando in realtà è tutto avvenuto con continuità, in successivi intervalli infinitesimi di tempo, in cui lo spazio curvo cresceva. Ma, continuiamo a insistere con questo ragionamento, e applichiamo pedissequamente la legge di Hubble, all'osservazione. Assumiamo, sempre una costante pari a 30Km/sec/milione di anni luce che corrisponde a un'età dell'universo pari a 10 miliardi di anni. La velocità relativa di recessione della galassia osservata è, dunque:

$$V = HD = 30 Km/sec/10^6 \text{ anni luce} * 1 * 10^9 \text{anni} = 30.000 \text{ Km/sec}$$

Una velocità ragguardevole ma non preoccupante. Il fatto è, però, che stiamo misurando un evento passato, che è avvenuto un miliardo di anni fa, e quindi la correlazione che si stabilisce tra noi OGGI, e un fantasma del passato. Nel periodo della durata del viaggio del segnale, la galassia in questione si è allontanata da noi (o noi da lei) a una velocità che dipende dal tasso di espansione dell'universo, che rallenta progressivamente per effetto della gravità. Sarebbe quindi errata l'esecuzione di un calcolo circolare, in cui applicando di nuovo la relazione di Hubble, questa volta per calcolare la distanza a cui si trova la galassia, ritroveremmo un miliardo di anni luce. Devo notare che, se questo ragionamento è corretto, strana è l'assoluta mancanza, nei testi di divulgazione, di ogni riferimento al fatto che la legge di Hubble, nulla dice sulla distanza OGGI tra osservatore e osservato.

Adesso un altro test, un ulteriore controllo. Il nostro modello presuppone che OGGI, tutte le galassie si trovino appoggiate alla stessa sfera cosmica. Noi abbiamo preso come esempio una galassia distante 1 miliardo di anni luce. Significa che dal Big Bang a OGGI, le due galassie che erano unite, si sono separate, appunto di una distanza pari a 1 miliardo di anni luce. Come possiamo conciliare questo fatto con il nostro modello? Ancora una volta, dobbiamo pensare a palloncini successivi. Sul primo, intorno a settecentomila anni dopo il Big Bang, tutta la materia cosmica si sta raccogliendo a formare oggetti galattici (gas, poveri, stelle, e galassie). La superficie del palloncino raccoglie oggetti densamente accumulati, ma situati a distanze diverse uno dall'altro, come è giusto pensare che debba essere su una palla, in cui sin dall'inizio (universo liscio, uniforme, come abbiamo imparato) la materia è, appunto, uniformemente distribuita.

Non è controverso, dunque, immaginare che, palloncino dopo palloncino, ci siano galassie che nei dieci miliardi di vita dell'universo si sono distanziate tra loro di solo un miliardo di anni luce, altre che hanno percorso un cammino minore, decine o centinaia di anni luce, e infine, altre ancora che hanno percorso le distanze più grandi. Abbiamo fatto un passo avanti nella comprensione di come funziona la questione delle dimensioni dell'universo e di come ha fatto a diventare cosi grande?

Vediamo. Se ci accontentassimo dell'idea di Gribbin e Rees, che raccontano di un universo che ha circa 15 (e non i 10 del nostro esempio) miliardi di anni e che ha dimensioni di 15 miliardi di anni luce *across*, dovremmo rispondere a solo due domande. Che cosa intendono per *across* e perché 15 miliardi di anni luce. Sempre secondo il nostro modello la dimensione *across* deve corrispondere alla distanza OGGI, tra ogni galassia che si trovi in pôsizione diametralmente opposta a un'altra, sulla superficie della nostra sfera. Le due galassie di riferimento erano abbastanza lontane sul palloncino primordiale, da poter essersi distanziate di tanto.

É passato abbastanza tempo da consentirci di veder un segnale che è partito 15 miliardi di anni fa, e se ci riusciamo, misuriamo un effetto doppler che si traduce nella massima velocità relativa, uguale a quella della luce. Questo funziona, ma non risponde alla seconda domanda: perché le dimensioni dell'universo corrispondono proprio all'età di quest'ultimo moltiplicato per la velocità della luce? Assumiamo per un momento che anche questo sia giusto: non dovremmo, allora, concludere che, a parte l'inflazione iniziale, l'universo si è espanso a una velocità pari a quella della luce? A me sembra inequivocabile: riesco a captare un segnale da un oggetto che si trova a quindici miliardi di anni luce, dopo 15 miliardi di anni, ergo l'universo è grande 15 miliardi di anni luce. Ecco che si fa strada una spiegazione.

Proviamo ad affrontare il problema da due lati opposti. Per farlo dobbiamo tener presente l'affermazione di Weinberg, confermata da Ned Wright (veder anche appendice III per i dettagli su questo punto) secondo la quale in un universo vecchio di dieci miliardi di anni, l'oggetto più lontano si trova a 30 miliardi di anni luce. La ragione di ciò, spiega Wright è che nel tempo che il segnale ha impiegato ad arrivare sino a noi l'universo ha continuato a espandersi, e quindi OGGI, l'oggetto osservato occupa una posizione più distante di quella che occupava quando il segnale è partito.

Due lati opposti. Uno, l'universo di Gribbin e Rees ha una dimensione OGGI di 15 miliardi di anni luce, ma il segnale è partito prima, quando le dimensioni dell'universo erano un terzo di quelle di OGGI. Due, il segnale è partito 15 miliardi di anni fa, e OGGI l'universo ha una dimensione *across* di 45 miliardi di anni luce.

Esaminiamo le due ipotesi. Secondo la prima, dopo 15 miliardi di anni, e secondo il nostro modello, l'oggetto più lontano osservabile si trova OGGI, insieme all'osservatore sulla sfera contrassegnata dal numero 15. Il segnale, è partito quando lo stesso oggetto si trovava sulla sfera contrassegnata con il numero 5. Nel periodo intercorso tra le due immagini, l'universo è cresciuto di un fattore 3. Qual'è, in questa ipotesi la velocità di espansione dell'universo? Calcoliamola:

$$v = s/t = (15*10^9 AL - 5*10^9 AL)/15*10^9 = 10/15*AL/A = 2/3c$$

in cui AL sta per anni luce, A per anni, e c = AL/A è la velocità della luce. Ecco che ritroviamo il fattore 2/3 cui hanno fatto cenno sia Weinberg che Wright.

Se prendiamo la seconda ipotesi, i numeri in giuoco sono nello stesso rapporto e quindi valgono gli stessi ragionamenti e le stesse conclusioni: l'universo si è espanso a un ritmo pari a 2/3 della velocità della luce.

Dunque, se l'universo ha 10 miliardi di anni di età l'oggetto più lontano si trova OGGI a 30 miliardi di anni luce, e se ne ha 15 si trova a 45 miliardi di anni luce dall'osservatore di oggi. In più, il tasso di espansione è inferiore, contrariamente a quanto mi preoccupava, alla velocità della luce. Le mie preoccupazioni, dunque appaiono, almeno in parte, superate. Ed ecco, credo dove si trova l'origine del mio errore: non so la matematica! Guardate.

Se applico la stessa formula all'intero periodo e sostituisco al posto di $5*10^9$ un valore piccolissimo, diciamo un milione di AL, il secondo termine della differenza diventa trascurabile, e mi ritrovo con il mio errore: un universo che si espande proprio alla velocità della luce! Il fatto è che avrei dovuto ragionare prendendo intervalli infinitesimi, esprimere il fenomeno con una funzione e integrarla. Quello che non mi ha spiegato Weinberg, e quello che si può leggere in Appendice III. Oh, matematica, matematica! Sulla correttezza dei miei ragionamenti e sul tracciato che ho seguito, aggiungerò qualche parola nella prossima sezione:quella conclusiva.
A questo punto mi rimane un solo dubbio che non proverò a cercare di risolvere.
Nell'appendice ho riportato un recente ragionamento di uno scienziato italiano, Tullio Regge, che annunciando che con le ultime osservazioni dello *Hubble Space Telescope*, si è potuta accertare in modo definitivo l'età dell'universo: 13.7 miliardi di anni luce, sostiene anche che l'oggetto più lontano osservabile si trova a circa 30 miliardi di anni luce, e questo va bene; ma indica anche che ci sono oggetti che addirittura si trovano, a migliaia di miliardi di anni luce! Su questo, mi dispiace, non provo nemmeno a ragionare. Mi accontento di Gribbin, Rees, e Weinberg.

Ancora un... e allora cosmologico

«Caspita, hai riempito 54 pagine con un tortuoso tentativo di spiegare la Cosmologia, e sei arrivato a deduzioni di cui non sai confermare l'esattezza. Mi pare che, almeno, visto che qualche vaga conclusione l' hai conseguita, potresti cominciare da capo, tagliare, ridurre i tuoi confusi pensieri in qualcosa di più leggibile, meno pedante, e meno noioso.

«L'ho detto e scritto più volte. Io leggo e *traduco*. Da una parte hai ragione. Tutto quello che ho scritto sinora potrebbe essere considerato come la procedura preparatoria con cui, mettendo ordine nelle mie nozioni, e nei miei pensieri, mi organizzo per scrivere il testo finale. D'altra parte, mi sembra che è proprio ragionando mentre scrivo, che posso in qualche modo raggiungere lo scopo che mi sono prefisso: capire il più possibile, e raccontare il travaglio racchiuso nel tentativo di comprendere e raccontare i misteri della scienza, rendendoli accessibili.»

«Vuoi dire che rendendo esplicito il tuo sforzo di capire, aumenti il livello di comprensibilità, oltre quello che hanno cercato di fare gli studiosi, gli scienziati che consulti?»

«Proprio così. E poi, ho detto anche questo: ogni piccolo passo verso la comprensione, registrato in dettaglio, rappresenta per me la base per il confronto con me stesso, quando rileggerò quello che ho scritto. E ogni barlume di chiarezza, acquisita progressivamente, rigo per rigo, mi da una gioia, un piacere, che anche se egoistico e soggettivo, basta a ripagarmi del lavoro che ho fatto e della fatica che mi è costato.»

«Mah, vediamo. Il brano in cui ti dedichi a illustrare *Varie Nozioni di Cosmologia* è un riassunto, forse un po' superficiale, ma utile perché rende non necessario, a te soprattutto, di dovere ogni volta, andare a rileggere *I Primi tre Minuti* di Weinberg, e le numerose ricapitolazioni delle sequenze del Big Bang che si trovano in letteratura. Galassie, stelle, materia oscura, hai fatto bene a non espandere troppo questa parte del racconto. L'approfondimento di tutta la questione delle grandezze di Plank, tempo, lunghezze e massa, rappresentano un'interessante curiosità. Testimoniano anche le connessioni profonde tra molto piccolo e molto grande, tra meccanica quantistica e cosmologia. Interessante anche il rilievo relativo a perché è solo alle immense temperature e densità, nelle singolari condizioni verificatesi nei primi infinitesimi istanti dal Big Bang, che gravità e forze atomiche giocano un ruolo contemporaneo importante, la cui comprensione renderebbe necessaria la tanto ambita unificazione.

Legge di Hubble, effetto Doppler… mi sembra tutto abbastanza chiaro nonostante i dubbi che esprimi in appendice. Il resto, il problema dell'orizzonte e l'inflazione, da un lato; dall'altro, Hubble, il Principio Cosmologico e la geometria dell'universo, dimensioni e posizione relativa delle galassie, sono veramente al centro della contraddizione tra la tua monomaniaca volontà di capire, e il difetto degli strumenti di cui dovresti disporre per riuscirci.»

«Ma, tu hai capito, oppure no?»

«Non ne sono certo. Provo a prenderli uno alla volta. Comincio con *Orizzonte* e *Inflazione,* ovviamente legati. Tu lamenti l'indecifrabilità della maniera in cui sono illustrati nei testi di divulgazione, e esprimi la tua doppia difficoltà: primo, capire perché l'uniformità dell'universo è presentata come una stranezza, e poi in che modo l'inflazione risolva il problema. La tua soluzione mi pare che sia la seguente. Il fatto è che è vero che man mano che si va indietro verso l'inizio, verso i primi istanti dell'esplosione cosmica, l'universo diventa, si, sempre più piccolo, ma assume anche dimensioni tali che nel tempo intercorso, i segnali, qualunque essi siano, movendosi alla velocità massima consentita, quella della luce, non riescono a percorrere che cammini brevissimi, rispetto alla distanza che si è creata tra punti dell'infinitesimo cosmo in espansione.»

«Questo, tu dici, risulta dalle formule del modello standard cosmologico, e dal fatto che è solo andando avanti nel tempo, quando la gravità ha rallentato abbastanza il ritmo di espansione, che il rapporto tra l'orizzonte - definito come la distanza dall'osservatore del punto più lontano da cui quest'ultimo può raccogliere segnali, luminosi o di qualsiasi altro tipo - e le dimensioni dell'universo, aumenta rispetto alle dimensioni dell'universo.»

«Esatto. Le dimensioni aumentano in proporzione alla radice cubica del quadrato dl tempo, mente la distanza dall'orizzonte è proporzionale al tempo, come insegna Weinberg.»

«Ti domandi, con la tua solita, enfatica costernazione, com'è possibile che questo avvenga. Poi, contrariamente a quanto fanno gli autori dei tuoi testi di riferimento, trovi la soluzione. Sostieni che l'inflazione non rappresenta solo la soluzione del problema dell'orizzonte, ma ne è anche l'implicita causa. L'universo si è espanso troppo rapidamente, a velocità enormi, all'inizio, tra 10^{-36} e 10^{-34} dal Big Bang, per consentire a regioni diverse di comunicare tra loro alla velocità della luce, durante l'espansione. La meccanica quantistica si occupa di permettere che quest'incredibile ritmo di espansione sia possibile. Però, affermi anche, questa volta in sintonia con gli scienziati, che la comunicazione, causa prima dell'uniformità dell'universo e della radiazione di fondo, era possibile prima che si verificasse l'inflazione.»

«Bravo, è esatto. La mia costernazione, come la chiami tu, risulta dal fatto che la considero una specie di scoperta, (intendo una scoperta lessicale, non scientifica, naturalmente) e che mi turba che, se è corretta, debba essere proprio io a scoprire quello che essendo ovvio, dovrebbe essere spiegato e raccontato come tale.»

«E va bene. Passiamo allora a tutte le parole che hai speso per identificare una geometria dell'universo che rispetti tutti i principi e concordi con le osservazioni: principio cosmologico, addensamento delle galassie verso l'origine del tempo e dello spazio, legge di Hubble; e per assodare che le sue dimensioni, per quanto inusitate, non presuppongano una velocità di espansione uguale o addirittura più grande di quella della luce.»

«Mi hanno salvato i palloncini quando ho dovuto capire com'è fatto; poi ho dovuto combattere per conciliare le dimensioni di Gribbin e Rees - 15 miliardi di anni luce *across* - per un universo vecchio di 15 miliardi di anni, con l'universo di Weinberg e del Professor Wright che si presenta con un orizzonte situato a 30 miliardi di anni luce, in corrispondenza di un'età di 10 miliardi di anni.»

«Ma, l'idea dei palloncini non é mica tua!»

«Non ne rivendico la paternità, no di certo. Però mi pare di averla usata bene. Meglio di come ne fanno uso i miei testi sacri. Non scrivono che quando Hubble guarda lontano e scopre o inventa la sua legge, sta guardando galassie che si sono allontanate, e di molto, dal punto da cui partono i fotoni osservati. Non dicono che tutte le galassie, si trovano OGGI, e si sono sempre trovate insieme, sulla stessa *superficie* della palla dello spazio in espansione; sono assai vaghi sulla forma e sulle dimensioni dell'universo; mi buttano lì, senza fermarsi a chiarire, una distanza dall'orizzonte che a prima vista sembra

540

in contraddizione con la relazione tra età e dimensioni dell'universo; né mi spiegano, peccato ancora più grande, quanto è grande, dopo 10 miliardi di anni, un universo in cui l'oggetto più lontano *visibile* si trova a una distanza di 30 miliardi di anni luce.»

«Questo problema non l'hai risolto neanche tu. Non lo sai quant'è grande l'universo.»

«Non lo so. E non sono nemmeno certo che l'idea della sfera cosmica, di cui osserviamo l'inesistente interno sia corretta. Se non fosse per la questione del Principio Cosmologico mi sarebbe piaciuto di più uno spazio quasi piano, un pezzo di un'immensa sfera, appena curvo, con le galassie che si formano, e si allontanano pian piano, una dall'altra nel tempo. Con questo tipo d'immagine, ci sarebbe un centro e una periferia e non tutte le galassie si equivarrebbero nell'osservazione di un identico universo. Quidi, ripeto, dovrei rinunciare al Principio Cosmologico. La nostra galassia non dovrebbe essere necessariamente al centro dell'universo, ma ci sarebbe un centro, e una periferia, e noi potremmo essere dovunque, e avere differenti immagini dell'universo a seconda della direzione di osservazione. Ma come faccio: dovrei contraddire Hawkins, Weinberg e tutti i professori che scrivono libri o descrivono l'universo nei siti Internet.»

«Parli d'immagini, di modelli. Non riesci a liberarti dal bisogno di una rappresentazione che soddisfi la tua, la nostra esigenza di una rappresentazione visiva della realtà, in linea con il senso comune. Non ti é bastata la lezione della meccanica quantistica.»

«É vero. Ma se riesco ad accettare e ad assorbire l'impossibilità di *vedere* onde e particelle, se non mi opprimono più di tanto l'idea del vuoto quantistico che non è vuoto e delle particelle virtuali, se non mi sento a disagio con

541

tutte le diavolerie della fisica dei quanti, che descrive un mondo inaccessibile per l'intrinseca sua ineffabile natura (come del resto non riesco a vedere le onde di Maxwell) non posso fare a meno di costruirmi una rappresentazione visiva dell'universo.»

«E allora i palloncini?»

«E allora i miei palloncini. Ho passato ore, di giorno e di notte, a pensare a come potevo immaginare e descrivere l'universo sulla base delle informazioni a mia disposizione. Ho cambiato idea mille volte. Adesso, però, di una cosa sono certo. Se qualcuno mi chiedesse: quanto è grande l'universo e dove siamo noi? Saprei dare una risposta. E questo mi da un grande, profonda, vera gioia.»

«E se fosse tutto sbagliato?»
«Bisognerebbe che qualcuno me lo dicesse. Però è difficile. E anche perché sono certo che ai miei errori si opporrebbero ragionamenti astrusi, oppure incomprensibile matematica.»

«Allora, forse è meglio, per la pace del tuo spirito che nessuno ti faccia domande. O se mai te ne faranno, forse ti converrebbe star zitto.»

Capitolo XIV Caos

Tra i divulgatori più noti e prestigiosi della teoria del Caos, si trovano Ilya Prigogine, Thrin Xuan Thuan, James Gleick, Murray Gell-Mann, Ian Stewart, e Mitchell Waldrop[1]. Tranne quest'ultimo, sono stati tutti già citati qui e lì nel corso del libro, e nei vari brani in cui mi sono occupato della teoria. I riferimenti possono essere trovati nelle note ai vari Capitoli. Il libro di Waldrop *Complexity*[43] è interessante perché é un resoconto particolareggiato del pensiero e del lavoro dei primi scienziati che si sono dedicati seriamente alla teoria, raggruppandosi nel Santa Fe Institute, nel Nuovo Messico. Rappresentanti di tutte le discipline, come biologia, economia, informatica e, naturalmente, fisica e matematica, hanno cercato di dare una dignità scientifica paragonabile a quella posseduta da altre branche della scienza, alla nuova venuta: la teoria della complessità.

Mi sono occupato del Caos un po' dappertutto, e in modo parecchio esteso nel Capitolo IV, *Spazio e Tempo*; in più di un'occasione ho accennato al fascino e all'interesse profondo che esercitano su di me alcuni aspetti della teoria, e la posizione di quest'ultima, nella storia e nello sviluppo della scienza in generale. Non escludo, quindi, che in questo Capitolo finale si possa presentare qualche ripetizione di argomenti già esposti, o già trattati in modo abbastanza esteso.

Devo anche dire chiaramente, che mentre l'interesse e il fascino rimangono per intero, il percorso seguito nella scrittura dei Capitoli precedenti, insieme con quello della rilettura recente dei testi sul Caos, mi hanno indotto a nutrire qualche dubbio sul potenziale potere della teoria di mettere ordine

[1] Della teoria del Caos si discute, anche se in modo non specifico, in tutti i libri di divulgazione scientifica anche se non espressamente dedicati ad essa.

nelle incertezze della scienza moderna, con l'introduzione risolutiva di una visione del mondo che - superando il riduzionismo dubbioso della fisica quantistica, e le apparenti certezze insite nella fisica classica - riesca ad aprire nuove strade alla comprensione razionale delle relazioni tra il genere umano e i casi della vita.

Ho l'impressione, insomma, che la teoria del Caos, snobbata da molti fisici teorici, vista da molti scienziati come una minaccia, e da altri come l'espressione di un futuro senza promesse travolgenti, non abbia prodotto, almeno sinora, nessuna vera, potente rivoluzione nel mondo del pensiero scientifico. Insomma, niente Newton, niente Einstein e niente Bohr. Questo fatto si rileva ampiamente in tutti i testi di divulgazione che ho citato. Pagina dopo pagina, il racconto è pieno di storie singolari, di racconti d'impreviste e imprevedibili stranezze, di nuovi fatti sconvolgenti che, però, hanno la triste, sconfortante qualità di rimanere senza esito apparente.
Non è escluso che sia troppo presto per attendersi risultati concreti da una scienza, che ha trovato cultori seri e concentrati solo da tre decenni. E qui, per concretezza non intendo cose come i compact disc dopo il laser, o la bomba atomica dopo l'atomo di Bohr. Mi riferisco all'impressione che l'ispirazione insita nell'idea del Caos, non é riuscita a creare lo stesso tipo di fervore che ha sprigionato le energie intellettuali dei figli e nipoti di Newton e di Bohr.
Il Santa Fe Institute, di cui Murray Gell –Mann è uno dei padri fondatori, dispone di un sito internet http://www.santafe.edu/, nel quale è possibile trovare la storia e la missione dell'istituto, la sua struttura, gli indirizzi di ricerca, e gli articoli tecnici pubblicati negli ultimi anni, per intero e in forma condensata. Riporto sotto, in inglese, i titoli di alcuni articoli pubblicati nel 2003:

- Inferring Pattern and Disorder in Close-Packed Structures from X-ray Diffraction Studies, Part II: Structure and Intrinsic Computation in Zinc Sulphide
- Inferring Pattern and Disorder in Close-Packed Structures from X-ray Diffraction Studies, Part I: Epsilon-Machine Spectral Reconstruction Theory
- Groups, Social Influences and Inequality: A Memberships Theory Perspective on Poverty Traps
- Towards a Unity of the Human Behavioral Sciences
- Multinomial Choice with Social Interactions
- Epigenetic vs. Genetic, a Story of the Evolution of the Germline
- Economic Production as Chemistry
- Robustness in Biological Systems - A Provisional Taxonomy
- Phase Transition and Landscape Statistics of the Number Partitioning Problem

Dai titoli è possibile recepire che l'impegno dei ricercatori si rivolge a problemi di fisica, biologia, economia e, notiamo, scienze sociali. Dall'esplorazione del sito, tuttavia, non sembra scaturire l'esistenza di novità clamorose, o la scoperta di nuovi indirizzi fondamentali di ricerca. Una domanda viene spontanea.

Dalla lettura dei Capitoli precedenti, credo si possa concludere che, dopo gli straordinari progressi fatti dalla scienza nella prima metà del secolo passato con relatività e quanti - mentre la tecnologia avanza a passi da gigante, e la fisica si arricchisce di nuove equazioni e di ardite speculazioni intellettuali - nessuna rivoluzione sensazionale si produce nel progresso della comprensione dell'universo e delle relazioni tra l'uomo e il mondo.

Cosmologia, astronomia, i vari rami della biologia e della genetica, la medicina, la chirurgia, e la tecnologia dell'informazione procurano, ogni giorno, nuove sorprese, con l'indicazione di temerari sviluppi e inusitate promesse.

Ma, intanto, l'incremento di conoscenza di base, il progresso della vera acquisizione del sapere, ristagnano. Prendiamo ad esempio la fisica delle particelle, i quanti e la cosmologia. Dopo avere fatto i salti mortali per unificare forza debole e forza elettromagnetica, dopo avere approssimativamente rivelato l'esistenza dei quark e di una miriade di particelle esotiche, dopo aver esplorato pezzi crescenti dell'universo con telescopi sempre più potenti, gli scienziati continuano a non riuscire a unificare per benino le quattro forze della natura, nutrono seri dubbi sulla validità di certe teorie cosmologiche; tuttavia, non riescono neanche a scoprire che la teoria dei quanti è sbagliata, a dimostrare che Einstein era pazzo, e che, dopo tutto, non c'è stato nessun Big Bang.

E se Watson e Crick hanno scoperto la doppia elica, se il genoma è noto nei suoi più intimi dettagli, per il momento non si conosce l'origine e la cura definitiva del cancro. Il dubbio, legittimo credo, che mi viene è che le capacità d'indagine e di sintesi dei fondamenti della scienza si sia esaurita, o almeno che sia in una fase di stallo che esclude intuizioni e scoperte rivoluzionarie. Questo, almeno a breve termine. Non è nemmeno escluso però, che come qualcuno sostiene, i limiti del progresso scientifico siano la conseguenza intrinseca dei limiti dello sviluppo del cervello umano. Altre due possibilità si presentano: la prima è che tutto quello che di veramente fondamentale c'era da scoprire è già stato scoperto.

L'altra è che la tecnologia ha sostituito la scienza pura, e che la distinzione sia priva di significato. Ci troviamo quindi in una strana fase in cui la vera scienza, dominata da astrazioni totalmente estranee al senso comune, si aggroviglia su se stessa alla ricerca d'improbabili progressi che, se ottenuti, soddisferebbero solo le aspirazioni intellettuali degli scienziati. Intanto, la tecnologia va avanti, tramite l'uso di principi già consolidati, verso scoperte che, forse elimineranno le malattie, allungheranno la vita, permetteranno cose strane e oggi inimmaginabili, senza però permetterci di capire come funzionano le relazioni tra gli uomini, e tra uomo e natura, senza consentirci di comprendere il passato, di gestire il presente, e di prevedere il futuro.

Vedremo in questo capitolo che non è da escludere che la teoria del Caos, nonostante i limiti cui io ho già accennato, rappresenti l'unica vera novità che custodisce i presupposti per una vera rivoluzione del pensiero scientifico. Quella che potrebbe smentire la fatalistica convinzione secondo la quale la tecnologia avanza, ma gli uomini non cambiano mai.

George Cowan, il fondatore dell'Istituto di Santa Fe, sostiene che gli scienziati del Caos stanno creando la scienza del ventunesimo secolo.

Waldrop fornisce un altro spunto interessante. Scrive:

Dopo trecento anni in cui tutto è stato sminuzzato in molecole, nuclei e quark, essi (gli scienziati del Caos) stanno invertendo il procedimento. Invece di cercare di volgere lo sguardo verso i pezzi più piccoli possibili, cominciano a cercare di capire come questi pezzi si assemblano in unità complesse.

Qualche Definizione

Riporterò di nuovo i riferimenti bibliografici dei testi cui, man mano, mi riferirò in questo capitolo, piuttosto che richiamarmi alle note ai capitoli precedenti.
Uno dei problemi che si sperimentano durante e che rimangono tali dopo la lettura dei testi divulgativi sul Caos, è quello di capire esattamente di che si tratta. Una pedestre scorsa alle definizioni fornite da qualche autore può essere d'aiuto.

Cominciamo con *Does God Play Dice* (Op. Cit.) di Jan Stewart.

Occorre notare che la prima edizione appartiene al 1989, così come molti dei libri cui farò riferimento non sono proprio recenti. Anche questo, direi, indica l'assenza di clamorosi stimoli a pubblicare novità di sostanza. Mi rendo conto, solo adesso di non aver sempre citato la data delle prime edizioni dei testi che ho consultato su altri argomenti - molto spesso sono nuove edizioni di libri pubblicati anni o decenni prima. Roba relativamente antica, o se che se non lo è, riprende e ripete storie vecchie.

Stewart riporta le definizioni disponibili nel dizionario (non precisa quale):

chaos *('keyos) n. 1. The disordered formless matter supposed to have existed before the ordered universe. (La materia informe e priva di struttura che si suppone sia esistita prima dell'universo ordinato). 2. Complete disorder, utter confusion. (Disordine completo, confusione totale).*

Nel 1986 nel corso di un'importante conferenza, della Royal Society sul caos, a Londra, pochi dei presenti potevano o volevano offrire una definizione precisa: compito difficile se non si sa esattamente di cosa si sta parlando. Tuttavia ecco la definizione su cui essi riuscirono a mettersi d'accordo: *3.Cahos: (Math) Comportamento stocastico che si verifica in sistemi deterministici.*

Due nuovi modi dire, continua Stewart, anche se con il termine *deterministico* (ricordare il determinismo di Laplace anche a noi ben noto) si dispone di sostanziale familiarità. Cito il resto del passo per intero:
Stocastico vuol dire casuale[I]. Per comprendere il fenomeno del caos avremo bisogno di discutere ulteriormente il

---

[I] La parola inglese è *random*. In italiano non trovo di meglio tra i sinonimi:

significato dei due termini, perché nella sua forma attuale la definizione implica un paradosso. Il comportamento deterministico è regolato da leggi esatte e indistruttibili. Il comportamento stocastico è l'esatto opposto: senza leggi e irregolare, governato interamente dal caso[I].

Lo stesso Stewart, seguendo un ragionamento su cui torneremo, scrive:

*Nel corso del ventesimo secolo, la metodologia statistica trovò il suo posto, insieme ai modelli deterministici, come partner con eguali diritti. Venne coniato un nuovo termine per mettere in chiaro che anche la sorte ha le sue leggi: stocastico. (La parola greca stochastikos si traduce esperto nell'ottenere e quindi illustra l'idea di usare le leggi del caso per vantaggio personale). La matematica dei processi stocastici - sequenze di eventi determinati dalla **chance** - cominciò a svilupparsi insieme alla matematica dei processi deterministici.*
A questo punto l'ordine smise di essere sinonimo con leggi, e disordine con l'assenza di leggi. Sia l'ordine sia il disordine disponevano di leggi. Queste leggi, però, avevano due distinti tipi di codici di comportamento. Un tipo di leggi per l'ordine e un altro per il disordine. Due ideologie matematiche ciascuna valida per la sua sfera di influenza. Determinismo per sistemi semplici con pochi gradi di libertà, statistica per sistemi complessi con molti gradi di libertà. Un sistema era random oppure non lo era. Se lo era, gli scienziati si rivolgevano a strumenti stocastici; se non lo era, affinavano le loro equazioni deterministiche.

Trinh Xuan Thuan in *Le Caos et l'Harmonie* (Op. Cit.) scrive:

---

fortuito, accidentale
[I] Qui la parola inglese usata è chance. Io uso caso, quindi me la cavo con un aggettivo e un sostantivo. Userò anch'io i termini inglesi quando mi sembrerà utile per la chiarezza del discorso.

Se consultate il Petit Larousse, vi dirà che la parola (chaos) significa disordine, confusione generale. In verità, il caos come viene compreso dagli scienziati non significa assenza d'ordine. Si ricollega piuttosto a una nozione d'imprevedibilità, d'impossibilità di fare previsioni a lungo termine. Dato che lo stato finale dipende in maniera tanto sensibile da quello iniziale, e che un nonnulla può modificare ogni cosa, noi siamo fondamentalmente limitati nella previsione di questo stato finale. In realtà, la nostra conoscenza dello stato iniziale è sempre caratterizzata da una certa imprecisione, per quanto minima essa possa essere. Nei sistemi cosiddetti caotici, quest'imprecisione si amplifica in modo esponenziale e fornisce come risultato una non conoscenza dello stato finale.

Waldrop, riferendosi ai sistemi complessi e a una lunga lista di interrogativi associati ad avvenimenti e sistemi apparentemente caotici (la caduta dell'unione sovietica, il crash del'87 in borsa, la stabilità di certi ecosistemi, l'inizio della vita dalla zuppa primordiale, la selezione naturale, la vita in generale, il processo che regola la mente umana, la nascita dal nulla dell'universo) scrive: *A prima vista l'unica cosa in comune tra tutte queste domande è che esse hanno la medesima risposta: nessuno sa perché.*

Eppure osservandole più da vicino si trova che esse hanno molto in comune.

Per esempio, ognuna delle domande elencate si riferisce a sistemi che sono complessi nel senso che molte variabili indipendenti interagiscono tra loro in moltissimi modi. Pensiamo ai quadrilioni di proteine, lipidi, e acidi nucleici che reagiscono chimicamente per formare le cellule viventi, o ai miliardi di neuroni interconnessi a costituire il cervello, oppure ai milioni di individui, mutuamente indipendenti che formano la società umana.

Tra l'altro, in ogni caso è proprio la ricchezza di queste interazioni che permette al sistema, nella sua globalità, di assoggettarsi a un'auto organizzazione spontanea [...]. In più, questi sistemi complessi sono adattabili[I], nel senso che essi non rispondono passivamente agli eventi, come una pietra potrebbe mettersi a rotolare in un terremoto. Essi cercano in tutti i modi di rigirare ogni avvenimento a loro vantaggio [...] la teoria del caos ha scosso la scienza alle sue fondamenta, con la realizzazione che certe semplicissime regole dinamiche possono dare origine a comportamenti straordinariamente intricati; ne sono testimoni la bellezza dei dettagli senza fine dei frattali, o le schiume turbolente di un fiume [...] tutti questi sistemi hanno, in qualche maniera, acquisito la capacità di posizionare ordine e caos in un certo tipo di equilibrio. Il punto di equilibrio - spesso indicato come i confini del caos[II] - si trova dove le componenti del sistema non sono proprio ben posizionate, ma nemmeno si dissolvono in turbolenza [...].
I confini del caos rappresentano la zona in cui si svolge un'incessabile lotta tra stagnazione e anarchia, il punto in cui un sistema complesso può divenire spontaneo, adattabile e vivo.

Riporto ora, una serie di note tratte da *The Quark and the Jaguar* (Op. Cit.) di Murray Gell-Man, cosi come le ho annotate leggendo il suo libro.

Alcune definizioni e considerazioni:

Complex Adaptive Systems, da pg 16 in avanti.

Un CAS (tradotto Sistema Complesso Adattabile). É un sistema in comunicazione con l'ambiente esterno, e che

---

[I] Il termine inglese usato qui è *adaptive*. Ho consultato il dizionario dei sinonimi del mio Word Processor e non ho trovato la parola. Il seguito del discorso ne chiarisce il significato.
[II] O anche punto di biforcazione. Mia aggiunta.

dall'esterno riceve informazioni, alle quali si adatta continuamente, identificandone gli aspetti regolari e capace di condensare tali aspetti in uno schema o modello e, infine, agendo di conseguenza sul mondo reale sulla base di detto schema.

Gli esempi sono:

- il sistema immunitario
- l'evoluzione delle società
- il comportamento degli investitori nel mercato finanziario
- l'evoluzione biologica

Citazione: pg 16 e 17:

É la gravità che ha permesso l'aggregazione della materia sotto forma di galassie, stelle e pianeti, inclusa la terra.

Dal momento della loro formazione, questi corpi cominciano a manifestare complessità, diversità e individualità. Queste proprietà, però, assunsero un nuovo significato con l'apparizione di CAS. Qui sulla terra quest'evoluzione fu associata all'origine della vita terrestre, con il processo dell'evoluzione biologica, che ha prodotto la straordinaria diversità delle specie.

La nostra specie, in molti modi la più complessa che si sia evoluta fino a ora sul nostro pianeta, è riuscita a scoprire una gran parte della semplicità che è alla base di tutto, inclusa la stessa teoria della gravità.

Una prima definizione di Caos, consegnata tra le righe:

[...] il diffusissimo fenomeno del caos, in cui il risultato di un processo dinamico è così sensibile alle condizioni iniziali che una minuscola variazione di dette condizioni all'inizio del processo risulta in una sensibile differenza finale.

A pagina 25 Gell-Man cita Poincaré che è il primo, in largo anticipo, a mettere in discussione il *determinismo classico*, chiarendo che anche nella meccanica classica una piccola differenza nelle condizioni iniziali può produrre sostanziali differenze nell'evoluzione di fenomeni, e che un piccolo errore nella valutazione delle condizioni iniziali, può produrre enormi errori nel risultato finale. Ogni predizione diviene pertanto impossibile, e si finisce per avere fenomeni del tutto casuali.
Poi, aggiunge Gell-Mann:

Dato che nulla può essere misurato con assoluta precisione, il caos produce un'effettiva indeterminazione a livello classico, al di là dell'indeterminazione implicita nella meccanica quantistica.
I suoi risultati (Quelli degli studi di un suo allievo, Brun) confermano che, in molti modi, è utile pensare al caos come a un meccanismo che può amplificare a livello macroscopico l'indeterminazione inerente alla meccanica quantistica.

Gell-Mann dedica molta attenzione al problema della definizione e della quantizzazione della complessità.

- Indipendentemente dalle dimensioni di un computer e dal programma, o a parità di condizioni, un problema o la descrizione e soluzione dello stesso è tanto più complesso quanto più tempo-computer è richiesto per elaborarlo.
- Come in una storia, un racconto, la lunghezza del *messaggio* che ne descrive le caratteristiche, le proprietà, è un segno della complessità dello stesso.
- L'esempio meno scientifico e più facile da capire: una foresta equatoriale è più complessa e più *resilient* ovvero capace di resistere a grandi *disturbances* dovute a cambiamenti climatici, fuoco, alluvioni, etc. di una foresta di conifere alpine. La complessità di una foresta può essere misurata in ragione della lunghezza del messaggio

necessario a descriverla. Naturalmente il messaggio sarà tanto più lungo tanto più si scende nel dettaglio della descrizione. Anche quest'aspetto che Gell- Mann definisce *Coarse Graining*, sgranatura grossolana, prendendo a esempio il graining delle foto, è fondamentale nella definizione e nella misura della complessità.

Le definizioni e le citazioni fornite contengono informazioni sulla teoria insieme alle basi del linguaggio del Caos. Un sistema *complesso* non può essere trattato con le stesse regole di un sistema *deterministico*. Gli strumenti matematici utilizzabili non sono gli stessi. Una piccola variazione delle condizioni iniziali ha spesso come conseguenza un'evoluzione completamente diversa dello stesso fenomeno e, in ogni caso, elimina la certezza di ogni previsione. Il comportamento di un sistema caotico è *stocastico*, ovvero casuale. Non è tuttavia vero che i fenomeni alla base di un sistema caotico sfuggano alle leggi classiche dell'altra fisica, classica o atomica: i principi sono gli stessi, è solo il livello di complessità del fenomeno che cambia. Non solo. Non è assolutamente vero che tutti i sistemi caotici rappresentino uno stato di *confusione totale* e non siano suscettibili - se *adaptive, adattabili* - di generare *una spontanea auto organizzazione*.

Nello studio dei fenomeni caotici, alla scrittura e alla soluzione delle equazioni differenziali si sostituisce l'utilizzazione del computer, e il ricorso alla *statistica*. Quest'ultima, d'altra parte, trova ampio spazio anche nella soluzione di problemi classici: basti pensare allo studio dei gas e alla termodinamica in generale.

Disponiamo ora di un *vocabolario* iniziale di termini che appariranno e si chiariranno meglio in seguito. Anche in questo caso, come in quello della Cosmologia, piccoli successivi passi.

Ma, ecco un importante interrogativo: perché in un mondo dominato da eventi non lineari, caotici, da situazioni in cui il caso, ogni giorno, in ogni momento della storia dell'universo, ha prevalso sulla regolarità; perché in un mondo in cui solo i pianeti di Newton nel loro moto intorno al Sole seguono percorsi regolari e ripetibili, mentre nel cosmo in continua ebollizione le stelle esplodono, nuovi mondi si formano, la materia si condensa in invisibili buchi neri, e tutto avviene senza una logica apparente tranne quella che riescono ad attribuirgli, a posteriori, gli astronomi e i cosmologi; perché quando la storia, l'economia, e la vita sulla terra – tifoni, terremoti, guerre, fame, epidemie e, perché no, le storie individuali degli umani – sembrano confermare che l'ordine e la prevedibilità sono spesso nient'altro che chimere, aspirazioni che s'infrangono nel caotico abisso dell'incertezza; perché quando anche lo studio dell'atomo ha confermato l'intrinseca indeterminazione e l'incertezza dei fenomeni naturali.

Perché – ecco finalmente la domanda – gli scienziati hanno aspettato tanto prima di provare a costruire una teoria che ha, perlomeno, l'ambizione di dare un senso a quella realtà che non coincide con le apparenti certezze insite nella tecnologia? Insomma, perché la teoria del caos è nata solo qualche decennio fa? Ho già accennato a questo problema nel capitolo *Spazio e Tempo*. Qui, vale la pena di occuparsene ancora.

Perché non ci hanno pensato prima?

In *Does God Play* Dice (Op. Cit.) Stewart si riferisce alla fisica dei gas come a uno degli esempi più calzanti in cui casualità e determinismo vengono *a trovarsi faccia a faccia*. Il moto di una molecola di gas segue regole precise che trovano le loro radici nelle leggi della meccanica. Da dove origina allora la *casualità?* La risposta è: dalla *complessità* del sistema. *Il movimento dettagliato di un gas è troppo complesso perché noi si possa riuscire ad afferrarlo […] e quando si osserva una parte minuta del moto, enormemente complicato, essa apparirà casuale, apparirà priva di struttura.*

Lo stesso tipo di ragionamento si applica, continua Stewart alle scienze sociali, allo studio dell'economia, della storia di una nazione o a quello della mente umana. Anche nella fisica, la più precisa delle scienze, la mancanza di casualità e la possibilità di previsioni corrette sono legate al modo in cui, nell'approccio sperimentale, si eliminano tutte le influenze esterne indesiderate. Continua Stewart:

Gli scienziati di cento anni fa erano ben consapevoli che un sistema deterministico può comportarsi in maniera apparentemente casuale. Ma sapevano anche che il sistema non era davvero casuale; sembrava tale solo a causa dell'imperfetta dose di informazioni disponibili. Sapevano anche che questa falsa casualità si verificava solamente in sistemi molto grandi e complessi – sistemi dotati di gradi di libertà enormemente ampi, di un numero enorme di variabili scollegate, di un'enorme quantità di parti costitutive. Sistemi il cui comportamento dettagliato sarebbe sempre stato al di là delle capacità di comprensione della mente umana.

I problemi semplici, potevano essere trattati con modelli matematici basati sull'uso delle equazioni differenziali. L'analisi *statistica* di quantità medie venne poi in aiuto degli scienziati quando si trattò di studiare sistemi più complicati, quali quelli di un gas in agitazione. Le leggi del comportamento dei gas - quelle che correlano pressione, volume e temperatura, o che consentono il calcolo dell'entropia di un sistema gassoso - richiesero, dunque un nuovo approccio matematico, in cui l'uso di inediti metodi di calcolo permise di ottenere risposte precise e di prevedere, se non il comportamento di una singola molecola o di un piccolo gruppo di molecole, sicuramente quello del gas nel suo insieme.

É in conformità a questi successi - la capacità di scrivere equazioni differenziali, a volte risolvibili, e l'uso di metodi statistici - che la scienza progredì, nella convinzione che la ricerca della semplicità, in natura, consiste nel trovare equazioni semplici per rappresentare i fenomeni naturali. Quando non si riusciva a scrivere e a risolvere un'equazione semplice l'interesse per lo studio di un fenomeno precipitava.

Nel suo prologo al libro *Chaos*[44], James Gleick, sostiene che mentre l'invenzione della fusione a laser, l'arrovellarsi sullo spin o sul colore e il sapore dei quark, cercare di datare l'origine dell'universo, sono stati considerati problemi *legittimi* da parte dei fisici, lo studio delle nuvole,

[...] che in un pomeriggio tempestoso, quando il cielo vibra e trema in attesa dell'elettricità che sta per arrivare, se ne stanno a trenta miglia di distanza, filtrando e assorbendo la luce, fino a quando l'intero panorama del cielo comincia ad assomigliare a uno spettacolo messo in scena come un sottile rimprovero per i fisici (veniva lasciato ai meteorologi).

Dove comincia il caos la scienza classica si arresta. Sin dal momento in cui il mondo ha avuto a disposizione dei fisici impegnati a indagare le leggi della natura, esso ha sofferto di una particolare ignoranza riguardante il disordine

nell'atmosfera, nel mare in tempesta, nelle fluttuazioni delle popolazioni animali, nelle oscillazioni del cuore e del cervello. Gli aspetti irregolari della natura, quelli discontinui ed erratici – questi hanno rappresentato enigmi per la scienza, o peggio mostruosità.

Più avanti, citando un fisico non identificato, Gleick scrive che,

la relatività ha eliminato l'illusione newtoniana di spazio e tempo assoluti; la teoria dei quanti ha spazzato via il sogno, sempre di Newton, di processi di misura controllabili; il caos elimina la fantasia laplaciana della prevedibilità deterministica. Di queste tre, la rivoluzione del caos si applica all'universo che vediamo e tocchiamo, ad oggetti su scala umana.

Di questi passi di Gleick, è sull'ultimo periodo che io vorrei mettere l'accento.

La scienza del Caos si applica dunque a fenomeni che sono considerati come mostruosità da parte di chi cerca nella scienza il replicabile e il certo; ciononostante i fisici considerano legittimo lo studio dell'ineffabile, astruso mondo di fotoni e quark; i fenomeni caotici sono considerati alla stregua di rompicapi; essi godono, però, di una peculiare qualità: si applicano all'universo che vediamo, a ciò che vediamo e tocchiamo, a oggetti su scala umana.

La fisica di Hawking, quella che consente l'efficiente distribuzione di premi Nobel e raccoglie somme sostanziali per gli esperimenti, è stata definita una rivoluzione, prosegue Gleick. Ma siamo certi che la fisica delle particelle sviluppata dopo la seconda guerra mondiale sia stata veramente una rivoluzione, invece che la semplice conseguenza, arricchita certo, dei fondamenti scoperti dai padri della relatività e della meccanica quantistica, Einstein e Bohr? In realtà sono passate due generazioni[l] senza che la fisica abbia prodotto un

558

idea teorica capace di cambiare il modo in cui i <u>non specialisti</u>[1] interpretano il mondo.

Un altro aspetto importante della questione del ritardo con cui la scienza ha cominciato a occuparsi dei fenomeni caotici risulta, ancora una volta, dalla passione dei fisici e dei matematici per la scrittura di equazioni eleganti, in cui alla bellezza formale si accoppi la concisione, e quando è possibile la risolvibilità. Ora, come vedremo più avanti, mentre la maggior parte delle equazioni di questo tipo gode anche della caratteristica della *linearità*, le equazioni che regolano i fenomeni caotici sono *non lineari.* Mentre i testi scolastici e quelli universitari abbondano nella trattazione della soluzione delle equazioni lineari e dei metodi per scrivere e risolvere le equazioni differenziali, pochissimo spazio viene dedicato allo studio e all'insegnamento delle equazioni non lineari.

Molto spesso le equazioni non lineari *non* sono risolvibili. Sia Gleick che Stewart insistono su questo punto, adducendolo come una delle principali ragioni per l'inconscio disinteresse degli studiosi per i fenomeni caotici.

Gli scienziati, insomma, hanno scelto istintivamente le equazioni che potevano essere risolte.

Nel brano precedente, intitolato *Qualche Definizione*, sono andato parecchio oltre i limiti imposti dal titolo. Anche in questo, mentre cercavo di illustrare le ragioni del ritardo nell'avvio e nello sviluppo del Caos come scienza, ho introdotto, come nel precedente, idee e concetti che dovrebbero aiutare a capire di cosa stiamo parlando. Non è che la questione sia risolta: non è ancora tutto chiaro, solo qualche piccolo passo avanti.

---

[1] Le due generazioni di Gleick sono diventate quasi quattro oggi.
[1] Sottolineatura mia.

Sono venuti fuori molti esempi dei molteplici settori della conoscenza ai quali la teoria si applica; se è vero che, come ho scritto nell'introduzione a questo capitolo, la teoria del caos non ha ancora fornito risultati clamorosi, sembra anche evidente - i miei autori lo confermano - che negli ultimi decenni anche le altre branche della conoscenza fondamentale (e ricordiamo la distinzione e il collegamento che ho fatto tra scienza e tecnologia) non hanno realizzato progressi rivoluzionari; è comparso il fatto che io considero interessante e sorprendente, che riguarda l'assenza d'interesse degli esperti per problemi non *risolvibili* con la matematica tradizionale, e che una nuova matematica, quella delle equazioni non lineari, ha fatto la sua comparsa proprio quando è intervenuto l'interesse per i fenomeni complessi[I].

E soprattutto di quest'aspetto della faccenda che mi occuperò nel prossimo sottocapitolo.

Ma c'è un altro punto. I sistemi complessi su cui si centra l'attenzione degli studiosi del Caos sono quelli *adattabili*, nei quali, al bivio tra casualità e certezza, al punto di biforcazione, dal disordine può nascere l'auto-organizzazione e l'ordine che ne consegue. Una pietra che rotola in un terremoto è un episodio senza conseguenze, che risponde *solo passivamente* all'evento che l' ha causata, così come un pezzo di legno che cade da una cascata, una goccia d'acqua tra i trilioni di compagne agitate da mare in tempesta, o come una foglia che trascinata dal vento, o ancora le volute di fumo di una sigaretta.

Sono *adattabili*, o almeno così sperano i teorici del caos, fenomeni come – ne cito solo tre – la crescita degli organismi biologici, l'andamento dei cicli economici e della borsa, e i fenomeni sociali, incluse politica e storia.

[I] Rileggendo il capitolo *Spazio e Tempo*, alla voce *Cosa c'è in mezzo* trovo che mi sono già ampiamente intrattenuto su quest'argomento: quindi, non dovrei essere tanto sorpreso. Se ho capito bene, però, le equazioni non - lineari non erano mai state approfondite: da qui nasce la mia sorpresa.

É lecito porsi immediatamente le domande seguenti – possiamo permettercelo dato il ridotto e nebuloso livello di approfondimento scientifico che è il limite e, allo stesso tempo il merito di questo libro. Uno: non basta Darwin e la schiera di scienziati che da decenni esplorano con successo ogni spazio della biologia? Ci vuole proprio la teoria del Caos per fare progredire ancora questa scienza? Due: che significa dire che la teoria del caos permetterà di prevedere i cicli economici e l'andamento della borsa? Vuol dire che sapremo controllare le recessioni e diventare tutti bravi e ricchi come Soros? Tre: potremo evitare le guerre quando avremo imparato a scrivere le equazioni che regolano gli infiniti elementi politici, economici, militari che le determinano? E infine, quattro: è sicuramente lecito decidere di trascurare lo studio dei sistemi caotici non adattabili, le gocce, i pezzi di legno, il fumo, i martelli che cadono sulla testa del Dottor Dupont di Monod?

Potrebbe sembrare che i dubbi impliciti nelle prime tre domande, e il solo fatto di avere posto la quarta, testimonino un'altra manifestazione del circospetto scetticismo dell'autore applicata anche al caos - a questa nuova, ultima espressione, dello sviluppo della conoscenza umana - già manifestatosi quando si è discusso di fisica quantistica. In realtà, queste domande riflettono sia quelle che potrei aspettarmi da chiunque, dotato di pazienza, cerchi con me di approfondire questa teoria, sia la mia - forse demenziale - convinzione che nell'evoluzione dell'universo e nella storia dell'uomo tutto sembra trovarsi sullo stesso piano, e che la sintesi finale può solo nascere dal riconoscimento che caos, casualità, e incertezza rappresentano la vera realtà: gli sviluppi della scienza non sono altro che le ombre della realtà proiettate sulla parete della caverna.

Le Equazioni del Caos

Con la seguente citazione di Stewart in *Does God Play Dice* riprendo il discorso sui concetti già riportati nel brano precedente, e introduco questo sotto capitolo:

Il successo del paradigma delle equazioni differenziali era stato impressionante e ampio. Molti problemi, inclusi quelli basilari e importanti, conducevano a equazioni che potevano essere risolte. Si stabilì un processo di auto-selezione, per il quale le equazioni che non potevano essere risolte diventavano automaticamente meno interessanti di quelle che lo potevano.

Ancora:

La linearità è una trappola. Il comportamento delle equazioni lineari [...] è tutt'altro che tipico. Ma se si decide che vale la pena di discutere solo di equazioni lineari, s'introduce un processo di auto censura [...] così come il 18esimo secolo credeva in un mondo assimilabile a un orologio, ugualmente il mondo della metà del secolo ventesimo era un mondo lineare.

E, James Gleick, in *Cahos*,

Le relazioni lineari possono essere compendiate con una linea retta riportata in grafico [...]. Le equazioni lineari sono risolvibili, il che le rende adatte ai libri di testo. I sistemi lineari possiedono un'importante virtù modulare: le puoi spezzettare e mettere insieme nuovamente – i pezzi si sommano. I sistemi non lineari, in generale NON POSSONO essere risolti, e non possono essere messi insieme [...].

Ho deciso di entrare in qualche dettaglio su questa questione un po' perché come nel caso del problema dell'*orizzonte*, in

562

Cosmologia, sono anni che io cerco di capirne il significato. Un po' perché ho bisogno della solita traccia cui ricorrere quando dovessi riflettere in futuro su un argomento che credo di aver capito adesso, senza dovermi sforzare di nuovo.

Il mio eventuale editore potrà consigliarmi di tagliare questa parte del Capitolo sul Caos, in un libro che, anche per le sue dimensioni, sta acquistando sempre di più una qualità che lo rende di basso interesse editoriale. Io potrei consigliare al lettore di saltarlo a piè pari. Non lo faccio, anzitutto perché quello che scrivo si limiterà a sfiorare l'argomento; poi perché la questione della matematica delle equazioni non lineari è veramente alla base di molti dei ragionamenti sul caos.

Un'equazione lineare tipica è quella che è apparsa assai spesso in questo libro s = vt, che lega lo spazio percorso da un corpo in movimento (s) con il tempo (t) se il corpo si muove a velocità COSTANTE (v). Ogni relazione dello stesso tipo, scritta in forma più generale y = kx è un'equazione lineare, già risolta per il fatto che si può esprimere la variabile y, in funzione dell'altra variabile x, tramite una costante k. Riportata su un grafico, con x sulle ascisse e y sulle ordinate, da luogo a una bella retta. Ed è, ovviamente, rappresentato da una retta l'andamento dello spazio in funzione del tempo, per un corpo che si muova a velocità costante.

Prendiamo adesso un'equazione non lineare, una quadratica semplice che imparavamo, mi pare al primo anno di scuola superiore:

$$ax^2 + bx + c = 0$$

Chi non la ricorda? Bene si tratta di un'equazione NON lineare - la variabile appare al quadrato - e che è risolvibile. Ricordate, ha due soluzioni

$$x = -b \ +/- \ \sqrt{\frac{b^2 - 4ac}{2a}}$$

Mi suggerisce il mio amico Valerio Toledano (quello che scrivo è il risultato del suo paziente consiglio) che è vero, *ci sono un sacco di equazioni "toste"* , non lineari che non si sanno risolvere. Bisogna definire, tuttavia, quest'ultimo termine in modo più preciso: diciamo che vuol dire risolvere in modo esplicito, con un'elegante formula del tipo riportato sopra. Molto spesso si può dire molta roba sulle soluzioni possibili di equazioni non lineari, anche se soluzioni definitive e, ripeto, eleganti, non sono disponibili; un esempio (quantistico) è l'equazione di Schrödinger, non lineare.

Prendiamo adesso un'equazione del tipo $y = kx^2$. É un'equazione algebrica, non è lineare, ma è risolvibile, anzi, mi scrive Valerio è *risolvibilissima e, di fatto, già risolta poiché esprime la y in termini di x, indi tutto apposto.*

Un'altra equazione non lineare interessante, quella che, come si vedrà, appare in tutti i libri sul Caos, e che esprime l'andamento delle popolazioni biologiche in funzione del tempo[1] è la seguente:

$$y = kx \ (1 - x)$$

che si può anche scrivere:

$$y = k \ (x - x^2)$$

Non è lineare. Tuttavia, come mi spiega Valerio è risolvibile, anzi è risolta, giacché la y è espressa come funzione di x.

---

[1] Spiegherò meglio più avanti il significato di questa relazione

Attribuendo a x un qualsiasi valore si può ricavare, per ogni valore di k, un corrispondente valore di y.

Ma, allora, qual è il dilemma? Da dove nasce la disquisizione e la preoccupazione dei miei autori sui problemi insiti nelle equazioni non lineari, sulla difficoltà di risolverle, e sulla tendenza da parte dei fisici e dei matematici a tralasciare ogni problema, consciamente oppure no, reso insolubile dall'assenza di linearità?

La spiegazione vera, non evidenziata, in maniera esplicita per i non adepti, dai divulgatori del Caos è che i pasticci cominciano quando s'*itera* un'equazione non lineare.

Vediamo che significa *iterare* e facciamolo cominciando con un'equazione lineare, e come tale sicuramente *risolvibile*; ricordiamo anche che quest'ultimo termine coincide con la capacità di *risolvere in modo esplicito* esprimendo la soluzione in una forma elegante.

L'equazione y = k x è lineare e risolvibile.

Ora attribuiamo un valore a k, per esempio 2, e un valore iniziale a x, per esempio 0.5, e cominciamo a *iterare*.

1. Step 1 y = 2*0.5 = 1. Nello Step successivo, prendiamo il risultato ottenuto per y, e sostituiamolo al posto di x nell'equazione di partenza.
2. Step 2 y = 2*1 = 2 . La stessa operazione conduce allo Step successivo.
3. Step 3 y = 2*2 = 4
4. Step 4 y = 2*4 = 8 e cosi via.

Muniti di un piccolo calcolatore, potremmo continuare all'infinito, e calcolare a mano il quarto, quinto...ennesimo valore di y, in un processo d'iterazione continua. Faccio notare, anche se può sembrare ovvio, che in questo processo iterativo, la x che entra in ogni calcolo successivo è quella che risulta dal precedente, e che quindi la scelta del valore iniziale di x determina tutti i valori successivi. Inoltre, per dare un

565

significato intuitivo al procedimento si può dire che stiamo calcolando il valore che y assume, per un valore iniziale fisso di x, e che ogni step rappresenta l'evoluzione di y in funzione del tempo, per esempio, un secondo per ogni step.

Credo che il termine *iterare* abbia perso a questo punto il suo alone di mistero. Ma, allora qual è il problema? Il problema è che si potrebbe non disporre d'infinita pazienza, o di un velocissimo computer, per arrivare a calcolare, passo dopo passo, *step by step*, il valore che y assume alla centesima iterazione, e che allora sarebbe bello, necessario e soddisfacente trovare una soluzione *elegante* all'equazione data, quando si voglia scriverla in una forma che consenta l'iterazione.

Se chiamiamo con x_0 il valore iniziale di x, e con x_n il valore che y assume all'ennesima iterazione, la *soluzione* dell'equazione iterata è la seguente:

$$x_n = k^n{}^*x_0$$

Ho fornito la soluzione risparmiandovi l'ovvio ragionamento che, fidatevi, Valerio ha fatto per me.
Verifichiamo controllando il valore di y allo step 4.

$$y = x_4 = k^4{}^*0.5 = 2^4{}^*0.5 = 8$$

Dunque, abbiamo *risolto* l'equazione lineare y = kx , anche quando sia usata in un processo iterativo. Vale la pena di notare che il valore assegnato alla costante k, può cambiare in maniera drastica l'andamento del *fenomeno*:

- se k è compreso tra 0 e 1 ma non è uguale a 1, allora x_n tende a 0.
- se k è uguale a 1 x_n è uguale a x_0 per ogni valore di n.
- se k è maggiore di 1 x_n tende verso più infinito

Se ora provassimo a fare lo stesso esercizio (iterazione) con l'equazione NON lineare che ho già citato sopra:

$$y = k(x - x^2)$$

scopriremmo, finalmente qual è la vera difficoltà: a) trovare una forma semplice per esprimere e calcolare l'ennesimo termine iterato è difficile se non impossibile; b) il comportamento di x_n in funzione di n è CAOTICO in quanto dipende da piccolissime variazioni del valore di k e del valore di x_0 (iniziale) che è stato scelto.

Ecco che, finalmente, la parola *caotico* entra nel nostro vocabolario attraverso la porta razionale della matematica. Ed ecco che, mi pare, si può concludere semplicemente che l'enfasi sulla contrapposizione tra lineare e non lineare andrebbe posta, forse più correttamente, e quindi con una maggiore chance di essere afferrata, spiegando che è il processo iterativo che è basilare nei processi caotici, che rende ostiche le equazioni non lineari.

Questa mia conclusione potrebbe non essere corretta. Certo è, tuttavia, che tutti i miracoli, tutte le meraviglie insite nella teoria del Caos (ricordate i frattali? Ne parleremo ancora brevemente) hanno origine dall'iterazione di equazioni non lineari semplicissime.
Il processo d'iterazione possiede, tra l'altro una precisa rispondenza con la descrizione matematica di fenomeni fisici concreti e reali. Sono moltissimi i fenomeni in cui l'effetto generato da una causa prima, diventa a sua volta causa nello sviluppo successivo degli eventi. In inglese questo si chiama *feed-back,* effetto retroattivo, retroazione, in italiano. Il numero di pesci in una vasca di allevamento dipende, è influenzato da

una serie di fattori – cibo, malattie, riproduzione – e più che da ogni altro... dal numero iniziale di pesci nella vasca.

Dopo un certo periodo di tempo, diciamo in un primo ciclo temporale, il numero d'individui varia, e il nuovo numero è, allo stesso tempo, il risultato finale del ciclo, e la premessa di quello successivo. In biologia, meteorologia, economia, e in elettronica il feed-back domina l'andamento dei fenomeni. Se è negativo le piccole influenze esterne perdono presto di significato; se è positivo ogni influenza, per piccola che sia può eccitare cambiamenti sostanziali, verso l'ordine oppure verso un iniziale, caotico disordine, che o rimane tale, oppure si auto organizza.

Stewart dedica tre pagine a illustrare semplici esempi matematici di iterazioni che possono chiarire bene questo concetto.
Se prendiamo l'espressione $(x^2 - 1)$, con x iniziale uguale a 0,54321 e iteriamo, troviamo che non succede nulla di curioso: si continuano a ottenere due risultati che si ripetono senza sosta: -1 e 0.
Ma, imponendo una piccola variazione dello schema – la relazione diventa $(2x^2 - 1)$ – ed ecco che l'andamento diventa caotico, i numeri oscillano senza alcuna logica apparente. Non basta: se cambiamo il valore iniziale di x variando di un'unità la quinta cifra decimale, x = 0,54322, l'andamento rimane caotico, ma è completamente diverso.

Le meraviglie non sono finite. Se invece di $(2x^2 - 1)$ con x sempre uguale a 0,54321, al posto del 2 mettiamo il numero 1.4 viene fuori un ciclo con 16 valori diversi. Passando a 1,5 il caos interviene in forza, e più si aumenta il numero fino a 1,74 più caotico è il risultato. Ma ecco il miracolo: se si usa 1,75, all'inizio niente di nuovo, è subito caos. Se si continua a iterare, dopo la cinquantesima iterazione, il sistema si

...stabilizza e comincia a oscillare intorno a tre numeri 0,744 - 0,030 - 0,998. Dal disordine si passa all'ordine!

Un piccolo cambiamento delle condizioni iniziali (cambia il moltiplicatore di x, o il suo valore iniziale), interviene il feedback, e il mondo cambia.

Ho espresso più sopra la mia sorpresa perché nessuno s'è mai accorto di queste stranezze sino agli anni sessanta. Però è vero.

La storia del meteorologo Lorenz è descritta in tutti i testi sul Caos. Non la racconto in dettaglio. Basti dire che mentre studiava un complesso di equazioni che rappresentavano l'andamento del tempo, inserendo pressione, temperatura, umidità, velocità del vento in una simulazione condotta con un rudimentale computer dell'epoca, commise un piccolo errore sulla quarta cifra decimale di un numero che entrava nella ripetizione di uno stesso calcolo.

Sorpresa! Come nell'esempio che ho citato l'andamento del *tempo* rappresentato dal diagramma che il computer forniva, era completamente diverso, mutava dopo qualche iterazione.

La ben nota metafora del battito delle ali di una farfalla in Cina che può provocare un temporale a New York (The Butterfly Effect), trova le sue origini nella scoperta di Lorenz.

Un'altra nota importante. Una volta aperto il vaso di Pandora - la possibilità di trovare curiose, diverse risposte per piccole variazioni dei parametri in gioco - l'interesse per questo tipo di esplorazione matematica è aumentato esponenzialmente. Non avrebbe potuto svilupparsi, tuttavia, senza la disponibilità di computer veloci e di programmi capaci di simulare e risolvere problemi altrimenti irrisolvibili. É un'altra delle ragioni per cui è solo negli ultimi anni che la teoria ha potuto svilupparsi. Ecco come Waldrop (Op. Cit) descrive quest'idea:

Una simulazione al computer di un temporale, per esempio, deve essere considerata come una teoria, poiché niente esisterebbe all'interno della macchina oltre le equazioni che descrivono la luce solare, il vento e il vapore d'acqua. La simulazione corrisponderebbe anche a un esperimento dato che queste equazioni sono di gran lunga troppo complicate per essere risolte a mano. Pertanto lo scienziato che guarda la simulazione del temporale in evoluzione sul suo schermo, vedrebbe le equazioni svilupparsi in sequenze che mai avrebbe potuto prevedere.

Frattali e sagome costiere

Ho raccontato la storia di Mandelbrot e dei *frattali* nel capitolo III, quello sulla matematica. Ho anche spiegato il significato del termine e la questione delle *dimensioni* frazionarie. Vorrei, come ho promesso allora, tornare sull'argomento, consigliando a chi fosse interessato di dare una scorsa a quanto ho già scritto.

Come si vedrà, leggendo sino alla fine questo capitolo sul Caos, io sto toccando solo la punta di un enorme iceberg, indugio solo a sfiorarne la cima, senza addentrarmi nei veri, profondi meandri della teoria. Nella teoria del Caos la matematica abbonda e, anche in questo caso, la lettura consapevole dei libri di divulgazione richiederebbe una profonda dimestichezza con la matematica, e una vera attitudine allo studio. E anche in quest'occasione, i divulgatori specializzati si lasciano trascinare dalla passione per la scrittura di un romanzo per professionisti piuttosto che concentrarsi su una sintesi consequenziale e leggibile, destinata agli amatori.

Scelgo, quindi, gli argomenti che capisco, e cerco di mettere insieme un sommario di fatti che, come ho detto all'inizio, permettano almeno di capire di cosa stiamo parlando. In questo, libro, tra l'altro, mancano, per una mia scelta opportunistica di semplicità, i grafici, i diagrammi e le figure, e questo non aiuta.

La rappresentazione della bellezza e la mutevolezza delle immagini che si ottengono iterando equazioni semplici con l'aiuto di un computer, è un ingrediente che qui manca, e che se fosse disponibile aiuterebbe a toccare con mano, fornendo prove concrete, la conferma dell'esistenza di un mondo inconcepibile ma pur vero; uno strano cosmo che può mutare, in un impensabile livello di ordinata complessità, grafico e pittorico, al variare dei parametri scelti; oppure, può dissolversi nel nulla, può convergere in un solo punto, o uscire...dallo schermo.

Ma, i frattali servono a chi e a che cosa? Vengono introdotti, spiegati con grande dovizia di dettagli e sono utili sicuramente a confermare alcuni punti essenziali della teoria della complessità: è vero che semplici equazioni possono generare oggetti di straordinaria varietà; è certo che variazioni infinitesime dei parametri in gioco determinano importantissimi cambiamenti nel risultato; è sicuro che ordine e caos, disorganizzazione e auto-organizzazione s'intersecano in una continua danza di numeri e che esiste un confine del caos, una zona di equilibrio da cui il fenomeno – in questo caso l'immagine del fenomeno – può evolversi verso strutture dotate di una inimmaginabile complessità, oppure verso un caotico nulla.

Se, come ho già suggerito nel Capitolo V si sperimenta con i programmi scritti per disegnare frattali, disponibili su Internet, si può vedere come, punto per punto, il mostro cresce, e si può immaginare che processi simili siano in atto durante la crescita degli organismi viventi, oppure nella costruzione degli oggetti stellari, stelle, galassie, buchi neri. La velocità con cui il computer itera, permette di simulare e vedere in pochi istanti l'evoluzione di eventi simili a quelli che hanno richiesto, in natura, milioni e miliardi di anni per verificarsi. Dunque, la matematica e la rappresentazione pittorica dei frattali possiedono un intrinseco valore di prova *sperimentale* dell'esistenza degli impenetrabili presupposti del caos. Un altro aspetto interessante dell'esperimento con i frattali, è a mio avviso, *l'infinita* possibilità di scelte che si presentano allo *sperimentatore*, e il fatto che a ogni scelta, operata in modo casuale, stocastico, corrisponde un inaspettato risultato.

Lo considero un esempio chiave del fatto che la casualità che interviene nella selezione di uno qualsiasi degli elementi che fissano le condizioni iniziali, può produrre un disegno *bello* oppure *brutto*, utile dal punto di vista della qualità e dell'armonia del risultato, oppure un inutile sgorbio. Come in un quadro, in una sequenza armonica, in un romanzo, in un ragionamento astratto, di fisica o matematica; e come nei processi biologici, quelli che regolano la nascita e la crescita della vita, producendo a volte individui belli e sani, e volte chimere e mostri.

Tuttavia, a parte tutto questo, a volte mi pare che l'enfasi che si dà al racconto dei frattali serva in parte, a distrarre il lettore, al fine di colmare il vuoto dovuto alla mancanza di conclusioni concrete insito nella teoria.
É quello che sto facendo io adesso per colmare non tanto i deficit della teoria, quanto il limite delle mie capacità di cronista.
Jan Stewart spiega la relazione tra frattali e caos:

Negli anni settanta, quando entrambi erano nella loro infanzia, il caos e i frattali sembravano non correlati. Tuttavia essi sono uniti dalla parentela matematica. Entrambi si azzuffano con la struttura dell'irregolare. In entrambi è fondamentale l'immaginazione geometrica. Tuttavia, nel caos la geometria è soggetta alla dinamica, mentre nei frattali la geometria è dominante. I frattali ci offrono un nuovo linguaggio con il qual è possibile descrivere la struttura del caos.

Fu Benoit Mandelbrot a foggiare il termine *frattali* nel famoso libro *The Fractal geometry of Nature*. In seguito Mandelbrot sviluppò *un nuovo tipo di matematica, capace di descrivere e analizzare l'irregolarità strutturata del mondo naturale e coniò un nome per le forme geometriche che risultavano: frattali.*

Mi piace molto una citazione di Mandelbrot presentata da Stewart alla pagina precedente: *Le nuvole non sono sfere, le montagne non sono coni, le linee costiere non sono cerchi, la scorza di un albero non è liscia, e i lampi non viaggiano in linea retta.*

I profili delle coste marine sono un buon esempio di frattale naturale e presentano la caratteristica tipica dei frattali matematici artificiali: la *self-similarity* o auto-similitudine, imitazione di se stesse. *Un minuscolo pezzo di linea costiera, ingrandito di dieci volte assomiglia ancora a una linea di costa; la stessa cosa vale per un segmento della forma di un fiocco di neve*, scrive ancora Stewart, più avanti.

James Gleick si occupa a lungo del lavoro di Mandelbrot che, occorre chiarire, non si limitò a inventare i primi e più affascinanti disegni frattali, ma si occupò di materie ben più sostanziose, quali l'andamento dei prezzi del cotone, le alluvioni dei fiumi, e la trasmissione del rumore in elettronica: tutti argomenti che riflettono il comportamento irregolare di molti processi naturali e *la sua esplorazione di forme infinitamente complesse arrivò a un'intersezione intellettuale: la qualità della self-similarity. Sopra ogni cosa, il termine frattale assunse il significato di self-similar.*

Quando, usando uno dei semplici programmi che consentono di generare disegni frattali, si zumma più e più volte all'interno dell'immagine, progressivamente, su porzioni sempre più minute, si continua a trovare la stessa immagine ripetuta, come nel caso dell'ingrandimento di una linea di costa, o nelle rappresentazioni sempre più ravvicinate degli alveoli polmonari.

Cito ancora Gleick:

La self-similarity è una qualità che si riconosce senza difficoltà. Le sue immagini si trovano dappertutto nella cultura: nella profondità senza fine di una persona ritta tra due specchi, o nell'immagine tipica dei fumetti di un pesce che mangia un pesce più piccolo che mangia un pesce più piccolo che mangia un pesce più piccolo. Mandelbrot ama citare Jonathan Swift: «Cosi, osservano i naturalisti, una pulce si trova addosso pulci più piccole che l'assalgono, e queste a loro volta vengono morse da pulci ancora più piccole. E cosi si va avanti all'infinito.»

Anche Trinh Xuan Thuan non viene meno alla tradizione e comincia col riferirsi alla misura della lunghezza della costa bretone per introdurre la relazione tra oggetti frattali[I] e Caos. La lunghezza della costa dipende dalla scala di misura, o se preferite, dalla distanza da cui la misura viene eseguita, o ancora dalle dimensioni di chi fa misura. Man mano che la scala diminuisce – dai chilometri con cui si guarda la costa da un aeroplano, dai metri con cui la si percorre a piedi o in barca, alla scala con cui la misura venisse eseguita da una formica, o addirittura a un'astratta scala di misura di un essere dotato di dimensioni atomiche – aumentano i dettagli e con essi la lunghezza del profilo costiero.

[I] Mi pare utile, a questo punto che il termine *frattale* è legato alle dimensioni frazionarie degli oggetti che descrive. Non a una dimensione come una linea, a due come un piano o a tre come una sfera. Molti oggetti frattali hanno dimensioni frazionarie comprese tra 1 e 2. Può sembrare bizzarro ma non lo è poi tanto se si realizza (Stewart, op. cit) che un fiocco di neve è più propenso a riempire lo spazio, di una curva liscia che ha dimensione uno, e lo è di meno di un piano che ha due dimensioni. Ecco che una dimensione tra 1 e 2 è più adatta a un fiocco di neve.

Trinh scrive: *Benoit Mandelbrot ha scoperto che più diminuisce la scala di misura, più cresce la lunghezza misurata per la costa, sino a diventare infinita, il che fa violenza al nostro senso comune.*

La natura, scrive ancora Trinh Xuan Thuan, ama le strutture frattali. Fornisce una lunga lista di strutture frattali nel corpo umano – i polmoni, la rete del sistema sanguigno, i bronchi, il sistema urinario, le fibre cardiache – strutture che hanno in comune la proprietà di *ramificarsi in sottostrutture che si ramificano in sottostrutture, in uno stesso disegno che si trasmette da una scala all'altra e quella di riuscire a impacchettare la superficie più grande nel più piccolo dei volumi.* E il passaggio dal corpo umano alle ramificazioni botaniche non richiede gran fatica. *Allo stesso modo le ramificazioni dei rami di un albero, i disegni delicati di una foglia, o i motivi complessi di una scorza sono altrettante strutture frattali.*
Le strutture frattali citate, tuttavia non rappresentano solo il linguaggio con cui la natura si esprime. *Esse servono anche da supporto necessario e indispensabile allo studio del caos.*

Anche gli attrattori strani associati[I] ai sistemi caotici *(le figure geometriche nello spazio astratto delle fasi, verso le quali sono inesorabilmente attirati i movimenti di un sistema) mostrano questa ripetizione dello stesso motivo a tutte le scale, ovverosia una struttura frattale.*
Dunque i frattali non nascono solamente dall'immaginazione matematica di Mandelbrot, sono presenti, numerosi, in natura; *gli oggetti frattali e il caos sono intimamente indissolubilmente legati.*

[I] Non ho tentato di illustrare la questione gli *attrattori strani*. La matematica e la geometria associate – lo spazio astratto delle fasi – sono tutti concetti assai difficili da capire e da illustrare.

In conclusione, mi pare che il legame tra gli oggetti naturali frattali e le immagini matematiche che risultano dall'iterazione di semplici equazioni, centrato sulla fondamentale caratteristica comune della *self-similarity* sia abbastanza chiaro. Il significato scientifico profondo di tutto questo lo è forse di meno.

Se dovessi spiegarlo a un amico direi semplicemente che la nuova matematica, quella dei sistemi caotici, centrata sull'uso delle simulazioni eseguite con l'uso di elaboratori, ha trovato un'insperata conferma nei risultati grafico–matematici costruiti dal genio di Mandelbrot, insieme a molte delle caratteristiche tipiche fondamentali del caos, l'ordine e l'auto-organizzazione che possono apparire miracolosamente nello sviluppo analitico di sistemi complessi: tutto ciò si ritrova nella storia dei frattali. Direi anche, tuttavia, che passato l'entusiasmo iniziale, i frattali fanno pare della storia passata del Caos, ma non dei suoi sviluppi futuri.

Il mio Caos

Nel corso della scrittura di questo libro credo di aver usato il verbo *prevedere* e la parola *previsione* parecchia centinaia di volte. Dopo Newton, la scienza ha introdotto un processo razionale per l'analisi e l'interpretazione dei fenomeni naturali, collegandolo a modelli, forme e formule che consentissero di prevedere il comportamento futuro dei sistemi analizzati. All'analisi – come funziona il sistema solare – segue la sintesi – la formula di Newton, e infine, l'uso della sintesi per calcolare, una volta, cento, mille, volte, il comportamento del sistema – le eclissi, i viaggi delle comete, le sonde su Marte e Giove, i viaggi delle navicelle spaziali.

Le leggi della fisica, applicate a sistemi <u>semplici</u>, non troppo sensibili alle condizioni iniziali e non irragionevolmente ingarbugliati dalla molteplice variabilità dei parametri in gioco, hanno dimostrato la loro forza concreta, procurando le basi per creare sistemi logici astratti, e congegni tangibili: entrambi dotati di comportamento *prevedibile* e ripetibile.

Se è vero, dunque, che la capacità di *prevedere* non solo rappresenta una delle virtù della scienza moderna, ma è uno dei suoi essenziali requisiti, è anche certo che la sola ambizione di descrivere gli eventi e la capacità di rappresentarli definendone ogni dettaglio è di per se uno dei paradigmi, e dei presupposti basilari della scienza stessa.
L'indagine dei fenomeni ha sempre origine dal bisogno di rispondere a domande precise, a loro volta generate dalla curiosità di capire, e dall'innata volontà di trovare risposte capaci di fornire quelle certezze di cui l'uomo in generale e lo scienziato in particolare hanno bisogno, per sentirsi più sicuri e meno afflitti dall'apparente bizzarria del mondo.

Quando la scienza si applica alla soluzione di problemi estremi - pensiamo alla meccanica quantistica, al modello standard, e alla cosmologia, al bisogno di capire il comportamento di un singolo elettrone, di risolvere il problema dell'origine dell'universo e della vita - le soluzioni e le risposte contribuiscono soprattutto alla salute fisica e mentale di una ristretta categoria di individui: i ricercatori e gli scienziati. Le ricadute indirette sui non addetti ai lavori sono spesso trascurabili, a volte nulle.

Se si passa dalle formule della fisica classica e della meccanica quantistica che forniscono risultati sicuri – le prime, solo quando si possano eseguire le misure e programmare gli esperimenti con un altissimo grado di precisione, e le seconde quando le equazioni probabilistiche permettono di trasformare in certezze le quantistiche indeterminatezze – all'analisi e alla matematica di sistemi complessi, caotici, cominciano le difficoltà. Le leggi note dell'universo continuano sussistere, tuttavia si riducono drasticamente le possibilità di *previsione* mentre la stessa descrizione - con formule, diagrammi, resoconti formali - del fenomeno studiato può presentare ostacoli insormontabili.

Anche nel Caos, però, moltissimi sono i casi reali, in cui l'auto-organizzazione, i processi spontanei che portano dal disordine all'ordine – si pensi ai frattali o agli intrichi perfetti di una pianta o di parti importanti del corpo umano – conducono, come in fisica classica e in meccanica quantistica, a risultati certi e a rappresentazioni concrete.
Alle formule precise, alle relazioni lineari e alle equazioni differenziali risolvibili, si sostituisce l'uso di una nuova matematica supportata da computer velocissimi; il modello a volta funziona e a volte le previsioni sono possibili. Più spesso, però, nei fenomeni caotici, occorre accontentarsi del primo risultato ottenuto, prendere per vera l'immagine che il computer fornisce, ed essere consapevoli che un *battito d'ali di farfalla* - la chance, il caso - potrebbe cambiare radicalmente il *colore* la *forma* e la sostanza del risultato ottenuto la volta precedente.

Ciò che rende, a mio avviso, ricca di potenziale la teoria della complessità – fatta la distinzione tra la possibilità di *prevedere* e quella di *rappresentare* – non è tanto la speranza che essa possa aumentare il volume e la qualità delle *previsioni*, ma l'implicita ambizione che, a me pare contenuta nella teoria, di pervenire a un sostanziale incremento nel volume e nella qualità delle *rappresentazioni*. Quest'implicita potenzialità, se ho ragione, avrebbe, tra l'altro, il merito di applicarsi non a materie che esprimono l'interesse precipuo di un piccolo mondo di scienziati ma - poiché come scrive Gleick riferendosi a relatività, quanti e Caos (cito di nuovo): *Di queste tre, la rivoluzione del caos si applica all'universo che vediamo e tocchiamo, a oggetti si scala umana* - si applicherebbe dunque *a cose su scala umana*; potrebbe aiutarci, se non a prevedere,

578

almeno a rappresentare meglio il funzionamento del mondo: a migliorare la *nostra* salute mentale.

Ho intitolato questo brano *Il mio Caos.*
Se si va a rileggere il Capitolo introduttivo *Caos Quanti e Fisica Classica*, si può notare che i primi esempi di fenomeni caotici che ho fornito – un pezzo di legno che cade da una cascata, la donna che finisce sotto al tram, il martello di Monod che colpisce alla testa il Dottor Dupont, l'incidente del Concorde – si riferiscono a fenomeni *stocastici* applicati a sistemi non *adattabili.* Ho immediatamente chiarito che non è di questo tipo di fenomeni che si occupa la teoria del Caos. Si tratta di eventi non esprimibili in forma di equazioni, difficilmente assoggettabili alla scrittura di complessi algoritmi e di simulazioni al computer.

Insomma si tratta di sistemi in cui sicuramente la *previsione* è impossibile e, a prima vista, priva di senso e per i quali anche *la rappresentazione* a posteriori, il collegamento di tutti parametri attivi in un'immagine che descriva la sequenza e la concatenazione casuale degli eventi, non solo non avrebbe alcun'utilità pratica – il dottor Dupont non potrebbe ritornare in vita, il Concorde si schianterebbe ugualmente al suolo, e del pezzo di legno, in fondo, che ce ne importa – ma risulterebbe, quasi sicuramente impossibile a causa dell'imperscrutabile molteplicità dei parametri coinvolti, e per la complessa variabilità di tutte le concatenazioni possibili.

Vorrei indicare, tuttavia, che se il *Mio Caos* (quello che ho raccontato all'inizio del libro e che, forse, è stato proprio l'elemento trainante, il punto in cui si sono definite le condizioni iniziali e quindi il percorso del mio ragionamento successivo) non sembra avere alcuna rilevanza dominante nello sviluppo del Caos *scientifico*, è anche possibile che il *mio Caos* di oggi, più preciso e più razionale di allora, alla fine di due anni di letture e di faticosa scrittura, non sia troppo distanziato culturalmente da quello iniziale. Anche il significato della distinzione tra *rappresentazione* e *previsione* e l'importanza della prima, quando è impossibile la seconda, dovrebbe chiarirsi nelle prossime righe.

Nell'introduzione, nel Capitolo IV, *Spazio e Tempo*, e in questo Capitolo ho indicato i campi di applicazione più comuni e più citati della teoria del Caos, così come sono riportati nella letteratura divulgativa. Ecco di nuovo una breve sintesi[i]: certi aspetti della fisica, la biologia, l'economia, le scienze sociali; lo studio degli ecosistemi; i processi che regolano il comportamento della mente umana; l'andamento dei mercati finanziari; la meteorologia; lo studio della vita della sua origine e della sua evoluzione; lo sviluppo del cosmo, la nascita e la maturazione di stelle e galassie.

Si usano nuovi paradigmi, sia per studiare fenomeni classici refrattari a essere trattati in modo convenzionale (ricordiamo la storia delle *tre palle*), sia per occuparsi di altre discipline scientifiche che, di norma, erano trattate da filosofi, storici, e sociologi, oppure, come nel caso della biologia e della medicina, non sembrava che si prestassero a generalizzazioni soggette a un approccio matematico.

Nei testi di divulgazione, tuttavia, si trovano anche esempi di fenomeni complessi che assomigliano, in maniera assai stuzzicante, a quelli che io vorrei raggruppare sotto la voce *Il mio Caos.*

Ne cito alcuni.

Stewart, *Does God Play Dice*:

---

[i] Voglio anche citare un'intera lista di Thrin Xuan Thuan che riferendosi al Caos, scrive: esso è anche debordato dal campo ristretto delle scienze naturali, per invadere nuove discipline e specialità varie e numerose quali l'antropologia, la biologia, l'ecologia, la geologia, la storia, l'architettura islamica, la calligrafia giapponese, la linguistica, la musica, la Borsa, la radiologia, le telecomunicazioni, la pianificazione urbana e la zoologia, solo per citarne qualcuna.

Nonostante gli impressionanti progressi della fisica e della matematica classica, intere aree del mondo della natura erano rimaste inesplorate. La matematica permetteva il calcolo del moto di un satellite di Giove, non quello di un fiocco di neve in una tempesta. Poteva descrivere la crescita di una bolla di sapone non quella di un albero. Se un uomo si fosse precipitato dall'alto della Torre Eiffel, la matematica avrebbe potuto predire il tempo richiesto perché toccasse il suolo, non le ragioni che l'avessero indotto a saltare.

E Trinh Xuan Thuan, il poeta della fisica, in *Le Caos et l'Harmonie:*

Il caos è anche presente nel movimento dell'aria che turbina nei tubi dell'organo, quando essi riempiono la chiesa di una musica che ci affascina. Le lingue di lava incandescente che i furori della Terra eruttano verso il cielo dalla bocca gigante di un vulcano sono anch'esse caotiche. Gli arabeschi di fumo che un amatore delle sigarette lascia voluttuosamente sfuggire dalle sue labbra, l'acqua che cola da un rubinetto, o che zampilla in una fontana, le nubi di schiuma bianca delle cascate del Niagara – tutto questo è caos.

Queste citazioni di Thrin e Stewart, insieme all'elenco dei problemi *seri* di cui si occupa la teoria della complessità illustrano una serie di fatti interessanti.
Anzitutto pongono il problema del concetto di *utilità* nella ricerca scientifica. Potrebbe essere ancora utile a un progettista di organi acustici, o di fontane, avere a disposizioni le equazioni per migliorare le prestazioni degli uni, e per rendere più fantasmagorico lo spettacolo offerto dalle altre. Meno *utile* l'abilità di calcolare il moto di un fiocco di neve nella tempesta, o l'andamento degli anelli di fumo di una sigaretta. Calcolare il movimento di una foglia nel vento sarebbe, forse, ancora possibile. Si tratta però di un sistema non *adaptive*, nessun ordine logico è possibile trovare alla fine del calcolo.

La foglia può continuare a muoversi a lungo, finire in un rigagnolo, mescolarsi fino a perdere ogni distinzione individuale, con altre foglie, sotto la pioggia[I].

Poi, mostrano che il confine tra i fenomeni che si prestano a uno studio *utile* e quelli che, almeno in apparenza, non porterebbero gli studiosi a compiere un'operazione dotata di un qualsiasi significato concreto, è assai labile.
Infine, rivelano il bisogno profondo di far risaltare in ogni modo concepibile il fatto che, finalmente, si è preso atto di una nuova straordinaria realtà, sfuggita per secoli - da quando la scienza ha potuto chiamarsi tale - a studiosi, filosofi e ricercatori: anche il mondo vero, quello che viviamo, vediamo, tocchiamo, sentiamo, gustiamo, costruito da continui, piccoli e grandi accidenti, terrestri, marini, cosmici, istantanei, quotidiani, mensili e multi-secolari, può prestarsi a un'analisi matematica formale.

La visione della possibilità di trattare con metodi scientifici eventi e fenomeni, a volte privi di ogni ovvia concatenazione causale, e di ogni precisa finalità - il moto e il destino delle foglie nel vento, di una singola goccia d'acqua che si separa dalle altre in una cascata o nel mare in tempesta - li sottrae al solo dominio dei poeti e dei maghi. Questa visione che certamente non soddisfa il principio di *utilità*, è tuttavia *utile* perché incoraggia e stimola a cercare l'ordine esistente, anche quando è celato nei meandri della complessità. Usando un

[I] Ricordate il brano di un poeta di *kaiku*: Le foglie che cadono - giacciono l'una sull'altra - la pioggia batte sulla pioggia - ripreso da una citazione di Fritjof Capra in un precedente capitolo? Sembra che la foglia, una delle tante, nell'immagine del poeta, abbia raggiunto uno stato di stabilità eterna. Il passato, l'inizio del fenomeno si allunga e si ferma in un presente immobile. Anche il futuro, la conclusione del processo, il destino finale dell'oggetto retrocede verso le immutabili condizioni del presente. L'*immagine* definitiva del fenomeno, fornita dal poeta, cerca di mettere ordine nel processo caotico che, in realtà non si arresta e che condurrà al destino finale, stocastico, dell'oggetto sottoposto all'azione di molteplici, imprevedibili agenti naturali.

approccio nel quale, senza disconoscere il ruolo della metafisica, della filosofia, della storia e delle scienze sociali, come intese sino a oggi, si può avere, per esempio, l'ambizione di *calcolare* e *prevedere* l'evoluzione delle relazioni tra gruppi sociali, e tra i molteplici fattori che influenzano l'economia, la politica e …perfino la storia. Non mi pare che abbia molta importanza essere certi che tutto questo sia sicuramente raggiungibile. Quello che conta, credo, è che è considerato possibile.

Ho scritto che c'è voluto molto tempo perché la scienza e gli scienziati si accorgessero dell'*esistenza matematica* del Caos. Ne ho dato le ragioni principali così come sono illustrate dagli esperti della materia. Sto sforzandomi ancora, tuttavia, di esprimere in modo convincente il mio personale sbalordimento, non tanto e non solo per la realizzazione tardiva della scoperta che i fenomeni caotici sono, dopo tutto, maneggiabili, ma per il fatto stesso che nella foga quanto-relativistica che ha segnato il progresso della scienza moderna, sia mancata per tanto tempo la volontà di notare e sostenere con forza - e lasciamo da parte la volontà e la capacità di trattarli - che i fenomeni caotici rappresentano la vera essenza del mondo.

Non sono certo, lo ripeto che la teoria della complessità rappresenti la panacea risolutiva; che riesca a prevedere ed evitare le recessioni; che possa migliorare le relazioni sociali e quelle tra stati; che possa educare la politica o prevenire le contese e le guerre; che possa fornire le risposte ai problemi ancora insoluti della nascita dell'universo e dell'origine della vita.

Mi pare, tuttavia, che essa contenga i presupposti culturali che potrebbero consentire se non di *prevedere* l'andamento del mondo, almeno di *rappresentare* in modo convincente, sia pure dopo il fatto, la reale concatenazione degli eventi.

Riflettendo sulla disperata domanda di serenità mentale che tutti coloro che non comprendono la teoria della relatività e la meccanica quantistica, cercano di soddisfare ricorrendo alle religioni, all'esoterico e al paranormale, mi chiedo se maggiore soddisfazione morale e un'accresciuta coscienza del mondo non possa essere trovata in questa nuova realtà scientifica.

Una realtà che non esclude categoricamente dall'ambito che la riguarda la possibilità di indagare e raccontare le nuvole, le cascate, gli accidenti e gli incidenti, e di dare un significato - che sia, allo stesso tempo, logico, matematico e spirituale - al mistero del destino di una foglia che si aggroviglia nei mulinelli del vento.

Ho sostenuto nel capitolo III, *La matematica e le Leggi*, che un mondo migliore e un'umanità più tranquilla potrebbero discendere da una lenta trasformazione genetica che consentisse la sopravvivenza di quelli che capiscono la matematica (e quindi relatività e quanti). Ho scritto:

L'uomo potrebbe stancarsi della propria ignoranza di tutto; dell'incommensurabile distanza che lo separa dalla comprensione della vita, della natura e dell'universo. La sofferenza associata alle domande senza risposta, e ancora di più alla mancante capacità di porle – addirittura - le domande giuste, potrebbe diventare tale da giustificare un progressivo distacco dal bisogno vivere, lo sviluppo di una malattia mentale, di una forma di depressione planetaria, e all'estinzione lenta e suicida di porzioni sempre più grandi dell'umanità. Nel tempo in cui questo avviene non si capisce ancora bene a che serve la matematica. Quelli che la sanno e la capiscono cominciano a nutrire delle speranze. Si sentono meglio, provano meno disagio a vivere, perché cominciano a capire sempre meglio pezzetti sempre più grandi del mondo. Sopravvivono. Ancora non sanno bene a che serve come non lo sapevano gli uomini prima di saper parlare e scrivere.

Il processo continua fino a quando tutti i sopravvissuti cominciano a saper usare il linguaggio della matematica. É solo allora che capiscono a che serve. Loro lo sapranno davvero. Noi possiamo solo intuirlo.

Non è molto diverso dall'idea che quando gli scienziati, forse tra qualche secolo, avranno scandagliato gli aspetti più reconditi della teoria della complessità, la percezione universale e cosciente del Caos, in tutte le sue forme, possa produrre gli stessi risultati.

Appendice I: Riflessioni sul moto e sulla relatività speciale: errori con postscriptum

Ho rinviato il lettore a quest'appendice e l'ho scritta dopo giorni di confusione e frustrazione, durante la stesura del Capitolo sulla Direzione del Tempo. Avevo rinunciato a dipanare la matassa degli oscuri (a me) ragionamenti, che si trovano all'estremo della teoria della relatività, e che riguardano le stranezze di quello che accade in ipotetiche situazioni in cui qualcosa potesse muoversi a velocità superiori a quelle della luce. Ero abbastanza soddisfatto dei miei Capitoli sulla relatività, ma ragionando e pensando, mi sono accorto che molti principi mi erano ancora assai poco chiari.

Il punto centrale di tutta la relatività ristretta, è che l'orologio di un osservatore in moto, cammina sempre più lentamente quanto più alta è la sua velocità, *relativamente* a quello di un altro osservatore che cammini più piano o che stia fermo. É in questo *relativamente* che sta il busillis. La questione è risolvibile se entrambi si muovono rispetto allo stesso sistema di riferimento e, alla fine del moto i due s'incontrano e possono confrontare gli orologi. É quello che accade nell'esempio dei due automobilisti che ho tirato fuori con la debita *nonchalance* nel capitolo VI.
Mi è assolutamente chiaro e non ho alcun problema ad ammettere che il tempo non è assoluto, che il suo scorrere cambia con la velocità. Il problema si presenta quando si mette in giuoco l'ovvio: *relativamente.* Se viaggio con il mio sistema, e non cerco di paragonare le mie misure del tempo con quelle di un altro, non saprò mai che il mio orologio va più piano. Ora, se esistesse uno spazio assoluto, il problema sarebbe semplice. Il mio orologio va più lento rispetto a tutti quelli collocati in sistemi fermi, immobili nello spazio, o che si muovono più piano di me, l'uno relativamente all'altro, sempre

nello stesso sistema di riferimento: l'inesistente spazio assoluto.

Quindi, due corpi, due astronauti, due razzi che viaggiano nel vuoto, con niente e nessun altro intorno, possono riferirsi solo l'uno all'altro. Quello sul razzo A misura il suo tempo e vuole sapere come scorre *rispetto* a quello del razzo B. Riesce a comunicare con B (con segnali che viaggiano anch'essi a una velocità altissima, ma non infinita, quella della luce) e a leggere l'orologio di B. Lo stesso può fare B. Bene. I due, A e B, sono in moto l'uno rispetto all'altro nello spazio, ripetiamolo, vuoto. Il fatto è che nessuno dei due può stabilire chi è che si muove e chi è che è fermo. Abbiamo supposto che si siano incontrati e che si muovano in <u>direzione opposta</u>.

Cominciamo a vedere le cose dal punto di vista di A.
A può pensare due cose diverse.
Una: lui è fermo e B si allontana da lui a velocità stratosferiche.
L'altra: è B che è fermo ed è lui stesso, A che si allontana.
Nel primo caso (è fermo) vede l'orologio di B rallentare.
Nel secondo (si muove) è il proprio orologio che rallenta rispetto a quello di B.
(Nota.Il discorso non cambia se i due astronauti si avvicinano uno all'altro, invece di allontanarsi).
Dal punto di vista di B la faccenda è del tutto simmetrica. Così, pedantemente, la scrivo:

B può pensare due cose diverse.
Una: lui è fermo e A si allontana da lui a velocità stratosferiche.
L'altra: è A che è fermo ed è lui stesso, B che si allontana.
Nel primo caso (è fermo) vede l'orologio di A rallentare.
Nel secondo (si muove) è il proprio orologio che rallenta rispetto a quello di A.

Le due situazioni, lo ripeto, sono perfettamente simmetriche, e non generano contraddizioni. Il problema sta nel fatto che ho scritto che sia A che B *possono pensare due cose diverse.* O si muove l'uno, oppure si muove l'altro. Sembrerebbe, dunque, che le leggi della fisica cambino secondo di quello che l'osservatore *pensa* di se stesso. Dov'è la trappola? Francamente non sono sicuro di saperlo.

Nel Capitolo VI, *Relatività Speciale*, ho richiamato la storia dei due gemelli e ho consigliato di andare a leggere come il paradosso apparente è trattato da Davies.

Davies dice che non c'è paradosso per due motivi: primo, c'è un momento, alla fine del viaggio, in cui i due si incontrano e possono confrontare gli orologi. Quello del gemello che è rimasto sulla terra segna 20 anni, e quello dell'astronauta ne segna dieci.

Il gemello terrestre è effettivamente più vecchio dell'altro. Secondo, e molto più importante, Davies sostiene che le due posizioni non sono simmetriche, nel senso che per partire dalla terra, arrivare sull'altra stella, girare e ripartire, l'astronauta ha accelerato per partire, rallentato per arrestarsi, ha girato di nuovo il razzo verso la terra, e ha dovuto accelerare di nuovo per iniziare il viaggio di ritorno. Tutte queste sono deviazioni dal moto relativo uniforme e giustificano la realtà delle misure di entrambi, e la verifica che quest'esperimento ideale non implica un paradosso.

Evidentemente, allora, la mia storia dei due astronauti A e B, non è corretta.

Io li ho fatti incontrare, per caso, entrambi in moto relativo uniforme, in un certo punto dello spazio e, dal momento dell'incontro si sono messi a verificare, l'uno l'orologio dell'altro. Non ho precisato le condizioni *iniziali.* Che sia questo l'errore?

Proviamo a immaginare allora che i due astronauti non sorgono improvvisamente dal nulla, ipotesi che pur in questo curioso, improbabile mondo, sarebbe totalmente priva di significato.

Sono su rotte contrarie ma parallele, si muovono con moto uniforme a una velocità che dipende, per ciascuno di essi, dalla forza che ha agito su di loro, e quindi dall'accelerazione iniziale subita al momento della partenza. Velocità...ma rispetto a che? Rispetto al punto, pianeta, stella, galassia da cui il viaggio è cominciato. Per forza deve entrare in giuoco il luogo preciso delle rispettive partenze. Se non fossi stato attento avrei potuto dire, per esempio, che ognuno si muove a un poco di più della metà della velocità della luce. Conseguenza: il moto dell'uno rispetto all'altro avverrebbe a una velocità superiore a quella della luce! Cosa che, almeno a prima vista, sappiamo essere inaccettabile[I]. Vedremo più avanti.

Mi viene in mente, a questo punto una domanda: qual'è la velocità relativa di un'onda elettromagnetica proveniente da una galassia lontana rispetto a un'altra onda proveniente dalla terra, al momento dell'incontro? Credo che la risposta sia semplice, o meglio che la domanda non ha senso, ma mi aiuta risolvere il problema. Velocità rispetto a cosa? L'osservatore, l'astronomo sta sul monte Palomar, e misura le due velocità, e giudica che entrambe le onde si muovono alla velocità della luce. Ma allora qual è la velocità relativa dei due astronauti quando s'incontrano?

Immaginiamo un dialogo tra A e B subito prima dell'incontro[II]:

[I] Dico *a prima vista* poiché in effetti sembra che le cose stiano diversamente. É la *barriera* della velocità della luce che non può essere superata, in un senso o nell'altro. Così ho scritto, pescando in Davies a propositi dei tachioni, nel capitolo IX, La Direzione del Tempo.

[II] Sono vicini e possono comunicare con segnali che arrivano veloci, alla velocità della luce. Quindi ci esimiamo da ragionamenti complicati sul ritardo dei segnali che si scambiano che aumenterà con l'aumentare della distanza che li separa.

A comincia: Ti vedo arrivare, io so che sono in moto rispetto alla terra, ma se guardo fuori e vedo il tuo razzo avvicinarsi, e dimentico il mio sistema di riferimento, la terra, e prendo come riferimento il mio razzo, poiché mi muovo di moto uniforme, non so se sei tu che vieni verso di me, o se sono io che corro verso di te. Ti posso dire, però, che la mia velocità rispetto alla terra da cui sono partito è di duecentoquarantamila chilometri ogni secondo. E tu?

B risponde: Sono in viaggio da quattr'anni, sono partito da Alfa Centauri, e la mia velocità rispetto a Alfa Centauri, è uguale alla tua. Siamo sulla stessa traiettoria ma andiamo in senso inverso. Mi domando qual è la nostra velocità relativa?

A dice: Senti, per un momento, dimentichiamo il fatto che andiamo tanto veloci, che lo spazio e il tempo dipendono dalle nostre velocità, dimentichiamo tutta la faccenda di Einstein e della relatività. Immaginiamo di essere su una strada, sulla terra e che ciascuno di noi si muove a, diciamo, 100, solo miseri cento chilometri all'ora. Tu vieni verso di me, e io verso di te. Se ci scontrassimo succederebbe un bel casino che dipende dalla tua e dalla mia massa e dalle nostre rispettive velocità elevate al quadrato. Più o meno. Io, te l'ho detto, ti vedo arrivare, non guardo l'autostrada, guardo solo te. Non so se sono io a muovermi oppure tu. Non ha importanza. Direi, però che dal punto di vista di ciascuno di noi, le nostre velocità si sommano. Se vuoi una formuletta eccola:

$$Vmia - (-Vtua) = Vmia + Vtua$$

Dobbiamo fare la differenza tra le due velocità, ma tu viaggi in senso inverso al mio, quindi Vtua è negativa, quindi ne viene fuori una somma. 200 Km all'ora.

B: Sono d'accordo. Però c'è un piccolo problema. Se sommiamo le nostre vere velocità, duecento quaranta mila chilometri al secondo per ciascuno, arriviamo a quattrocento ottanta mila chilometri al secondo che è più della velocità della luce. Io ho letto Einstein e tanti altri libri, e so che nessun oggetto si può muovere relativamente a me a velocità superiori a quelle della luce. E lo stesso deve valere per te. Quindi siamo nella cacca. Oppure, qualcosa ci sfugge.

A: Credo che ci sarebbe una risposta. Einstein dice che non ci possono essere velocità relative superiori a quelle della luce. Invece Paul Davies sostiene che la teoria implichi solamente che un oggetto non può infrangere la barriera della velocità della luce. (Vedi nota a pag 323 del libro di Davies citato). Forse ha ragione lui. Nessuno di noi lo sta facendo. Immagina che la strada, il sistema di riferimento, sia un linea ideale che unisce la terra con Alfa Centauri. Bene. Sia io che tu abbiamo raggiunto l'ottanta per cento della velocità della luce quando siamo partiti sotto la spinta accelerata dei nostri razzi.

Ora viaggiamo in moto uniforme e ciascuno di noi fa duecento quaranta mila chilometri al secondo. Va tutto bene. Io concludo che la nostra velocità relativa e di quattrocento ottanta mila chilometri al secondo. Sbaglio o ho ragione?

B: Non lo so, non ne sono sicuro. Ma, ascolta, allora che succede ai nostri orologi? Rispetto al sistema Terra – Alfa, i nostri due orologi vanno più lenti del sessanta per cento, un'ora loro, corrisponde a 0.6 ore nostre. Mi domando che succede al tuo orologio relativamente al mio e viceversa.

A: Hai ragione sullo 0.6. La formula per calcolare il fattore di ritardo è semplice:

$$\text{Fattore di ritardo} = \sqrt{1-\left(\frac{V}{C}\right)^2} = \sqrt{1-0.8^2} = \sqrt{1-0.64} = 0.6$$

in cui V é la nostra velocità di 240.000 Km/sec e C è la velocità della luce.

B: Porca miseria, siamo di nuovo nei pasticci. Se metti nella formula, al posto di V il valore di 480.000, che è la nostra velocità relativa, invece di 0,64 viene 2,56, che sottratto da 1 è uguale a – 1,56, e come sai bene la radice quadrata di un numero negativo è un numero immaginario. Quindi avremmo un ritardo immaginario, una cosa senza senso.

A: E se invece volesse dire che il tuo orologio accelera rispetto al mio?

B: Oppure che il mio accelera rispetto al tuo?

A: Non lo so. E poi sarebbe uguale. Dire che il tuo orologio accelera rispetto al mio equivale a dire che il mio ritarda rispetto al tuo. Le situazioni si invertono, ma sempre nella cacca restiamo. Mi sento perso. Non perché sono a metà dell'universo e viaggio a una velocità impossibile. Non perché non so bene quello che troverò, futuro, passato, vecchiaia o giovinezza.

B: E allora perché sei perso?

A: Perché sono andato a scuola, e poi all'università, e alla scuola di astronautica, e mi accorgo adesso che non ho capito una sega.

B: Guarda che su Alfa le scuole sono migliori, assai più avanzate che sulla terra. Però, devo confessare che non ho capito molto più di te.

A: Bene. Almeno siamo in due.

Fine del dialogo. Avevo cominciato sul serio. Poi ho concluso che era meglio scherzarci sopra. Ci sono due possibilità. La prima è che i discorsi dei due astronauti non siano completamente campati in aria. In questo caso ci saremmo imbattuti in un nuovo, mai discusso paradosso, oppure in una conclusione ragionevole: è possibile che la velocità relativa dei due astronauti sia maggiore di quella della luce e che i due orologi accelerano, l'uno rispetto all'altro. Sarebbe un poco come una piccola scoperta...

La seconda possibilità, assai più probabile è che le conclusioni frustrate dei due astronauti sulla loro incapacità di interpretare leggi fisiche elementari e semplicissime, corrisponda a verità. In questo caso tutti i loro ragionamenti e quindi i miei avrebbero il vizio profondo dell'ignoranza. É possibile. Se qualcuno mi aiuta a capire, mi si offrono due soluzioni: o correggo in modo falsamente erudito quest'appendice; oppure, aggiungo la correzione e addrizzo le conclusioni. Credo che opterò per la seconda soluzione. Voglio che la difficoltà di riflettere su queste cose, insieme ai miei problemi di lettore e studioso dilettante, sia trasparente e condivisa. É proprio questo lo scopo centrale di quello che io mi sono messo a fare.

Ed ecco il post scritto.
Ancora una volta, stavo cercando di mettere ordine nei libri accumulati in cinquant'anni, e sparsi, in modo disordinato, in varie biblioteche di casa mia, alcuni addirittura in doppia fila, con quelli davanti che avrebbero nascosto per sempre quelli collocati dietro.
Ho trovato un libretto, piccolissimo, per dimensioni e numero di pagine. É intitolato *La relatività è facile*, scritto da James A. Coleman e pubblicato da Feltrinelli nel 1957 nella Universale

Economica, Serie Scientifica. Stavo per buttarlo. Invece, caso che si somma a caso, l'ho aperto a pagina 64, e ho trovato un capitoletto intitolato *Somma delle velocità*.

É corredato di disegni semplici e divertenti (che non riporto) e di un paio di formule.

Lo riproduco per intero, lasciando per ultime le conclusioni e rimandando i commenti.

Per illustrare che cosa prevede la relatività ristretta per somma delle velocità, osserviamo la figura 11(a) che mostra due automobili, A e B, che incrociano un pedone, ciascuno alla velocità di 100 chilometri all'ora rispetto a questo. Ciò vuol dire che se il pedone misura la velocità di ciascuna delle due macchine, troverà che essa è di 100 chilometri all'ora. O, viceversa, se ognuno dei due guidatori misura la propria velocità rispetto al pedone, otterrà il valore di 100 chilometri all'ora.

Se A misura la sua velocità rispetto a B, troverà il valore di 200 Km all'ora, perché ambedue viaggiano a 100 Km all'ora rispetto al pedone. Analogamente: B trova che la sua velocità rispetto ad A è di 200 chilometri all'ora. Per esprimere questo fatto normalmente si usa l'equazione 3:

$$V_{AB} = V_A + V_B$$

dove V_{AB} è la velocità di A relativa a B o viceversa, V_A e V_B sono rispettivamente le velocità di A e B rispetto al pedone. Supponiamo ora di considerare una situazione analoga in cui le velocità siano notevolmente più alte, come in (b)[1]. Supponiamo che A e B siano due razzi lanciati nello spazio, e abbiano una velocità di 200.000 chilometri al secondo in direzione di un pedone dello spazio. Se il pedone dello spazio misurasse le velocità di A e B rispetto a se stesso troverebbe

---

[1] Qui c'è un disegnino con due razzi che s'incontrano e un piccolo astronauta che li osserva. Nota mia.

che tutt' e due i razzi si muovono a una velocità di 200.000 chilometri al secondo. E, analogamente, A e B troverebbero che la propria velocità rispetto al pedone spaziale è di 200.000 chilometri al secondo.

Ma se ora A e B misurano la propria velocità l'uno rispetto all'altro, la relatività ristretta afferma che non troveranno il valore di 400.000 chilometri al secondo per ciascuno di essi come risulterebbe dall'equazione 3. La teoria afferma che la loro velocità relativa è data dall'equazione 4:

$$V_{AB} = \frac{V_A + V_B}{1 + \dfrac{V_A V_B}{c^2}}$$

dove V_A e V_B sono le velocità relative di A e B rispetto al pedone spaziale, e c la velocità della luce. Se sostituiamo i valori assegnati nel nostro caso particolare, e il valore di 300.000 chilometri al secondo a c, vediamo che la velocità relativa di A rispetto a B è di 276.000 chilometri al secondo[I]!

É successo, lo ripeto per puro caso, senza interventi correttivi di esperti, quello che in cuor mio già sapevo. Nei miei ragionamenti, e in quelli dei miei A e B (notare, prego, la non voluta corrispondenza quasi totale, tra il mio esempio e quello di Coleman) mancava l'uso della matematica appropriata. Una trasgressione non piccola e forse imperdonabile ma rivelatrice. Probabilmente con l'uso della stessa matematica si potrebbe

[I] Nelle pagine successive, l'autore spiega che questa è l'unica soluzione permessa da una teoria secondo la quale nulla può viaggiare, relativamente ad un qualsiasi sistema di riferimento a velocità superiori a quelle della luce. Non posso fare ameno di porre l'accento sul fatto che questo è in contraddizione con quanto ho scritto nella nota un paio di pagine indietro, richiamando un'idea di Paul Davies, secondo la quale la limitazione è rappresentata dal superamento della *barriera* della velocità della luce. É Davies che lo dice, non io. Ovviamente, nota mia.

risolvere l'apparente paradosso associato al problema del ritardo relativo dei due orologi. Rivelatrice in due o più sensi. É inevitabile sbagliare quando ci s'incaponisce a usare il senso comune nei ragionamenti della fisica, soprattutto quella più complessa. E poi, la relatività è veramente un baratro in cui anche le menti più fini (e non parlo di me) possono facilmente sprofondare. Infine, la sicurezza di quelli che non hanno dubbi, né li esprimono, se da una parte testimonia la loro cultura e la conoscenza profonda di ciò che praticano, dall'altra è anche indice di un freddo, distaccato e distante complesso di superiorità nei riguardi di tutti gli altri. Perciò mi piace aver scritto quest'appendice, aver avuto il coraggio di non correggere l'errore, anche e soprattutto dopo aver avuto la fortuna di scoprirlo.

Appendice II: La teoria dei quanti

Questa appendice è stata interamente tratta da libro *Quantum Theory* di J.P. Mc Evoy e Oscar Zarate (Vedi nota al capitolo IX). Chiamiamola come volete, un sunto, un riepilogo, ma soprattutto, per me, un tentativo di catalogare i fatti, capire il più possibile e mettere in ordine le idee.

Mc Evoy è un ex scienziato ricercatore e insegnante, ora dedito al giornalismo scientifico.

Zarate ha illustrato con vignette, testi divulgativi su Freud, Lenin, Mafia e altri.

Il libro *Quantum Theory* racconta e illustra lo sviluppo della teoria dei quanti in modo cronologico: è tra i più chiari che mi sia capitato di leggere. Scrivo queste note, anche per dare alla storia una logica che mi sia familiare, per segnare i capisaldi, e per preparare il materiale che mi sarà necessario nel capitolo sui quanti.

Anzitutto, i personaggi principali:

- Plank e Einstein sono i precursori
- Poi arriva Bohr che dominerà la scena, in polemica con Einstein, sino alla conferenza Solvay, all'Hotel Metropole di Bruxelles, in cui fornisce la sintesi della teoria, e l'interpretazione che dura ancora oggi
- Rutherford scopre il nucleo e inventa l'atomo classico
- Pauli scopre lo spin e produce il principio di esclusione
- De Broglie, il principe francese, attacca per primo il problema della dualità onde-particelle
- Heisenberg individua una spiegazione matematica alla teoria, difficile, ma congruente con quelle successive di Schrodinger e Born
- Schrodinger inventa la teoria della funzione d'onda
- Born interpreta in modo probabilistico la funzione d'onda

- Heisenberg scopre il principio di indeterminazione

In effetti, i lavori e il pensiero di molti dei personaggi principali si intersecano e si completano a vicenda.

1. I principi base della fisica classica

a) Spazio e tempo assoluti
b) Principio di causa ed effetto
c) Determinismo in senso stretto: note le condizioni iniziali di un corpo in movimento è sempre possibile prevedere e calcolare il suo stato (posizione e velocità) in qualsiasi momento futuro, o passato
d) Onde elettromagnetiche e luce come *onde* (teoria di Maxwell), spiegabili e esprimibili in forma matematica, facendo ricorso ai principi della meccanica classica
e) Distinzione netta tra particelle e onde. Sono due cose diverse, anche se soggiacciono agli stessi principi della meccanica
f) É sempre possibile misurare con la precisione richiesta le proprietà di un sistema. La misure, gli strumenti usati, non influenzano in modo determinante il risultato.

Sul determinismo classico, sui principi della fisica che ne deriva, ho scritto un capitolo a parte. Quello che la teoria dei quanti, in senso stretto, ha significato è la gran novità della dualità onda-particella, insieme alla influenza delle misure sul risultato e sullo stato di un sistema, e la indeterminazione che ne risulta. Tutto questo applicato però solo alle particelle elementari.
Altra grande contraddizione con il passato, la scoperta della relatività di Einstein che toglie ogni significato ai concetti di spazio e tempo assoluti. In questa analisi, non mi occuperò di relatività.

2. Un minimo di termodinamica.

La termodinamica è importante nel contesto della teoria dei quanti per due ragioni principali:

a) Si occupa di fenomeni che coinvolgono numeri enormi di particelle, come nello studio e nelle teorie sui gas. Introduce concetti probabilistici nei calcoli.
b) Introduce le curve statistiche che correlano li Numero di Molecole con la loro Velocità. A ogni temperatura corrisponde una curva. Queste curve presentano una affinità sostanziale con le curve Intensità-Frequenza delle radiazioni emesse da un corpo alle diverse temperature. Lo studio di questo problema da stura alla teoria dei quanti.

Le leggi più significative della termodinamica sono:

La prima (Joule-Helmholtz): equivalenza tra calore e lavoro, principio di conservazione dell'energia:

$$\Delta E = \Delta W + \Delta H$$

in cui E,W,H rappresentano, rispettivamente energia, lavoro e calore.

La seconda legge può essere espressa in moltissimi modi. A parole: *il calore passa sempre da un corpo più caldo a uno più freddo, per produrre lavoro da calore, occorrono due serbatoi di calore uno a alta temperatura e uno a bassa temperatura, la tendenza naturale di ogni sistema è verso un aumento del disordine.* A quest'ultima definizione è legato il concetto di entropia. L'entropia misura lo stato di ordine di un sistema.
Maxwell, lo stesso della teoria delle onde elettromagnetiche, si mette studiare i gas. Una grammomolecola di gas contiene un numero enorme di molecole, $6x10^{23}$. Non è assolutamente

possibile seguire il moto di un numero così enorme di particelle, che interagiscono continuamente tra loro. É però possibile applicare a un sistema di gas un approccio probabilistico. Questo fece Maxwell.

Assumendo che le particelle gassose non avessero una direzione preferenziale, si muovessero nello spazio in modo uniforme, e fossero mutuamente indipendenti, Maxwell riuscì a calcolare la probabilità che una molecola scelta a caso avesse una certa velocità.

Di qui le curve cui ho fatto cenno sopra, che riportano la distribuzione numerica delle molecole a una velocità prefissata. Sono curve a campana, una per ogni temperatura. Tutto questo è esprimibile in un'unica formula il cui significato mi rimane leggermente oscuro, ma che riporto sotto, insieme alla definizione data da Boltzman:

$$S = kLogW$$

S misura l'entropia del sistema. W è la probabilità che si verifichi una certa distribuzione di molecole (o atomi) nel sistema. La nuova interpretazione, data da Boltzman alla seconda legge della termodinamica è che [...] *quando l'energia di un sistema degrada, aumenta il disordine tra gli atomi che lo costituiscono. Una misura di questo disordine* (L'entropia S) *è però possibile. Si tratta della probabilità* **W** (Logaritmo della probabilità) *che il sistema in questione assuma una certa configurazione, tra le tante possibili.*

Cito in corsivo gli autori e, anche se come ho detto la cosa non mi è del tutto chiara, devo riportarla perché la formula rientrerà in giuoco, presto, nello sviluppo della teoria quantistica.

3. Il problema della radiazione del corpo nero.

Entra in scena Plank. Un corpo nero (Black-Body) è una cavità composta di qualsiasi tipo di materiale che assorbe tutte le radiazioni elettromagnetiche che incidono sulle pareti. La radiazione (onde elettromagnetiche) che si produce all'interno del corpo quando questo è riscaldato, viene continuamente assorbita e emessa di nuovo dalle pareti, non ha nessun altro posto dove andare. Quindi un piccolo foro lascerà uscire solo la radiazione *emessa* dalle pareti.

Si può misurare, a ogni temperatura l'intensità della radiazione a ognuna delle tante frequenze di cui è composta. A ogni temperatura, esiste una curva caratteristica Intensità-Frequenza, curva a campana, (come quella di cui abbiamo già parlato, che correla velocità e numero di particelle, in un gas). Da un corpo nero, vengono emesse radiazioni di tutte le frequenze (dall'infrarosso all'ultravioletto). Il picco della curva si presenta intorno alle frequenze intermedie. Intensità basse in corrispondenza delle piccole frequenze, alte per quelle intermedie, e poi la curva si abbassa verso lo 0, cioè intensità nulle alle frequenze più alte.
Ora dobbiamo fare attenzione. E seguire con calma il dipanarsi dei ragionamenti.

Step 1. Wilhelm Wien, a Berlino, con un apparato di grande precisione produce le misure e le curve di cui stiamo parlando, misurando, per ogni frequenza emessa dal corpo nero, la intensità corrispondente e ritrovando le classiche curve a campana. Lo stesso Wien scrive una formula, basata *su dubbie argomentazioni teoriche,* che riproduce bene i risultati sperimentali alle alte frequenze, dal picco di intensità sino all'azzerarsi della curva, che è però insoddisfacente alle basse frequenze. I punti sperimentali sono spostati a sinistra rispetto alla curva teorica.

Step 2. Lord Rayleigh e James Jeans provano a utilizzare la teoria di Maxwell sui gas, *mettendo* onde elettromagnetiche nella scatola, al posto di molecole: la formula che ne deriva mostra l'esistenza di una buona corrispondenza alle basse frequenze (ciò che non accadeva per la formula di Wein) ma anche, purtroppo, che man mano che la frequenza aumenta, l'intensità della radiazione salta verso valori infiniti. Se questa formula, derivata con i criteri *classici* di Maxwell fosse corretta, ciò significherebbe che finiremo per restare bruciati dal fuoco di una candela o dai riflessi ardenti di un caminetto. Il problema, anche riportato come la *catastrofe dell'ultravioletto*[I], poteva essere prevedibile. E questo è un fatto chiave: il numero di particelle in una grammomolecola di gas è elevatissimo ma non infinito. Per le onde è diverso.
Non c'è limite al numero di modi in cui un onda può mettersi a vibrare. Si possono introdurre nella scatola un numero sempre crescente di onde a lunghezza d'onda sempre più piccola e a frequenza sempre più grande[II].

Step 3. Arriva Plank e si mette a ragionare. Attenzione, ancora non sappiamo niente o poco dell'esistenza degli atomi. Inventa una sua teoria, in cui al posto delle onde mette nella scatola una raccolta di *oscillatori elettrici* che vibrano in maniera sempre più veloce, man mano che crescono le frequenze, e le temperature. Anche qui immaginiamo una curva per ogni temperatura. Usa la sua teoria per sviluppare una formula che provo a scrivere sotto:

[I] Vale la pena di ricordare che alle basse frequenze si trova l' infrarosso e alle alte l'ultravioletto. In mezzo c'è lo spettro della luce visibile dal rosso al violetto
[II] Le frequenza f è inversamente proporzionale alla lunghezza d'onda λ. É facile da visualizzare. Più alta è la frequenza (numero di vibrazioni nell'unità di tempo) più piccole, corte, devono essere le onde che occupano lo stesso spazio

$E = C_1 f^5 / [\exp(-C_2 f/T) - 1]$

L'energia della radiazione E (o intensità per usare la terminologia consueta), a ogni temperatura T, è legata alla frequenza f da questa equazione, in cui C_1 e C_2 sono due costanti che Plank ha determinato per fare in modo che la formula riproducesse i risultati sperimentali, sia alle basse frequenze (Ryleigh che poi, però se ne và all'infinito) sia a quelle alte (Wien che però aveva problemi alle frequenze basse). Potenza della matematica, e esempio tipico del fatto che con l'uso di appropriate costanti si può aggiustare tutto. Il fatto rimane, però, che Plank, pur rimanendone sgomento e non comprendendo il significato fisico della sua formula, era riuscito a scrivere qualcosa di ripetibile e valido in qualsiasi condizione di esperimento.

A questo punto si mette a riflettere…e finisce per tirare fuori l'idea dei quanti.
Qui, devo dire che la cosa si complica e che, ancora una volta, mentre è vero che sono contento di aver trovato una sequenza logica nel racconto di McEvoy, non posso dire che - di là della sensazione di serenità intellettuale che ne deriva e che mi permette di ragionarci su – le mie idee siano chiarissime. Ma ecco, il resoconto schematico che posso illustrare.
Plank, pensa che ti ripensa, torna all'equazione di Boltzman, ricordiamola: S = kLogW, e (cito) applica tre idee di Bolzman sull'entropia:

1. L'equazione statistica per calcolare l'entropia
2. La condizione che all'equilibrio (disordine massimo) massima debba essere l'entropia
3. La tecnica usata per determinare la probabilità W nell'equazione dell'entropia.

Usando dei ragionamenti che non riporto, perché, come ho detto, non mi sono del tutto chiari, trova che l'energia emessa da un corpo cavo riscaldato è la somma di tanti pezzetti di energia discontinui, pari ad:

$$hf$$

in cui f é la frequenza della radiazione e h è una costante, un numero piccolissimo, diverso da 0, uguale a $6,626 \times 10^{-28}$. Usando questi ragionamenti ritrova la formula che aveva ricavato tempo addietro. Si spiega il motivo per cui alle alte frequenze, l'intensità di radiazione va a zero invece che proiettarsi verso l'infinito, come sarebbe avvenuto applicando la teoria classica, con la possibilità che tutte le infinite frequenze potessero essere eccitate:

*L'approccio classico di Rayleigh-Jeans funziona alle basse frequenze, dove **tutti** i modi di vibrazione possono essere eccitati. Alle alte frequenze, benché infiniti modi di vibrazione siano **possibili** (ricordiamo che è più facile infilare onde **corte** nella scatola - cioè onde ad alta frequenza[I]) non tutti possono essere eccitati perché viene richiesta troppa energia per produrre un **quanto** ad alta frequenza, dato che e = hf.*

Per il momento accontentiamoci di questo. La parola *quanto* fa la sua prima apparizione in una fisica delle particelle ancora agli albori. La teoria dei quanti prende il suo avvio. Pian pianino, con calma, sino allo sviluppo dei prossimi avvenimenti.

[I] Ricordiamo, ancora una volta, che frequenza e lunghezza d'onda, sono inversamente proporzionali.

4. L'effetto fotoelettrico.

Moltissimi esperimenti che vengono eseguiti nella stessa epoca dimostrano che se si bombarda con raggi luminosi una piastra metallica, qualche *cosa* viene emessa. Il qualche cosa trasporta una corrente elettrica, che può essere misurata - se si dispone di un elettrodo che raccolga l'emissione. Si scopre che se si carica l'elettrodo ricevente con un voltaggio progressivamente negativo, esiste un valore di detto voltaggio V_0 in cui la corrente si annulla. Il qualcosa, dunque deve avere una carica negativa.

Ma ecco, c'è un'altra stranezza. Secondo la teoria classica, se è la luce a provocare la fuoriuscita di *elettroni* (diamogli il loro nome per semplicità), aumentando l'intensità luminosa della luce incidente[I], dovrebbe aumentare il numero di elettroni e anche la loro energia (velocità). Nossignore: sino a quando non si utilizza un certo valore della frequenza della radiazione incidente, niente emissione di elettroni. É solo se si raggiunge una determinata frequenza, che l'aumento dell'intensità luminosa della sorgente, provoca la fuoriuscita di un numero maggiore di elettroni dal metallo. Più alta è la frequenza della radiazione incidente, più aumentano la velocità degli elettroni emessi e la corrente elettrica che ne risulta.

Insomma: primo, la radiazione incidente deve avere un'energia superiore a una certa soglia per *sradicare* gli elettroni dal metallo. Se q è la carica dell'elettrone l'energia in giuoco deve essere superiore a qV_0. Ma, secondo, attenti, non basta aumentare l'intensità luminosa (mettiamo, più lampadine che emettono luce a una certa frequenza, o ancora più semplice, la sorgente avvicinata al bersaglio): occorre che la luce incidente possegga un certo valore dell'energia, ovvero, un certo valore della frequenza.

[I] Per esempio, avvicinando la sorgente luminosa al bersaglio.

Arriva Einstein, si mette a riflettere su tutto questo, e *inventa* i fotoni. Segue il ragionamento di Plank, ma con tecniche diverse arriva alla stessa conclusione e la estende. Le radiazioni luminose sono emesse a *pacchetti*, quanti di luce. I fotoni sono *particelle* che incidendo su un metallo tirano fuori elettroni, ma per tirarli fuori occorre che per ogni elettrone sia disponibile un quanto di luce (energia) sufficiente a estrarlo.

Non solo quindi, l'energia di ogni radiazione, in tutto lo spettro di frequenze, viene emessa a pacchetti: occorre anche che il pacchetto incidente abbia un'energia specifica, quella e non un'altra per estrarre elettroni dai metalli, ovvero dagli atomi. Teniamo presente che di atomi e di struttura atomica nulla ancora si sa. Siamo nel 1905, i Curie e Becquerell, Roentgen cominciano a trovare altri *raggi,* quelli alfa e beta emessi da sostanze radioattive, e quelli x, emessi questa volta quando il bombardamento è effettuato con elettroni. Plank è entusiasta di Einstein, ma solo per la sua teoria della relatività.

Nonostante Einstein si sia mosso nella sua stessa direzione, Plank è scettico sull'idea dei *quanti* che lui stesso ha scoperto, di cui ancora non comprende il significato fisico, e soprattutto non crede ai fotoni, come particelle.
Stiamo per addentrarci ora in un *episodio* importante della sequenza, quello della spettrometria in emissione e in assorbimento. Si tratta di qualcosa che è alla base di tutto lo sviluppo della fisica delle particelle, che permette ai fisici di confrontare teorie e pratiche sperimentali, e contribuisce a rivelare la struttura intima dell'atomo.
Come vedremo, studiando gli spettri, prima Rutherford e poi Bohr cominciano a tirare fuori teorie atomiche curiose, complesse, ma ancora plausibili. I pasticci, quelli che rendono la teoria dei quanti strana e impenetrabile, soprattutto per la mancanza di aderenza a un modello recepibile dal senso comune, cominciano dopo, con De Broglie, e poi con

Heisenberg, Schrödinger, Pauli, Born, e Dirac. Arriviamoci pian pianino.

5. Spettri in emissione e assorbimento.

La spettrometria, l'analisi dei componenti della luce ha inizio molto prima di Plank e soci, già con Newton e con il suo primo prisma. E fin dal lontano 1752 uno scienziato scozzese, Thomas Melvill aveva fatto una strana scoperta.

Ricordiamo anzitutto che la luce solare si scompone, quando viene passata attraverso un prisma, in tutti i colori visibili, quelli dell'*arcobaleno*.

Un corpo solido (mettiamo, il ferro nella fucina di un fabbro, il filo di una lampadina, una lampada a sodio) emette, anch'esso radiazioni di varia frequenza, con picchi di intensità che cambiano in funzione della temperatura. Il ferro del fabbro prima è rosso, poi diventa giallo, poi di nuovo bruno.

Melvill scoprì che riscaldando un gas, invece di tutti i sette colori tipici (frequenze), venivano fuori delle linee chiare ben distinte, una dall'altra, tipiche di ogni gas.

Questo tipo di spettro si chiama spettro di emissione. Abbiamo, dunque, lo spettro di emissione che si ottiene dalla luce solare[I], e lo spettro di emissione di un gas riscaldato. Il primo è continuo dal rosso al violetto, il secondo è costituito da linee chiare, caratteristiche e diverse (spostate sull'asse orizzontale delle frequenze) per ogni gas.

[I] Mi sono posto una domanda: se, come è noto, le radiazioni solari sono essenzialmente dovute a idrogeno e elio che bruciano nella fornace atomica del sole, com'é che la luce solare è *bianca*, ovvero composta dalle stesse radiazioni, dal rosso al violetto, emesse da un corpo nero? Ne ho parlato al telefono con Vittorio Betta. Mi ha spiegato che, in effetti, il Sole si comporta, da questo punto di vista come un corpo nero a circa 5000 gradi K, e che la curva di intensità di radiazioni che ne risulta è appunto, quella della luce bianca. Mi accontento, ma non sono completamente soddisfatto.

La novità su cui si concentrò Fraunhofer a partire dal 1814 nacque quando usando una sorgente luminosa tipica (corpo caldo) e frapponendo un gas freddo, apparsero nello spettro continuo di tutte le frequenze, delle linee scure, esattamente in corrispondenza delle linee chiare dello spettro di emissione dello stesso gas.

Oggi diciamo che un gas caldo e eccitato emette radiazioni di una certa frequenza tipica, ripeto, per ogni gas, e che un gas freddo assorbe le stesse frequenze che è capace di emettere. Insomma, scaldo un gas. Gli atomi passano a uno stato eccitato, gli elettroni saltano da un orbita all'altra, e in corrispondenza di ogni salto tirano fuori un fotone, un quanto di luce tipica. (Questa spiegazione arriva dopo, nella nostra storia)

Al contrario, lo stesso gas, freddo assorbe le radiazioni luminose incidenti, ma solo quelle di una frequenza corrispondente a quelle che il gas è capace di emettere. Nel primo caso il gas emette energia, nel secondo la assorbe. La cosa notevole è la corrispondenza, totale, sempre e senza fallo uguale, delle frequenze coinvolte.

Devono esserci certi stati di energia caratteristici in ogni gas che sono reversibili, che, possono assorbire o emettere energia.

L'ho già detto: insieme alla scoperta di Plank che a partire dallo studio delle radiazioni emesse da un corpo nero postula l'esistenza di *quanti di energia,* e a quella di Einstein che studiando le stranezze dell'effetto fotoelettrico t'inventa i *fotoni,* la spettrometria dei gas ha inizio e rimane la base di tutto lo sviluppo successivo della fisica delle particelle e della teoria dei quanti.

Vale la pena di accennare al fatto che analizzando gli spettri della radiazione solare scienziati quali Fraunhofer e Kirchoff, assai prima dell'inizio dell'avventura della scoperta del comportamento delle particelle elementari, hanno saputo individuare le varie sostanze presenti nell'atmosfera del Sole, sino a giungere alla scoperta di un gas, fino ad allora sconosciuto: l'elio.

6. L'equazione di Balmer

Balmer era un professore di scuola svizzero. Si mise a lavorare, con i risultati sperimentali dello spettro dell'idrogeno, l'elemento più semplice, con un solo elettrone. Un esercizio puramente numerico. Tenta che ti tenta, senza alcuna spiegazione teorica, riuscì a scrivere un'equazione che oltre a rappresentare in modo quasi perfetto le frequenze delle righe spettrali del gas, avrebbe giocato, dopo, con Bohr, un ruolo importante nello sviluppo successivo della teoria atomica.
L'equazione è questa, vale la pena di riportarla e di fermarsi un pochino a commentare. *F è la frequenza.*

$$F = R \left(1/n_f^2 - 1/n_i^2\right)$$

Le due cifre, n_f e n_i, sono numeri interi, in cui *f* sta per finale, e *i* sta per iniziale. Balmer, dando a n_f il valore 2, a n_i i valori 3, 4, 5 e alla costante il valore numerico $3,29163 \times 10^{15}$, riuscì a calcolare con grande approssimazione le frequenze delle quattro (principali) righe spettrali dell'idrogeno.
Devo fare, per mia stessa chiarezza, un salto in avanti. Nel modello che Bohr svilupperà qualche anno dopo, l'atomo di idrogeno emette fotoni luminosi con certi valori della frequenza, quando l'elettrone, salta da un'orbita energetica iniziale (i), più lontana dal nucleo atomico, a una finale (f), più vicina. L'atomo *perde* energia, passando da uno stato all'altro e l'energia emessa è uguale alla differenza tra i due valori dell'energia che competono all'atomo nei due stati.

Per far quadrare le cose, Balmer dovette dare alla costante un valore numerico preciso, e con quel valore le cose si misero a funzionare. Si continuarono, con apparecchiature più raffinate a scoprire altre righe spettrali emesse dall'idrogeno, e sempre con l'equazione di Balmer, dando alla coppia f e n valori congruenti, cioè f =1 e n = 2, 3, 4, 5... e poi f = 2 e n = 3, 4, 5... e ancora f = 3 e n = 4, 5, 6...e ancora così, la corrispondenza tra le *serie* di righe spettrali misurate, e quelle calcolate restava perfetta. Non posso fare un disegno, ma mi sembra di aver chiarito abbastanza bene il contesto che sarà spiegato dopo. L'elettrone può saltare da ogni orbita più esterna a ogni orbita più interna, emettendo radiazioni, in una *serie*, teoricamente infinita di combinazioni di righe spettrali.

La costante R, è nient'altro che un numero, trovato per tentativi, allo scopo di far quadrare una relazione matematica - anch'essa *inventata* - con i risultati sperimentali. Ricordando quello che ho scritto - vedere capitolo IV, *La matematica e le Leggi* - sulla straordinaria potenza della matematica, non posso fare a meno di sottolineare che questo n'è un tipico, doppio esempio: la coerenza della formula, e il valore della costante che aggiusta tutto. Come vedremo più avanti l'esempio è reso ancora più significativo dal fatto che Bohr riesce a dare un'interpretazione fisica alla formula, di cui ho già dato un anticipo. Il fatto strano, però è che purtroppo, se da una parte, la matematica associata al genio umano continuano a dare straordinari risultati - in questo caso come in tanti altri - alla fine si dimostra, come vedremo, che il modello arriva a spiegare i fenomeni ma solo sino a un certo punto. Poi non funziona.

Ma allora, è solo invenzione, solo e sempre invenzione?
Ho speso altrove fiumi di parole per sostenere che la matematica *esiste*, e con lei le Leggi della fisica. Ne sono ancora convinto?

E ancora. Mi addentro nella teoria dei quanti per cercare di spiegarla a me stesso prima di tutto. Parlo di atomi, onde, elettroni, righe spettrali, formule che coincidono con la realtà, e ne parlo, entusiasmandomi per la logica che ne deriva o che è implicita nelle scoperte, come se fosse roba normale. Perché, mi dico poi, il mondo non è più semplice? Perché tagliando a pezzi la materia, non si arriva a un atomo che è non solo piccolo ma normale, un pezzetto piccolissimo di roba che tutti possono vedere e capire? Qual è il senso della complicazione dell'Universo? E, per essere coerente, dovrei dire meglio: qual'è il senso *dell'Universo delle particelle* di cui è costituito *l'Universo*?

Un'ultima riflessione: sin qui, e ancora per qualche pagina, il racconto del dipanarsi delle scoperte e delle *invenzioni*, conserva il profondo merito di lasciare intatta la possibilità di immaginare quello che si verifica, per strano, e come ho detto, astruso che sia. Astruso e strano, ma ancora *comprensibile*. Poi, dopo, le cose, si complicano ulteriormente. La natura, per consentire un'interpretazione corretta di tutti i fenomeni, ci presenta delle leggi che non permettono modelli accettabili dall'intuito (attenzione, si tratta sempre di un tipo di intuito speciale, non *istintivo,* che richiede *intelligenza e cultura*). É giusto? Non è che sia un trucco, com'è un trucco la formula di Balmer, e come lo sarà il modello atomico di Bohr?

7. Primi passi verso la comprensione della struttura dell'atomo

In breve. Thomson dimostra definitivamente che gli elettroni, sono *elettroni, particelle* con carica negativa, dotate di massa, e non *raggi* catodici. Rutherford, studiando lo scattering delle particelle alfa scopre che il centro dell'atomo deve essere ben pesante: questa è la scoperta del nucleo atomico, carico positivamente, attorno al quale, conclude Rutherford, si muovono gli elettroni in orbite diverse. Si comprende che rispetto alle dimensioni dell'atomo intero, il nucleo occupa uno spazio piccolissimo (il solito pisello al centro di un campo di calcio), circa un miliardesimo di milioni di volte più piccolo dello spazio totale occupato dall'atomo con i suoi elettroni orbitanti. Rimangono però dei dubbi sostanziali:

- che cosa tiene insieme le particelle di cui è composto il nucleo[I], perché non esplode?
- E com'é che gli elettroni continuano a orbitare intorno al nucleo senza caderci dentro? In base alla teoria classica, Maxwell e soci, una particella carica che per lo stesso fatto che *ruota* accelera, emette radiazioni e perde rapidamente energia. Gli elettroni dovrebbero collassare sul nucleo. Rutherford si accontenta di ipotizzare che è l'attrazione elettromagnetica tra nucleo positivo ed elettroni negativi a fornire la forza centripeta, che come in un sistema planetario classico, è necessaria a mantenere l'elettrone in orbita; i problemi, tuttavia, rimangono tutti, la spiegazione non è sufficiente. Ed ecco che arriva Niels Bohr.

8. Bohr, la formula di Balmer e i tre numeri quantici.

Bohr non è soddisfatto né contento delle ipotesi atomiche di Rutherford e dei problemi che ne derivano. Viene a sapere della formula di Balmer e si propone di ricavarla teoricamente. Ragiona sempre sulla base degli elettroni che circolano intorno al nucleo. In conformità a principi standard della fisica classica si mette a calcolare il *momento angolare* di una particella orbitante.
In generale la formula per il momento angolare è:

$$L = mvr$$

I Una cosa strana: Il libro di Mc Evoy, tralascia completamente il discorso sulla costituzione del nucleo atomico. Le parole *protone* e *neutrone*, non appaiono mai nel testo.

Il momento angolare è dato in altre parole dal prodotto della massa m del corpo, moltiplicato per la sua velocità e per il raggio dell'orbita.

Bohr ha un'idea geniale, postula - tenendo presenti i primi rudimenti della teoria di quanti, le idee di Plank e Einstein - che gli elettroni possono occupare, in un atomo una serie di orbite diverse e speciali, e circolare senza emettere radiazioni, come dovrebbe avvenire secondo la teoria classica. Queste orbite le chiama *stazionarie*. Il postulato è che il momento angolare proprio di queste orbite è dato da:

$$L = mvr = n(h/2\pi)$$

Qui h è di nuovo la costante di Plank, e n è un numero intero.

Il momento angolare, dunque non può assumere un qualsiasi valore arbitrario, come sarebbe possibile in meccanica classica, ma solo dei valori pari a $h/2\pi$, $2h/2\pi$, $3h/2\pi$, e così via.

Da dove salta fuori π? Per il momento non lo sa nemmeno Bohr. Lo scopriremo anche noi più avanti.

Bohr, a questo punto, applicando il modello newtoniano del sistema solare calcola il raggio di ogni orbita possibile. Viene fuori la formula:

$$r = (h^2/4\pi^2 mq^2)n^2$$

Dunque, se h è la costante di Plank, m e q sono rispettivamente la massa e la carica dell'elettrone, il raggio di ogni orbita è uguale a una costante (massa e carica dell'elettrone sono sempre le stesse) moltiplicata per un numero intero a partire da 1, e elevato al quadrato. Un buona miscela di fisica quantistica e di fisica classica!

Ma Bohr non si ferma qui. Tira fuori un secondo postulato. Ogni atomo, dice, emette energia mediante l'emissione di fotoni di frequenza diversa, ogni volta che l'elettrone salta da un'orbita a un'altra più interna. Non solo: l'energia emessa è uguale alla differenza tra quella che compete all'atomo in una certa condizione (orbita) iniziale (eccitata) E_i, e nella condizione finale (orbita) stazionaria E_f, e questa differenza è data dalla relazione di Plank e Einstein:

$$E_i - E_f = hf$$

Partendo da questi due postulati e con un poco di matematica semplice che possiamo ignorare, Bohr tira fuori niente popò di meno che la formula di Balmer.

$$\text{Frequenza} = f = 2\,\pi^2 mq^4/h^3 \times (1/n_f^2 - 1/n_i^2)$$

La grandezza $2\pi^2 mq^4/h^3$ calcolata usando i valori disponibili nel 1914 per carica e massa dell'elettrone e per la costate di Plank h, è quasi identica a quella ricavata *a occhio* da Balmer! Tutte le righe spettrali emesse dall'idrogeno, si possono dunque calcolare con la formula di Balmer-Bohr, solo che Balmer l'aveva ricavata studiando i numeri e Bohr la ricava pensando a un modello fisico.

Tutte le serie di righe spettrali dell'idrogeno di cui s'è già parlato sono, ripeto, ovviamente ricavabili con la formula di Bohr. Il modello ora c'è. In ogni atomo di idrogeno allo stato stazionario, l'elettrone occupa l'orbita più vicina al nucleo, quella in cui n è uguale a 1. Quando il gas idrogeno viene riscaldato la miriade di atomi che lo costituiscono vengono eccitati a vari livelli energetici[I], con gli elettroni che occupano

---

[I] Dunque, lo spettro d'emissione dell'idrogeno mostra tante righe diverse, perché certe combinazioni d'atomi in sintonia, *vibrano* tutti agli stessi modi. Che cosa determini lo stato d'*eccitazione* di ciascun atomo e di ciascun gruppo di atomi che vibrano all'unisono (o più correttamente, che cosa determini per ciascun gruppo l'orbita iniziale da cui l'elettrone salta verso il basso e il momento in cui questo debba avvenire) non è mai stato chiarito. Notiamo qui che rimane anche oscura la ragione per cui un certo atomo, in un gruppo di atomi radioattivi, decada proprio lui, e proprio in quell'istante.

orbite più distanti, e che tendendo a riportare ogni atomo allo stato stabile (stazionario), saltano da orbita a orbita, emettendo fotoni di frequenza diversa: ed ecco le varie serie di righe spettrali.

Il modello disponibile, a questo punto per l'idrogeno, l'elemento più semplice - un nucleo e un solo elettrone - sarà applicabile a atomi più pesanti e complessi? I problemi, come vedremo tra un istante non finiscono mai.

Ancora una volta qualche considerazione.

Il genio di Bohr gli consente la creazione di un modello che quasi funziona per l'idrogeno, in conformità a due o tre convinzioni.

Primo, la formula di Balmer va bene, quindi *bisogna* riuscire a dare alla formula un'interpretazione fisica, e *bisogna* poterla scrivere in qualche modo.

Secondo, Plank e Einstein hanno dimostrato che un atomo eccitato emette energia per *quanti* e che ogni quanto è legato alla frequenza della radiazione emessa.

Terzo, la fisica classica e Newton possono ancora funzionare.

Si mette lì, seduto al suo tavolo, usa la matematica, ancora semplice, che conosce bene, sa dove vuole arrivare, e gira, gira e gira ci arriva. La ricostruzione di Mc Evoy non lo dice, lo dico io.

Le dominanti di questo processo sono convinzione, cultura matematica, e fiducia. In un certo senso e con tutto il tremendo rispetto per il genio creativo di Bohr, quello che sto cercando di dire è che **è il risultato che ha determinato la costruzione intellettuale e non il contrario**. Buono o cattivo? Né l'uno né l'altro, il punto non è questo. Io provo a immaginare.

Bohr e Einstein prendono semplicemente atto del fatto che le righe più pronunciate dello spettro corrispondono a transizioni energetiche più probabili: statistica più che certezze.

Le grandezze in giuoco le conosce: la massa dell'elettrone, la sua carica, la costante di Plank. La formula di Balmer esercita su di lui un immenso fascino perché funziona. Il problema è di far quadrare la costante di Balmer, usando tutti i mezzi fisici e matematici possibili. In altre parole, di andare di là dal numero che Balmer è stato costretto a mettere nella formula - per arrivare all'uso di una serie di parametri che, connessi in modo opportuno, diano alla costante il valore appropriato. Bohr deve avere fatto numerosissimi tentativi, facendo rivoltare in tutti i modi possibili matematica, fisica classica, e i primi elementi di quella quantistica, in tutte le direzioni concepibili. Fino a quando…eureka! Insomma secondo me ha prima trovato la formula e poi ha *inventato* il modello. Tant'è che, come già detto, il modello si rivelerà ben presto non corretto.

9. Più righe e altri numeri quantici

Qui, intendo essere molto sintetico. Dopo che Bohr ha sviluppato il suo modello, negli esperimenti con l'idrogeno continuano ad apparire nuove righe spettrali. Ci lavorano in parecchi e ampliano le idee di Bohr, ipotizzando tre cose:

- Non tutte le orbite sono circolari, alcune possono essere ellittiche. Si aggiunge a **n** un nuovo numero quantico **k**, sempre quantizzato in unità di h/2л che stabilisce l'eccentricità dell'orbita.

- L'orbita elettronica, ellittica o circolare può essere orientata su piani diversi: perpendicolare, all'asse dell'atomo, oppure inclinata a destra o a sinistra. Questo accade quando gli atomi sono piazzati in un campo magnetico. Altro numero quantico, **m**.

- Il rompicapo continua; i tre numeri quantici, n, k, m, non bastano ancora a spiegare nuove linee che appaiono nello spettro dell'idrogeno soggetto a un campo magnetico. É Wolfang Pauli a risolvere questo problema. Con un ragionamento che trova le sue radici nel modello planetario, Pauli scopre che l'elettrone – cosi come fa la terra ogni giorno, mentre ruota intorno al sole – ruota su se stesso, e può farlo sia in direzione oraria sia antioraria. Ecco il quarto numero quantico **s**, lo spin. Il momento angolare dell'elettrone che ruota su se stesso è uguale a $\pm 1/2$ del valore h/2л, a seconda che lo spin sia up (antiorario) oppure down (orario). Il valore ½ significa, tra l'altro una cosa strana e interessante. Laddove ogni pianeta nel sistema solare torna nella posizione iniziale (la terra ogni 24 ore, per esempio) in un solo giro, l'elettrone deve farne due per ritornare al punto di partenza.

- Pauli, inoltre scopre ed enuncia un principio, per l'appunto *Il Principio di Esclusione di Pauli*, secondo il quale solamente un elettrone può occupare un certo livello quantico (orbita)[1]. É proprio questo che impedisce agli elettroni e quindi all'atomo di collassare ai livelli minimi dell'energia. Una conseguenza di tutto questo, che potremmo definire come parte della **Vecchia** teoria quantistica, fu la capacità di Bohr, di raffigurare la struttura del sistema periodico degli elementi chimici che cataloga in gruppi, gli atomi che posseggono le stesse proprietà chimiche e fisiche. A questo Bohr pervenne, attribuendo a ciascun elettrone nell'atomo i quattro numeri quantici. Non entro in questa questione: è comprensibile ma difficile da spiegare senza l'aiuto di tabelle e di grafici.

---

[1] Più chiaramente: in un atomo ogni elettrone esibisce una particolare combinazione dei quattro numeri quantici: *ogni elettrone conosce l'indirizzo di ogni altro e occupa il suo spazio particolare nella struttura dell'atomo.*

Fino a questo punto la fisica (quantistica) delle particelle è *matematica* ma utilizza ancora modelli in linea con il senso comune, leggibili con matematica e fisica elementari[1]. L'uso della statistica si conferma altresì necessario nello studio del comportamento **atomico** di un gas riscaldato o, in altre parole, nello studio dello spettro che emettono gli atomi del gas eccitato, così com'è stato necessario in quello della termodinamica e della cinetica dei gas. Perché l'idrogeno presenta quello spettro e non un altro, sempre lo stesso, e perché certe righe sono più pronunciate di altre?

Risposta: perché le righe corrispondono agli stati di eccitazione dell'atomo più *probabili*.

Perché un atomo radioattivo decade cambiando natura e struttura in un certo momento e non in un altro? E perché proprio quell'atomo?

Non si conosce la risposta, ma si riesce a calcolare benissimo, con precisione assoluta, l'andamento del decadimento di una miscela di atomi.

Viene spesso messo in evidenza che quest'impossibilità di prevedere certi eventi che riguardano gli atomi, enfatizza il distacco tra teoria quantistica e fisica classica dove tutto sarebbe prevedibile.

Non sono certo che ciò sia corretto. Intendo questo in entrambi i sensi: non è vero che tutto è prevedibile nella fisica dei sistemi classici *complessi*; non è altresì vero che, con l'uso appropriato di un approccio probabilistico, non si possa prevedere (in maniera *quasi classica*) il decadimento di un elemento radioattivo oppure la struttura degli spettri di emissione.

---

[1] I pasticci cominciano dopo: quando ci si addentra nel problema della dualità onda – particella. Cos'è un fotone di luce? Un'onda o una particella? O tutti e due? E l'elettrone?

10. La dualità Onde-Particelle

É a questo punto, dunque, che cominciano le vere difficoltà. L'idea dei fotoni intesi come particelle di luce, avanzata da Einstein nel 1905, criticata da Plank, riposa sotto la cenere, ma non è morta. Siamo nel 1924. Gli elettroni sono ancora particelle e la luce è, per il momento, composta di onde. La diffrazione di un raggio luminoso, il modo in cui il raggio si comporta quando si piega attorno a un angolo; i fenomeni d'interferenza, associati al passaggio della luce attraverso due fessure parallele, testimoniano tutti a favore dell'interpretazione ondulatoria della luce.
Si misura correntemente la velocità della luce, e delle singole radiazioni che la compongono. La velocità della luce è data dal prodotto della lunghezza d'onda λ per la frequenza f. Tutto quadra. La formula che lega queste grandezze e che ci sarà necessaria tra un pochino è:

$$c(\text{velocità m/sec}) = \lambda \ (\text{metri/onda}) \ \times \ f(\text{onde/sec})$$

Rimane però il problema dell'effetto fotoelettrico che vuole che i fotoni si comportino come particelle, e rimane l'incompletezza del modello di Bohr, che oltre a essere basato su postulati non dimostrati, se permette il calcolo delle righe dell'idrogeno che derivano dalla formula di Bohr-Balmer, non consente altresì calcoli equivalenti per le linee spettrali associate agli altri tre numeri quantici.

Louis de Broglie, nel 1924 presenta alla Sorbona la sua tesi per il dottorato.
Le sue idee rappresentano l'inizio della vera e propria rivoluzione nella fisica delle particelle, e contribuiscono a trasformare la *Vecchia* teoria dei quanti[1] nella nuova concezione della meccanica quantistica. Quest'ultima si andrà

---

[1] Quella descritta sino a questo punto.

precisando sino alla sua definizione che va sotto il nome di *Interpretazione di Copenhagen* al congresso di Bruxelles nel 1927. Da allora, salvo le molteplici scoperte, conferme sperimentali, e pratiche conseguenze, le fondamenta della teoria non hanno subito variazioni sensibili.

De Broglie si mette a studiare il problema della doppia interpretazione delle radiazioni luminose - chi le vuol onde e chi particelle - e tira fuori un'idea originale e sconvolgente: la dualità onde/particelle, identificata da Einstein non s'applica solo ai fotoni luminosi. Se è vero che quest'ultimi hanno un doppio comportamento, lo stesso deve essere vero di ogni particella elementare. Allora, anche gli elettroni, e perché no i protoni presentano la stessa dualità.

Ogni forma di energia è associata a una specifica frequenza come del resto risulta dalla formula di Plank-Einstein E=hf. Di conseguenza, aggiunge De Broglie, ogni particella in movimento, un fotone che esce dall'atomo, un elettrone che ne fa il periplo, entrambi sono associati a un'onda in movimento, e viceversa la propagazione di ogni onda è associata al movimento di una particella. Le onde in questione non sono astrazioni.
Einstein legge la tesi di De Broglie e n'è entusiasta. Non solo De Broglie predice che la natura ondulatoria degli elettroni può essere confermata sperimentalmente mediante la diffrazione di raggi x nei cristalli[I], ma arriva anche a drammatiche conclusioni, usando la semplice matematica dello stesso Einstein insieme alla formula base della teoria dei quanti. Vediamo. Parte dalla famosa equazione di Einstein $E=mc^2$ e la riscrive:

$$E = (mc)\,(c)$$

[I] Lo sarà effettivamente qualche anno dopo.

Poiché (mc), massa per velocità della luce non è altro che il momento p di un fotone in movimento, ne segue che:

$$E= (p)(c) = (p) (f \lambda) \text{ (vedi sopra)}$$

Ma De Broglie sa anche che:
E = hf, la relazione di Plank-Einstein, e quindi:

$$hf = (p) (f \lambda)$$

e

$$h/p = \lambda \text{ (1)}$$

Questo significa che se il momento di un fotone cresce, la lunghezza d'onda corrispondente diminuisce. La parte veramente importante del ragionamento è che De Broglie estende queste conclusioni a tutte le particelle, elettroni inclusi.
De Broglie non si ferma qui. Ricordate il primo postulato di Bohr:

$$mvr = n(h/2\pi)$$

Ricordate anche che ci domandavamo da dove saltasse fuori л ? Bene. De Broglie ipotizza che a ogni elettrone in orbita è associata un'onda stazionaria. Se r è il raggio dell'orbita e λ il valore della lunghezza d'onda ciò equivale a scrivere che:

$$2 \text{ лr (circonfererenza)} = n(\text{numero intero}) \lambda$$

Applichiamo un minimo di algebra insieme a Mc Evoy e De Broglie. Dunque:

n λ = 2 лr (2)

sostituiamo in questa l'equazione (1) di De Broglie per cui
$\lambda = h/p = h/mv$, cioè,

$nh/mv = 2\pi r$ da cui deriva che:

$mvr = n(h/2\pi)$ che altro non è che il postulato di Bohr. Ed ecco
da dove salta fuori π!

Ho riportato questi ragionamenti come li scrive Mc Evoy. Ho
un paio di dubbi che mi sarà necessario chiarire:

1) Come può De Broglie applicare la relazione di Einstein $E = mc^2$ ai fotoni che pur essendo particelle sono, sino a prova
   contraria, privi di massa?$(m = 0)$[I].

2) La lunghezza d'onda che appare nell'equazione di De
   Broglie (1) è quella del fotone. Nella (2) appare la
   lunghezza d'onda dell'elettrone. Bohr usa il suo postulato
   per ricavare la formula di Balmer che fornisce la frequenza
   (e quindi l'inverso della lunghezza d'onda) della radiazione
   (fotone) emessa dall'atomo quando passa da uno stato
   quantico all'altro. Stiamo parlando della stessa cosa
   oppure di due cose diverse? E se si tratta, come credo, di
   due cose diverse, come si fa a mettere in relazione le
   equazioni (1) e (2)?

Anche qui non sono certo di sapere se si tratta di un trucco di
De Broglie, di una svista di Mc Evoy, oppure, come è assai più
probabile di una mia disattenzione nel leggere, interpretare e
riferire i fatti.
Siamo comunque arrivati alla catarsi, al punto più alto del
dramma.

[I]Questo problema ne introduce un altro più generale: i fotoni luminosi sono
energia quindi devono in qualche modo avere una massa equivalente.

La domanda chiave è sempre: dobbiamo vedere l'elettrone come una piccolissima particella carica che salta da un orbita all'altra emettendo energia (Bohr) oppure come un'onda che aggiusta la propria lunghezza in modo da corrispondere esattamente a una delle orbite elettroniche (De Broglie)?

Ci avviciniamo, pericolosamente alla *Nuova*, ultima e finale teoria dei quanti.

11. La Nuova Teoria dei quanti, ovvero l'interpretazione di Copenhagen

La *Nuova* teoria è costruita, inventata, scoperta contemporaneamente, più o meno, da Heisenberg, Schrödinger e Dirac. Usano approcci matematici diversi e arrivano a formulazioni dissimili. Si rendono conto però, insieme ai loro colleghi fisici, Max Born, Wolfang Pauli e, naturalmente Bohr, che le soluzioni delle loro diverse matematiche, conducono agli stessi risultati.

Heisenberg non ha alcuna simpatia per il modello atomico di Bohr, non è convinto della validità di disquisire d'invisibili elettroni che saltano all'interno di invisibili atomi. Preferisce un approccio puramente matematico che gli permetta di scrivere un *codice* capace di identificare tutte le linee di uno spettro atomico.

Nello sviluppo della matematica appropriata si imbatte in uno strano fenomeno: il prodotto del momento lineare (p) per lo spostamento dalle condizioni di equilibrio (q), cioè p x q è diverso dal suo reciproco q x p, il che viola la proprietà commutativa della moltiplicazione. La differenza tra i due, postula Heisenberg, deve essere uguale a h/2лi dove i è la radice quadrata di −1. I numeri immaginari fanno la loro comparsa nella teoria dei quanti! In altre parole:

$$pq - qp = h/2лi^I$$

Cito Mc Evoy:

Quando questa condizione viene associata alle equazioni classiche del moto scritte sotto forma di matrici, si ottiene un sistema di equazioni che consente di calcolare i valori delle frequenze e quelli delle intensità a esse associate delle linee spettrali degli atomi.

Ho scritto: Cito Mc Evoy. Non ho alternative, comincio *davvero* a non capire. Non so cosa significhi il termine (q) definito come spostamento dalle condizioni di equilibrio[1]. Padroneggio troppo poco la matematica per conoscere le matrici e per stabilire quanto strana sia la condizione di disuguaglianza determinata da Heisenberg; non sono in grado di valutare il significato dell'intuizione di Heisenberg che lo induce a postulare una disuguaglianza in cui oltre alla solita costante h (benedetto Plank) compare il numero immaginario (i). Né mi aiuta Mc Evoy.

Certo, se da una parte quello che conta ancora una volta per me - ed è sufficiente a darmi godimento - è l'individuazione di una sequenza logica nel racconto, dall'altra è ugualmente certo che l'unica cosa che sembra contare per i fisici del tempo è la soddisfazione del fatto che una matematica che nega l'esistenza di ogni possibile modello, dia dei risultati che concordano con gli esperimenti e con le misure.
Ma attenzione: proprio *tutti* d'accordo e contenti non sono tant'è che Schrödinger si mette a cercare una soluzione diversa che ancora sia in qualche modo legata a un modello classico; Born ne darà una interpretazione dissimile da quella del suo stesso autore, e poi Dirac con la sua *elettrodinamica*

---

[1] Max Born spiega a Heisenberg che questa stranezza strana non è. La moltiplicazione di Heisenbaerg corrisponde a un noto tipo di strumento matematico, le *matrici.*
[1] A meno che non voglia semplicemente riferirsi allo spostamento dell'elettrone da una posizione all'altra.

quantistica troverà una soluzione generale del problema che ingloba entrambe le teorie, quella di Heisenberg e quella di Schrödinger e udite, udite, consente di superare il paradosso della natura duale della luce a *tutti coloro* che sono in grado di seguirne e comprenderne la matematica.

Voglio riportare l'equazione di Schrödinger, uno degli strumenti più usati nella meccanica quantistica e dire due parole sul suo significato:

$$\frac{\delta^2}{\delta x}\Psi + \frac{8\pi^2}{h^2}m(E-V)\Psi = 0$$

in cui E è l'energia, V l'energia potenziale, x la posizione, h la solita costante di Plank, m la massa della particella. L'equazione deve essere risolta per determinare il valore di Ψ, un'*onda* che descrive lo stato quantico del sistema in esame. Schrödinger cerca, disperatamente, una formulazione della teoria che non sia solo matematica; vorrebbe che anche il mondo delle particelle possa essere riconducibile a fenomeni *classici*. La sua equazione permette di calcolare tutte le righe dell'idrogeno, riproduce la formula di Balmer, e consente di ricavare i tre numeri quantici n, m e k della vecchia teoria. Ma, lo stesso inventore della nuova forma della meccanica quantistica è confuso, non è certo di avere ben chiaro quello che ha scoperto. Gli piace l'idea di De Broglie, particelle che viaggiano avvolte da un pacchetto di onde, mentre aborre la visione astratta, puramente matematica di Heisenberg. Finisce per riconoscere, però, con sua sorpresa che le matrici di Heisenberg portano ai suoi stessi risultati. É anche costretto ad ammettere che la sua visione non è corretta e finisce per accettare l'interpretazione di Max Born. Quest'ultimo conclude che Ψ rappresenta l'*ampiezza* della probabilità che un elettrone passi da un certo stato a un altro, e che il valore assoluto del quadrato di Ψ, non è altro che la probabilità fisica della presenza di una particella.

Ho già accennato al fatto che sarà Paul Dirac a consolidare tutte le teorie più recenti nella sua teoria del campo quantistico che si svilupperà nei decenni successici nell'elettrodinamica dei quanti.

A questo punto, abbiamo una funzione d'onda che rappresenta e permette di calcolare la probabilità che una particella si trovi in un certo posto. Non sappiamo esattamente che cosa vuol dire possiamo usarla per previsioni e calcoli[I].

Manca ancora il tassello più curioso e che più ha fatto e fa ancora discutere: il principio di indeterminazione di Heisenberg.

Quest'ultimo, mentre ragiona con Born, Schrödinger, Bohr, in perfetta amicizia e sincronia di vedute, non smette di riflettere sulla strana disuguaglianza in cui si è imbattuto. Conclude che essa ha a che fare con l'influenza che l'osservatore può avere sul comportamento di una particella. Enuncia il suo principio che matematicamente si scrive:

$$\Delta p \times \Delta \chi = h$$

che vuol dire che quando si osserva una particella è impossibile determinare con precisione e allo stesso tempo la sua posizione e il suo momento (massa per velocità, oppure data la massa, semplicemente la velocità). Il prodotto delle due *incertezze* è di nuovo uguale alla costante...di Plank.

La cosa è tutt'altro che illogica o inspiegabile. Anzi, sembrerebbe a prima vista uno dei concetti più chiari della teoria. La spiegazione è semplice. Per *vedere* una particella occorre illuminarla. Più piccola la particella più intensa deve

---

[I] Attenzione: non mi si dice se la teoria consente calcoli per atomi più complessi di quelli dell'idrogeno. Devo però annotare che Martin Rees, nel Libro *Prima dell'Inizio* (gia citato al capitolo V), pg 223, sostiene che quell'equazione non può essere risolta per alcunché più complicato di una molecola.

essere la *luce* che la illumina, in altre parole la frequenza della radiazione illuminante. Se quest'ultima è bella forte finirà per influenzare la posizione della particella dopo l'urto con lei, oppure la sua velocità.

La faccenda si complica quando nelle varie interpretazioni della teoria dei quanti si conclude che non è solo questione di osservazione e di effetto dell'osservatore, che al contrario, si tratta di una proprietà intrinseca della natura. Una particella non ha una posizione o una velocità determinabili allo stesso tempo *in senso assoluto.* Oppure, ancora più curiosa è l'idea opposta, che risulta da una interpretazione apicale del principio: se è l'osservatore a determinare lo *stato quantico* ovvro le condizioni del o di un sistema, nulla può definirsi reale o finale o precisamente determinato sino a quando non c'è qualcuno a osservare e misurare.

Per molti questo concetto rappresenta la fine di tutte le certezze sulla natura e sul suo comportamento connaturate, tra l'altro, alla fisica antecedente, quella classica. Io penso che questa conclusione meriti una seria discussione. Per almeno tre ragioni.

Anzitutto l'indeterminazione di Heisenberg si applica alle particelle elementari, e non alle palle da tennis, ai rinoceronti, ai proiettili e ai satelliti artificiali. La fisica classica continua a dominare indisturbata una grandissima parte dell'universo che ha bisogno di una descrizione razionale e che la consente. Poi, non bisogna dimenticare che il mondo reale, quello che trova una rappresentazione moderna nella teoria del caos, è probabilmente assai più indeterminato e casuale di quello degli atomi.

Con l'uso di concetti basati su probabilità e statistica, il comportamento fisico e chimico degli atomi è assai più prevedibile di quello dei tanti altri strani modi in cui si manifestano i fenomeni del mondo. Infine è critico il fatto che si stia ragionando di...atomi, delle cose più piccole, e meno probabili, in senso stretto, dell'Universo, e che aspettarsi da esse un comportamento *normale* è forse l'intrinseca espressione di una pedante, ristretta, aspettativa del contenuto della realtà. Quest'ultima considerazione, vale ancor più quando si tenga conto della presenza insostituibile e decisiva dell'invenzione matematica nello sviluppo delle teorie atomiche e quantistiche. Se la matematica riesce a descrivere la realtà non è detto che riesca a farlo sempre in modo completo, definitivo e completamente privo, esso sì, d'indeterminazione e incertezza.

Per concludere, qualche parola sulla cosiddetta interpretazione di Copenhagen. Nel 1927 due congressi di fisica, uno sul lago di Garda, e un altro qualche mese dopo a Bruxelles, presso l'hotel Metropole. Non partecipa al primo Einstein, che invece è presente al secondo, a esprimere il proprio dissenso sulle conclusioni di Bohr e soci.
In essenza Bohr avalla tutte le ultime scoperte, le teorie di Heisenberg, di Schrõedinger, di Dirac, e l'indeterminazione quantistica di Heisenberg. Su onde e particelle Bohr è salomonico: enuncia il principio di complementarità, secondo il quale le entità elementari possono comportarsi nell'uno e nell'altro modo, secondo il contesto in cui si opera, o più specificatamente, secondo gli strumenti con i quali sono osservate e misurate.

Di tutto ciò, dei dubbi di Einstein, delle stranezze che sono implicite in certi aspetti della teoria dei quanti si parlerà ancora e a lungo nel corpo del saggio. Questa appendice servirà a leggere con minori difficoltà le pagine dedicate ai quanti. A me è servita a superarare il timore reverenziale per una materia complessa e a me poco nota. Ha avuto anche un altro importante risultato: far nascere nella mente dell'autore, vale a dire nella mia testa, qualche dubbio non tanto sull'essenza e sull'esistenza platonica dei principi matematici, ma piuttosto sull'uso a volte spregiudicato che della matematica è fatto dai fisici. La spregiudicatezza che riscontro non è tanto legata alla volontà di ottenere a ogni costo un risultato che permetta di spiegare i fenomeni, quanto al fatto che non si ammetta apertamente da parte dei matematici dei loro critici, commentatori e ammiratori, qual è la natura del metodo seguito. Lo definisco con una semplice frase: *cerca, e cerca. Se conosci il risultato e se sei bravo finirai per trovare…qualcosa.*

Appendice III: note sulla cosmologia

Il rapporto tra velocità relativa delle Galassie e la velocità della luce

Riporto un passo di Weinberg, dei *Primi Tre minuti*.
Consideriamo un'onda luminosa in movimento tra due galassie tipiche.

(Ricordiamo che $S = ct$)

La distanza tra le galassie (S) è uguale al prodotto del tempo impiegato dalla luce per percorrerla moltiplicato per la velocità della luce (c).

(esempio: la distanza tra due galassie, S, è pari a 1 milione di anni luce se la luce impiega 1 milione di anni (t) a percorrerla a velocità (c))

mentre l'aumento di tale distanza durante il viaggio della luce da una galassia all'altra è uguale

$$S_{aumento} = v_{relativa\ galassie}\ t$$

al prodotto del tempo impiegato dalla luce nel suo viaggio moltiplicato per la velocità relativa delle galassie. Quando calcoliamo l'aumento frazionario della distanza, (il rapporto tra l'aumento della distanza intercorso nel tempo (t) e la distanza iniziale tra le galassie)
dividiamo l'aumento della distanza per il valore medio di questa distanza durante l'aumento, e troviamo che il tempo impiegato dalla luce a compiere il suo viaggio viene eliminato: l'aumento frazionario nella distanza tra queste due galassie (e quindi di qualsiasi coppia di altre galassie tipiche) durante il tempo impiegato dalla luce per viaggiare da una galassia

all'altra è esattamente uguale al rapporto fra la velocità relativa delle galassie e la velocità della luce. Come abbiamo già visto questo rapporto ci dà anche l'aumento frazionario della lunghezza d'onda della luce durante il suo viaggio.

Ne desumiamo che la lunghezza d'onda di ogni raggio di luce aumenta, semplicemente, in proporzione all'aumento della distanza tra due galassie tipiche in conseguenza dell'espansione dell'universo. Possiamo pensare che le creste d'onda vengono sempre più separate dall'espansione dell'universo.

Hubble e l'età dell'Universo. Un po' di matematica.

Voglio ragionare in maggior dettaglio di quanto ho fatto nel Capitolo XIII sulla faccenda di Hubble e sul significato della costante H, in modo sempre elementare e forse pedissequo, ma questa volta con numeri verosimili. Voglio anche chiarire quello che intendevo quando accennavo alla necessità di rendere congruenti le equazioni.

Ricordiamo i fatti.

- l'Universo è, sin dall'inizio, in espansione.
- le galassie si allontanano una dall'altra con una velocità relativa che è proporzionale alla loro distanza dall'osservatore.
- In realtà, non sono le galassie che si separano, ma lo spazio che, progressivamente cresce.

Ho accennato ai metodi per misurare la distanza cui si trova una galassia sotto osservazione, e per misurare la sua velocità di recessione. Supponiamo che il valore della costante di Hubble H, sia di 170 Km/sec/milione di anni luce. Questo vuol dire che per una galassia distante 1 milione di anni luce la velocità relativa di recessione è appunto pari a

631

170Km/sec, e che se la distanza raddoppia, 2 milioni di anni luce, raddoppia anche la velocità, pari a 340Km/sec.

Proviamo a fare un conto; determiniamo la distanza di una galassia che recede da noi con una velocità di 20.000 Km/sec. Si tratta di una semplice proporzione:

$$\text{Distanza (X) : 1mAL} = 20.000 : 170$$

$$\text{Ovvero } X = 20.000/170 \times 1 = 118 \text{ m AL(AnniLuce)}$$

Da questo calcolo elementare si può derivare che il sistema funziona nei due sensi: nota la costante è possibile ricavare la distanza se si conosce la velocità, e viceversa si può arrivare alla velocità se è nota la distanza.

Ora, proviamo a spingere oltre il ragionamento. C'è un'altra affermazione che appare, senza ulteriori chiarimenti, nei vari testi divulgativi più importanti sulla cosmologia, probabilmente perché gli autori la ritengono ovvia. Dunque, l'affermazione è che, nota la costante di Hubble, e supponendo che sia corretta, è possibile calcolare l'età dell'Universo, che altro non è che l'inverso della costante.

Ho spiegato già questo concetto nel testo e l'ho illustrato con un esempio banale usando numeri che ho definito *umani*.

Per cercare di approfondire e forse di capire, con i numeri giusti, occorre fare un paio di esempi.

Supponiamo, dunque, che la costante di Hubble sia uguale al primo valore trovato da Hubble, 170 Km/sec/mAL.

Dice, per esempio Weinberg che basta dividere 1mAL per 170 Km al secondo e che il risultato è che l'età dell'universo è 2 miliardi di anni. Bisogna, per farlo, rendere la formula coerente, trasformando dapprima 1 milione di anni luce in Kilometri:

Ecco come si fa:

$$10^6 \text{ AL} =$$

10^6anni*365giorni/anno*24ore/giorno*3600sec/ora*300.000 Km/sec (quest'ultimo termine è la velocità della luce)

É facile vedere che tutte le dimensioni si eliminano, e che rimane un numero espresso in Kilometri.

Se lasciamo solo i numeri e li esprimiamo come potenze di dieci abbiamo:

$$10^6 * 3.65 * 10^2 * 2.4 * 10^1 * 3.6 * 10^3 * 3 * 10^5 = 94.6 * 10^{17}$$

Ora dobbiamo dividere questo numero per 170Km/sec. Scriviamo 170 come $1.7 * 10^2$ e avremo:

$$94.6/1.7 * 10^{17}/10^2 = 56 * 10^{15} \text{ sec}$$

Ora dobbiamo vedere se è vero che $56 * 10^{15}$ corrisponde a 2 Miliardi di anni, trasformando i secondi in anni:

$$56 * 10^{15} \text{ sec} = 56 * 0^{15} \text{ sec}/ (3.600\text{sec/ora} * 24 \text{ ore/giorno}*$$
$$365\text{giorni/anno}) =$$

$$56 * 10^{15} / 31.5 \; 10^6 = \mathbf{1.8 * 10^9 \text{ anni}} \text{ cioè circa 2 miliardi di anni}$$
come dice Weinberg.

Tutti questi passaggi per rendere coerenti le formule, per trasformare prima gli anni luce in Kilometri e poi i secondi in anni ce li potremmo risparmiare; analizzando la procedura si vede che basterebbe calcolare:

$$300.000 \text{ Km/sec} /(170 \text{ Km/sec}/10^6\text{AL}) \text{ ovvero:}$$

$$10^6 * 300 * 10^{3/} 170 = \mathbf{circa \; 1.8 * 10^9} \text{ anni come}$$
abbiamo ottenuto più sopra.

Quest'algebra da scuola media superiore non è inutile. Serve, tra l'altro a rendere evidente che Weinberg mi avrebbe risparmiato molta fatica se mi avesse insegnato questo semplice, ma essenziale trucchetto. Non basta dire che l'età dell'Universo si ottiene semplicemente calcolando l'inverso della costante di Hubble.

Per esempio, qualche pagina più avanti Weinberg spiega che se H fosse uguale a 15 Km/sec per milione di anni luce, l'età dell'Universo verrebbe fuori con un valore di 20 miliardi di anni. Ora, ci potremmo arrivare in due modi. Basterebbe fare il rapporto tra 170 e 15 che è uguale, approssimativamente a 10, e concludere che se con H pari a 170, l'età è due miliardi di anni, con H 10 volte più piccolo, l'universo è dieci volte più vecchio, ovvero 20 miliardi di anni. L'altro modo consiste nel ripetere l'ultimo semplice calcolo, con il nuovo valore di H:

$$10^6 \text{ AL} * 300.000 \text{ Km/sec}/(15 \text{ Km/sec}) \quad \text{ovvero:}$$

$$10^6 \text{ AL} * 300 * 10^3 / 15 = 20 * 10^9$$

appunto, 20 miliardi di anni.

Adesso il problema consiste nel chiarire bene, con numeri realistici, perché l'inverso della costante di Hubble, opportunamente aggiustato per rendere il calcolo coerente, rappresenta il valore dell'età dell'universo. Notiamo subito, però, un paio di cose. La costante di Hubble è stata sapientemente cambiata nel corso degli anni, per tener conto della realtà. Con una costante pari a 170 ci si ritrova con un universo di due miliardi d'anni, sicuramente troppo giovane per aver permesso l'evoluzione delle galassie, della terra e della vita come ci si presenta oggi[l]. E, probabilmente 20

Miliardi di anni è un'età eccessiva, in contrasto con altre osservazioni e misure. Si continua, ancora oggi, decine di anni dopo Hubble, a fare esperimenti e misure per arrivare al valore *giusto*, usando tecniche sempre più sofisticate per la misura di distanze e velocità galattiche, e le ultime rilevazioni forniscono un'età dell'Universo pari a 13.7 Miliardi di anni.

Ricordiamo che s = v x t, lo spazio è uguale a velocità per tempo. Il tempo allora è dato dallo spazio percorso diviso la velocità. É il calcolo che fa Weinberg quando divide 1ml di anni luce (spazio) per 15 Km /sec (velocità di recessione).

Il tempo calcolato con quest'operazione è quello che una galassia impiega per distanziarsi da un'altra di 1 milione di anni luce. Ci mette, dunque, 20 miliardi di anni.

É chiaro, anzitutto, che se la costante fosse stata espressa in modo diverso, prendendo 2 milioni di anni luce come riferimento, il suo valore sarebbe stato doppio: 30Km/sec per ogni 2ml di anni luce[I]; se si fosse preso come riferimento 10 miliardi di anni luce, invece che 10^6 AL, 10^{10} AL (il rapporto è 10 alla quarta potenza) il valore della costante sarebbe stato $15 * 10^4$ e l'età dell'universo sarebbe stata:

$$10^{10} * (300 * 10^3) / 15 * 10^4$$

[I] Per essere ancora più chiaro cito un intero passo da *In Search of the Big Bang* di Gribbin:
Se facciamo l'assunzione più semplice, che l'universo si è espanso allo stesso ritmo dal momento in cui è emerso dal Big Bang, è molto facile calcolare il tempo che è passato dal Big Bang – l'età dell'universo. Se così si può dire. Quando gli astronomi ci anno provato, negli anni trenta si sono trovati di fronte a un problema. La velocità di recessione tra due galassie è uguale alla costante di Hubble, H, moltiplicata per la distanza tra due galassie. Se l'espansione è continuata **sempre con lo stesso ritmo**, il tempo dall'inizio dell'espansione – il tempo in cui le due galassie si toccavano – non è altro che 1/H. Usando il valore della costante trovata dallo stesso Hubble trovarono che l'età dell' universo era solo di due miliardi di anni.
[I] Questo equivale a dire se si fosse considerata una galassia distante dall'osservatore 2 milioni di anni luce, la velocità di recessione misurata sarebbe stata di 30 Km/sec.

pari a $2 * 10^{10}$, o $20 * 10^9$ cioè, ancora una volta, 20 miliardi di anni.

Se si considera, al limite dell'universo, una galassia lontana dall'osservatore $2 * 10^{10}$ anni luce, la corrispondente velocità relativa di recessione dovrebbe essere $30 * 10^4$ Km/sec, e l'età calcolata sarebbe di nuovo 20 miliardi di anni. Notiamo una cosa strana: questa velocità relativa non è altro che la velocità della luce, 300.000 chilometri al secondo. Che vuol dire? Sembrerebbe significare che ogni galassia al limite dell'universo si sta allontanando con velocità relativa uguale a quella della luce.

Hubble ha dimostrato che la velocità relativa delle galassie aumenta in modo lineare con la loro distanza. La galassia più distante dall'osservatore si trova ai limiti dell'universo visto dal suo punto di indagine, cioè al punto in cui è riuscita ad arrivare, distanziandosi negli eoni, perché ne ha avuto il tempo: questo tempo corrisponde all'età dell'universo ed è lo stesso di quello che ci ha messo una galassia più prossima a percorrere 1ml di anni luce, quello che si calcola dividendo 1 ml di AL per la costante di Hubble. Attenzione.

Questo è un esempio evidente dell'importanza del linguaggio usato, e di come non stare attenti alle parole può indurre in tremendi errori. Si sta discutendo di velocità relative. L'osservatore, quindi, potrebbe, egli stesso trovarsi al limite dell'universo, e stare a guardare una galassia lontana da cui LUI è distante 20 miliardi di anni luce. Ma dov'è LUI e dov'è le galassia che stà osservando? Questo problema è stato risolto nel testo.

Ma, vorrei fare un'altra verifica. Dal passo di Gribbin riportato in nota alla pagina precedente si dedurrebbe che **l'espansione è continuata sempre con lo stesso ritmo.**

Per affrontare la questione assumo ancora, per semplicità di conto che la costante *misurata oggi* sia appunto, pari a 15 Km/sec/milione di anni luce; e che, in correlazione, l'universo abbia ben 20 miliardi di anni.

Provo a chiedere: quale sarebbe il valore di H se la misura fosse stata fatta dieci miliardi di anni fa? É chiaro che, perdonatemi l'ovvietà, dobbiamo assumere che 10 miliardi di anni fa l'universo avesse solo 10 miliardi di anni. Per ottenere questo valore dell'età, l'Hubble di allora avrebbe dovuto trovare una costante di pari a 30Km/sec per ogni milione di anni luce. La velocità di recessione di una galassia tipica rispetto a ogni altra distante 1milione di anni luce sarebbe stata il doppio di quella di oggi. Sembrerebbe che si possa concludere che la velocità di separazione di due galassie tipiche sia diminuita nel tempo! Questa conclusione è in parte corretta, giusta. In realtà essa è diminuita progressivamente, man mano che la gravità della materia addensata ha cominciato a farsi sentire sempre di più.

Ma è diminuita di tanto? Cioè, è vero che si è dimezzata in 10 miliardi di anni? Non entro nei dettagli, ma non è così. É diminuita ma non di tanto[I].

[I] La velocità di espansione dell'universo non è rimasta costante nel tempo, ma è diminuita per effetto della gravità. La gravità a sua volta dipende dalla densità della materia che, che come ho spiegato in dettaglio nel testo, in cosmologia viene espressa con la lettera Ω. Se è minore di 1 (per valori bassi della densità) l'universo è aperto cioè continua ad espandersi sempre più: la gravità non riesce a contrastare la forza propulsiva del Big Bang. Se, al contrario è maggiore di 1, l'universo è chiuso: la gravità prevale e ad un certo punto l'espansione deve fermarsi e l'universo deve richiudersi su se stesso: il Big Crunch. Riporto questo punto ora perché in *In Search of the Big Bang* di Gribbin, trovo la frase: *Se la densità dell'universo assume proprio il valore minimo richiesto per un universo piatto e omega ha il valore critico pari a uno, allora la vera età dell'universo, il tempo passato dal Big Bang ad oggi,è uguale esattamente a due terzi di 1/H.*

Questo mio ragionamento ipotetico serve, mi pare, a dimostrare l'incertezza che esiste sui valori di H, e sulla conseguente età dell'universo. Oppure c'è qualcosa di sbagliato? Oppure, ancora, si tratta di una considerazione che manda a gambe all'aria Hubble e tutto il resto? Se facciamo un altro passo indietro, e consideriamo un astronomo che osservava le galassie quando l'universo aveva solo cinque miliardi di anni, per calcolare l'età giusta, cinque miliardi di anni, avrebbe dovuto trovare che la velocità di recessione era di 60Km/sec/milione di anni luce, e cosi via.

Un'altra nota interessante, da non dimenticare. La misura dei redshift permette di calcolare la velocità di recessione V di una galassia relativa all'altra. Se si conosce anche la distanza D, si ricava il valore di H che è:

$$H = V/D \text{ (Km/sec/Anni Luce)}$$

Una volta nota la costante, in maniera certa, attraverso misure ripetute, in cui le distanze si misurano con metodi che non implichino l'uso (circolare) della costante medesima, ogni misura di redshift dà immediatamente conto della distanza della galassia da chi misura. Ora, quello che conta è essere certi che la relazione sia lineare.

In questo caso anche se non è noto il valore numerico della costante H, se si applica la semplice regola D = V/costante, è possibile determinare dalla misura di due valori del redshift di due galassie, la loro distanza relativa. Ovvero, per esempio, un redshift doppio corrisponde a una galassia due volte più lontana.

Distanze, Dimensioni, Velocità d'espansione

Il sito dell'Università di California, gestito dal Professor Wright rappresenta un valido compendio delle teorie cosmologiche, della fisica e della matematica che ne costituiscono le basi.

Può essere considerato come un testo universitario di cosmologia, capace di fornire a uno studente dedicato e attento le risposte a ogni dubbio e a tutti i quesiti. Il professore Wright non scrive per *divulgare* ma per insegnare. É proprio leggendo i testi di Wright che ho potuto apprezzare le difficoltà dei divulgatori, professionisti e scienziati, e a rendermi conto ancora una volta del baratro che esiste tra le verità accessibili solo attraverso l'uso della matematica, e l'umano bisogno – il mio per esempio – di rappresentazioni intuitive della realtà fisica. Non è possibile descrivere con parole la complessità delle relazioni implicite al moto di corpi velocissimi influenzati dalla gravità, senza un perfetto comando della relatività speciale e una sia pur minima agilità matematica.

I miei problemi - quelli relativi allo scambio di segnali tra galassie in movimento, alla relazione tra orizzonte e dimensioni dell'universo - nascono proprio dall'incapacità di gestire correttamente i principi matematici che li regolano.

Nel capitolo sulla Cosmologia, nell'ambito del tentativo di rendere comprensibili i racconti dei divulgatori, mi sono imbattuto nelle stesse frustranti difficoltà incontrate nella scrittura dei Capitolo sulla relatività.

Mi diverto, allora, a immaginare possibili titoli per questo libro: *L'impossibilità di capire l'Universo*, oppure *Ho provato: ce l' ho fatta?* o *É possibile divulgare la scienza?* E infine *Scienza, Matematica e…ignoranza.*

Come avevo promesso, riporto per intero la citazione derivata dal sito:

http://www.astro.ucla.edu/~wright/cosmo_01.htm,

intitolato *Ned Wright's Cosmology Tutorial* e istituito dall'Università di California, sotto la voce FAQ (frequently asked questions), e sotto la domanda:

Se l'universo è solo vecchio 10 miliardi di anni, com'é che possiamo vedere oggetti che si trovano oggi a una distanza 30 miliardi di anni luce?
Ed ecco la risposta.

Quando si discute della distanza di un oggetto in movimento, s'intende la separazione spaziale ADESSO, tra la posizione di entrambi gli oggetti (osservatore - osservato. N.d.A) in questo momento. In un universo in espansione questa distanza ADESSO è maggiore del prodotto della velocità della luce per il tempo del viaggio, a causa dell'aumento della separazione tra gli oggetti stessi mentre l'universo si espande. Ciò non è dovuto ad alcuna variazione nelle unità di spazio e tempo, ma è semplicemente causato dal fatto che le cose sono più distanti di quanto fossero in passato. Qual'è OGGI la distanza della cosa più lontana che ci è consentito vedere? Assumiamo che l'età dell'universo sia 10 miliardi di anni. In questo tempo la luce percorre 10 miliardi di anni luce, e alcune persone, si fermano qui. Ma la distanza è cresciuta mentre la luce viaggiava. Il tempo medio durante il viaggio della luce era 5 miliardi di anni fa. Nel caso della densità critica, il fattore di crescita dell'Universo è proporzionale alla potenza 2/3 del tempo a partire dal Big Bang, quindi l'Universo è cresciuto di un fattore $2^{2/3}$ = 1.59 dal punto di mezzo del viaggio della luce. Ma le dimensioni dell'Universo cambiano continuamente, quindi dobbiamo dividere il viaggio della luce in intervalli più brevi. Inizialmente prendiamo due intervalli: 5 miliardi di anni a un tempo medio di 7.5 miliardi di anni dopo il Big Bang, che corrisponde a una distanza di 5 miliardi di anni luce che è cresciuta di un fattore $1/0.75^{2/3}$ = 1.21, più una distanza di altri 5 miliardi di anni luce a un tempo medio di 2.5 miliardi di anni dopo il Big Bang, che è aumentata di un fattore $4^{2/3}$ = 2.52. Quindi, considerando un solo intervallo otteniamo 1.59*10 = 15.9 miliardi di anni luce, mentre con due intervalli arriviamo di già a 5*(1.21+2.52) = 18.7 miliardi di anni luce. Con 8192 intervalli otteniamo 29.3 miliardi di anni luce. Al limite di infiniti *intervalli otteniamo 30 miliardi di anni luce. Usando il calcolo infinitesimale, quest'intero paragrafo si riduce a questa formula:*

$$\int_0^{t_\circ} (t/t_\circ)^{-2/3} c\, dt = 3\, c\, t_\circ$$

Un altro modo di vedere il problema consiste nel considerare un fotone e una galassia lontana OGGI 30 miliardi di anni luce, 10 miliardi di anni dopo il Big Bang. La distanza di questo fotone deve soddisfare la relazione D=3ct. Se attendiamo 0.1 miliardi di anni l'Universo sarà cresciuto di un fattore $(10.1/10)^{2/3}$ = 1,0066, quindi la galassia si troverà a una distanza di 1,0066*30 = 30,2 miliardi di anni luce. Ma la luce avrà viaggiato 0,1 miliardi di anni luce più in la della galassia perché si muove alla velocità della luce relativamente alla materia che si trova nelle sue vicinanze e quindi si troverà a D=30.3 anni luce, per cui D = 3ct è ancora soddisfatta.
Se la densità dell'universo non ha il valore critico la distanza è diversa, e per le basse densità che sono più probabili la distanza OGGI dell'oggetto più lontano che ci sia dato di osservare è più grande della velocità della luce moltiplicata per l'età dell'universo.

Ancora una nota sulle dimensioni dell'universo. In un articolo su Repubblica del 5 Marzo 2003, Tullio Regge, riferendosi alle ultime novità relative alla misura della radiazione di fondo, dopo aver chiarito che ormai non esistono più dubbi sull'età dell'universo (13,7 miliardi di anni) scrive, tra l'altro:

Vediamo il mondo dal buco della serratura e i risultati attuali hanno validità locale in un ambito ristretto al limite della claustrofobia, al più qualche decina di miliardi di anni luce; se estrapoliamo il modello attuale banalmente oltre la porzione visibile, la teoria prevede un universo di estensione infinita da cui non arrivano informazioni dirette. Quasi certamente esistono galassie distanti TRILIONI di anni luce la cui luce non ha avuto il tempo di arrivarci nel tempo trascorso dal Big Bang a oggi [...].

Noi eravamo rimasti a un universo con un'etá compresa tra 10 e 20 miliardi di anni, e con la galassia più lontana ma ancora visibile, a 30 milioni di anni luce, se l'universo ha 10 milioni di anni. L'universo di Regge ha 13,7 miliardi di anni e anche lui è d'accordo con la distanza massima a cui si trova la galassia visibile più lontana. Però il suo universo è immenso. Per me rimangono aperti due misteri: perché c'è chi pensa che è cosi grande e come ha fatto a crescere tanto in cosi poco tempo.

Note

[1] *Il caso e la necessità* di Jaques Monod (Oscar mondadori 2003)

[2] *Les Sonnambules* di Arthur Koestler (Calman-Levy,1960)

[3] *Dreams of a final theory* di Steven Weinberg (Vintage, Londra 1993)

[4] *Le chaos et l'harmonie* di Trinh Xuan Thuan, (Gallimard 1998)

[5] *Superforce* di Paul Davies (Penguin Books 1995)

[6] *About Time* di Paul Davies (penguin Books 1995)

[7] *Le cour de physique, Mécanique quantique,* Feynman, (Leighton and Sands)

[8] *The Meaning of it all* di Richard Feynman (Perseus Books, Reading Massachussets,1998)

[9] *The mind of God* di Paul Davies (Penguin Books 1993)

[10] *The Blind Watchmaker* di Richard Dawkins (Penguin Books, London, 1992), prima edizione 1986

[11] *Our Place in the Cosmos* di Fred Holyle & Chandra Wickramasinghe (Phoenics, London 1996)

[12] *L'Armonia meravigliosa* di Edward D. Wilson (Saggi, Mondatori 1999)

[13] *Dall'io al Cosmo* di Jhon Barrow (Raffaello Cortina Editore, Milano, 2000)

[14] *L'uomo che amava solo i numeri* di Paul Hoffman (Mondadori 1999)

[15] *The Emperor's New Mind* di Roger Penrose (Vintage Books, London, 1989)

[16] *L'ultimo Teorema di Fermat* di Simon Singh (Rizzoli 1997)

[17] *La vie de Monsieur Pascal* di Gilberte Perriér (La Table Ronde, Parigi 1994)

[18] *La Storia della Matematica* di Carl B. Boyer (Saggi Mondadori 2000)

[19] *Contributions to the theory of natural selection. A series of essays* (Macmillan & Co., London & New York, 1870)

[20] *Prima dell'Inizio* di Martin Rees (Raffaello Cortina Editore, Milano 1998)

[21] *The nothing that is: A natural Histdiory of zero* di Robert Kaplan (Penguin Books, 1999)

[22] *In search of the Big Bang* di John Gribbin (Penguin Books 1988)

[23] *Order out of Caos* di Ilya Prigogine & Isabelle Stengers (Harper Collins, Londra, 1985)

[24] *IsaacNewton:TheLast Sorcerer* di Michael White (Fourth Estate, London, 1998)

[25] *Does God Play Dice?* Di Ian Stewart (Penguin Book, London, 1986-1997)

[26] *The Pleasure of Finding Things Out* (Penguin Books, London, 2001)

[27] *God and the New Phisics* di Paul Davies (Touchstone of Simon & Schutz, New York 1983)

[28] *Caos* di James Gleick (Spere Books, Penguin, 1987)

[29] *La Structure des révolutions scientifiques* di Thomas Kuhn (Flammarion 1970)

[30] *Einstein Innamorato* di Dannis Overbeye (Bompiani, Saggi Settembre 2002)

[31] *Il Tao della Fisica* di Fritjof Capra (Adelphi, XIII edizione, 2001)

[32] *La Particella di Dio* di Leon Lederman (Arnoldo Mondatori 1996)

[33] *In Search of Shrödinger Cat* di Jhon Gribbin (Black Swan 1991)

[34] *La Vita del Cosmo* di Lee Smolin (Biblioteca Einaudi, 1998)

[35] *Quantum Theory* di J.P. Mc Evoy e Oscar Zarate

[36] *L'Universo Elegante* di Brian Green (Einaudi, Saggi, 1999)

[37] *The Quark and the Jaguar* di Murray Gell-Mann (Abacus, London 1995)

[38] *Da zero a infinito* di Jhon D. Barrow (Mondatori, 2000)

[39] *In the Beginning* di Jhon Gribbin (Penguin Books 1994)

[40] *I sei numeri dell'Universo* di Martin Rees (Rizzoli, Settembre 2002)

[41] *A Brief History of Time* di Steven Hawking (Bantam Books, New York 1988)

[42] *The stuff of the Universe* di Jhon Gribbin e Martin Rees (Penguin Books,   1993)

[43] *Complexity* di M.Mitchell Waldrop (Penguin Books, 1994)

[44] *Chaos* di James Gleick (Sphere Books, Penguin, 1987)